高性能LINUX平台建构实践指南

< 1 2 3 4 5 6 >

高　鹏　朱晓丽　编著

内容简介

Red Hat 公司无疑是 Linux 世界最具影响力的一个公司；其推出的 Red Hat 企业版在服务器市场占有率一直排名第一。本书共分为 27 章，主要介绍了 Red Hat Enterprise Linux 6.x 的安装、配置，GNOME 图形界面的基本操作，常用的 Shell 命令，Linux 的日常应用和 Red Hat Enterprise Linux 6.x 的常见服务器设置等内容。

本书内容详尽、图文并茂、结构清晰、实用性强，是想进入 Linux 世界的初学者的首选。对从事 Linux 系统管理和服务器架设的专业技术人员，也有很好的参考价值；可用做高等院校计算机及其相关专业的教材。

图书在版编目（CIP）数据

高性能 Linux 平台建构实践指南 / 高鹏，朱晓丽编著. — 北京：中国铁道出版社，2014.7
ISBN 978-7-113-18425-4

Ⅰ. ①高… Ⅱ. ①高… ②朱… Ⅲ. ①Linux 操作系统 Ⅳ. ①TP316.89

中国版本图书馆 CIP 数据核字(2014)第 079719 号

书　　名：高性能 Linux 平台建构实践指南
作　　者： 高鹏　朱晓丽　编著

责任编辑： 荆　波　　**读者服务热线：** 010-63560056
特邀编辑： 赵树刚　　**封面设计：** 多宝格 · 付　巍
责任印制： 赵星辰

出版发行： 中国铁道出版社（北京市西城区右安门西街 8 号　　邮政编码：100054）
印　　刷： 北京市昌平开拓印刷厂
版　　次： 2014 年 7 月第 1 版　　2014 年 7 月第 1 次印刷
开　　本： 787 mm×1092 mm　1/16　**印张：** 31　**字数：** 709 千
书　　号： ISBN 978-7-113-18425-4
定　　价： 59.80 元（附赠光盘）

前　言 Foreword

在计算机系统领域内，一直由微软、IBM 等大型公司占有着整个市场，直到 Linux 开源系统的出现，才缓解了这种几乎被垄断的局面。近年来 Linux 不断的发展与更新，使其受到越来越多的 Linux 爱好者的青睐。并且，Linux 由于其源代码开放、性能稳定、安全及可定制性强等优势而逐渐被广大企业用户所接受。目前，Linux 已开始涉及金融、电信等关键业务领域。据统计世界超级计算机 500 强排行榜中 90%以上都使用了 Linux 操作系统。

目前市场上出现的 Linux 的版本有很多种，其中主要的有 RedHat、Ubuntu、SUSE 及国内的红旗 Linux 等版本。目前，在企业 Linux 服务器市场占有率排名第一的发行版是 Red Hat Enterprise Linux，所以，本书着重以 Red Hat Enterprise Linux 为基础进行介绍，其章节分为基础和深入两部分。基础部分主要讲解 Linux 的发展史、图形桌面环境、常用的多媒体、浏览器等操作。深入部分主要讲解 Linux 下的各种服务器的配置，包括有常见的 DNS、Web、Samba、FTP 等服务器的配置。这些配置过程均按照由浅入深进行讲解。

本书的特点

Red Hat Linux 是众多 Linux 版本中最具代表性的，也是流行最为广泛的一个版本；很多发行版均是以其为基础进行二次构建的。本书将以稳定和完备的 Red Hat Enterprise Linux 6.x 为例，对 Linux 进行全面而又实用的介绍，同时本书也适用于 Fedora 版的用户。本书有如下特点：

（1）内容安排由浅入深，兼顾了不同层次的读者。

（2）充分考虑了学习 Linux 的难点和重点，对于一些容易出现问题的地方，进行了详细的阐述。

（3）针对那些习惯于使用 Windows 图形操作的读者，我们特意在章节上进行设计，从而能够与 Windows 对照学习。

（4）针对 Linux 的特点，在本书后半部分着重讲解了 Linux 的服务器配置，这是读者最关心的一个部分。

（5）在前面几章涉及了很多用来熟悉 Linux 系统的内容，对读者基础要求比较低，只要熟练使用 Windows，有一定的计算机操作系统管理常识，有志于掌握 Linux 的读者，均可学习本书。

本书的内容

第 1 章：简单地介绍了 Linux 的起源和优点，让读者对 Linux 操作系统有一个十分直观的印象，为后面篇章的学习打下一个很好的基础。

第 2 章：详细介绍了如何安装和卸载 Linux。安装 Linux 不像安装 Windows 那样直观，需要用户自己设置各种系统属性。因此，在本章中按照步骤详细讲解安装 Linux 的内容。同时，在本章的最后，介绍了在安装 Linux 时遇到的常见问题。

第 3 章：详细讲解了 Linux 的文件和磁盘管理的内容。了解 Linux 的文件系统，是对 Linux 进行各种操作的基础。本章主要讲解了 Linux 的文件系统和磁盘管理的基础内容。

第 4 章：详细介绍了 Linux 的系统管理，主要包括显示设置、硬件设置以及常见的进程管理和用户管理等内容，该章配有大量的图片，这是用户进行 Linux 系统管理的基础内容。

第 5 章：重点介绍了如何使用 Linux 系统中的办公软件。尽管 Linux 操作系统在网络中有强大的功能，但是，用户同样可以使用 Linux 系统进行办公操作。本章详细讲解了如何在 Linux 系统中使用办公软件。

第 6 章：通过讲解如何在 Linux 中设置网络属性、收发邮件和进行聊天等，介绍了用户如何在 Linux 系统下连入互联网。

第 7 章：主要讲解如何在 Linux 系统中进行多媒体和游戏，这是用户使用 Linux 进行娱乐的重要内容。

第 8 章：主要介绍了如何进行常见的软件设置和硬件设置，包括设置桌面属性、安装卸载软件等常见系统管理功能。

第 9 章：详细介绍了 Red Hat Enterprise Linux 6.3 下各种常见的软件包的管理方式。

第 10 章：在前面的章节介绍基础上，着重讲解了 Linux 操作系统下常见的其他办公工具。

第 11 章：重点介绍了 Linux 系统中的 Shell 程序的内容。Shell 程序是 Linux 程序命令的组合，在管理系统的许多方面起着重要的作用。

第 12 章：主要介绍了 Linux 环境下的编程知识。作为在 Linux 环境下开发的基础内容，本章详细讲解了编程的内容，包括常用的几种开发工具以及 C 语言编辑器等基础内容。

第 13 章：主要介绍了 Linux 的进程管理。Linux 是一个多用户、多任务的操作系统，为了协调多个进程对共享资源的访问，必须进行进程管理。在本章中，详细讲解了如何在 Linux 环境中进行进程管理。

第 14 章：主要介绍了 Linux 下的用户和组管理的内容。Linux 操作系统中，用户是活动的主体，因此，对用户进行管理是系统管理的重要部分。

第 15 章：重点讲解了 Linux 系统下的内核编译和升级。属于比较高阶的内容，用户可以选择性阅读。

第 16 章：主要讲解了如何配置和管理代理服务器。

第 17 章：主要介绍了如何配置和管理档案服务器 Samba。

第 18 章：重点讲解了如何配置和管理 DNS 服务器。

第 19 章：主要介绍了如何配置和管理邮件服务器。

第 20 章：主要介绍了如何配置和管理 FTP 服务器。

第 21 章：详细讲解了如何配置和管理 WWW 服务器。

第 22 章：重点介绍如何在 Linux 系统中配置和管理数据库服务器。

第 23 章：详细讲解了如何在 Linux 系统中配置和管理新闻服务器。

第 24 章：详细讲解了如何在 Linux 系统中配置和管理打印服务器。

第 25 章：详细介绍了如何配置和管理流媒体服务器。

第 26 章：主要介绍了如何配置和管理 LDAP 地址簿服务器。

第 27 章：重点介绍了 Linux 系统中网络安全的基础知识。

适合的读者

- 广大的 Linux 爱好者。
- Linux 培训机构的教师和学生。
- 大中专和各种技术院校的学生。
- 将转行于 IT 行业的 Linux 开发的相关人员。
- Linux 系统管理员和网络平台下的管理员。
- 与 Linux 操作系统和搭建网络平台相关的工程技术人员。

编　者

2014 年 5 月

目　录 Contents

第 1 章　Linux 与开源文化

第 2 章　安装和卸载 Linux

第 3 章 文件和磁盘管理

第 4 章 系统管理

第 5 章　使用办公软件

第 8 章 桌面操作

第 9 章 软件包管理

第 10 章 其他常用工具简介

第 11 章 Shell 的使用

第 12 章 Linux 下的编程

第 13 章　Linux 中的进程管理

第 14 章　Linux 用户与组管理

第 15 章　Linux 内核编译与升级

第 16 章　Proxy 服务器配置

第 17 章 Samba 服务器配置

第 18 章　DNS 服务器

第 19 章　邮件服务器

第 20 章 FTP 服务器

第 21 章 WWW 服务器配置

第22章 数据库服务器

第 23 章 新闻服务器

第 24 章　打印服务器

第 25 章 流媒体服务器

第 26 章　LDAP 地址簿服务器

第 27 章 Linux 网络安全

第 1 章 Linux 与开源文化

Linux 是一个自由的操作系统软件，有着很多其他操作系统所没有的优点。例如，它具有良好的开放性，其源代码是公开的，并且可以在互联网免费获取。本章将介绍一些 Linux 的基础知识、Linux 的特点、Linux 的诞生、历史和发展，以及 Linux 和开源文化的关系。

1.1 什么是 Linux

Linux 是一种可以免费使用和自由传播的操作系统。Linux 操作系统是由全球的许多程序员设计实现的。Linux 的目的是创建不受商品化软件的版权制约、所有人都能自由使用并且与 UNIX 操作系统兼容的操作系统。

Linux 操作系统之所以受到大家的喜爱，最主要是它有以下 3 个主要特点：

（1）Linux 是自由软件，不用支付任何费用就可以获得该软件，以及该软件的源代码。并且用户可以根据自己的想法对其进行修改，将其变成真正的“个性化操作系统”。用户也可以把修改以后的 Linux 继续发布。

（2）Linux 几乎与 UNIX 系统有着相同的界面和操作方式，其继承了 UNIX 稳定、高效、灵活的优点。许多服务器都选择 Linux 作为操作系统，然而 Linux 却不像 UNIX 那样需要昂贵的版权费和昂贵的硬件支持。

（3）如今的 Linux 操作系统软件包不再只包括 Linux 操作系统。还包括十分丰富的应用软件，如办公软件套装、高级语言编译器、音乐播放器等。Linux 还包括非常优秀的 X Window 图形用户界面。用户可以像使用 Windows 那样，通过窗口、图标和菜单对系统进行操作。

1.2 Linux 的版本

在了解了什么是 Linux 和 Linux 的主要特点之后。接下来介绍的是 Linux 的诞生和 Linux 的发展情况，以及一些相关的背景知识。

1.2.1 Linux 的基本概念

Linux 操作系统是一种类 UNIX 操作系统，诞生于 1991 年 10 月。Linux 操作系统的诞生、发展离不开 5 个因素：UNIX 操作系统、MINIX 操作系统、GNU 计划、POSIX 标准和互联网。所以在介绍 Linux 的诞生之前，必须要先了解这几个概念。

- UNIX 操作系统，1969 年夏天，在贝尔实验室工作的汤普森由于自己工作上的需求。以 DEC 公司的 PDP-7 计算机为硬件基准设计了一个小型档案系统，当中也包含一些他开发的小工具。后来该小型档案系统在贝尔实验室中流传了起来，并且经过多次改版。确定其系统名称为 UNIX，即最早的 Unix 操作系统。UNIX 有着稳定、高效等优点，是高端服务器市场的主流操作系统。
- MINIX 操作系统，MINIX 是 Tanenbaum1987 年完成的小型操作系统。其主要用途是让学生学习操作系统原理。MINIX 并不是一个优秀的操作系统，但是其同时提供了 C 语言和汇编语言的系统源代码。这是第一个使程序员能够读到操作系统的源代码的操作系统。
- GNU 计划，1984 年，Stallman 创办了 GNU 计划和自由软件基金会。其主要目的是开发一个类 UNIX、但是又属于自由软件操作系统。GNU 项目开发出来很多高质量的免费软件，其中包括 Emacs 编辑程序、BASH shell 程序、GCC 编译程序等。
- POSIX（Portable Operating System Interface）标准，是 IEEE 和 ISO/IEC 联合开发的一簇标准。POSIX 标准基于已有的 UNIX 的应用经验，其描述了操作系统的调用服务接口。从而保证在该规范下编写的应用程序可以移植到其他操作系统上运行。

1.2.2 Linux 的诞生和发展

在 1981~1991 年，微软公司的 MS-DOS 一直主宰着操作系统市场。虽然计算机的硬件价格每年都在下降，但是计算机软件特别是操作系统的价格却一直很高。

当时，苹果公司的 MAC OS 是性能最好的操作系统，但是高昂的售价让一般人很难承受。另一个操作系统 UNIX 的经销商为了高利润，也将价格抬得很高。曾经一段时间，对于众多的个人电脑用户而言，软件制造商们始终没有能够给出有效、廉价的操作系统。在这个时候，MINIX 操作系统和一本它的设计实现原理书出现了。很多程序员或爱好者包括 Linux 系统的创始人 Linus Torvalds 都在研究 Linux。

Linus Torvalds 那时还是赫尔辛基大学计算机系的二年级在校学生，这个 21 岁的芬兰大学生是个计算机爱好者。他觉得 MINIX 有很多功能都没做，只是简单操作系统，用于教学还可以，但不是一个强大的实用的操作系统。

1991 年，GNU 计划已开发出了很多高质量的免费软件。但是免费的 GNU 操作系统也许还要几年才能完成，MINIX 也要购买才能获得源代码。Linus 已经等不及了，他开始动手编制自己的操作系统。

最初，他尝试着移植 GNU 的软件（gcc、bash 等）到该系统上。1991 年 4 月他在 comp.os.minix 新闻组上发布说自己成功地将 bash 移植到了 MINIX 上。

1991 年 8 月，Linus 又在 comp.os.minix 新闻组中说他正在开发一个免费的 386 操作系统。这个正在开发的系统与 MINIX 很像，并且使用了 MINIX 的文件系统。

1991 年的 10 月 5 日，Linus 在 comp.os.minix 新闻组中正式宣布 Linux 系统诞生了。后来很多

Linux 公司都在 10 月 5 日发布新系统就是这个原因。

Linux 操作系统版本从最初的 0.00 到第一个正式版本 1.0 出现，所发布的主要版本如表 1-1 所示。Linus 决定将 Linux 系统 0.13 版内核直接改为 0.95 版，是想让大家不要觉得离 1.0 版还很远。

表 1-1　Linux 内核版本变迁

版本号	发布时间	说明
0.00	1991.2	两个进程分别显示 AAA BBB
0.01	1991.9	第一个正式向外公布的 Linux 内核版本
0.02	1991.10	该版本，以及 0.03 版是内部版本，目前已经无法找到
0.10	1991.10	由 Ted Ts'o 发布的 Linux 内核版本
0.11	1991.12	基本可以正常运行的内核版本
0.12	1992.1	主要加入对数学协处理器的软件模拟程序
0.95(0.13)	1992.3	开始加入虚拟文件系统思想的内核版本
0.96	1992.5	开始加入网络支持和虚拟文件系统 VFS
0.97	1992.8	增加了对 SCSI 驱动程序的支持
0.98	1992.9	改善了对 TCP/IP 网络的支持，纠正了 extfs 的错误
0.99	1992.12	重新设计对内存的分配，每个进程有 4GB 的线程空间
1.0	1994.3	第一个正式版本

1.3　Linux 优点介绍

Linux 有很多优点，其中最主要的有以下几点：

（1）极低的软件成本，Linux 操作系统是开放源代码的，除了操作系统本身免费外，它的许多其他应用程序也是自由软件，可以从网上或其他途径免费获得，所以它的软件成本极低。

（2）良好的扩展性，标准的 Linux 程序有着很强大的功能，开发人员可以很容易地通过修改源代码来进行功能的扩展。

（3）维护方便，由于 Linux 操作系统的用户界面与 UNIX 非常相近，大部分的技术人员都对其操作方式相当熟悉。现在 Linux 还包括了 X Window 图形用户界面，用户可以像使用 Windows 那样，通过窗口、图标和菜单对系统进行操作，更易于维护。

（4）开放的标准，Linux 是一个公开源代码的操作系统，全球的技术人员都可以修正 Linux 系统错误，使得 Linux 的运行效率更高，成为一个稳定、健壮的操作系统。

（5）可移植强，Linux 几乎可以在所有的硬件平台上运行且有统一的接口，用户可以把应用程序从一个 Linux 系统几乎无须改动地移植到另外一个 Linux 系统。

1.4　开源文化分析

在对 Linux 的诞生和发展有了一定了解之后，下面介绍的是以 Linux 为代表的开源文化和 Linux 与开源文化的关系。

1.4.1 不同的程序员

开放源码运动起源于自由软件和黑客文化。“开放源码”这个词语最早出现在 1997 年在加州召开的一个“纯粹程序员”参与的研讨会。参加会议的有一些黑客，也有来自 Linux 国际协会和硅谷 Linux 用户协会的。他们通过了一个新的术语：开源（Open Source）。

1998 年 2 月，网景公司正式宣布其将发布的 Navigator 浏览器的源代码公开，这一事件成为开源软件发展历史的转折点。

1.4.2 开源软件

那么，到底什么是开源软件呢？简单地说，开放源代码的软件就是“开源软件”。那些源码对大众公布，而且其使用、修改和发布也不受限制。自由软件可以一直被改善，而那些其他软件则会丧失这种自由。

开放源代码就表示，如果不喜欢该软件的某些特性，用户可以按照意愿修改该程序。当然，并不是所有人都有修改软件的能力。需要用户建立一个基金，并与程序员达成改进的协议。这样就形成了一个开源软件支持和服务的市场。

但是，开源软件不是没有版权，其许可证可能包含了一些限制。用来保护其开放源码状态的限定，著者身份的公告，还有对开发改进的控制。开源软件同时涉及源码本身和开发过程，涵盖了三个方面：免费的源代码、模块化的体系和社区式的开发。这样在这种开发方式中，任何人都可以参与。

特别是社区式的开发给开源软件很强的改错能力。因为开源社区把程序中的错误公布给了数量众多的程序员，这些人都有可能修改这些错误。另外，每一个人都可以复用和发行开源软件的代码，这样又有利于大众利益。

在一大群程序员的不断努力下，Linux 操作系统，以及很多相关的应用程序都被不断改进。出名的除了 Linux 操作系统外，还有 Apache 服务器、Perl 程序语言、MySQL 数据库、Mozilla 浏览器、OpenOffice.org 等。

今天，已不仅仅是黑客在积极地参与开源软件。IBM、HP、SUN 等一些大的软硬件厂商也在加大在开源方面的投入，并向开源社区发布了很多开源软件。开源软件加速了软件业快速向软件服务方向发展，也为硬件和集成服务提供商带来了新的商机。在政府的支持下，开源软件将会带来软件业的一场革命。

1.4.3 许可证

虽然获取开放软件的源码是免费的，但是对源码的使用、修改却需要遵循该开源软件所作的许可声明。开源软件常用的许可证方式包括 BSD、Apache Licence、GPL 等，其中 GNU 的 GPL 为最常见的许可证，许多开源软件多采用它。

开源软件许可模式分为两大类：一类是 Copyleft，另一类是 Non-copyleft。Copyleft 许可，比如 GPL，在开源软件基础上作修改后的软件，仍是自由软件。而 Non-copyleft 则不支持这一点。

自从 OSI 成立以来，OSI 正式认可的开源许可类型已达 30 种。

发布于 1983 年的 BSD（Berkeley Software Distribution），是一个很流行的版本。其允许被授权的用户，以源码或者二进制的形式发布修改过的或为修改过的代码，并且无版税负担。它要求是在源代码文件中保留 BSD 的版权声明，并且在含有以上代码的其他产品文档中。

GPL 许可证是在自由软件中应用最广泛的软件许可证，其允许修改源代码的副本或源代码的任何部分。GPL 许可要求，必须在修改过的源代码中，附有明显的对修改过此档案及任何修改的日期的说明。允许第三方在此许可证条款下使用，并且不得因为此项授权行为而收费。

LGPL 许可证是 GPL 的派生许可证，但与 GPL 不同，使用 LGPL 许可证的程序可以合并到专有版权的程序中去。Linux 提供的 C 就是使用 LGPL 许可证。

NPL 许可证是 1998 年网景公司把 Netscape 软件开源之后，网景公司在大众可以对它进行版本测试的形势下提出的。

1.4.4 开源文化

开源已经成为一种全新的模式在软件界里面推广，所有的程序员都为它兴奋，对于所有的程序员，程序源代码最具有吸引力。可以这么说 Linux 是开源文化的旗帜。

一种很普遍的观点是："微软为计算机的普及做出了重大的贡献。"这种说法当然没错，但是开源为计算机普及做出的贡献也许更大，知道吗？

Linux 的创始人 Linus 说："学习电脑是一件很容易的事情，只要有一台二手计算机，以及一张 Linux 光盘，就可以开始了。"可以想象如果没有 Linux 和开源软件，大家学习计算机的成本不知道有多高。计算机也不会有如此普及了，整个软件行业也不会像今天这样百花齐放。

1.5 小　　结

本章概述 Linux 操作系统的诞生和发展过程，以及对 Linux 发展起了支柱作用的几个重要因素。还介绍了一些有关 Linux 的基本概念，以及 Linux 和开源文化。希望读者通过本章的学习能对 Linux 有一些基本了解，为学习好 Linux 打下基础。下一章将介绍进入 Linux 的第一步，安装、配置 Linux。

第 2 章 安装和卸载 Linux

早期版本的 Linux 安装过程确实比较复杂，这就将很多想入门的读者挡在外面，经过很多厂商不懈的努力。现在，几乎所有版本的 Linux 安装都变得非常简单。而原来困扰很多用户的硬件驱动问题也得到了很好的解决。在本章中，将详细讲解如何安装和卸载 Linux 系统。同时，本章还将详细分析安装 Linux 过程中的常见问题。

2.1 RedHat Linux 介绍

Red Hat 软件公司是世界上最大的专注于 Linux 的公司。1993 年，加拿大人 Bob Yang 建立了 ACC 公司，并于 1995 年更名为 Red Hat 软件公司。1994 年 11 月 Red Hat Linux 1.0 发布，2003 年 4 月，Red Hat Linux 9.0 发布。之后 Red Hat 软件公司停止了对 Red Hat Linux 的后续开发，转而将全部力量集中在利润更大的服务器版本的开发上。原来的桌面版 Red Hat Linux 发行包则与由 Red Hat 软件公司资助的 Fedora 社区计划合并，成为 Fedora Core 发行版本。

Fedora Core 1.0 发布于 2003 年 11 月，每 6 个月左右更新一次版本，很多新的技术会首先出现在 Fedora Core 版本中，因此该版本的性能和稳定性得不到保证。2003 年 10 月 Red Hat 软件公司发布了 Linux 企业版 3.0，也即 Red Hat Enterprise Linux 3.0，企业版大概 2~3 年左右更新一次版本号，并提供长达 10 年的技术支持，很多在 Fedora Core 版本中验证稳定成熟的 Linux 技术都会被应用于后续的 Red Hat Enterprise Linux 版本中。2011 年 11 月 Red Hat 软件公司发布了其最新的 Red Hat Enterprise Linux 6.0 企业版。本书即以该版本作为平台进行讲解。

Red Hat Linux 6 包含了超过 2 000 个包，相对之前的版本而言增加了 85%的代码量，一共增添了 1 800 个新特性，解决了 14 000 多个 bug。新版带来了一个完全重写的进程调度器和一个全新的多处理器锁定机制，并利用 NVIDIA 图形处理器的优势对 GNOME 和 KDE 做了重大升级，新的系统安全服务守护程序（SSSD）功能允许集中身份管理，而 SELinux 的沙盒功能允许管理员更好地处理不受信任的内容。同时 RHEL 6 比以往的版本更加省电。

2.2　安装 Linux

安装前用户必须要确认所用硬件是否与 Linux 兼容，这一点非常重要。虽然近几年来 Red Hat Enterprise Linux 6 已经与很多厂家制造的多数硬件兼容。但是在硬件技术规范日新月异的今天，仍存在一些 Red Hat Linux 无法识别的硬件。如果用户要了解自己的硬件配置，则可以到下面网址查询硬件是否支持：http://hardware.redhat.com/hcl/。

但是假如用户并不了解自己的硬件系统，也可以在 Windows 系统下来查看。下面以 Windows XP Professional 版为例。运行 Windows XP 系统后，可以用以下几步来获取配置信息：

（1）在 Windows 中，右击桌面上“我的计算机”图标。在弹出的快捷菜单中选择“属性”命令，弹出“系统属性”对话框，如图 2-1 所示。在“常规”选项卡中就可以了解内存的大小。

（2）单击“硬件”选项卡，然后单击“设备管理器”按钮，弹出“设备管理器”窗口，如图 2-2 所示。

（3）在该窗口中，用户可以详细地查看每一项硬件配置，并记录下来。

了解自己的硬件之后，要确认硬件是否符合 Linux 的安装要求。

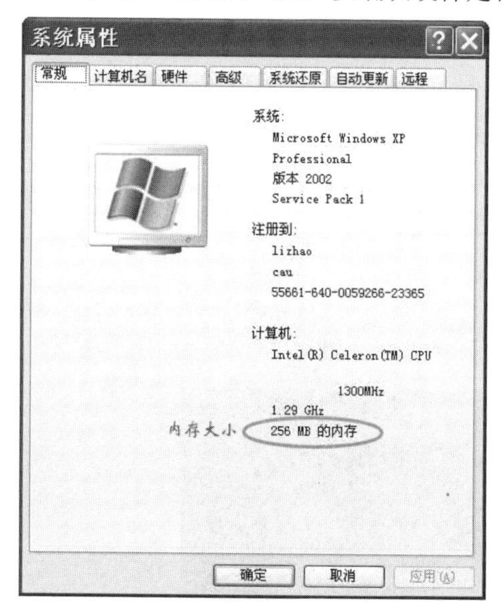

图 2-1　Windows XP 系统属性

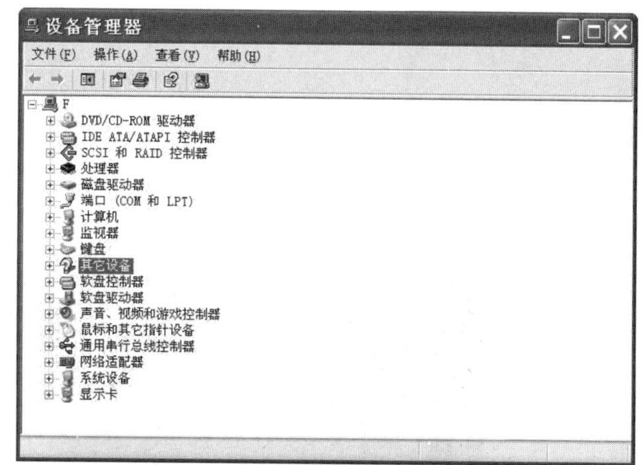

图 2-2　“设备管理器”窗口

1. 中央处理器（CPU）

Linux 对 CPU 的要求不是很高，基本上处理器级别是高于 80486DX 等级的处理器都能运行 Linux。但如想使其运行速度更快，并行处理能力得到更好发挥，应采用目前主流的处理器。

2. 主板

现在基本上所有的主板都能与 Linux 兼容，一般不会出现问题。

3. 内存

一般 Linux 系统单纯使用文本模式，那么 8MB 以上的内存即可。但如果要在 X Window System 图形化界面下运行系统，则最少要 16MB 内存。如果要用 GNOME 或者 KDE 一类的集成操作环境，最少要用 64MB 以上的内存容量。而对于 Red Hat Enterprise Linux 企业版来说，如想使用图像界面，最少应达到 512MB 内存。

4. 磁盘空间

如果不安装图形界面，5GB 足矣，如果安装图形界面和一些额外的办公图像处理等软件最好不要少于 10GB 空间。

5. 显卡

一般在文本模式下，只需具备 VGA 级别的显卡即可。在 X Window System 模式下，显卡则必须有能够配合的驱动程序。在 Red Hat Enterprise Linux 6 系统下，很多显卡都能被自动识别，只有极个别的老旧显卡不能被很好地识别，可能会出现屏幕分辨率、刷新率不够等情况。

6. 显示器

现在的显示器基本上都能被 Linux 支持。用户一般不需要考虑显示器驱动以及支持问题。

7. 网卡

一般的网卡都能被支持，如有不能被直接支持的网卡，可以尝试采用与 NE2000 网卡兼容的模式来使用。

当所有工作都准备好后，就可以进行安装了，Red Hat Enterprise Linux 6 的安装文件有 2.82GB 大小。可以采用光盘安装、硬盘（U 盘）安装、网络安装等多种安装方法，甚至直接通过镜像文件无须安装也能进入系统。在这里只介绍图形化界面安装，图形化安装非常简单，只需要按照提示一步一步来就可以完成。

2.2.1 引导安装程序

设置好 BIOS 之后，把安装光盘放入光驱，重启计算机。计算机自动从光盘引导，进入如图 2-3 所示的界面。

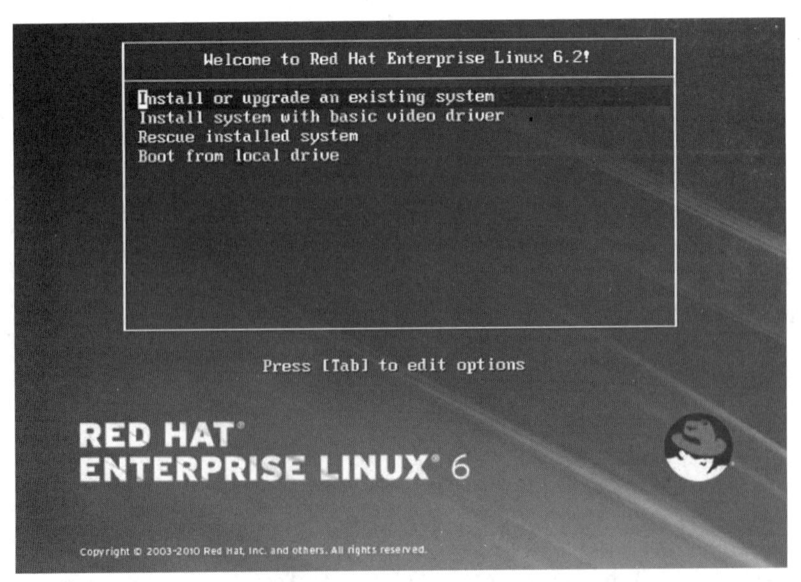

图 2-3 Red Hat Linux 安装引导界面

这个界面包括了许多不同的引导选项，界面说明如下：

- Install or upgrade an existing system：安装或升级现有的系统。
- Install system with basic video driver：安装过程中采用基本的显卡驱动。
- Rescue installed system：进入系统修复模式。
- Boot from local drive：退出安装从硬盘启动。

这里选择第一项，安装或升级现有的系统，回车。

2.2.2　设置安装属性

进入如图 2-4 所示，出现是否对光盘进行检测的提问。使用光盘引导安装，系统会提示我们进行安装介质的检测，防止在安装过程中由于介质出现物理损伤等问题而导致安装失败。选择 OK，就会开始介质的检测，这里用“Tab”键或方向键“→”选择“Skip”，回车跳过测试。

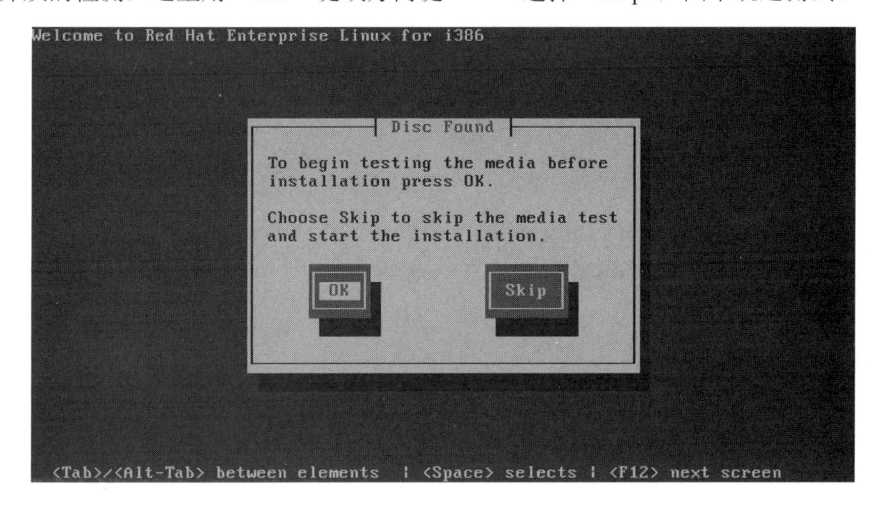

图 2-4　检测信息

（1）进入图形化界面后首先看到的是“欢迎”屏幕，如图 2-5 所示。

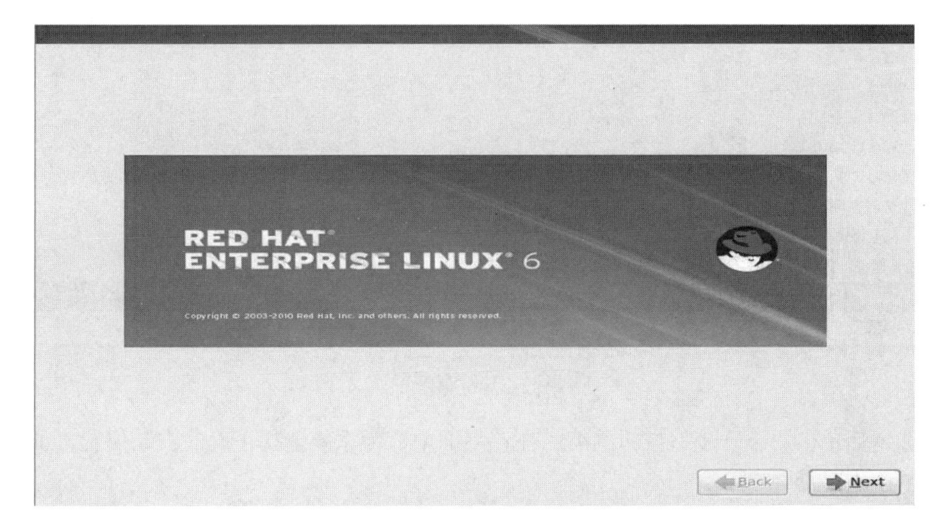

图 2-5　欢迎界面

（2）单击 Next 按钮后，进入语言选择页面，如图 2-6 所示。如果选择“Chinese（Simplified)（中文（简体))”选项，那么接下来的安装过程，都是中文的。也可以保持默认的 English（English)。

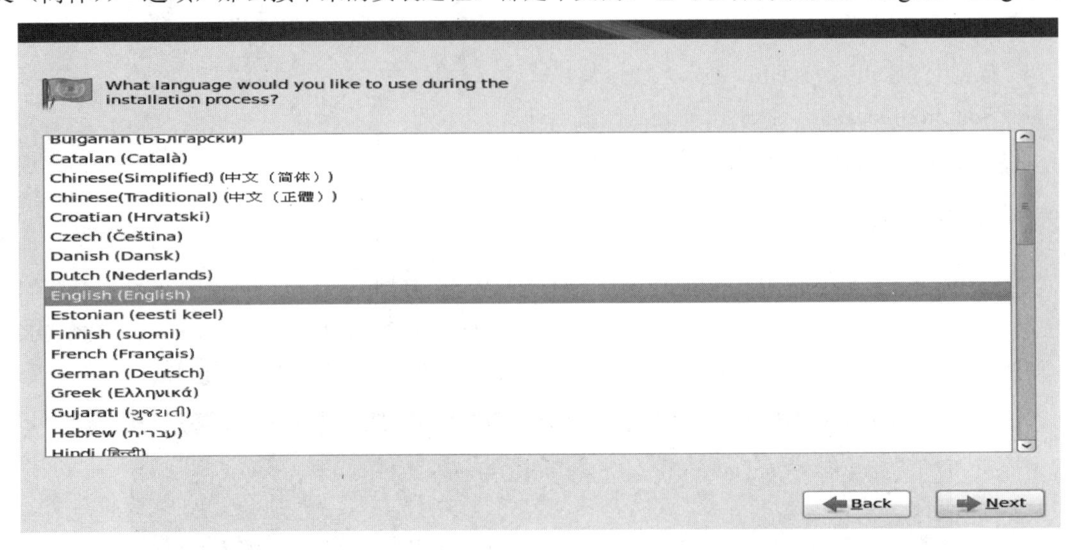

图 2-6　语言选择界面

（3）在该界面中，用户需要选择键盘类型，如图 2-7 所示。现在一般都使用的是 U.S. English 美国英语式类型键盘，所以选择“美国英语式”选项。

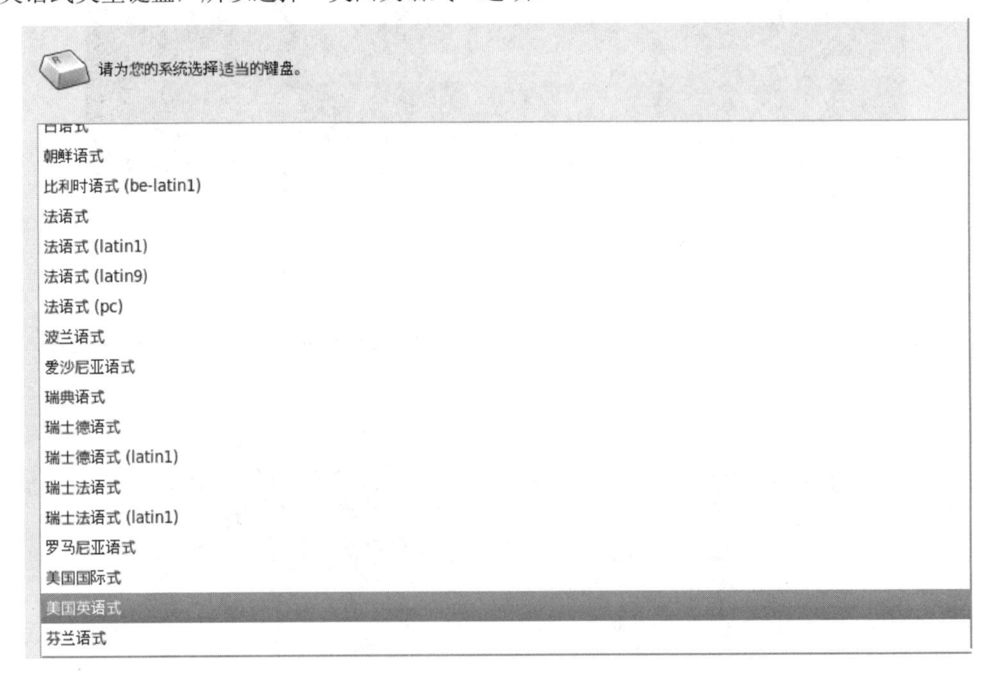

图 2-7　键盘配置

（4）选定后单击“下一步”按钮继续。在该界面中，为系统选择正确的安装位置，如图 2-8 所示，有如下两个选项。

- 基本存储设备：将系统安装在本地的磁盘驱动器（硬盘）上。

- 指定的存储设备安装或者升级到企业级设备，如存储局域网。

一般选择默认的第一项，单击“下一步”按钮。

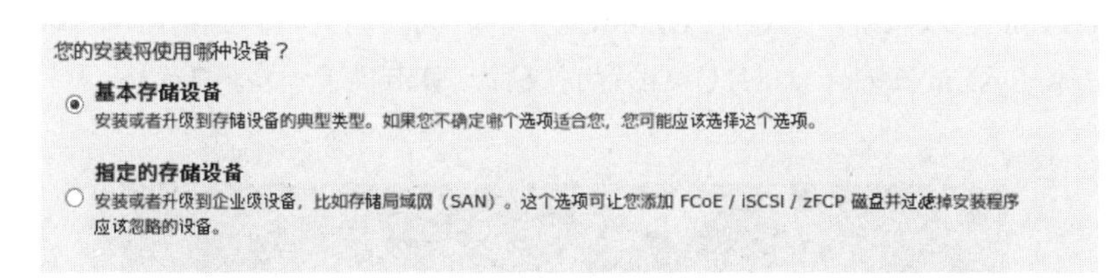

图 2-8　安装位置选择

（5）警告所有的磁盘驱动器都会被初始化，数据将会丢失，单击“是，丢弃所有数据”按钮，如图 2-9 所示。

图 2-9　存储设备警告

注意：如果用户硬盘上有重要数据需要保留下来，建议单击“不，保留所有数据”按钮，否则将会造成原有数据的丢失，这种情况尤其是在多系统共存的硬盘上要多加注意。

（6）系统进入“设置计算机名”窗口，如图 2-10 所示。为计算机设置一个合适的名字，也可以单击“configure Network”来设置计算机 IP 地址，本部分内容放入后续章节介绍。单击“下一步”按钮。

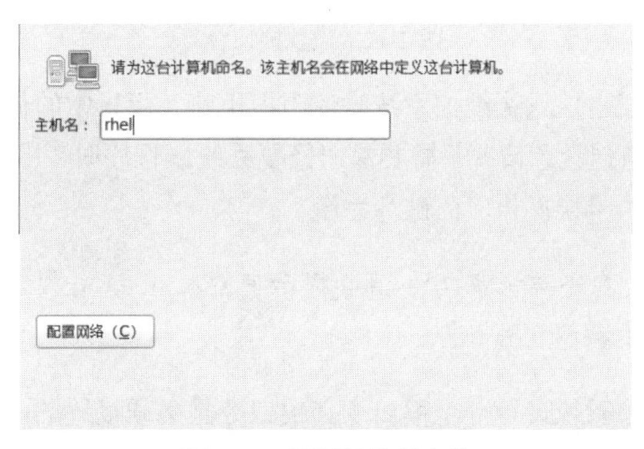

图 2-10　设置计算机名称

（7）系统进入“选择时区”窗口，如图 2-11 所示。用户可以通过选择计算机所在的物理位置、指定时区和通用协调时间（UTC）的偏移来设置用户所在的时区。将时区选择为亚洲/上海。如果安装的是 Windows/Linux 双系统，为避免 Windows 中的时间显示为格林威治时间，即比北京时间晚 8 个小时，可去掉 System clock uses UTC。设置完成后，单击“下一步”按钮。

图 2-11　设置时区

（8）系统进入“设置根口令”窗口，如图 2-12 所示。设置根账号及口令是安装过程中最重要的步骤之一。根账号与 Windows NT 中的管理员账号类似。根账号用来安装软件包，升级 RPM，以及执行多数系统维护工作。作为根用户具有对系统完全的控制权。

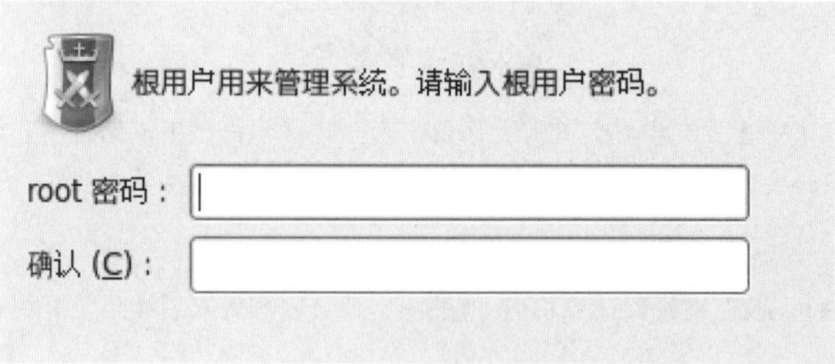

根用户用来管理系统。请输入根用户密码。

root 密码：

确认 (C)：

图 2-12　设置根口令

出于安全的考虑，建议用户只在维护系统时使用根用户。而日常的使用和维护，可以创建一个普通权限账号。若用户在遇到紧急情况，需要快速修复系统或程序时，用 su 命令可以暂时登录为根用户。这样可以避免用户由于误操作，而破坏系统。

提示：要变成根用户，在终端机窗口的 shell 提示下输入 su -，并按“Enter”键，然后输入根口令并按“Enter”键，就会取得根用户权限。

安装程序会提示用户为系统设置一个根口令。根口令是必须设置的，如果不设置，安装程序将不允许继续安装。根口令必须至少包括 6 个字符。设置完成后，单击“下一步”按钮。

注意：从 6.0 版本开始，Red Hat Enterprise Linux 中设置的密码如果过于简单的话，会弹出图 2-13 所示的提示，但并不妨碍设置简单的密码。不过从安全性角度考虑，建议密码最好包括字母（大小写）、数字、特殊字符。

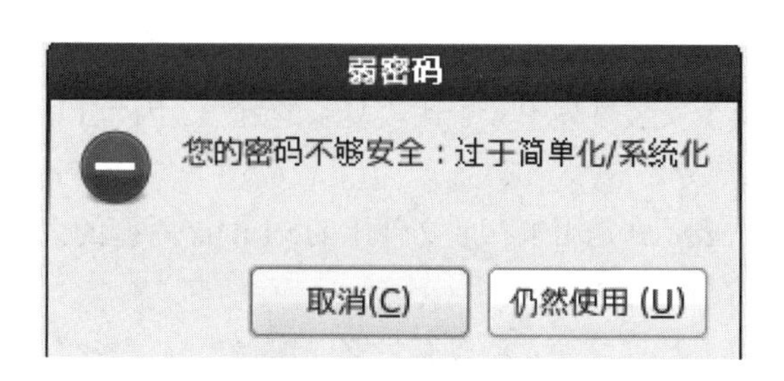

图 2-13　设置根口令

（9）系统进入选择分区方案窗口，如图 2-14 所示。

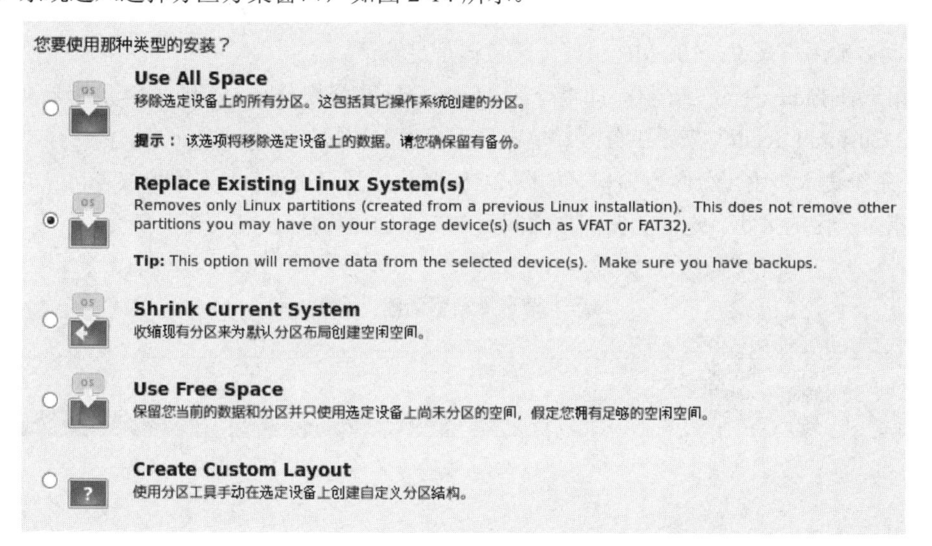

图 2-14　选择分区方案

系统提供以下 5 种分区方案供选择。

- Use All Space：删除所有的已存在分区，包括 ext2/ext3/ext4、swap、vfat、ntfs 等。并执行默认的安装策略。
- Replace Existing Linux System(s)：只删除 Linux 文件系统的分区，保留 vfat 、ntfs。并执行默认的安装策略。
- Shrink Current System：缩减已存在的分区大小，并执行默认的安装策略。
- Use Free Space：使用剩余未划分的空间，执行默认的安装策略。
- Create Custom Layout：自定义分区策略。

在安装 Linux 时，如果所使用的硬盘上无数据或原有数据不要，可以选择第一项；如果是 Windows 和 Linux 共存，可以选择第二项；如果硬盘上有未划分的磁盘空间，可以选择第四项。前面四项 Linux 都会自动按着默认的安装策略来为我们自动划分分区。这里为了能够理解 Liunx 下分区的含义选择最后一项，自定义。

提示：默认的安装策略是：分出一个单独的分区，挂载到 /boot 目录；分出一个较大的分区，转换为 PV，并创建 VG，VG 名为 vg_training，即 vg_加上你之前设置的 hostname 的前缀。并将 PV 加入该 VG。在 VG 上创建 LV: lv_root，并挂载到 / 目录。在 VG 上创建 LV: lv_home，并挂载到 /home 目录。 在 VG 上创建 LV: lv_swap，并设置为交换分区。

磁盘分区设置可能是整个安装过程中一个比较复杂的过程。因为 Linux 分区与 Windows 分区不一样。Linux 的分区分为三部分。

①根分区用符号（/）来表示，是用来存放文件用的。Linux 系统的大部分文件安装在根分区下。分区时，该分区应给与足够大的空间。

②交换分区（swap）用于数据交换。当没有足够的内存来存储系统正在处理的数据，这些数据就被写入交换区。一般将它设置为物理内存的两倍。

③boot 分区包含操作系统的内核（允许用户的系统引导 Linux），以及其他几个在引导过程中使用的文件。鉴于多数 PC BIOS 的限制，创建一个较小的分区来存储这些文件是较佳的选择。对大多数用户来说，100 MB 引导分区应该是足够了。

建议用户在 Linux 下分三个区，即根分区、boot 分区和交换分区。在图 2-14 所示界面，用户选择“Create Custom Layout”来手工分区，单击“下一步”按钮。

（10）系统进入“手工分区”窗口，如图 2-15 所示。手工分区在允许用户按着自己的规划来划分分区和指定分区的大小。选中“空闲”空间后单击“创建”按钮。

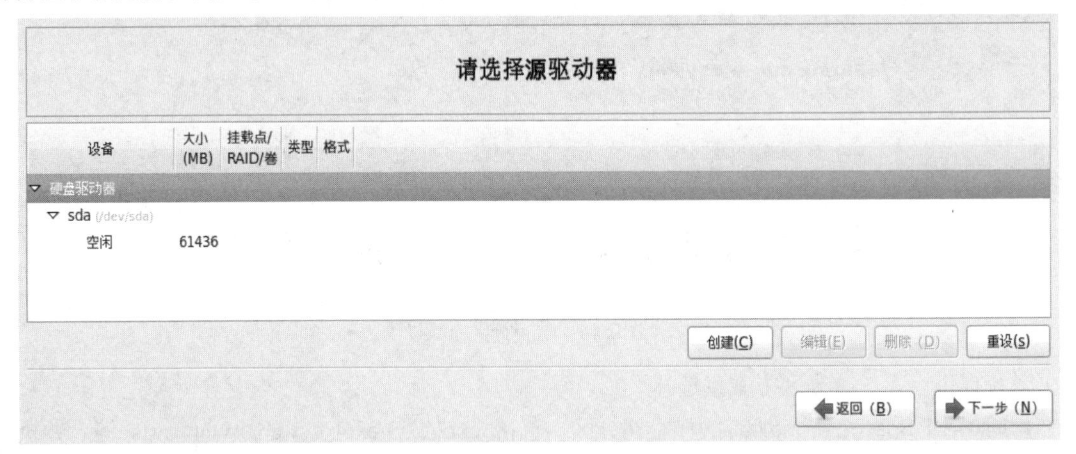

图 2-15　手工分区

弹出如图 2-16 所示的“生成存储”窗口，选择“标准分区”单选按钮，单击“创建”按钮，弹出如图 2-17 所示的“添加分区”窗口。

根分区的创建：“挂载点”选择根分区（/），“文件系统类型”选择 ext4，在“大小”文本框中输入合适的大小，比如 200MB。

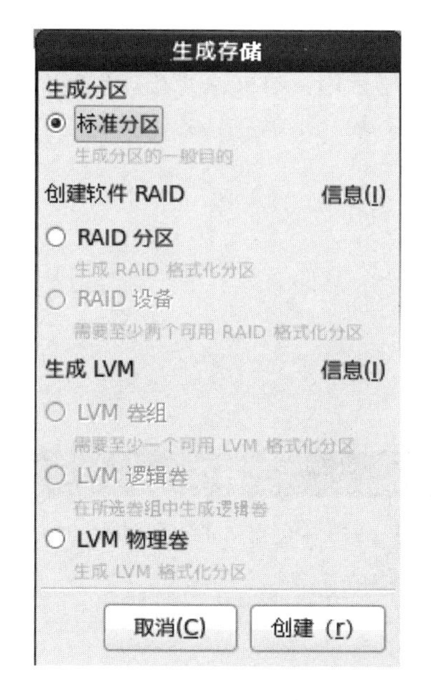

图 2-16　创建存储

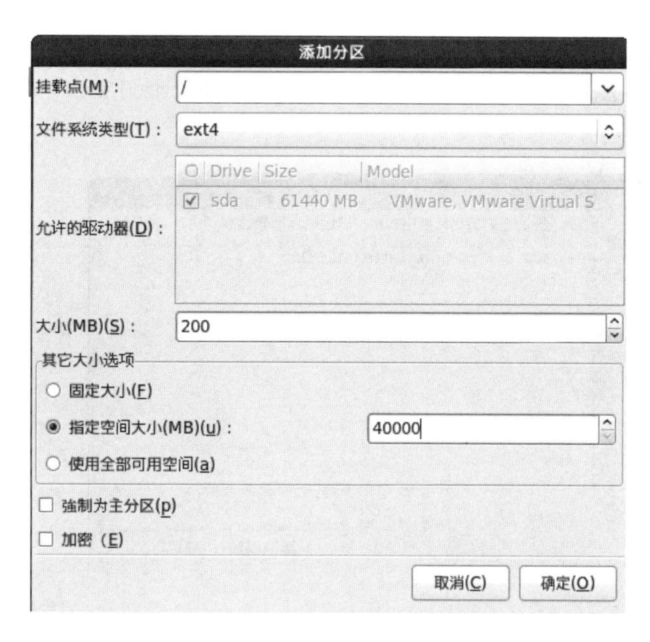

图 2-17　添加分区

注意：如果用户有两个或两个以上硬盘驱动器，用户应该在“允许的驱动器”中选择包含本次安装的硬盘驱动器，如图 2-17 所示。没有被选择的硬盘驱动器的数据，将不会受到影响。

交换分区的创建：“挂载点”不填，“文件系统类型”选择 swap，在“大小”文本框中输入合适的大小，如 4 000MB，如图 2-18 所示。

其他的分区按着上述步骤进行，最终效果如图 2-19 所示。

设备	大小(MB)	挂载点/RAID/卷	类型	格式化
硬盘驱动器				
▽ sda (/dev/sda)				
sda1	20000	/	ext4	✓
sda2	10000	/home	ext4	✓
sda3	4000		swap	✓
▽ sda4	6959		扩展分区	
sda5	6958	/mnt/win	ext4	✓

图 2-18　交换分区

图 2-19　分区最终效果

创建的分区如果不满意，可以单击“编辑”、“删除”、“重设”按钮来改变。

（11）整个分区分好后，单击“下一步”按钮，将弹出格式化的警告窗口，如图 2-20 所示。

用户一旦单击“格式化”按钮，系统立即会对划分的各个分区进行格式化，分区上原有的数据将会丢失，如图 2-21 所示。在 Red Hat Enterprise Linux 6 以前的版本中，分区格式化动作是在安装软件前才进行的。

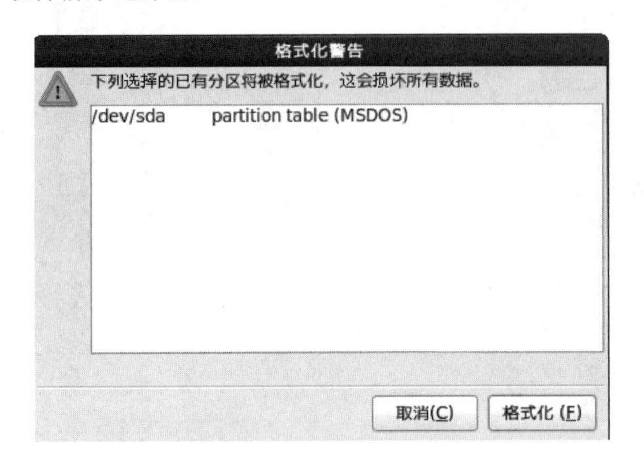

图 2-20　格式化警告信息

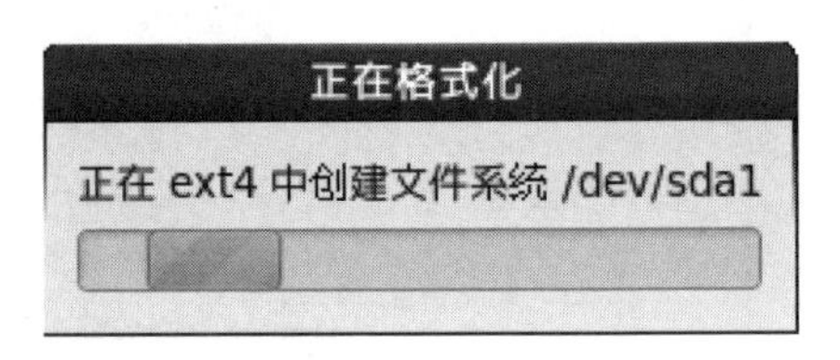

图 2-21　格式化

注意：如果用户此时不想改变硬盘上的数据，“取消”或关闭机器电源，不会对硬盘数据带来损坏。

（12）格式化完成后，系统进入“引导程序配置”窗口，如图 2-22 所示。引导装载程序是计算机启动时所运行的第一个软件，它的责任是载入操作系统内核软件并把控制转交给内核。然后，内核软件再初始化操作系统。通常用户都把引导装载程序安装在硬盘上，这样就避免每次开机都要用引导盘来引导进入系统。安装程序为用户提供的引导装载程序叫 GRUB。

图 2-22　引导装载程序配置

GRUB（Grand Unified Bootloader）是默认安装的引导装载程序。它的功能十分强大，GRUB 能够通过载入另一个引导装载程序，从而实现载入多种操作系统。

每个可引导分区都会在列表框中列出，包括被其他操作系统（如 Windows）使用的分区。而且根文件系统的分区将有一个在 Red Hat Enterprise Linux（GRUB）标签。其他分区也可以有引导标签。如果用户想添加或改变其他分区的标签，单击该分区来选择它，选定后，用户可以单击“编辑”按钮来改变引导标签。

为了提高安全性，引导装载程序可以设置密码。单击“修改密码”按钮，弹出“输入引导装载程序密码”对话框，完成密码设置。

要配置更高级的引导装载程序选项，如改变驱动器顺序或向内核传递选项，则要单击“更改设备”，系统进入“更改设备”窗口，用户可以决定要在哪里安装引导装载程序。

在下面两个位置之一安装引导装载程序：

- 假如 MBR 已经没有启动另一个操作系统的引导装载程序如 System Commander，推荐把引导装载程序安装在这里。MBR 是硬盘驱动器上的一个特殊区域，它会被计算机的 BIOS 自动载入，并且是引导装载程序控制引导进程的最早的地点。如果在 MBR 上安装引导装载程序，当机器引导时，GRUB 会出现一个引导提示。
- 假如用户只安装 Red Hat Linux 系统，应该选择 MBR。如果同时带有 Windows 的系统，也应该把引导装载程序安装到 MBR，因为它可以引导两个操作系统。

（13）设置完成后，单击“下一步”按钮。系统进入软件安装部分，如图 2-23 所示。系统可按照不同服务器需要选择不同的安装类别。用户也可以定制安装所需要的软件包。对于初学者，如果磁盘空间足够，建议安装所有的软件包。

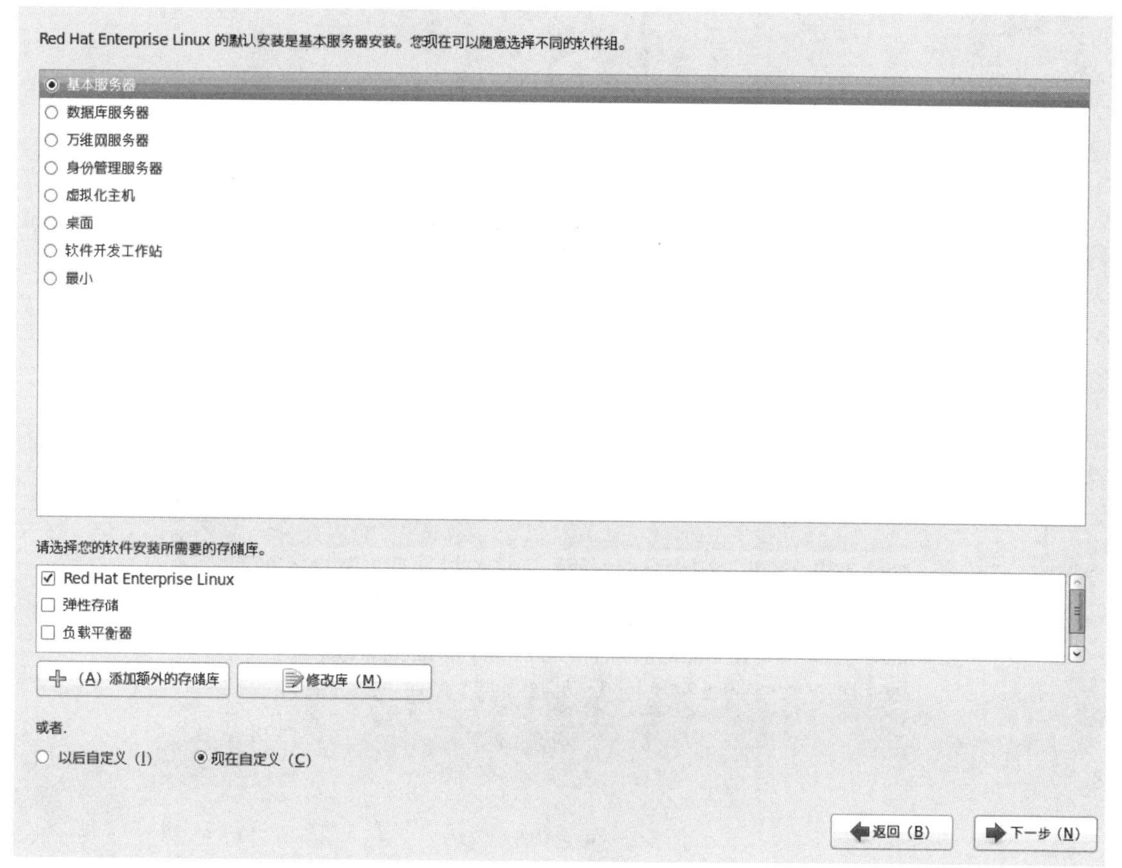

图 2-23　软件安装设置

（14）选择“现在自定义”单选按钮，单击“下一步”按钮，进入“选择软件包组”窗口，如图 2-24 所示。在该窗口中按着类别列出所有 Red Hat 自带的软件。选择左边的类别项，在右边会列出该类别下的所有软件包。如果要安装某个软件包，只需在其前面的复选框中打钩即可。如果软件包又是由多个软件构成，选定了软件包组后，单击“可选软件包”按钮，系统弹出组件细节窗口，如图 2-25 所示。该窗口中显示每个软件包中包含的软件。

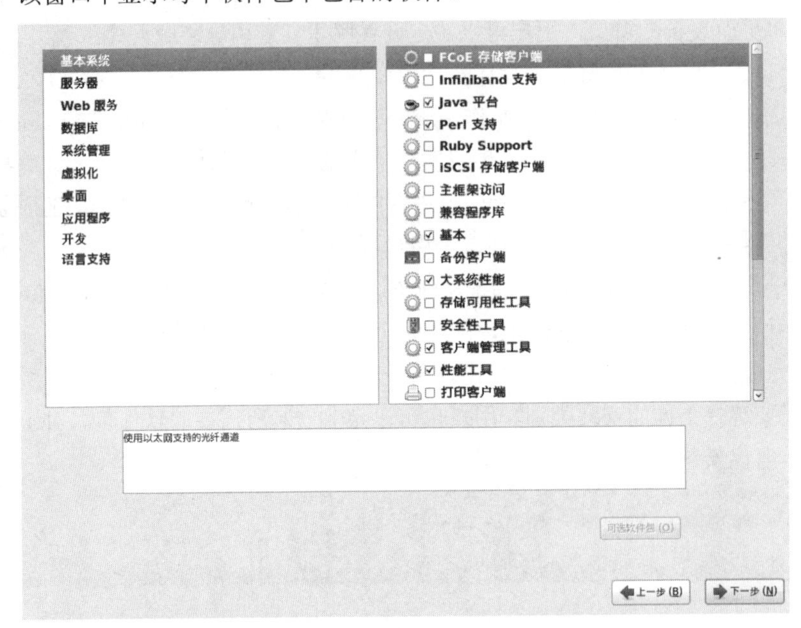

图 2-24　选择软件包组

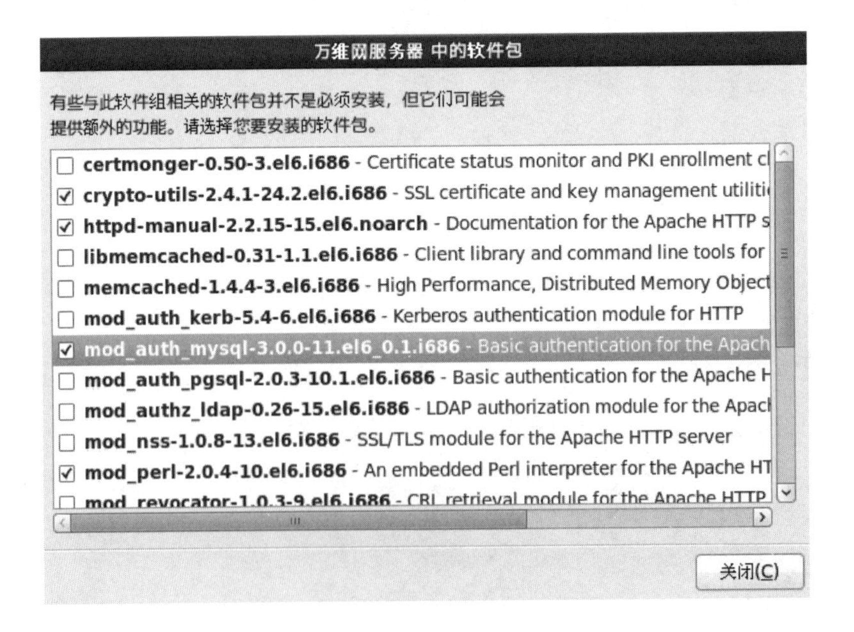

图 2-25　可选软件包安装

（15）选择完成后，单击“关闭”按钮。返回图 2-24 的界面。单击“下一步”按钮，进入软件包安装过程。在软件包被安装完成前，用户不需要也无法进行任何操作。安装的快慢依据所选择的软件包数量和计算机的性能而定。

注意：如果用户此时想改变上述步骤中的设置，单击“返回”按钮重设。一旦单击“下一步”按钮，系统将自动进行软件安装，无法取消。

图 2-26　软件包安装

（16）安装完成，如图 2-27 所示。用户单击“重新引导”按钮，第一次启动 Linux 系统。

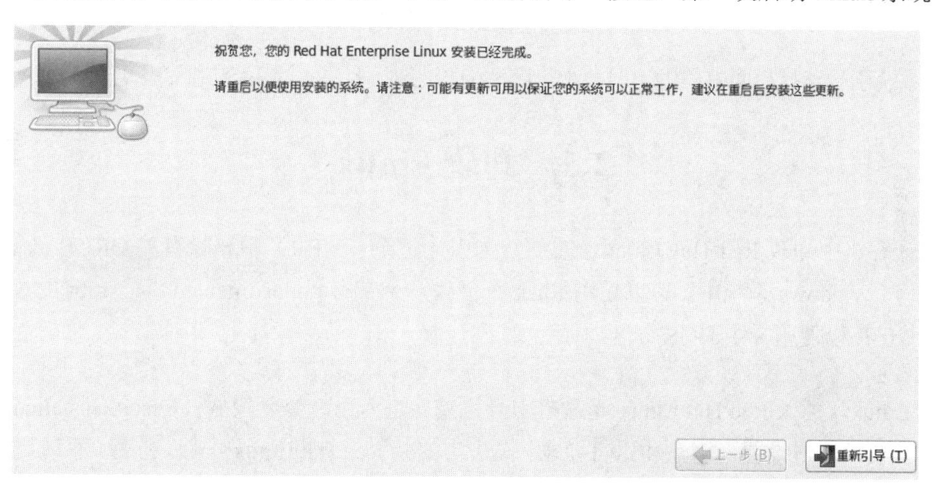

图 2-27　安装完成

重新引导系统后，系统将会在/root/install.log 中安装一份完整的安装日志，以备今后参考。

2.2.3　完成安装

系统重新启动，Red Hat Enterprise Linux 6 完成系统安装。这时安装程序会提示用户做好重新引导系统的准备。如果安装介质（磁盘驱动器内的磁盘或光盘驱动器内的光盘）在重新引导时没有被自动弹出，务必要取出它们。

系统启动，如图 2-28 所示。进入引导界面，如果用户不做任何操作，系统默认 30 秒后直接引导进入 Linux（等待的时间可以改变）。如果用户敲击了键盘上的任何键，系统将进入多系统引导选择界面，如图 2-9 所示。

```
Press any key to enter the menu

Booting Red Hat Enterprise Linux (2.6.32-220.el6.i686) in 0 seconds...
```

图 2-28　显示器配置

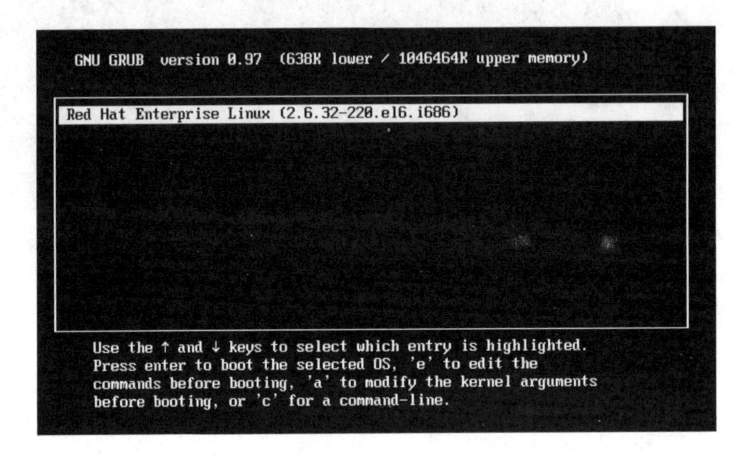

图 2-29　GRUB 引导界面

在多系统引导选择界面中，用户可以使用上下方向键选择要进入的系统后回车。开始启动所选系统。

2.3　卸载 Linux

要从计算机中卸载 Red Hat Linux，需要从主引导记录（MBR）中删除有关 GRUB 的信息。在 DOS、NT 和 Windows 系统中，可以使用 fdisk 来创建一个带有 undocumented 标志/mbr 的 MBR。这将会重写 MBR 以便引导主 DOS 分区。命令如下：

```
fdisk /mbr
```

删除 Linux，插入 Red Hat Linux 光盘来引导系统。进入系统修复模式（Rescue installed system）然后系统会要求用户设置入键盘和语言要求，操作与安装 Red Hat Linux 类似。然后，系统提示用户，程序正在寻找要救援的 Red Hat Linux 系统。用户单击“跳过”按钮。

这样就可以在命令提示界面下，访问要被删除的分区。输入命令：

```
list-harddrives
```

这样会列出系统上所有的硬盘驱动器及其大小。

注意： 请务必小心，只删除必要的 Red Hat Linux 分区。删除其他分区会导致数据丢失或系统环境损坏。

要删除分区，可以使用分区工具 parted。启动 parted，输入命令：

```
parted /dev/had
```

使用 print 命令查看当前的分区表，确认要删除的分区号：

```
print
```

print 命令还可以显示分区的类型（如 Linux-swap、ext3 等）。然后使用 rm 命令来删除分区。例如要删除分区号为 2 的分区，命令如下：

```
rm2
```

执行这条命令后，可以用 print 命令查看一下是否删除成功。完成后可以输入 quit 来退出 parted。退出 parted 后，重启计算机。

如果是多系统共存的机器，改写 MBR 引导记录后，在另一系统中将 Linux 分区删除即可。

2.4　登录 Red Hat Linux

重启计算机后，引导装载系统将会引导进入系统，如图 2-30 所示。

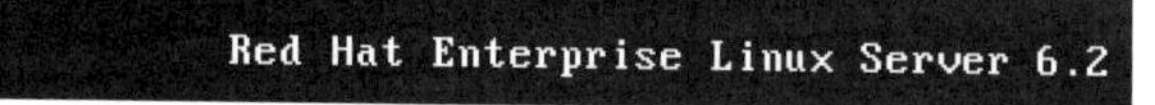

图 2-30　Red Hat Enterprise Linux 6 启动界面

2.4.1　设置代理

引导完毕后，系统进入 Red Hat Enterprise Linux 6 的登录界面。如果是第一次登录，系统将会进入设置代理界面，如图 2-31 所示。设置代理会引导用户进行 Red Hat Enterprise Linux 6 系统配置。使用该工具可以完成系统使用前的几项基本工作。

图 2-31　欢迎界面

1. “用户账号”界面

在“欢迎”界面中，单击“前进”按钮，经过“许可证”、“软件更新”后进入“用户账号”界面，如图 2-32 所示。在该界面设置的是个人账号。用户可以用它来进行日常工作。建议不要用根账号登录来进行普通任务，因为这有可能无意间损坏用户的系统或删除文件。设置代理会让用户输入一个用户名、用户的全称、以及口令（必须输入两次）。创建的用户账号，在系统上有自己的存储文件的主目录。可以用它来登录 Red Hat Enterprise Linux 系统。

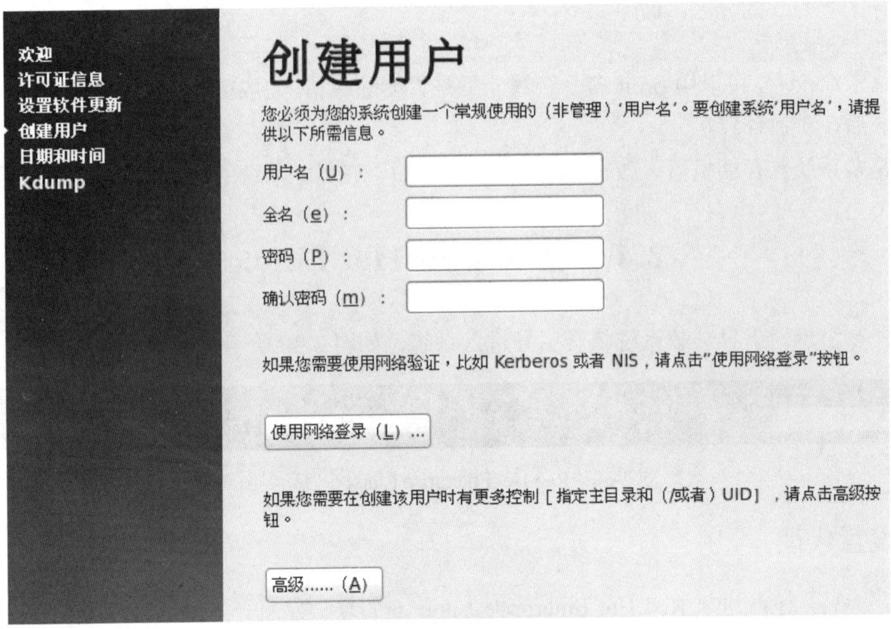

欢迎
许可证信息
设置软件更新
创建用户
日期和时间
Kdump
创建用户
您必须为您的系统创建一个常规使用的（非管理）'用户名'。要创建系统'用户名'，请提供以下所需信息。
用户名（U）：
全名（e）：
密码（P）：
确认密码（m）：
如果您需要使用网络验证，比如 Kerberos 或者 NIS，请点击"使用网络登录"按钮。
使用网络登录（L）...
如果您需要在创建该用户时有更多控制［指定主目录和（/或者）UID］，请点击高级按钮。
高级……（A）

图 2-32　设置用户账号

2．“日期和时间”界面

单击“前进”按钮，系统进入“日期和时间”界面，如图 2-33 所示。用户设置机器的时间和日期。它会调整用户的计算机的 BIOS（基本输入/输出系统）的时钟。

欢迎
许可证信息
设置软件更新
创建用户
日期和时间
Kdump
日期和时间
请为系统设置日期和时间。
日期和时间（T）
当前日期和时间　2014年01月24日　星期五　20时54分10秒
在网络上同步日期和时间（y）
手动设置您系统的日期和时间
日期（D）
2014
一月
日 一 二 三 四 五 六
时间
时（H）：20
分（M）：50
秒（S）：57

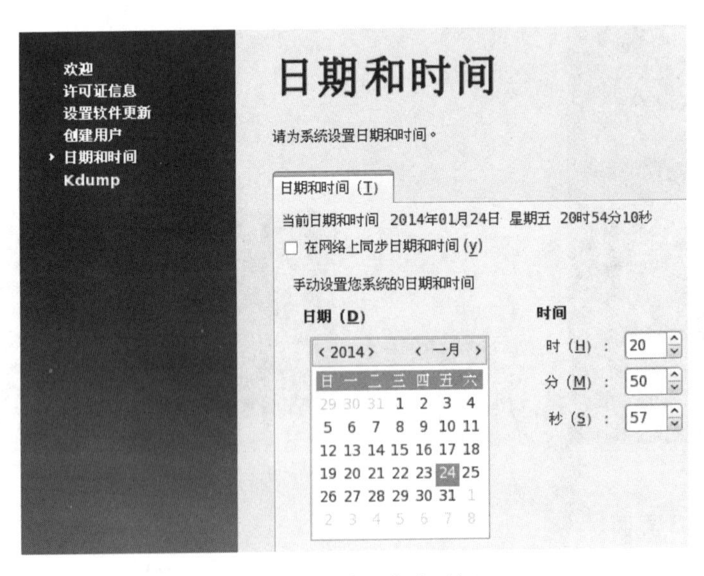

图 2-33　设定日期和时间

3．注册界面

单击“前进”按钮，系统进入 Kdump，如图 2-34 所示。关闭内核救援模式不开启。再次单击“前进”按钮，系统配置完成。单击“前进”按钮，退出设置代理程序。

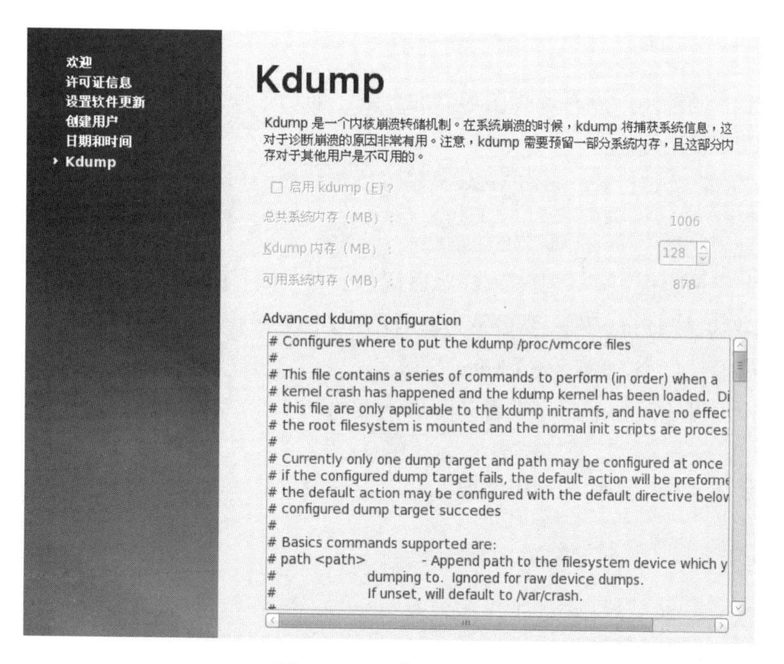

图 2-34　内核救援模式

2.4.2　登录图形界面

因为 Red Hat Enterprise Linux 是多用户操作系统，所以即使用户是唯一使用计算机的用户，也需要通过登录验证以后才能进入系统。系统根据登录账号的权限，会自动授予用户使用文件和程序的相应权限。通常图形化登录进入 X Window System 图形用户界面（GUI），如图 2-35 所示。

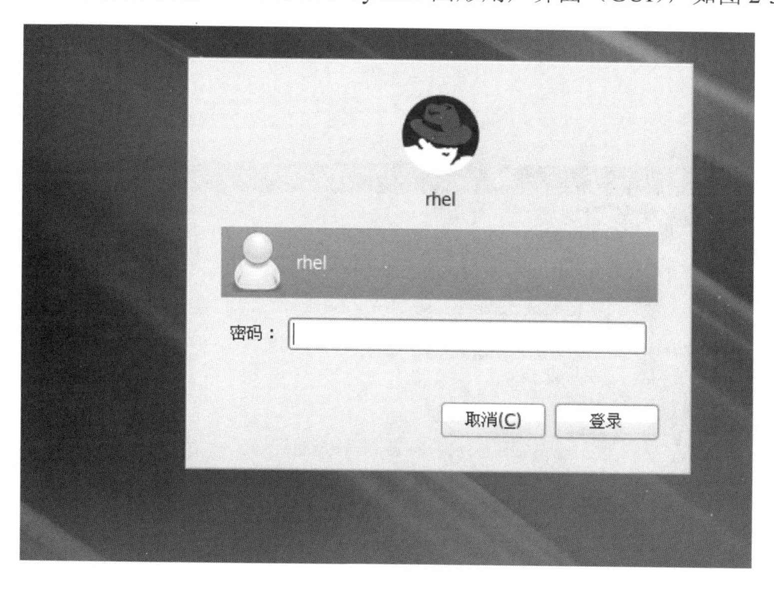

图 2-35　图形化登录

输入用户名和密码之后，即可登录图形化桌面。

2.4.3 登录虚拟控制台

在登录过程中，如果用户没有选择图形界面登录，而选择要使用文本登录类型，在系统被引导后，用户会看到以下登录提示：

```
Red Hat Enterprise Linux Server release  6.2 (Santiago)
Kernel 2.6.32-220.el6.i686 on an i686
localhost  login:
```

要从控制台上登录为根用户，在登录提示后键入 root，按“Enter”键。在口令提示后输入安装时设置的根口令，然后按“Enter”键。要登录为普通用户，在登录提示后输入用户的用户名，按“Enter”键，在口令提示后输入口令，然后按“Enter”键。

登录后，用户可以输入如下命令来启动图形化桌面。

```
Startx
```

这样系统就会从文本模式转换到图形模式。虚拟控制台登录速度比图形化登录快。

2.4.4 远程登录

要进行远程登录需要在文本模式下，输入命令如下：

```
[root@localhost root]# rlogin 218.xxx.xx.x    此为所要登录的主机的 IP 地址
password:
login incorrect
login root
password:
```

输入正确的用户名和口令之后就可以远程登录主机。

2.4.5 图形化环境

在安装 Red Hat Linux 时，如果安装了图形化环境。启动了 X 窗口系统后，会进入图形化桌面，如图 2-36 所示。

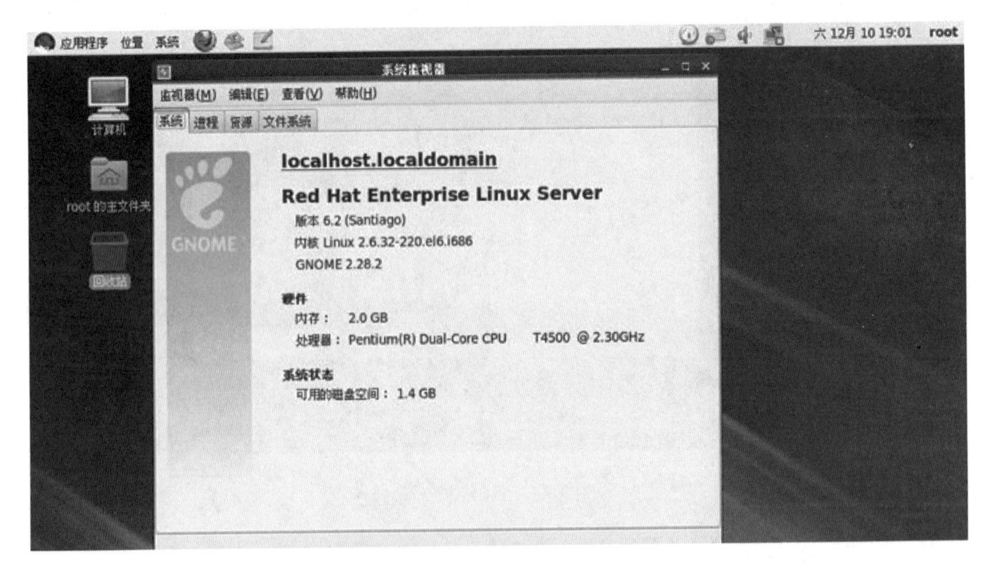

图 2-36 Linux 桌面

在 Linux 的图形化环境下，用户可以和 Windows 下一样用鼠标进行操作。图形化环境大大降低了 Linux 操作的难度，而不必去背大量的命令也可以很好地管理 Linux。

2.5 安装的常见问题

在安装 Red Hat Enterprise Linux 时由于各种各样的原因，难免会出现各种各样的问题。导致这些问题的原因有很多，而这些问题也各种各样，无法一一述及，下面只对其中比较典型多发的问题进行讨论解决。

2.5.1 无法引导 Red Hat Enterprise Linux

1. 无法从光盘引导

由于某种原因，无法从光盘引导安装。可以从以下方面着手解决问题：

- 查看光盘是否是引导盘。
- 检查一下 BIOS 设置，是否已经设置为光驱启动。
- 如果上面不能解决，用已经制作的启动盘软盘启动。

注意： *要用启动盘软盘启动，首先要在 BIOS 里设置计算机从软驱启动。*

2. 无法从引导盘中引导

如果无法从引导盘中引导，可以这样解决：

- 检查软盘是否完好。
- 检查 BIOS 设置，是否已经设置为软驱启动。
- 使用更新的引导盘映像来引导。

要找到更新的引导盘映像，查看下下面的在线勘误：

```
http://www.redhat.com/support/errata
```

3. 系统显示信号 11 错误

信号 11 错误通常称为分段错误（segmentation fault），意思是程序进入了没有分配给它的内存位置。如果在安装过程中接收到一个致命的信号 11 错误，其原因可能是系统内存总线中出现了硬件错误。内存中的硬件错误可能是由可执行文件中的问题导致的，或是由系统的硬件问题导致的。和其他的操作系统一样，Red Hat Enterprise Linux 对系统硬件也有它自己的要求。某些硬件可能无法满足这些要求，即便它们在其他操作系统下运行正常。

查看一下是否有 Red Hat 的最新安装及附加引导盘。再查看一下在线勘误来确定是否有可用的更新版本。如果最新的映像仍不成功，这个错误就可能是硬件问题导致的。通常，这些错误存在于内存或 CPU 缓存中。对这个错误的一个解决方法是在 BIOS 中关闭 CPU 缓存。还可以试着在主板插槽中把内存调换一下，而且这也可以确定该问题是关于插槽的还是关于主板的。

另一种选择是在安装光盘上执行磁盘校验与检查。要测试 ISO 映像的校验，可在安装程序的引导提示下输入：

```
boot: linuxmediacheck
```

2.5.2 安装起始的问题

1. 没有检测到鼠标

如果"没有检测到鼠标"页面出现了，如图 2-37 所示，这说明安装程序无法正确识别鼠标。用户可以继续 GUI 安装，或者使用不需鼠标的文本模式安装。如果选择要继续 GUI 安装，则必须向安装程序提供鼠标配置信息。

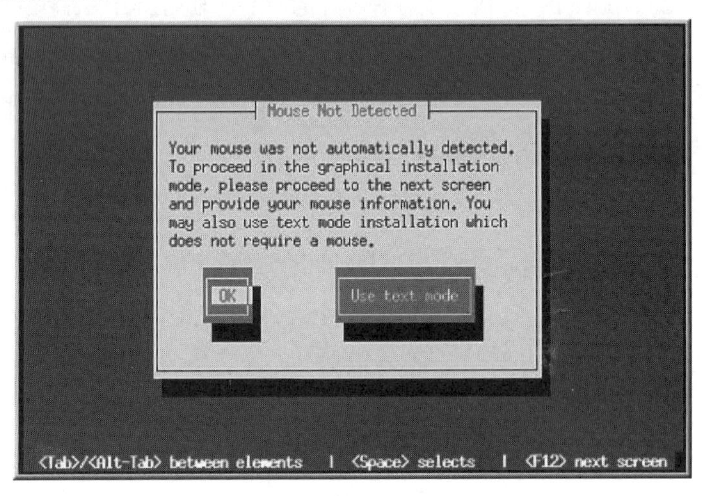

图 2-37 没有检测到鼠标

2. 引导入图形化安装遇到问题

某些老旧的视频卡无法被 Red Hat Enterprise Linux 安装程序正确识别。导致引导图形化安装程序出现问题。如果安装程序无法使视频卡的按照默认设置来运行，它将会进入较低分辨率模式中。如果这还不行，安装程序将会在文本模式中运行。

如果视频卡不能在 800×600 分辨率下运行，用户应该在 boot:提示下输入 lowres 来使用 640×480 分辨率运行安装程序。

另一种方法是使用 resolution=引导选项。该选项对移动计算机用户最有帮助。

2.5.3 安装过程的问题

1. No devices found to install Red Hat Linux 错误消息

如果出现"No devices found to install Red Hat Linux"错误消息，这可能表明某个 SCSI 控制器没有被安装程序识别。首先，查看一下硬件制造商的网站，确定一下是否有能够解决这个问题的驱动程序。用户还可以参考 Red Hat 的硬件兼容列表。

```
http://hardware.redhat.com/hcl/
```

2. 分区表问题

如果在安装程序的"磁盘分区设置"窗口，出现错误信息："设备 hda 上的分区表无法被读取。创建新分区时必须对其执行初始化，从而会导致该驱动器中的所有数据丢失。"说明该驱动器上可能没有分区表，或者该驱动器上的分区表可能无法被分区软件识别。

使用过 EZ-BIOS 之类程序的用户可能遇到过类似的问题，这个问题会导致数据丢失，而且无法恢复。因此在安装之前，用户首先要为硬盘上的数据备份。

3. 创建分区的问题

如果在创建分区（如/ 分区）时遇到问题，请确定是否已经把分区类型设置为 Linux Native。

2.5.4 安装后的问题

1. GRUB 的图形化屏幕中遇到问题

由于某种原因，用户常需要禁用图形化引导屏幕。用户可以用根用户身份编辑/boot/grub/grub.conf 文件，然后重新引导系统来实现。

编辑方法是，把 grub.conf 文件中开头为 splashimage 的行变为注释。要将某一行变为注释，就是在这一行的起首插入“;”字符。当重新引导后，grub.conf 文件将会被重读，所做的改变就会生效。

如果想重新使用图形化引导，可以把 splashimage 前的“;”去掉即可。

2. 引导入图形环境

如果安装了 X 窗口系统，但是在登录了 Red Hat Enterprise Linux 系统后却看不到图形化桌面环境，用户可以使用 startx 命令来启动 X 窗口系统图形化界面。

要把系统设置为始终从图形化登录，必须编辑/etc/inittab 这个文件，只需改变一个数字即可。编辑完毕后，重新引导计算机，用户下次登录时就会看到图形化登录提示。具体设置如下：

使用系统管理员权限登录系统，然后使用 gedit 编辑文件/etc/inittab 文件。

```
gedit /etc/inittab
```

用户会看到类似以下的部分：

```
#Defaultrunlevel.TherunlevelsusedbyRHSare:
#0-halt(DoNOTsetinitdefaulttothis)
#1-Singleusermode
#2-Multiuser,withoutNFS(Thesameas3,ifyoudonothavenetworking)
#3-Fullmultiusermode
#4-unused
#5-X11
#6-reboot(DoNOTsetinitdefaulttothis)
#
id:3:initdefault:
```

要从图形化登录，只需把“id:3:initdefault:”这一行中的数字 3 改为 5。如要从文本界面登录，只需改回即可。

改完后使用快捷键“Ctrl+X”保存并退出该文件。用户会看到一条消息通知用户这个文件已被修改，并请用户确认，键入 Y 确认。重启系统就会改变登录模式。

3. 登录时的问题

如果在登录时忘记 root 用户密码，则需要在“Linux single”模式下重新设置密码。如果使用的是 GRUB，可在载入 GRUB 引导页面时，输入 e 来编辑配置文件，选择以 kernel 开头的一行，然后输入 e 来编辑该项引导项目。在 kernel 行的结尾处添加：

```
 single                        注意：前面有空格
```

按“Enter“键确认，退出编辑模式。回到 GRUB 页面，输入“b”来引导进入单用户模式。在进入单用户模式后，可以看到#提示符，用户输入以下命令。

```
passwd  root
```

系统会提示用户输入新的 root 用户密码，连续输入两遍正确后。然后再输入以下命令。

```
shutdown -r now
```

系统使用新的根用户口令引导系统。

4. 内存无法被识别

有时系统内核无法识别内存，用户可用以下命令来校验。

```
cat /proc/meminfo
```

查看一下显示的内存是否与真实内存容量相同，如果不同，在/boot/grub/grub.conf 文件中添加一行：

```
men=xxM
```

说明：xx 为用户的真实内存大小（以 MB 为单位）。

例如：

```
#NOTICE: You have a /boot partition. This means that
#       all kernel paths are relative to /boot/
default=0
timeout=30
splashimage=(hd0,0)/grub/splash.xpm.gz
title Red Hat Enterprise Linux (2.6.32-220.el6)
        root (hd0,0)
        kernel /vmlinuz-2.6.32-220.el6 ro root=/dev/hda3 mem=1024M
```

xx 设置为 1024，重新启动后，文件的更改就会反映在系统中。

5. 打印机无法工作

如果用户不清楚如何设置打印机，或者在设置时出现问题，可用打印机配置工具。在命令行中输入以下命令，启动打印机配置工具。

```
redhat-config-printer
```

然后在配置工具中进行相应的配置。

6. 配置声卡

有时虽然已经安装了声卡，但没有声音，可以运行声卡配置工具，在命令行中输入以下命令。

```
redhat-config-soundcard
```

用户也可以在图形界面下，单击“主菜单”|“系统设置”|“声卡检测”命令，启动声卡配置工具。

7. NVIDIA 芯片问题

如果用户使用的是 NVIDIA 芯片的显卡，在更新系统内核后，可能会遇到显卡问题，如突然没有视频输出。如果遇到此类问题，可以下载此型号显卡的最新驱动程序。一般就可以解决。

2.5.5 与 Windows 系统共存

虽然 Linux 是一款非常优秀的操作系统，但是对于绝大多数 Windows 用户来说，Linux 还非常陌生，为了使更多的用户了解 Linux，下面介绍一下怎样让 Linux 和 Windows 共存。

注意：如果想在 Linux 环境下读取 Windows 分区的资料，就不要把 Windows 分区的文件系统类型选择为 NTFS，可以采用 VFAT 分区。当然也可以借助一些工具软件直接操作 NTFS 下的文件。如果硬盘上还没有安装任何操作系统，建议先安装 Windows。

现在 Red Hat Enterprise Linux 的安装程序通常会检测到计算机中安装的 Windows，用户只需要按照先安装 Windows 后安装 Linux 的原则进行安装，一般不会出现问题。引导安装程序（GRUB）能够引导 Windows 启动。关于 Linux 与 Windows 之间的资料传输问题，会在后面章节介绍。

2.6 小　　结

安装 Linux 操作系统已经变得越来越简单了，预先编译二进制软件、预先选择软件包和分区，还有图形化界面使得 Red Hat Linux 的安装变得非常轻松。普通计算机用户进入 Linux 环境更加方便了。除了逐步安装操作系统的过程外，本章还讨论了 Red Hat Enterprise Linux 系统安装过程中一些比较难解决的问题，其中专门讨论了硬盘分区以及改变引导过程的方法等。在本章中我们还介绍了一些在安装中容易出现的问题的解决办法。

第 3 章　文件和磁盘管理

文件和磁盘管理是任何一个操作系统中的基本操作技能，只有扎实的掌握了基本的文件操作和磁盘管理技巧，才能为以后的复杂应用打好基础。本章将主要分析 Linux 中的文件和磁盘管理内容，包括文件的基本操作和设置文件权限等基本内容，同时还将讲解磁盘的基本管理内容。

3.1　Linux 文件系统入门

文件系统（File System）是操作系统用来存储和管理文件的子系统，而且每种操作系统支持的文件系统数量和种类基本上都各不相同。

3.1.1　文件介绍

在 Linux 系统中，任何软件和硬件都被视为文件。Linux 中的文件名最大支持 256 个字符，分别可以用 A~Z、a~z、0~9 等字符来命名。而且在 Linux 中，文件名是区分大小写的，所有的 UNIX 系列操作系统都遵循这个规则。与 Windows 不同的是 Linux 的文件没有扩展名，所以 Linux 下的文件名称和它的种类没有任何关系。例如，abc.exe 可以是文本文件，而 abc.txt 也可以是可执行文件。

Linux 下的文件可以分为 5 种不同的类型：普通文件、目录文件、链接文件、设备文件和管道文件。

1．普通文件

普通文件是一类常见的文件，也是常使用的一类文件，其特点是不包含有文件系统的结构信息。通常用户所接触到的文件，如图形文件、数据文件、文档文件、声音文件等都属于这种文件。这种类型的文件按其内部结构又可细分为文本文件和二进制文件。

2．目录文件

目录文件是用于存放文件名及其相关信息的文件。它是内核组织文件系统的基本节点。目录文件可以包含下一级目录文件或普通文件。在 Linux 中，目录文件是一种文件。但 Linux 的目录文件和其他操作系统中的“目录”的概念不同，它是 Linux 文件中的一种。当然，在实际使用中可以不仔细区分这两种说法。在很多 Linux 的书籍和资料中就是将目录文件简称为目录的，等同于 Windows 中的文件夹。

3．链接文件

链接文件是一种特殊的文件，实际上是指向一个真实存在的文件的链接。这有点类似于 Windows 下的快捷方式。根据链接文件的不同，它又可以细分为硬链接文件和符号链接文件（软链接文件）。

4．设备文件

设备文件是 Linux 中最特殊的文件。正是由于它的存在，使得 Linux 系统可以十分方便地访问外部设备。Linux 系统为外部设备提供一种标准接口，将外部设备视为一种特殊的文件。用户可以像访问普通文件一样访问外部设备，使 Linux 系统可以很方便地适应不断发展的外部设备。通常 Linux 系统将设备文件放在/dev 目录下，设备文件使用设备的主设备号和次设备号来指定某外部设备。根据访问数据方式的不同，设备文件又可以分为块设备文件和字符设备文件。

5．管道文件

管道文件也是一种很特殊的文件，主要用于不同进程间的信息传递。当两个进程间需要进行数据或信息传递时，可以使用管道文件。一个进程将需传递的数据或信息写入管道的一端，另一进程则从管道的另一端取得所需的数据或信息。通常管道是建立在缓存中的。

3.1.2　目录介绍

Linux 的文件系统是采用级层式的树状目录结构，在此结构中的最上层是根目录“/”，然后在此目录下再创建其他的目录。在 Linux 下目录的名称是可以自定义的，但是某些特殊的目录名称包含有非常重要的功能，因此不建议更改目录的名称，以免造成错误，导致系统崩溃。在 Linux 安装时，系统会创建很多默认的目录，这些目录都具有特殊的功能如表 3-1 所示。

表 3-1　Linux 系统默认目录

目　录	功　能
/	Linux 文件系统的上层根目录
/bin	bin 是 binary 的缩写。这个目录沿袭了 UNIX 系统的结构，存放着使用者最经常使用的命令，如 cp、ls、cat 等
/boot	操作系统启动时所需的文件
/dev	接口设备文件目录，如 had 表示硬盘。dev 是 device（设备）的缩写。这个目录下是所有 Linux 的外部设备，其功能类似 DOS 下的.sys 和 Win 下的.vxd。在 Linux 中设备和文件是用同种方法访问的。例如，/dev/hda 代表第一个物理 IDE 接口硬盘
/etc	这个目录用来存放系统管理所需要的配置文件和子目录
/home	一般用户的主目录或 FTP 站点目录，如有个用户名为 wang，那他的主目录就是/home/wang 也可以用~wang 表示
/media	装置的文件系统加载点。例如，光驱、软盘等。5.0 版本之前是/mnt
/proc	这个目录是一个虚拟的目录，它是系统内存的映射，所以这个目录的内容不在硬盘上而是在内存里。用户可以通过直接访问这个目录来获取系统信息
/root	root 用户的主目录
/sbin	此目录存放系统启动时所需执行的程序
/tmp	用来存放暂存盘的目录

续表

目　录	功　　能
/usr	存放用户使用的系统命令和应用程序等信息
/lib	这个目录里存放着系统最基本的动态链接共享库，其作用类似于 Windows 里的.dll 文件。几乎所有的应用程序都须要用到这些共享库
/lost+found	这个目录平时是空的，当系统不正常关机后，这里就存放恢复的文件
/tmp	用来存放一些临时文件
/var	具变动性质的相关程序目录

3.1.3　文件的结构

Linux 支持很多文件结构，它可以同很多不同的文件系统和操作系统共存。Linux 中的分区没有盘符的概念。当用户存取资料的时候不用像 Windows 那样指定到 C 盘、D 盘等盘符。Linux kernel 自 2.6.28 开始正式支持新的文件系统 ext4，因此在 Red Hat Enterprise Linux 6 中是使用树状的 ext4 为主要的文件系统。exrt4 是 ext3 的改进版本，修改了 ext3 中部分重要的数据结构，而不仅仅像 ext3 对 ext2 那样，只是增加了一个日志功能而已。ext4 可以提供更佳的性能和可靠性，还有更为丰富的功能。而且它还具有以下优点：

1．与 ext3 兼容

执行若干条命令，就能从 ext3 在线迁移到 ext4，而无须重新格式化磁盘或重新安装系统。原有 ext3 数据结构照样保留，ext4 作用于新数据，当然，整个文件系统因此也就获得了 ext4 所支持的更大容量。

提示：如何从 ext3 迁移到 ext4。使用 tune2fs 命令和 fsck 命令。

首先，将当前文件系统卸载；其次运行命令：

```
tune2fs -O extents,uninit_bg,dir_index /dev/yourfilesystem
```

最后，运行 fsck 命令，否则 ext4 将无法挂载你的新文件系统。

2．更大的文件系统和更大的文件

较之 ext3 目前所支持的最大 16TB 文件系统和最大 2TB 文件，ext4 分别支持 1EB（1 048 576TB，1EB=1 024PB，1PB=1 024TB）的文件系统，以及 16TB 的文件。

3．无限数量的子目录

ext3 目前只支持 32 000 个子目录，而 ext4 支持无限数量的子目录。

4．extents

ext3 采用间接块映射，当操作大文件时，效率极其低下。比如一个 100MB 大小的文件，在 ext3 中要建立 25 600 个数据块（每个数据块大小为 4KB）的映射表。而 ext4 引入了现代文件系统中流行的 extents 概念，每个 extent 为一组连续的数据块，上述文件则表示为“该文件数据保存在接下来的 25 600 个数据块中”，提高了不少效率。

5．多块分配

当写入数据到 ext3 文件系统中时，ext3 的数据块分配器每次只能分配一个 4KB 的块，写一个

100MB 文件就要调用 25 600 次数据块分配器，而 ext4 的多块分配器“multiblock allocator”（mballoc）支持一次调用分配多个数据块。

6. 延迟分配

ext3 的数据块分配策略是尽快分配，而 ext4 和其他现代文件操作系统的策略是尽可能地延迟分配，直到文件在 cache 中写完才开始分配数据块并写入磁盘，这样就能优化整个文件的数据块分配，与前两种特性搭配起来可以显著提升性能。

7. 快速 fsck

以前执行 fsck 第一步就会很慢，因为它要检查所有的 inode，现在 ext4 给每个组的 inode 表中都添加了一份未使用 inode 的列表，今后 fsckext4 文件系统就可以跳过它们而只去检查那些在用的 inode 了。

8. 日志校验

日志是最常用的部分，也极易导致磁盘硬件故障，而从损坏的日志中恢复数据会导致更多的数据损坏。ext4 的日志校验功能可以很方便地判断日志数据是否损坏，而且它将 ext3 的两阶段日志机制合并成一个阶段，在增加安全性的同时提高了性能。

9. “无日志”（No Journaling）模式

日志总归有一些开销，ext4 允许关闭日志，以便某些有特殊需求的用户可以借此提升性能。

10. 在线碎片整理

尽管延迟分配、多块分配和 extents 能有效减少文件系统碎片，但碎片还是不可避免会产生。ext4 支持在线碎片整理，并将提供 e4defrag 工具进行个别文件或整个文件系统的碎片整理。

11. inode 相关特性

ext4 支持更大的 inode，较之 ext3 默认的 inode 大小 128 字节，ext4 为了在 inode 中容纳更多的扩展属性（如纳秒时间戳或 inode 版本），默认 inode 大小为 256 字节。ext4 还支持快速扩展属性（fastextended attributes）和 inode 保留（inodes reservation）。

在 Linux 的硬盘格式化为 ext4fs 后，它会将硬盘分为 4 部分。

- boot block：是包含着系统启动程序的磁盘分区。
- super block：主要是用来记录文件系统的配置方式，其中包含 i-node 数量、磁盘区块数量，以及未使用的磁盘区块等。
- i-node：这个部分包含了许多的 i-node，每个 i-node 都可用来记录一个文件，有时也不会使用到。
- data block：数据实际存储的地方。下面表 3-2 是 Linux 中区块的表示方法：

表 3-2　Linux 中软盘、硬盘、光驱区块的表示法

表　示　法	区　　块	表　示　法	区　　块
/dev/hda	第 1 个 IDE 硬盘上的 MASTER	/dev/sdb	第 1 个 SCSI 硬盘上的 SALVE
/dev/hdb	第 1 个 IDE 硬盘上的 SALVE	/dev/sdc	第 2 个 SCSI 硬盘上的 MASTER
/dev/hdc	第 2 个 IDE 硬盘上的 MASTER	/dev/sdd	第 2 个 SCSI 硬盘上的 SALVE
/dev/hdd	第 2 个 IDE 硬盘上的 SALVE	/dev/cdrom	光驱
/dev/sda	第 1 个 SCSI 硬盘上的 MASTER	/dev/fd0	第 1 个软驱

12. 持久预分配（Persistent preallocation）

P2P 软件为了保证下载文件有足够的空间存放，常常会预先创建一个与所下载文件大小相同的空文件，以免未来的数小时或数天之内磁盘空间不足导致下载失败。ext4 在文件系统层面实现了持久预分配并提供相应的 API（libc 中的 posix_fallocate()），比应用软件自己实现更有效率。

13. 默认启用 barrier

磁盘上配有内部缓存，以便重新调整批量数据的写操作顺序，优化写入性能，因此文件系统必须在日志数据写入磁盘之后才能写 commit 记录，若 commit 记录写入在先，而日志有可能损坏，那么就会影响数据完整性。ext4 默认启用 barrier，只有当 barrier 之前的数据全部写入磁盘，才能写 barrier 之后的数据。（可通过 "mount -o barrier=0" 命令禁用该特性。）

3.2 文件的基本操作

在图形界面下，Linux 文件的基本操作和 Windows 的操作没有多大的差别，基本上用鼠标就可以完全控制。这些功能一般都在右键菜单，如图 3-1 所示。

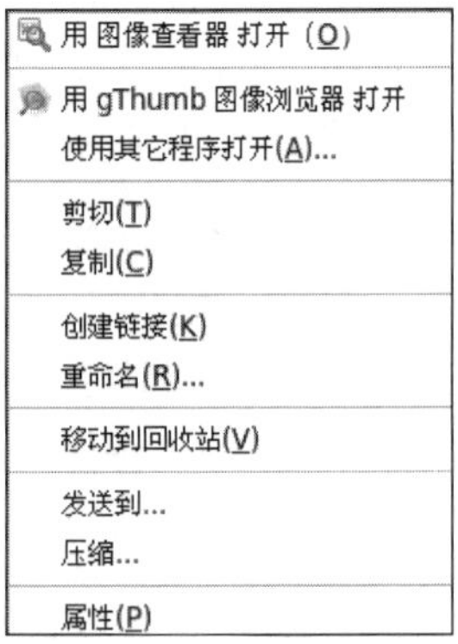

图 3-1 右键菜单

下面为用户介绍一些功能的命令模式。这些命令可以在图形界面下右击，在弹出的菜单中选择“在终端中打开”命令行模式，或在文本模式下使用。

Linux 命令的写法：命令 [参数] [操作对象]

其中命令后可以有一到多个参数，也可以不带参数。参数可以是字母，也可以是单词，字母前有一个短画线“-”，单词前有连续两个短画线“--”。若有多个字母参数，则可用一个短画线“-”后跟所有字母参数，单词做参数的必须分开写。

Linux 命令后若有操作对象，可以是一个，也可以是多个，视具体命令而定。

注意：在 Linux 下字母的大小写是严格区分的，请注意命令的大小写，同时也要注意输入命令时的空格。

3.2.1 新建和删除文件

1. 删除文件

若要将某个文件删除，可以使用命令“rm”。例如，要将/test 目录下的 file 文件删除，可在命令行输入以下命令：

```
[root@localhost root]#rm /test1/file1
```

注意：在删除该文件的时候要注意权限问题，如果权限不足就不可以删除文件，而且系统也会出现提示。

2. 新建目录

要新建一个目录用 mkdir 命令。例如，要新建一个名为“/linux”的目录如下：

```
[root@localhost root]#mkdir /linux
```

3. 删除目录

要删除某一目录可用“rmdir”命令，但在执行此命令前，必须确定目录中没有任何文件，否则系统会出现错误信息。例如，要删除名为“/linux”的目录，命令如下：

```
[root@localhost root]#rmdir /linux
```

4. 删除目录及目录下的所有文件

要删除带有文件的目录，可以先将其中的文件用 rm 命令删除掉，在用 rmdir 命令删除该目录。但这样太麻烦，可以使用“rm -rf”命令。强制删除目录及其中的文件。例如，要删除名为“/linux”的目录和目录下的所有文件，命令如下：

```
[root@localhost root]#rm -rf /linux
```

此命令中的“-rf”为参数，其中“-r”参数为递归处理参数，也就是说他会使删除操作持续地执行下去，而“-f”参数是指强制删除所有文件。

注意：由于此命令为强制命令，所以在删除时，一定要注意输入的目录名称正确。如若不然可能会造成严重的后果。

5. 创建链接文件

在 Linux 中链接文件的作用与 Windows 中的“快捷方式”相类似。链接文件可以起到替代该文件的功能，并且可以大量节省磁盘空间。而且，对链接文件进行修改，可以自动更新到源文件中，节省大量时间。

创建链接文件要用“ln”命令。例如，要将/test 目录中的 file 文件在/test1 目录中创建一个名为 file.ln 的链接，命令如下：

```
[root@localhost root]#ln -s /test/file test1/file.ln
```

此命令中的参数“-s”表示创建的是符号链接。

3.2.2 查看和创建文件

1. 查看文件内容

在 Linux 下显示文件内容可用 cat 命令，而且 cat 命令还有创建文件、将多个文件合并等功能。例如，要查看 test 目录下的 file1.txt 文件，命令如下：

```
[root@localhost root]#cat /test/file1.txt
```

输入命令后就能显示 file1.txt 文件的内容。在 Linux 下也可以用 cat 创建文件。例如，在 test 目录下创建一个 file2.txt 文件，命令如下：

```
[root@localhost root]#cat > /test/file2.txt
This is Linux!
It is a very good OS.
```

上面程序中“>”表示 Linux 中的“导向”。在输入内容完毕后按“Ctrl+C”组合键来结束。

注意：在输入最后一行内容后，一定要按“Enter”键转行，否则最后一行内容不会被显示出来。

如果显示文件的内容很长，可以加上参数“-b”，则系统会每一非空白行前加入编号，方便查阅。例如，查看 test 目录下的 file2.txt 文件，命令如下。

```
[root@localhost root]#cat -b /test/file2.txt
        1  This is Linux!
        2  It is a very good OS.
```

而且 cat 命令也允许同时将多个文件内容合并显示，只要将每个文件的文件名都输入命令中即可。例如，将/test/file1.txt、/test/file2.txt 两个文件内容同时显示出来，命令如下。

```
[root@localhost root]#cat /test/file1.txt /test/file2.txt
```

也可以使用 cat 命令把多个文件合并成为一个新的文件。例如，将/test/file1.txt、/test/file2.txt 两个文件合并成为一个名为 new.txt 的文件，命令如下。

```
[root@localhost root]#cat /test/file1.txt /test/file2.txt>/test/new.txt
```

2. 分页显示文件内容

在使用 cat 查看文件内容时，如果文件内容很长，用户只能看到文件的最后一页，这样非常不方便。要解决这个问题，可以使用 more 命令。它可以将文件分页来显示。例如，用户查看/etc 目录中的 imrc 文件内容，如图 3-2 所示。

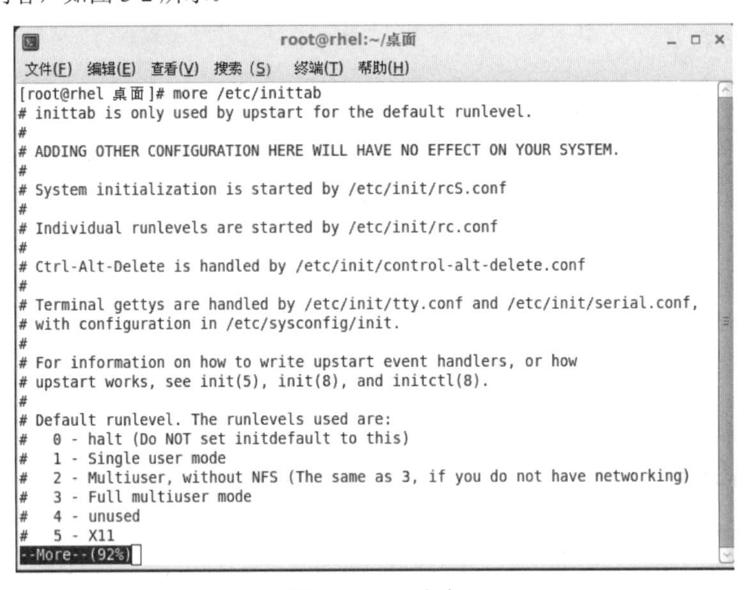

图 3-2　more 命令

若想看下一页，单击空格键即可。按“Enter”键，则会向下显示一行的内容。若要显示某一行起的内容，可以用“+行数”参数来实现。例如，用户要显示文件中由第 3 行起的内容，命令如下。

```
[root@localhost root]#more +3 /etc/imrc
```

more 命令还有一个参数非常有用，“+/字符串”参数可以帮助用户在文件中寻找出某个字符串，然后从该页开始显示。例如，要显示文件中第一个 do 字符串出现的页面及其以后内容，命令如下。

```
[root@localhost root]#more +/do /etc/imrc
```

3. 交互式操作显示文件内容

less 命令的功能与 more 很相似，但是 less 具有非常好的交互性。使用 less 命令后，可以使用方向键来控制浏览器的上下左右画面，并且可以使用热键来执行某些特定的功能，如按“H”键可以出现在线使用说明，按“Q”键可以离开浏览模式。例如，查看/etc 目录中的 imrc 文件，命令如下。

```
[root@localhost root]#less /etc/imrc
```

3.2.3　复制和移动文件

1. 文件复制

文件复制命令为 cp。例如，将目录 test1 下的文件 file1 复制到 test3 目录下，并更名为 file2，命令如下。

```
[root@localhost root]#cp /test1/file1 /test3/file2
```

如果要将 dir1 下的所有目录包括子目录都复制到 dir2，并改变文件系统格式，可输入下列命令。

```
[root@localhost root]#cp -ax dir1 dir2:
```

此命令中的参数“a”是指复制所有的目录，并包含所有的目录及子目录。参数“x”使文件的格式变为和目的地扇区的文件系统相同。例如，由 ext3 变为 Windows 中的 FAT32。

2. 文件移动

文件移动和复制差不多，区别在于文件移动后，在原位置上的文件会被删除，这和 Windows 上的剪切命令很相似。文件移动命令 mv，也常被当成文件重命名用，因为 Linux 的命令中没有“重命名”命令。例如，将 test1 目录下的 file1 文件复制到 test2 目录下，并更改名为 file2，命令如下。

```
[root@localhost root]#mv /test1/file1 /test2/file2
```

3.3　压缩和解压缩

在 Linux 下有多种压缩文件程序，相对应的也有多种压缩及解压缩命令。下面介绍最常用的以 zip 和 unzip 命令处理.zip 文件。

3.3.1　创建.zip 文件

1. zip 命令的基本使用方法

命令格式如下：

```
zip file.zip *
```

该命令将当前目录下的所有文件直接压缩为 file.zip。

2. 压缩后，自动删除原文件

命令格式如下：

```
zip -m file.zip file1.txt
```

该命令是把 file1.txt 文件压缩成 file.zip 文件，然后删除 file1.txt。

3. 将子目录一起压缩

命令格式如下：

```
zip -r file.zip *
```

该命令将当前目录下的子目录一起压缩到 file.zip。

4．忽略子目录的内容

命令格式如下：

```
zip -j file.zip *
```

5．将已压缩的或没有必要压缩的文件去掉

命令格式如下：

```
zip -n .mpg: .jpg:.gif
```

该命令是将.mpg、.jpg 和.gif 排除在外。各种类型文件中间要用“：”分开。

6．压缩某一日之后的文件

命令格式如下：

```
zip -t 102012 file.zip
```

该命令将当前目录下在 2012 年 6 月 2 日之后文件压缩为 file.zip。

7．不压缩链接文件的原文件

命令格式如下：

```
zip -y file.zip *
```

8．指定压缩率压缩文件

命令格式如下：

```
zip -9 file.zip *
```

该命令按照压缩率为-5，将当前目录下的所有文件压缩为 file.zip。压缩率的范围为－1～－9，其中-9 的压缩率最高。由于要在速度和质量之间达到一个平衡，所以建议用户一般选择－5。

9．压缩大量文件

命令格式如下：

```
zip -@ file.zip
file1.txt
file2.txt
```

所有文件输入完成后，按“ctrl+d”表示完成输入，进行压缩。

10．将不需要压缩的文件排除在外。

命令格式如下：

```
zip file.zip * -x file2.txt
```

该命令压缩当前目录下所有文件，但将当前目录 file2.txt 文件排除在外。

3.3.2 解压缩

1．排除不需要解压缩的文件

命令格式如下：

```
unzip file.zip -x file3
```

该命令为将压缩文件 file.zip 中除了 file3 的其他文件都解压。

2．查看压缩包的内容

命令格式如下：

```
zip -Z file.zip
```

该命令查看 file.zip 压缩包的内容。也可以使用“-l”、“-v”来查看压缩包的内容。

同样，用户可以用 gzip 和 gunzip 命令处理.gz 文件无法将许多文件压缩成一个文件。

1. gzip 命令的基本使用方法

命令格式如下：

```
gzip file2.txt
```

该命令将文件 file2.txt 压缩。

2. 查看压缩包的内容

命令格式如下：

```
zgip -l *
```

3. 压缩率

命令格式如下：

```
zip -9 file.txt
```

该命令按照压缩率为－9 将 file.txt 压缩。压缩率为－1～－9，其中－9 压缩率最高。

4. 解压缩.gz 文件

命令格式如下：

```
gunzip file.gx 或 gzip -d file.gz
```

3.3.3　文件打包

tar 是一个打包程序。它能将用户指定的文件或目录打包成一个文件。但是它并不能进行压缩。而 gzip 无法将多个文件压缩成一个文件。所以目前大多数压缩文件都是用 tar 将所有的文件打包成一个文件，然后再由 gzip 压缩。扩展名为.tar.gz 或.tgz 的文件大多数属于这类文件。tar 命令可以将多个文件或目录打包成一个单一的文件，以便于保存。

1. tar 命令的基本作用方法

命令格式如下：

```
tar 参数 打包后的文件名 要打包的文件
```

2. 打包操作

命令格式如下：

```
tar -cvf file.tar *
```

3. 再打包

命令格式如下：

```
tar -hcvf file.tar *
```

4. 将新文件加入已打包的包文件

命令格式如下：

```
tar -rvf file.tar file.txt
```

5. 打开包的操作

命令格式如下：

```
tar -xvf file.tar
```

6. tar 命令参数

tar 命令参数很多，下面介绍一些常用的参数如表 3-3 所示。

表 3-3　tar 命令参数

参　数	说　明	参　数	说　明
-c	创建新文件	-x	解开 tar 文件
-v	显示命令执行的信息	-h	重新进行打包
-f	指压缩为文件形式	-r	向归档文件末尾追加文件

3.3.4　使用图形化界面

在图形化操作界面下，用户可以避开烦琐的命令，直接使用鼠标进行压缩和解压缩文件。要在图形化界面下压缩文件或目录，首先右击文件或目录，然后在菜单中选择“压缩”选项，弹出“压缩”对话框，如图 3-3 所示。

图 3-3　压缩

该窗口提示用户选择要把压缩后的文件保存在哪里和压缩文件的名字及类型。

在图形界面下解压缩，十分简单。用户选取压缩文件，右击，选择“解压缩”选项即可。

3.4　设置文件/目录访问权限

Linux 系统是一个典型的多用户系统，不同的用户处于不同的地位。为了保护系统的安全性，Linux 系统对不同用户访问同一文件的权限做了不同的规定。

对于一个 Linux 系统中的文件来说，它的权限可以分为 4 种：读的权限、写的权限、执行的权限和无权限，分别用 r、w、x 和-表示。不同的用户具有不同的读、写和执行的权限。

每一个文件都有一个特定的所有者，也就是对文件具有所有权的用户。同时，由于在 Linux 系统中，用户是按组分类的，一个用户属于一个或多个组。文件所有者以外的用户又可以分为文件所有者的同组用户和其他用户。因此，Linux 系统按文件所有者、文件所有者同组用户和其他用户三类规定不同的文件访问权限。

Linux 文件系统安全模型是通过给系统中的文件赋予两个属性来起作用的。赋予每个文件的这两个属性称为所有者（Ownership）和访问权限（Access Rights）。Linux 下的每一个文件必须严格地属于一个用户和一个组。

在命令行中可以用命令“ls –l”来查看文件或目录的使用权限，如图 3-4 所示。

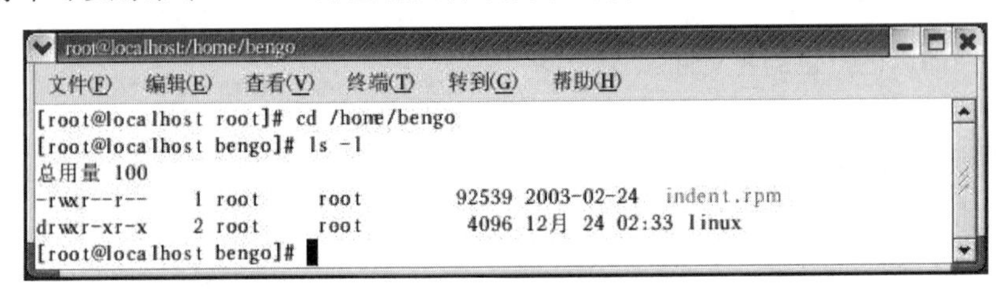

图 3-4　使用命令查看权限

从上面显示的内容可以注意到，每个文件的目录条目都是以下面类似的一些符号开始：

```
-rw-r--r--
```

这些符号用来描述文件的访问权限类别。这些访问权限指导 Linux 根据文件的用户和组所有权来处理所有访问文件的用户请求。总共有 10 种权限属性，因此一个权限列表总是 10 个字符的长度。它的格式遵循下列规则：

- 第 1 个字符与权限无关，它表示文件的类型。字符为“d”表示该文件是一个目录；“b”表示该文件是一个系统设备，使用块输入/输出与外界交互，通常为一个磁盘；“c”表示该文件是一个系统设备，使用连续的字符输入/输出与外界交互，如串口和声音设备；“l”表示该文件是一个链接文件；“-”表示为普通文件。
- 第 2～4 个字符用来确定文件的用户（user）权限，第 5～7 个字符用来确定文件的组（group）权限，第 8～10 个字符用来确定文件的其他用户（other user，既不是文件所有者，也不是组成员的用户）的权限。其中，2、5、8 个字符是用来控制文件的读权限的，该位字符为 r 表示允许用户、组成员或其他人可从该文件中读取数据。短画线“-”则表示不允许该成员读取数据。与此类似，3、6、9 位的字符控制文件的写权限，该位若为 w 表示允许写，若为“-”表示不允许写。4、7、10 位的字符用来控制文件的创建权限，该位若为 x 表示允许执行，若为“-”表示不允许执行。

下面来看这个例子，以便加深理解。首先来看一看图 3-4 中的第 5 行：

```
drwxr-xr-x    2   root    root   4096  12月  24 02:33  linux
```

因为此文件的第 1 个位置的字符是 d，表示该文件是一个目录。第 2 至 4 位置上的属性是 rwx，表示用户 root 拥有权限列表。第 5 至 7 位置上的权限是 r-x，表示 root 组的成员只拥有读和执行的权限。第 8 至 10 位上的权限是 r-x，表示不是 root 的用户及不属于 root 组的成员与 root 组的其他成员拥有一样的权限。

3.4.1　设置权限

右击要改变的权限文件或目录，选择“属性”选项，会弹出属性对话框。选择“权限”选项卡，如图 3-5 所示。在该对话框中，可以方便地设置文件权限。

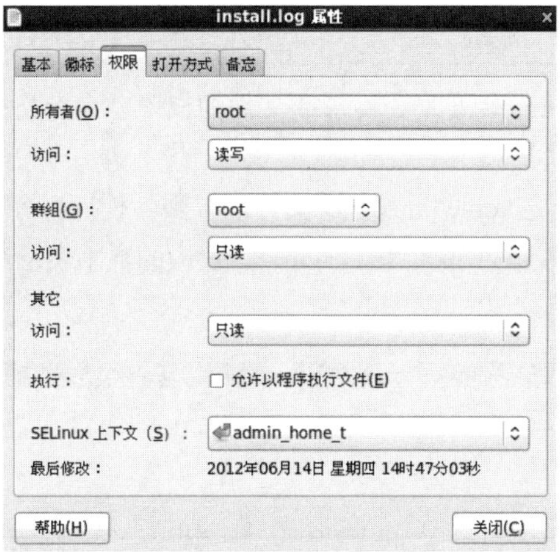

图 3-5　图形界面权限管理

注意：普通用户只能改变所有者是他自己的文件的访问权限，root 用户可以改变所有的文件的访问权限。

3.4.2 使用 chmod 命令

在命令行中用户可以使用“chmod”命令来修改文件权限，通常可以用两种方式来表示权限类，数字表示法和文字表示法。两种表示法各有优点，可以根据个人习惯来选择。

1. 以数字表示法修改存取权限

所谓数字表示法是指将读取（r）、写入（w）、执行（x）和无权限分别以数字 4、2、1、0 来表示，然后再把授予的权限相加而成。如表 3-4 所示的几个例子。

表 3-4 权限数字示例

原始权限	转换为数字	数字表示法
rwxrwxr-x	（421）（421）（401）	775
rwxr-xr-x	（421）（401）（401）	755
rw-rw-r--	（420）（420）（400）	664
rw-r—r--	（420）（400）（400）	644

数字表示法虽然简单方便，但是可读性比较差，必须经过换算才能知道权限设置。下面为数字及其所对应的权限表，如表 3-5 所示。

表 3-5 数字及其对应权限

数字	转换过的数字	对应权限
7	4+2+1	rwx
6	4+2+0	rw-
5	4+0+1	r-w
4	4+0+0	r--
3	0+2+1	-wx
2	0+2+0	-w-
1	0+0+1	--x
0	0+0+0	---

下面用户可以使用命令 chmod 来改变目录或文件的权限。命令格式如下：

```
chmod xxx 文件名
```

其中，xxx 为数字，如变更/home/linux/file 文件的权限，使拥有者和组成员都有读取和写入的权限，其他用户只能读取，则该权限应该为“rw-rw-r--”，对应的数字表示法为 664，可输入命令如图 3-6 所示。

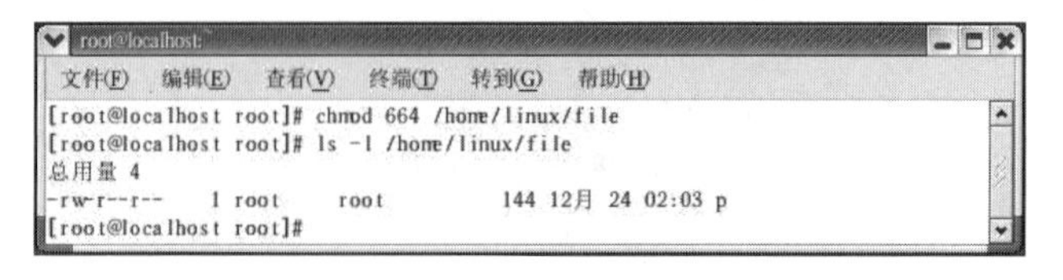

图 3-6 数字法更改权限

2．文字表示法修改存取权限

文字表示法看起来比数字表示法复杂，但是因为是字符表示，所以可读性较强。文字表示法的命令如下：

```
chmod [who] [+ / - / =] [mode] 文件名
```

操作对象 who 表示 4 种不同的用户，可是下述字母中的任一个或者它们的组合：

- u：表示“用户（user）”，即文件或目录的所有者。
- g：表示“同组（group）用户”，即与文件所有者同属于相同组的所有用户。
- o：表示“其他（others）用户”。
- a：表示“所有（all）用户”，它是系统默认值。

而权限 mode 仍为 3 种：

- r：表示可读。
- w：表示可写。
- x：表示可执行。

与数字表示法不同的是，文字表示法不仅仅可以重新设置权限，还可以在原来的权限上，增加或减少权限，就是利用[+ / - / =]来实现的。

- +：表示将权限由目前的设置增加。
- -：表示将权限由目前的设置减少。
- =：表示将权限重新设定。

例如，假如/home/linux/file 目前的权限为-rw-r—r—要改为-rwxrw----。用户可以知道权限的变动如下：拥有者（u）的权限变为“rwx”，增加了执行（x）权限；组（g）的权限变为“rw-”，增加了写入（w）权限；其他人员（o）的权限变为“---”，减少了读取（r）权限。由此可以输入下列命令：

```
[root@localhost root]# chmod u+x,g+w,o-r /home/linux/file
```

或者输入：

```
[root@localhost root]# chmod u=rwx,g=rw /home/linux/file
```

注意：命令中的逗号“,”前后都不能有空格，否则命令无法执行。

3．目录权限的修改

目录权限的修改和文件差不多，但是如果要修改目录中的所有文件存取权限，则应该用“*”来表示。例如，要修改/home/linux 的权限，命令如下。

```
[root@localhost root]# chmod 774 /home/linux/*
```

或者

```
[root@localhost root]# chmod u=rwx,g=rwx,o=r /home/linux/*
```

如果文件中还有其他子目录，则可以使用“-R”参数。如下所示：

```
[root@localhost root]# chmod -R 774 /home/linux/*
```

或者

```
[root@localhost root]# chmod -R u=rwx,g=rwx,o=r /home/linux/*
```

使用 chmod 命令修改目录权限时如果不加“-R”参数，则改变的仅仅是该目录的权限，“-R”因含有递归改变的含义。

3.4.3 使用 chown 命令

一般文件的创建者就是文件的拥有者。若要改变文件的拥有者，必须在 root 权限下才能进行修改。更改文件目录的所有权，命令格式如下。

```
chown 变更后的拥有者或组 文件
```

如图 3-7 所示，第二行中文件的拥有者为 root，使用 chown 改变后，第五行可以看到文件的拥有者已经成为 bengo。

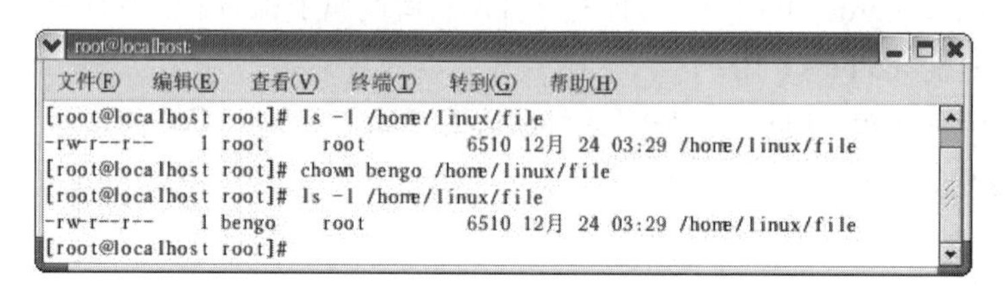

图 3-7 改变文件或目录的拥有者

授予存取权限的组仍然是前面的 root 组，所以用户还需要使用 chown 命令来同时变更拥有存取权限的用户和组。命令如下。users 就是变更后的组。注意，组的前面的“.”不能省略。

```
[root@localhost root]#chown bengo  .users /home/linux/file
```

用户若要同时改变文件的所有者和组则使用“用户.组”方式，如下：

```
[root@localhost root]#chown  bengo.users  /home/linux/file
```

注意：该命令只有 root 用户有权使用，普通用户即便想改变属于自己的文件，仍然不行。

3.5 管 理 磁 盘

在 Linux 中，使用 df 命令可以显示文件系统的有效空间。命令如图 3-8 所示。

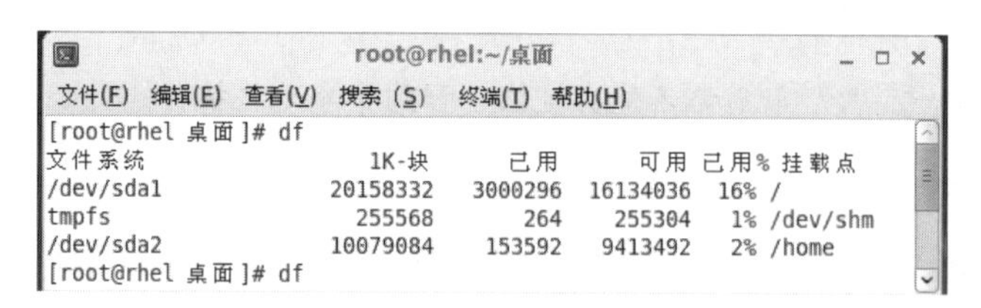

图 3-8 df 命令显示系统空间

这里的输出显示在根分区（/dev/sda1）、/home 分区（/dev/sda2）的有效空间。磁盘空间以 1k 为单位。如果用户觉得阅读起来比较麻烦，可以加上参数-h，命令如图 3-9 所示。

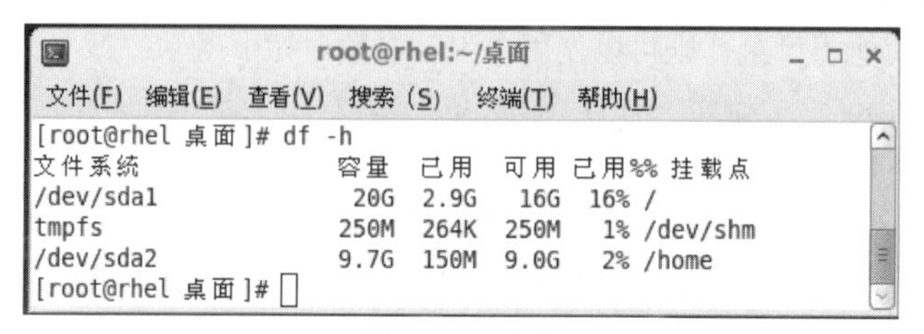

图 3-9 df 命令

使用 df 命令的-h 参数后，磁盘空间是以比较容易阅读的 MB 和 GB 来显示。

要查看特定目录（及其子目录）占用的磁盘空间大小可使用 du 命令。du 命令没有参数的时候，将列出在当前目录下所有目录和每个目录占用的磁盘空间，并产生在此目录结构里使用的磁盘空间总量。

du 命令在默认情况下，磁盘空间以 1k 为单位显示，如果为了便于阅读（以 KB、MB 和 GB 为单位），可以使用参数-h。du 命令的格式为：

```
du 参数 文件或目录路径
```

该命令逐级进入指定目录的每一个子目录并显示该目录占用文件系统数据块（1024 字节）的信息。若没有给出文件或目录路径，则对当前目录进行统计。

3.5.1　磁盘空间管理

磁盘限额能够控制某个用户使用磁盘空间的大小。Linux 操作系统因为其多用户多任务的特性，通常都支持多客户端的使用。在 Linux 系统中，磁盘空间是所有用户的公有资源。所有用户都可以共享空闲的磁盘空间资源。但是往往会出现某个用户占用了所有剩余空间，影响其他用户的正常操作的情况。要解决这个问题可以对用户使用的磁盘进行限额。硬盘空间限制的方法：

（1）编辑/etc/fstab 文件。用文本编辑器打开/etc/fstab 文件，在第一行查找以下信息。

```
LABEL=/          /              ext4      defaults      11
```

（2）要建立用户与用户组的磁盘空间限额，只需加上 usrquota（user quota）、grpquota（group quota）如下所示。假如只要限制用户或用户组的磁盘空间，则只需要加上 usrquota 或 grpquota 中任意一项即可。

```
LABEL=/      /      ext4    defaults，userquota，grpquota    11
```

（3）执行 quotaceck 生成配置文件。修改完 fstab 文件后，可以使用 quotacheck 命令在“/”目录下生成 quota.user、quota.group 两个配置文件，在以后设置磁盘限额时使用，命令如下。

```
[root@localhost root]#quotacheck -ugav
```

（4）使用 edquota 编辑磁盘限额。执行 edquota 以编辑 aquota.usr 和 aquota.group 文件。限制用户 bengo 的磁盘使用空间，10M 会发出警报，20M 禁止使用。

```
edquota -u bengo
```

执行上面的命令，出现设置配置文件：

```
blocks in use:51,limits(soft=0,hard=0)
inodes in use:50,limits(soft=0,hard=0)
```

如果要编辑用户的磁盘限额，可以限制用户使用的磁盘空间或限制用户拥有的文件数量，假如要限制用户使用 10M 会发出警报，20M 禁止使用。可以改变第一行为：

```
blocks in use:51,limits(soft=10240,hard=20480)
```

假如要限制用户可以拥有 700 个文件，在 500 个文件时会发出警报，可以更改第二行设置为：

```
inodes in use:50,limits(soft=500,hard=700)
```

（5）启动 quota。设置好磁盘限额后，并不会马上生效，必须执行 quotaon －aguv 命令，启用 quota 限制。

```
[root@localhost root]#quotaon －aguv
```

如果要取消 quota，执行 quotaoff －aguv 命令即可

```
[root@localhost root]#quotaoff -aguv
```

（6）查看用户 quota 使用情况。普通用户可以使用 quota –v 命令，既可以知道自己是否超过限制。系统管理员要检查所有用户的 quota 限制，可使用 repquota –au 命令检查所有用户的设置、repquota –ag 命令检查所有用户组，或者使用 repquota –a 命令检查全部数据。

3.5.2 磁盘分区操作

1．设备管理

在 Linux 中，每一个硬件设备都映射到一个系统的文件，包括硬盘、光驱等 IDE 或 SCSI 设备。Linux 把各种 IDE 设备分配了一个由 hd 前缀组成的文件。而各种 SCSI 设备，则被分配了一个由 sd 前缀组成的文件。例如，第一个 IDE 设备，Linux 定义为 hda；第二个 IDE 设备就定义为 hdb；下面依此类推。而 SCSI 设备就应该是 sda、sdb、sdc 等。

2．分区数量

要进行分区就必须针对每一个硬件设备进行操作。对于每一个硬盘（IDE 或 SCSI）设备，Linux 分配了一个 1~16 的序列号码，这就代表了硬盘上面的分区号码。例如，第一个 IDE 硬盘的第一个分区，在 Linux 下面映射为 hda1，第二个分区就称作 hda2。对于 SCSI 硬盘则是 sda1、sdb1 等。

3．各分区的作用

在 Linux 中规定，每一个硬盘设备最多能有 4 个主分区（其中包含扩展分区）。任何一个扩展分区都要占用一个主分区号码。在一个硬盘中，主分区和扩展分区一共最多是 4 个。对于早期的 DOS 和 Windows（Windows 2000 以前的版本），系统只承认一个主分区。用户只能通过在扩展分区上增加逻辑盘符（逻辑分区）的方法，进一步地细化分区。

主分区的作用就是计算机用来进行操作系统启动。因此每一个操作系统的启动程序或引导程序，都应该存放在主分区上。这就是主分区和扩展分区及逻辑分区的最大区别。用户在指定安装引导 Linux 的 bootloader 时，都要指定在主分区上。

Linux 规定了主分区（或者扩展分区）占用 1 至 16 号码中的前 4 个号码。例如，第一个 IDE 硬盘，主分区（或者扩展分区）占用了 hda1、hda2、hda3、hda4，而逻辑分区占用了 hda5~hda16 等 12 个号码。因此，Linux 下面每一个硬盘总共最多有 16 个分区。

对于逻辑分区，Linux 规定它们必须建立在扩展分区上（在 DOS 和 Windows 系统上也是如此规定）。因此，扩展分区能够提供更加灵活的分区模式，但不能用来作为操作系统的引导。

4．分区指标

对于每一个 Linux 分区，分区的大小和分区的类型是最主要的指标。容量的大小就是分区的容量。分区的类型规定了这个分区上面的文件系统的格式。Linux 支持多种的文件系统格式，其中包含了用户熟悉的 FAT32、FAT16、NTFS、HP-UX，以及各种 Linux 特有的 Linux Native 和 Linux Swap 分区类型。在 Linux 系统中，可以通过分区类型号码来区别这些不同类型的分区。

3.5.3 优化系统硬盘

在 Windows 系统中，磁盘碎片是一个常见的问题。如果不注意，磁盘碎片很容易影响系统性能。

Linux 使用第二扩展文件系统（ext2），它以一种完全不同的方式处理文件存储。Linux 没有 Windows 系统中发现的那种问题，这使得许多人认为磁盘碎片化根本不是一个问题。但是，这是不正确的。

所有的文件系统随着时间的推移都趋向于碎片化。Linux 文件系统减少了碎片化，但是并没有消除。由于它不经常出现，所以对于一个单用户的工作站来说，可能根本不是问题。然而在繁忙的服务器中，随着长期的磁盘读写，文件碎片化将降低硬盘性能。硬盘性能只有从硬盘读出或写入数据时才能注意到。下面是优化 Linux 系统硬盘性能的一些具体措施。

1．清理磁盘

这是最简单的方式。清理磁盘驱动器，删除不需要的文件。如果可能的话，清除多余的目录，并减少子目录的数目。通过清理磁盘，释放磁盘空间可以帮助系统更好地工作。

2．整理磁盘碎片

Linux 系统上的磁盘碎片整理程序与 Windows 98 或 Windows NT 系统中的磁盘碎片整理程序不同。Linux 下整理磁盘碎片有很多方法。最好的方法是做一个完全的备份，重新格式化分区，然后从备份恢复文件。当文件被存储时，它们将被写到连续的块中，而不会碎片化。这是一个大工作，可能对于像/usr 之类不经常改变的程序分区是不必要的，但是它可以在一个多用户系统的/home 分区产生很明显的效果。它所花费的时间与 Windows NT 服务器磁盘碎片整理花费的时间大致上相同。

3．其他优化磁盘方法

如果硬盘性能仍不令人满意，还有如下方法可以考虑（请注意：任何包含升级或购买新设备的硬件解决方案可能会是昂贵的）。

- 从 IDE 升级到 SCSI。
- 获取更快的控制器和磁盘驱动器。

标准的 SCSI 控制器不能比标准的 IDE 控制器更快地读写数据，但是一些非常快的“UltraWide” SCSI 控制器能够使读写速度有一个真正的飞跃。

- 使用多个控制器。

4．调整硬盘参数

使用 hdparm 工具可以调整 IDE 硬盘性能。它设计时专门考虑了使用 UDMA 驱动器。在默认情况下，Linux 使用是最安全的，但是访问 IDE 驱动器是最慢的。默认模式没有利用 UDMA 传输模式。使用 hdparm 工具，通过激活下面的特性可以显著地改善性能：

- 提供 32 位支持。默认设置是 16 位，用户必须手动激活。
- 启用多部分访问。默认设置是每次中断单部分传送。

注意： *在使用 hdparm 之前，确保对系统已经做了完全的备份。使用 hdparm 改变 IDE 参数，如果出错可能会引起驱动器上全部数据的丢失。*

hdparm 可以提供关于硬盘的大量信息。在命令行中输入下面命令，可以获取系统中第一个 IDE 驱动器的信息（改变设备名获取其他 IDE 驱动器的信息）。

```
hdparm -v /dev/had
```

上面命令显示出当系统启动时从驱动器获得的信息，包括驱动器操作在 16 位或 32 位模式（I/O Support）下，是否为多部分访问（Multcount）。关于磁盘驱动器的更详细信息的显示可使用-i 参数。

Hdparm 也可以测试驱动器传输速率。输入命令测试系统中第一个 IDE 驱动器。此测试可测量驱动器直接读和高速缓冲存储器读的速度。

```
hdparm -Tt /dev/hda
```

改变驱动器设置，激活 32 位传输，输入下面的命令。其中-c3 参数激活 32 位支持，使用-c0 可以取消它。-c1 参数也可激活 32 位支持并使用更少的内存开销，但是在很多驱动器下它不工作。

```
hdparm -c3 /dev/hda
```

大多数新 IDE 驱动器支持多部分传输，但是 Linux 默认设置为单部分传输。注意：这个设置在一些驱动器上，激活多部分传输能引起文件系统的完全崩溃。这个问题大多数发生在较老的驱动器上。输入下面的命令激活多部分传输。

```
hdparm -m16 /dev/hda
```

-m16 参数激活 16 部分传输。除了西部数据的驱动器外，大多数驱动器设置为 16 或 32 部分是最合适的。西部数据的驱动器缓冲区小，当设置大于 8 部分时性能将显著下降。对西部数据驱动器来说，设置为 4 部分是最合适的。

激活多部分访问能够减少 CPU 负载 30%～50%，同时可以增加数据传输速率到 50%。使用-m0 参数可以取消多部分传输。

hdparm 还有许多选项可设置硬盘驱动器，在此不详述，如读者有兴趣可以查阅相关资料。

5. 使用软件 RAID

RAID（廉价驱动器的冗余阵列）也可以改善磁盘驱动器性能和容量。Linux 支持软件 RAID 和硬件 RAID。软件 RAID 嵌入在 Linux 内核中，比硬件 RAID 花费要少得多。软件 RAID 的唯一花费就是购买系统中的磁盘，但是软件 RAID 不能使硬件 RAID 的性能增强。硬件 RAID 使用特殊设计的硬件，控制系统的多个磁盘。硬件 RAID 比较昂贵，但是可以得到很大的性能改善。RAID 的基本思想是组合多个小的、廉价的磁盘驱动器成为一个磁盘驱动器阵列，提供与大型计算机中单个大驱动器相同的性能级别。RAID 驱动器阵列对于计算机来说像单独一个驱动器，它也可以使用并行处理。磁盘读写在 RAID 磁盘阵列的并行数据通路上同时进行。

IBM 公司在加利福尼亚大学发起一项研究，得到 RAID 级别的一个最初定义。现在有 6 个已定义的 RAID 级别。

- RAID 0：级别 0 只是数据带。在级别 0 中，数据被拆分到多于一个的驱动器，得到更高的数据吞吐量。这是 RAID 的最快和最有效形式。但是，在这个级别没有数据镜像，所以在阵列中任何磁盘的失败将引起所有数据的丢失。
- RAID 1：级别 1 是完全磁盘镜像。在独立的磁盘上创建和支持数据两份拷贝。级别 1 阵列与一个驱动器相比读速度快、写速度慢，但是如果任一个驱动器错误，不会有数据丢失。这是最昂贵的 RAID 级别，因为每个磁盘需要第二个磁盘做它的镜像。这个级别提供最好的数据安全。
- RAID 2：级别 2 设想用于没有内嵌错误检测的驱动器。因为所有的 SCSI 驱动器支持内嵌错误检测，这个级别已过时，基本上没用了。Linux 不使用这个级别。
- RAID 3：级别 3 是一个有奇偶校验磁盘的磁盘带。存储奇偶校验信息到一个独立的驱动器上，允许恢复任何单个驱动器上的错误。Linux 不支持这个级别。
- RAID 4：级别 4 是拥有一个奇偶校验磁盘的大块带。奇偶校验信息意味着任何一个磁盘失败数据可以被恢复。级别 4 阵列的读性能非常好，写速度比较慢，因为奇偶校验数据必须每次更新。

- RAID 5：级别 5 与级别 4 相似，但是它将奇偶校验信息分布到多个驱动器中。这样提高了磁盘写速度。它每兆字节的花费与级别 4 相同，提高了高水平数据保护下的高速随机性能，是使用最广泛的 RAID 系统。

软件 RAID 是级别 0，它使多个硬盘看起来像一个磁盘，但是速度比任何单个磁盘快得多，因为驱动器被并行访问。软件 RAID 可以用 IDE 或 SCSI 控制器，也可以使用任何磁盘组合。

6. 配置内核参数

通过调整系统内核参数改善性能有时是很明显的。进行该项操作一定要小心，因为系统内核的改变可能优化系统，也可能引起系统崩溃。

注意：不要在一个正在使用的系统上改变内核参数，因为有系统崩溃的危险。因此，必须在一个没有人使用的系统上进行测试。设置一个测试机器，对系统进行测试，确保所有工作正常。

3.6 使用光盘

Linux 中的所有设备，如打印机、CD-ROM 等，都是通过被称为“设备文件”的特殊文件连接到用户的 Linux 操作系统中。这个文件包含操作系统需要控制特定设备的所有信息。这种设计所带来的灵活度相当高。

操作系统与管理特定设备的细节无关，所有的细节都由设备文件处理。操作系统只告诉设备要执行什么任务，设备文件则告诉设备应该如何执行。如果更换设备，用户只需改变设备文件，而不是整个系统。要加载一个设备到系统，需要设备的驱动文件、软件配置及内核支持。所有的设备文件都保存在/dev 目录中。包括光盘驱动器的设备文件 sr0，符号链接文件/dev/cdrom 将普通的设备名称链接到实际所用的 CD-ROM 设备。

3.6.1 挂载和卸载光盘

挂载光盘可以在命令和图形两种模式下进行。

1. 命令模式

在命令行中输入 mount 命令，即可挂载光盘。

```
[root@localhost root]#mkdir /mnt/cdrom                    //在/mnt 目录下建立 cdrom 目录
[root@localhost root]#mount /dev/cdrom /mnt/cdrom         //将光驱挂载到/mnt/cdrom 目录下
```

要卸载光盘需要用到 umount，命令如下。

```
[root@localhost root]#umount /mnt/cdrom    或者：[root@localhost root]#umount  /dev/cdrom
```

2. 图形模式

在图形模式下，选择“主菜单”|“应用程序”|“系统工具”|“磁盘实用工具”命令，弹出“磁盘实用工具”窗口，如图 3-10 所示。

选择“CD/DVD 驱动器”选项，单击右下方的“挂载”按钮，就可以挂载光盘。默认情况下，光盘被挂载到了/media 目录下的一个临时目录下。并在桌面上显示挂载的光盘图标。图形界面下，用户也可以右击桌面上的光盘图标，选择“卸载”命令，卸载光盘或选择“弹出”命令将光区弹出，如图 3-11 所示。

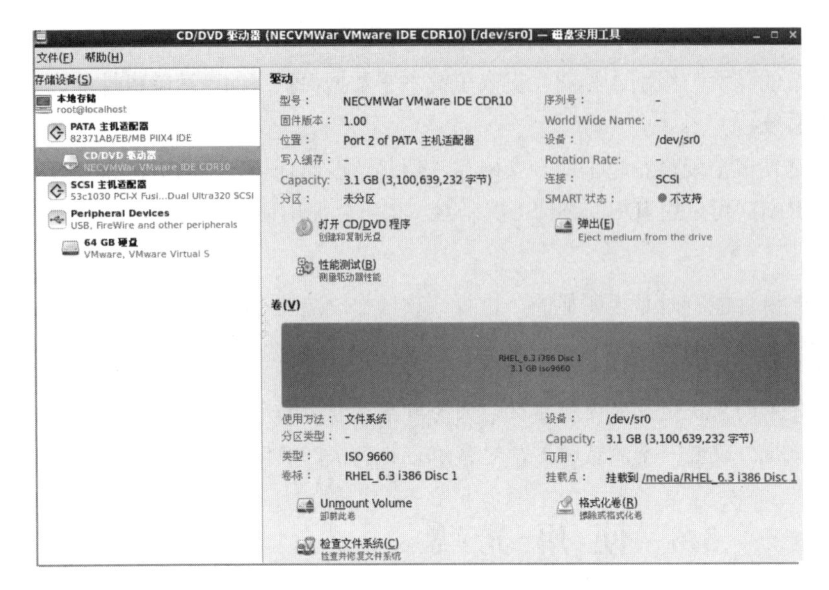

图 3-10 光盘挂载

图 3-11 光盘卸载

注意：其实对于 Red Hat Enterprise Linux 6 来说是可以自动实现光盘挂载的，用户只要将光盘放入光驱后会自动在桌面上弹出挂载上的光驱图标的。

3.6.2 制作 ISO 文件

ISO 文件就是光盘镜像文件。在 Linux 下制作 ISO 文件有很多方法。使用复制命令就可以制作，命令如下所示。

```
[root@localhost root]#cp /dev/cdrom cdrom_img.iso
```

或者：

```
[root@localhost root]#dd if=/dev/cdrom of= cdrom_img.iso
```

这是将光驱里的光盘进行镜像制作成一个 ISO 文件 cdrom_img.iso。使用 mkisofs 来制作 ISO 文件，生成一个光盘的镜像文件，命令如下所示。

```
[root@localhost root]#mkisofs -r -o cdrom_img.iso /mydir
```

上面命令是将/mydir 目录下的文件进行处理，可以生成一个镜像文件 cdrom_img.iso。文件生成后存放在/root 目录下。

3.6.3 刻录光盘

光盘刻录是备份数据非常好的方法，避免在硬盘损坏后，用户的数据全部丢失。在 Linux 上刻录光盘，非常简单。首先，扫描刻录机设备号：

```
#cdrecord -scanbus
```

扫描结果将自动发现刻录机的设备号。例如，设备号为 dev=6,0，则刻录光盘时，键入以下命令：

```
#cdrecord -v speed=4 dev=6,0 cdrom_img.iso
```

这样就刻录完成了，在 Linux 下刻录光盘还有很多方法，比如使用 X-CD-Roast 软件等，这里就不一一叙述了。

图形模式下的光盘刻录方法是在图 3-10 下单击右面“打开 CD/DVD 程序”，弹出图 3-12 界面，在该界面中可实现光盘的多种刻录复制功能，不再详述。

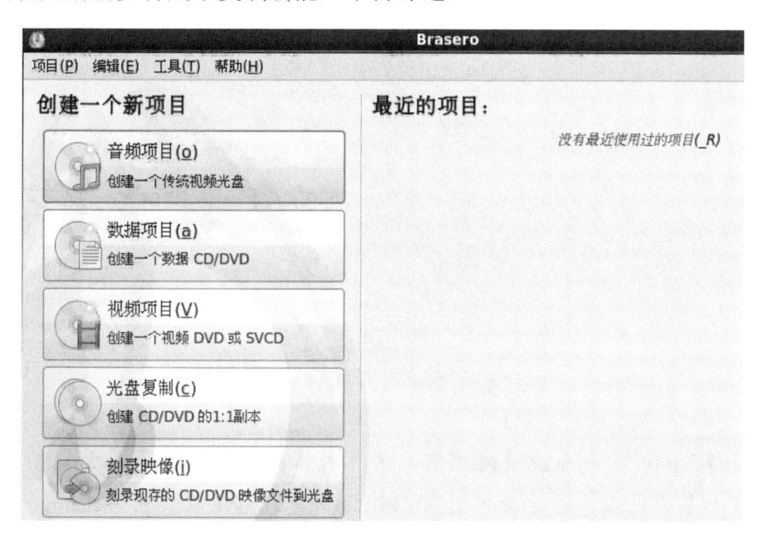

图 3-12　光盘刻录

3.7 小　　结

对于使用惯了 Windows 的用户学习 Linux，一开始最大的难题就是理解 Linux 的文件系统和磁盘管理系统。因为 Linux 下的文件和磁盘管理系统与 Windows 下的截然不同，这就给很多刚从 Windows 转入 Linux 的用户带来很多的麻烦。但是要学好 Linux 则避免不了要了解它的文件和磁盘管理系统。所以这里我们建议初级用户一定要认真学习这一章，不要认为它不重要或者与你的学习无关。

第 4 章 系统管理

本章将主要讲解 Linux 中的系统管理内容，主要内容包括硬件配置、用户账号管理等。同时，还将涉及进程管理等高级内容。这部分内容可以让用户更好地使用和管理 Linux 系统，为用户应用提供良好的系统环境。

4.1 显示设置

Red Hat Enterprise Linux 6 和 Windows 类似，提供了图形化配置工具，用户可以非常方便地进行显示设置。选择“主菜单”|“系统”|“首选项”|“显示”命令，弹出“显示首选项”对话框，如图 4-1 所示。在“显示首选项”对话框中，用户可以设置显示器的分辨率和刷新率。

4.1.1 设置分辨率和色彩深度

在“显示”选项卡中，单击“分辨率”下拉列表框，可以选择合适的分辨率，如图 4-2 所示。一般分辨率都是和显示屏的大小相匹配，如表 4-1 所示。

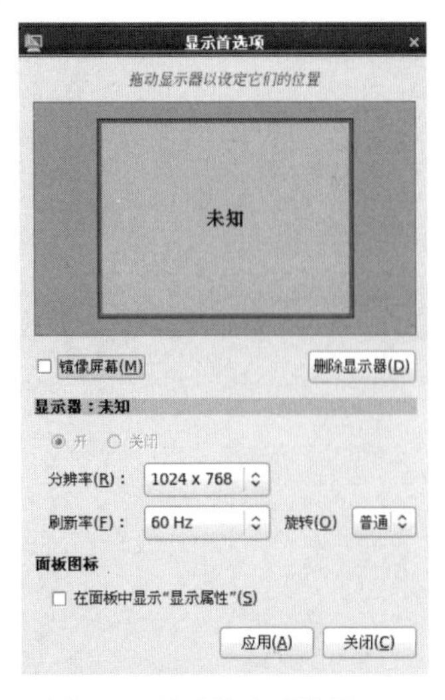

图 4-1 显示首选项设置

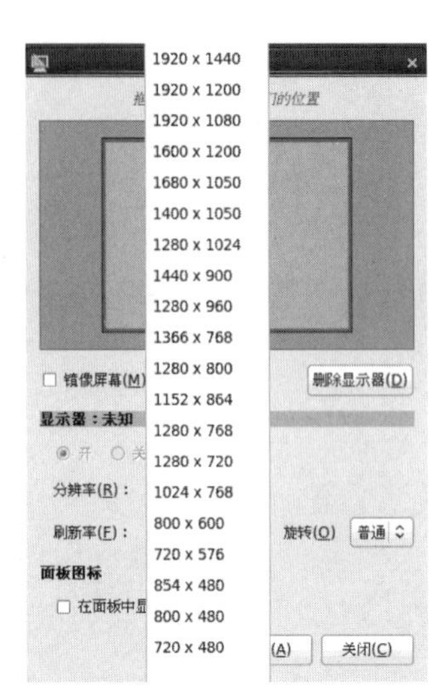

图 4-2 分辨率设置

表 4-1　常用显示屏尺寸对应的分辨率

显示屏尺寸	对应所适合的分辨率
15 英寸显示屏	800×600
17 英寸显示器	1 024×768
19 英寸宽屏显示器	1 440×900

在“刷新率”下拉列表框中，选择适合自己显示器的刷新率，一般液晶显示器默认为 60Hz。单击“应用”按钮，即可完成修改。

4.1.2　主题设置

Red Hat Enterprise Linux 6 也可以向 Windows 那样设置系统主题。选择“主菜单”|“系统”|“首选项”|“外观”命令，弹出“外观首选项”对话框，单击“主题”标签，进入“主题”选项卡，如图 4-3 所示。系统提供了很多主题方案供用户选择，用户只需选择自己看中的方案后，该方案会立即被应用于系统。

用户也可以细化对方案的修改，单击“自定义”按钮，进入“自定义主题”对话框，如图 4-4 所示。

在“自定义主题”对话框中可以分别对“色彩”、“窗口边框”、“图标”、“指针”等进行详细设置。图 4-5 所示为在“图标”选项卡中选择“High Contrast”主题后的效果。

图 4-3　“主题”选项卡

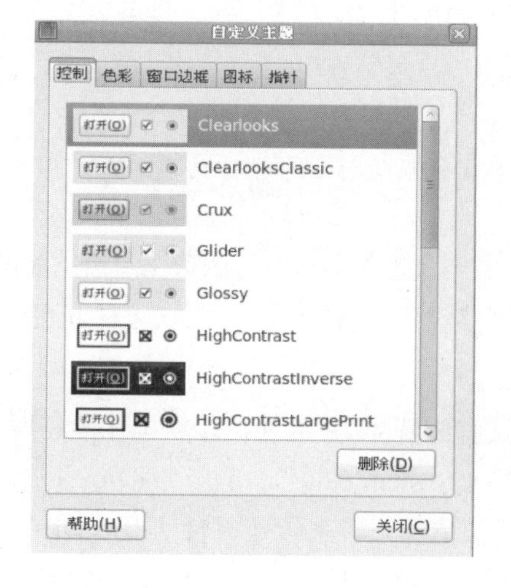

图 4-4　“自定义主题”对话框

图 4-5　设置自定义主题

4.2　硬件配置

在 Linux 下大部分硬件系统都能自动识别，不需要用户自己配置，需要配置的只有网卡和声卡。

4.2.1 配置声卡

声卡的配置比较简单，一般声卡系统都能检测到类型，并自动安装驱动程序。在 Red Hat Enterprise Linux 6 中系统已经自带了很多驱动，大多数都能被检测到。如果在安装声卡时没有进行配置，可以选择“主菜单”|“系统”|“首选项”|“声音”命令，在“声音首选项”中可以对“声音效果”、“硬件”、“输入”、“输出”等进行设置，如图 4-6 所示。

图 4-6 声音设置

可以单击“测试扬声器”按钮，来检测声卡是否配置成功。

4.2.2 配置网卡

网卡的配置一般在安装系统时就已经配置完毕。如果安装系统时没有进行网络配置，那么就需要另行配置。

选择“主菜单”|“系统”|“首选项”|“网络连接”命令，进入网络配置图形化窗口，如图 4-7 所示。在图形网络配置工具中，用户可以很简单地进行网络设备、网络硬件、DNS 和主机配置。

1. 设置 IP 地址、子网掩码、网关

IP 地址、子网掩码、网关是网络最基本的设置。只有配置了 IP 地址，计算机才能在网络中通信。要设置它们，需要在“网络连接”对话框中选择“System eth0”，单击“编辑”按钮，进入“正在编辑 System eth0”对话框，如图 4-8 所示。默认情况下，系统使用自动 IP（DHCP）获取方式，这里我们使用手动设置 IP（静态 IP）方法。在“方法”下拉菜单中选择“手动”选项，如图 4-9 所示。

然后在“地址”框中，单击“添加”依次输入 IP 地址、子网掩码和默认网关地址。如图 4-10 中 IP 地址设置为 172.16.150.121，子网掩码为 255.255.255.0，网关设置为 172.16.150.254。

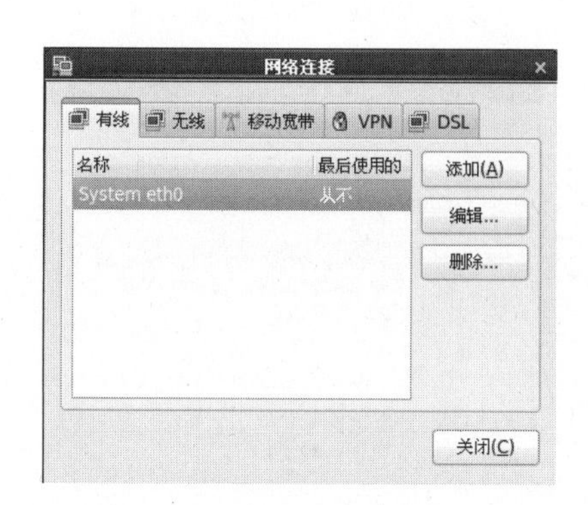

图 4-7　网络配置

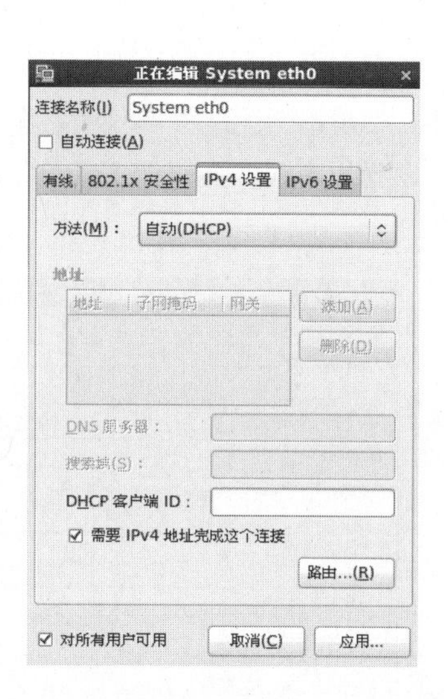

图 4-8　进入“正在编辑 system etho”对话框

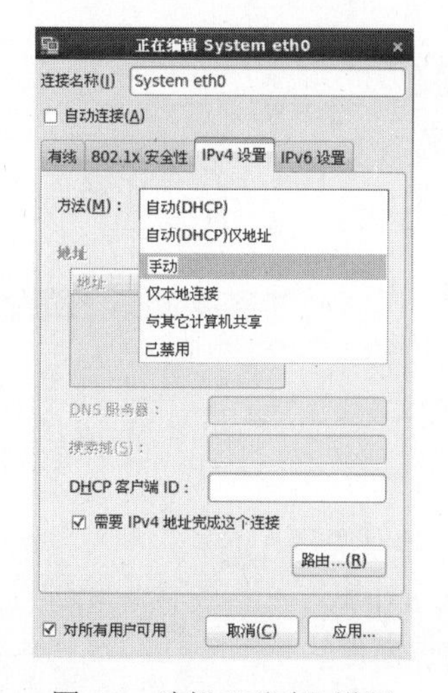

图 4-9　选择“手动”设置

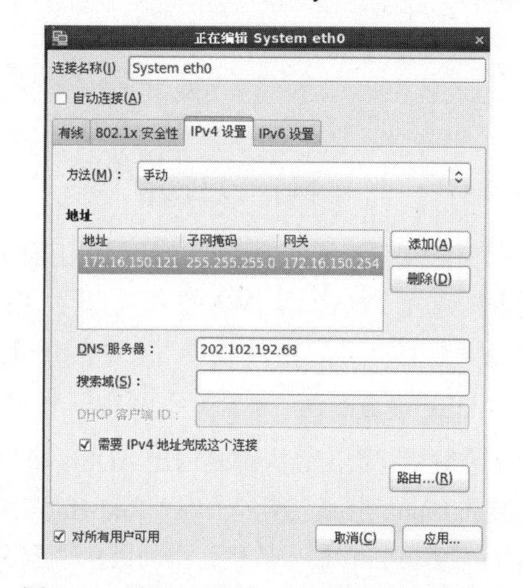

图 4-10　设置 IP 地址、子网掩码与网关地址

2．配置 DNS

在“正在编辑 System eth0”对话框中，DNS 服务器填写 202.102.192.68，单击“应用”按钮即设置完成。最终效果如图 4-10 所示。

3．自动连接

如果用户需要以后每次开机自动激活网卡，应在“正在编辑 System eth0”对话框中，勾选“自动连接”复选框；若想使该 Linux 用户对网卡的设置对别的 Linux 用户有效，应勾选“对所有用户可用”复选框。

帮助：一般把速度最快的 DNS 服务器填在 DNS 里面。

4．无线网络设置

对于接有无线网卡的用户，肯定希望通过无线连接网络，便于移动办公。假定在用户的可用信号范围内已经配置好了无线路由器，下面将通过设置使 Linux 能连接上网络。

在图 4-7 中单击“无线”选项卡，单击“添加”按钮，打开如图 4-11 所示的对话框，SSID 中输入路由器设置的“服务集标识”字符，其余默认。然后单击“无线安全性”选项卡，打开如图所示的 4-12 对话框。

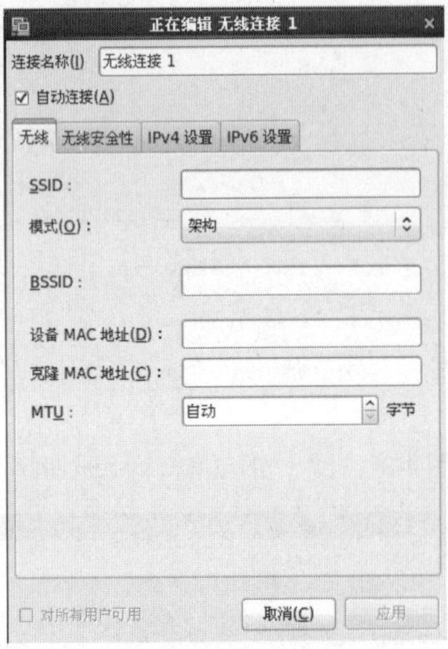

图 4-11　无线设置

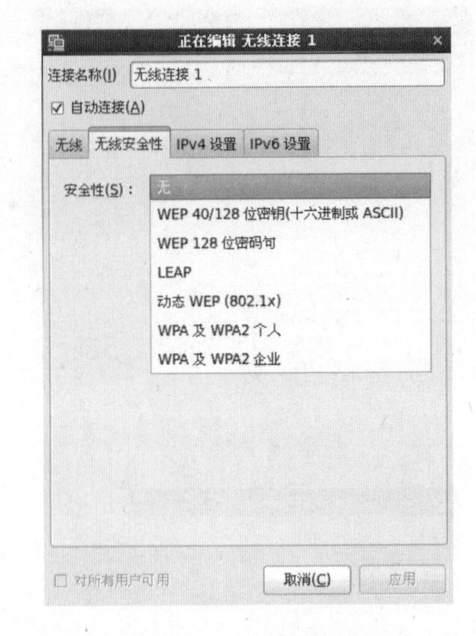

图 4-12　无线网设置

在“安全性”下拉框中选择一种和路由器上设置一致的加密策略，如本例选择“WAP 及 WAP2 个人”，在“密码”文本框中输入路由器上设置的密码。“IPv4 设置”中设置 IP 地址等项，见图 4-10。

5. ADSL 设置

对于家庭用户而言，大都是通过 ADSL 接入 Internet 的，如何使自己安装的 Linux 也能上网冲浪呢？Red Hat Enterprise Linux 6 中默认安装了一款 PPPoE 拨号软件，并将其集成到了“网络设置界面”。

在前期网络设置好后，单击图 4-7“网络配置”对话框中的 DSL 选项卡，打开如图 4-13 所示的对话框。

“用户名”和“密码”文本框中分别输入 ADSL 拨号所使用的账号和密码，勾选“自动连接”复选框，这样以后开机后系统自动拨号连接 Internet。

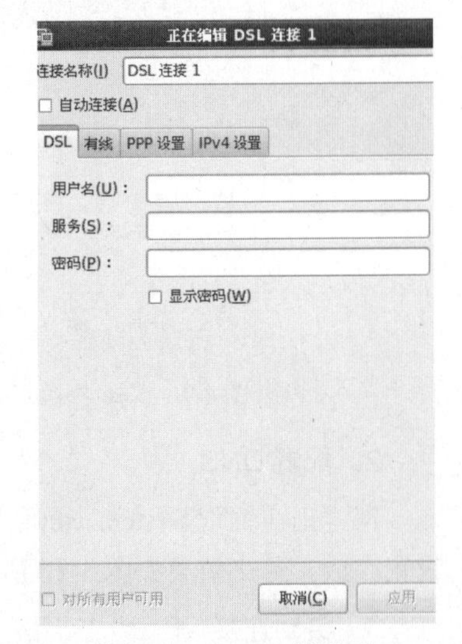

图 4-13　ADSL 网设置

4.3　打印机的安装、配置和管理

在 Linux 中用户可以很容易地安装、配置打印机。选择“主菜单”|“系统”|“管理”|“打印”命令，或者在命令行中输入以下命令。

```
system-config-printer
```

弹出“打印机配置”窗口，如图 4-14 所示。

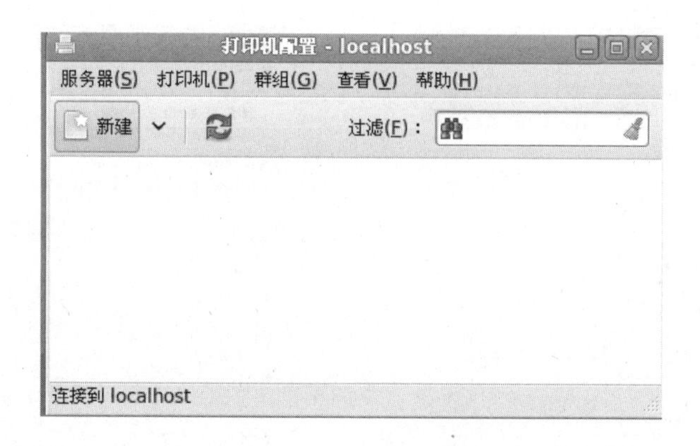

图 4-14　打印机配置

4.3.1　安装配置打印机

用户也可以通过图形化界面安装打印机，操作步骤如下。

（1）单击“打印机配置”窗口中的“新建”按钮，弹出“新打印机”窗口，如图 4-15 所示。

（2）选择打印机所连接的端口。选择合适的类型。例如，用户的打印机是本地的，直接连接到自己的计算机上，则选择本地连接即可。如果用户的打印机位于网络中，就可以选择“网络打印机”下的选项。这里选择 LPT#1，单击“前进”按钮，进入“选择驱动程序”窗口，如图 4-16 所示。在该对话框中，选择打印机厂家，单击“前进”按钮。

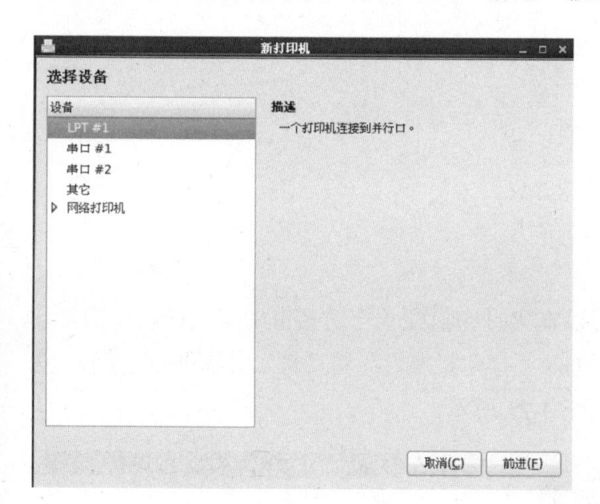

图 4-15　添加打印机

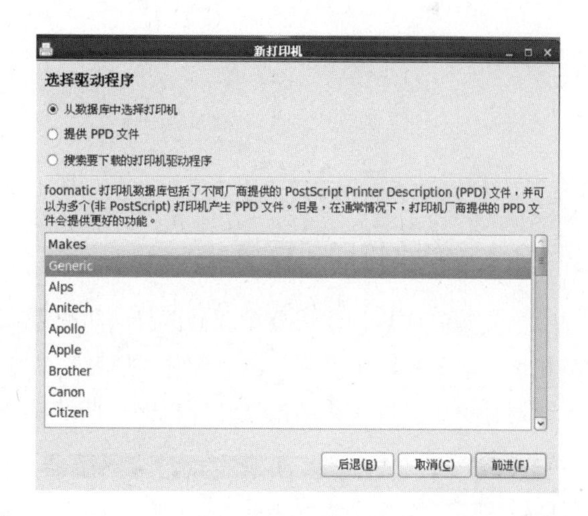

图 4-16　选择驱动程序

（3）弹出“打印机型号选择”窗口，如图 4-17 所示。在该窗口中，单击左面的型号选项，选择右面的驱动程序选项，单击“前进”按钮。

（4）弹出“描述打印机”窗口，如图 4-18 所示。可以为要添加的打印机设置一个名称，也可以简单地描述一下，在打印机比较多的时候有助于辨别。

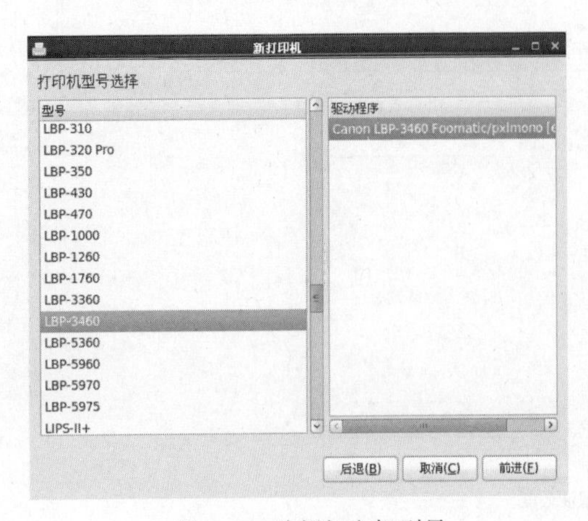

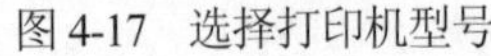
图 4-17　选择打印机型号

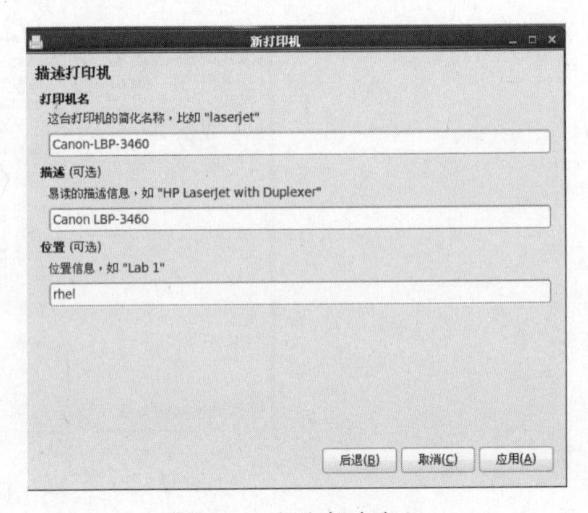

图 4-18　打印机命名

（5）单击“应用”按钮，系统要求用户是否打印测试信息，用户根据要求选择是否打印。打印机添加完毕，如图 4-19 所示。

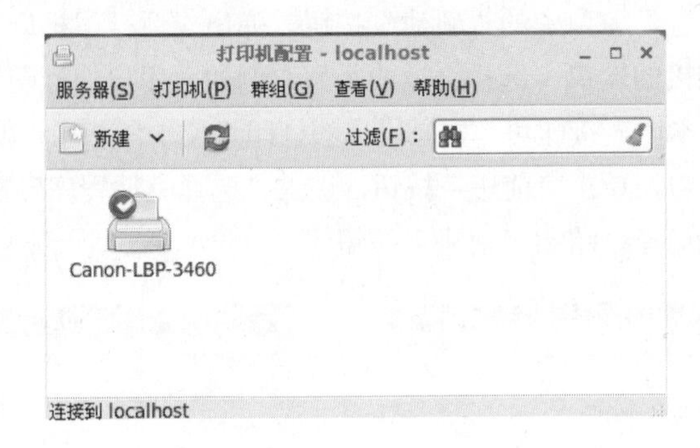

图 4-19　结束安装

4.3.2　修改打印机配置

安装完成后，如果要重新修改打印机配置，可以在“打印机配置”对话框中，选择相应的打印机名，双击打印机名或右击，选择“属性”命令，进入“打印机属性”对话框，如图 4-20 所示。在该对话框中，即可重新配置打印机的一些选项，如图 4-21 所示。

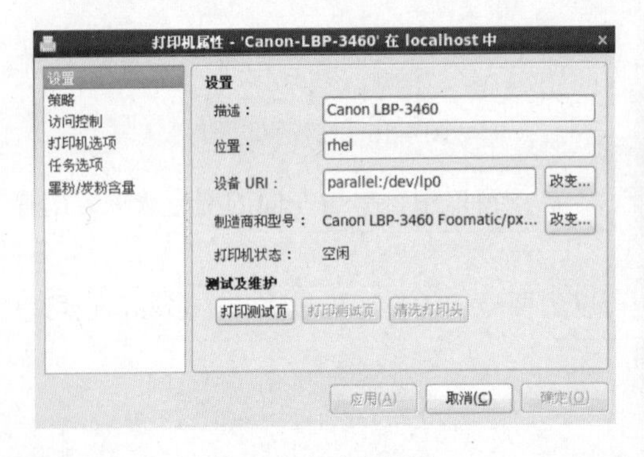

图 4-20　打印机属性

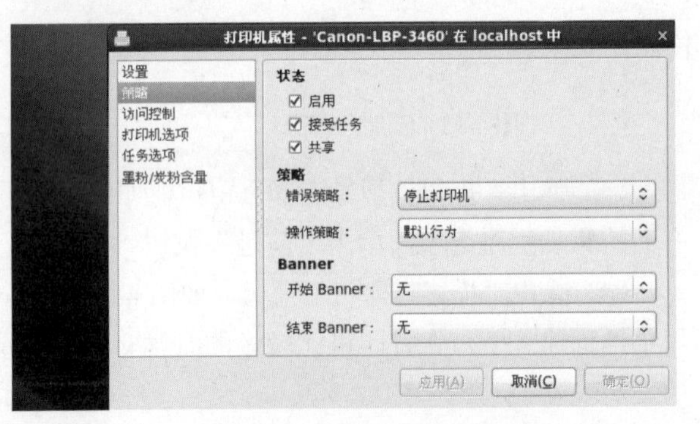

图 4-21　设置打印机属性

4.3.3　管理打印机

在 Red Hat Enterprise Linux 6 中添加完打印机后，可以对打印机进行管理。

（1）选择“主菜单”|“系统”|“管理”|“打印”命令，弹出“打印机配置”窗口，如图 4-14 所示。

（2）在此窗口中可以对打印机进行管理。右击打印机图标，如图 4-22 所示，在弹出的快捷菜单中可以设置打印机的很多选项，可以启用打印机、共享打印机，可以把打印机设置为默认打印机，以后只要不是特别设置，所有的打印行为，都将在这台打印机进行；选择“属性”选项可以查看打印机的属性。

图 4-22　打印机管理

4.4　安装软件

在 Red Hat Enterprise Linux 6 下主要有两种方法安装软件，RPM 软件包安装和代码编译安装。

4.4.1　RPM 软件包安装软件

传统的 Linux 软件包大多是 tar.gz 文件格式。软件包下载后必须经过解压缩和编译操作后，才能进行安装及设置的步骤，所以对于一般用户或是初级管理员而言，在使用时都极不方便，但是通过 RPM 则解决了这个问题。软件包的配置是自动完成的。以安装 apache 服务器为例，文件名为 httpd-2.2.15-15.el6.i686.rpm。

1．安装软件包

```
rpm -ivh httpd-2.2.15-15.el6.i686.rpm
```

- -i：表示安装指定的 RPM 软件包。
- -v：表示在安装期间以“#”来表示安装进度。
- -h：显示安装的详细信息。

2．重新安装

```
rpm -ivh --replacepkgs httpd-2.2.15-15.el6.i686.rpm
```

--replacepkgs：此参数将 apache 这个软件包再安装一次。

3．软件包冲突

```
rpm -ivh --force httpd-2.2.15-15.el6.i686.rpm
```

--force：表示当所安装的软件包，与已安装的软件包存在冲突时，可以使用此参数进行强制安装，但并不保证所安装的软件包可以正常使用。

4．软件包关联性

```
rpm -ivh --nodeps httpd-2.2.15-15.el6.i686.rpm
```

--nodeps：当在安装此软件时，必须先安装某个软件包方能正常安装，否则会出现提示信息。若不想出现错误信息，可以使用此参数，强制进行安装。

5．RPM 软件删除

```
rpm -e httpd-2.2.15-15
```

-e：表示要删除 apache 这个软件包。注意在删除软件包时，输入软件包名即可。加软件包的版本号，也可以进行删除。不可用完整的软件包名。例如：httpd-2.2.15-15.el6.i686.rpm。

6．软件包升级

```
rpm -Uvh httpd-2.2.15-15.el6.i686.rpm
```

-U：表示升级 apache 这个软件包。

7．RPM 软件查询

```
rpm -q httpd
```

该命令查看一下 httpd 这个软件是否安装。

```
rpm -qa | grep httpd
```

该命令查询系统已经安装的软件包。

8．RPM 软件包验证

```
rpm -V httpd-2.2.15-15.el6.i686.rpm
```

查询软件包内的文件是否有毁坏或遗失。

4.4.2 代码编译安装软件

软件代码一般使用的是以 tar.gz 格式压缩。还是以安装 apache 服务器为例，文件名为 httpd-2.2.15-15.i686.tar.gz。

（1）使用 tar 命令解压缩文件：

```
tar -zxvf httpd-2.2.15-15.i686.tar.gz
```

（2）解压缩后，使用 cd 命令切换到解开的目录下：

```
cd httpd-2.2.15-15
```

（3）安装软件，查找组态配置文件，使用./命令执行该文件。再使用 make 编译执行安装文件：

```
./configure                          执行组态配置文件
make                                 编译相关文件
make install                         安装软件
```

4.5 用户账号管理

Linux 是一款多用户操作系统，允许不同用户本地登录，同时也允许远程登录。所以在 Linux 中账号就显得至关重要，没有账号就不能登录系统。

4.5.1 设置 root 账号密码

root 账号是在系统安装时，默认的账号。root 账号拥有对系统绝对的控制权，所以此账号的用户一般被称为 Super User 或者系统管理员。所以 root 账号的密码设置就显得格外重要。建议用户为 root 账号设置一个复杂一点的密码，保证 root 账号不被窃取。

在安装系统的过程中，安装程序已经要求用户输入了密码，如果要修改密码，可以在命令行中输入：

```
passwd
```

或者在图形界面下选择“主菜单”|“系统”|“首选项”|“关于我”命令，弹出“关于 root”对话框，如图 4-23 所示。单击“更改密码”按钮，在文本框内输入新密码，单击“确定”按钮，完成 root 账号密码修改。

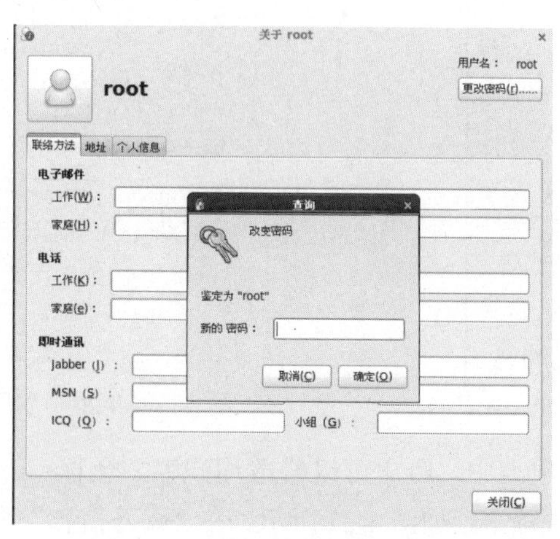

图 4-23　修改根口令

4.5.2　添加修改账号

使用 Red Hat 用户管理器，可以很方便直观地对用户账号进行管理。选择“主菜单”|“系统”|“管理”|“用户和组群”命令，打开 Red Hat“用户管理器”窗口，如图 4-24 所示。

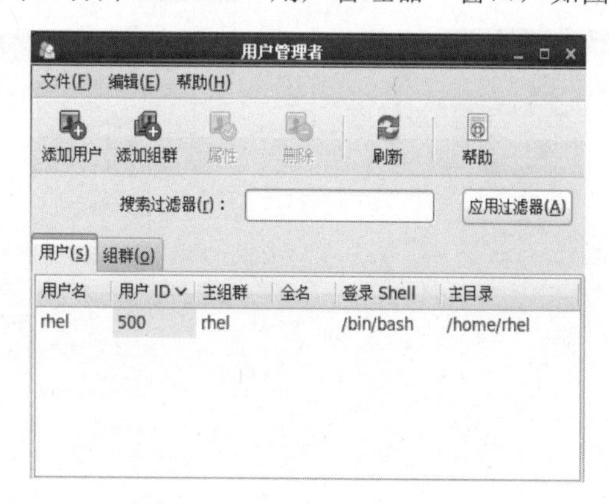

图 4-24　“用户管理器”窗口

1. 添加新用户账号

要添加新用户账号，用户可以单击 Red Hat“用户管理器”窗口上角的“添加用户”按钮，弹出“添加新用户”对话框，如图 4-25 所示。

在“添加新用户”对话框中，输入用户名、全称及口令等，即可创建一个新用户。对于用户 ID，建议使用系统默认，不是特殊需要一般不需要手工设置。

2. 修改用户账号

创建用户账号后可以对账号进行修改，在 Red Hat“用户管理器”窗口的列表中选择账号，双击账号或者单击“属性”按钮，进入“用户属性”对话框，如图 4-26 所示。

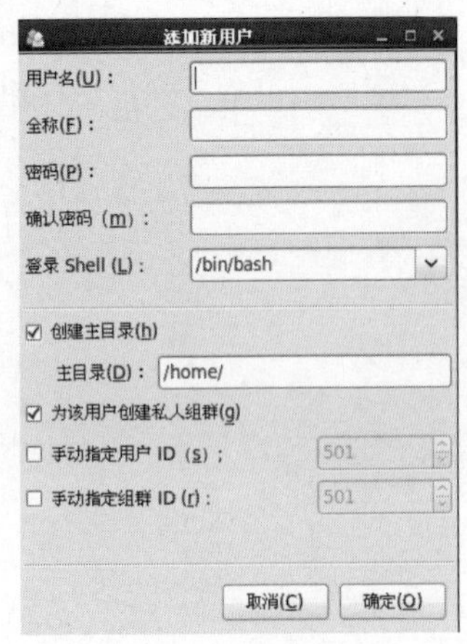

图 4-25 创建新用户

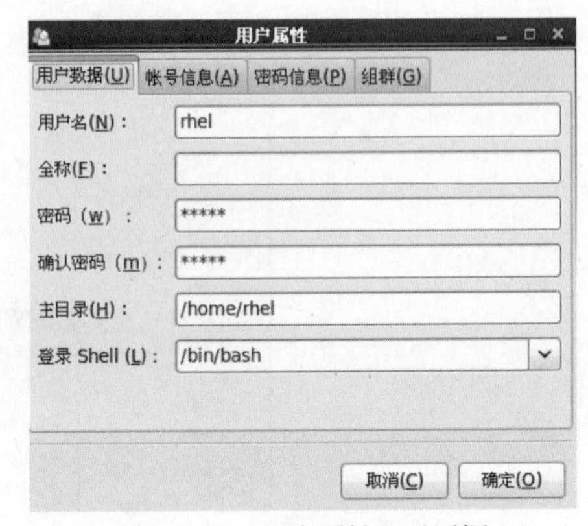

图 4-26 “用户属性”对话框

（1）在“用户数据”选项卡中，用户可以修改用户名、全称、口令等用户账号的基本信息。

（2）单击“账号信息”选项卡，如图 4-27 所示。在“账号信息”选项卡中，用户可以启用该账号的过期时间，该项功能方便管理员管理大批量账号。用户也可以勾选“本地密码被锁”复选框，禁止更改该账号信息。

（3）单击“密码信息”选项卡，如图 4-28 所示。用户可以在该选项卡中查看，该账号最后一次更改口令的时间。也可以在这里启用口令过期功能，来限制口令的使用日期，防止口令长期使用，被别人窃取。

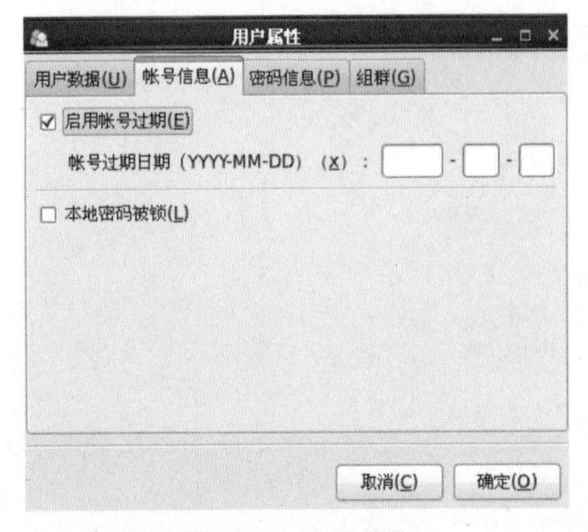

图 4-27 账号信息

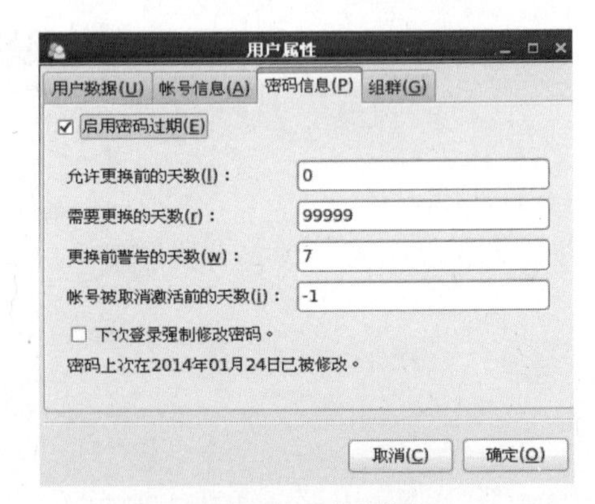

图 4-28 密码信息

帮助：设置中的 0 天表示无限期。

（4）单击“组群”选项卡，如图 4-29 所示。在此选项卡中，用户可以设置账号的组群，要设置哪个组群，只需选择组群前的复选框即可。

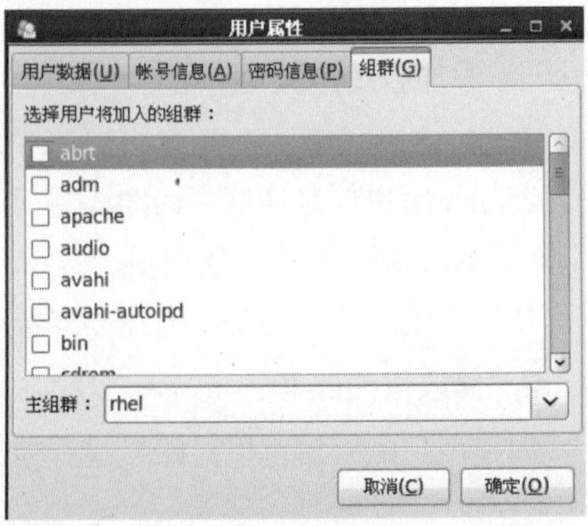

图 4-29 组群

4.5.3　删除用户账号

在 Red Hat“用户管理器”窗口中删除用户账号非常简单。用户只需选中要删除的账号，单击“删除”按钮即可。

4.5.4　组群的各项操作

在 Red Hat“用户管理器”窗口中单击“组群”选项卡，即可显示系统中的所有组，如图 4-30 所示。

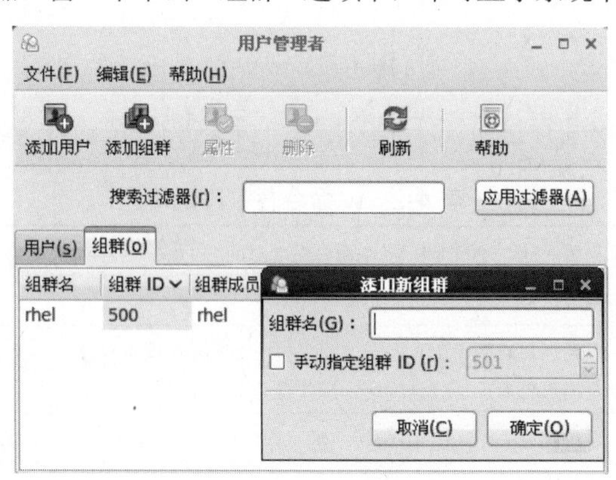

图 4-30　组群操作

在此可以对组群进行添加、修改和删除，操作基本和用户操作一样。

4.5.5　命令行添加用户

用户也可以在命令行中添加用户。以下以建立账户“exam”为例介绍命令行的使用方式。具体步骤如下：

（1）新增用户 exam，输入以下命令。

```
useradd exam
```

（2）使用 passwd 命令为新增用户设密码，输入以下命令。

```
passwd exam
```

这是为 exam 用户设置密码，输入后按回车，两次输入用户的密码。

（3）将用户添加到组，输入以下命令。

```
useradd -g user exam
```

新增用户 exam，此用户归属于是 user 这个用户组内。useradd 命令有很多参数，下面是几个比较常用的参数：

- -c 将备注文字加入 passwd 的备注栏中。
- -d 反映用户登录时的主目录，这个主目录必须在账号新增前已经存在。
- -g 指定账户所属的组。该组必须在账号新增前已经存在。
- -s 指定用户登录后使用的 shell。
- -u 指定用户 ID。

注意：useradd 命令只有 root 用户能使用，普通用户无权使用。

4.5.6 查看登录的用户

要查看登录用户的行为，可以使用 w 命令，如图 4-31 所示。

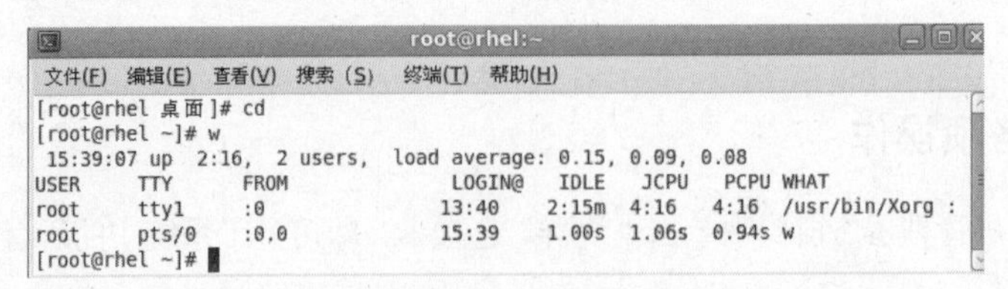

图 4-31 w 命令

使用 w 命令后会显示出几行字符，下面来解释一下这些字符的含义，如表 4-2 所示。

表 4-2 w 命令各字段说明

01:26:48	表示当前时间，也就是执行 w 命令时的时间
up 2:35	表示系统已经连续运行了 2 小时 35 分
2 users	表示系统当前有两个用户登录。而且同一个账号可以重复登录，所以有重复的账号。本例中 root 用户既登录图形界面，又登录终端，因此算两个
load average: 0.02,0.01,0.00	表示系统在过去 1、5、10 分钟内的平均负载程度。值越低，负载越低，性能越好
USER	显示登录的账号
TTY	表示用户登录的终端代号
FROM	表示用户从哪里登录。本地登录为“-”，如远程登录则显示录录 IP
LOGIN@	表示用户登录系统的时间
IDLE	表示用户已经多久没有操作。这是一个计数器，用户一旦有操作，则该计数器重新归零
JCPU	表示该终端所有相关的进程执行时消耗的 CPU 时间
PCPU	表示 CPU 执行程序消耗的时间
WHAT	表示用户正在执行的程序名称。如果用户正在执行文本模式命令，则显示用户环境的名称

用户也可以用以下命令来查看单个用户的数据。

```
w 账号名称
```

也可以使用命令查看当前在线的用户：

```
who
```

如果想要更为详细的数据则可在 who 命令后加参数-u：

```
who -u
```

可以使用 last 来查看曾经登录过的用户：

```
last
```

如果列出的用户名单太长，则可以使用命令：

```
last|more
```

4.6 进程管理

在 Linux 中，每个执行的程序都称为一个进程。每一个进程都分配一个 ID 号。每一个进程，都会对应一个父进程，而这个父进程可以复制多个子进程，如 WWW 服务器。

每个进程都可能以两种方式存在的：前台与后台。前台进程就是用户目前的屏幕上可以进行操作的。后台进程则是实际在操作，但由于屏幕上无法看到进程。一般系统的服务都是以后台进程的方式存在，而且都会常驻在系统中，直到关机才结束。

4.6.1　用 ps 获得进程状态

ps 命令是用来查看目前系统中，有哪些进程正在执行，以及它们执行的状况。可以不加任何参数，如图 4-32 所示。

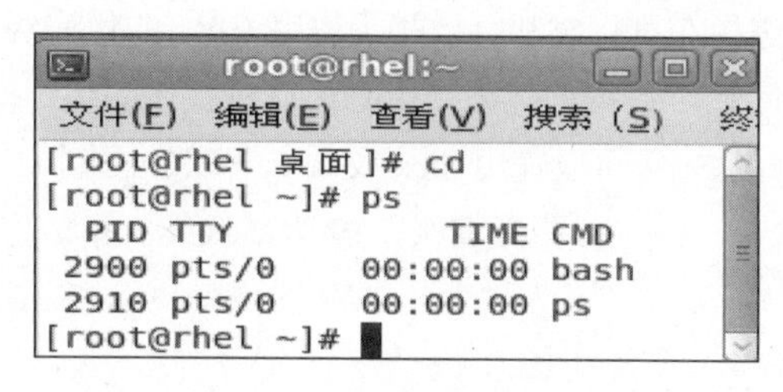

图 4-32　ps 命令

其中各字段的含义如表 4-3 所示。

表 4-3　ps 命令各字段说明

字　段	说　明
PID	进程识别号,也就是所说的进程号
TTY	终端机号
TIME	此进程所消耗的 CPU 时间
CMD	正在执行的命令或进程名

ps 命令还有很多参数，如配合参数可以更好地管理进程。例如：

```
ps -l
```

该命令显示详细的进程信息。

```
ps -u
```

该命令以用户的格式显示进程信息。

```
ps -x
```

该命令显示后台进程运行的参数。

4.6.2　终止进程的命令

若是某个进程执行一半需要停止，或已消耗了很大的系统资源，此时可以考虑停止该进程。用户可以使用 kill 命令来完成此项任务。

（1）查看所有可供传送的信号。大多数是 SIGTERM（15）或 SIGKILL（90）命令为：

```
kill -l
```

查看所有可供传送的信号。

（2）终止某个进程命令为：

```
kill 进程号
```

例如：

```
kill 16251：终止进程号为16251的进程。
```

有些进程会捕捉某些信号。如果不能直接结束进程可以用“-9”参数传送信息。如果还不行，可以使用参数“-15”传送信号。如下所示：

```
kill -9 16251或kill -15 16251
```

4.6.3 控制进程的优先级

在 Linux 系统中，每个进程在执行时都会被赋予使用 CPU 的优先级。等级越高，CPU 就会分配给它越高的 CPU 使用时间。由于进程的优先级影响计算机整体的运行效率，如果用户没有特殊需要，不要随意更改。更改进程优先级可以使用 nice 或 renice 命令。

优先级等级分为－20～19，其中-20 为最高级，19 为最低级。指定进程的优先级命令如下：

```
nice -10 2561
```

该命令指定 2561 这个进程的等级为 10

```
nice  -10 -g  kuaipao
```

该命令将用户为 kuaipao 的进程调整为 10。

命令 renice 可以修改执行中的进程的优先级，用法和 nice 命令相同。

4.7 TCP/IP 网络基础

TCP/IP 是互联网中使用最广泛的协议，也是 Internet 通用的唯一标准协议。

4.7.1 IP 地址

在互联网上每一台计算机都有它唯一的地址，这样互联网中传输的数据能准确地找到目的地。IP 地址采用点分十进制来表示，如 192.168.0.2。

IP 地址实际上是分为网络号和主机号两部分。每一个 IP 地址的网络号标识了计算机所在的网络类型，而每一个 IP 地址的主机号，则标示了各个设备到网络的连接。主机号又进一步分为子网地址和主机地址。子网划分是指用户可以划分自己的子网络，而子网的 IP 地址由子网的网络管理员分配，子网的管理员可以自由分配子网内的 IP 地址。

IP 地址有三类基本的网络地址分类，每种都表示不同的网络规模：

- A 类地址：每一个 A 类地址的第一部分都是一个 0～127 之间的数字。A 类网络的主机地址由后面三部分的任一数字组合组成。这样一个 A 类网络就包含了数百万个主机。A 类网络地址如：24.xxx.xxx.xxx。
- B 类地址：每一个 B 类地址的第一部分都是一个 128～191 之间的数。而且，在 B 类网络地址中第二部分也表示网络。这样一个 B 类网络可以拥有 64 000 个以上的主机地址。B 类网络地址如：129.84.xxx.xxx。
- C 类地址：每一个 C 类地址在第一部分都是一个 192～233 之间的数。在 C 类地址中，IP 地址的前三部分表示网络，最后一部分表示主机。这使每一个 C 类网络能有 254 个号（0 和 255 为网络广播地址，不能被指定为主机地址）。C 类网络地址如：192.168.0.xxx

4.7.2　子网掩码

为了执行效率起见，需要限制网络上的特定区段的主机数。通常网络管理员把网络分成几个子网，然后分配每个子网 IP 地址，当子网掩码按位“AND”用户的 IP 地址时，就得到了子网地址。

子网掩码的用处就是“分割网络”与“判断目的地位置”。子网掩码的格式与 IP 地址相同，也是由 4 部分组成。每台电脑在设定 IP 地址时也需要一并设定子网掩码。以 C 类地址来说，IP 地址的前 3 部分为网络号（Network ID），因此子网掩码的前三部分都为 255。而最后一部分是主机号（Host ID），则子网掩码为 0。例如，195.177.220.xxx IP 地址的子网掩码为 255.255.255.0。

同理，A 类地址的子网掩码为 255.0.0.0；B 类地址的子网掩码为 255.255.0.0。

前面介绍到子网掩码的用处是“分割网络”与“判断目的地位置”。下面将介绍子网掩码是如何“分割网络”与“判断目的地位置”的。

1．分割网络

子网掩码可以将 A、B 和 C 类地址的网络切割为更小的子网络。例如，将 C 类网络的子网掩码设置为 255.255.255.224，则可将 C 类网络分割为 8 个子网络。其计算方式如下：

```
255.255.255.224
        ↓
     11100000              将主机号转换为二进制数
     0010000 = 32
     0100000 = 64
     0110000 = 96
     1000000 = 128         按照位为 1 的来组合
     1010000 = 160
     1100000 = 192
     1110000 = 224
```

因此假设 C 类地址的网络号为 196.74.223.，这 8 个子网络的 IP 地址范围如表 4-4 所示。

表 4-4　IP 地址分布

主　机　号	IP 地址的范围
0~31	196.74.223.0-196.74.223.31
32~63	196.74.223.32-196.74.223.63
64~95	196.74.223.64-196.74.223.95
96~127	196.74.223.96-196.74.223.127
128~159	196.74.223.128-196.74.223.159
160~191	196.74.223.160-196.74.223.191
192~223	196.74.223.192-196.74.223.223
224~255	196.74.223.224-196.74.223.255

注意：分割后的第一个和最后一个子网络不能使用。只能使用中间 6 个子网络。

2．判断目的地位置

当一个大的网络被分割为多个子网络后，子网络之间必须用路由器来连接，作为子网络与其他网络通信的通道。因此当某一子网络中的计算机，要传送信息的时候，要先判断接受端计算机，是否在同一子网内。这时就需要子网掩码来处理了。

假设三台计算机 A、B、C，A 和 B 在同一个子网中，C 在另一个子网中。A、B、C 的 IP 地址分别为 196.74.223.33、196.74.223.34、196.74.223.65，子网掩码为 255.255.255.224。

当 A 计算机要传送信息给 B 电脑时，会先将 A 和 B 计算机的 IP 地址分别与子网掩码做 AND 运算，如下所示：

```
A的IP地址: 11000100   01001010  11011111  00100001
子网掩码:    11111111   11111111  11111111  11100000
AND运算后:  11000100   01001010  11011111  00100000    ←结果1

B的IP地址: 11000100   01001010  11011111  00100010
子网掩码:    11111111   11111111  11111111  11100000
AND运算后:  11000100   01001010  11011111  00100000    ←结果2
```

由于 A 和 B 在 AND 运算后得到的结果相同，表示两台计算机位于同一个子网中，因此 A 可以传送信息到 B，而不需要路由。

当 A 要传送信息到 C 时，则同样将 A 与 C 的 IP 地址同子网掩码做 AND 运算，如下所示：

```
C的IP地址: 11000100   01001010  11011111  01000001
子网掩码:    11111111   11111111  11111111  11100000
AND运算后:  11000100   01001010  11011111  01000000    ←结果3
```

AND 运算后就会发现，结果 3 与结果 1 不一样，这就表示 A 与 C 分属于不同的子网络中。因此当 A 要传送信息给 C 的时候，需要经过路由器，才能传送到 C 所在的子网络中。

4.7.3 网关地址

在局域网中如果有一台计算机或者路由器连接到互联网（Internet）或者其他网络，那么就称其为此局域网的网关，网关地址也就是此计算机或者路由器的 IP 地址。

4.8 小　结

在 Windows 下用户可以很方便地使用图形界面对系统进行管理，在 Linux 我们同样也可以。Red Hat Enterprise Linux 6 中自带几乎所有软硬件的图形化配置程序，用户可以通过友好的界面直接对系统进行管理。Linux 是一款多用户的操作系统，出于安全原因，用户必须谨慎设置账号。

第 5 章 使用办公软件

Linux 也可替代 Windows 系统作为桌面环境使用，在 Linux 有各种优秀的常用软件，从 Office 办公软件到图形图像软件，Linux 一点都不输于 Windows。本章主要介绍如何在 Linux 中使用常见的办公软件，使用办公软件可以方便用户日常的办公工作。在介绍各种软件时，将详细讲解常见的功能。

5.1 OpenOffice.org 办公简介

OpenOffice.org 是一款强大开放源代码的办公套件。OpenOffice.org 基于 Sun 公司的 Staroffice，它包括文字处理工具 Write、电子表格工具 alc、幻灯片制作工具 Impress、图像处理工具 Draw 等软件组成。本章将主要讲解该办公软件的功能。

5.1.1 基本概述

OpenOffice.org 是一套产品，同时也是一个项目。因为它的源码开放，所以很多优秀的编程人员都参与进来，开发和改进 OpenOffice.org。而且它也是一组跨平台的办公套件，能运行在绝大多数不同的操作系统上。OpenOffice.org 版权属于 Sun 公司，2010 年 Oracle 公司收购了 Sun 公司。由于担心版权问题，很多 Linux 发行公司转而使用由 OpenOffice.org 衍生而来的 LibreOffice。Oracle 公司在 2011 年中将 OpenOffice.org 移交给 Apache 软件基金会，由 Apache 软件基金会进行维护开发。

OpenOffice.org 的界面和现在的其他 Office 软件非常相似，这样用户就可以很容易的上手，而且它还具有非常好的兼容性，能够识别包括微软的 MS Office 在内的多种文件格式。OpenOffice.org 已经推出了多种语言版本，而且更多的语言版本还在不断地推出。从功能划分上讲，OpenOffice.org 的各组件与微软公司的 MS Office 非常相似，为了让大家了解 OpenOffice.org 各组件的功能，这里将 OpenOffice.org 的各个组件和 MS Office 的各组件及 Windows 软件进行对照，如表 5-1 所示。

表 5-1　OpenOffice.org 组件和 Windows 下相关软件对照表

OpenOffice.org 组件	MS Office 组件及其他软件	主 要 功 能
Writer	Office Word	文字处理
Calc	Office Excel	电子表格处理
Impress	Office PowerPoint	幻灯片制作
Draw	FreeHand	图像处理软件
Math	Office 公式编辑器	公式录入和编辑

5.1.2　安装 OpenOffice.org

Red Hat Enterprise Linux 6 中默认并没有集成 OpenOffice.org 软件，用户需要自行下载安装使用。OpenOffice.org 中文网站为：http://www.openoffice.org/zh-cn/，目前最新版本为 OpenOffice.org 3.4 版本。用户下载其 Linux 下的 rpm 压缩安装包。

解压缩后，有十几个 rpm 文件，用户使用如下命令：

```
rpm -ivh *.rpm
```

系统自动安装所有 rpm 文件。然后在 desktop-integration 目录下安装 openoffice.org3.4-redhat-menus-3.4-9590.noarch.rpm 文件，该文件可以在系统菜单中为其建立快捷方式，如图 5-1 和图 5-2 所示。

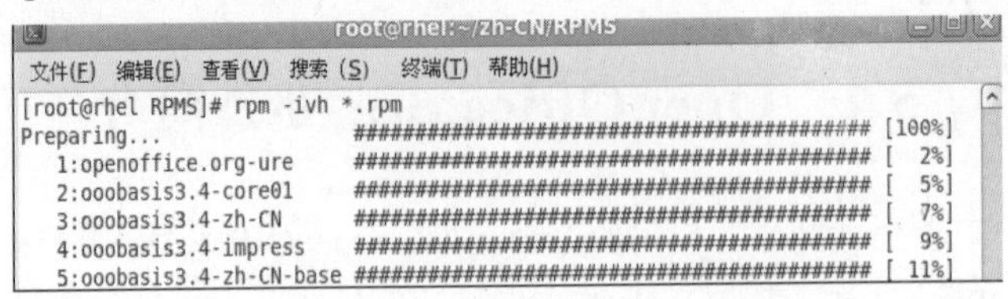

图 5-1　安装 OpenOffice.org

图 5-2　安装 OpenOffice.org 的菜单快捷方式

安装完成后，选择“主菜单”|“应用程序”|“办公”命令，即可看见 OpenOffice.org 各个组件，如图 5-3 所示。

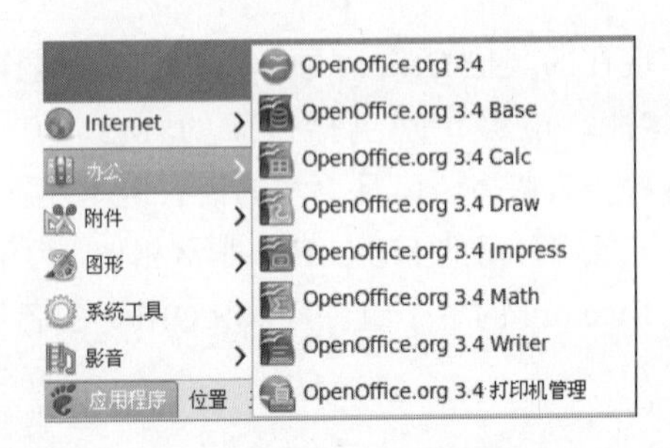

图 5-3　OpenOffice.org 组件图标

注意：在 RHEL 6 中，新安装的 OpenOfficeorg3.4 打开后，菜单栏的文字都是小方块（乱码）。可以采用如下方法解决：

```
新建 simsun 文件夹：
[root@localhost~]#mkdir  /usr/share/fonts/simsun
然后将 windows 目录 C:\WINDOWS\Fonts\simsun.ttc 文件拷贝到 simsun 目录改名为 simsun.ttf，后执行如下命令：
[root@localhost simsun]#mkfontscale        #生成了 fonts.scale 文件
[root@localhost simsun]#mkfontdir          #生成了 fonts.dir 文件
[root@localhost simsun]#fc-cache
```

5.2 进行文字处理——Linux 中的 Word

在 Windows 中进行文字处理，通常使用的是 Word。而在 OpenOffice.org 中同样也有文字处理软件，就是 Writer。Writer 是 OpenOffice.org 的文字编辑模块，如图 5-4 所示。

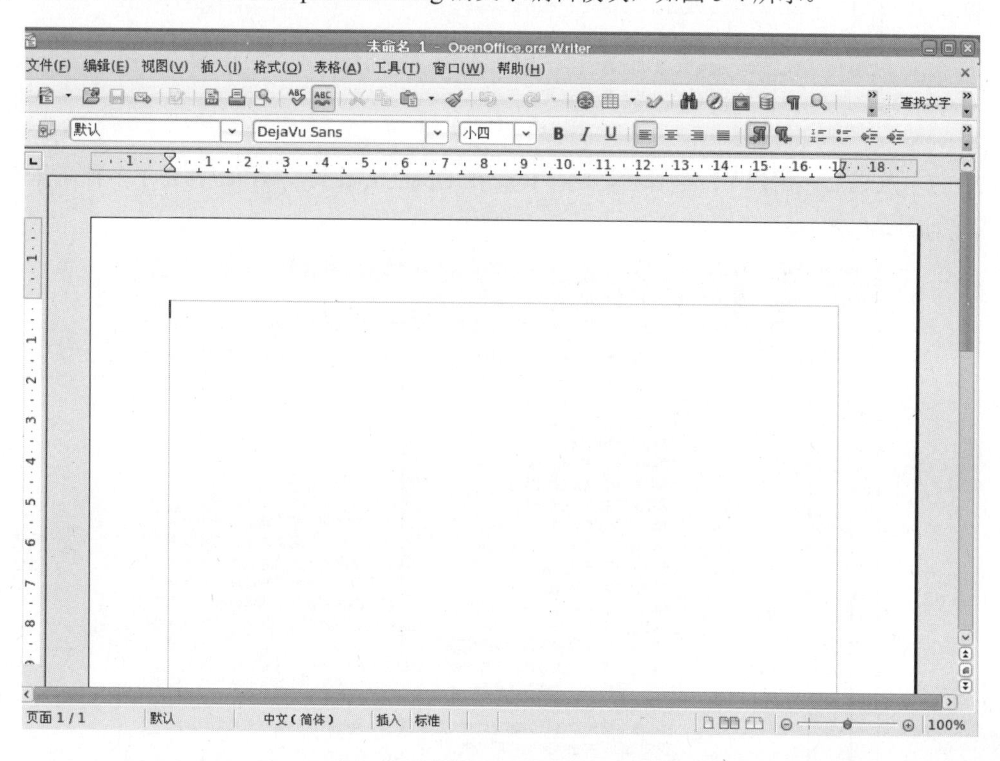

图 5-4　OpenOffice.org Writer 主界面

5.2.1　文字处理

在 OpenOffice.org Writer 中进行文字处理，非常简单，同 Windows 下的办公组件很相似。

1．文档编辑

（1）选择“文件” | “打开”命令，手工新建或打开文档，如图 5-5 所示。

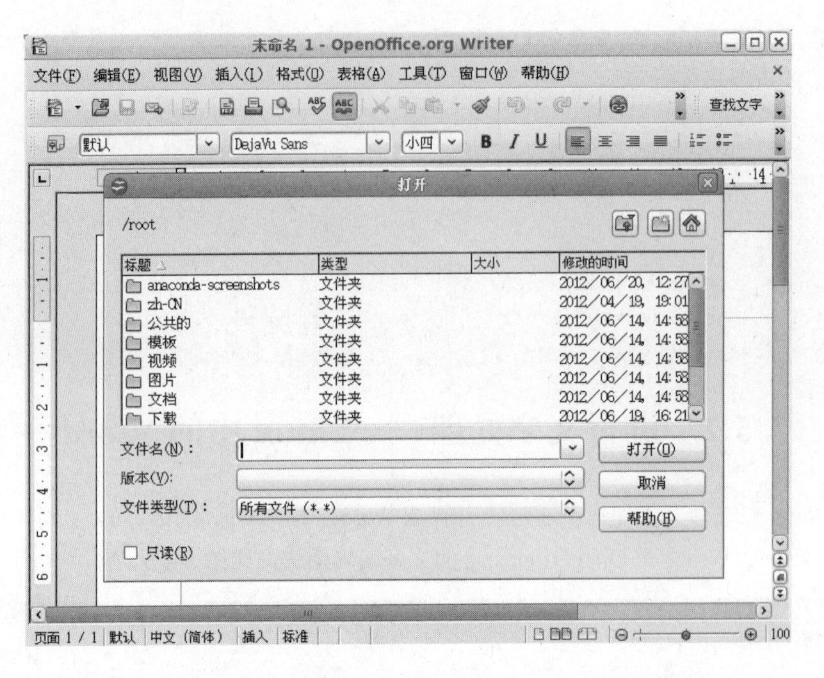

图 5-5　打开文档

（2）打开文档后，用户可以选择合适的字体。在 OpenOffice.org Writer 自带了多种简体中文字体格式，如图 5-6 所示。

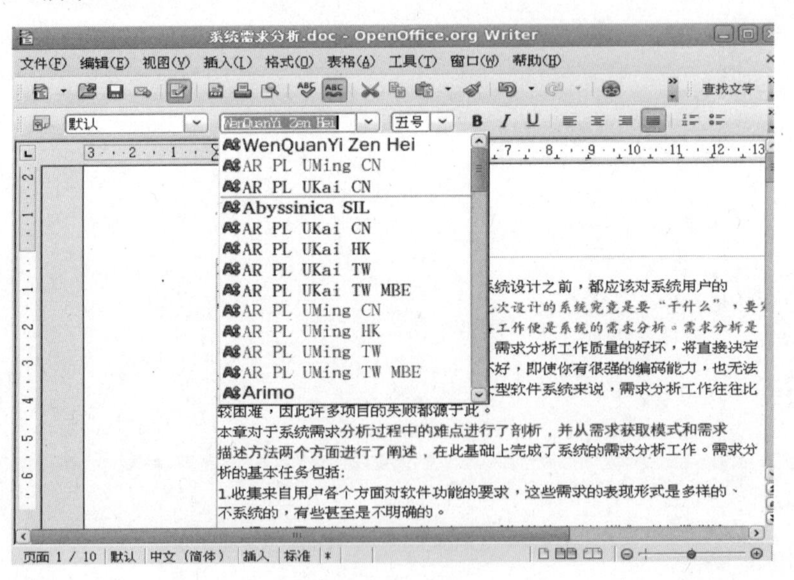

图 5-6　中文字体

注意：可能打开文档后，发现输入的中文在 Writer 中无法显示，这是因为字体的关系，用户必须选择支持中文的字体集，如简体中文的宋体字 simsun。

（3）确定文字格式后，还可以选择文字尺寸。在字体格式右边的下拉框中选择即可，如图 5-7 所示。

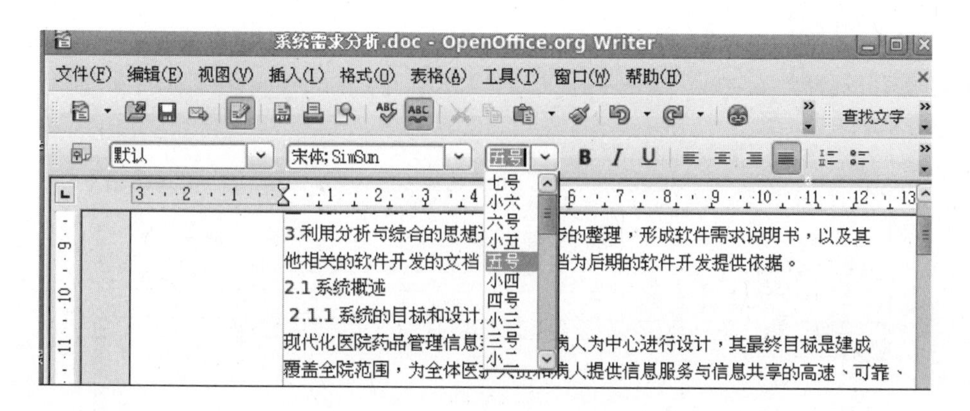

图 5-7　调整字体大小

2. 保存文档

需要保存文本时，单击“文件”|“保存”命令。用户还可以从“保存类型”下拉菜单中选择文件保存类型。

5.2.2　使用表格

在 OpenOffice.org Writer 中也可以使用表格。选择“插入”|“表格”命令或者直接按快捷键“Ctrl+F12”，即可进行表格设置，如图 5-8 所示。

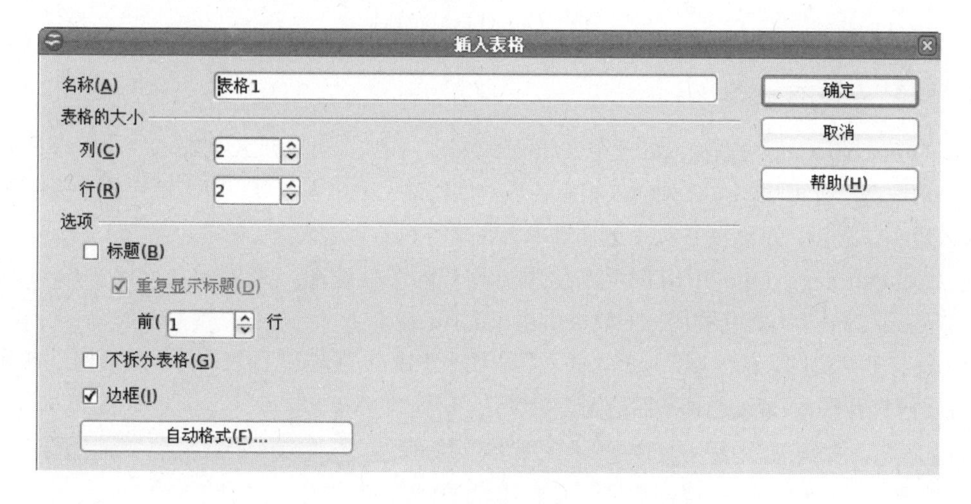

图 5-8　表格设置

在此用户可以设定要使用的表格的名称、行和列等信息。

5.3　数字表格处理——Linux 中的 Excel

Calc 是 OpenOffice.org 办公套件中专门制作电子表格的应用程序。Calc 不仅仅是一个表格处理工具，其计算、统计及数据库功能使其拥有更加广泛的使用群体。它可以执行一组单元格的计

算（如加减一列单元格），或根据单元格组来创建图表。甚至可以把电子表格的数据融入文档来增加专业化色彩。选择“主菜单”|“应用程序”|“办公”|“OpenOffice.org Calc”命令，启动 Calc 程序，如图 5-9 所示。

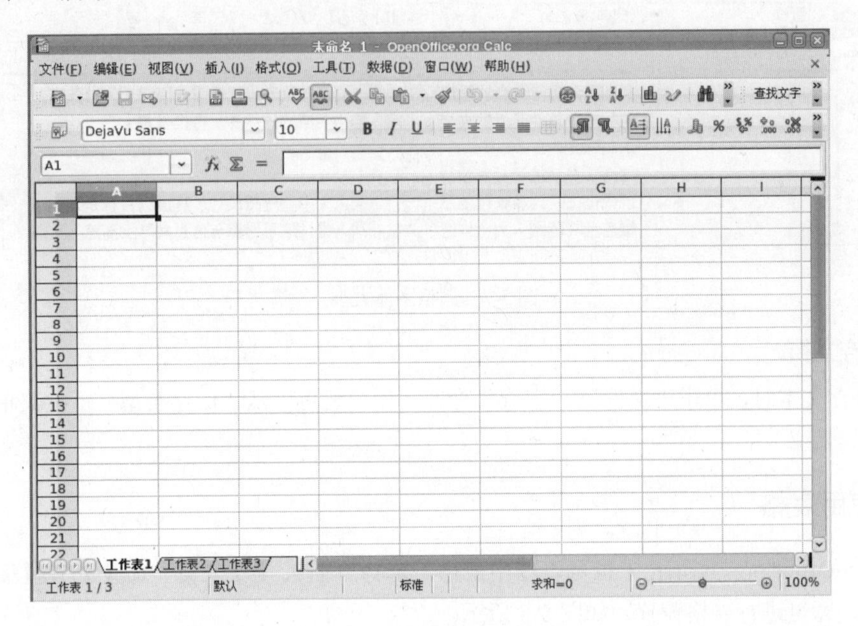

图 5-9　OpenOffice.org Calc

5.3.1　设计工作表

OpenOffice.org Calc 可以输入处理个人和商业数据。例如，可以在 A 列输入“房租”、“食品杂活”和“水电费”等事项，在 B 列输入相应各项数据创建一个个人预算。单击单元格直接在该单元格内输入数据。最后，可以在 B 列上运行算术命令来得到一个总数。

在 OpenOffice.org Calc 中用户可以使用更直观的图标或图，来表示百分比、份额等。在 OpenOffice.org Calc 中有好几种图标的模板供用户选择。

（1）选择要编辑图表的区域，选择“插入”|“图表”命令，弹出“图表向导”对话框，如图 5-10 所示。在该对话框中，可以选择不同的图表类型。

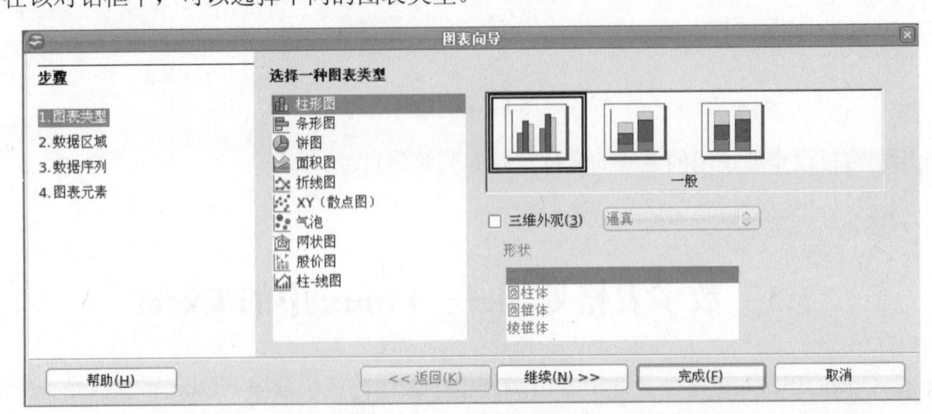

图 5-10　“图表向导”对话框

（2）单击“继续”按钮，弹出“选择一个数据区域”对话框，如图 5-11 所示。在数据区域框中输入要建立图表的数据区域范围。

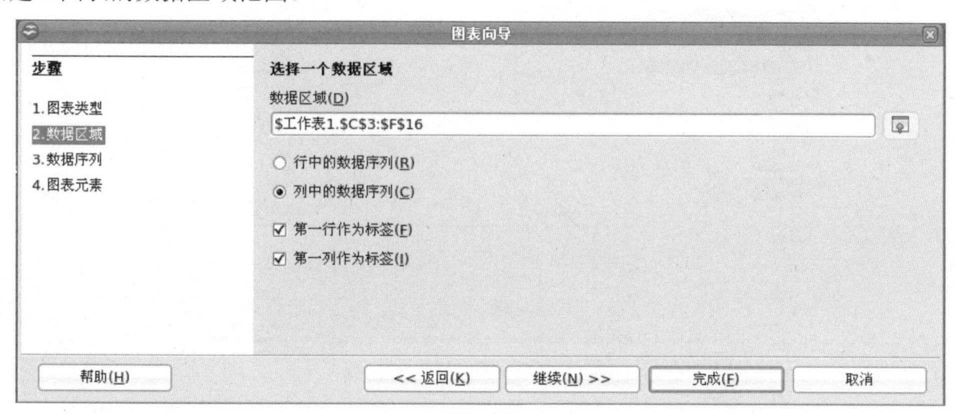

图 5-11 选择区域

（3）在“数据序列”和“图表元素”中分别设置后，单击“完成”按钮即可，如图 5-12 所示。

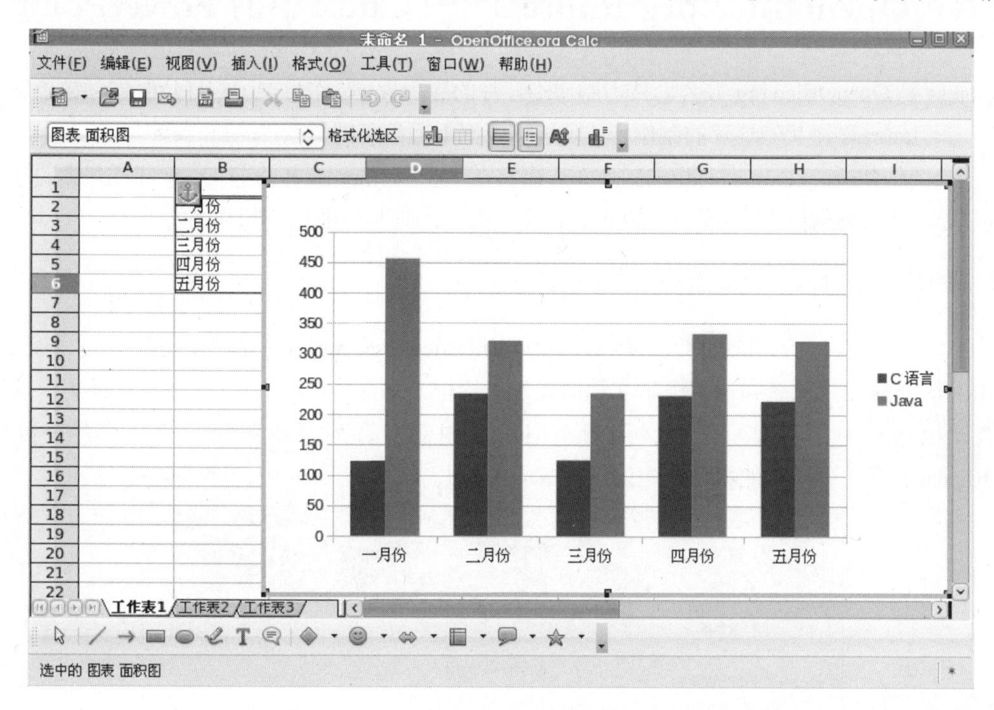

图 5-12 建立图标

5.3.2 对工作表进行统计分析

OpenOffice.org Calc 中有几个预设的函数用于计算功能，如用于加法或乘法的“=SUM()”、用于除法的“=quotient()”和用于准备收据的“=subtotal()”函数。如果还需要别的计算，单击“插入”|“函数”按钮，打开“函数向导”对话框。该对话框中提供了非常丰富的函数，而且都有分类和说明，用户可以很方便地查找自己需要的函数，如图 5-13 所示。

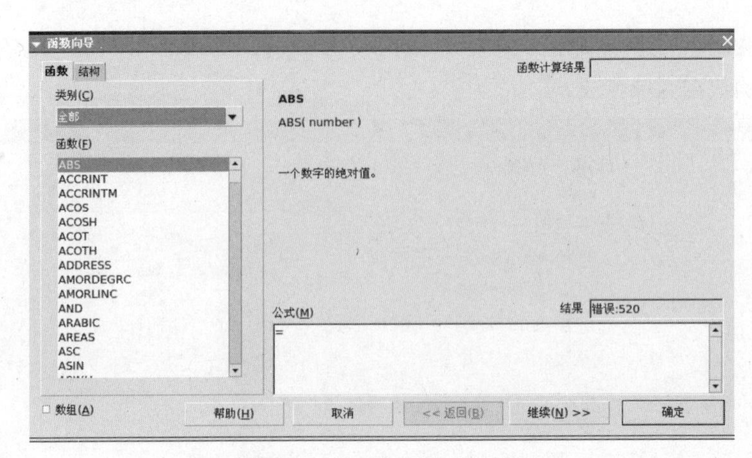

图 5-13 “函数向导”对话框

这样利用函数向导就可以对工作表进行统计分析。

5.4 OpenOffice.org Impress——Linux 中的 PowerPoint

Impress 是 OpenOffice.org 办公套件中制作幻灯片的应用程序。作为电子幻灯片制作领域最优秀的软件之一， Impress 在从幻灯片的制作到放映过程中都不逊色于同类软件。Impress 与 OpenOffice.org 组件中的绘图软件——Draw 拥有相同的界面。而且在功能上 Impress 也拥有 Draw 同样强大的绘图功能。而正是因为 Impress 有强大的绘图功能，才会在美化幻灯片方面有着超强的能力。

5.4.1 制作幻灯片

选择“主菜单”|“应用软件”|“办公”|“OpenOffice.org Impress”命令，启动 Impress。如果是首次启动 Impress，系统弹出“演示文稿向导”对话框，如图 5-14 所示。它可以帮助用户从已有的样式模板集合中创建演示文稿。用户不但可以创建带有列表或图像的幻灯片，还可以把 OpenOffice.org 套件中的其他组件产生的图表导入幻灯片中。

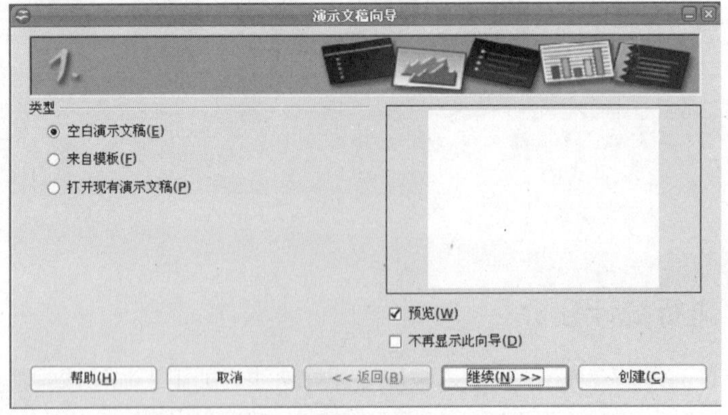

图 5-14 演示文稿向导（1）

（1）在“演示文稿向导”对话框中，系统提示用户选择想制作的演示文稿的类型。选择一种类型后单击“继续”按钮。

（2）进入图 5-15，用户可以选择幻灯片设计和输出类型，单击“继续”按钮。

（3）进入图 5-16，用户可以选择幻灯片切换方式和演示文稿类型。

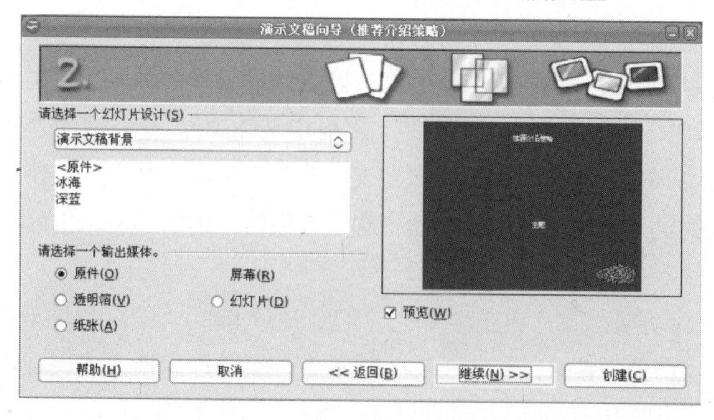

图 5-15　演示文稿向导（2）

图 5-16　演示文稿向导（3）

（4）单击“创建”按钮。进入 OpenOffice.org Impress 主页面，如图 5-17 所示。

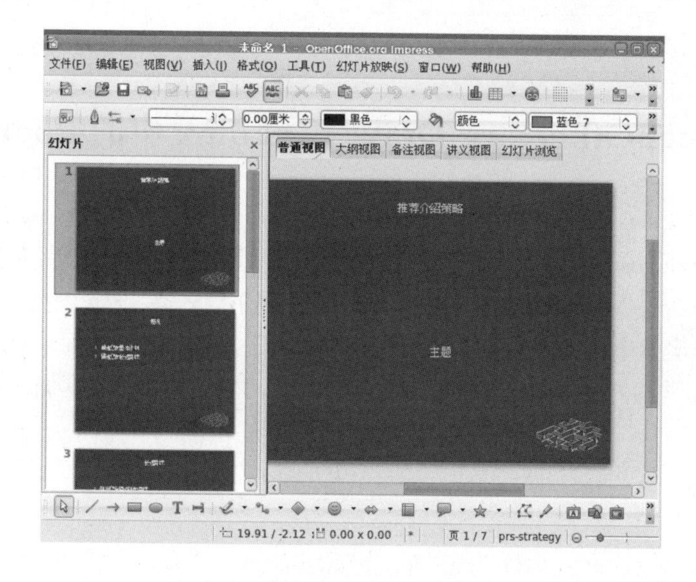

图 5-17　OpenOffice.org Impress

在主页面空白处，输入文字或图片，即可对幻灯片进行编辑。

5.4.2 设置动画

在幻灯片中用户可以通过设置动画，丰富幻灯片的表达样式，提高表达效果。在主界面中选取任意一块文字或图片区域，单击菜单栏“幻灯片放映”|“自定义动画”。在右边的“任务窗格”中显示“自定义动画”界面，单击“添加”按钮，弹出“自定义动画”对话框，如图 5-18 所示。在“自定义动画”对话框中设置自己喜欢的动画效果，选定后单击“确定”按钮，确认即可。也可以单击预览按钮，查看设置效果。

另外可以设置幻灯片切换方式，单击菜单栏“幻灯片放映”|“幻灯片切换方式”。在右面的“任务”窗格中显示“幻灯片切换”界面，用户可以根据需要对幻灯片切换方式进行设置，如图 5-19 所示。

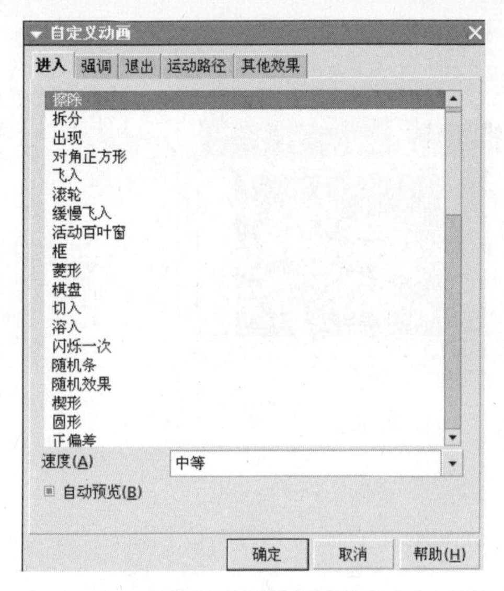

图 5-18 自定义动画

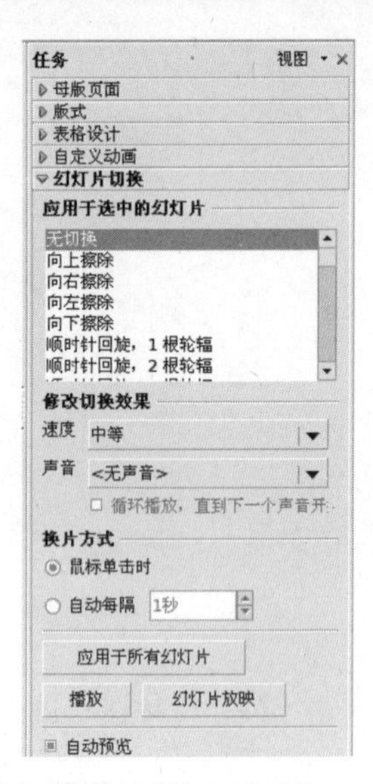

图 5-19 幻灯片切换

5.5 OpenOffice.org Draw——Linux 中的 Photoshop

其实说 Draw 是 Linux 中的 Photoshop，这个说法并不十分确切。使用 Draw 创建的图形主要是各种示意图形，与 Photoshop 等图形处理软件不同，它使用的是矢量图，而非位图模式。Draw 与 Adobe 公司的 Illustrator、Macromedia 公司的 Freehand 才属于同一类。图形绘制是 Draw 的强项，在 OpenOffice.org 办公套件中虽然每个组件都有图形绘制模块。然而，Draw 则是 OpenOffice.org 中图形处理的集大成者。作为专业的矢量图形绘制和处理软件，Draw 支持多种存储格式，并且能将多种格式的图片输出打印。

5.5.1 绘制图形

启动 OpenOffice.org Draw，选择“主菜单”|“应用软件”|“办公”|“OpenOffice.org Draw”命令，进入 OpenOffice.org Draw 主页面，如图 5-20 所示。

图 5-20　OpenOffice.org Draw

在 OpenOffice.org Draw 中绘制图形和其他软件没有太大的差别，单击页面下面“绘图栏”中的按钮即可完成。

（1）单击页面下边“绘图栏”中矩形按钮，在绘图板上绘制一个矩形，单击“颜色”下拉菜单，选择矩形的颜色，如图 5-21 所示。

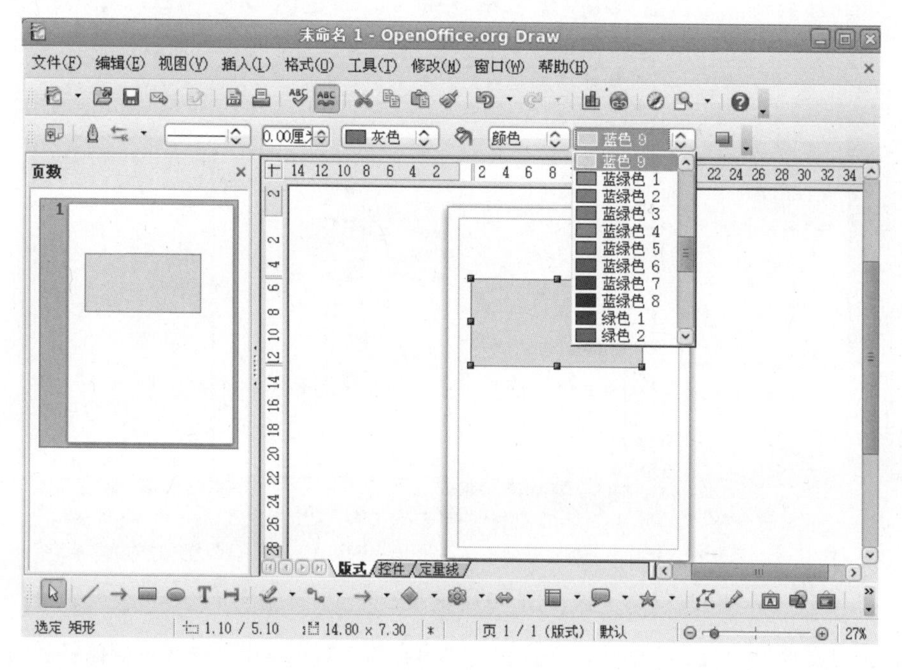

图 5-21　绘制矩形

（2）单击椭圆按钮，在绘图板上绘制一个椭圆，并选择颜色，如图 5-22 所示。

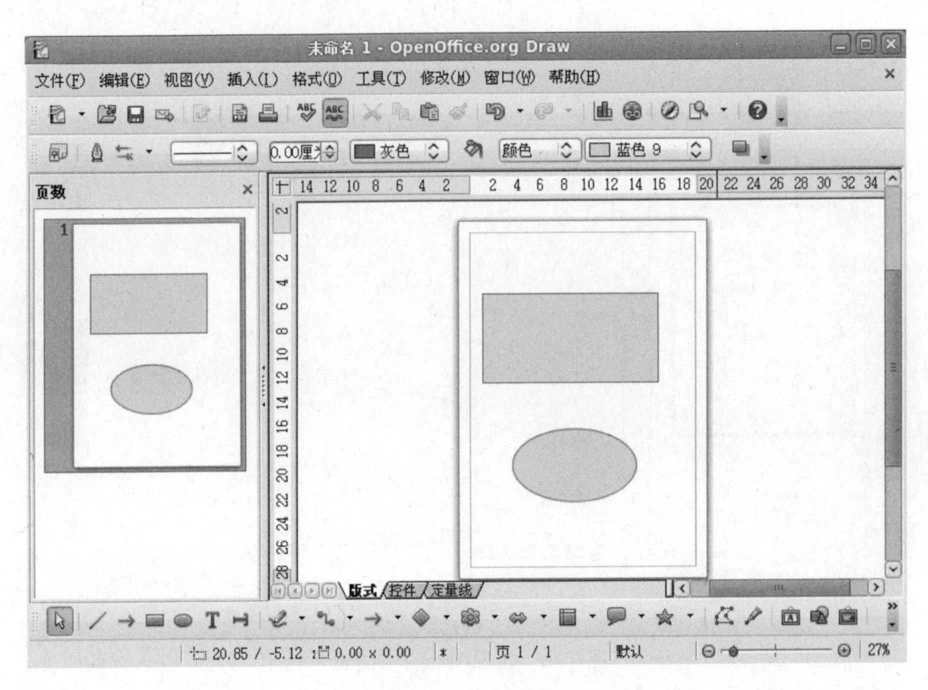

图 5-22 绘制椭圆

（3）单击文字按钮T，在绘图板上输入文字，如图 5-23 所示。

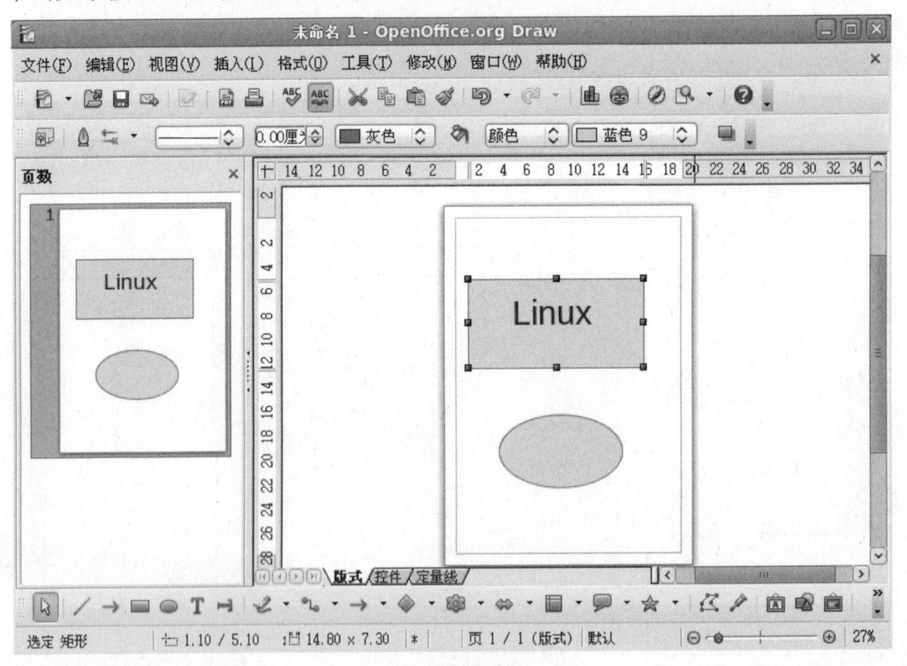

图 5-23 输入文字

（4）单击“文件”|“保存”命令，在弹出的“另存为”对话框中，选择存储路径、填写文件名以及选择存储格式，如图 5-24 所示。

这样一幅简单的二维平面图片就完成了。

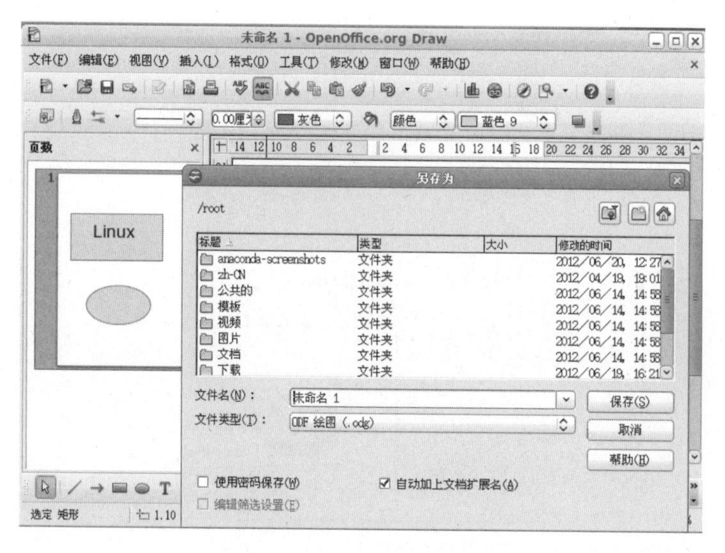

图 5-24　保存图片

帮助：当图片完成后，可以单击“文件”|“导出”命令，这样图片就可以保存为 GIF、JPG 等格式的图片。

5.5.2　三维化处理

OpenOffice.org Draw 不单单是一款二维绘图软件，它同时也支持三维绘图。单击“视图”|“工具栏”|“三维对象”命令，调出三维工具栏。

（1）单击三维对象按钮，在绘图板上创建一个三维图像，如图 5-25 所示。

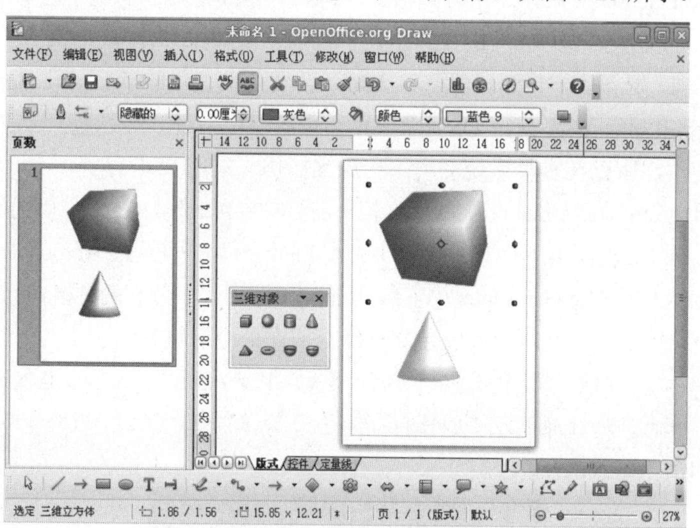

图 5-25　创建三维图像

（2）双击创建的三维图像，图像上出现红点后，可以使用鼠标控制图像视角。用户也可以选中三维图像右击，选择“三维效果”命令，弹出“三维效果”对话框，如图 5-26 所示。在该窗口中，用户可以对三维图像进行优化控制。

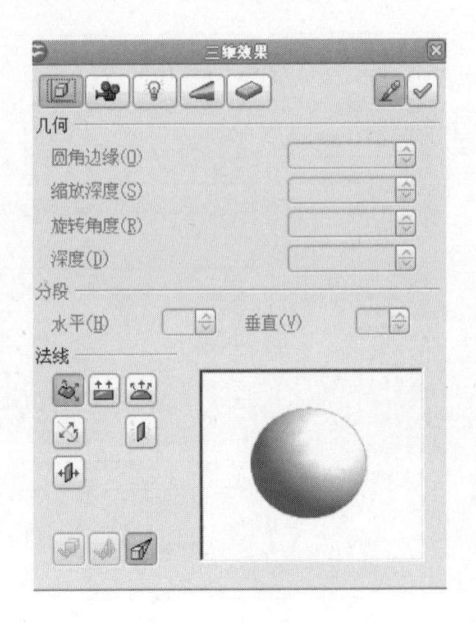

图 5-26 “三维效果”对话框

（3）图像完成后，单击“文件”|“保存”命令，保存图片。

提示：OpenOffice.org 办公套件是一款优秀的办公软件，它的功能远不只上面所述，这里只是大略叙述了一些，如果读者对此有兴趣，可以查找专门的资料学习。

5.6 使用 Acrobat Reader 查看 PDF 文件

PDF（Portable Document Format，可移植文档格式）格式是文档的电子映像，由 Adobe 公司开发并倡导使用，也是发行文档的标准格式之一。

要查看 pdf 文档，必须有 pdf 浏览器，如 Adobe 公司免费提供的 Adobe reader。Adobe reader 可以运行在 Windows、Linux 以及 Mas OS（苹果个人电脑操作系统）等系统上。正因为 PDF 可以在多种系统平台上使用，所以在多种系统环境下传送文档优先采用 PDF 格式。

在 Linux 上使用 Acrobat Reader 查看 PDF 文档，需要安装 Acrobat Reader。因为 Red Hat Linux 系统中并没有集成 Acrobat Reader，用户可以在网上下载到 Linux 环境下使用的 Acrobat Reader。目前最新版本为 Acrobat Reader 8.1.7 在 Red hat Linux 中安装 Acrobat Reader，一般有两种格式 rpm 和 tar.gz 格式。

rpm 格式安装比较简单，一般双击安装文件即可或在命令行输入：

```
[root@localhost root]#rpm -ivh 软件安装文件的文件名
```

安装完成后，单击“系统菜单”|“应用程序”|“办公”命令，弹出 Acrobat Reader 的快捷菜单，单击即可运行，如图 5-27 所示。

图 5-27 Acrobat Reader 运行

进入 Acrobat Reader 主页面，选择“文件”|“打开”命令，选择 pdf 文档，如图 5-28 所示。

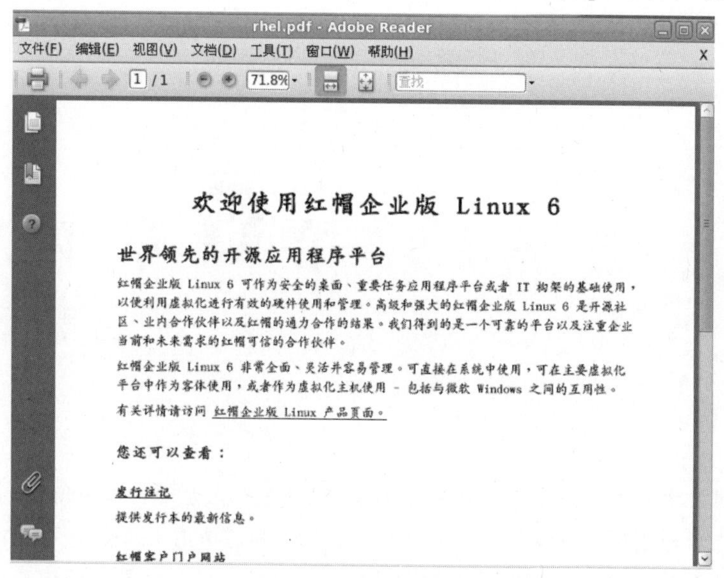

图 5-28　Acrobat Reader 主页面

在 Red Hat Linux 中还有 xpdf 和 GGV 两个开放源代码的程序，可以查看 pdf 文件。

5.7　小　　结

OpenOffice.org 是一款非常优秀的软件，它的功能几乎可以和 Windows 下的 Office 相媲美。也正因为 OpenOffice.org 在办公领域的强大及费用的低廉，导致近几年来，不断有公司或者政府部门放弃昂贵的 Windows，而选择 Linux。可以说 OpenOffice.org 为 Linux 的普及立下了汗马功劳。而且 OpenOffice.org 不但有强大的文字处理功能，它还有非常出色的图片处理功能，OpenOffice.org 套件中 OpenOffice.org Draw 被誉为 Linux 下的 Photoshop，就证明了这一点。

第 6 章 网上冲浪

使用 Linux 网上冲浪将是一件比较惬意的事情，用户基本上无须担心 Windows 下各种网页内嵌的病毒、木马会在后台悄悄地安装运行。本章将主要讲解如何使用 Linux 使用网络功能，包括如何浏览网页、如何收发 E-mail 以及网络聊天等。对各部分内容，将列举具体的例子进行分析。

6.1 连网设置

互联网是 Linux 发展的一个最大功臣。正因为有了互联网，Linux 才能发展到今天。Linux 与互联网的关系密不可分，这也要归功于 Linux 中众多的网络工具和丰富的网络应用程序。在 Red Hat Enterprise Linux 6 中内置了很多图形工具，可以帮助用户方便地完成各种联网方式的设置，使原来在命令行中烦琐复杂的配置变得简单明了。

6.1.1 互联网配置向导

互联网是覆盖范围最广的计算机网络，它连接着数以亿计的不同种类的局域网络和终端设备。由于其覆盖范围非常广，用户数量庞大，所以在 Internet 中各种网络资源应有尽有。用户要接入互联网，除了可以使用专线连接和以太网卡接入外，还可以使用其他连接，如 ADSL 连接等。要使用以上各种连接方式，都需要使用网络连接配置向导进行相应配置。

注意：使用网络连接配置向导必须具有根用户权限。

在图形界面下开启网络连接配置向导，选择“主菜单”|“系统”|“首选项”|“网络连接”命令，弹出“网络连接”对话框，如图 6-1 所示。

注意：由于不同的 ISP（互联网服务提供商），可能会有他们特殊的连接需求，所以在配置前，用户需要咨询 ISP、IP、DNS、网关等信息。

图 6-1 “网络连接”对话框

6.1.2　ADSL 连接

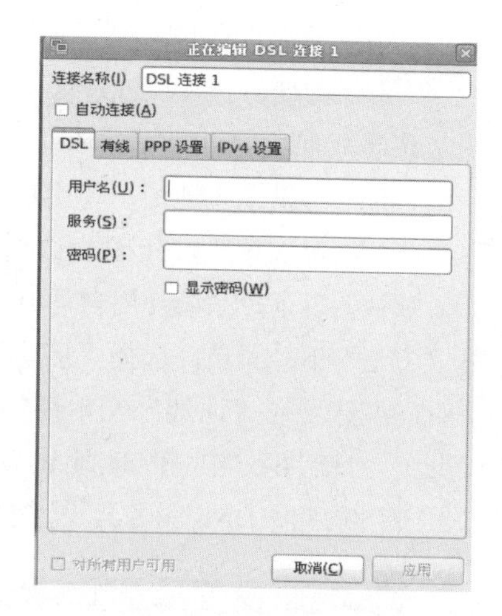

图 6-2　ADSL 网设置

对于家庭用户而言，大都是通过 ADSL 接入 Internet 的，如何使自己安装的 Linux 也能上网冲浪呢？Red Hat Enterprise Linux 6 内默认安装了一款 pppoe 拨号软件，并将其集成到了“网络设置界面”。

用户单击图 6-1“网络连接”对话框中的“DSL”标签，单击“添加”打开如图 6-2 所示的对话框。

用户名和密码框中分别输入 ADSL 拨号所使用的账号和密码，将“自动连接”选上，这样以后开机后系统自动为我们拨号连接 Internet。

以上内容在前面已做过讲述，但此处为保证知识完整性，作适当重复描述。一般通过拨号上网，都是自动获得 IP 地址。因此，其他各项均不需要配置，直接单击“应用”按钮即可。

6.1.3　局域网连接

当用户有两台以上计算机时，如果每台计算机都要连接到互联网上，那么每台计算机配置一个调制解调器、ISDN 或者 ADSL 的话，既浪费资金，又不利于管理。所以用户可以先将几台计算机连接成一个局域网（LAN），然后通过局域网连接到互联网。这样既省钱又便于管理。局域网连接技术很多，在这里主要介绍以太网技术。

1. 连接前准备工作

在连接调试局域网之前，用户需要先准备好安装时能用到的设备。

- 网卡（NIC）：现在计算机内都集成了 100/1000MB 网卡。如果没有，可以选择一块 100/1000MB 自适用网卡。
- 网线：目前常用的网线为五类或超五类双绞线。
- 交换机：在网络中交换机通常是用来将多台计算机连接在一块的。

2. 配置以太网连接

配置以太网连接操作如下。

（1）单击“主菜单”|“系统”|“首选项”|“网络连接”命令，进入网络配置图化窗口，如图 6-1 所示。在图形网络配置工具中，用户可以很简单地进行网络设备、网络硬件、DNS 和主机配置。

（2）选择“System eth0”，单击“编辑”按钮，进入“正在编辑 System eth0”对话框，如图 6-3 所示。在该窗口中，需要用户配置 IP。在网络中每一台计算机都有自己唯一的 IP 地址，在 TCP/IP 协议中，每一台计算机都需要有一个 IP 地址和主机名（可选）。这里用户有两种方式配置计算机的 IP 地址和主机名：静态地址和动态地址。

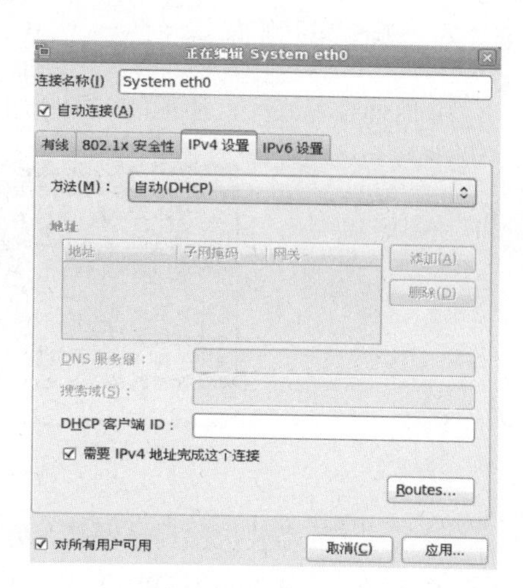

图 6-3　设置 IP 地址

- 静态地址：使用静态地址，每台计算机都有一个 IP 地址，这个地址在每次计算机重新启动时并不改变。计算机地址需要手工输入，这样就不能随意指定。
- 动态地址：使用动态地址，当客户机启动时从网络中的服务器得到一个由服务器指定的 IP 地址。提供动态地址，使用最广泛的协议是动态主机配置协议（DHCP）。使用动态地址，计算机每次重启后 IP 都会改变。

默认情况下，系统使用自动 IP（DHCP）获取方式，这里使用手动设置 IP（静态 IP）方法。打开“方法”下拉菜单，选择“手动”选框，如图 6-4 所示。

（3）然后在“地址”文本框中，单击“添加”按钮依次输入 IP 地址、子网掩码和默认网关地址。如图 6-5 中 IP 地址设置为 172.16.150.130，子网掩码为 255.255.255.0，网关设置为 172.16.150.254，DNS 服务器设置为 202.102.192.68。

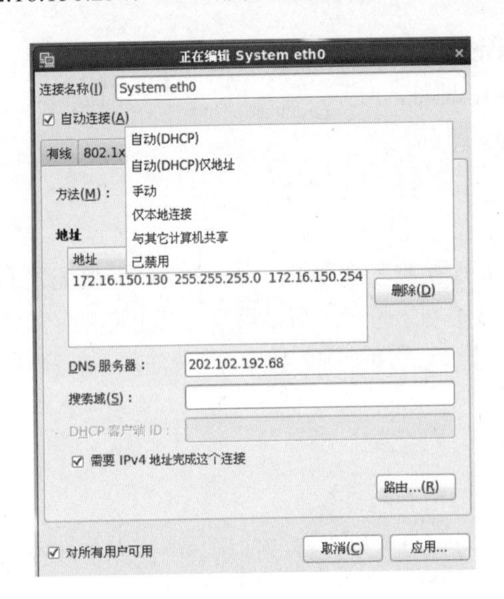

图 6-4　选择 IP 获取方式

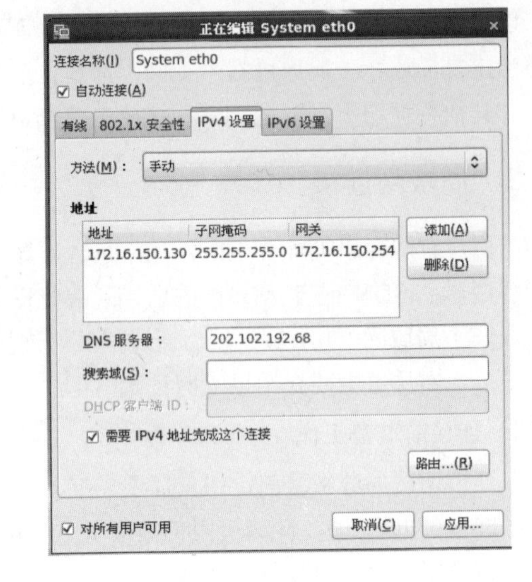

图 6-5　配置好 IP 地址

（4）配置完成后，单击“应用”按钮，使设置生效。

6.1.4　测试网络连接

IP 地址设置好后，还不能立即使用，要重新启动网络服务，如图 6-6 所示。

图 6-6　重启网络服务

设置完成后需要检验局域网是否成功连接，有很多方法。不过通常使用的是 ping 命令。ping 命令在 Windows 和 Linux 中同样适用。

1. Windows 下检测网络连接

在 Windows 下，选择“开始”|“程序”|“附件”|“命令提示符”命令，或者选择“开始”|“运行”命令，在弹出的“运行”对话框中，输入“cmd”，然后按“Enter”键即可。在命令提示符模式下，输入 ping 命令查看网络是否通畅，如图 6-7 所示为网络连接成功。

2. 在 Linux 下检测网络连接

如果要在 Linux 操作系统中检测局域网是否连接成功，需要右击桌面空白处，在弹出的快捷菜单中选择“在终端中打开”命令，进入命令行界面。输入 ping 命令，检测网络，如图 6-8 所示为连接正常。其中的 172.16.150.11 为局域网中另外一台计算机的 IP 地址。

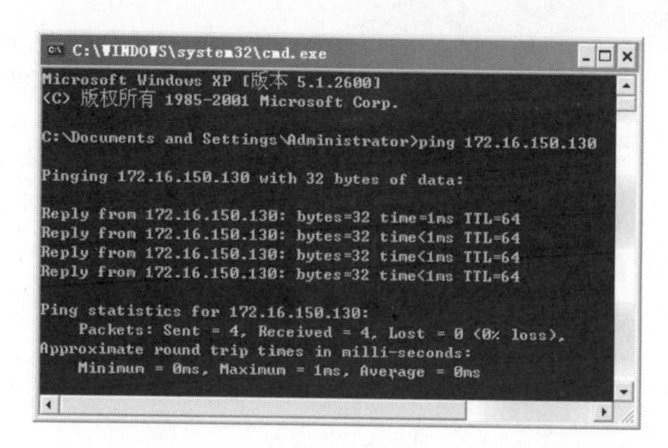

图 6-7　ping 命令检查网络

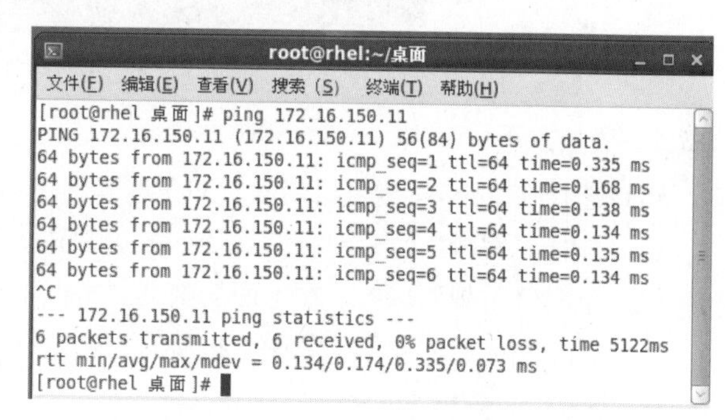

图 6-8　在 Linux 下使用 ping 命令

6.2　浏览网页

当今最重要的 Internet 程序就是 Web 浏览器，Red Hat Enterprise Linux 6 中集成了 Mozilla 的 Firefox（火狐）浏览器软件包，

6.2.1　使用 Firefox 浏览器

Firefox 浏览器的核心是基于 Navigator Web 浏览器，目前已成长为全球三大主流浏览器之一，它的图标是一只小狐狸。在 GNOME 桌面上单击图标启动 Firefox 浏览器，如图 6-9 所示。

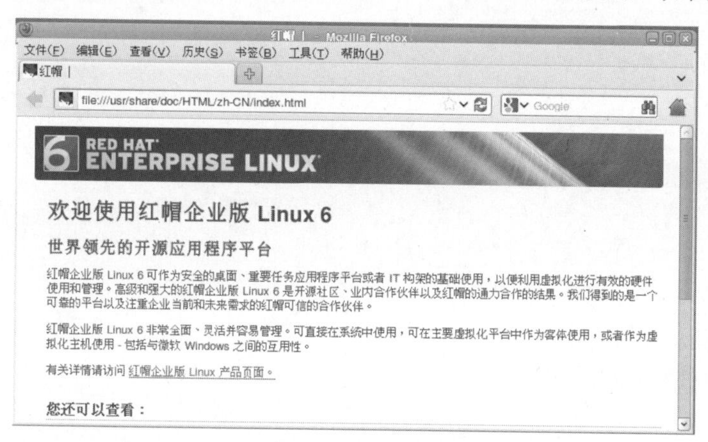

图 6-9　Firefox 浏览器

在地址栏中输入网站的网址或者 IP 地址，按“Enter”键即可。例如，在地址栏中输入 cn.redhat.com，如图 6-10 所示。

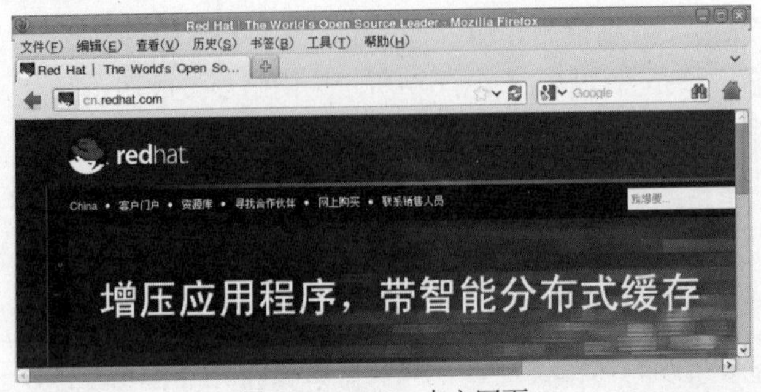

图 6-10 redhat 中文网页

1. 添加主页

可以选择在 Firefox 浏览器启动时和在选择到主页时显示的页面。

（1）选择“编辑”|“首选项”命令，打开“Firefox 首选项”对话框。

（2）单击“常规”标签，在下面的主页文本框中输入主页地址，如图 6-11 所示。

（3）设置完成后，单击“关闭”按钮。

2. 设置记录隐私

Firefox 默认情况下会记录下用户的浏览历史，虽说可以为用户访问带来方便，但有时却又不经意间泄露了用户的隐私。可以在“Firefox 首选项”窗口中设置不记录隐私，方法如下：

（1）从 Firefox 窗口左上方，选择“编辑”|“首选项”命令。

（2）在“Firefox 首选项”窗口，单击“隐私”选项如图 6-12 所示。

（3）在“历史”中选择“从不记录历史”。

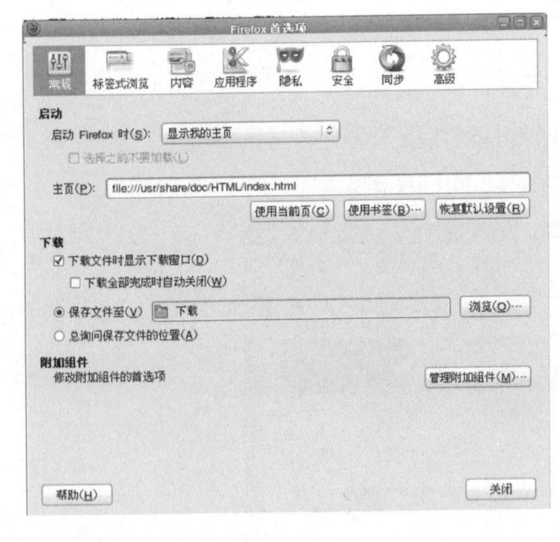

图 6-11 设置主页

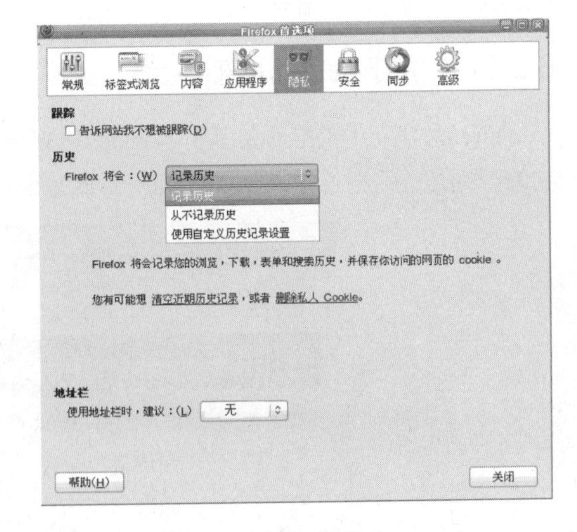

图 6-12 设置记录隐私

（4）在“地址栏”中选择“无”。

3. 设置侧栏

Firefox 浏览器窗口左边的框叫作侧栏，在那里设置工具以使 Web 浏览更高效，如搜历史和书签。如果窗口没有侧栏，可以选择“查看”|“侧栏”命令，控制侧栏是否显示。

侧栏上的标记提供对用户需要的 Web 内容，进行快速访问。默认情况下，侧栏上有以下的标记。

- 书签：让用户能把网页添加到书签列表中保存，并且按照类别进行排序，便于让用户搜索所要的网页，如图 6-13 所示。
- 历史：包含用户已经访问过的网站记录，有过去六天每一天的标记，以及六天内访问的所有网站的标题，如图 6-14 所示。

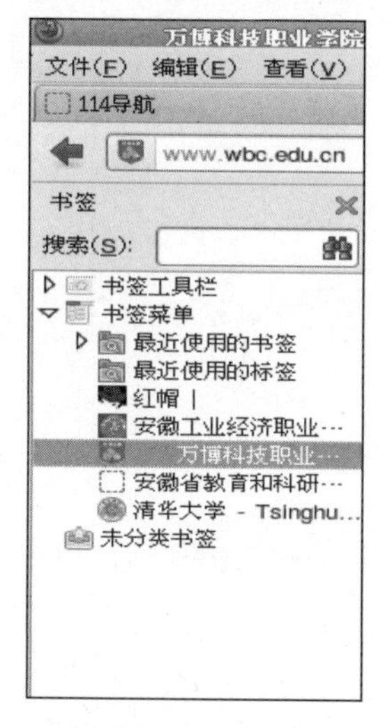

图 6-13　书签

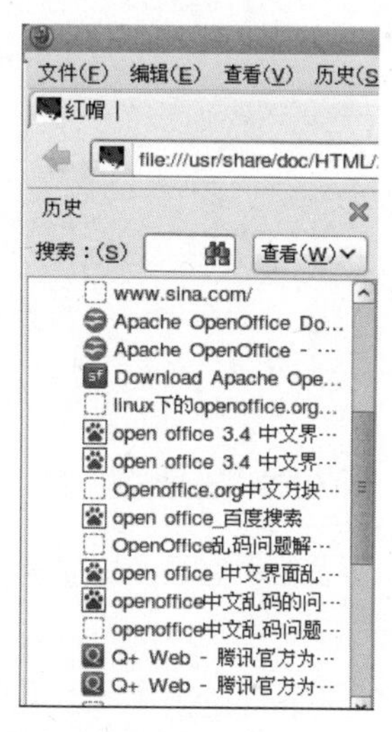

图 6-14　历史记录

6.2.2　书签

如果浏览到比较好的网站或网页，如何将其保存下来以便下次方便地访问呢？Firefox 浏览器的书签功能就可以做到。如图 6-15 所示，选择“将此页加为书签”命令即可。以后想访问时，只要单击菜单栏“书签”中相应的网址即可。

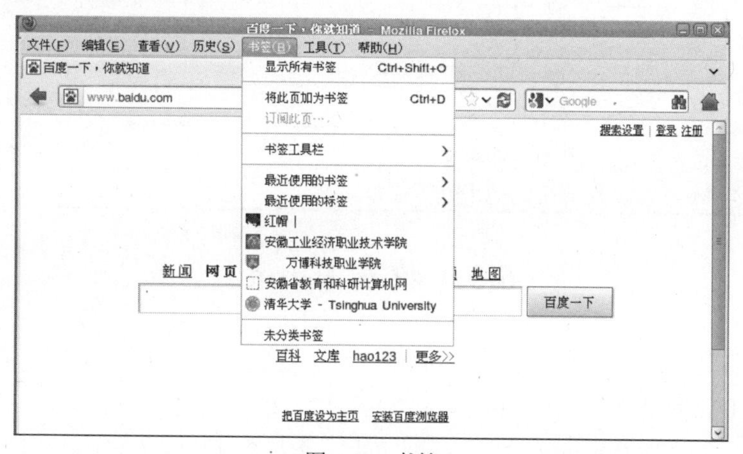

图 6-15　书签

也可以对书签进行进一步管理，在图 6-15 中选择“显示所有书签”命令，在弹出的窗口中可以对书签做进一步的管理，如图 6-16 所示。

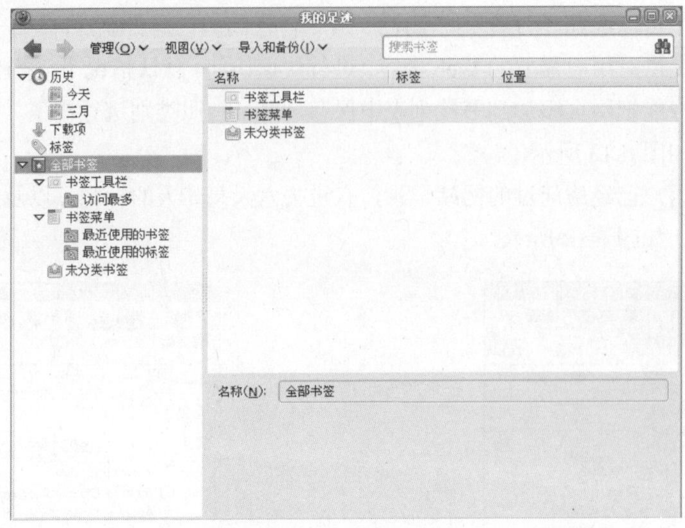

图 6-16　管理书签

6.2.3　使用 Firefox 快捷键

在 Firefox 浏览器中有很多快捷键设置，了解快捷键能使用户更加方便地操作 Firefox。常用快捷键如表 6-1 所示。

表 6-1　Firefox 浏览器快捷键

快捷键名称	功　　能
“Ctrl+T”	在一个浏览窗口内打开新活页来浏览多个网站
“Ctrl+N”	打开一个新的浏览器窗口
“Ctrl+Q”	关闭所有浏览器窗口并退出程序
“Ctrl+L”	把光标移到浏览器的地址字段
“Ctrl+P”	打印当前显示的网页或文档
“Ctrl+right arrow”	前进一个网页或一个链接
“Ctrl+left arrow”	后退一个网页或一个链接
“Ctrl+R”	刷新当前网页
“Ctrl+H”	打开浏览历史
“Ctrl+F”	在网页中查找关键字或字串

6.3　收发 E-mail

由于某些原因，用户手中往往会有多个邮箱。因为邮件太多，管理起来非常麻烦。为了使用户能够更好地管理自己的电子邮件，因此很多公司都开发了电子邮件客户端工具。本节讲解在 Red Hat Enterprise Linux 6 使用 Thunderbird（雷鸟）邮件程序。用户通过它可以非常方便、快捷地管理邮件。

6.3.1　结识 Thunderbird

Mozilla Thunderbird，非正式中文名称为“雷鸟”，是从 Mozilla Application Suite 独立出来的电子邮件客户端软件。支持 POP3 和 IMAP 收信方式，支持新闻组，并有强大的垃圾邮件过滤和地址簿功能。

Red Hat Enterprise Linux 6 中默认没有集成 Thunderbird，用户可以上官网下载：http://www.mozilla.org/zh-CN/thunderbird/ ，下载下来后解压缩就可以直接运行。

在使用 Thunderbird 发送、阅读邮件之前，需要先添加邮件账号，这样才可以使用 Thunderbird。添加邮件账号具体操作如下。

（1）第一次启动 Thunderbird，会自动进入“邮件配置”对话框。在图 6-17 所示的界面中单击“跳过并使用已有的电子邮件”按钮，弹出“邮件账户设置”对话框，如图 6-18 所示。

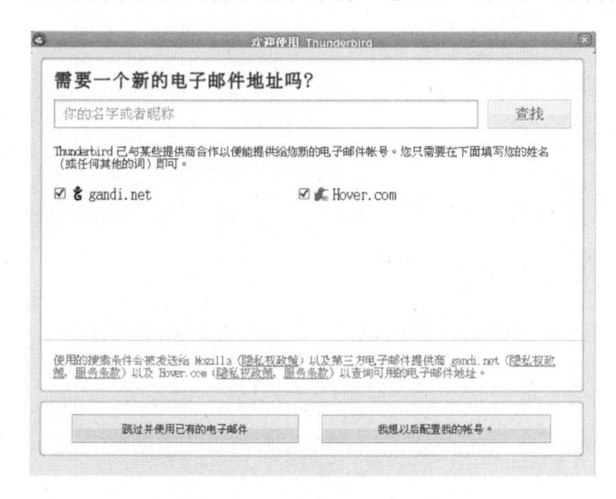

图 6-17　Thunderbird 启动界面

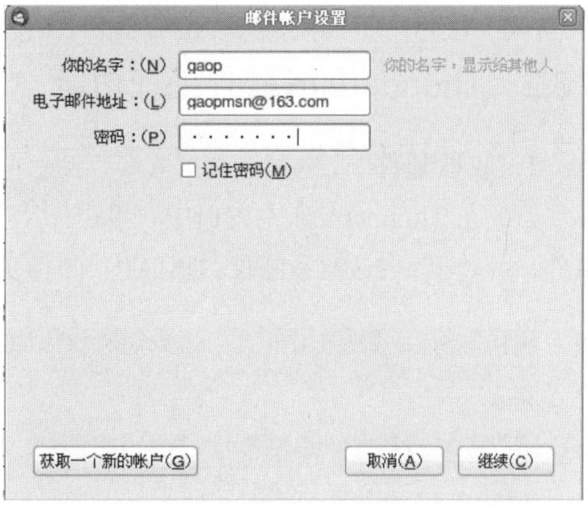

图 6-18　“邮件账户设置”对话框

（2）在“你的名字”文本框中输入一个名称，这个名字将作为电子邮件的发件人姓名。在“电子邮件地址”文本框中输入电子邮件地址。单击“继续”按钮，弹出一个界面，如图 6-19 所示。

（3）在该窗口中，用户可以设置接收电子邮件所用协议。选择使用 IMAP 还是 POP3。选择后，单击“创建账户”按钮，进入 Thunderbird 主窗口界面，如图 6-20 所示。

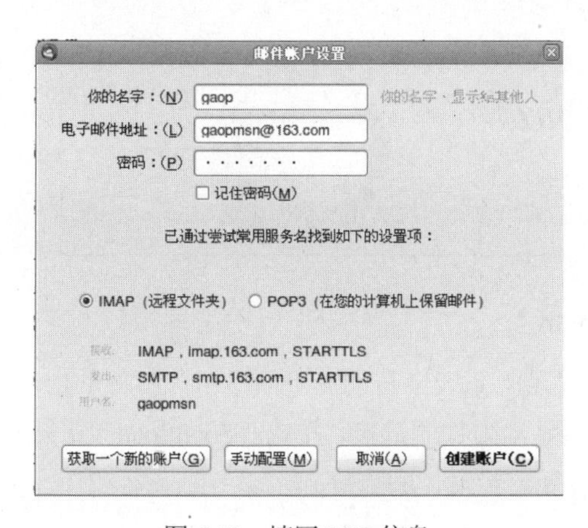

图 6-19　填写 POP 信息

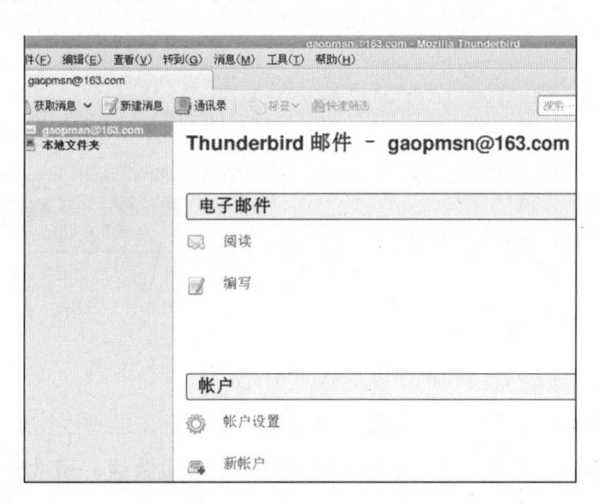

图 6-20　设置接收邮件

提示：POP3 是 Post Office Protocol 3 的简称，即邮局协议的第 3 个版本，它允许电子邮件客户端下载服务器上的邮件，但是在客户端的操作（如移动邮件、标记已读等），不会反馈到服务器上，比如通过客户端收取了邮箱中的 3 封邮件并移动到其他文件夹，邮箱服务器上的这些邮件是没有同时被移动的。

IMAP 全称是 Internet Mail Access Protocol，即交互式邮件存取协议，开启了 IMAP 后，用户在电子邮件客户端收取的邮件仍然保留在服务器上，同时在客户端上的操作都会反馈到服务器上，如删除邮件，标记已读等，服务器上的邮件也会做相应的动作。所以无论从浏览器登录邮箱或者客户端软件登录邮箱，看到的邮件以及状态都是一致的。

另外 POP3 是将邮件整个从服务器上下载到本地计算机上的，而 IMAP 提供的摘要浏览功能可以让用户在阅读完所有的邮件到达时间、主题、发件人、大小等信息后才做出是否下载的决定。

6.3.2 Thunderbird 邮件处理功能

1. 收取邮件

（1）在 Thunderbird 主窗口中，单击左上角的“获取消息”按钮，系统自动连网接收用户的电子邮件，并将其（POP3：邮件；IMAP：邮件头）下载到本地计算机中，如图 6-21 所示。

图 6-21　接收邮件

（2）阅读邮件时只需单击主窗口中下载下来的邮件主题，系统会自动在下面显示该邮件的内容，如图 6-22 所示。如果该邮件带有附件，会在正文的下面显示附件的链接，单击“download”下载该附件。阅读完邮件后，可以对该邮件做进一步处理：回复、转发、删除等。

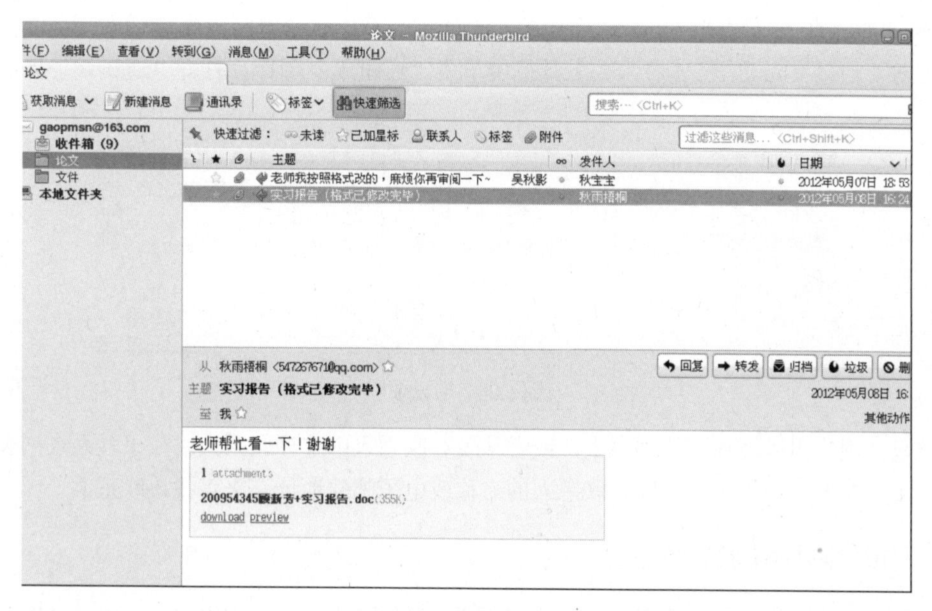

图 6-22　阅读邮件

2. 发送邮件

编辑及发送邮件的具体操作步骤如下。

（1）在主窗口中，单击“新建消息”按钮，弹出“编写”窗口，如图 6-23 所示。在这里用户可以编辑新的邮件。

（2）在“收信人”文本框中输入收件人的邮件地址，如果有多个收件人，则每个收件人的邮件地址用逗号分开。如果已经设置了“联系人”列表，则可以单击“收信人”按钮，从地址簿选择联系人。

（3）在“主题”文本框中输入该电子邮件的主题，主题与文章标题类似，方便收件人了解邮件的主要内容，当然不输入主题也是可以发送邮件的。

（4）在填写完“收信人”和“主题”后，在邮件编辑窗口的最下方的文本框中输入邮件的正文。在“主体文本”文本框右方有“格式”工具栏，用户可以使用工具栏上的按钮来设置邮件正文的字体格式和段落格式。

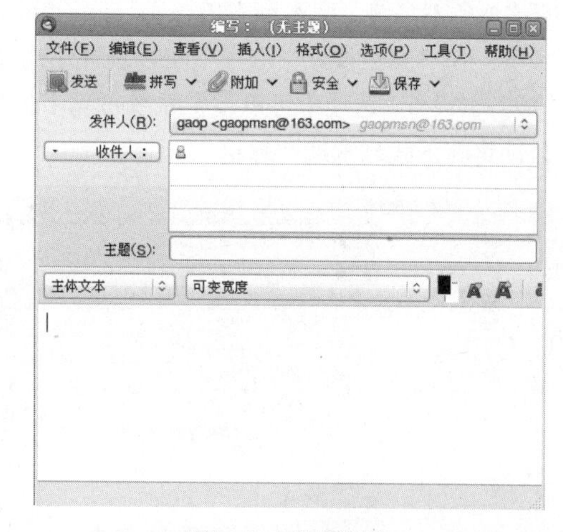

图 6-23　撰写邮件

（5）将文件作为附件发送给收件人，可以发送文件、图片或其他文件。插入附件的方法是，选择工具栏上的“附加”命令，打开“插入附件”对话框。选择要插入的附件，单击“附件”按钮即可。

（6）单击工具栏上的“发送”按钮，邮件就会被发送出去。

6.3.3　Thunderbird 联系人

现在随着通信的日益发达，几乎人人手里都有一本厚厚的电话簿，查找起来极其不方便。

Thunderbird 的联系人功能就解决了这个问题，它就相当于建立在电脑上的电话本，可以方便地查找、管理等。启动 Thunderbird 后，在工具栏中单击“通讯录”图标，打开“通讯录”界面，如图 6-24 所示。

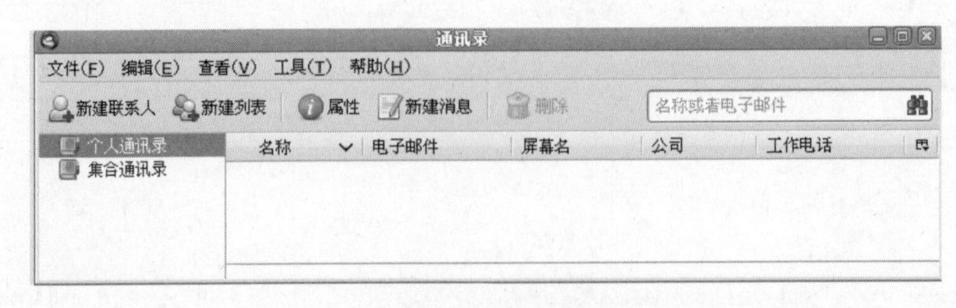

图 6-24　通讯录

在这里，用户可以添加新的联系人，或者从现有联系人中选择联系人。如果联系人列表过多，还可以在工具栏的右边文本框中输入联系人的名称或电子邮件地址，来查找该联系人。

6.3.4　Thunderbird 属性设置

有时候，用户更换了邮箱或者登录名称，或者想对软件进行相应的设置。这些都可以通过系统属性、账户属性进行实现。

（1）打开“编辑”菜单，单击“账户属性”，打开“账户设置”窗口，如图 6-25 所示，可以对账户名、邮件地址等进行设置。

（2）在图 6-25 左面的树中可以对更多的项目进行设置，选择“服务器”选项，如图 6-26 所示。在“服务器名称”文本框中填写邮件服务器的名字；“用户名”文本框中填写用户登录该邮箱使用的名字；在“安全设置”选项中可以选择用户登录邮箱时与服务器之间进行密码验证使用的方法；在“服务器设置”选项中可以设置系统每隔多长时间自动连接邮件服务器来检测是否有新邮件到达，并自动将其下载到本地计算机。

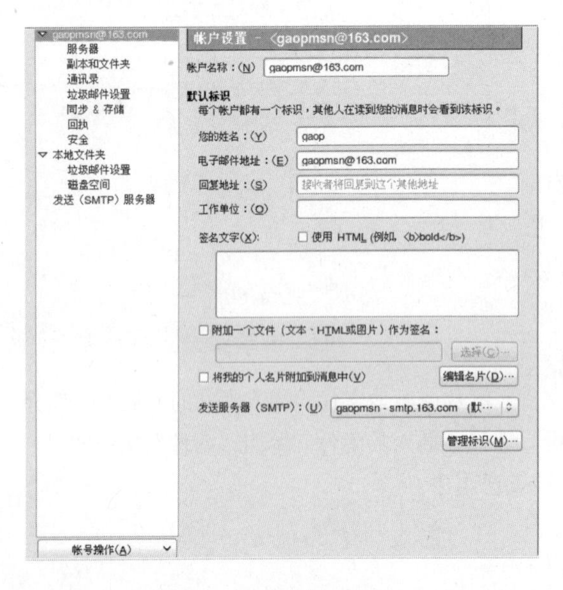

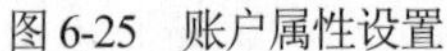

图 6-25　账户属性设置

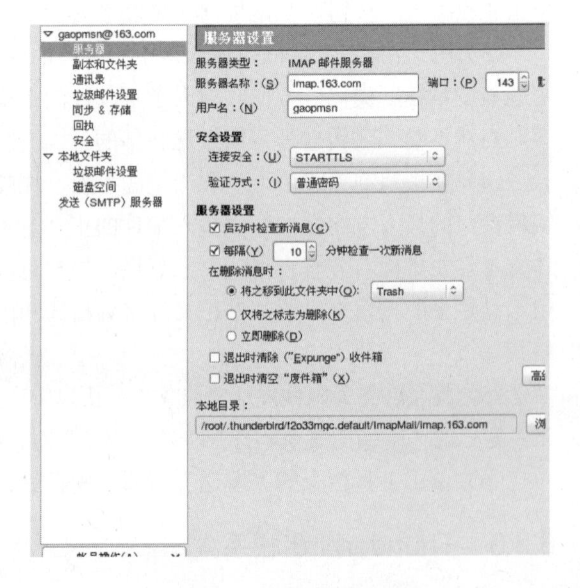

图 6-26　服务器属性设置

（3）在“副本和文件夹”选项中可以设置对于消息的处理方式，比如邮件发送后要不要保留副本，以及保存的位置等，如图 6-27 所示。

其他各项用户对应着图示可以容易地设置，这里不再详述。

（4）在“工具”|“首选项”中可以对 Thunderbird 进行相应设置，如图 6-28 所示，如在“常规”标签中，如果用户有新的邮件到达时让系统响铃提示等。

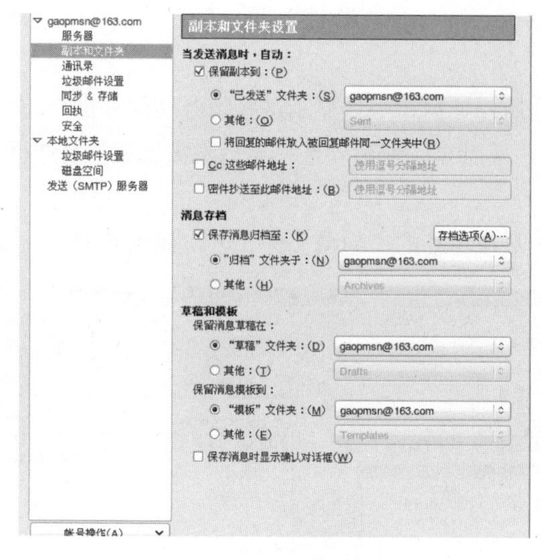

图 6-27　副本和文件夹

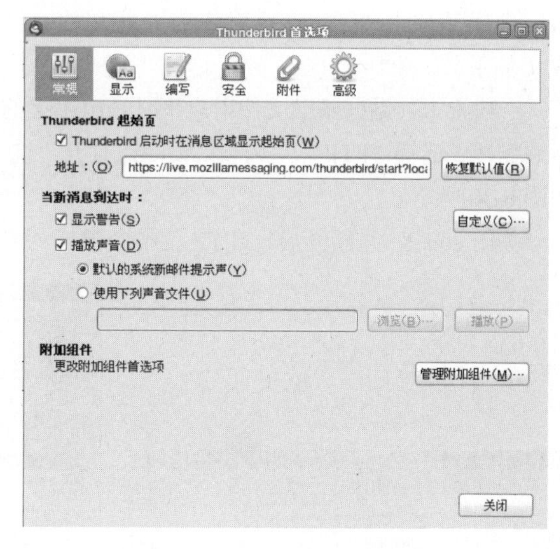

图 6-28　Thunderbird 首选项

Thunderbird 是一款非常优秀的软件，它还有非常多的功能，这里就不一一介绍了，用户可以参考相关资料进行配置。

6.4　上传与下载工具

gFTP 是一个非常方便的 ftp 工具，需要启动 gFTP 时，选择“主菜单”|“应用程序”|“Internet”|“gFTP”命令，如图 6-29 所示。

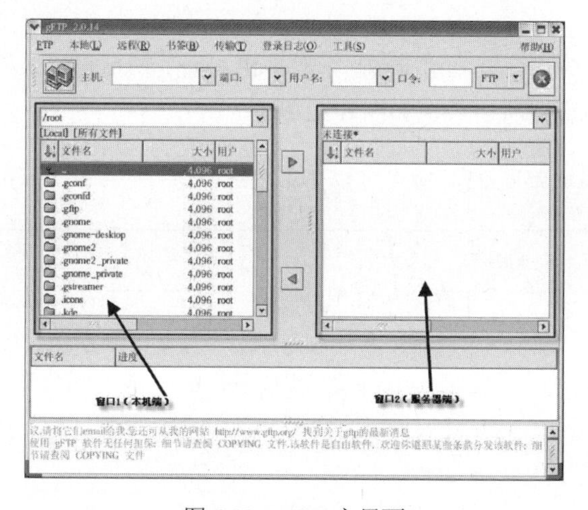

图 6-29　gFTP 主界面

gFTP 主界面中左右两个列表框，分别被称为窗口 1（Window1）也称为本机端、窗口 2（Window2）也称为服务器端。在进行 FTP 上传下载时，这两个窗口分别用于显示本地和远程的目录信息。左边的窗口 1 默认状态下用于显示本地目录信息，右边的窗口 2 用于显示远程目录信息。

其实每次开启，都有一些平时在目录中看不到的文件（如“.xcin”、“.xvpics”等），在 gFTP 左边的窗口 1 中出现。其实这些都是隐藏文件。在 Linux 中，隐藏文件的方法就是在文件名的第一个字节加上“.”，这样就成为隐藏文件。所以“xcin”不是隐藏文档，而“.xcin”就是隐藏文件了。

一般说来，这些隐藏文件用户平时是用不上的，所以让窗口不再显示这些隐藏文件，操作起来会顺畅些。选择“FTP”|“选项”命令，打开“选项”对话框，取消勾选“显示隐藏档案”复选框，如图 6-30 所示。

关闭 gFTP，重新开启，gFTP 就不会再显示那些眼花缭乱的“隐藏文件”了，如图 6-31 所示。

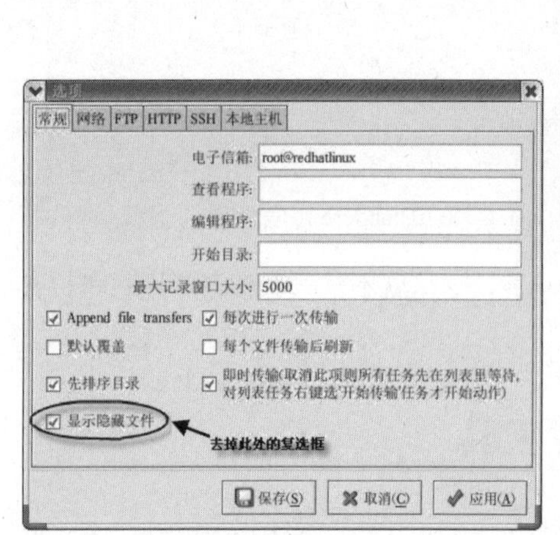

图 6-30　gFTP 选项

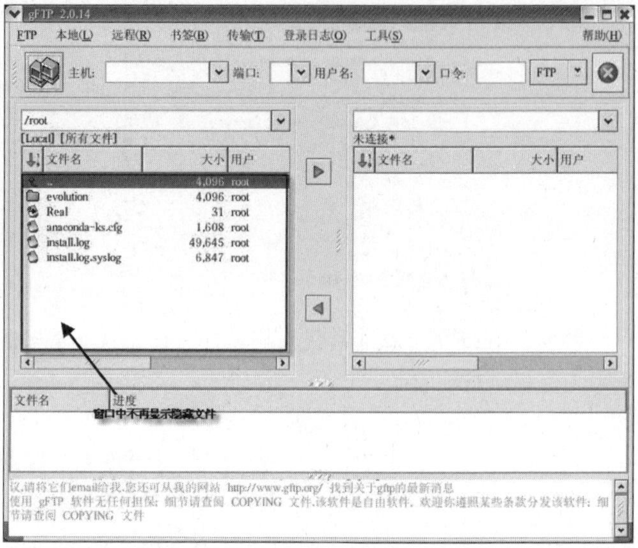

图 6-31　去掉隐藏文件

1．上传文件

开始要传输文件。首先用户要知道 ftp 服务器的 IP 地址，然后再输入账号和密码，单击“主机”左面的图标即可连接服务器进行下载，如图 6-32 所示。

帮助：一般而言，端口都是 21，所以可以不必输入。

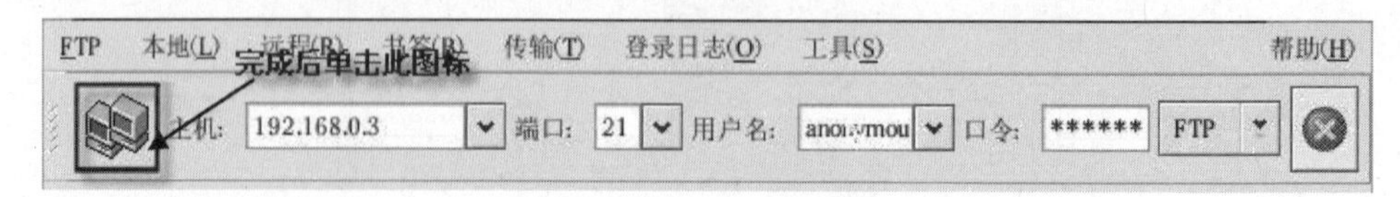

图 6-32　gFTP 连接栏

选好要上传的文件（可配合“Ctrl”、“Shift”来使用），单击传送图标▶，上传文件就开始了，如图 6-33 所示。

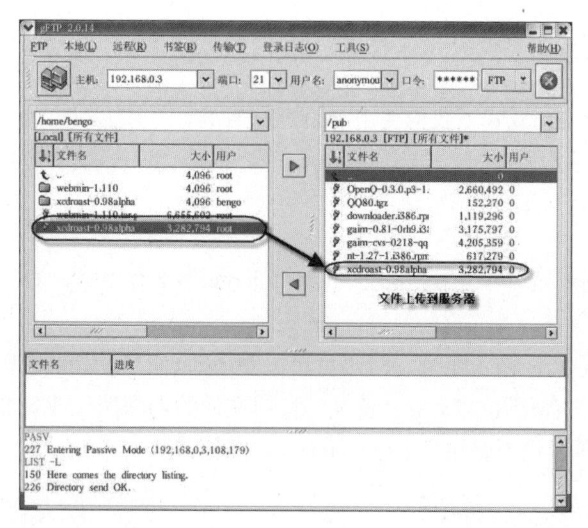

图 6-33　上传文件

2. 下载文件

如果要把文件从 ftp 下载下来，操作的方式和上传文件正好相反。选好需要下载的文件后，单击传送图标◀即可，如图 6-34 所示。

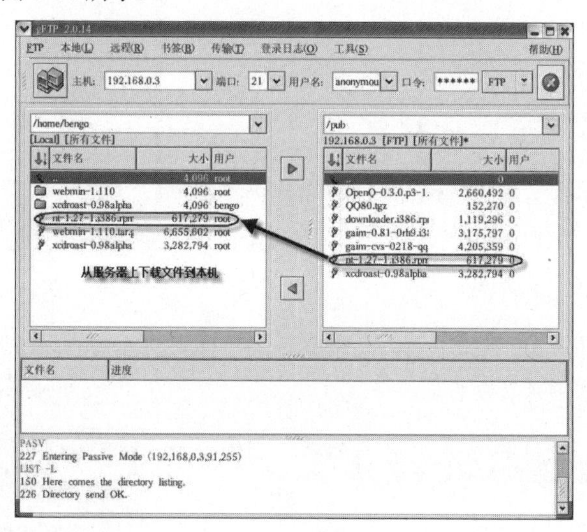

图 6-34　下载文件

6.5 网上聊天

6.5.1 下载和安装 QQ

在互联网上有很多聊天工具，比如 MSN、Yahoo 通、UC、QQ 等。而其中 QQ 在国内最为流行，使用的人也最多。下面介绍 QQ 怎样在 Red Hat Enterprise Linux 6 下使用。

腾讯公司在 2008 年推出了 Tencent QQ for Linux 版本，用户可以在官网下载，http://im.qq.com/qq/linux/download.shtml 目前的版本为 linuxqq v1.0.2 版。目前的版本相对于 Windows

下的版本来说，功能还是少得很，比如不支持群的管理等，不过基本的聊天、发送文件等功能还是能满足用户的需要。

在 Red Hat Enterprise Linux 6 下我们使用 rpm 格式安装。

```
[root@localhost root]#rpm -ivh linuxqq-v1.0.2-beta1.i386.rpm
```

6.5.2 使用 QQ

安装好 QQ 后在“系统菜单”|“应用程序”|“Internet”下有“腾讯 QQ”快捷方式，单击即可运行。操作步骤如下。

（1）运行后的登录界面，输入账号、密码后单击登录即可，如图 6-35 所示，图 6-36 所示为登录后的界面。另外，可以单击图 6-35 中“登录”按钮左面的 QQ 图标或者图 6-36 上面 QQ 图标旁边的黑三角打开下拉菜单，设置登录后 QQ 的状态，如隐身等。

图 6-35　登录界面

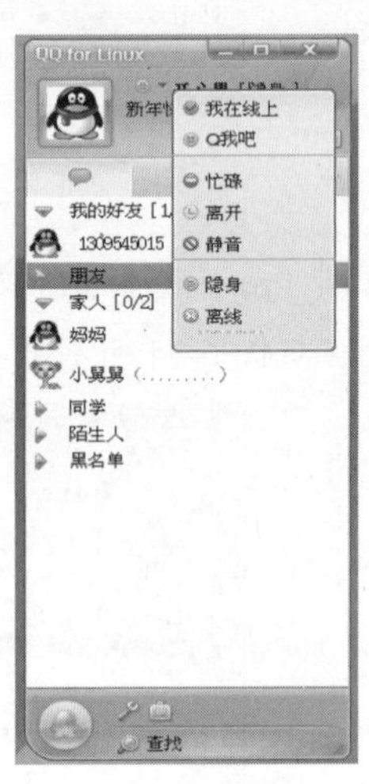

图 6-36　登录后的界面

（2）发送消息，在图 6-36 界面中双击某个联系人，打开图 6-37 所示界面，即可和该好友进行聊天，也可以向对方发送图片、文件等。

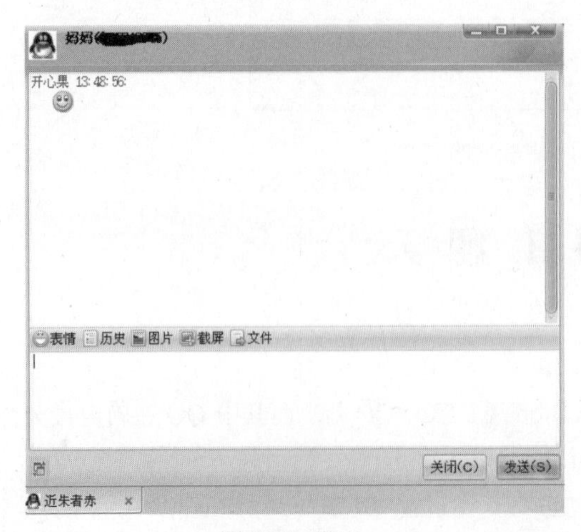

图 6-37　聊天

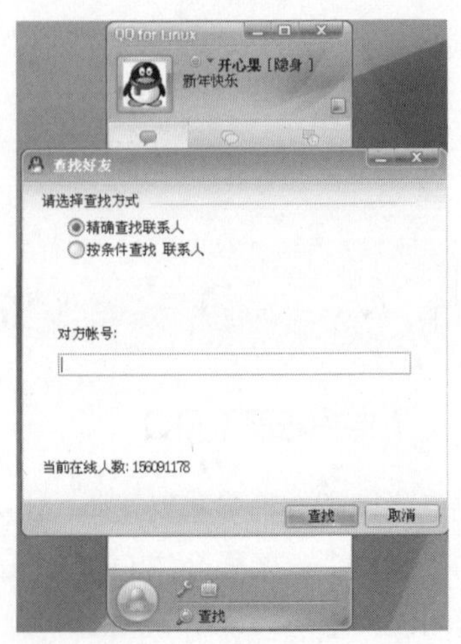

图 6-38　查找联系人

（3）单击下方的“查找”按钮，打开图 6-38 所示的查找联系人窗口，在此可以按着 QQ 号码或者名称等查找别人，并将其添加为好友。

注意：目前的 linuxqq 版本功能还比较少，有待于腾讯公司继续开发。

6.6　小　　结

随着 Internet 的发展，互联网已经成为世界第四大媒体。用户可以随时在网上得到自己想要的信息，以及下载自己需要的软件等。在 Linux 中用户可以做到在 Windows 下能够做到的一切网络功能，而且比 Windows 做得更好，因为 Linux 本身就是在 Internet 上成长起来的，网络已经成为 Linux 的无法分割的一部分。而且在 Linux 下上网更加安全，它自身的安全机制可以避免很多病毒的感染。

第 7 章 多媒体和游戏

对于几乎所有用户在没有接触 Linux 之前，都觉得 Linux 是一款非常高深的操作系统。其实不然 Linux 不仅能够用来研究操作系统、架设服务器、开发程序，还可以看 VCD、听 MP3 以及玩游戏等。

7.1 播放音频

在 Red Hat Enterprise Linux 6 中提供了多种不同的播放工具。这些工具不仅可以播放不同类型的音乐，有的还可以进行录音、CD 抓轨，以及制作 MP3 等功能。

7.1.1 音乐播放器

Rhythmbox 是 Linux 下的音乐播放和管理软件，为 RHEL 和 Ubuntu 等 Linux 发行版默认安装的音乐播放器。它可以播放各种音频格式的音乐，并可以帮助用户管理收藏的音乐，如图 7-1 所示。

图 7-1 音乐播放器

因为版权的原因，默认情况下，Linux 发行版本中集成的 Rhythmbox 是不支持播放 Mp3 格式音乐的。从工作原理上说，Rhythmbox 所有支持的音频格式文件的处理，都是由 GStreamer 来对音频流进行处理的，Rhythmbox 所支持格式的多少，都是与系统里 GStreamer 的格式插件数目的多少来决定的。因此，要想让 Rhythmbox 支持 Mp3 格式的播放，需要安装 GStreamer 中的一款名叫“gst-fluendo-mp3”的插件。用户可以从 http://core.fluendo.com/gstreamer/src/gst-fluendo-mp3/网站下载，最新版本为：gst-fluendo-mp3-0.10.20.tar.gz。解压后，执行如下步骤进行安装：

```
#./configure
#make
#make install
```

接着再执行：

```
#cp /usr/local/lib/gstreamer-0.10/libgstflump3dec.so  /usr/lib/gstreamer-0.10
```

经过以上两步后，Rhythmbox 即可完美支持 MP3 格式的音频文件了。选择“音乐”|“导入文件”命令，导入一首 MP 3 格式的音乐文件即可播放了，如图 7-2 所示。

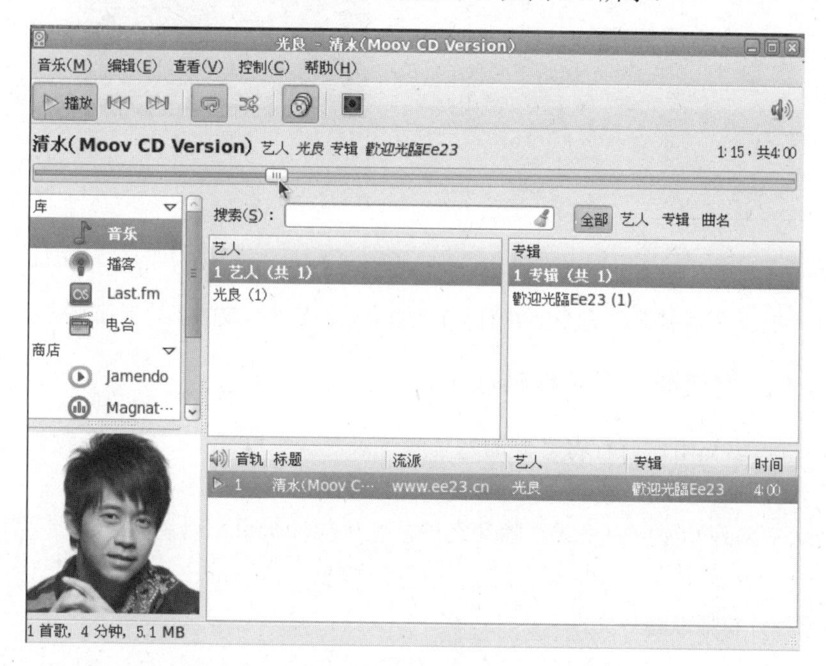

图 7-2　音乐播放器

用户也可以一次性导入多个音乐文件，选择“音乐”|“导入文件夹”命令，选择存放音乐文件的文件夹即可。若要播放 CD，则只需将 CD 碟片放入光驱中。系统就会自动检测到 CD，然后启动 CD 播放器，如图 7-1 所示。自动开始播放 CD 盘中的第一首歌曲。如果 CD 播放机没有出现，则选择“主菜单”|“声音和视频”|“CD 播放机”命令。

CD 播放器界面与其他 Windows CD 播放器非常相似，具有播放、暂停和停止功能。在界面右上方有音量控制按钮可以控制音量大小。在左上方，用户可以按下一曲目按钮和上一曲目按钮来向前或向后跳过曲目。用户还可以双击“曲目列表”中的任何一首音乐来播放。

用户还可以单击“编辑”|“首选项”按钮，在如图 7-3 所示的页面中通过设置来改变程序的功能。

7.1.2 电影播放器

Totem 电影播放器是 GNOME 桌面的媒体播放器，基于 Gstreamer 多媒体框架和 Xine 库，相当于 Windows 下面的暴风影音，功能十分强大、操作简单且界面简洁大方，可用它播放电影或者音乐，如图 7-4 所示。

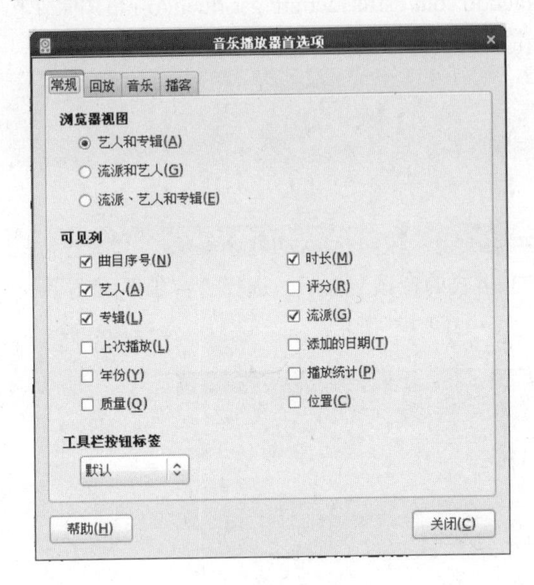

图 7-3 播放器首选项

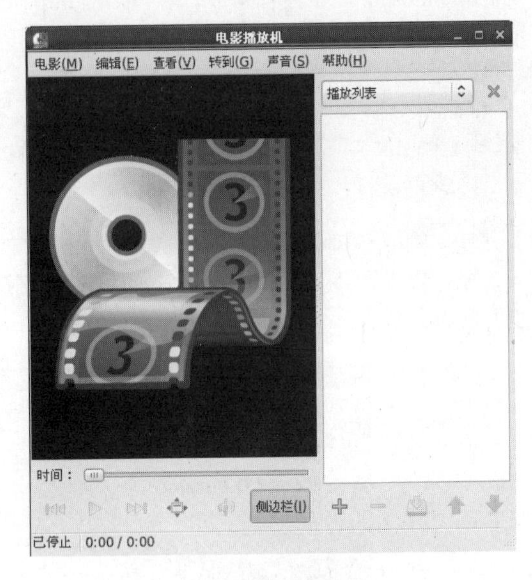

图 7-4 电影播放器

用户选择“电影”|“打开”命令，在打开的窗口选择需要播放的影片即可播放。

7.1.3 音频 CD 提取器（音乐榨汁机）

音乐榨汁机可以让用户自行将喜爱的音乐唱片录制成电脑文件，也就是我们常说的抓轨软件。只要花一首歌曲的时间，便能在 Linux 系统上制作音质媲美 CD 的音乐文件，如 ogg Vorbis（.ogg）和 Wave（.wav）等自由格式。除此之外，音乐榨汁机也可以用作普通的 CD 播放器，如图 7-5 所示。

1. 用音乐榨汁机抓取音效文件

ogg 是一种音乐格式，压缩率很高。一首 ogg 的歌曲的文件大小只有 CD 文件格式大小的几十分之一左右，但压缩后的音质仍可与 CD 媲美。用户在使用音乐榨汁机听音乐的过程中，可以一边听音乐一边将自己喜爱的曲目从 CD 唱片复制到硬盘上，以后再听就不用放入 CD 了，具体操作步骤如下。

（1）将 CD 唱片放入光驱后，打开音乐榨汁机。

（2）在下面列表框中列出了所有曲目。右击要抓取的曲目。

（3）单击“抓取”按钮，音乐榨汁机便开始抓轨。

2. 调整音质

在录制文件前，用户可按个人需要选择适当的音质。方法是选择“编辑”|“首选项”命令，然后在“首选项”对话框的“输出格式”下拉列表框中选择要输出的文件格式，如图 7-6 所示。

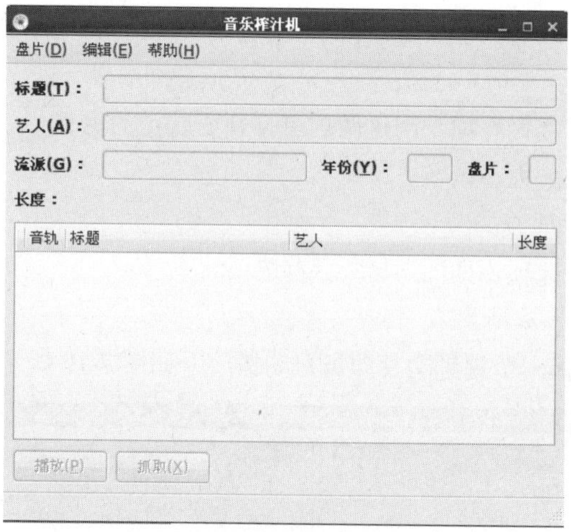

图 7-5　音乐榨汁机

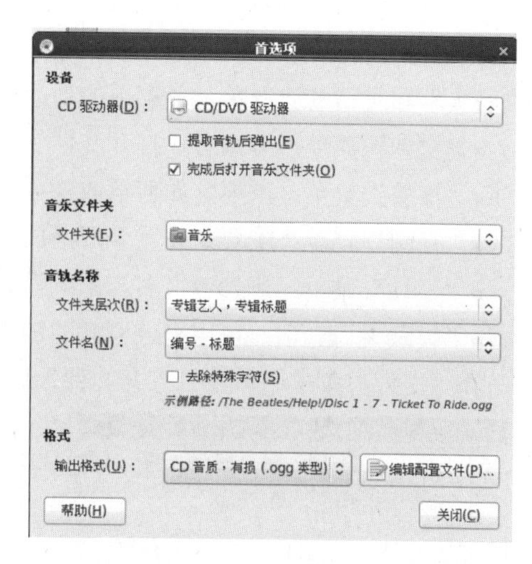

图 7-6　“首选项”对话框

7.2　使用 RealPlayer 播放视频

现在几乎所有拥有计算机的用户，都用过计算机播放 VCD、DVD 等流媒体文件。但在 Red Hat Enterprise Linux 6 中播放视频文件的程序却还不是很多，主要是因为 DVD 版权的问题。不过也有几款非常优秀的软件，用户可以在互联网上下载，如 RealPlayer 等。

自从 RealNetwork 公司发布了全新的 Real 以后，其以新颖的界面、强大的功能特别引人注目。更令人高兴的是，在 Real 的 Windows 版推出的同时，它也不失时机地推出了 Real for Linux 版。现在，Linux 爱好者也可以在 Linux 平台下使用 RealPlayer 了。用户下载 Real for Linux 可以使用下面网址连接。

```
https://player.helixcommunity.org/2005/downloads/RealPlayer11GOLD.rpm
```

下载后的文件大小为 8MB。Real 正式版的安装方法非常简单，下载 RPM 包后，使用 Red Hat 提供的软件包工具即可顺利安装。

要启动 RealPlayer，选择“主菜单”|“应用程序”|“影音”|“RealPlayer 11”命令即可。

首次启动时会打开配置向导对话框，如图 7-7 所示，主要是选择连网类型和速率，根据需要选择相应的选项即可，其他根据需要点选，Linux 版 Real 不但保留了 Windows 版的新颖、炫目的界面风格，还给人焕然一新的感觉，并且更简洁，如图 7-8 所示。

图 7-7　向导

图 7-8　RealPlayer

Real for Linux 有一个主播放窗口，菜单栏自左而右排列着“文件”、“播放”、“视图”、“工具”、“收藏夹”和“帮助”选单。各菜单的功能如下。

- “文件”菜单：分别有“打开文件”和“打开位置”项，用这两项可打开要欣赏的文件。
- “播放”菜单：主要是如何播放视频文件及音量大小调节。
- “视图”菜单：主要是设置全屏播放与否。
- “工具”菜单：包含着很多与系统设置有关的选项，如图 7-9 所示首选项。
- “收藏夹”选项：可用来放喜欢的链接。

在“文件”菜单中单击“打开文件”选项，选择一个视频文件即可自动播放，如图 7-10 所示。

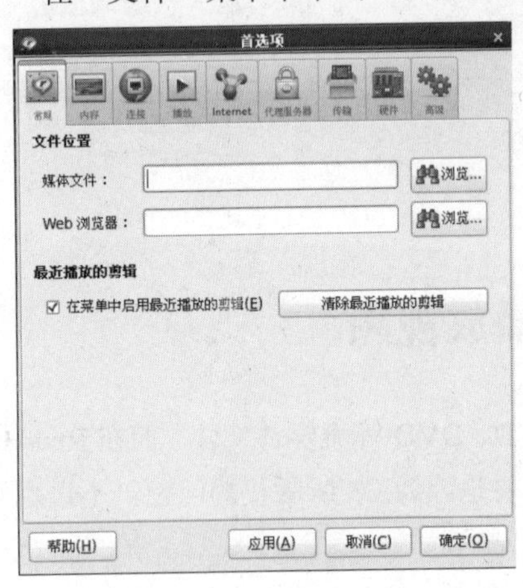

图 7-9　RealPlayer 首选项

图 7-10　播放文件状态

Real 总体来说是不错的，Real for Linux 还是一个相当优秀的流媒体播放器，它不仅丰富了 Linux 的多媒体应用，而且也给广大的 Linux 爱好者带来了福音和希望。

7.3　游　　戏

游戏向来都是计算机软、硬件技术发展的动力，在 Red Hat Enterprise Linux 6 的 GNOME 桌面环境之上，系统自带的游戏是越来越多，比起早前的版本有着长足的进步。下面就来介绍一下 Red Hat Enterprise Linux 6 中自带的小游戏和一些其他的游戏。

7.3.1　自带游戏

默认情况下，GNOME 桌面环境下的游戏并没有安装，用户可以到 RHEL 6 安装光盘下找到 gnome-games-2.28.2-2.el6.i686.rpm 文件，将其安装上去即可。

```
#rpm -ivh gnome-games-2.28.2-2.el6.i686.rpm
```

选择“主菜单”|“应用程序”|“游戏”命令即可进入 Red Hat Enterprise Linux 6 自带游戏目录。这里给大家介绍几个比较流行的小游戏。

1. AisleRiot

进入游戏菜单打开第一个游戏 AisleRiot。是一组借助于鼠标进行的单人纸牌游戏。这个游戏也是在 Windows 中出现得最早的纸牌游戏。画面右上角的 4 个空位就是游戏的最终目的。

玩家需要把 4 种花色按从 A 到 K 的顺序把它们拖放到右上角上，双击鼠标也可以把合适的纸牌弹上去，已经移上去的纸牌如果需要的话也可以再次搬下来。玩家可以按从 K 到 A 的顺序以黑红相间的花色在下面组织纸牌，移动一张或者一行组织好的牌，以便底下其余的纸牌可以翻出来或者是空出位置来放置 King 牌。同时可以利用的包括左上角的一叠牌，用鼠标在上面单击就可以进行翻牌操作，不过只能反复翻牌 3 次。

游戏可以有无限次的撤销 / 恢复功能。工具栏的最右边为提示工具，单击可以获得游戏提示。窗口的右下角显示的是分数和游戏进行的时间，如图 7-11 所示。

在 AisleRiot 纸牌游戏中还有很多玩法，进入“游戏”菜单的“选择游戏”选项，将会看到数十个不同的游戏名字，其他游戏的玩法就不再赘述了。

2．翻转棋

翻转棋称为黑白棋，又称反棋（Reversi）。为两方对战策略游戏。游戏通过相互翻转对方的棋子，最后以棋盘上谁的棋子多来判断胜负。它的游戏规则简单，因此上手很容易，但若要精通则不易，如图 7-12 所示。

黑白棋的棋盘是一个有 8×8 方格的棋盘。下棋时将棋下在空格中间，而不是像围棋一样下在交叉点上。开始时在棋盘正中有两白两黑 4 个棋子交叉放置，一般黑棋总是先下子。

把自己颜色的棋子放在棋盘的空格上，而当自己放下的棋子在横、竖、斜 8 个方向内有一个自己的棋子，则被夹在中间的对方旗子全部翻转成为自己的棋子。并且，只有在可以翻转棋子的地方才可以下子。

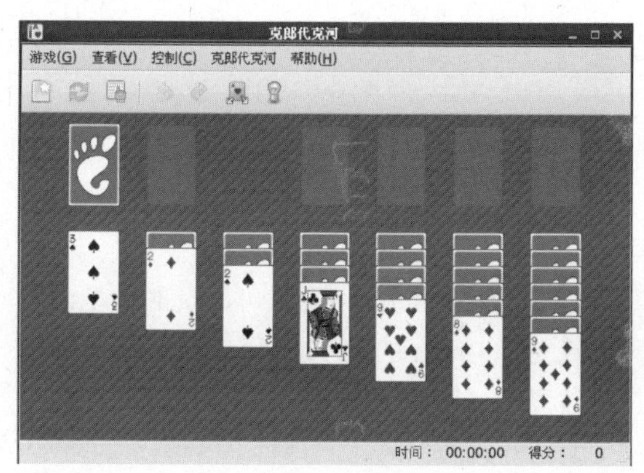

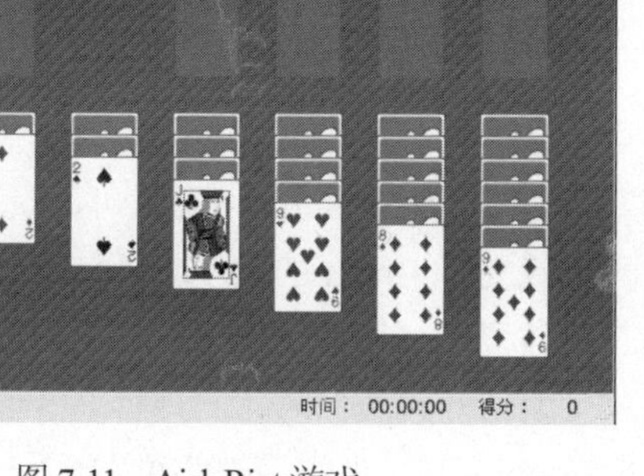

图 7-11　AisleRiot 游戏

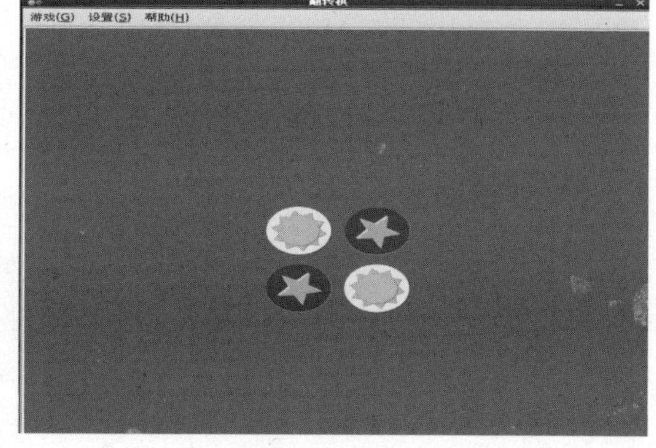

图 7-12　翻转棋

翻转棋的下棋规则如下：

（1）棋局开始时棋局中间按对角线位置各放置两个黑棋与白起。

（2）黑方先行，双方交替下棋。

（3）一步合法的棋步包括：在一个空格新落下一个棋子，并且翻转对手一个或多个棋子。

（4）新落下的棋子与棋盘上已有的同色棋子间，对方被夹住的所有棋子都要翻转过来。可以是横着夹，竖着夹，或是斜着夹。夹住的位置上必须全部是对手的棋子，不能有空格。

（5）一步棋可以在数个方向上翻棋，任何被夹住的棋子都必须被翻转过来，棋手无权选择不去翻某个棋子。

（6）除非至少翻转了对手的一个棋子，否则就不能落子。如果一方没有合法棋步，也就是说不管他下到哪里，都不能至少翻转对手的一个棋子，那他这一轮只能弃权，而由他的对手继续落子直到他有合法棋步可下。

（7）如果一方至少有一步合法棋步可下，他就必须落子，不得弃权。

（8）棋局持续下去，直到棋盘填满或者双方都无合法棋步可下。

（9）如果玩家在棋盘上没有地方可以下子，则该玩家对手可以连下。双方都没有棋子可以下时棋局结束，以棋子数目来计算胜负，棋子多的一方获胜。

（10）在棋盘还没有下满时，如果一方的棋子已经被对方吃光，则棋局也结束。将对手棋子吃光的一方获胜。

RHEL 6 自带的翻转棋也可以连网对战，设置如图 7-13 所示。

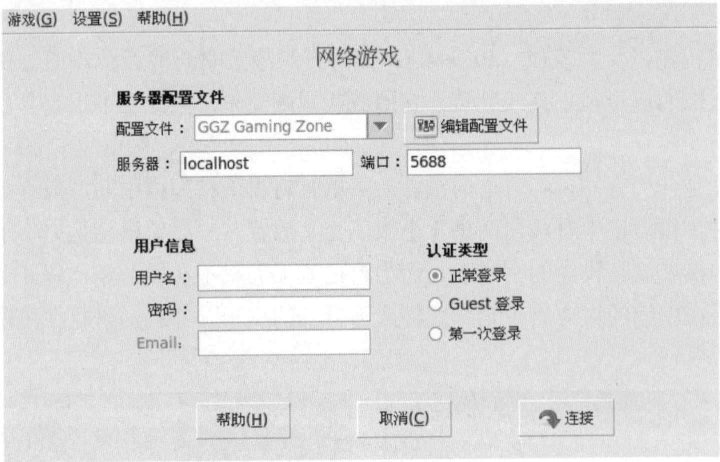

图 7-13　连网设置

7.3.2　其他游戏资源

游戏方面是 Linux 落后于 Windows 的一个重要方面。虽然在 linux 中玩家可以玩的大型游戏没有 Windows 中的多，但是还是有几款相当不错的游戏支持 Linux 的。例如，《文明：权倾天下》、《神话 2：勾魂使者》、《铁路大亨 2》、《雷神之锤 3 竞技场》、《英雄无敌 3》、《模拟城市 3000》、《军事冒险家》、《天旋地转 3》、《文明：半人马座》、《虚幻竞技场》、《北欧神符》、《部落 2》……

在 Linux 下游戏的安装也比较简单，下面以游戏 Hopkins FBI 为例，简单介绍一下 Linux 下游戏的安装。下载游戏源程序 Hopkins-P-1.02.tar。安装时在命令行中输入以下命令。

```
#tar zxvf Hopkins-P-1.02.tar
#mv Hopkins-P-1.02 Hopkins
#cd Hopkins
# ./Install
```

安装结束后，需要运行游戏时，在命令行中输入以下命令。

```
#Hopkins_FBI
```

（1）进入游戏后首先是一段前奏和敌人的恐怖阴谋，如图 7-14 所示。

（2）用户还需要对游戏进行配置。单击 Option 按钮，弹出配置界面如图 7-15 所示。

图 7-14　游戏前奏

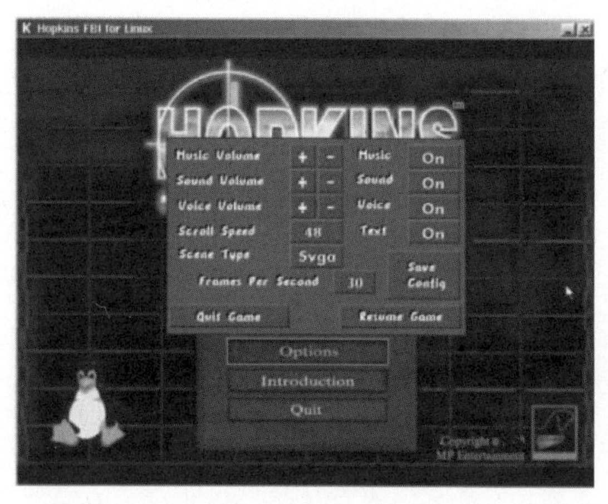

图 7-15　游戏配置

（3）配置完成后，单击 PLAY GAME 按钮，进入游戏。

7.4　小　　结

多媒体是计算机技术发展的一个趋势，游戏也是今后计算机和网络发展的一个重点，在以后的计算机和网络中多媒体和游戏将占有很大的一部分。计算机不单单是用来工作的，它的娱乐功能同样出色，而在 Linux 中虽然它的娱乐功能，因为版权的原因稍微逊色，但是这个问题近年来已经被逐渐地解决了，Linux 的娱乐功能也得到了长足的发展，一些著名的大型游戏也开发了 Linux 版本。Linux 已经不再是以前那个只能工作不能娱乐的操作系统。

第8章 桌面操作

早期的Linux操作系统采用字符界面,通过大量的命令及参数完成用户需要的操作。X Window system（X窗口系统）的出现使得Linux开始走向图形用户界面。本章主要讲述Red Hat Enterprise Linux 6下各种常见的用户界面的操作、设置。让用户可以像操作Windows那样使用Linux。

8.1 用户界面介绍

X Window system是一种图形化的Linux操作系统，其支持GUI（Graphic User Interface）环境。Linux的桌面环境，除X Window窗口管理程序外，还包含着完整的桌面应用程序套件。Linux最常见的桌面环境有KDE、GNOME、CDE、XFce等。其中桌面系统CDE（Common Desktop Environment）是商业软件，常用于Sun、HP和Alpha机器的桌面系统；XFce界面模仿CDE，比KDE和GNOME提供的功能少，但需要内存也少；KDE（K Desktop Environment）和GNOME（GNU Network Object Model Environment）是Linux最流行的桌面环境，同时也集成了很多强大的应用工具。GNOME桌面环境是RedHat Linux下默认的桌面环境，本章就以GNOME为桌面环境进行介绍。

8.1.1 GNOME桌面系统

GNOME（GNU Network ObjectModel Environment）类似KDE桌面系统，也拥有一个友好的用户界面，并且提供了许多实用工具和应用程序。由于Red Hat Linux从早期的Red Hat Linux 9开始为GNOME和KDE创建了主题，因此两个桌面环境在外观和操作上都基本是一致的。GNOME桌面如图8-1所示。

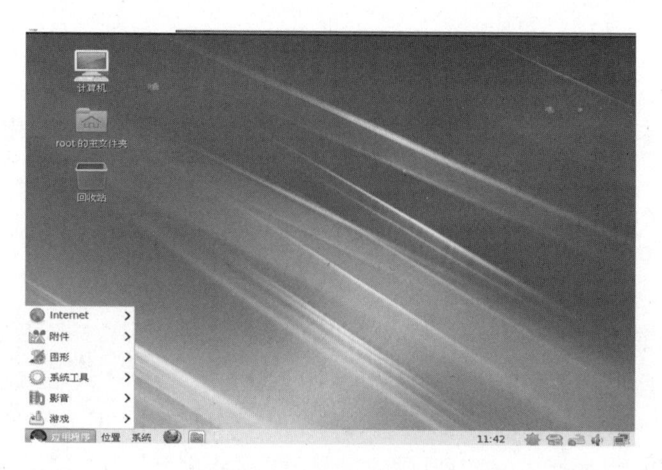

图 8-1　GNOME 桌面

GNOME 桌面主要的组成如下。

- GNOME 面板：有点像 Windows 下的任务栏，用户可在此把程序的快捷方式放在此处，也可以把一些小程序放在此处。面板上便是放置“开始菜单”的地方。与 Windows 不同的是，可以添加任意多个面板，面板可以放置在桌面 4 个方向。
- 文件管理器 Nautilus：严格来说，文件管理器不属于 GNOME 桌面而是一个单独的程序，它是 RedHat 公司将其集成进入 GNOME 的。单击桌面上的“root 的主文件夹”图标，即可打开文件管理器的窗口。通过 Nautilus 文件管理器，您可以访问您的文件、文件夹和应用程序。在文件管理器中，您可以管理文件夹的内容，打开文件。
- 开始菜单：在此可以打开程序运行，GNOME 菜单分成“应用程序”、“位置”、“系统”三类，当然用户也可以在面板上添加原始的 GNOME 菜单。
- 桌面与桌面图标：您可以在桌面放置启动器对象，以便快速访问您的文件和文件夹，或者打开您经常使用的应用程序。在桌面上可以添加程序图标，也可以更改桌面背景等属性。
- 窗口：大多数应用程序运行在一个或几个窗口中。您可以在桌面上同时显示多个窗口。窗口可以根据您的使用情况来改变大小，移动位置。每个窗口的顶部都有一个标题栏，上边有最小化、最大化、关闭按钮。
- 工作区：您可以在工作区里再划分桌面，每个工作区可以包含许多窗口，允许您归类相关的任务。
- 首选项：您可以在首选项里定制您的计算机，它可以在面板顶部的系统菜单里找到（译注：要先在编辑菜单里打钩显示）。控件中心里的各个首选项工具允许您更改系统的某一部分。

GNOME 的基本特性与 KDE 基本相同，桌面系统也只有稍微区别。下面以 Red Hat Enterprise Linux 6 的 GNOME 桌面系统为例，说明 Linux 常用的用户界面设置。KDE 桌面系统下用户界面设置与此类似。

8.1.2　面板

面板是两个长条，默认情况下，分别在屏幕的上边和下边。上面板中显示 GNOME 的主菜单栏，日期和时间，以及 GNOME 帮助系统启动器，一般称之为“主面板”。而底部面板显示打开窗口列表和工作区切换按钮。面板可以通过定制来包含不同的工具，像一些其他菜单和启动器，小工具应用程序，称为面板小程序。例如，您可以设置您的面板来显示当地的天气情况，如图 8-2 所示。

图 8-2　面板

1．面板组成

在主面板中最左面的为开始菜单栏，在此可以选择程序运行；紧挨着它的是快速启动区，我们可以把程序图标添加到此，运行时只需单击该图标即可启动程序；再向右的是窗口列表，我们运行的程序窗口都会在此有相关图标，单击它即可将焦点定位在该程序上，把它变成当前活动窗口；工作区可以让我们在不同的工作区之间进行切换，一个工作区相当于一个虚拟的屏幕，每个工作区都可以运行多个程序，程序运行窗口界面是不能跨工作区显示的，这样在打开多个程序窗口时，可以使桌面看起来舒服些，默认情况下可以增加或减少工作区，如图 8-3 所示；最右边为通知小程序区域，像什么时间，声音等小程序均在此显示。

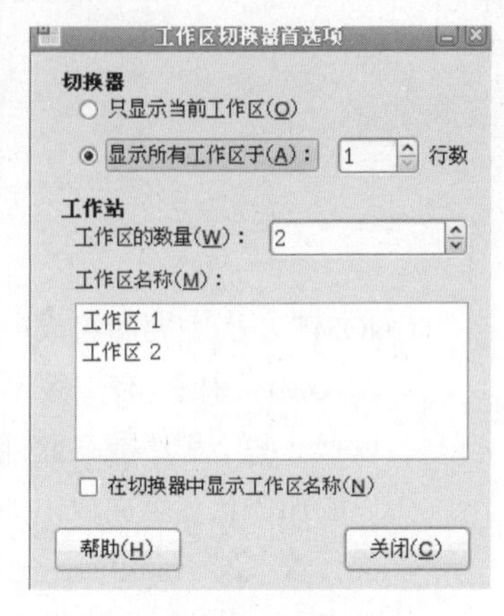

图 8-3　工作区调整

2．面板操作

在面板的空白处右击，可以设置面板属性，如图 8-4 所示，如删除、新建面板，将一些小程序添加到面板等。

注意：*在面板属性窗口，可以设置面板的位置、背景颜色、设置面板是否自动隐藏，如图 8-5 所示。*

另外，KDE 还提供了许多图形界面应用程序，如系统管理程序、实用工具、游戏、图像处理程序、网络程序、多媒体程序和 KDE 开发工具等。

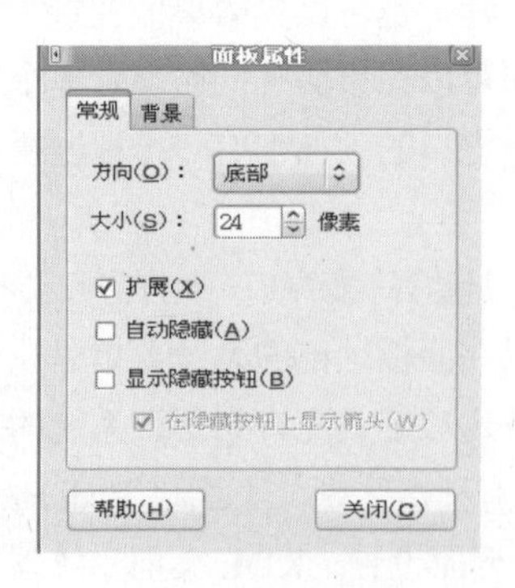

图 8-4　面板属性

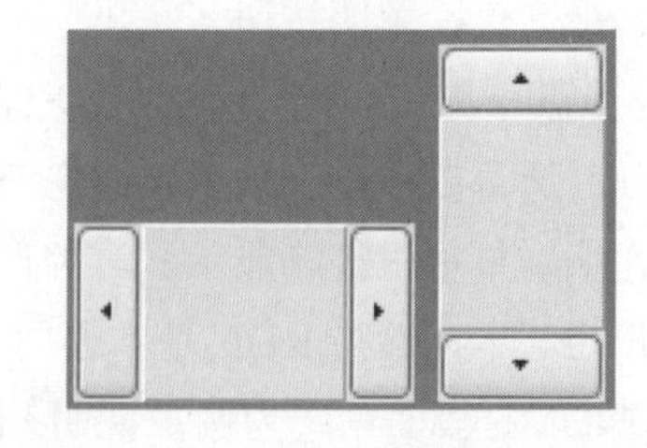

图 8-5　隐藏面板

8.1.3　文件管理器 Nautilus

文件管理器就像 Windows 下的资源管理器那样，通过它用户可以方便地管理计算机中的各种文件。设置文件浏览的各种功能，可以使文件浏览界面更适合用户个性化需要。用户甚至可以很方便地更改文件浏览界面，甚至可以自己编写个性化界面设置的程序来完成界面设置。

1. 背景和颜色

设置文件浏览器 Nautilus 的背景和颜色。按如下步骤可以进入“登录屏幕设置”窗口：

（1）双击桌面上“root 的主文件夹”图标，Linux 出现“root-文件浏览器”窗口。

（2）单击“编辑”|“背景和徽标”菜单项，Linux 出现“背景和徽标”窗口。

图 8-6 显示了背景和徽标设置窗口及 Nautilus 默认背景和颜色。若想以某个图案作为 Nautilus 的背景，可以在“背景和徽标”窗口中单击“图案”选项卡，然后拖动某个图案到 Nautilus 窗口即可。图 8-7 显示了 Nautilus 背景图案为“陶器”的效果。Red Hat Enterprise Linux 6 也可以使用某种颜色作为 Nautilus 的背景。

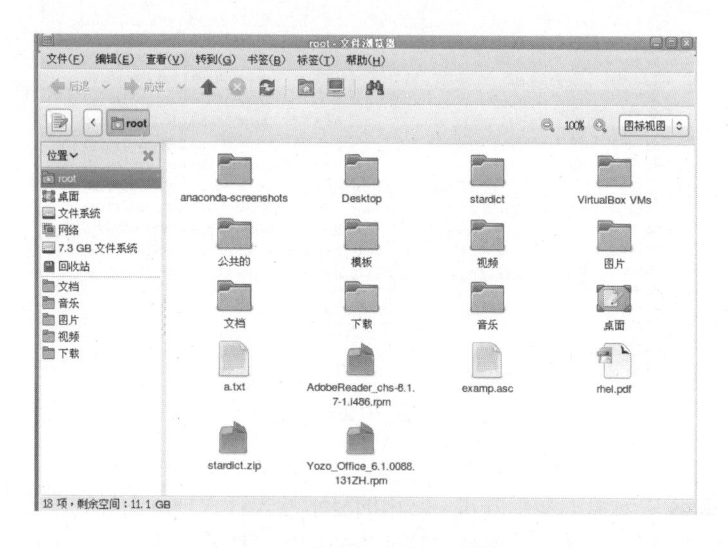

图 8-6　背景和徽标设置之前

图 8-7　设置背景为图案“伪装”

徽标是用来标志 Nautilus 各种对象的，如图 8-7 中“桌面”文件夹就添加了一个“重要”的徽标。

2. 侧栏

用于在 Nautilus 显示或隐藏侧栏。执行上述操作打开 Nautilus 窗口，单击窗口中“查看”菜单，窗口出现“查看”下拉菜单，单击“侧边栏”菜单项，即可实现侧栏的显示或隐藏。用户还可以选择侧栏中显示的内容。侧栏中选择“信息”即可在侧栏中显示当前对象的属性信息，如文件大小，建立时间等；选择“历史”即可在侧栏中显示浏览历史记录；选择“徽标”将在侧栏显示所有徽标；选择“树”将在侧栏显示操作系统目录树结构；选择“注释”即可显示当前对象的注释信息，亦可对当前对象添加或修改注释。图 8-8 给出了侧栏中显示目录树的显示结果。

图 8-8　侧栏中显示系统目录

3．显示方式

用于控制 Nautilus 中对象的显示方式。常用的显示方式有 3 种：图标视图、列表视图和紧凑视图，默认为图标视图。图 8-6 给出了图标视图的显示结果，图 8-9 给出了列表视图的显示结果。在 Nautilus 窗口工具栏右侧有一个下拉菜单用于调整 Nautilus 的显示方式。

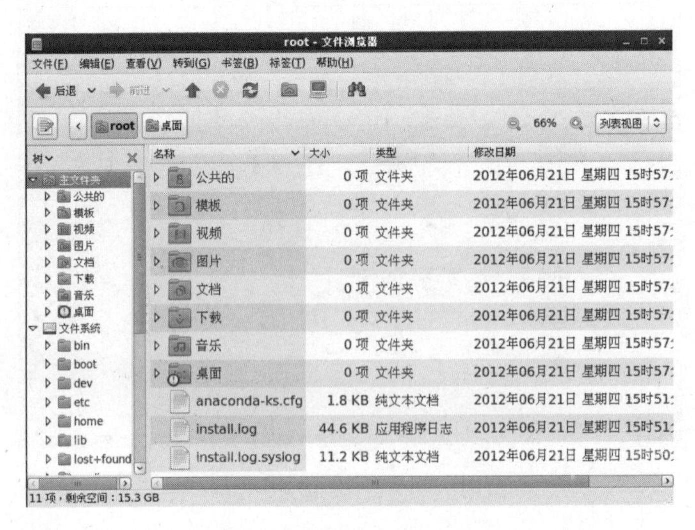

图 8-9　列表视图的显示结果

4．显示大小

用于调整 Nautilus 中对象的图标大小。在执行前述操作打开的 Nautilus 窗口中，单击工具栏右侧的放大或缩小按钮来实现图标的放大和缩小。图 8-6 和图 8-7 显示了图标按 100%比例的显示结果，图 8-8 显示了图标按 50%比例的显示结果。

5．首选项设置

通过对首选项进行设置，可以改变 Nautilus 中对象的操作方式。打开首选项的方法是：选择“编辑”|“首选项”命令，弹出“文件管理首选项”对话框，如图 8-10 所示。

在“视图”选项卡中，“默认视图”项可以设置每次打开 Nautilus 时它的显示方式，文件的排列方式和是否显示隐藏文件等，如图 8-10 所示。

注意： Linux 下的文件隐藏是通过在文件名前面加“.”来实现的。

切换到“行为”选项卡，在“行为”选项中设置是单击还是双击打开项目；在“回收站”选项中设置删除文件是否先放到回收站，如图 8-11 所示。

图 8-10　“视图”选项卡

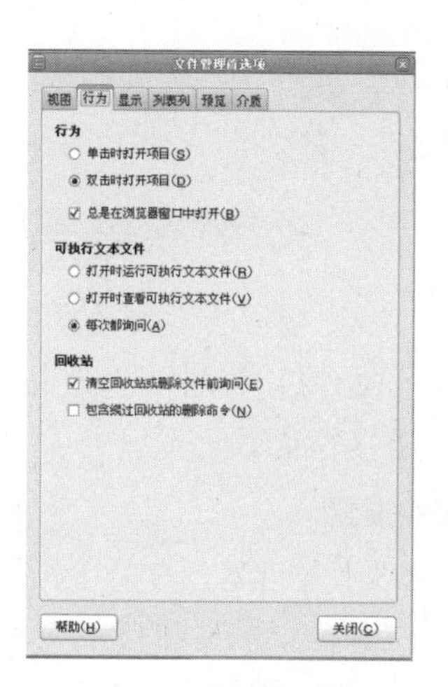

图 8-11　“行为”项选项卡

在“列表列”中可以设置当使用列表视图显示时，“列表列”中可以显示哪些类别，如图 8-12 所示。“预览”选项卡中可以设置是否在 Nautilus 显示文件的内容等，如图 8-13 所示。

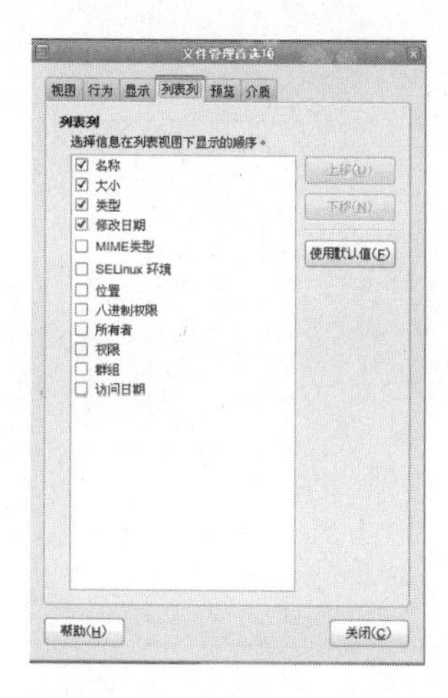

图 8-12　“列表列”选项卡

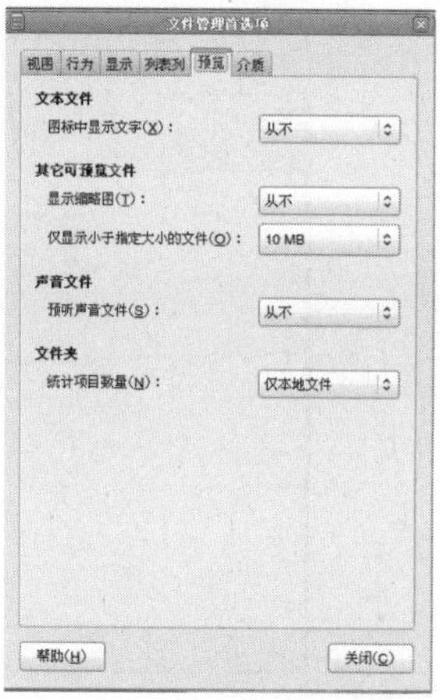

图 8-13　“预览”选项卡

6. 文件操作

使用 Nautilus 可以像在 Windows 下使用资源管理器那样完成对文件的各种操作，如新建、删除、复制、移动等。

在文件管理器窗口右边的空白处右击，在弹出的快捷方式中可以新建文件夹（目录）、新建文件，还可以选择按什么方式排列内容，如图 8-14 所示。

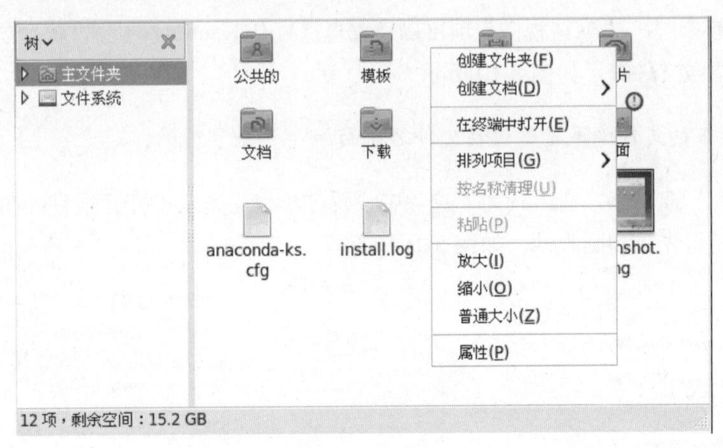

图 8-14　新建文件

选中某个文件后，右击，在弹出的快捷方式中可以对该文件进行移动、复制、重命名、删除、压缩、创建链接等操作。

7. 文件搜索

Nautilus 文件管理器包含了一个简单的搜索工具，“转到”菜单栏，选中“搜索”，如图 8-15 所示。在搜索框中输入要查找的文件名或文件名的一部分，单击“搜索”，即可找到所有包括用户输入内容的文件。如果找到的文件太多，还可以设置搜索条件，单击图 8-15 右边的“加号”可添加一个搜索条件，图 8-15 添加了一个文件位置和文件类型的搜索条件。

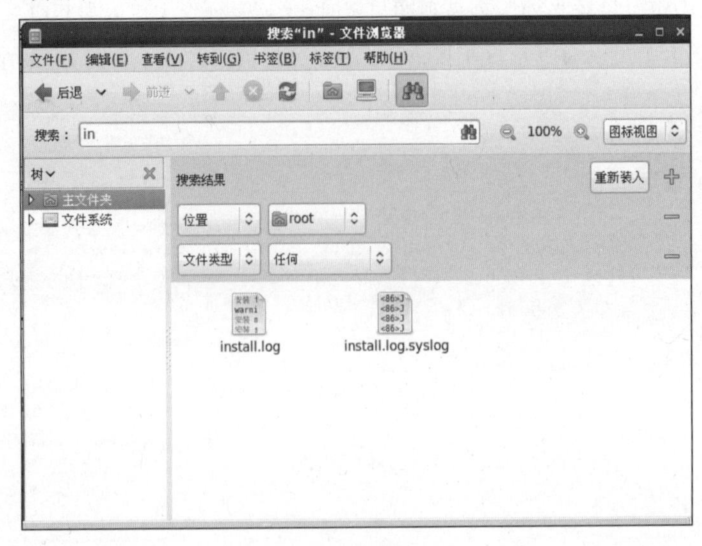

图 8-15　搜索文件

8.1.4　首选项

用户的许多设置都可以在“首选项”中完成。选择“开始”菜单|“系统”|“首选项”命令，将进入首选项。在这里可以完成以下各种配置。

- 关于我：在“关于我”配置窗口，可以配置用户的基本信息。包括办公室地址、办公室电话、家庭电话等，“关于我”配置窗口如图 8-16 所示。用户还可以单击右上角的“更改密码”来修改自己的登录密码。
- 主题：配置用户显示主题。打开“外观首选项”窗口，单击“主题”选项卡即可打开“主题”配置窗口，如图 8-17 所示。单击其中某个主题，文件浏览器 Nautilus 就将按照该主题的显示方式显示其对象。选择好主题后单击“关闭”按钮即完成主题的配置。Red Hat Enterprise Linux 6 默认的主题是 System。本章图例所示的 Nautilus 的显示主题均为 System。

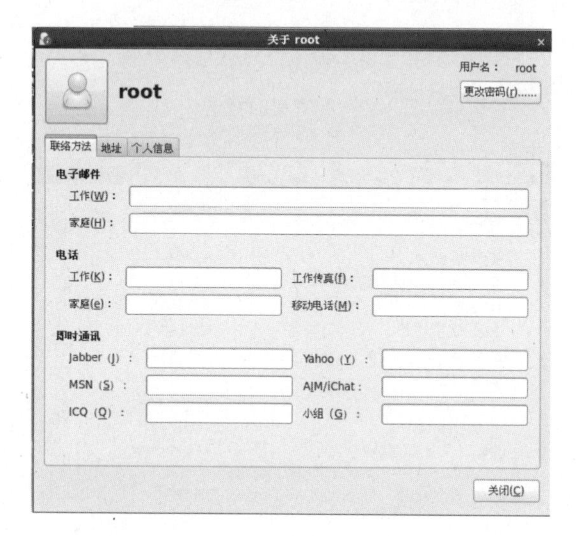

图 8-16　“关于您自己”设置窗口

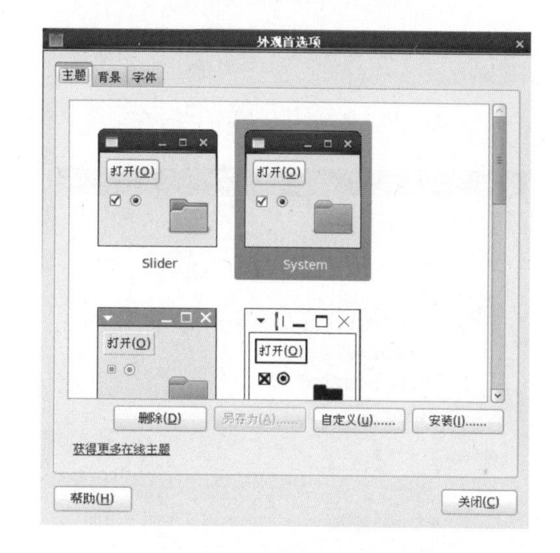

图 8-17　配置窗口的显示主题

- 屏幕保护程序：设置系统屏幕保护程序，其作用和 Windows 下的屏幕保护程序完全一样。在此不再详述。
- 窗口：配置窗口的显示模式，如图 8-18 所示。选中“鼠标移动到窗口之上时选中该窗口”复选框表示当用户鼠标移动到某个窗口之上时不用单击该窗口即选中该窗口，默认是单击窗口才选中该窗口；“双击标题栏执行此操作”下拉框有两个选项，若选择“最大化”，双击窗口标题栏则最大化该窗口；Red Hat Enterprise Linux 6 默认选择“最大化”。亦可通过此窗口配置移动窗口时需要按下的功能键，有 Ctrl、Alt 和 Super 3 个选项。
- 背景：选择桌面背景。在“外观首选项”对话框中，单击“背景”标签，如图 8-19 所示。再单击“添加”按钮，Linux 显示选择文件对话框，可以通过该对话框选择一幅图片用作用户桌面背景，还可以设置背景图片的显示选项。
- 首选应用程序：设置文件的默认打开程序。在 Internet 标签上设置浏览器默认使用哪个程序，Linux 下默认为 Firefox；多媒体标签上设置默认的多媒体播放器，默认为 totem 电影播放器；系统标签上设置默认的终端模拟器，默认为 gnome 终端，如图 8-20 所示。

- 快捷键：用于设置常用的快捷键。快捷方式可以提高操作效率，如图 8-21 所示。

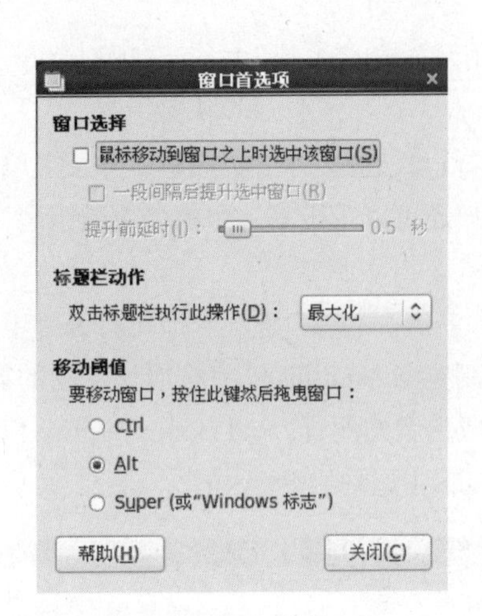

图 8-18　配置窗口的显示模式

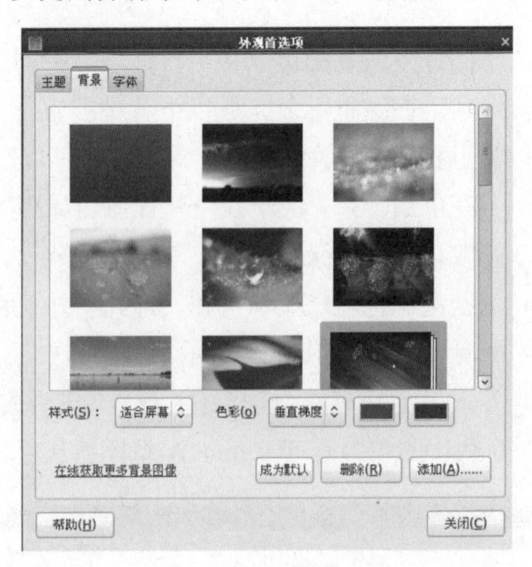

图 8-19　配置桌面背景

图 8-20　配置菜单和工具栏

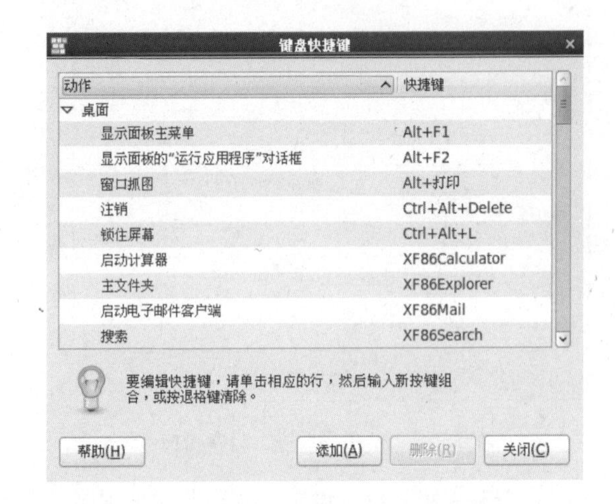

图 8-21　配置常用的快捷键

8.2　安装软件

Linux 下软件安装的方式很多，常用的安装方式有基于源代码的软件安装、基于可执行文件（如 bin 文件或者 pl 文件）的软件安装和 RPM 安装方式，下面主要讲述图形界面下的软件安装方法。

图形界面下，Red Hat Enterprise Linux 6 也提供了与 Windows 添加/删除程序类似的功能，那就是“添加/删除软件”，有时候也称为软件包管理器。

8.2.1　Red Hat Enterprise Linux 6 添加/删除应用程序

可按如下步骤打开软件包管理器：

选择“系统菜单”|“系统”|“管理”|“添加/删除软件”命令，Linux 出现“添加/删除软件”窗口，如图 8-22 所示。

“添加/删除软件”窗口有点像 Windows 中的资源管理器，左面显示的是类别，右面显示的是某个类别下的小项。类别项中又分为两类，上面是笼统的软件集合，下面是按着软件的应用分类而列，如像数据库软件、开发工具等。选中某类软件后在右边窗口会显示属于该类的所有软件，包括安装和未安装的。

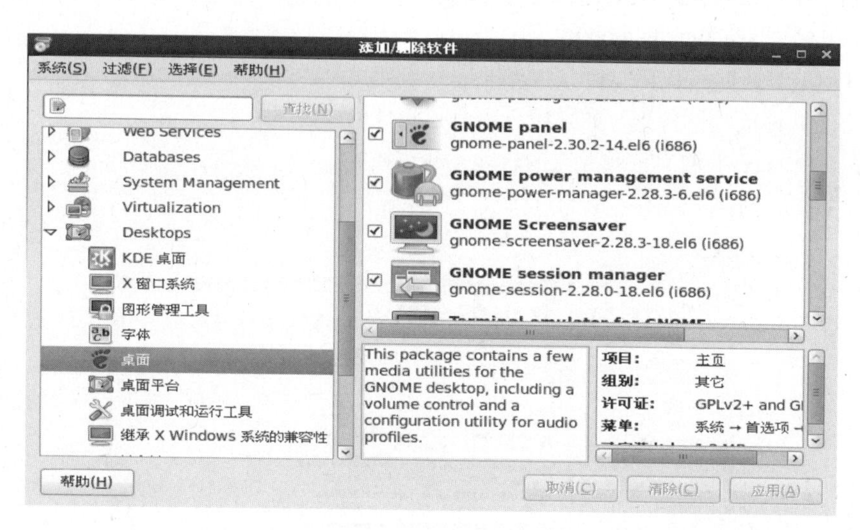

图 8-22　“添加/删除软件”窗口

注意：1. 添加/删除软件必须以 root 特权用户身份操作。

2. 从 Red Hat Enterprise Linux 5 开始，RedHat 公司就在自己的软件包管理方法中加入了另一种称为 yum 的软件包管理方法。yum 的好处是能够自动解决软件之间的相互依赖问题。比如：当我们要安装的甲软件需要乙软件的支撑时，它会自动先将乙软件安装上再去安装甲软件；当我们要卸载的乙软件被甲软件依赖时，它会自动先卸载甲软件再去卸载乙软件。

Red Hat Enterprise Linux 6 中带的 gnome-packagekit 软件包管理工具所找到的软件默认均是从 RedHat 官方的 Linux 软件服务器中下载而来，而不是我们提供的光盘，这简称“源”。很多时候安装 Linux 的计算机如果没连网或者连网网速太慢怎么办呢？下面具体讲述如何通过 DVD 光盘来安装卸载软件。

（1）光盘挂载到 Linux 下。

（2）在 Linux 下新建一目录（比如/mnt/cdrom），然后将光盘中的所有内容都复制到该目录下。

（3）在/etc/yum.repos.d/目录里面创建一个以.repo 结尾的文件，如 iso.repo。

（4）在 iso.repo 文件中写入如下内容。

```
[cdrom]
name=local_iso
baseurl=file:///mnt/cdrom/
enabled=1
gpgcheck=1
gpgkey=file:///mnt/cdrom/ RPM-GPG-KEY-redhat-release
```

（5）在“添加/删除软件”窗口中单击“系统”选项卡，选择“软件源”，如图 8-23 所示，勾选“local_iso”复选框，并将其他选项前的对钩取消，即可实现光盘源的添加。

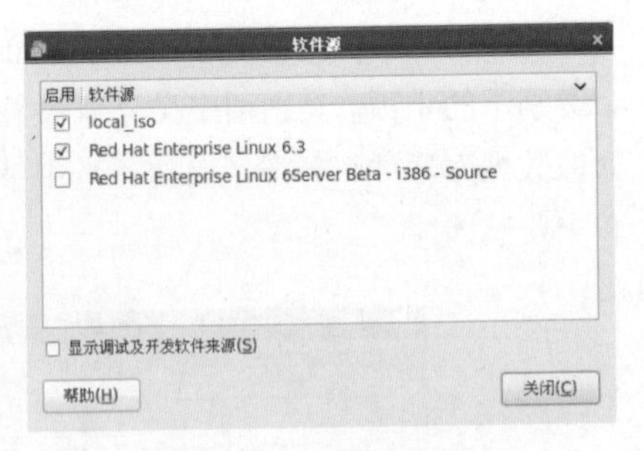

图 8-23　添加软件源

- 添加 Linux 软件包：如果 Linux 没有安装某个组件，或者 Linux 没有安装某个组件的全部软件包而用户希望安装该组件的更多软件包，则可通过“添加/删除软件”安装想要的软件包，如图 8-23 所示。若想安装“Java logging toolkit”软件，可以选中该软件前的复选框，单击“应用”按钮。系统开始更新前的软件依赖性检查，如果检查出有依赖性问题，则 Linux 会将有依赖关系的软件一并选择安装，如图 8-24 所示。

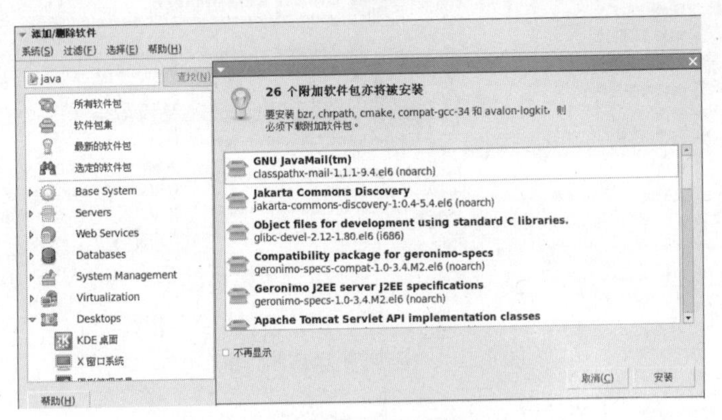

图 8-24　更新前的软件依赖性检查

- 删除 Linux 软件包：如果 Linux 显示某个组件已经安装，想删除该组件，也可以使用“添加/删除软件”，如图 8-25 所示。若要删除已经安装的“Bluetooth utililtes”软件，只要取消勾选该复选框，单击“应用”按钮，系统开始删除前的软件依赖性检查，如果检查出有依赖性问题，则 Linux 会将有依赖关系的软件一并选择删除。

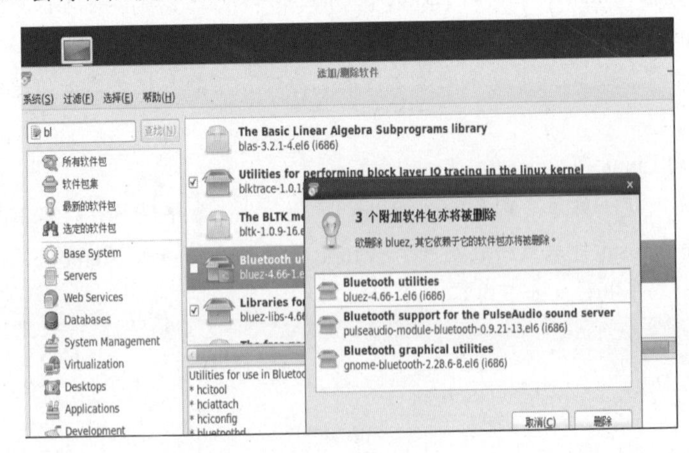

图 8-25　删除软件包

- 查找软件包：如果用户知道某个软件包名字或者名字的一部分而又不知道该软件属于哪一类，可以通过“查找”来快速定位。例如，在图 8-26 中，若要查找所有包含“kde”字样的软件包，可以在查找框中输入“kde”后，单击“查找”按钮，在右边空白处会找到所有包含“kde”的软件包，包括安装和未安装的。

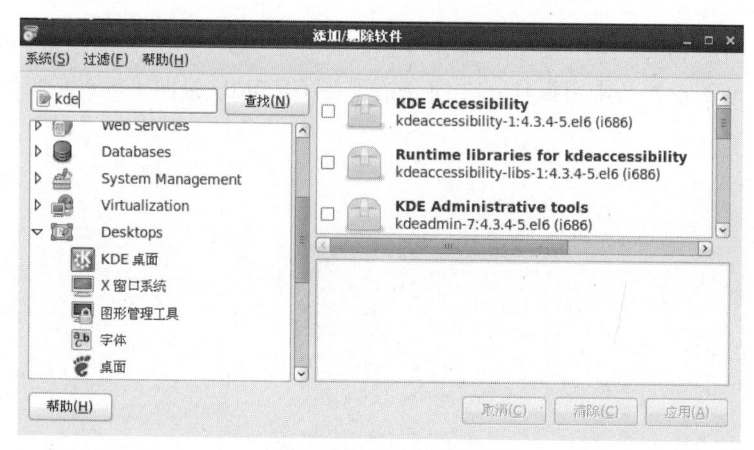

图 8-26　查找软件包

8.2.2　软件更新

可按如下步骤打开软件包更新管理器：

“系统菜单”|“系统”|“管理”|“软件更新”命令，系统会自动在源中设置好的服务器上查找是否有系统中安装的软件的更新版本，如图 8-27 所示。若有，则会给出更新软件的列表，选中后，单击右下角“安装更新”按钮，系统会自动安装更新软件。

也可以设置系统自动更新，打开“软件更新首选项”对话框，如图 8-28 所示，“检查更新”有时、日、周、从不 4 种选项，“自动安装”有全部、仅安全、不更新 3 种选项，用户根据需要选择更新即可。

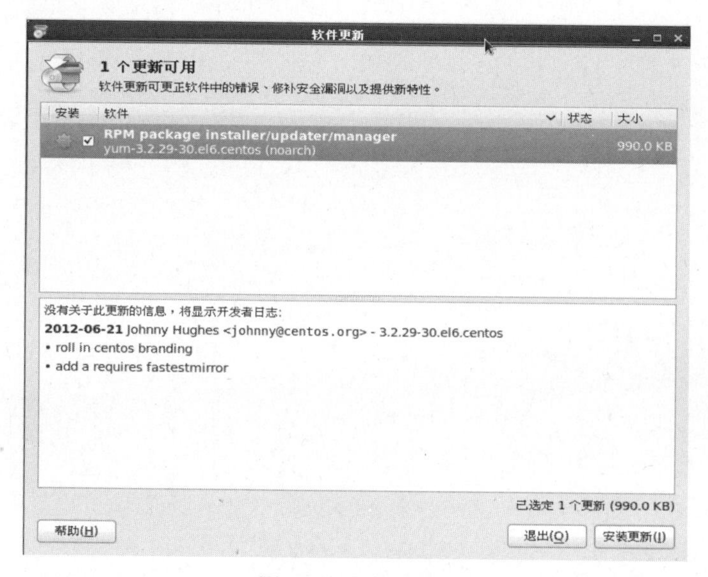

图 8-27　软件更新

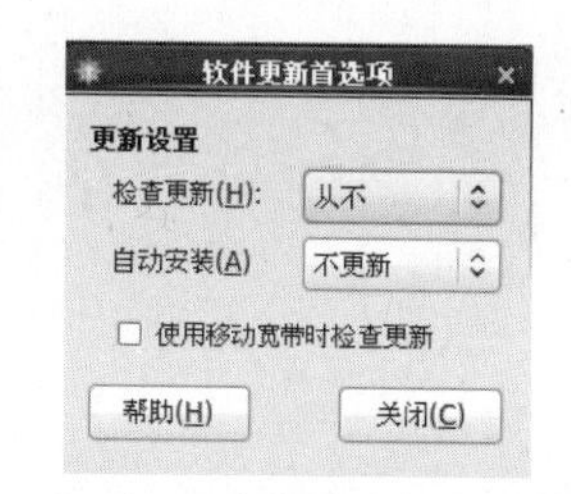

图 8-28　软件更新首选项

8.3 小　结

本章主要介绍了 Linux 操作系统最常用的桌面系统——GNOME 桌面系统；介绍了 GNOME 桌面系统主要界面的设置与常用操作；详细介绍了在 GNOME 桌面下软件的安装与系统的升级方法。

第 9 章 软件包管理

Linux 操作系统提供了 RPM 软件包的管理完成软件包的查询、安装、卸载、升级和验证；同时，它也提供了多种文件压缩工具，使得用户可以对某些文件进行压缩，以减小文件占用的硬盘空间或方便网络传输；并且，Linux 也提供了对文件打包的功能，用户可以使用其将若干文件或目录打成一个软件包。下面，本章将详细介绍上述 Red Hat Enterprise Linux 6 下各种常见的软件包管理方式。

9.1 RPM 包管理

Red Hat Package Manager（简称 RPM）工具包由于其使用简单，操作方便，可以实现软件的查询、安装、卸载、升级和验证等功能，为 Linux 使用者节省大量时间，所以被广泛应用于 Linux 下安装、删除软件。RPM 软件包通常具有类似 xplns-elm-3.3.1-1.i686.rpm 的文件名。文件名中一般包括软件包名称（xplns-elm），版本号（3.3.1）、发行号（1）和硬件平台（i686）。RPM 命令的详细使用说明可以在 Linux 终端使用 man rpm 命令显示出来。

9.1.1 RPM 软件包的查询

在新软件安装之前，一般都要先查看一下这个软件包里有什么内容。RPM 软件包的查询是使用带参数-q 的 rpm 命令实现的，系统将会列出待查询软件包的详细资料，包括含有多少个文件、各文件名称、文件大小、创建时间、编译日期等信息。

1. RPM 软件包查询命令参数集合

RPM 软件包查询命令的格式如下：

```
rpm {-q|--query} [select-options] [query-options]
```

其中，rpm 是命令名称，软件包查询可使用参数-q，也可用--query，这两个参数必选其一。select-options 是可选信息，query-options 是查询信息。RPM 查询所支持的所有参数有 3 类：详细选项、信息选项和通用选项。详细选项的参数如表 9-1 所示。

表 9-1　详细选项信息

参　　数	含　　义
-p<file>	查询软件包的文件
-f<file>	查询<file>属于哪个软件包
-a	查询所有安装的软件包
--whatprovides<x>	查询提供了<x>功能的软件包
-g<group>	查询属于<group>组的软件包
--whatrequires<x>	查询所有需要<x>功能的软件包

信息选项用于显示文件的一些属性信息，如文件列表、文件功能等，信息选项的参数如表 9-2 所示。

表 9-2　信息选项信息

参　　数	含　　义
<null>	显示软件包的全部标识
-i	显示软件包的概要信息
-l	显示软件包中的文件列表
-c	显示配置文件列表
-d	显示文档文件列表
-s	显示软件包中文件列表及其状态
--scripts	显示安装、卸载、校验脚本
--queryformat（或—qf）	以用户指定的方式显示查询信息
--dump	显示每个文件的所有已校验信息
--provides	显示软件包提供的功能
--require（或-R）	显示软件包所需的功能

通用选项的参数如表 9-3 所示。

表 9-3　通用选项信息

参　　数	含　　义
-v	显示附加信息
-vv	显示调试信息
--root<path>	指定软件安装目录
--rcfile<rcfile>	设置 rpmrc 文件为<rcfile>
--dbpath<path>	设置 RPM 资料库所在的路径为<path>

2．RPM 软件包查询命令参数举例

下面以软件包 xplns-elm-3.3.1-1.i686.rpm 和 xplns-3.3.1-1glibc23.i686.rpm 为例，说明 RPM 查询命令的使用。

（1）查询文件所属软件包。

```
//查询文件/usr/share/pixmaps/Xplns.png 所属的软件包
#rpm -qf /usr/share/pixmaps/Xplns.png
xplns-3.3.1-1glibc23      //显示该文件属于 xplns-3.3.1-1glibc23 软件包
```

（2）查询软件包所包含的文件列表。

```
//查询已安装软件包 xplns-3.3.1-1glibc23 所包含的文件列表
#rpm -ql xplns-3.3.1-1glibc23
//以下显示该软件包所包含的所有文件列表
/usr/X11R6/lib/X11/app-defaults/XPlns
/usr/X11R6/lib/X11/fr/app-defaults/XPlns
/usr/X11R6/lib/X11/ja/app-defaults/XPlns
/usr/X11R6/lib/X11/nl/app-defaults/XPlns
/usr/local/bin/xplns
/usr/local/share/xplns
/usr/local/share/xplns/adf
/usr/local/share/xplns/adf/nickname.adf
/usr/local/share/xplns/adf/nova.adf
/usr/local/share/xplns/adf/pulsar.adf
/usr/local/share/xplns/adf/quasar.adf
/usr/local/share/xplns/adf/snova.adf
/usr/local/share/xplns/consname.dat
/usr/local/share/xplns/consname.dat.ja
/usr/local/share/xplns/skymark.adf
/usr/local/share/xplns/skymark.adf.ja
/usr/local/share/xplns/starname.dat
```

（3）查询软件包概要信息。

```
//查询软件包 xplns-elm-3.3.1-1.i686.rpm 的概要信息
# rpm -qi xplns-elm-3.3.1-1
Name        : xplns-elm                        //显示软件包名称
Relocations: (not relocateable)                //是否可重定位
Version     : 3.3.1                            //版本号
Vendor: osam-a                                 //软件包发布厂商
Release     : 1                                //发布号
Build Date: 2009年10月09日 星期日 13时10分94秒
Install Date: 2012年06月08日 星期三 22时42分29秒
Build Host: vmrh62
Group       : Applications/Scientific
Source RPM: xplns-3.3.1-1glibc21.src.rpm
Size        : 2327369
License: Binary Release
Signature   : (none)
Packager    : Osamu Ajiki <osam-a@astroarts.co.jp>
URL         : http://www.astroarts.com/products/xplns/
Summary     : Orbital element package for Xplns
Description :
Orbital element data files for desktop astronomy simulation program
Xplns.  There are two element files for small bodies included in this
pakcage, 'comet.elm' and 'mp.elm'.
```

（4）查询所有已经安装的软件包。

```
//查询所有已经安装的软件包
#rpm -qa
setup-2.9.29-1
bzip2-libs-1.0.2-8
e2fsprogs-1.32-6
glib-1.2.10-10
iputils-20020927-2
losetup-2.11y-9
net-tools-1.60-12
```

9.1.2 RPM 软件包的安装

软件包查询完成后，用户就可以进行软件的实际安装了。使用带参数-i 的 RPM 命令可以实现 RPM 软件包的安装，其命令格式如下：

```
rpm -i ( or --install) options file1.rpm ... fileN.rpm
```

其中，-i 表示欲安装软件包，options 是安装选项，file1.rpm 到 fileN.rpm 表示待安装的 RPM 软件包名称。

1. RPM 命令选项

带-i 参数 RPM 命令的详细选项如表 9-4 所示。

表 9-4 RPM 命令选项信息

参 数	含 义
-h（或者-hash）	安装时输出 hash 记号（“#”）
--test	只对安装进行测试，并不实际安装
--percent	以百分比的形式输出安装的进度
--excludedocs	不安装软件包中的文档文件
--includedocs	安装文档
--replacepkgs	强制重新安装已经安装的软件包
--replacefiles	替换属于其他软件包的文件
--force	忽略软件包及文件的冲突
--noscripts	不运行预安装和后安装脚本
--prefix <path>	将软件包安装到由<path>指定的路径下
--ignorearch	不校验软件包的结构
--ignoreos	不检查软件包运行的操作系统
--nodeps	不检查依赖性关系
--ftpproxy <host>	用<host>作为 FTP 代理
--ftpport <port>	指定 FTP 的端口号为<port>

通用选项类似 RPM 查询命令，这里不再详述。

2. RPM 软件包安装方式

安装方式主要包括如下几种。

（1）普通安装：所谓普通安装，就是指使用得最多得安装方式，采用一般的安装参数 ivh，表示显示附加信息和安装进度的#符号的安装方式，举例如下。

```
//安装当前目录下的 xplns-elm 软件包
//显示安装过程的详细信息
//用#号表示安装进度
#rpm -ivh xplns-elm-3.3.1-1.i686.rpm
Preparing...    ########################################### [100%]
1:xplns-elm     ########################################### [100%]
```

（2）测试安装，并不实际安装：用户对安装不是非常确定时可以先使用这种安装方式测试安装，如果没有显示错误信息再实际安装，举例如下。

```
#rpm - i test xplns-elm-3.3.1-1.i686.rpm
```

（3）强制安装：强制安装软件，忽略软件包依赖性以及文件的冲突。如果对软件包的依赖性很清楚，而且确实要忽视文件的冲突，可以选择强制安装。建议初学者不要使用这种安装方式。

```
#rpm - ivh  --force  xplns-elm-3.3.1-1.i686.rpm
```

9.1.3　RPM 软件包安装可能出现的问题

在安装过程中，有可能出现如下几种问题，需要特别注意。

（1）重复安装：如果用户的软件包已被安装，将会出现以下信息.

```
#rpm -ivh xplns-elm-3.3.1-1.i686.rpm
xplns-elm package xplns-elm-3.3.1-1 is already installed
error: xplns-elm-3.3.1-1.i686.rpm cannot be installed
```

如果用户仍要安装该软件包，可以在命令行上使用--replacepkgs 选项，RPM 将忽略该错误信息强行安装。

（2）文件冲突：如果用户要安装的软件包中有文件已在安装其他软件包时安装，会出现以下错误信息。

```
#rpm -ivh xplns-elm-3.3.1-1.i686.rpm
foo /usr/bin/foo conflicts with file from bar-1.0-1
error: xplns-elm-3.3.1-1.i686.rpm cannot be installed
```

要想让 RPM 忽略该错误信息，请使用--replacefiles 命令行选项。

（3）依赖关系：RPM 软件包可能依赖于其他软件包，也就是说要求在安装了特定的软件包之后才能安装该软件包。如果在用户安装某个软件包时存在这种未解决的依赖关系，会产生以下信息。

```
#rpm -ivh bar-1.0-1.i686.rpm
failed dependencies: foo is needed by bar-1.0-1
```

用户必须安装完所依赖的软件包，才能解决这个问题。如果用户想强制安装，请使用--nodeps 命令行选项，不推荐 Linux 初学者使用强制安装方式安装软件包，因为强制安装后的软件包可能不能正常运行。

9.1.4　RPM 软件包的卸载

如果某软件安装后不再需要，或者为了腾出空间，RPM 也提供了软件卸载功能。卸载一般使用如下命令。

```
#rpm -e  xplns-elm
```

说明：这里使用软件包的名称 xplns-elm，而不是软件包文件名 xplns-elm-3.3.1-1.i686.rpm。如果其他软件包依赖于用户要卸载的软件包，卸载时则会产生类似如下的错误信息："removing these packages would break dependencies:foo is needed by bar-1.0-1"。若欲让 RPM 忽略这个错误继续卸载，可以使用--nodeps 命令行选项。但并不提倡强制卸载，因为强制卸载后依赖于该软件包的程序可能无法运行。

9.1.5 RPM 软件包的升级

升级软件包用较新版本软件包替代旧版本软件包，应使用带-U 参数的 RPM 命令完成，其命令格式如下。

```
#rpm -U options file1.rpm ... fileN.rpm
```

-U 参数表明欲更新软件，options 是一些其他的参数选项，file1.rpm 到 fileN.rpm 指明欲升级的软件包名称。例如：

```
//用软件包 xplns-elm-3.3.1-1.i686.rpm 更新系统中 xplns-elm 软件
//显示更新过程的信息，用#指示安装进度。
# rpm -Uvh xplns-elm-3.3.1-1.i686.rpm
Preparing...###########################################[100%]
package xplns-elm-3.3.1-1 is already installed
```

RPM 将自动卸载已安装的老版本的 xplns-elm 软件包，用户不会看到有关信息。事实上用户可能总是使用-U 来安装软件包，因为即便以往未安装过该软件包，也能正常运行。因为 RPM 执行智能化的软件包升级，自动处理配置文件，用户将会看到如下信息。

```
saving /etc/xplns-elm.conf as /etc/xplns-elm.conf.rpmsave
```

这表示用户对配置文件的修改不一定能向上兼容。因此，RPM 会先备份老文件再安装新文件。用户应当尽快解决这两个配置文件的不同之处，以使系统能持续正常运行。因为升级实际包括软件包的卸载与安装两个过程，所以用户可能会碰到由这两个操作引起的错误。用户可能碰到的另一个问题是：当用户使用旧版本的软件包来升级新版本的软件时，RPM 会产生以下版本错误。例如，用 xplns-elm-3.2.1-1.i686.rpm 更新时，如果系统中已经安装 xplns-elm，且版本是 3.3.1-1，系统则会出现如下所示的错误信息。

```
#rpm -Uvh xplns-elm-3.2.1-1.i686.rpm
xplns-elm package xplns-elm-3.3.1-1.i686.rpm (which is newer) is already  installed
error:xplns-elm-3.2.1-1.i686.rpm cannot be installed
```

如果用户真要将该软件包"降级"，加入--oldpackage 命令选项即可。

9.1.6 RPM 软件包的验证

验证软件包是通过比较已安装的文件和软件包中的原始文件信息来进行的。验证主要是比较文件的尺寸、MD5 校验码、文件权限、类型、属主和用户组等。RPM 采用带参数-V 的命令来验证一个软件包。用户可以使用以下 4 种选项来查询待验证的软件包。

（1）验证单个软件包：命令格式为 rpm -V　package-name。例如：

```
#rpm -V xplns-elm            //验证软件包 xplns-elm
missing                      /usr/local/share/xplns/comet.elm
missing                      /usr/local/share/xplns/mp.elm
```

上述命令运行结果中的 missing 表明：软件包缺少 comet.elm 和 mp.elm 两个文件。

（2）验证包含特定文件的软件包：

```
# rpm -Vf /bin/vi        //验证/bin/vi 文件的正确性
#                        //没有任何显示说明软件完整无误
```

（3）验证所有已安装的软件包：验证已经安装的所有软件包是否正确。

```
# rpm -Va
S.9....T c /etc/hotplug/usb.usermap
S.9....T c /etc/sysconfig/pcmcia
.......T c /etc/libuser.conf
.......T c /etc/mail/sendmail.cf
S.9....T c /etc/mail/statistics
SM9....T c /etc/mail/submit.cf
S.9....T c /usr/share/a2ps/afm/fonts.map
S.9....T c /etc/sysconfig/rhn/rhn-applet
SM9....T   /usr/share/rhn/rhn_applet/rhn_applet.pyc
SM9....T   /usr/share/rhn/rhn_applet/rhn_applet_animation.pyc
SM9....T   /usr/share/rhn/rhn_applet/rhn_applet_dialogs.pyc
SM9....T   /usr/share/rhn/rhn_applet/rhn_applet_model.pyc
SM9....T   /usr/share/rhn/rhn_applet/rhn_applet_rpc.pyc
SM9....T   /usr/share/rhn/rhn_applet/rhn_applet_rpm.pyc
SM9....T   /usr/share/rhn/rhn_applet/rhn_utils.pyc
S.9....T   /usr/lib/qt-3.1/etc/settings/qtrc
S.9....T   /usr/lib/openoffice/share/fonts/truetype/fonts.dir
```

（4）根据 RPM 文件来验证软件包：如果自己担心自己的 RPM 数据库已被破坏，就可以使用这种方式。

```
# rpm -Vp xplns-elm-3.3.1-1.i686.rpm
missing   /usr/local/share/xplns/comet.elm
missing   /usr/local/share/xplns/mp.elm
```

如果一切校验正常将不会产生任何输出。如果验证有不一致的地方，就会显示出相应信息。输出格式是 8 位长字符串，“c”用以指配置文件，接着是文件名，8 位字符的每一个用以表示文件与 RPM 数据库中一种属性的比较结果。“.”表示测试通过。其他字符则表示对 RPM 软件包进行的某种测试失败。各测试错误信息汇总如表 9-5 所示。

表 9-5　RPM 验证错误信息

显示字符	错 误 源
9	MD5 校验码
S	文件尺寸
L	符号连接
T	文件修改日期
D	设备
U	用户
G	用户组
M	模式 e（包括权限和文件类型）

9.2 RPM 软件包的密钥管理

数字签名（Digital Signature）是一种身份认证技术。软件包增加数字签名后，其他用户可以通过校验其签名分辨其真伪，从而判断软件包是否原装和是否被修改过。RPM 采用的数字签名为 PGP 数字签名。PGP（Pretty Good Privacy）是一个公钥加密程序，应用时要产生一个密钥对，一个为公开密钥（对外公开），一个为秘密密钥（自己保留）。

秘密密钥加密的文件任何有相应公开密钥的人均可解密，而用公开密钥加密的文件只有持有秘密密钥的人才可以解密。使用 PGP 公钥加密法，用户可以广泛传播公钥，同时安全地保存好私钥。由于只有用户自己拥有私钥，因此任何人都可以用用户的公钥加密写给用户的信息，并可以直接在不安全通道上传输，而不用担心信息被窃听。

9.2.1 下载与安装 PGP

PGP 应用程序可以从 http://www.pgpi.org/products/pgp/versions/freeware/unix/网站下载得到。Linux 版本的下载文件为 PGPcmdln_6.5.8.Lnx_FW.rpm.tar，可用下面的命令解压此软件包，并安装 PGP。

```
//将安装软件包 tar 文件解包
# tar xvzf PGPcmdln_6.5.8.Lnx_FW.rpm.tar
PGPcmdln_6.5.8_Lnx_FW.rpm
PGPcmdln_6.5.8_Lnx_FW.rpm.sig
WhatsNew.htm
WhatsNew.txt

//显示解包后的文件列表
# ll
总用量 2899
-rwx------1 root   root  2999703  6月 19 23:24 PGPcmdln_6.5.8_Lnx_FW.rpm
-rwx------1 root  root        66  6月 19 23:24 PGPcmdln_6.5.8_Lnx_FW.rpm.sig
-rwx------1 root  root   2998462  6月 19 23:20 PGPcmdln_6.5.8.Lnx_FW.rpm.tar
-rwx------1 root  root     10981  6月 19 23:24 WhatsNew.htm
-rwx------1 root  root      8798  6月 19 23:24 WhatsNew.txt

//安装 PGPcmdln
# rpm -iv PGPcmdln_6.5.8_Lnx_FW.rpm
Preparing packages for installation...
pgp-6.9.8-rsaref698
```

9.2.2 RPM 使用 PGP 产生签名所需的配置

生成 PGP 密钥对，用 pgp -kg 命令来产生新的密钥对用于签名，下面是部分程序运行显示结果。

```
#pgp -kg
Pretty Good Privacy(tm) Version 6.5.8
(c) 1999 Network Associates Inc.
Uses the RSAREF(tm) Toolkit,  which is copyright RSA Data Security,  Inc.
Export of this software may be restricted by the U.S. government.
...
```

在该过程中，系统需要用户输入一些配置信息，如加密算法、主密钥长度、设置用户标志等，用户可以按照提示输入相关内容。密钥生成后，PGP 会在用户主目录下建立一个.pgp 的子目录，用于存放密钥相关的文件。下例列出了 root 用户.pgp 子目录下的文件。

```
# ls ~/.pgp
total 32
-rw------- 1 root root 2117 Nov 8 17:10 PGPMacBinaryMappings.txt
-rw------- 1 root root 146 Nov 8 17:10 PGPgroup.pgr
-rw------- 1 root root 191 Nov 8 17:12 PGPsdkPreferences
-rw------- 1 root root0 Nov 8 17:10 pgp.cfg
-rw------- 1 root root0 Nov 8 17:10 pubring-bak-1.pkr
-rw------- 1 root root 897 Nov 8 17:12 pubring-bak-2.pkr
-rw------- 1 root root 897 Nov 8 17:12 pubring.pkr
-rw------- 1 root root 912 Nov 8 19:34 randseed.rnd
-rw------- 1 root root0 Nov 8 17:10 secring-bak-1.skr
-rw------- 1 root root 984 Nov 8 17:12 secring-bak-2.skr
-rw------- 1 root root 984 Nov 8 17:12 secring.skr
```

上述文件中，pubring.pkr 为公开密钥文件，secring.skr 为秘密密钥文件。

9.2.3　配置 RPM 宏

RPM 如果需要使用 PGP 数字签名的功能，必须在/usr/lib/rpm/macros 宏文件或者在用户主目录下的~/.rpmmacros 文件中设置以下几个宏，如表 9-6 所示。

表 9-6　RPM 宏信息

宏	含　　义
_signature	此宏定义数字签名的类型，此类型只有一个 pgp，RPM 仅支持这一种数字签名类型。其定义为：%_signature pgp
_pgpbin	此宏定义 PGP 执行程序名。其定义为，%_pgpbin　/usr/bin/pg
_pgp_name	此宏定义使用哪个 PGP 用户的公开密钥进行签名处理（PGP 可建立属于多个用户的密钥对）。其定义格式为：%_pgp_name　yourname　youremail。举个例子：%_pgp_name 中关村 username@163.com
pgp_path	此宏定义 RPM 使用的签名所在的目录，如：%_pgp_path　/root/.pgp。该宏定义 RPM 使用/root/.pgp 目录下的签名

9.2.4　RPM 的 PGP 签名选项

RPM 的 PGP 签名主要包括如下两个选项。

- --resign：本选项用于为 RPM 软件包重新签名。如果原包没有数字签名，则为其添加签名；如果已有签名，则旧的签名将统统删除，之后再添加新的签名。其用法为：

```
rpm --resign 包裹文件1 [包裹文件2]...
```

- --addsign：本选项用于为 RPM 软件包添加数字签名（一个软件包可以有多个数字签名）。用法为：

```
rpm --addsign 包裹文件1 [包裹文件2]...
```

9.2.5　添加数字签名

数字签名也可以在建包时添加，这时须使用--sign 选项。–checksig：该选项用于校验 RPM 包的数字签名等内容，看其是否正常。用法为：

```
rpm--checksig [--nopgp] [--nogpg] [--nomd9] [--rcfile 资源文件] 包裹文件1序列
```

可选项中，--nopgp 选项指示 RPM 不校验 PGP 签名，--nogpg 选项指示 RPM 不校验 GPG 签名，--nomd9 选项指示 RPM 不校验 MD9 检查和，--rcfile 选项则用于指定 RPM 所利用的资源配置文件。

```
# rpm --checksig lze-6.0-2.i686.rpm
Pretty Good Privacy(tm) Version 6.5.8
(c) 1999 Network Associates Inc.
Uses the RSAREF(tm) Toolkit, which is copyright RSA Data Security, Inc.Export of this
software may be restricted by the U.S. government.lze-6.0-2.i686.rpm: pgp md9 OK
```

本例子为 lze 软件包添加数字签名，输入密码为 MYPASS。此处校验 lze 包的签名时，RPM 显示 pgp 校验 OK 和 md9 校验 OK，这表明 lze 包一切正常。

9.3 TAR 包管理

TAR 命令是在 Linux 下最常用的文件打包工具，可以将若干文件或若干目录打包成一个文件，既有利于文件管理，也方便压缩和文件的网络传输。TAR 可以为文件和目录创建档案。利用 TAR，用户可以为某一特定文件创建档案（备份文件），也可以在档案中改变文件，或者向档案中加入新的文件。

9.3.1 TAR 命令语法及参数选项

TAR 命令使用语法如下。

```
tar [主选项+辅选项] 文件或者目录
```

其中，主选项是必需的，表明 tar 命令要完成的操作，辅选项是辅助使用的，可以有也可以没有。下面列出常用的主选项，并简要说明其功能，见表 9-7。

表 9-7　tar 命令参数信息

参　　数	含　　义
-A，--catenate，--concatenate	将若干个 tar 文件合并成一个 tar 文件
-c，--create	创建一个新的 tar 文件
-d，--diff，--compare	比较 tar 文件或文件系统的不同之处
--delete	从 tar 文件中删除文件，但不能删除磁盘文件
-r，--append	在 tar 文件尾部追加文件
-t，--list	显示 tar 文件内容
-u，--update	更新 tar 文件
-x，--extract，--get	从 tar 文件中取出文件

每次使用 tar 命令时，上述 8 个命令参数选项必须选择一个，用以指明操作类型。下面列出 tar 命令的辅参数选项如表 9-8 所示。

表 9-8　tar 命令辅助参数信息

参　　数	含　　义
--atime-preserve	转储文件时不改变文件的访问时间

续表

参　　数	含　　义
-b，--block-size N	指定块大小
-B，--read-full-blocks	整块读
-C，--directory DIR	改变目录
--checkpoint	当读取 tar 文件时显示目录名
-f，--file [HOSTNAME:]F	使用 tar 文件还是设备
--force-local	表明 tar 文件是本地磁盘文件，即使含有冒号
-F，--info-script F --new-volume-script F	每处理完一卷磁带后显示信息
-G，--incremental	增量备份
-g，--listed-incremental F	增量备份
-h，--dereference	不转储符号链接
-i，--ignore-zeros	忽略 tar 文件中的 0
-j，-I，--bzip	用 bzip 格式压缩
--ignore-failed-read	遇到不可读文件时不退出
-k，--keep-old-files	不覆盖 tar 文件中原有文件
-K，--starting-file	起始文件
-l，--one-file-system	创建 tar 文件时不转移文件系统
-L，--tape-length N	指明磁带长度
-m，--modification-time	解包文件时不取出更改时间
-M，--multi-volume	是否操作多卷文件
-N，--after-date DATE，--newer DATE	指明打包文件的最早时间
-o，--old-archive，　--portability	指明文件格式是 V7 还是 ANSI
-O，--to-stdout	取出文件到标志输出
-p，--same-permissions，--preserve-permissions	取出文件所有权限信息
-P，--absolute-paths	指明按绝对路径操作
--preserve	保留文件的权限信息和文件顺序
-R，--record-number	显示记录号
--remove-files	把文件加入到 tar 文件后即删除原文件
-s，--same-order，--preserve-order	保持文件间顺序
--same-owner	保留文件的 owner 信息
-S，--sparse	有效处理稀疏文件
-T，--files-from=F	获取解包出来的文件名
--null	读取以 NULL 结束的名称
--totals	显示创建的 tar 文件大小
-v，--verbose	显示处理文件的详细信息
-V，--label NAME	指明创建的 tar 文件名

续表

参　　数	含　　义
--version	显示 tar 版本
-V，--label NAME	指明 tar 文件名
--version	显示 tar 程序版本
-w，--interactive，--confirmation	每一步操作都要用户确定
-W，--verify	创建文件后验证文件正确性
--exclude FILE	排除对某个文件的操作
-X，--exclude-from FILE	排除文件集合
-Z，--compress，--uncompress	压缩或解压缩
-z，--gzip，--ungzip	用 gzip 压缩或解压缩文件
--use-compress-program PROG	使用其他压缩程序

9.3.2　创建 tar 文件

创建一个 tar 文件要使用主参数选项 c，并指明创建 tar 文件的文件名。下面假设当前目录下有 smart 和 xplns 两个子目录以及 cpuinfo.txt、smart.txt、tar.txt、tar_create.txt4 个文件，smart 目录下有 smartsuite-2.1-2.i686.rpm 文件，xplns 目录下有 xplns-cat-3.3.1-1.i686.rpm、xplns-elm-3.3.1-1.i686.rpm 和 xplns-img-3.3.1-1.i686.rpm 3 个文件。用 ll –r 命令显示当前目录下文件信息如下。

```
#ll -r ./*
-rwx------1 root    root    7433  6月 12 21:29 ./tar.txt
-rwx------1 root    root     226  6月 12 21:29 ./tar_create.txt
-rwx------1 root    root      26  6月 12 21:29 ./smart.txt
-rwx------1 root    root      26  6月 12 21:29 ./cpuinfo.txt

./xplns:
总用量 1613
-rwx------1 root   root   793828  6月 12 21:26 xplns-img-3.3.1-1.i686.rpm
-rwx------1 root   root   972471  6月 12 21:26 xplns-elm-3.3.1-1.i686.rpm
-rwx------1 root   root  1933976  6月 12 21:26 xplns-cat-3.3.1-1.i686.rpm

./smart:
总用量 17
-rwx------1 root    root   34479  6月 12 21:29 smartsuite-2.1-2.i686.rpm
```

若要在该目录下将所有文件打包成 gong.tar 文件，可以使用如下命令。

```
//将当前目录下所有文件打包成gong.tar
//参数c指明创建tar
//参数f指明是创建文件
//参数v指明显示处理详细过程
# tar -cvf gong.tar ./*
./cpuinfo.txt
./smart/
./smart/smartsuite-2.1-2.i686.rpm
./smart.txt
```

```
./tar_create.txt
./tar.txt
./xplns/
./xplns/xplns-cat-3.3.1-1.i686.rpm
./xplns/xplns-elm-3.3.1-1.i686.rpm
./xplns/xplns-img-3.3.1-1.i686.rpm

//显示当前目录下所有文件，从显示结果可以发现，当前目录下多了一个 gong.tar 文件，就是由刚
//才 tar 命令生成的
#ll
总用量 4927
-rwx------    1 root     root      3398720  6月 12 19:39 cpuinfo.txt
-rwx------    1 root     root      6717440  6月 12 19:36 gong.tar
drwx------    1 root     root            0  6月  8 21:37 smart
-rwx------    1 root     root           26  6月  8 21:37 smart.txt
-rwx------    1 root     root          226  6月 12 19:32 tar_create.txt
-rwx------    1 root     root         7433  6月 12 17:13 tar.txt
drwx------    1 root     root         4096  6月 12 19:34 xplns
```

9.3.3　显示 tar 文件内容

对于已存在的 tar 文件，用户可能想了解其内容，即该文件是由哪些文件和目录打包而来的，这就要用带 t 参数的 tar 命令。例如，对于 9.2.3 节所述的 gong.tar 文件，若想显示其文件内容，可使用如下命令。

```
# tar -tf gong.tar            //显示 gong.tar 文件内容
./cpuinfo.txt
./smart/
./smart/smartsuite-2.1-2.i686.rpm
./smart.txt
./tar_create.txt
./tar.txt
./xplns/
./xplns/xplns-cat-3.3.1-1.i686.rpm
./xplns/xplns-elm-3.3.1-1.i686.rpm
./xplns/xplns-img-3.3.1-1.i686.rpm
```

9.3.4　向 tar 文件中添加一个文件

欲向已存在的一个 tar 文件中添加一个文件或目录，可以使用带-r 主选项参数的 tar 命令，如欲向 9.2.3 节所述的 gong.tar 文件中添加 tar_t.txt 文件，可以使用如下命令。

```
# tar -rf gong.tar  tar_t.txt          //将 tar_t.txt 文件添加到 gong.tar 文件
```

有时也可以将多个文件添加到某个包。

```
# tar -rf gong.tar  ./exam/*           //将当前目录下 exam 目录中的所有文件添加到 gong.tar 文件
```

9.3.5　从 tar 文件中取出文件

在已经存在的 tar 文件中解包，可以使用带主选项参数-x 的 tar 命令实现。下面以 9.2.3 节所述的 gong.tar 文件为例，说明带主选项参数-x 的 tar 命令的用法。

```
//首先显示当前目录下文件列表，  由显示结果可见
//当前目录下只有一个文件 gong.tar
#ll
总用量 3280
-rwx------    1 root    root     6717440  6月 12 21:12 gong.tar

//对当前目录下 gong.tar 文件解包
#tar -xvf gong.tar
./cpuinfo.txt
./smart/
./smart/smartsuite-2.1-2.i686.rpm
./smart.txt
./tar_create.txt
./tar.txt
./xplns/
./xplns/xplns-cat-3.3.1-1.i686.rpm
./xplns/xplns-elm-3.3.1-1.i686.rpm
./xplns/xplns-img-3.3.1-1.i686.rpm

//再显示解包后当前目录下所有文件
//由显示结果可以看出，tar 文件中所有文件均已解出
#ll
总用量 4927
-rwx------  1 root    root    3398720  6月 12 21:13 cpuinfo.txt
-rwx------  1 root    root    6717440  6月 12 21:12 gong.tar
drwx------  1 root    root          0  6月 12 21:13 smart
-rwx------  1 root    root         26  6月 12 21:13 smart.txt
-rwx------  1 root    root        226  6月 12 21:13 tar_create.txt
-rwx------  1 root    root       7433  6月 12 21:13 tar.txt
drwx------  1 root    root       4096  6月 12 21:13 xplns
```

9.4 Linux 下常用的压缩工具

Linux 下的压缩工具有很多，下面列出 Linux 下常用的压缩工具及其产生文件的扩展名如表 9-9 所示。

表 9-9 常用压缩文件扩展名

命　令	扩　展　名
gzip/gunzip	扩展名为.gz
compress/uncompress	扩展名为.Z
zip/unzip	扩展名为.zip
bzip2/bunzip2	扩展名为.bz2
lha	扩展名为.lzh

Linux 下压缩工具中最常用的是 gzip 和 zip，下面分别讲述这两种最常用的压缩工具。

9.4.1 gzip 压缩工具

对文件进行压缩的目的有两个：一是可以减少存储空间，二是通过网络传输文件时，可以减少

传输的网络开销。gzip 是 Linux 最常用的软件压缩工具，在 Linux 终端输入 man gzip 命令将显示 gzip 的帮助文档。

该命令的使用形式为：gzip [选项] 压缩或解压缩的文件名。该命令的主要参数选项如表 9-10 所示。

表 9-10　gzip 命令参数信息

参　　数	含　　义
-c	将输出写到标准输出上，并保留原有文件
-d	将压缩文件解压
-l	对每个压缩文件，显示字段，压缩文件的大小，未压缩文件的大小，压缩比和未压缩文件的名字
-r	递归地查找指定目录并压缩其中的所有文件或者是解压缩
-t	测试，检查压缩文件是否完整
-v	对每一个压缩和解压的文件，显示文件名和压缩比
-num	用指定的数字 num 调整压缩的速度，-1 或--fast 表示最快压缩方法（低压缩比），-9 或--best 表示最慢压缩方法（高压缩比）。系统默认值为 6

（1）用 gzip 压缩文件：下面给出了使用 gzip 命令压缩文件的例子。

```
//显示当前目录下所有文件
#ll
总用量 9
-rwx------    1 root    root          26  6月 13 22:16 smart.txt
-rwx------    1 root    root         226  6月 13 22:16 tar_create.txt
-rwx------    1 root    root        7433  6月 13 22:16 tar.txt

//压缩当前目录下的所有文件，并且显示压缩比，显示已经替代原来的文件
#gzip -v *   //-v 参数表明显示压缩比和文件名
smart.txt:         0.0% -- replaced with smart.txt.gz
tar_create.txt:   43.8% -- replaced with tar_create.txt.gz
tar.txt:          68.3% -- replaced with tar.txt.gz

//再显示当前目录所有文件
//可以发现所有文件都压缩成了 gz 文件
#ll
总用量 3
-rwx------    1 root    root          94  6月 13 22:17 smart.txt.gz
-rwx------    1 root    root         160  6月 13 22:17 tar_create.txt.gz
-rwx------    1 root    root        2389  6月 13 22:17 tar.txt.gz
```

注意：gzip 只能对单个文件压缩，不能像 Winzip 和 Winrar 一样，可以将多个文件压缩成一个.zip 文件或.rar 文件。正因为如此，Linux 才提供了 tar 命令，用于将若干文件或文件夹打包成一个文件，然后再压缩成一个.gz 文件。

（2）用 gzip 解压缩文件：下面给出了用 gzip 解压缩文件的例子。

```
//显示当前目录下所有文件，从显示结果可以看出
//当前目录下有三个压缩文件
```

```
# ll
总用量 3
-rwx------   1 root    root          94  6月 13 22:26 smart.txt.gz
-rwx------   1 root    root         160  6月 13 22:26 tar_create.txt.gz
-rwx------   1 root    root        2389  6月 13 22:26 tar.txt.gz

//对当前目录下所有压缩的文件解压，并列出详细的信息
#gzip -dv *
smart.txt.gz:            0.0% -- replaced with smart.txt
tar_create.txt.gz:      43.8% -- replaced with tar_create.txt
tar.txt.gz:             68.3% -- replaced with tar.txt

//再显示当前目录下的所有文件，从显示结果看出
//所有的.gz 压缩文件都已经解压缩了
# ll
总用量 9
-rwx------   1 root    root          26  6月 13 22:22 smart.txt
-rwx------   1 root    root         226  6月 13 22:22 tar_create.txt
-rwx------   1 root    root        7433  6月 13 22:22 tar.txt
```

（3）显示压缩文件的内容信息：可以用带-l 参数的 gzip 命令显示 gz 文件的内容。这只是显示文件内容，并不实际解压缩文件。

```
# gzip -l *
compressed       uncompressed  ratio   uncompressed_name
    94               26          0.0%     smart.txt
   160              226         43.8%    tar_create.txt
  2389             7433         68.3%     tar.txt
  2999             7689         66.9%    (totals)
```

（4）在 tar 命令中嵌入压缩命令：在 tar 命令中就可以直接嵌入 gzip 命令，从而直接将若干文件或文件夹处理成一个.tar.gz 文件。在这个处理过程中，系统先将若干文件或文件夹打包成.tar，然后将生成的.tar 文件压缩成.tar.gz 文件。举例如下。

```
//显示当前目录下所有文件
#ll
-rwx------   1 root    root          26  6月 13 22:91 smart.txt
-rwx------   1 root    root         226  6月 13 22:91 tar_create.txt
-rwx------   1 root    root        7433  6月 13 22:91 tar.txt

//将当前目录下所有文件打包并压缩成 gong.tar.gz 并显示处理进度
# tar cvfz gong.tar.gz  ./*
./smart.txt
./tar_create.txt
./tar.txt

//再显示当前目录下所有文件
//从显示结果可以看出，已经产生了 gong.tar.gz 文件
#ll
总用量 7
-rwx------    1 root    root        2704  6月 13 22:99 gong.tar.gz
```

```
-rwx------   1 root   root        26  6月 13 22:91 smart.txt
-rwx------   1 root   root       226  6月 13 22:91 tar_create.txt
-rwx------   1 root   root      7433  6月 13 22:91 tar.txt
```

9.4.2　zip/unzip 命令

zip 程序位于/usr/bin 目录中，可将文件压缩成.zip 文件以节省硬盘空间，而当需要的时候又可将压缩文件解开。unzip 命令用于将压缩文件解压。

1. 用 zip 命令压缩文件或文件夹

在 Linux 下输入 man zip，系统显示 zip 的帮助文档。zip 命令的使用形式为：zip [选项] 压缩后文件名 待压缩文件或文件夹。其中：参数选项表明要完成的操作类型，压缩后的文件名是某个合法的文件名，其后缀为 zip，待压缩文件或文件夹指明须要进行压缩的文件或文件夹，可以是多个文件或文件夹。zip 命令的参数选项如表 9-11 所示。

表 9-11　zip 命令参数信息

参　数	含　义
-1	最快压缩，压缩率最差
-9	最大压缩，压缩率最佳
-b	暂存文件的路径。该参数常用于 zip 文件存在而硬盘现有空间不足时
-c	替新增或更新的文件增加一行注解
-d	从 zip 文件移出一个文件
-D	不要在 zip 文件中储存文件的目录信息
-f	以新文件取代现有文件
-F	修复已经损毁的压缩文件
-g	将文件压缩附加到 zip 文件中
-h	显示辅助说明
-i	指定要加入的某些特定文件
-j	只存储文件的名称，不含目录
-k	强迫使用 MSDOS 格式文件名
-L	显示 zip 命令的版权
-m	将特定文件移入 zip 文件中，并且删除特定文件
-n	不压缩特定扩展名的文件
-o	将 zip 文件的时间设成最后修正 zip 文件的时间
-q	安静模式，不会显示相关信息和提示
-r	包括子目录
-t	只处理 mmddyy 日期以后的文件
-T	测试 zip 文件是否正常
-u	只更新改变过的文件和新文件
-v	显示版本信息或详细资料

续表

参　数	含　　义
-x	不需要压缩的文件
-y	将 symbolic link 压缩，而不是压缩所连接到的文件
-z	为 zip 文件增加注解
-#	设定压缩速度。-0 表示不压缩，-1 表示最快速度的压缩，-9 表示最慢速度的压缩（最佳化的压缩）。预设值为-6
-@	从标准输入读取文件名称

注意：使用 zip 命令可以将许多文件压缩成一个文件，这与 gzip 是有区别的。

下面给出了使用该命令压缩文件或文件夹的例子。

```
//显示当前目录下所有文件和文件夹
#ll
总用量 9
drwx------   1 root    root       4096  6月 19 19:49 gzip
drwx------   1 root    root          0  6月 12 21:29 smart
-rwx------   1 root    root         26  6月 13 22:91 smart.txt
-rwx------   1 root    root        226  6月 13 22:91 tar_create.txt
-rwx------   1 root    root       7433  6月 13 22:91 tar.txt
drwx------   1 root    root       4096  6月 13 22:13 xplns

//将当前目录下的所有文件和文件夹全部压缩成gong.zip压缩文件
//显示压缩过程中每个文件的压缩比
//-r表示递归压缩子目录下所有文件
# zip -r gong.zip ./*
adding: gzip/ (stored 0%)
adding: gzip/gong.tar.gz (stored 0%)
adding: smart/ (stored 0%)
adding: smart/smartsuite-2.1-2.i686.rpm (deflated 9%)
adding: smart.txt (stored 0%)
adding: tar_create.txt (deflated 44%)
adding: tar.txt (deflated 68%)
adding: xplns/ (stored 0%)
adding: xplns/xplns-cat-3.3.1-1.i686.rpm.gz (deflated 0%)
adding: xplns/xplns-elm-3.3.1-1.i686.rpm.gz (deflated 0%)
adding: xplns/xplns-img-3.3.1-1.i686.rpm.gz (deflated 0%)

//再显示当前目录下所有文件
//可以发现压缩文件gong.zip已经生成
#ll
总用量 1621
-rwx------1 root       root     3301222  6月 19 19:49 gong.zip
drwx------1 root       root     4096 6月 19 19:49 gzip
drwx------1 root       root        0     6月 12 21:29 smart
-rwx------1 root       root       26     6月 13 22:91 smart.txt
-rwx------1 root       root      226     6月 13 22:91 tar_create.txt
```

```
-rwx------1 root       root     7433 6 月 13 22:91 tar.txt
drwx------1 root       root     4096 6 月 13 22:13 xplns
```

用带-v 参数选项可以查看 zip 文件的内容，这点类似于带 t 参数选项的 tar 命令。只不过前者用于显示压缩的 zip 文件的内容，后者用于显示 tar 文件的内容。与带 t 参数选项的 tar 命令类似，带 v 参数选项的 zip 命令也不实际解压缩文件。对带-v 参数选项的 zip 命令举例如下。

```
//显示当前目录下所有文件，从显示结果可以看出，当前目录下只有一个 gong.zip 文件
# ll
总用量 1612
-rwx------    1 root     root     3301222  6 月 19 19:49 gong.zip

//查看 gong.zip 文件的内容
# zip -v gong.zip
zip info: local extra (21 bytes) != central extra (13 bytes): gzip/
zip info: local extra (21 bytes) != central extra (13 bytes): gzip/gong.tar.gz
zip info: local extra (21 bytes) != central extra (13 bytes): smart/
zip info: local extra (21 bytes) != central extra (13 bytes): smart.txt
zip info: local extra (21 bytes) != central extra (13 bytes): tar_create.txt
zip info: local extra (21 bytes) != central extra (13 bytes): tar.txt
zip info: local extra (21 bytes) != central extra (13 bytes): xplns/
```

用带-d 参数选项的 zip 命令可以从 zip 压缩文件中删除某个文件，而使用带-m 的 zip 命令可以向 zip 压缩文件添加某个文件，对带-d 和-m 参数选项的 zip 命令举例如下。

```
# zip -v gong.zip           //显示压缩文件 gong.zip 的文件内容
zip info: local extra (21 bytes) != central extra (13 bytes): free.txt
zip info: local extra (21 bytes) != central extra (13 bytes): smart.txt
zip info: local extra (21 bytes) != central extra (13 bytes): tar_create.txt
zip info: local extra (21 bytes) != central extra (13 bytes): tar.txt

//删除压缩文件中 smart.txt 文件
# zip -d gong.zip smart.txt
deleting: smart.txt

//再显示压缩文件内容，可以发现文件删除成功
# zip -v gong.zip
zip info: local extra (21 bytes) != central extra (13 bytes): free.txt
zip info: local extra (21 bytes) != central extra (13 bytes): tar_create.txt
zip info: local extra (21 bytes) != central extra (13 bytes): tar.txt
//向压缩文件中 gong.zip 中添加 rpm_info.txt 文件
# zip -m gong.zip ./rpm_info.txt
 adding: rpm_info.txt (deflated 79%)

//再显示压缩文件内容，可以发现文件添加成功
# zip -v gong.zip
zip info: local extra (21 bytes) != central extra (13 bytes): free.txt
zip info: local extra (21 bytes) != central extra (13 bytes): tar_create.txt
zip info: local extra (21 bytes) != central extra (13 bytes): tar.txt
zip info: local extra (21 bytes) != central extra (13 bytes): rpm_info.txt
```

2. 用 unzip 命令解压缩文件

unzip 命令用于扩展名为 zip 的压缩文件的解压缩，同时，Windows 下用压缩软件 Winzip 压缩

的文件在 Linux 系统下也可以用 unzip 命令解压缩。unzip 命令的语法如下。

```
unzip [参数选项] 压缩文件名.zip。
```

所有参数选项如表 9-12 所示。

表 9-12 unzip 命令参数信息

参　数	含　义
-x	文件列表，解压缩文件，但不包括指定的 file 文件
-v	查看压缩文件目录，但不解压缩
-t	测试文件有无损坏，但不解压缩
-d	目录，把压缩文件解压缩到指定目录下
-z	只显示压缩文件的注解
-n	不覆盖已经存在的文件
-o	覆盖已存在的文件且不要求用户确认
-j	不重建文档的目录结构，把所有文件解压缩到同一目录下

unzip 命令的常用用法如下。

（1）简单解压缩文件：将压缩文件解压缩到当前目录下。

```
//显示当前目录下所有文件，从显示结果可以发现当前目录下只有一个文件 gong.zip
# ll
总用量 7
-rwx------    1 root     root       13912  6月 19 20:44 gong.zip

//将 gong.zip 解压缩到当前目录
# unzip gong.zip
Archive:  gong.zip
inflating: free.txt
inflating: tar_create.txt
inflating: tar.txt
inflating: rpm_info.txt

//再显示当前目录下所有文件，从显示结果可以发现
//gong.zip 压缩文件中所有文件已经成功解压缩到当前目录
# ll
总用量 32
-rwx------    1 root     root         230  6月 19 21:03 free.txt
-rwx------    1 root     root       13912  6月 19 20:44 gong.zip
-rwx------    1 root     root       40833  6月 19 21:03 rpm_info.txt
-rwx------    1 root     root         226  6月 19 21:03 tar_create.txt
-rwx------    1 root     root        7433  6月 19 21:03 tar.txt
```

（2）解压缩文件到指定目录：将压缩文件解压缩到指定的目录下，如果已有相同的文件存在，unzip 命令不覆盖原来的文件。

```
//解压缩当前目录下的 text.zip 压缩文件
//-n 参数选项指明不覆盖原有文件
//-d /tmp 指明将文件解压缩到/tmp 目录下
#unzip -n text.zip -d /tmp
```

（3）查看压缩文件目录：类似于带-v 参数的 zip 命令，只显示压缩文件内容，并不实际解压缩文件。

```
#unzip -v text.zip      //显示当前目录下text.zip压缩文件内容
```

9.5 小　　结

本章详细讲述了 Linux 下 RPM 软件包管理，包括软件包的查询、安装、卸载、升级和验证等，讲述了 RPM 软件包的密钥管理，详细讲述了 Linux 最常用的打包工具 Tar，最后还介绍了 Linux 下 3 种常用的压缩工具。

第10章 其他常用工具简介

在前几章给大家介绍了 Red Hat Enterprise Linux 6 下的浏览器工具、图像处理工具和通信工具。这些都是应用于 Linux 下的基本工具。但更重要的还是应用于办公，这样会体现出 Linux 操作系统的功能强大之处，下面将给大家介绍几种常用的办公工具。

10.1 永中 Office

永中 Office 是无锡永中软件有限公司开发的一款 Office 集成办公套件，有 Windows 版本和 Linux 版本。目前最新版本为永中 Office 2012，提供免费的个人版本供用户使用，官网下载地址是：http://www.yozosoft.com/person/。与其他的 Linux 下 Office 办公软件相比较，永中 Office 无论是在功能上还是在界面上，其绝对是一套可以和 MicroSoft Office 相媲美的软件，同时对 MicroSoft Office 文件深度兼容。其共包括永中表格、永中文字、永中简报、永中 PDF 文档 4 个应用程序。接下来简单地介绍一下其中的应用程序。

- 永中文字：文字处理工具，相当于 Word。
- 永中表格：电子表格工具，相当于 Excel。
- 永中简报：演示工具，相当于 PowerPoint。
- 永中 PDF 文档：可以对 PDF 文档进行处理。

10.1.1 文字处理工具永中文字

永中文字是永中 Office 集成办公套件中最常使用的软件。其实质就是一个文字处理器。只要用户有过使用同类 Office 软件的经历，那么就绝不会对永中文字的界面感到陌生。永中文字的界面简单易懂，用户可以很容易地进行操作，如图 10-1 所示。

永中文字的界面与 MS-Word 2010 的界面很相似。通常，只要用户用过 MS-Word 2010，就很容易使用永中文字。永中文字与 MS-Word 2010 不仅在界面方面十分相似，在功能上永中文字也是一个功能完善的文字处理器。就一般而言，MS-Word 2010 能做到的事永中文字也能做到。永中文字支持由 MS-Word 2010 创建的.docx 类型的文档。

永中文字个人版提供很多在线模板，比如在图 10-1 界面左侧“模板分类”中选择“技术文档”|“公司劳动合同”，计算机会连网下载“合同”模板供用户使用，如图 10-2 所示，用户无须太多步骤就可以很轻松地创建具有专业水准的劳动合同。

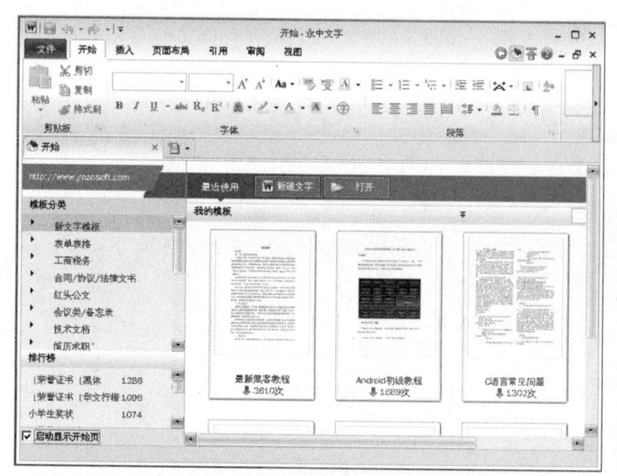

图 10-1　永中文字显示界面

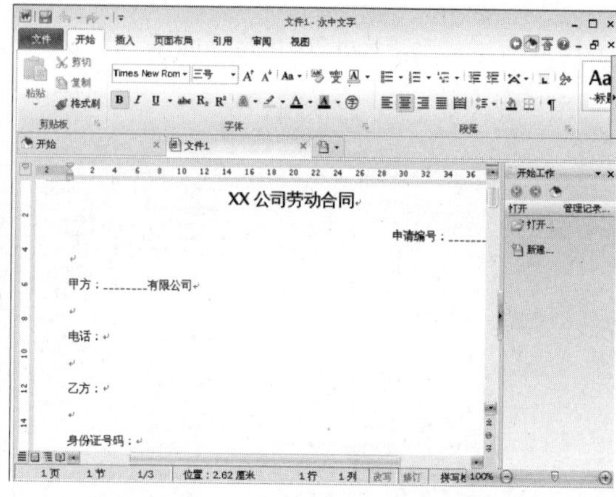

图 10-2　永中文字通过模板创建文件

或者在图 10-1 界面中直接单击“新建文字”，永中文字会新建空白文档，如图 10-3 所示。用户可以像使用 Word 一样编写文档了。

目前，国内用户使用 MS-Office 2003 的还很多，虽然永中文字 2012 的界面和 MS-Word 2010 保持一致，但用户也可以把它转变成像 MS-Office 2003 一样的经典外观。单击菜单栏右上角如图 10-4 最左侧的那个向左的箭头图标即可进行切换。

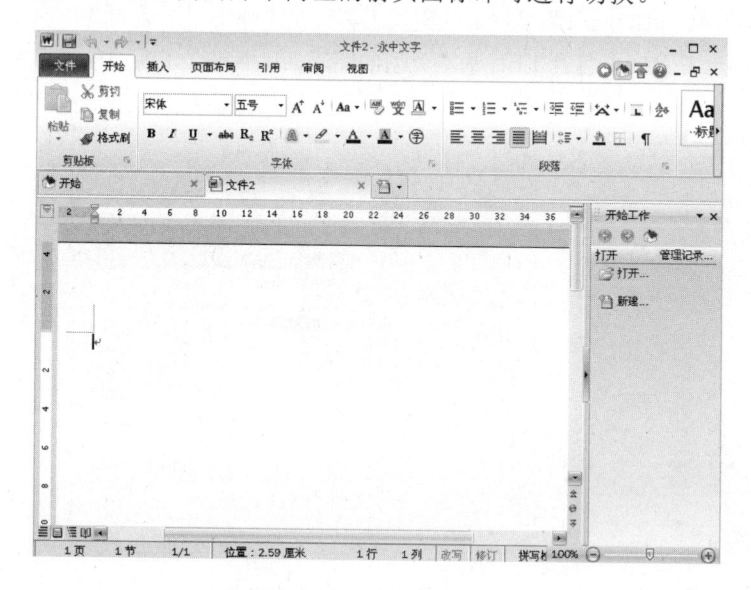

图 10-3　打开其他格式的文档

图 10-4　切换到经典菜单

永中 Office 支持很多种文件格式，甚至直接支持中国的中文办公软件标准.uof 格式，它自身的文件格式是.eio。在保存文件的时候，用户可以选择一种需要的格式存储，如图 10-5 所示。

10.1.2 电子表格处理工具永中表格

永中表格是永中 Office 套件中的电子表格软件。永中表格的使用规则如同其他电子表格软件一样。其具备进行不同精度和格式的计算能力，是永中 Office 里的计算表方式。永中表格的界面，如图 10-6 所示，与 Excel 2010 的界面基本上相同。

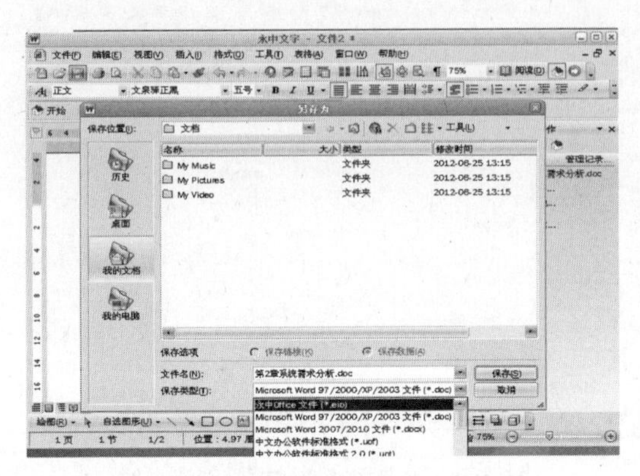

图 10-5 另存为

图 10-6 永中表格界面

操作上永中表格基本上与 MS-Excel 2010 是大同小异的。例如，用户可以自行在表达式编辑栏中输入表达式，然后单击复制按钮确定，选定格中即会显示计算结果，如图 10-7 所示。

永中表格的制作图表功能的用法和 Excel 差不多。具体做法是，单击工具栏中的 chart 图标，在工作区用鼠标拖动选定一个数据范围。单击插入菜单栏上的图表工具按钮，弹出“图表向导”对话框，只要选择图表的种类即可。在永中表格里包含 13 种基本类型的图表，其中包含了各类的二维和三维的图表，如图 10-8 所示。

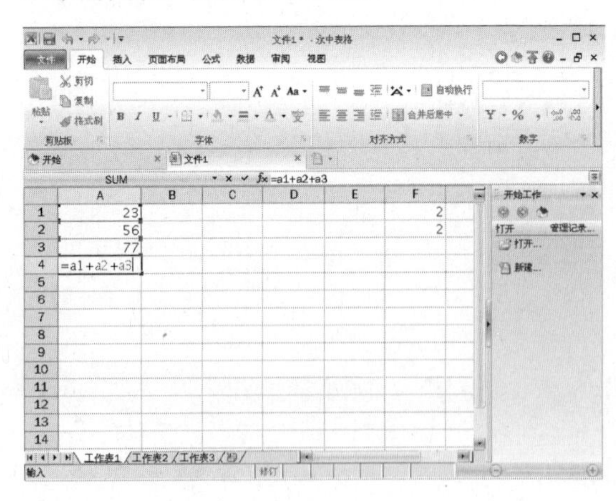

图 10-7 使用表达式的方式

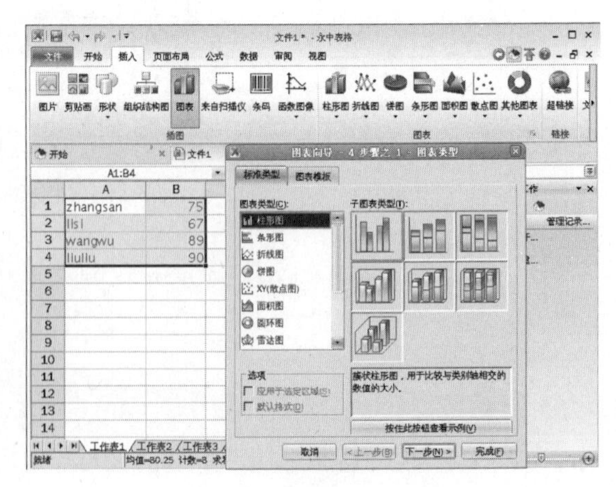

图 10-8 永中表格图表选择

另外，永中表格在图表上还提供了图表模板供用户选择使用，用户可以根据需要点选，如图 10-9 所示。

此外，在新建电子表格时，永中表格的电子表格还默认提供了不少模板，如图 10-10 所示，用户可以在软件安装后进行具体了解，在此就不再赘述。

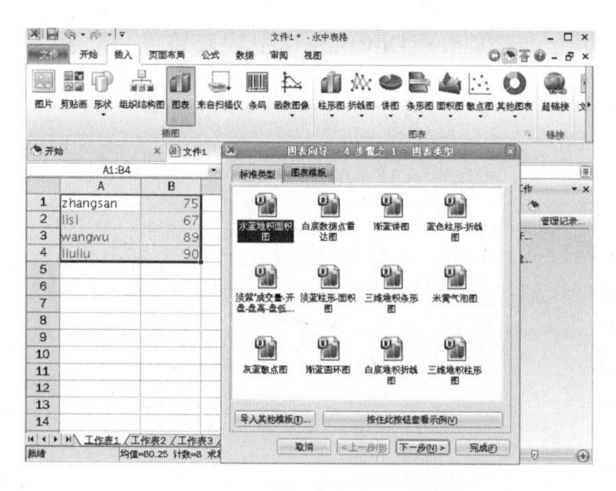

图 10-9　图表模板

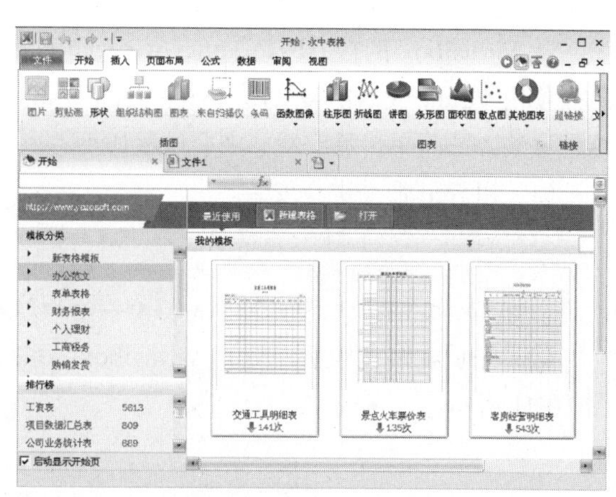

图 10-10　电子表格模板

10.2　虚拟计算机 Virtualbox

在计算机中，除了自身操作系统以外，能否将一些软件从逻辑空间中运行呢。答案当然是有的，虚拟机就是其一。下面介绍在 Red Hat 9.0 下的虚拟机的功能、安装、使用等操作。

10.2.1　Virtualbox 功能简介及系统需求

Virtualbox 现在是由 Oracle 公司拥有的一款虚拟计算机软件。其功能为可以在一台计算机上同时运行两个或更多的操作系统，可以是 Windows、Linux 等不同的系统。这些系统是建立在当前正在运行的操作系统之上，同时，又拥有属于自己的独立的 CPU、硬盘、内存及各种硬件。当然，这些都是虚拟出来的。虚拟子机的 CPU 是通过 i386 的保护模式实现的；虚拟硬盘其实就是当前真实系统中的一个文件；虚拟内存也是从物理内存中划分出来的一块。虚拟子机中的其他设备也都是通过某种手段实现的。

由于 Virtualbox 需要利用主机的硬盘和内存资源，因此对系统要求也相对比较高。Virtualbox for Linux 的系统要求一般为：

- CPU：Intel(r) Pentium(r) Ⅱ或其他 X86 兼容处理器及其更高型号。主频至少为 1GHz 或者更高，且支持 SMP（对称多处理器）。
- 内存：至少为 256MB，推荐 2GB 以上。
- 其他：支持 256 色以上的显示效果。在 bridged 模式下，可以选择网卡在虚拟机上启用网络功能。
- Linux 操作系统：单 CPU 系统的内核至少为 2.0.32 或更高，SMP 系统的内核至少为 2.2.0 或更高。系统环境为已经通过的 Linux 发行版本，如 Red Hat Linux、Caldera Open Linux、Turbo Linux。
- X-server：XFree86-3.3.3.1 或者更高。虽然 XFree86 4.0 已经推出，但是由于 XFree86 version 4.0 的稳定性难以保证，因此建议采用 XFree86 version 3.3.4。

10.2.2　安装 Virtualbox

Virtualbox 的安装可以直接下载安装包进行安装，也可以是 rpm 包安装。下面将分别对这两种安装方式进行介绍：直接安装是一种变向安装，用户需要解压然后才能安装。

从 Virtualbox 的官方网站 https://www.virtualbox.org/wiki/Linux_Downloads 下载安装包，笔者在此处使用 VirtualBox-4.1-4.1.18_78361_rhel6-1.i686.rpm 为例子来进行介绍。下面介绍用 rpm 包安装，这种安装方法简单，易实现。主要过程如下：

（1）用 rpm 命令进行安装。

```
#rpm -ivh VirtualBox-4.1-4.1.18_78361_rhel6-1.i686.rpm
Preparing... ########################################### [100%]
Virtualbox ###########################################[100%]
```

（2）提示安装完成后，启动 Virtualbox：系统菜单“应用程序”|“系统工具”|Virtualbox，如图 10-11 所示。

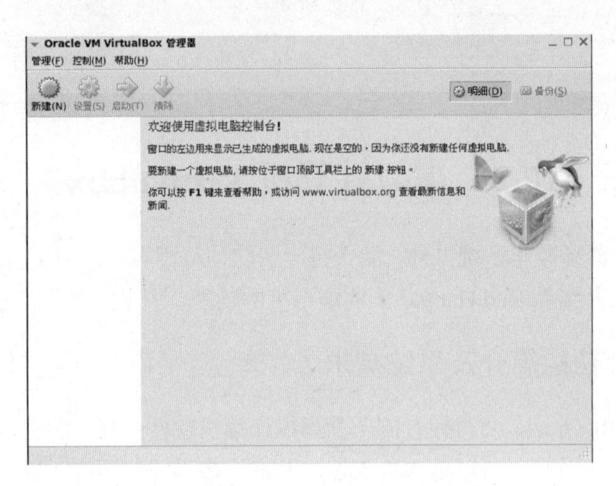

图 10-11　Virtualbox 界面

10.2.3　建立虚拟计算机

在本节中将给大家介绍如何建立一个虚拟机，其步骤如下：

（1）在工具栏中单击 New 按钮，打开“新建虚拟电脑”对话框，如图 10-12 所示。在类型中选择你要创建的虚拟机使用的操作系统，下面选择该系统的版本，单击下一步按钮。

图 10-12　“新建虚拟电脑”对话框

（2）选择虚拟系统使用的内存大小，如图 10-13 所示。推动滑块设置一个合适的值，建议为机器物理内存的一半左右，单击下一步按钮。

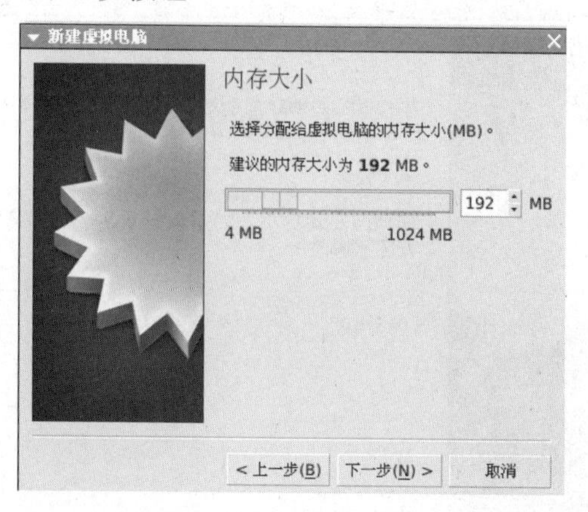

图 10-13　设置虚拟机内存

（3）设置虚拟硬盘的大小，如图 10-14 和图 10-15 所示。在图 10-15 中一般选择“动态分配”单选按钮这样虚拟机产生的虚拟系统文件在硬盘中占据的大小会随着虚拟系统文件的大小发生变化，节省物理硬盘空间，单击下一步按钮。

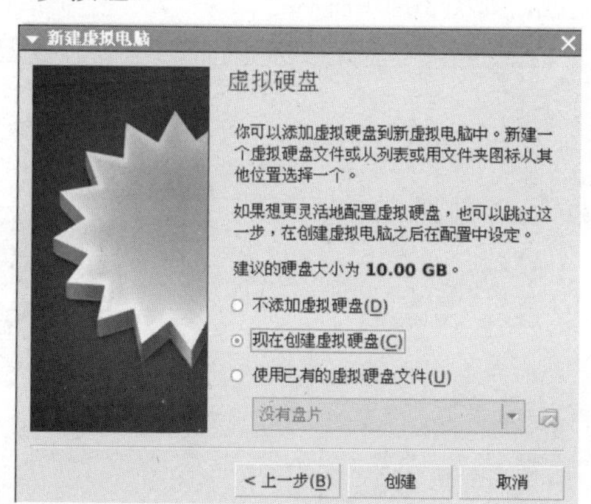

图 10-14　虚拟硬盘

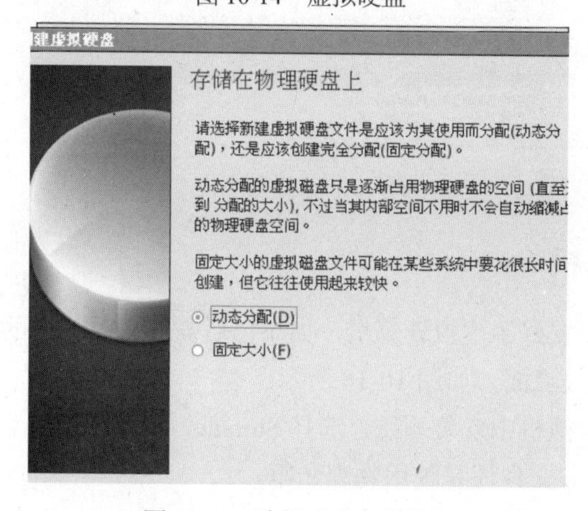

图 10-15　选择“动态分配”

（4）通过调节滑块来设置虚拟硬盘的大小，如图 10-16 所示，单击“创建”按钮。

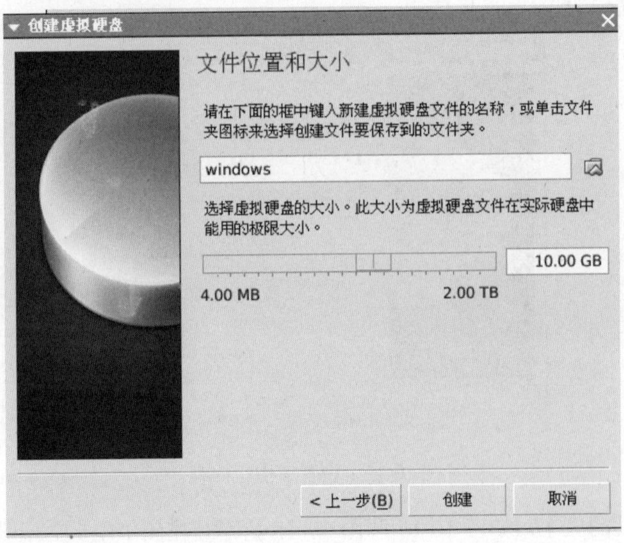

图 10-16 虚拟硬盘大小

（5）至此，虚拟机设置完成，如图 10-17 所示。

图 10-17 设置完成

10.2.4 使用虚拟计算机

经过以上步骤，已经设置好了虚拟计算机，如果以后需要修改其中的参数配置，在图 10-26 中单击 settings 图标，打开修改界面，如图 10-18 所示。

假如用户现在想要在虚拟机中安装系统，选择 Storage，右边点选光盘图标，然后在图 10-19 中单击光盘图标，选择是用 iso 文件还是使用物理光驱。

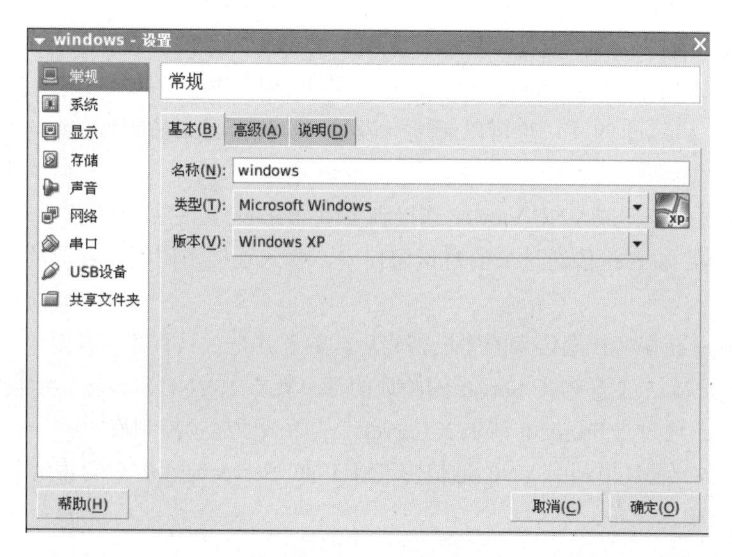

图 10-18　参数修改

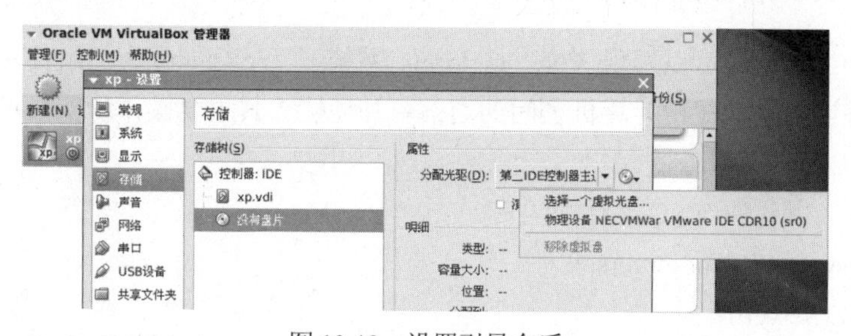

图 10-19　设置引导介质

之后单击工具栏上的 Start 图标开始向启动真正计算机一样安装系统。

注意：使用虚拟机安装系统时使用操作系统的 iso 文件比使用真正的光盘安装在速度上要快。

像 Virtualbox 这样的虚拟机，为多种操作系统的学习使用方面带来了全新的思路。特别是，该方法为用户学习 Linux 系统提供了一个良好的平台。用户可以在 Windows 下安装虚拟机软件，然后虚拟 Linux 系统。

10.3　远程控制 VNC

在上节中给大家讲解了如何安装、配置和使用虚拟机。使大家对虚拟设备有了大概的了解，在本节中将给大家讲解如何在 Linux 下使用 VNC。

10.3.1　VNC 简介

VNC（Virtual Network Computing，虚拟网络计算机）是由 AT&T 实验室所开发的，可操控远程计算机的软件。其采用了 GPL 授权条款，任何人都可免费获得该软件。该软件支持 Linux 系统远程桌面管理，同时也支持其他操作系统。VNC 软件由服务器端 VNC Server 和客户端 VNC Viewer 组成，两部分可以单独进行安装。远程计算机必须安装服务器端，才能通过被本地计算机的客户端远程管理。

VNC server 与 VNC viewer 支持多种操作系统，如 UNIX 系列、Windows 系列及 MacOS。因此，可以将 VNC Server 和 VNC Viewer 分别安装在不同的操作系统中。如果当前操作的主控端计算机没有安装 VNC Viewer 的话，也可以通过一般的网页浏览器来控制被控端。VNC 运行的整个工作流程如下：

（1）客户端通过浏览器或 VNC Viewer 连接到 VNC Server 上。

（2）用户在 VNC Server 传送过来的对话窗口中，输入连接密码以及存取的 VNC Server 显示装置。

（3）VNC Server 获得客户端传来的联机密码后，验证其是否具有存取权限。

（4）如果该客户端通过了 VNC Server 的验证的话，就要求 VNC Server 显示桌面环境。

（5）VNC Server 通过 X Protocol 请求 X Server，从而画面显示控制权。

（6）X Server 的桌面环境利用 VNC 通信协议将 VNC Server 送至客户端并允许客户端控制 VNC Server 的桌面环境及输入设备。

10.3.2 使用 VNC 远程控制计算机

通过上节的介绍，读者可以发现 VNC 是 Linux 系统下又一功能强大的组件，其主要功能是实现计算机的远程控制，从而使得计算机之间的通信更加便捷。其主要操作步骤如下：

（1）安装 VNC Server 服务器。

（2）添加用户，并设置 VNC 连接密码。

（3）编辑/etc/sysconfig/vncservers 文件。

（4）启动 VNC Server 服务器。

```
#vncserver
```

（5）客户端登录 VNC Server 服务器（可以通过网页）。

10.4 Linux 下的字典软件——星际译王

在使用计算机过程中，有时为了查阅外文资料，不得不使用字典软件，Linux 下也有一款比较不错的字典软件——星际译王（StarDict）

10.4.1 星际译王简介

星际译王软件，由中国人胡正于 2003 年初推出，其功能类似于金山词霸的字典软件。经过不断的发展完善，如今此软件已经成为一款优秀的经典工具。

10.4.2 获得与安装星际译王

（1）获取星际译王。

- http://stardict.sourceforge.net。
- RHEL 5 版本集成。

（2）安装星际译王。

```
#rpm -ivh stardict-2.4.5-1.i386.rpm
```

stardict-2.4.5-1.i386.rpm 是该软件的主程序。安装成功后，再安装它的一些字典软件，网上有下载。安装成功后，系统会自动将其添加到主菜单的附件中。

10.4.3　使用星际译王

星际译王使用十分的简便，用户单击系统菜单“应用程序”|“附件”|“星际译王”按钮，打开如图 10-20 所示的界面。在搜索框中输入想要查找的英文单词或汉语字词，即可找到对应翻译，如图 10-21 所示。

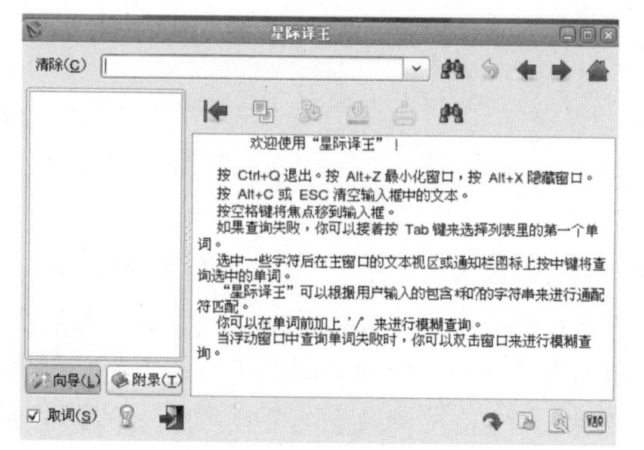

图 10-20　星际译王界面

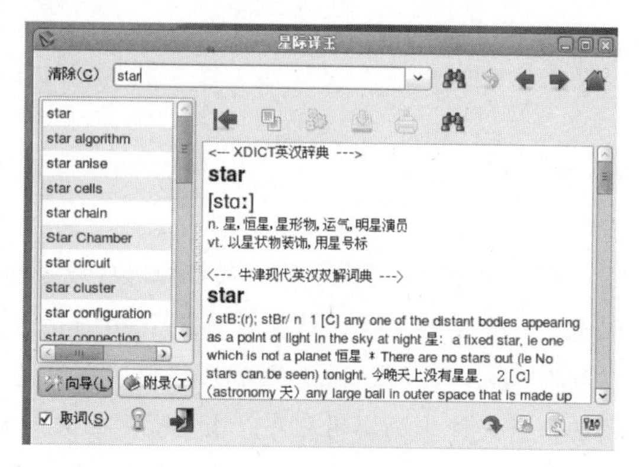

图 10-21　查词界面

单击星际译王界面右下角第一个图标，打开图 10-22 所示的界面，可以对其相关属性进行设置；第二个图标可以对其使用的词典进行设置，如图 10-23 所示。

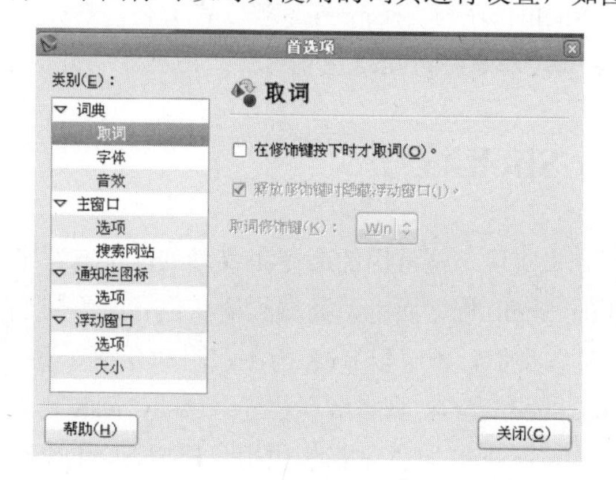

图 10-22　首选项

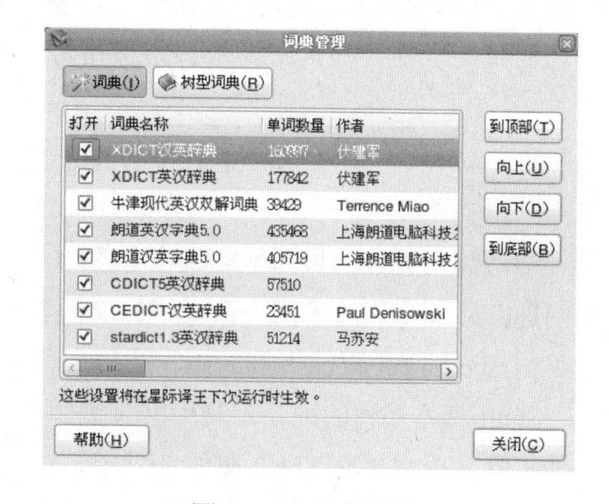

图 10-23　词典设置

10.5　小　　结

本章对其他一些常用工具作了相应的介绍，讲解了永中 Office、虚拟机软件 Virtualbox、VNC 和字典软件星际译王的安装及其使用。这些工具给我们的日常工作带来了很大的帮助，读者可以自行操作以掌握对这些工具的使用。

第 11 章 Shell 的使用

对于学习过 DOS 命令的人都知道从命令行输入命令，每次输入一个命令，可得到系统的响应。但是有时需要一下子连续执行好几个命令，才能得到最后的结果。然而在 Linux 环境中，大家可以利用 Shell 程序或 Shell 脚本来实现这一目的。Shell 程序是通过文本编辑器将一系列 Linux 命令放在一个文件中的实用程序。当 Shell 在执行 Shell 程序时，Linux 系统会非常自然地一个接一个地解释和执行输入的每一个命令。Shell 就是为了在终端运行程序，是操作系统的一部分，用来与用户打交道，并且可以用来协调各个命令。

可以像在 Linux 下执行任何其他命令一样编写并执行 Shell 程序。可以在 Shell 程序内执行其他的 Shell 程序，只要这些 Shell 程序在查找路径中。Shell 程序与其他任何高级语言一样，具有其自己的语法特点，如定义变量、条件语句、循环特点等，本章将讨论这些内容。

11.1 创建和执行 Shell 程序

学习脚本编程的目的是实现在有些场合用一个命令来实现一些常用的命令集或者处理某些特定的问题，避免多次输入同一命令集的麻烦。对于不同的 Shell 程序而言，其编程语法也有所不同。常见的 Shell 脚本是 bash 和 tcsh，其命令和语法与 C 语言类似，本章以 bash 为主，附加介绍 tcsh。

Shell 脚本编程的准备工具为文本编辑器（vi、vim、gedit 等）、脚本解释程序（bash、tcsh 等）、其他工具（用来扩充 Shell 脚本的功能，如 grep、wc 等）。Shell 脚本是指使用用户环境 Shell 提供的语句所编写的 Linux 命令文件。可以利用文字编辑器进行程序录入和编辑加工来建立 shell 程序，与建立普通文本文件的方式相同。接下来将举例介绍其创建与执行。

（1）在 bash 环境下创建一个 shell 别名文件，命名为 example。用文本编辑器编辑其文件内容如下：

```
alias search='whereis'
alias dir='ls'
alias copy='cp'
```

（2）Linux 下可以使用多种方法来执行 Shell 程序。

```
#chmod +x filename    //使用 chmod 命令来改变该 shell 文件权限，添加可执行权限
#echo $PATH           //查找路径命令
```

在不同的环境中，执行 Shell 脚本的命令是不一样。例如，还可以从命令行上执行表 11-1 所示的 Shell 命令。

表 11-1　执行 shell 命令

命　　令	环　　境
#.example	bash
#source example	tcsh

命令中的点“.”是告知 Shell 执行文件的一种方法。如此一来就可忽略是否已设置文件执行许可。在 tcsh 环境下，必须利用 source 命令来告知 Shell 执行文件。执行文件 example 后，就可以在命令行中用 search 来查找文件，用 dir 来显示当前目录下的文件列表，用 copy 来复制文件。从而实现了 Linux 命令的重命名定义，使得命令更加易懂。在 Red Hat Enterprise Linux 6.0 系统中，默认的 Shell 为 bash 类型。因此，将这些命令放入/etc 目录中的 profile 文件中就可以使系统中的所有用户都可以使用这些命令了。

注意：如果用户登录 Red Hat 系统之后，还想使用其他类型的 Shell 可以通过 chsh 命令来实现。用户输入用户密码以及新的 Shell 名称和位置，并将新 Shell 的名称加入文件/etc/shells 中。如此一来，新的 Shell 将成为用户的默认 Shell 类型。pdksh shell 是 ksh shell 的公共域版本由 Eric Gisin 设计。在 Red Hat Enterprise Linux 6.0 中 pdksh 称为 ksh，可以在/usr/bin 目录下找到符号链接。符号链接/usr/bin/pdksh 和/usr/bin/ksh 指向 pdksh。要获得关于 pdksh 的更多信息，可查看/usr/doc/目录或 ksh 手册页。

11.2　变　　量

Linux 下的 Shell 编程已经是一种非常成熟的编程语言。其支持各种类型的变量，共有 3 种主要的变量类型。

- 环境变量：用户不必去定义环境变量，就可以直接在 Shell 程序中使用。因为其为系统环境的一部分，由系统创建和赋值。某些变量还能在 Shell 程序中进行修改。例如，用户可以通过相应的环境变量来改变系统默认的命令提示符形式。
- 内部变量：由系统提供。与环境变量不同，其不能被用户修改。
- 用户变量：在编写 Shell 过程中由用户定义的。可以在 shell 程序内任意使用和修改。这种变量只对用户有意义，不会对系统产生影响。

Shell 编程和其他编程的主要区别是 shell 编程中的变量是非类型性质的。Shell 编程中，使用变量无须事先声明，同时变量名的命名须遵循如下规则：

- 首个字符必须为字母（a～z，A～Z）；
- 中间不能有空格，可以使用下画线（_）；
- 不能使用标点符号；
- 不能使用 bash 里的关键字（可用 help 命令查看保留关键字）。

11.2.1　给变量赋值

在编程过程中，需要对其进行赋值才能实现变量的真正价值，在 Shell 编程中也不例外。例如，想要使用一个名为 counter 的变量来实现 Shell 程序中某个循环重复次数的统计，可以在 Shell 程序中申明这个变量，如表 11-2 所示。

表 11-2　数值变量赋值

命　令	环　境
counter＝0	bash
set counter＝0	tcsh

注意：在 bash 环境下，必须确保在等号（＝）前后没有空格。

Shell 编程语言中使用的变量为非类型性质的变量。同一变量在同一程序中被赋值成不同类型来使用是可能的。例如，一个变量可以一次用来存放数值类型另一次存放字符串。但是，应该注意尽量避免这样做。如果要在变量中存放字符串，可使用如下命令，如表 11-3 所示。

表 11-3　不含空格的字符变量赋值

命　令	环　境
str＝linux	bash
set str＝linux	tcsh

如果字符串中不含空格，就可以通过上述命令实现。但是，如果字符串中包含有空格话，就要对申明的字符串用单引号扩起来。可以通过如下语句对字符串变量进行赋值，如表 11-4 所示。

表 11-4　含空格的字符变量赋值

命　令	环　境
str＝'Red hat linux'	Bash
set str＝'Red hat linux'	tcsh

11.2.2　访问变量

在 shell 程序中要访问变量，可以通过变量名前加“$”(美元符）的形式来访问变量的值。例如，有个变量 var，通过$var 的形式就可以对这个变量进行访问了。还可以把变量 var 的值赋给变量 counter。实现变量间的值传递可以通过如下命令，如表 11-5 所示。

表 11-5　访问变量

命　令	环　境
counter＝$var	bash
set counter＝$var	tcsh

11.3　位 置 参 数

位置参数是 Shell 程序的一种变量，由被调用的命令行中的各自的位置决定。位置参数之间应用空格分开，通常是跟在程序名后面的参数。Shell 取第一个位置参数替换程序文件中的$1，第二个替换$2，依此类推。$0 是一个特殊的变量，其内容是当前这个 Shell 程序的文件名，因此，$0 不是一个位置参数，在显示当前所有的位置参数时是不包括$0 的。

例如，Shell 程序 myname 要求两个参数（如名和姓），可以只用一个参数（名）来调用 Shell 程序。但是，你不能只利用第二个参数（姓）来调用 Shell 程序。这里有一个 Shell 程序 myname，只带了一个参数（名字），并在屏幕上显示这个名字。

（1）编写 Shell 代码。

```
#Name display program
If ($# -eq 0)
Then
Echo "Name not provided"
Else
Echo "Your name is "$1
```

（2）执行 myname，将得到输出结果为 Name not provided。

```
# . /myname
```

（3）执行 mypgm1。

```
# . /myname  windy
```

（4）得到正确输出的结果。

```
Your name is  windy
```

Shell 程序 myname 还说明了 She11 编程的另一个方面，即内部变量。在 myname 中的变量$ # 是内部变量，并提供传送给 Shell 程序的位置参数的数目。

11.4 内部变量

内部变量是 Linux 系统提供的一种用于做出判定的特殊类型的变量。在 Shell 程序内用户是不能修改这些变量的。下面是一些常用到的部分内部变量见表 11-6。

表 11-6 内部变量

变 量	说 明
$#	传送给 Shell 程序的位置参数的数目
$?	最后命令的完成码或在 Shell 程序内所执行的 Shell 程序
$0	Shell 程序的名称
$*	调用 shell 程序时所传送的全部变元的单字符串

为了表明这些内部变量的用法，这里有一个 myname 的示范例子。

（1）编写代码过程。

```
#myname.sh
echo "Number of parameters is " $#
echo "Program name is " $0
echo "Paramerts as a single string is "$*
```

（2）执行 myname 示例。

```
# . /myname.sh  exam
```

（3）输出结果显示。

```
Number of parameters is 2
Program name is myname.sh
Parameters as a single string is exam
```

11.5 特殊字符

在 Linux Shell 程序中对某些特殊字符规定了特殊的含义。在程序中对其进行使用时，一般不要将其作为变量名或字符串的一部分。因为这样往往会导致程序出错。如果用户一定要在某些字符串中含有这类特殊字符的话，必须利用转义字符反斜杠（\）来实现。表明在此处该特殊字符不作为特殊字符来处理。在表 11-7 中介绍了部分特殊字符及其特殊含义。

表 11-7 特殊字符

字 符	说 明
$	指出 shell 变量名的开始
		把标准输出通过管道传送到下个命令
#	标记注释开始
&	在后台执行进程
?	匹配一个字符
*	匹配一个或几个字符
>	输出重定向操作符号
<	输入重定向操作符号
`	命令置换
>>	输出重定向操作符{添加到文件}
<<	跟在输入结束字符串后（HERE）操作符
[ ]	列出字符范围
[a-z]	指从 a～z 的全部字符
[a,z]	指 a 或者 z 字符
.filename	执行（“源”）filename 文件
空格	在两个字之间的间隔符

注意：有些特殊字符应进行专门解释。这些特殊字符是：双引号（"）、单引号（'）、反斜杠（\），以及反引号（`）。在下面的几节中将讨论这些特殊字符。在 shell 脚本中可以使用输入输出的重定向。在测试 shell 程序时使用输出重定向要小心，因为这样很有可能改写文件。

11.5.1 双引号

当字符串中含有空格时，应该用双引号（"）括起来。这样做的目的是为了让 Shell 将其作为一个整体来解释该字符串。例如，把“hello word”这个字符串值赋给 Shell 程序中名为 x 的变量，可以进行如表 11-8 所示的赋值操作。

表 11-8　双引号使用例子

命　令	环　境
x= “hello word”	bash
set x = “hello word”	tcsh

双引号还会按照要求来解析字符串内的所有变量。下面是两个不同的示例过程。

（1）bash 环境下的编写过程。

```
string="hello word"
newstring="The value of string is $string"
echo $newstring
```

（2）tcsh 环境下的编写过程。

```
set string="hello word"
set newstring="The value of string is $string"
echo $newstring
```

（3）两个例子的结果都为如下输出。

```
The value of string is hello word
```

11.5.2　单引号

用单引号（'）将字符串括起来的目的是阻止 Shell 对该字符串中的变量进行解析。下面将上节例子中的双引号改为单引号为例来对比说明以使读者加深理解。

（1）bash 环境中。

```
string='hello word'
newstring='The value of string is $string'
echo $newstring
```

（2）tcsh 环境中。

```
set string='hello word'
set newstring='The value of string is $string'
echo $newstring
```

（3）两个例子的结果都为如下输出。

```
The value of string is $string
```

通过上述例子可发现变量 string 没有被 Shell 解析。

11.5.3　反斜杠

在特殊字符前加上反斜杠（\）可以阻止 Shell 将该字符解释为特殊字符。例如，要将$hello 值赋给名为 str 的变量。如果直接赋值的话，Shell 将会把“$hello”解析为变量 hello 的值。那么如果程序中没有定义名为 hello 变量的话，存放在变量 str 中的值将是一个空值。而并不能达到预期的赋值目的。因此，可以进行赋值操作如表 11-9 所示。

表 11-9　反斜杠使用的例子

命　令	环　境
str=\$hello	bash
Set str=\$hello	Tcsh

11.5.4 反引号

反引号（`）用来通知 Shell 执行由反引号所定义的字符串。在 Shell 程序中，其可以将括起来的命令执行后的结果存放在定义的变量中。例如，当前目录下有个名为 text.txt 的文本文件，要对其中的字数进行统计并将结果存放在变量 num 中。编写如下内容。

```
#count how many chars in the text.txt
num=`wc -w text.txt`
echo "There are $num chars in the text.txt. "
```

11.6 表达式的比较

执行两种操作符（数字或字符串）的逻辑比较是稍有不同的，这取决于处在哪个 Shell 中。在 bash 中，有一个叫做 test 的命令可以用来完成表达式的比较。在 tcsh 中，可以编写一个表达式来完成同样的比较。

11.6.1 bash

本节将对 bash 环境下的表达式比较进行介绍。test 命令的语法如下：

```
test expression或者[expression]
```

bash 环境下对 test 命令的处理是相同的。下面来介绍一下 test 命令支持的比较类型：

（1）字符串比较，主要用来比较两个字符串的表达式的操作符，如表 11-10 所示。

表 11-10 字符串比较操作符

操 作 符	含 义
=	比较两个字符串是否相等
!=	比较两个字符串是否不相等
-n	判定字符串的长度是否大于零
-z	判定字符串长度是否等于零

例如，在一个名为 compare1 的 Shell 程序中比较 string1 和 string2 两个字符串：

```
string1="abc"
string2="abd"
if( $string1=$string2); then
  echo "string1 equal to string2"
else
  echo "string1 not equal to string 2"
fi
if($string2!=$string1); then
  echo "string2 not equal to string1"
else
  echo "string2 equal to string1"
fi
if ( $string1); then
  echo "string1 is not empty"
else
```

```
   echo "string is empty"
  fi
  if( -n $string2); then
  echo "string2 has a length greater than zero"
  else
  echo "string2 has length equal to zero"
  fi
  if( -z $string1); then
  echo "string1 has length equal to zero"
  else
  echo "string1 has a length greater than zero"
  fi
```

运行上述程序可得到如下结果：

```
string1 not equal to string2
string2 not equal to string1
string1 is not empty
string2 has a length greater than zero
string1 has length equal to zero
```

注意： 如果比较的两个字符串长度不相等，那么系统将在较短的字符串末尾填充空格。也就是说，假设 string1 的值为“abc”，string2 的值为“ab”。为了方便比较，系统将为 string2 在末尾填充空格，即 string2 的值为“ab”。

（2）数字比较，下面这些操作符可用于对两个数进行的比较，如表 11-11 所示。

表 11-11　数字比较操作符

操　作　符	含　　义
-eq	比较两个数是否相等
-ge	比较一个数是否大于或等于另一个数
-le	也比较一个数是否小于或等于另一个数
-ne	比较两个数是否不等
-gt	比较一个数是否大于另一个数
-lt	比较一个数是否小于另一个数

例如，在一个名为 compare2 的 Shell 程序中比较 number1 和 number2 两个数：

```
number1=5
number2=10
number3=5
if($number1-eq $number3) then
echo "number1 is equal to number3"
else
echo"number1 is not equal to number3"
fi
if($number1-ne $number2) then
echo "number1 is  not equal to number2"
else
echo"number1 is  equal to number2"
```

```
fi
if($number1-gt $number2) then
echo "number1 is greater than number2"
else
echo"number1 is not greater to number2"
fi
if($number1-ge $number3) then
echo "number1 is greater than or equal to number3"
else
echo"number1 is not greater than equal to number3"
fi
if($number1-lt $number2) then
echo "number1 is less than number2"
else
echo"number1 is not  less to number2"
fi
if($number1-le $number3) then
echo "number1 is less than or equal to number3"
else
echo"number1 is not less than or equal  to number3"
fi
```

运行以上代码，得到如下结果：

```
number1 is equal to number3
number1 is    not equal to number2
number1 is not greater to number2
number1 is greater than or equal to number3
number1 is less than number2
number1 is not less than or equal    to number3
```

（3）文件操作符，下面这些操作符可用于文件的比较，如表 11-12 所示。

表 11-12　文件操作符

操　作　符	含　　义
-d	确定文件是否为目录
-f	确定文件是否为普通文件
-r	确定对文件是否设置读许可
-s	确定文件名是否具有大于零的长度
-w	确定对文件是否设置写许可
-x	确定对文件是否设置执行许可

例如，假设在当前目录下存在一个名为 file1 的文件和一个名为 dir1 子目录。且 file1 具有 r-x 的权限（读和执行），dirl 具有 rwx 的权限（读、写和执行）。则用一个名为 compare3 的 Shell 程序，来说明文件比较。其程序内容如下：

```
if( -d $dir1);then
echo "dir1 is a directory"
else
echo"dir1 is not a directory"
fi
```

```
if(-f $file1);then
  echo"file1 is a regular file"
else
  echo"file 2 is not a regular file"
fi
if(-w $file1) ;then
  echo"file1 has read permission"
else
  echo "file1 does not have read permission"
fi
if(-w file1);then
  echo "file1 has write permission"
else
  echo"file1 dose not  have write pernission"
fi
if(-x $dir1); then
echo"dir1 has execute permission"
else
echo"dir1 does not have execute permission"
fi
```

运行以上代码，得到如下结果：

```
dir1 is a directory
  file1 is a regular file
  file1 has read permission
  file1 dose not  have write permission
dir1 has execute permission
```

（4）逻辑操作符，逻辑操作符是根据逻辑规则来比较表达式的，如表 11-13 所示。

表 11-13　逻辑操作符

操　作　符	含　　义
!	取反（非）
-a	逻辑与
-o	逻辑或

11.6.2　tcsh

tcsh 环境下的表达式比较与在 bash 环境下的比较是不同的。读者可比较上节对“bash”环境中的表达式比较来理解。下面对 tcsh 环境下不同类型的表达式比较做相应的介绍：

（1）字符串比较，下面的操作符可用于比较两个字符串表达式如表 11-4 所示。

表 11-14　字符串比较操作符

操　作　符	含　　义
= =	比较两个字符串是否相等
!=	比较两个字符串是否不等

（2）数字比较，如下的操作符可用来比较两个数，如表 11-15 所示。

表 11-15　数字比较操作符

操 作 符	含　义
>=	比较一个数是否大于或等于另一个数
<=	比较一个数是否小于或等于另一个数
<	比较一个数是否大于另一个数
<	比较一个数是否小于另一个数

（3）文件操作符，下面的操作符可用作文件比较操作符，如表 11-16 所示。

表 11-16　文件操作符

操 作 符	含　义
-d	确定文体是否为目录
-e	确定文体是否存在
-f	确定文件是否为普通文件
-o	确定用户是否为文件的拥有者
-r	确定对文件是否设置读权限
-w	确定对文件是否设置写权限
-x	确定对文件是否设置执行权限
-z	确定文件大小是否为零

例如，假设一个名为 compare4 的 Shell 程序的当前目录下存在一个名为 file1 的文件和名为 dir1 子目录。file1 具有 r-x 权限（读和执行）且 dir1 具有 rwx 权限（读、写和执行）。compare4 这个 Shell 程序的内容如下：

```
if(-d dir1) then
    echo"dir1 is a directory"
else
    echo"dir1 is not a directory"
endif

if(-f dir1) then
  echo"file1 is a regular file"
else
  echo"file1 is not a directory"
endif

if(-r file1) then
  echo"file1 has read permission"
else
  echo"file1 dose not have read permission"
endif

if(-w file1) then
  echo"file1 has write permission"
else
  echo"file1 dose not have write permission"
endif
```

```
if(-x file1) then
  echo "dir1 has execute permission"
else
  echo"dir1 dose not have execute permission"
endif

if(-z file1) then
  echo"file1 has zero length"
else
  echo"file1 has greater than zero length"
endif
```

运行上述程序，可得到如下结果：

```
dir1 is a directory
file1 is a regular file
file1 has read permission
file1 dose not have write permission
dir1 has execute permission
file1 has greater than zero length
```

（4）逻辑运算操作符，逻辑操作符通常和条件语句一起使用，如表 11-17 所示。

表 11-17　逻辑运算操作符

操 作 符	含 义
!	取反
&&	逻辑与
||	逻辑或

11.7 循 环 语 句

循环语句是用来对循环语句内包含的一系列命令重复执行多次。通常应用于比较复杂的计算之中，往往通过循环语句把一个复杂化的问题变得简单易操作。因此其是一个用于提高效率的语句。在本章将对其主要类型进行介绍。

11.7.1　for 语句

（1）for 语句实现循环的一种格式如下。

```
for (expression1; expression2; expression3)
do
statements
done
```

上述格式中的 statements 表示执行部分。这种格式实现循环结构时，实现过程如下：

① for 语句执行 expression1 这个表达式，其功能是实现初始化。

② 判定 expression2 的逻辑值。如果为真则执行 statements，否则就跳出循环。在每次循环中都要对其进行判定。

③ 执行第三个表达式 expression3，为下次循环提供条件。每次循环中都要对其进行执行。

其语法规则与 C 语言中的 for 语句十分相似。读者可以参考使用。

（2）for 语句实现循环的另一种格式：

```
for <var>in<list>
do
statements
done
```

这种格式实现时，其实现过程为：

① 将列表 list 中的值依次赋给变量 var。每赋值一次就执行一次循环体中的 statements。

② 若列表中有 n 个值就循环 n 次。

这种格式也可写成如下：

```
for var in "$@"
do
statements
done
```

注意：$@提供传给 Shell 程序的一系列位置参数，全部参数排在一起。上述都是在 bash 环境中讨论的。在 tcsh 环境下，for 语句叫作 foreach。

11.7.2 while 循环语句

当指定的条件为真时，while 语句会循环执行循环体内的命令。一旦所指定的条件为假时，则立即终止循环。如果所指定的条件一开始就被判定为假，则一次都不执行循环。在使用 while 语句时，若所指定的条件永不为假，则循环就永不终止。读者在编写 Shell 程序时应注意这个问题，避免产生死循环现象。

（1）while 语句在 bash 环境中的使用格式。

```
while <condition>
do
statements
done
```

（2）while 语句在 tcsh 环境中的使用格式。

```
while (condition)
statements
end
```

下面是 5 个偶数相加的例子，利用如下的 bash 的 Shell 程序：

```
#! /bin/bash
count=0
result=0
while($count -lt 5)
do
   count='expr $count +1'
   inc='expr $count \*2'
   result='$result +$inc'
done
echo "result is $result"
```

上述例子在 tcsh 环境中实现同样的功能，可以改写成如下：

```
#! /bin/bash
set loopcount=0
set result=0
while($loopcount -lt 5)
set  loopcount='expr $loopcount +1'
  set  increment='expr $loopcount \*2'
  se t  result='$result +$incrment'
end
echo "result is $result"
```

11.7.3　until 语句

until 语句会根据指定的条件循环执行循环体中的命令，直到所指定的条件判定为真则终止循环。until 语句在 bash 环境中的格式如下：

```
until <condition>
do
statements
done
```

until 语句类似于 while 语句。只是其为当判定条件为真时，才终止循环。读者可参照 while 语句的用法，这里就不做过多的介绍。

11.7.4　repeat 语句

repeat 语句用于重复执行规定次数命令。例如，要连续显示数字“repeat”8 次可以执行如下命令：

```
repeat 8 echo 'repeat'
```

11.7.5　select 语句

当编写一个需要联机输入的 Shell 程序时，select 语句就可用来生成一个菜单列表。其格式如下：

```
select <item> in <itemlist>
do
statements
done
```

其中 itemlist 为可选。当编写者未给出 itemlist 时，系统将通过 item 中的项每次重复一个。当给出 temlist 时，系统会将 itemlist 列表中的当前值赋给 item，这样 item 就可用作所执行语句的一部分。

例如，编写一个提供用户选择 Continue 或 Finish 的选择菜单，则可编写 Shell 程序如下：

```
#! /bin/bash
select item in Continue Finish
do
   If($item ="Finish")
then
   break
   fi
done
```

运行该脚本，系统将向用户提供一个以数字标号的菜单：

- 表示 Continue。

- 表示 Finish。

当用户选择 1 时，变量 item 包含值 Continue。当用户选择 2 时，变量 item 包含值 Finish。用户选择 2 时，即执行 if 语句终止循环。

11.7.6 shift 语句

shift 语句用来处理位置参数并从左到右依次处理一个参数。位置参数是用$1、$2、$3 等来标识的。shift 命令的作用就是将每个位置参数向左移动一个位置使当前的参数丢失。shift 语句的格式如下：

```
shift num
```

参数 num 是可选的，用于指定移动的次数。其默认值为 1，即参数向左移动一个位置。若指定了这个参数则系统将使位置参数向左移动 num 个位子。在 Shell 程序中，shift 命令用于使用户能够在程序中传送不同的选项。

11.8 条 件 语 句

Shell 程序中所利用的条件语句是根据所指定的条件来确定执行程序的哪个部分。通俗地说就是当处理一件事情时，有多种可处理的方法，但是只能从可选择处理方法中选取一种作为最佳的方案。

11.8.1 if 语句

if 语句根据判定逻辑表达式来作出选择。其语法与 C 语言中的，if 语句用法基本相同。在 bash 环境中，此语句最基本的格式如下：

```
if <condition>
then
  statements1
else
  statements2
fi
```

上述表达式中，参数概念如下：

- <condition>为一个条件表达式，是一个逻辑值。
- Statements1、statements2 都为执行语句部分，由若干个命令组成。
- 当<condition>判定为真时，则执行 statements1，然后结束 if 语句并继续执行 if 后面的语句。
- 当<condition>判定为假时，则执行 statements1，然后结束 if 语句并继续执行 if 后面的语句。

if 语句是可以嵌套，即 if 语句内可以包含另一个 if 语句。其完整格式为：

```
if <condition1>
then
statements1
[elif <condition2>
then
statements2]
[elif <condition3>
then
statements3]
……
 [else
```

```
statements]
fi
```

上述格式中：

- 中括号中的内容为可选。
- elif 的含义为“else if”，这个语句可出现零次或多次。
- else 语句只能出现一次。
- Shell 依次判定 if 和 elif 后面的条件表达式，当条件为真时就依次执行相应的命令，然后结束 if 语句并继续执行后面的命令。
- 当 if 或 elif 后面的表达式有一个为假时，就从此处跳到 else 语句处开始执行。

例如，在下面的例子中变量 var 可以有两个值：Yes 和 No。任何其他的值都是无效值。程序如下：

```
if ($var="yes") then
   echo"value is yes"
elif ($var="No");then
     else
    echo"invalid value"
fi
```

11.8.2　case 语句

当 if 语句的出口分支比较多的时候，程序的可读性就会大大下降。为了提高可读性，就可以使用 case 语句来实现。

（1）bash 环境下，case 语句格式。

```
case <var> in
string1)
  statements1
;;
string2)
  statements2
;;
……
*)
statements
;;
esac
```

上述格式中：

- case 语句的执行过程为将变量 var 的内容依次与 string1、string2 等比较。一旦比较相等，则执行相应的命令，然后结束 case 语句。
- 对所指定的条件中的每个条件，执行全部关联的语句，直到双分号（;;）时终止。
- 对模式 string1、string2 等采用的规则与文件通配符相同。
- 如果前面的模式都没匹配上则匹配最后的“*”通配符。
- esac 为 case 语句的结束标志。

例如，给出月份数字作为参数，编写一个回送月份名的脚本。当所给出的数字不在 1 和 12 之间时，将得到出错消息。这个脚本如下：

```
Case $1 in
   01 | 1) echo "Month is january";;
```

```
02 | 2) echo "month is February";;
03 | 3) echo "Month is March";;
04 | 4) echo "Month is May";;
05 | 5) echo "Month is April";;
06 | 6) echo "Month is June";
07 | 7) echo "Month is July";;
08 | 8) echo"Month is August";;
09 | 9) echo Month is September";;
10) echo "Month is October";;
11) echo "Month is November";;
12) echo "Month is December";;
*) echo "arameter error";;
esac
```

（2）tcsh 环境下的 case 语句格式。

```
switch(string)
case str1|str2:
  statements
breaksw
case str3|sr4:
 statements
 breaksw
……
……
……
default:
statements
breaksw
endsw
```

可以对每个条件指定若干个离散值（如 str1、str2 等）或利用通配符指定值。当所有条件都不满足时，执行最后的 default 条件。当匹配某个条件时则执行该条件关联的全部命令，直到运行到 breaksw 为止。

本例在给出一个数字后即回送月份。前面已说明了有关 bash 的例子，有关 tcsh 的例子可以写成如下：

```
#! /bin/tcsh
Set month =5
  Switch ($month)
Case 1:
echo "Month is january"
breaksw
  Case 2:
echo "month is February"
breaksw
  Case 3:
 echo "Month is March"
breaksw
  Case 4:
echo "Month is May"
breaksw
  Case 5:
echo "Month is April"
breaksw
  Case 6:
 echo "Month is June"
```

```
breaksw
  Case 7:
echo "Month is July"
breaksw
  Case 8:
echo"Month is August"
breaksw
  Case 9:
echo Month is September"
breaksw
  Case 10:
 echo "Month is October"
 breaksw
  Case 11:
 echo "Month is November"
 breaksw
  Case 12:
 echo "Month is December"
    breaksw
  Default:
 echo "parameter error"
        breaksw
  endsw
```

在每个条件下利用 breaksw 终止语句，这点很重要，如果不这样做，那么还会执行下个条件之下的语句。

11.9 跳转语句

通过前面的学习，大家应该知道了 Shell 的基本编写方法及顺序、选择、循环的使用，在此还将讲解另外的两个特殊语句：

- break 语句。
- exit 语句。

11.9.1 break 语句

break 语句可以用来终止重复执行的循环。这种循环可以是 for、until 或 repeat 命令。下面讲解其格式用法：

（1）for+break

```
for curvar in list
do
statements
break
done
```

（2）until+break

```
until expression
do
statements
break
done
```

（3）repeat+break

```
repeat 80
echo '-'
break
```

11.9.2 exit 语句

exit 语句可以用来在执行 Shell 程序时退出程序。在 exit 之后可有选择地利用一个数字。其放置的位置和 break 相似，这里就不做过多的介绍。如果当前的 Shell 程序被另一个 Shell 程序调用，那么这个调用程序将检查代码并做出相应的判定。

11.10 函 数

和其他编程语言一样，Shell 程序也支持函数。函数是 Shell 程序中执行特殊过程的部件，并在 Shell 程序中可以被重复调用。编写函数将有助于使 Shell 程序更加简洁易懂。

（1）bash 环境中函数格式定义。

```
func(){
statements
}
```

（2）调用函数的格式。

```
func param1 param2 param3……
```

说明：参数 param1、param2 等为可选。还能把参数作为单字符串来传送，如$@。函数可解析参数，就如同其传送给 Shell 程序的位置参数一样。

下面是一个函数例子，在传送月份数字后显示月份名或出错消息。这是利用 bash 的例子。

```
Displaymonth(){
Case $1 in
   01 | 1) echo "Month is january";;
   02 | 2) echo "month is February";;
   03 | 3) echo "Month is March";;
   04 | 4) echo "Month is May";;
   05 | 5) echo "Month is April";;
   06 | 6) echo "Month is June";
   07 | 7) echo "Month is July";;
   08 | 8) echo"Month is August";;
   09 | 9) echo Month is September";;
   10) echo "Month is October";;
   11) echo "Month is November";;
   12) echo "Month is December";;
   *) echo "Invalid parameter";;
   Esac
}
Displaymonth 8
```

通过以上代码实现过程，可得如下结果：

```
Month is August
```

11.11　小　　结

在本章中，学习了如何编写 Shell 程序。Shell 程序可以用来编写执行简单任务的程序；如进入系统时设置一些别名，同时还可以用来编写执行复杂任务的程序，如定制 Shell 环境。Shell 变量是给定了名称并且可以被读写的主存单元。

有两种类型的 Shell 变量，分别为环境变量和用户自定义变量。环境变量由 Shell 在用户登录时进行初始化，并由 Shell 维护以提供一个好的工作环境。用户自定义变量在脚本里作为缓冲存储区使用以完成手头的任务。一些环境变量（如位置参数）是只读的，不能改变它们的值，除非使用 set 命令。使用 read-only 命令也可以把用户自定义变量置为只读。处理 Shell 变量的 Shell 命令有：set、env、export、read、readonly、test 等。

程序流控制语句 if、case、for、until、while、break 和 continue。输入/输出重定向也可以和控制流语句一起使用，就像可以和其他 Shell 命令一起使用一样。

Shell 没有内置进行数值型整型数据处理的功能，如算术、逻辑和移位操作。要对整型数据执行算术和逻辑操作，应该使用 expr 命令。

Shell 的 here 文档允许把脚本里命令的标准输入重定向到脚本里的数据。该特性的使用使得程序效率更高，因为它避免了打开和读取文件等额外的文件操作。

Shell 还允许用户编写忽略信号的程序。该特性可以使正在更新文件的程序不会被终止。使用 trap 命令可以利用该特性。

第12章 Linux下的编程

Linux的发行版中包含了很多软件开发工具，其中很多是用于C和C++、PHP、Perl等应用程序开发的。本章首先介绍在Linux下一些常见的开发工具，然后着重介绍Linux下C应用程序开发以及PHP网页开发、调试的工具等相关知识。

12.1 Linux下常用的开发工具

目前，Linux系统主要为用户提供了GCC、CVS、Perl等几种常用的开发工具，下面分别对其进行介绍。

12.1.1 GCC

目前，GCC（GNU Compiler Collection）是Linux社区最好的编译器。GCC也就是以前的GNU C编译器（GNU C Compiler），是由egcs筹划指导委员会维护，该委员会的目标是让GCC成为标准的C编译器。1999年，egcs和GCC工程合并为一个编辑器套装，同年10月发布GCC 2.95.2。GCC是一个编译器套装，其集成了C、C++、Objective C、Fortran、Java等语言编辑器，很快将Fortran和Pascal等编译器集成进来。GCC的不断发展完善使许多商业编译器都相形见绌，由于UNIX平台的高度可移植性，GCC提供各种常见的UNIX类平台上的版本，而且还提供了Win32和DOS上的GCC。Red Hat Enterprise Linux 6中使用的GCC版本为4.4.6。

12.1.2 CVS

CVS（Concurrent Versions System）是一个版本控制系统。在开放源代码开发社区中，用CVS来记录分布式开发者对源文件的修改，该系统可以记录版本变换、谁在何时修改了什么，并且能够从其管理的源文件堆里提取出某次修改时的版本。不但能够在单机上使用，而且CVS能够使许多人一起协同工作，对同一个工程进行操作。CVS的机制是这样的：CVS保留一份最初源文件的拷贝，这个拷贝称作“Repository（源代码档案库）”，此后，CVS控制源文件所有的处理，不再对最初的源文件进行处理。这样可以避免发布时开发者覆盖其他人改变的代码。

CVS是基于以前的RCS（Revision Control System，版本控制系统）上开发的，是目前诸多的开放源代码工程中最成功的工程之一。

12.1.3　Perl

Perl 是一种解释性高级程序语言，其汲取了 C 语言、sed、awk、UNIX Shell 等十多种工具以及语言中的精华，是目前最流行的 Web 应用软件和 CGI 脚本开发软件。用 Perl 编写的程序不用编译，其程序可直接运行，也可以很容易地整合到其他系统中，像 Apache Web 服务器。最重要的是它可以跨平台运行，同一 Perl 程序可以在 UNIX、Linux、Windows、MVS、VMS、DOS、Macintosh、OS/2 等操作系统上运行。

Perl 是一个供程序员免费使用的自由软件，而且 Perl 比 GNU、GPL 和 AL（Artiste License）更为开放。目前，Perl 已经受到很多程序开发人员的欢迎，如系统管理员、数据库开发人员、Web 开发人员等。目前全世界至少有 100 万以上的程序员在使用 Perl 来工作。

为了使全世界的 Perl 爱好者能够更好地共享 Perl 资源，Perl 爱好者成立了 CPAN 站点，在全世界有 100 多个镜像站点。CPAN 最大的特色在于提供了大量有关 Perl 的资源。它有两个大的目录，其一是“脚本”，在其里面又有分类，如与 Web 有关的脚本等；另一个是“模块”，这是个 Perl 标准程序，用户可以用这些模块来写 CGI 程序、图形程序、数据库或其他各种程序。用户可以在这个站点找到 Perl 的 FAQ，也可以找到 Perl 的语法、Perl 的入门指南。最重要的是这里提供了大量可以自由下载的 Perl 应用程序。这些应用程序都是即插即用的模块，并且都是可再次使用的源代码。

12.1.4　Linux 上的 Microsoft Visual Studio——Eclipse

Eclipse 是著名的跨平台的自由集成开发环境（IDE），它的界面如图 12-1 所示。其最初主要用来进行 Java 语言开发，但是随后亦有人通过外挂程序使其作为其他计算机语言比如 C++和 Python 的开发工具。Eclipse 最初由 IBM 公司开发，2001 年 11 月贡献给开源社区，现在它由非营利软体供应商联盟 Eclipse 基金会（Eclipse Foundation）管理。2010 年 6 月 23 日推出 3.6 版，Red Hat Enterprise Linux 6 中使用 Eclipse3.6.1。

Eclipse 本身只是一个框架平台，但是众多外挂程序的支持使得 Eclipse 拥有其他功能相对固定的 IDE 软件很难具有的灵活性。许多软件开发商亦以 Eclipse 为框架开发自己的 IDE。

Eclipse 的基础是富客户机平台（Rich Client Platform， RCP）。RCP 包括下列组件：

- 核心平台（启动 Eclipse，运行插件）。
- OSGi（标准集束框架）。
- SWT（可移植构件工具包）。
- JFace（文件缓冲、文本处理、文本编辑器）。
- Eclipse 工作台（即 Workbench，包含视图（views）、编辑器（editors）、视角（perspectives）和向导（wizards））。

Eclipse 的设计思想是：一切皆插件。Eclipse 核心很小，其他所有功能都以插件的形式附加于 Eclipse 核心之上。Eclipse 基本内核包括：图形 API（SWT/Jface），Java 开发环境插件（JDT），插件开发环境（PDE）等。

Eclipse 的插件机制是轻型软件组件化架构。在富客户机平台上，Eclipse 使用插件来提供所有的附加功能，如支持 Java 以外的其他语言。已有的分离的插件已经能够支持 C/C++（CDT）、Perl、Ruby、Python、telnet 和数据库开发。插件架构能够支持将任意的扩展加入到现有环境中，如配置管理，而不仅仅限于支持各种编程语言。

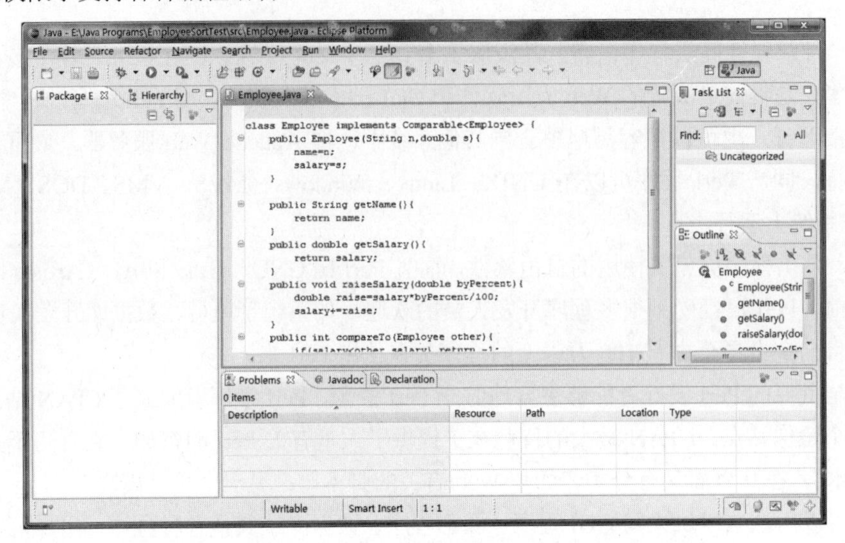

图 12-1 Eclipse 界面

12.2 Linux 下的 Vi 文本编辑器

文本编辑器是所有计算机系统中最常使用的一种工具。用户在使用计算机时，往往需要建立自己的文件，无论是一般的文本文件、数据文件，还是编写的源程序文件，这些工作都离不开编辑器。

Linux 系统提供了一个完整的编辑器家族系列，如 Ed、Ex、Vi 和 Emacs 等，按功能可以将其分为两大类：行编辑器（Ed、Ex）和全屏幕编辑器（Vi、Emacs）。行编辑器每次只能对一行进行操作，使用起来很不方便。而全屏幕编辑器可以对整个屏幕进行编辑，用户编辑的文件直接显示在屏幕上，修改的结果可以立即看出来，克服了行编辑器那种不直观的操作方式，便于用户学习和使用，具有强大的功能。本节将介绍使用 Vi 编辑器进行 Linux 下的编程。

12.2.1 Vi 编辑器介绍

Vi 是 Linux 系统的第一个全屏幕交互式编辑程序，从诞生至今该编辑器一直得到广大用户的青睐，历经数十年仍然是人们主要使用的文本编辑工具，足见其生命力之强大，而强大的生命力是其强大的功能带来的。Vi 是“Visual interface”的简称，它在 Linux 上的地位就仿佛 Edit 程序在 DOS 上一样。其可以执行输出、删除、查找、替换、块操作等众多文本操作，而且用户可以根据自己的需要对其进行定制，这是其他编辑程序所没有的。

Vi 不是一个排版程序，不像 Word 或 WPS 那样可以对字体、格式、段落等其他属性进行编排，其只是一个文本编辑程序。Vi 没有菜单，只有命令，且命令繁多。Vi 有 3 种基本工作模式：命令行模式、文本输入模式和末行模式。

1．命令行模式

任何时候，不管用户处于何种模式，只要按一下键，即可使 Vi 进入命令行模式；用户在 Shell 环境下输入启动 Vi 命令，进入编辑器时，也是处于该模式下。

在该模式下，用户可以输入各种合法的 Vi 命令，用于管理自己的文档。此时从键盘上输入的任何字符都被当做编辑命令来解释，若输入的字符是合法的 Vi 命令，则 Vi 在接受用户命令之后完成相应的动作。但要注意的是，所输入的命令并不在屏幕上显示出来。若输入的字符不是 Vi 的合法命令，Vi 会响铃提示用户。

2. 文本输入模式

在命令模式下输入插入命令 i、附加命令 a、打开命令 o、修改命令 c、取代命令 r 或替换命令 s 都可以进入文本输入模式。在该模式下，用户输入的任何字符都被 Vi 当做文件内容保存起来，并将其显示在屏幕上。在文本输入过程中，若想回到命令模式下，按“Esc”键即可。

3. 末行模式

末行模式也称 ex 转义模式。Vi 和 Ex 编辑器的功能是相同的，二者主要区别是用户界面。在 Vi 中，命令通常是单个键，如 i、a、o 等；而在 Ex 中，命令是以按回车键结束的正文行。Vi 有一个专门的“转义”命令，可访问很多面向行的 Ex 命令。在命令模式下，用户按“:”键即可进入末行模式下，此时 Vi 会在显示窗口的最后一行（通常也是屏幕的最后一行）显示一个“:”作为末行模式的提示符，等待用户输入命令。多数文件管理命令都是在此模式下执行的（如把编辑缓冲区的内容写到文件中等）。末行命令执行完后，Vi 自动回到命令模式。若在末行模式下输入命令过程中改变了主意，可按退格键将输入的命令全部删除之后，再按一下退格键，即可使 Vi 回到命令模式下。

Vi 编辑器的 3 种工作模式之间的转换关系如下：

- 如果要从命令模式转换到编辑模式，可以输入命令 a 或者 i。
- 如果需要从文本模式返回，则按“Esc”键即可。在命令模式下输入“：”即可切换到末行模式，然后输入命令。

12.2.2　启动 Vi 编辑器

使用 Vi 进行编辑工作的第一步是进入编辑界面，Linux 提供的进入 Vi 编辑器界面的命令如表 12-1 所示。

表 12-1　进入 Vi 命令

命　令	说　明
vi filename	打开或新建文件，并将光标置于第一行首
vi +n filename	打开文件，并将光标置于第 n 行首
vi + filename	打开文件，并将光标置于最后一行首
vi +/pattern filename	打开文件，并将光标置于第一个与 pattern 匹配的串处
vi -r filename	在上次正用 vi 编辑时发生系统崩溃，恢复 filename
vi filename1....filenamen	打开多个文件，依次进行编辑

注意：如果 Vi 命令中与 filename 所对应的磁盘文件不存在，那么系统将生成一个名为 filename 的新文件供编辑。

下面给出使用上述命令的几个例子：

```
//打开 test.c 文件，进行编辑，该文件本来不存在
```

```
#vi test.c
//输入如下几行
#include <stdio.h>
#include <string.h>
int main()
{
 printf("this is a test\n");
 return 0;
}

//打开上述创建的test.c源文件，并且将光标置于第5行首，也就是printf所在行首
#vi +5 test.c

//再次打开上述test.c文件，将光标置于第一个与int匹配的串处，也就是第3行
#vi +/int test.c

//同时打开系统中的test.c，job.i文件进行编辑
#vi test.c job.i
```

12.2.3 显示 Vi 中的行号

Vi 中的许多命令都要用到行号及行数等数值。若编辑的文件较大时，自己去数是非常不方便的。为此 Vi 提供了给文本加行号的功能。这些行号显示在屏幕的左边，而相应行的内容则显示在行号之后。使用的命令为：在末行方式下输入命令：

```
:se nu
```

注意：这里加的行号只是显示给用户看的，它们并不是文件内容的一部分。

在一个较大的文件中，用户可能需要了解光标所在的当前行是哪一行，在文件中处于什么位置，可在命令模式下用组合键，此时 Vi 会在显示窗口的最后一行显示出相应信息。该命令可以在任何时候使用。

下面给出使用该命令的例子：

```
//使用Vi命令打开文件test.c
#vi test.c

//在末行方式下输入命令:set number，结果如下
1 #include <stdio.h>
2 #include <string.h>
3 int main()
4 {
5        printf("this is a test\n");
6        return 0;
7 }
```

在末行方式下，我们可以输入命令 se nu（set number 的缩写）来获得光标当前行的行号与该行内容。

12.2.4 光标移动操作

全屏幕文本编辑器中，光标的移动操作无疑是最经常使用的操作了。用户只有熟练地使用移动光标的这些命令，才能迅速准确地到达所期望的位置处进行编辑。

Vi 中的光标移动既可以在命令模式下，也可以在文本输入模式下，但操作的方法不尽相同。在文本输入模式下，可直接使用键盘上的 4 个方向键移动光标。

在命令模式下，有很多移动光标的方法。不但可以使用 4 个方向键来移动光标，还可以用 h、j、k、l 这 4 个键代替 4 个方向键来移动光标，这样可以避免由于不同机器上的不同键盘定义所带来的矛盾，而且使用熟练后可以手不离开字母键盘位置就能完成所有操作，从而提高工作效率。命令前面加上数字 n，则表示光标下移 n 行。

Vi 除了可以用向下键将光标下移外，还可以用数字和“+”键组合将光标下移一行或 n 行（不包括本行在内），但此时光标下移之后将位于该行的第一个字符处。例如：

- 3j：光标下移 3 行，且光标所在列的位置不变。
- 3+或 3：光标下移 3 行，且光标位于该行的行首。

执行一次向上键光标向上移动一个位置（即一行），但光标所在的列不变。同样在这些命令前面加上数字 n，则光标上移 n 行。

若希望光标上移之后，光标位于该行的行首，则可以使用命令“-”。

另外，还有如下的光标操作命令。

- L（移至行首）：L 命令是将光标移到当前行的开头，即将光标移至当前行的第一个非空白处（非制表符或非空格符）。
- $（移至行尾）：该命令将光标移到当前行的行尾，停在最后一个字符上。若在$命令之前加上一个数字 n，则光标下移 n-1 行并到达行尾。
- [行号] G（移至指定行）：该命令将光标移至指定行号所指定的行的行首。这种移动称为绝对定位移动。

12.2.5　屏幕命令

屏幕命令是以屏幕为单位移动光标的，常用于文件的滚屏和分页。须要注意的是，屏幕命令不是光标移动命令，不能作为文本限定符用于删除命令中。在命令模式下和文本输入模式下均可以使用屏幕滚动命令。

1．滚屏命令

关于滚屏命令有下面两个。

- “Ctrl+U”组合键：将屏幕向前（文件头方向）翻滚半屏。
- “Ctrl+D”组合键：将屏幕向后（文件尾方向）翻滚半屏。

可以在这两个命令之前加上一个数字 n，则屏幕向前或向后翻滚 n 行。并且这个值被系统记住，以后再用“Ctrl+U”组合键和“Ctrl+D”组合键滚屏时，将仍然翻滚相应的行数。

2．分页命令

关于分页命令也有两个：

- “Ctrl+F”组合键：将屏幕向文件尾方向翻滚一整屏（即一页）。
- “Ctrl+B”组合键：将屏幕向文件首方向翻滚一整屏（即一页）。

同样也可以在这两个命令之前加上一个数字 n，则屏幕向前或向后移动 n 页。

3. 状态命令

命令显示在 vi 状态行上的 vi 状态信息，包括正在编辑的文件名、是否修改过、当前行号、文件的行数以及光标之前的行占整个文件的百分比。使用“Ctrl+G”组合键。

4. 屏幕调零命令

Vi 提供了 3 个有关屏幕调零的命令。它们的格式分别为：

- [行号] z [行数] <回车>
- [行号] z [行数] .
- [行号] z [行数] _

若省略了行号和行数，这 3 个命令分别为将光标所在的当前行作为屏幕的首行、中间行和最末行重新显示；若给出行号，那么该行号所对应的行就作为当前行显示在屏幕的首行、中间行和最末行；若给出行数，则它规定了在屏幕上显示的行数。下面是一些使用屏幕调零的例子。

- 8z16<回车>：将文件中的第 8 行作为屏幕显示的首行，并一共显示 16 行。
- 15z .：将文件中的第 15 行作为屏幕显示的中间行，显示行数为整屏。
- 15z 5_：将文件中的第 15 行作为屏幕显示的最末行，显示行数为 5 行。

12.2.6 文本插入命令

在命令模式下用户输入的任何字符都被 Vi 当作命令加以解释执行，如果用户要将输入的字符当作是文本内容时，则首先应将 Vi 的工作模式从命令模式切换到文本输入模式。Vi 提供了两个插入命令：i 和 I。

1. i 命令

插入文本从光标所在位置前开始，并且插入过程中可以使用键删除错误的输入。此时 Vi 处于插入状态，屏幕最下行显示“--INSERT—”（插入）字样。举下面的例子来进行说明。

```
//有一正在编辑的文件，如下所示
This is a test!Go on!
//光标位于第一个“!”上，需在其前面插入：This is added by me!
//使用 i 命令，并输入相应文本后，屏幕显示如下：
This is a test This is added by me!!Go on!
```

由此例可以看到，光标本来是在第一个“!”处，但是由于是从光标所在位置前开始插入，所以这个“!”就被挤到了新插入的文本之后。

2. I 命令

该命令是将光标移到当前行的行首，然后在其前插入文本。

12.2.7 附加（append）命令

Vi 提供了两个附加插入命令：a 和 A。

1. a 命令

该命令用于在光标当前所在位置之后追加新文本。新输入的文本放在光标之后，在光标后的原文本将相应地向后移动。光标可在一行的任何位置。下面给出一个使用该命令的例子：

```
//使用 a 命令，并输入相应文本，屏幕显示如下（原始文本内容为：This is a test!）
```

```
This is a test!Go on!Come on!
```

本例中光标后的文本“Come on!”被新输入的文本挤到了后面。

2. A 命令

该命令与 a 命令不同的是，A 命令将把光标挪到所在行的行尾，从那里开始插入新文本。当输入 A 命令后，光标自动移到该行的行尾。

注意：a 和 A 命令是把文本插入到行尾的唯一方法。

12.2.8　打开（open）命令

不论是 insert 命令，还是 append 命令，所插入的内容都是从当前行中的某个位置开始的。若我们希望在某行之前或某行之后插入一些新行，则应使用 open 命令。Vi 提供了两个打开命令：o 和 O。

1. o 命令

该命令将在光标所在行的下面新开一行，并将光标置于该行的行首，等待输入文本。要注意，当使用删除字符时只能删除从插入模式开始的位置以后的字符，对于以前的字符不起作用。而且还可以在文本输入方式下输入一些控制字符。例如，“Ctrl+L”组合键即是插入分页符，显示为^L。

2. O 命令

和 o 命令相反，O 命令是在光标所在行的上面插入一行，并将光标置于该行的行首，等待输入文本。

12.2.9　文本修改命令

在命令模式下可以使用 Vi 提供的各种有关命令对文本进行修改，包括对文本内容的删除、复制、取代和替换等。

1. 文本删除

在编辑文本时，经常需要删除一些不需要的文本，我们可以用键将输错或不需要的文本删除，但此时有一个限制就是当删到行头之后，再想删上面那行的内容是不可能的。在命令模式下，Vi 提供了许多删除命令。这些命令大多是以 d 开头的。常用的删除单个字符的命令如表 12-2 所示。

表 12-2　删除命令

命　令	含　义
x	删除光标处的字符。若在 x 之前加上一个数字 n，则删除从光标所在位置开始向右的 n 个字符
X	删除光标前面的那个字符。若在 X 之前加上一个数字 n，则删除从光标前面那个字符开始向左的 n 个字符
dd	删除光标所在的整行。在 dd 前可加上一个数字 n，表示删除当前行及其后 n-1 行的内容
D 或 d$	两命令功能一样，都是删除从光标所在处开始到行尾的内容
d0	删除从光标前一个字符开始到行首的内容
dw	删除一个单词。若光标处在某个词的中间，则从光标所在位置开始删至词尾。同 dd 命令一样，可在 dw 之前加一个数字 n，表示删除 n 个指定的单词

如果用户不小心进行了误删除操作，也不要紧，Vi 提供了恢复误操作的命令，并且可以将恢复

的内容移动，放在文本的任何地方。恢复命令用 np，其中 n 为寄存器号。这是因为 Vi 内部有 9 个用于维护删除操作的寄存器，分别用数字 1、2、¼、9 表示，它们分别保存以往用 dd 命令删除的内容。这些寄存器组成一个队列，如最近一次使用 dd 命令删除的内容被放到寄存器 1 中；当下次再使用 dd 命令删除文本内容时，Vi 将把寄存器 1 的内容转存到寄存器 2 中，而寄存器 1 中又将是最近一次 dd 命令删除的内容。以此类推，Vi 可以保存有最近 9 次用 dd 命令删除的内容，而前面的用 dd 命令删除的内容则被抛弃。

下面给出一个使用上述命令的例子：

```
//假设当前编辑文件为 xu.c
/* this is a example */
#include
int main( )
{
int i,j ;
printf( " please input a number : / n " );
scanf (" % d " ,  &i );
j = i + 100 ;
printf ( " /n j = % d /n " ,  j );
return 0;
}
```

对其进行如下操作：

首先，将光标移至文件第一行，按 dd 命令，此时文件第一行的内容被删除，且被删除的内容保存在寄存器 1 中；

然后，按 5j 使光标下移至第一个 printf 语句行；

最后，按 dd 命令将该行删除，此时寄存器 1 中将保存刚刚被删除的内容：

```
printf (" please input a number :\ n " );
```

而寄存器 1 原有的内容：

```
/* this is a example */
```

则被保存到寄存器 2 中。

在最末行模式下，也可以对文件内容进行删除，但其只能删除整行，一次可将某个指定范围内（起始行号，终止行号）的所有行全部删除。

注意：用此种方法进行删除时，Vi 并不把所删内容放入寄存器中，因而当发生误删除操作时，只能用 u 命令进行有限的恢复。

2．取消上一命令（Undo）

取消上一命令（Undo），也称复原命令，是非常有用的命令，使用其可以取消前一次的误操作或不合适的操作对文件造成的影响，使之回复到这种误操作或不合适操作被执行之前的状态。

取消上一命令有两种形式，在命令模式下键入字符 u 和 U。它们的功能都是取消刚才输入的命令，恢复到原来的情况。小写 u 和大写 U 在具体细节上有所不同，二者的区别在于：大写 U 命令的功能是恢复到误操作命令前的情况，即如果插入命令后使用 U 命令，就删除刚刚插入的内容；如果删除命令后使用 U 命令，就相当于在光标处又插入刚刚删除的内容。这里把所有修改文本的命令都视为插入命令。也就是说，U 命令只能取消前一步操作，如果用 U 命令撤销了前一步操作，当再按 U 键时，并不是取消再前一步的操作，而是取消了刚才 U 命令执行的操作，也就是又恢复到第一次使用 U 命令之前的状态，结果是什么都没做。而小写 u 命令的功能是把当前行恢复成被编辑前的状态，而不管此行被编辑了多少次。

下面给出一个例子，原来屏幕显示内容为：

```
#include
void main ()
{
}
```

在命令模式下输入命令 o，插入一新行，输入需要插入的内容后再按回到命令模式，屏幕显示内容为：

```
#include
void main ()
{
printf ("this is a test\n");
}
```

若想取消这一插入操作，请按命令 U 后，屏幕恢复到原来显示的情况。

注意：对于取消命令仍可以再使用取消命令。这时会产生一种“负负得正”的效果，文件状态将恢复到第一次执行取消命令之前的状态，如同没做任何操作一般。例如，在上例中，再使用一次命令 U，屏幕显示的内容仍为插入后的内容。

3. 重复命令（Redo）

重复命令也是一个非常常用的命令。在文本编辑中经常会碰到需要机械地重复一些操作，这时就要用到重复命令。它可以让用户方便地再执行一次前面刚完成的某个复杂的命令。重复命令只能在命令模式下工作，在该模式下按“.”键既可。执行一个重复命令时，其结果是依赖于光标当前位置的。下面是一个实际的例子，屏幕显示内容为：

```
#include
main ( )
{
}
```

输入命令 o，并输入一行内容后，再按“Esc”键返回命令模式下，屏幕显示内容为：

```
#include
main ( )
{
printf ("this is a test\n");
}
此时输入命令".", 屏幕显示内容为:
#include
main ( )
{
printf ("this is a test\n");
printf ("this is a test\n");
```

12.2.10 退出 Vi

当编辑完文件，准备退出 Vi 返回到 Shell 时，可以使用以下几种方法之一：

在命令模式中，连按两次大写字母 Z，若当前编辑的文件曾被修改过，则 Vi 保存该文件后退出，返回 shell；若当前编辑的文件没被修改过，则 Vi 直接退出，返回到 Shell。

在末行模式下，输入命令:w。Vi 保存当前编辑文件，但并不退出，而是继续等待用户输入命令。在使用 w 命令时，可以再给编辑文件起一个新的文件名。如下所示：

```
:w newfile
```

此时 Vi 将把当前文件的内容保存到指定的 newfile 中，而原有文件保持不变。若 newfile 是一个已存在的文件，则 Vi 在显示窗口的状态行给出提示信息：

```
File exists (use ! to override)
```

此时，若用户真的希望用文件的当前内容替换 newfile 中原有内容，可使用命令：w! newfile，否则可选择另外的文件名来保存当前文件。

在末行模式下，输入命令：q，系统退出 Vi 返回到 Shell。若在用此命令退出 Vi 时，编辑文件没有被保存，则 Vi 在显示窗口的最末行显示如下信息：No write since last change（use ! to overrides），提示用户该文件被修改后没有保存，然后 Vi 并不退出，继续等待用户命令。若用户就是不想保存被修改后的文件而要强行退出 Vi 时，可使用命令:q!，Vi 放弃所作修改而直接退到 Shell 下。

在末行模式下，输入命令:wq。Vi 将先保存文件，然后退出 Vi 返回到 Shell。

在末行模式下，输入命令:x。该命令的功能与命令模式下的 ZZ 命令功能相同。

12.3 Linux 的 C 编译器——GCC

C 语言是 1972 年由美国的 Dennis Ritchie 设计发明的，并首次在 UNIX 操作系统的 DEC PDP-11 计算机上使用。它是由早期的编程语言 BCPL（Basic Combind Programming Language）发展演变而来的。C 语言发展非常迅速，而且成为最受欢迎的语言之一，主要因为其具有强大的功能，时至今日 C 语言仍然在世界编程语言排行榜中排在前三名之内。许多著名的系统软件，如 DBASE Ⅲ PLUS、DBASE Ⅳ以及本书所介绍的 Linux 操作系统都是由 C 语言编写的。

GCC（GNU C Compiler）是 GNU 推出的功能强大、性能优越的多平台编译器，是 GNU 的代表作品之一。GCC 是可以在多种硬件平台上编译出可执行程序的超级编译器，其执行效率与一般的编译器相比平均效率要高 20%~30%。GCC 编译器能将 C、C++语言源程序、汇编程序和目标程序编译、连接成可执行文件，如果没有给出可执行文件的名字，GCC 将生成一个名为 a.out 的文件。在 Linux 系统中，可执行文件没有统一的后缀，系统从文件的属性来区分可执行文件和不可执行文件。而 gcc 则通过扩展名来区别输入文件的类别，下面介绍 gcc 所遵循的部分约定规则，如表 12-3 所示。

表 12-3 文件扩展名

扩展名	类　型
.c	C 语言源代码文件
.a	是由目标文件构成的档案库文件

续表

扩展名	类　型
.C，.cc 或.cxx	是 C++源代码文件
.h	是程序所包含的头文件
.i	是已经预处理过的 C 源代码文件
.ii	是已经预处理过的 C++源代码文件
.m	是 Objective-C 源代码文件
.o	是编译后的目标文件
.s	是汇编语言源代码文件
.S	是经过预编译的汇编语言源代码文件

GCC 软件在 Red Hat Enterprise Linux 6 系统安装时已经自带了，因为即使是操作系统自身的编译，也需要通过该编译器来实现。下面将对该编译器的使用作简单的介绍，一些具体的情况，读者可以参看相关的 Linux 的 C 编程书籍。

12.3.1　GCC 的编译过程

GCC 在执行编译工作的时候，总共需要如下 4 个步骤：

（1）预处理，生成.i 的文件[预处理器 cpp]。

（2）将预处理后的文件转换成汇编语言，生成文件.s[编译器 egcs]。

（3）由汇编变为目标代码（机器代码）生成.o 的文件[汇编器 as]。

（4）连接目标代码，生成可执行程序[链接器 ld]。

12.3.2　GCC 的基本用法和常用选项

通常后跟一些选项和文件名来使用 GCC 编译器。gcc 命令的基本用法如下：

```
gcc [options] [filenames]
```

该编译器具有如下几类选项。

（1）编译选项：GCC 有超过 100 个的编译选项可用。具体的可以使用命令 man gcc 查看。

（2）优化选项：用 GCC 编译 C/C++代码时，其会试着用最少的时间完成编译并且编译后的代码易于调试。易于调试意味着编译后的代码与源代码有同样的执行顺序，编译后的代码没有经过优化。有很多的选项可以告诉 GCC 在耗费更多编译时间和牺牲易调试性的基础上产生更小更快的可执行文件。这些选项中最典型的就是-O 和-O2。-O 选项告诉 GCC 对源代码进行基本优化。-O2 选项告诉 GCC 产生尽可能小的和尽可能快的代码。还有一些很特殊的选项可以通过 man gcc 查看。

（3）调试和剖析选项：GCC 支持数种调试剖析选项。在这些选项中最常用的是-g 和-pgo。-g 选项告诉 GCC 产生能被 GNU 调试器（如 gdb，它是 GNU 开源组织发布的一个强大的 UNIX 下的程序调试工具，下面会对该调试工具作详细介绍）使用的调试信息，以便调试用户的程序。-pg 选项告诉 GCC 在用户的程序中加入额外的代码，执行时，产生 gprof 用的剖析信息以显示程序的耗时情况。

有许多选项可用于 GNU C/C++编译器，其中许多选项适用于在其他 UNIX 系统上的 C 和 C++编译器。要想获得有关选项的完整列表和说明，可以查阅 GCC 的联机手册或 CD-ROM 上的信息文件。

下面给出一些实践过程中经常使用的编译选项，如表 12-4 所示，假设假设源程序文件名为 example.c。

表 12-4　GCC 常用编译选项

选　项	示　例	含　义
无选项编译链接	#gcc example.c	将 example.c 预处理、汇编、编译并链接形成可执行文件。这里未指定输出文件，默认输出为 a.out
-o	#gcc example.c -o example	-o 选项用来指定输出文件的文件名。将 example.c 预处理、汇编、编译并链接形成可执行文件 example
-E	#gcc -E example.c -o example.i	将 example.c 预处理输出 example.i 文件
-S	#gcc -S example.i	将预处理输出文件 example.i 汇编成 example.s 文件
-c	#gcc -c example.s	将汇编输出文件 example.s 编译输出 example.o 文件
-O	#gcc -O1 example.c -o example	使用编译优化级别 1 编译程序。级别为 1~3，级别越大优化效果越好，但编译时间越长

下面通过实例来介绍 GCC 中一些参数的使用情况：

程序清单 1：hello.c

```
#include <stdio.h>
int main(void)
{
    printf ("Hello World!\n");
    return 0;
}
```

执行下面的命令编译这段程序：

```
# gcc hello.c -o hello
```

执行下面的命令运行这段程序：

```
# ./hello
```

输出结果如下：

```
Hello World!
```

若想更好地理解 GCC 的工作过程，可以分步骤进行编译链接，这样就可以很好地观察每步的运行结果。

第一步是进行预编译，使用-E 参数可以让 GCC 在预处理结束后停止编译过程：

```
# gcc -E hello.c -o hello.i
```

此时若查看 hello.i 文件中的内容，会发现 stdio.h 的内容确实都插到文件里去了，而其他应当被预处理的宏定义也都做了相应的处理。

```
#cat hello.i
……//以上省略
extern char *ctermid (char *__s) __attribute__ ((__nothrow__));
# 814 "/usr/include/stdio.h" 3 4
extern void flockfile (FILE *__stream) __attribute__ ((__nothrow__));
extern int ftrylockfile (FILE *__stream) __attribute__ ((__nothrow__)) ;
extern void funlockfile (FILE *__stream) __attribute__ ((__nothrow__));
# 844 "/usr/include/stdio.h" 3 4
# 2 "hello.c" 2
```

```
int main(void)
{
 printf("Hello Word!\n");
return 0;
}
```

第二步是将 hello.i 编译为目标代码，这可以通过使用-c 参数来完成：

```
# gcc -c hello.i -o hello.o
```

GCC 默认将.i 文件看成是预处理后的 C 语言源代码，因此上述命令将自动跳过预处理步骤而开始执行编译过程，也可以使用-x 参数让 GCC 从指定的步骤开始编译。

最后一步是将生成的目标文件连接成可执行文件：

```
# gcc hello.o -o hello
```

GCC 包含完整的出错检查和警告提示功能，它们可以帮助 Linux 程序员写出更加专业和优美的代码。先来读读清单 2 所示的程序，这段代码这段代码故意写错了几行：

- main 函数的返回值被声明为 void，但实际上应该是 int；
- 使用了 GNU 语法扩展，即使用 long long 来声明 64 位整数，不符合 ANSI/ISO C 语言标准；
- main 函数在终止前没有使用变量 num。

程序清单 2：hello.c

```
#include <stdio.h>
void main(void)
{
long long int num=1;
printf ("Hello world!\n");
return 0;
}
```

下面来看看 GCC 是如何帮助程序员来发现这些错误的。当 GCC 在编译不符合 ANSI/ISO C 语言标准的源代码时，如果加上了-pedantic 选项，那么使用了扩展语法的地方将产生相应的警告信息：

```
# gcc -pedantic hello.c -o hello
hello.c: In function 'main':
hello.c:4: 警告: ISO C90 不支持 'long long'
hello.c:6: 警告: 在无返回值的函数中，'return' 带返回值
hello.c:3: 警告: 'main' 的返回类型不是 'int'
```

但是-pedantic 编译选项并不能保证被编译程序与 ANSI/ISO C 标准的完全兼容，它仅仅只能用来帮助 Linux 程序员离这个目标越来越近。或者换句话说，-pedantic 选项能够帮助程序员发现一些不符合 ANSI/ISO C 标准的代码，但不是全部，事实上只有 ANSI/ISO C 语言标准中要求进行编译器诊断的那些情况，才有可能被 GCC 发现并提出警告。

除了-pedantic 之外，GCC 还有一些其他编译选项也能够产生有用的警告信息。这些选项大多以-W 开头，比如-Wall。

对 Linux 程序员来讲，GCC 给出的警告信息是很有价值的，它们不仅可以帮助程序员写出更加健壮的程序，而且还是跟踪和调试程序的有力工具。建议在用 GCC 编译源代码时始终带上-Wall 选项，并把它逐渐培养成为一种习惯，这对找出常见的隐式编程错误很有帮助。

12.4 小　结

本章主要介绍在 Linux 下编程的相关知识，包括常用的开发工具、文本编辑器、C 编译器。用户通过学习这些知识，可以很快地上手，在 Linux 环境下进行应用程序的开发工作。

第 13 章 Linux 中的进程管理

Linux 是一个多用户、多任务的操作系统。在这样的系统中，各种计算机资源（如文件、内存、CPU 等）的分配和管理都以进程为单位。为了协调多个进程对这些共享资源的访问，操作系统要跟踪所有进程的活动，以及它们对系统资源的使用情况，从而实施对进程和资源的动态管理。本章将对 Linux 的进程管理做详细的介绍。

13.1 Linux 进程概述

程序是存储在磁盘上包含可执行机器指令和数据的静态实体，而进程是在操作系统中执行的特定任务的动态实体。Linux 系统中的几乎任何行动都是以进程的形式进行，Linux 系统中的每个运行中的程序至少由一个进程组成。每个进程与其他进程都是彼此独立的，都有自己独立的权限与职责。一个用户的应用程序不会干扰到其他用户的程序或者操作系统本身。

Linux 操作系统包括如下 3 种不同类型的进程，每种进程都有其自己的特点和属性。

- 交互进程：由一个 Shell 启动的进程。交互进程既可以在前台运行，也可以在后台运行。
- 批处理进程：这种进程和终端没有联系，是一个进程序列。
- 守护进程：Linux 系统启动时启动的进程，并在后台运行。

上述 3 种进程各有各的作用，使用场合也有所不同。

13.2 Linux 进程原理

为了更好地对 Linux 系统的进程进行高效、有针对性地管理，需要对进程的基本原理有所了解，本节将介绍 Linux 系统中进程的状态以及基本的工作模式。

13.2.1 Linux 进程的状态

通常在操作系统中，进程至少要有 3 种基本状态，分别为：运行态、就绪态和封锁态（或阻塞态）。

运行状态是指当前进程已分配到 CPU，它的程序正在处理器上执行时的状态。处于这种状态的进程个数不能大于 CPU 的数目。在一般单 CPU 机制中，任何时刻处于运行状态的进程至多有一个。

就绪状态是指进程已具备运行条件，但因为其他进程正占用 CPU，所以暂时不能运行而等待分配 CPU 的状态。一旦把 CPU 分给它，立即就可运行。在操作系统中，处于就绪状态的进程数目可以是多个。

封锁状态是指进程因等待某种事件发生（如等待某一输入、输出操作完成，等待其他进程发来的信号等）而暂时不能运行的状态。也就是说，处于封锁状态的进程尚不具备运行条件，即使 CPU 空闲，它也无法使用。这种状态有时也称为不可运行状态或挂起状态。系统中处于这种状态的进程也可以是多个的。

进程的状态可依据一定的条件和原因而变化。一个运行的进程可因某种条件未满足而放弃 CPU，变为封锁状态；以后条件得到满足时，又变成就绪态；仅当 CPU 被释放时才从就绪态进程中挑选一个合适的进程去运行，被选中的进程从就绪态变为运行态。挑选进程、分配 CPU 这个工作是由进程调度程序完成的。另外，在 Linux 系统中，进程（Process）和任务（Task）是同一个意思。

在 Linux 系统中，进程主要有以下几个状态。

- 运行态（TASK_RUNNING）：此时，进程正在运行（即系统的当前进程）或者准备运行（即就绪态）。
- 等待态：此时进程在等待一个事件的发生或某种系统资源。Linux 系统分为两种等待进程：可中断的（TASK_INTERRUPTIBLE）和不可中断的（TASK_UNINTERRUPTIBLE）。可中断的等待进程可以被某一信号（Signal）中断；而不可中断的等待进程不受信号的打扰，将一直等待硬件状态的改变。
- 停止态（TASK_STOPPED）：进程被停止，通常是通过接收一个信号。正在被调试的进程可能处于停止状态。
- 僵死态（TASK_ZOMBIE）：由于某些原因被终止的进程，但是该进程的控制结构 task_struct 仍然保留着。

13.2.2 Linux 进程工作模式

在 Linux 系统中，进程的执行模式划分为用户模式和内核模式。如果当前运行的是用户程序、应用程序或者内核之外的系统程序，那么对应进程就在用户模式下运行；如果在用户程序执行过程中出现系统调用或者发生中断事件，就要运行操作系统（即核心）程序，进程模式就变成内核模式。在内核模式下运行的进程可以执行机器的特权指令；而且，此时该进程的运行不受用户的干预，即使是 root 用户也不能干预内核模式下进程的运行。

按照进程的功能和运行的程序分类，进程可划分为两大类：一类是系统进程，只运行在内核模式，执行操作系统代码，完成一些管理性的工作，如内存分配和进程切换；另一类是用户进程，通常在用户模式中执行，并通过系统调用或在出现中断、异常时进入内核模式。用户进程既可以在用户模式下运行，也可以在内核模式下运行。

13.3 Linux 守护进程介绍

如上所述，守护进程是 Linux 系统三大进程之一，而且是系统中比较重要的一种，该进程可以完成很多工作，包括系统管理以及网络服务等，下面就对这些守护进程进行介绍。

13.3.1　守护进程简介

守护进程（Daemon，也称为精灵进程）是指在后台运行而又没有终端或登录 Shell 与之结合在一起的进程。守护进程经常在程序启动时开始运行，在系统结束时停止。这些进程没有控制终端，所以称为在后台运行。Linux 系统有许多标准的守护进程，其中一些周期性地运行来完成特定的任务（如 crond），而其余的则连续地运行，等待处理系统中发生的某些特定的事件（如 xinetd 和 lpd）。作为守护进程运行的程序通常以字母 d 结尾，启动守护进程有如下几种方法。

- 在引导系统时启动：此种情况下的守护进程通常在系统启动 script 的执行期间被启动，这些 script 一般存放在/etc/rc.d 中。
- 人工手动从 Shell 提示符启动：任何具有相应的执行权限的用户都可以使用这种方法启动守护进程。
- 使用 crond 守护进程启动：这个守护进程查询存放在/var/spool/cron/crontabs 目录中的一组文件，这些文件规定了需要周期性执行的任务。
- 执行 at 命令启动：在规定的日期和时间执行一个程序。

13.3.2　重要守护进程介绍

表 13-1 列出了 Linux 系统中一些比较重要的守护进程及其所具有的功能，用户可以通过使用这些进程方便地使用系统以及网络服务。

表 13-1　Linux 重要守护进程列表

守 护 进 程	功 能 说 明
NetworkManager	主要用于笔记本在有线网络和无线网络间自动切换
acpid	为替代传统的 APM 而推出的新型电源管理标准
amd	BSD 系列的自动挂载工具，功能和 AutoFS 一样，配置文件/etc/amd.conf
anacron	检测 cron 中定义的于某时运行但由于未开机而未被执行的任务，并执行之
atd	用于执行 at 命令安排的计划任务
auditd	审计，接收内核系统的安全信息，写入审计日志文件或调用 syslog 写入日志系统
autofs	自动挂载移动硬盘、u 盘以及网络共享文件系统
conman	是一个控制台管理程序，支持本地串口设备、telnet、UNIX 套接字接口及外部进程等
cpuspeed	系统空闲时自动降低 CPU 频率以达到节能目的
crond	cron 计划任务
cups	公共 UNIX 打印支持
dhcpd	IPv4 的 DHCP 服务器的守护进程
dhcrelay	为 DHCP 请求及响应提供跨网段中继
firstboot	系统安装完后首次登录时执行的任务
gpm	文字终端下的鼠标指针支持
haldaemon	硬件信息收集服务
httpd	Apache 网页服务器守护进程
ipsec	ipsec 网络通信加密
iptables	Linux 系统的标准软防火墙 iptable

续表

守护进程	功能说明
irqbalance	多处理器系统上的中断分配/调度服务的守护进程，负载均衡
kdump	内核崩溃时转储 kernel dump
kudzu	为配置新增硬件设备而对硬件进行参数试测
lm_sensors	监视系统温度及风扇转速等
lvm2-monitor	LVM 逻辑卷管理事件监视
messagebus	系统事件监控服务，在必要时向所有用户发送广播信息
microcode_ctl	可编码以及发送新的微代码到内核以更新 Intel IA32 系列处理器守护进程
named	DNS 服务器，BIND 是较流行的 DNS 服务器软件
netfs	用于在系统启动时自动挂载网络中的共享文件系统，如 NFS、Samba 和 NCP
netplugd	用于监测网络接口并在接口状态改变时执行指定命令
network	管理各个网络接口，配置 IP 和路由等
nfs	基于 TCP/IP 网络的 NFS 文件共享服务
nfslock	NFS 文件锁定功能
portmap	管理 RPC 连接，RPC 被用于 NFS 以及 NIS 等服务
readahead_early	系统启动时预先加载指定的应用程序到内存中，启动脚本号 4
readahead_later	系统启动时预先加载指定的应用程序到内存中，启动脚本号 96
smartd	用于监测并预测磁盘失败或磁盘问题，前提是磁盘必须支持 SMART 技术
smb	Samba 磁盘和打印机共享
snmpd	SNMP 简单网络管理协议
sshd	OpenSSH 安全 Shell 数据经过加密和压缩，即可代替 telnet 也可为 FTP 等提供安全通道
syslog	系统日志
xinetd	xinetd 是新一代的网络守护进程服务程序，又叫超级 Internet 服务器
yum-updatesd	YUM 自动更新服务

13.4 启动 Linux 进程

在系统中，输入需要运行的程序的程序名，执行一个程序，其实也就是启动了一个进程。在 Linux 系统中每个进程都具有一个进程号，用于系统识别和调度进程。启动一个进程有两个主要途径：手工启动和调度启动。与前者不同的是：后者是事先进行设置，根据用户要求自行启动。

13.4.1 手工启动

由用户输入命令，直接启动一个进程便是手工启动进程。但手工启动进程又可以分为很多种，根据启动的进程类型不同、性质不同，实际结果也不一样，下面分别介绍。

1. 前台启动

这是手工启动一个进程的最常用的方式。一般来说，用户输入一个命令如“ls –l”，这就已经启动了一个进程，而且是一个前台的进程。这时候系统其实已经处于一个多进程状态。在通常情况下，用户在启动进程时，系统中已经存在了许多运行在后台的、系统启动时就已经自动启动的进程。

2. 后台启动

直接从后台手工启动一个进程用得比较少一些，除非是该进程甚为耗时，且用户也不急着要看到处理结果的时候。假设用户要启动一个长时间运行的格式化文本文件的进程，为了不使整个 Shell 在格式化过程中都处于“瘫痪”状态（长时间看不到任何运行结果），因此这个时候选择从后台启动进程是明智的选择，下面是一个后台启动进程的例子：

```
#./calculate &      //启动一个后台计算进程
[1] 2116            //分配给该后台进程的 ID 号
```

由上例可见，从后台启动进程其实就是在命令结尾加上一个&号。键入命令以后，出现一个数字，这个数字就是该进程的编号，也称为 PID，然后就出现了提示符。用户可以继续其他工作。

上述两种启动方式有个共同的特点，就是新进程都是由当前 Shell 这个进程产生的。也就是说，是 Shell 创建了新进程，于是就称这种关系为进程间的父子关系。这里 Shell 是父进程，而新进程是子进程。一个父进程可以有多个子进程，一般来说，子进程结束后才能继续父进程；当然如果是从后台启动，那就不用等待子进程结束了。

13.4.2　在指定时刻执行命令序列——at 命令

有时需要对系统进行一些比较费时而且占用资源的维护工作，这些工作适合在深夜进行，这时用户就可以事先进行调度安排，指定任务运行的时间或者场合，到时候系统会自动完成这一切工作。用户使用 at 命令在指定时刻执行指定的命令序列，at 命令可以只指定时间，也可以时间和日期一起指定。需要注意的是，指定时间有个系统判别问题。比如说：用户现在指定了一个执行时间：凌晨 3：20，而发出 at 命令的时间是头天晚上的 20：00，那么这将会产生两种执行情况：如果用户在 3：20 以前仍然在工作，那么该命令将在这个时候完成；如果用户 3：20 以前就退出了工作状态，那么该命令将在第二天凌晨才得到执行。

下面是 at 命令的语法格式：

```
at [-V] [-q queue] [-f file] [-mldv] 时间
at -c 作业 [作业...]
```

下面对命令中的参数进行说明，如表 13-2 所示。

表 13-2　at 命令参数说明

参　数	含　义
-V	将标准版本号打印到标准错误中
-q queue	使用指定的队列。队列名称是由单个字母组成，合法的队列名可以由 a～z 或者 A～Z。a 队列是 at 命令的默认队列
-f file	使用该选项将使命令从指定的文件 file 读取，而不是从标准输入读取
-m	作业结束后发送邮件给执行 at 命令的用户
-l	是下面将要讲述的 atq 命令的一个别名。该命令用于查看安排的作业序列，它将列出用户排在队列中的作业，如果是超级用户，则列出队列中的所有作业
-d	atrm 命令的一个别名。该命令用于删除指定要执行的命令序列
-v	显示作业执行的时间
-c	将命令行上所列的作业送到标准输出

其中，atq 命令的用途为显示待执行队列中的作业，语法格式如下：

```
atq [-V] [-q queue]
```

其参数的具体含义与 at 命令相同，不再赘述。另外，atrm 命令的功能为根据作业编号删除队列中的作业，语法格式如下：

```
atrm [-V] 作业 [作业...]
```

其参数的具体含义也与 at 命令相同，不再赘述。

at 允许使用一套相当复杂的指定时间的方法，实际上是将 POSIX.2 标准扩展了。该命令可以接受在当天的 hh：mm（小时：分钟）式的时间指定。如果该时间已经过去，那么就放在第二天执行。当然也可以使用 midnight（深夜），noon（中午），teatime（饮茶时间，一般是下午 4 点）等比较模糊的词语来指定时间。用户还可以采用 12 小时计时制，即在时间后面加上 AM（上午）或者 PM（下午）来说明是上午还是下午。

用户也可以指定命令执行的具体日期，指定格式为 month day（月 日）或者 mm/dd/yy（月/日/年）或者 dd.mm.yy（日.月.年）。指定的日期必须跟在指定时间的后面。

提示：由于年的表示只提供了两位 yy，对于 2000 年以及以后的表示取其后两位即可。例如，2012 年表示为 12。

上面介绍的都是绝对计时法，另外还可以使用相对计时法，这对于安排不久就要执行的命令是很有好处的。指定格式为：now + count time-units，now 就是当前时间，time-units 是时间单位，这里可以是 minutes（分钟）、hours（小时）、days（天）、weeks（星期）。count 是时间的数量，究竟是几天，还有种计时方法就是直接使用 today（今天）、tomorrow（明天）来指定完成命令的时间。

还有一点要说明，需要定时执行的命令是从标准输入或者使用-f 选项指定的文件中读取并执行的。如果 at 命令是从一个使用 su 命令切换到用户 Shell 中执行的，那么当前用户被认为是执行用户，所有的错误和输出结果都会送给这个用户。但是如果有邮件送出的话，收到邮件的将是原来的用户，也就是登录时 Shell 的所有者。

在任何情况下，超级用户都可以使用 at 命令。对于其他用户来说，是否可以使用就取决于两个文件：/etc/at.allow 和/etc/at.deny。如果/etc/at.allow 文件存在的话，那么只有在其中列出的用户才可以使用 at 命令；如果该文件不存在，那么将检查/etc/at.deny 文件是否存在，在这个文件中列出的用户均不能使用该命令。如果两个文件都不存在，那么只有超级用户可以使用该命令；空的/etc/at.deny 文件意味着所有的用户都可以使用该命令，这也是默认状态。

下面通过一些例子来说明该命令的具体用法。

```
//指定在今天下午 6: 35 执行某命令。假设现在时间是中午 12: 35，2012 年 6 月 11 日
#at 6: 35pm
#at 18: 35
#at 18: 35 today
#at now + 6 hours
#at now + 360 minutes
#at 18: 35 11.6.12
#at 18: 35 6/11/12
#at 18: 35 Jun 11
```

以上这些命令表达的意义是完全一样的，所以在安排时间的时候完全可以根据个人喜好和具体情况自由选择。一般采用绝对时间的 24 小时计时法可以避免由于用户自己的疏忽而造成计时错误的情况发生，如上例可以写成：

```
#at 18: 35 6/11/12
//在三天后下午 4 点执行文件 job 中的作业
#at -f job 4pm + 3 days
warning:commands will be executed using (in order) a) $SHELL b) login shell c)
/bin/sh
job 9 at 2012-06-14 16:00

//在 6 月 2 日上午 9 点执行文件 job 中的作业
#at -f job 9am Jun 2
warning:commands will be executed using (in order) a) $SHELL b) login shell c)
/bin/sh
job 10 at 2012-06-02 09:00

//列出队列中所有的作业，共有两个作业，作业的编号为 9 和 10
#atq
9      2012-06-14 16:00 a root
10     2012-06-02 09:00 a root

//继续上面的操作，删除队列中的 ID 号为 9 的作业
#atrm 9
#atq      //查看队列，只剩下 ID 为 10 的作业
10     2012-06-02 09:00 a root

//找出系统中所有以.c 为后缀名的文件，寻找结束后将结果保存在/etc/result 文件中，然后向
//用户 lily 发出邮件通知，告知用户已经完成。指定时间为 2012 年 6 月 12 日下午 3 点
#at 3pm 6/12/12
//系统出现 at>提示符，等待用户输入进一步的信息，也就是需要执行的命令序列
at> find / -name "*.c" > /etc/result     //输入的查询命令
at> echo "lily: All code file have been searched out.You can take them over.Bye!" |mail
-s "job done" Lily                             //输入邮件通知内容
//输入完每一行指令然后回车，所有指令序列输入完毕后，使用 "Ctrl+D" 组合键结束 at 命令的输入
at> <EOT>
warning: command will be executed using /bin/sh.
job 1 at 2012-6-12 15: 00
```

注意：在实际的应用中，如果命令序列较长或者要经常被执行，一般都采用将该序列写到一个文件中，然后将文件作为 at 命令的输入来处理。这样不容易出错。

```
//将上述的命令序列写入到文件 job 中
#at -f / job 3pm 6/12/12
warning: command will be executed using /bin/sh.
job 1 at 2012-6-12 15: 00
```

13.4.3　在资源比较空闲时执行命令——batch 命令

batch 命令用低优先级运行作业，该命令几乎和 at 命令的功能完全相同，唯一的区别在于：at

命令是在指定时间，很精确的时刻执行指定命令；而 batch 却是在系统负载较低，资源比较空闲时执行命令，batch 守护进程会监控系统的平均负载，等它降低到 0.8 以下，然后开始运行作业任务。该命令适合于执行占用资源较多的命令。batch 命令的语法格式也和 at 命令相同，这里不再赘述，请参看 at 命令。

表 13-3 概括了用 atd 守护进程注册作业时用到的命令。

表 13-3 Linux 重要守护进程列表

命　令	用　法
atd	运行被提交作业的守护进程，不直接使用
at	向 atd 守护进程提交作业，在特定时间运行
batch	向 atd 守护进程提交作业，在系统不繁忙时运行
atq	等同于 at -l；用 atd 守护进程列出队列里的作业
atrm	等同于 at -m；在队列里的作业运行前，取消它

13.4.4 不断重复执行某些命令——cron 命令

前面介绍的两条命令都会在一定时间内完成一定任务，但是注意它们都只能执行一次。当系统在指定时间完成任务后，一切就结束了。但是在很多时候需要不断重复一些命令，比如：某公司每周一自动向员工报告头一周公司的活动情况，这时候就需要使用 cron 命令来完成任务了。

实际上，cron 命令是不应该手工启动的。cron 命令在系统启动时就由一个 Shell 脚本自动启动，进入后台（所以不需要使用“&”符号）。一般的用户没有运行该命令的权限，虽然超级用户可以手工启动 cron，不过还是建议将其放到 Shell 脚本中由系统自行启动。

首先 cron 命令会搜索/var/spool/cron 目录，寻找以/etc/passwd 文件中的用户名命名的 crontab 文件，被找到的这种文件将载入内存。cron 启动以后，将首先检查是否有用户设置了 crontab 文件，如果没有就转入“休眠”状态，释放系统资源。所以该后台进程占用资源极少。它每分钟“醒”过来一次，查看当前是否有需要运行的命令。命令执行结束后，任何输出都将作为邮件发送给 crontab 的所有者，或者是/etc/crontab 文件中 MAILTO 环境变量中指定的用户。

13.4.5 操作 cron 后台进程的表格——crontab 命令

crontab 命令用于安装、删除或者列出用于驱动 cron 后台进程的表格。用户把要执行的命令序列放到 crontab 文件中以获得执行。每个用户都可以有自己的 crontab 文件。

在/var/spool/cron 下的 crontab 文件不可以直接创建或者直接修改。crontab 文件是通过 crontab 命令得到的。该文件中每行都包括六个域，其中前五个域是指定命令被执行的时间，最后一个域是要被执行的命令。每个域之间使用空格或者制表符分隔。格式如下（此处用空格符分隔）：

```
minute hour day-of-month month-of-year day-of-week commands
```

第一项是分钟，第二项是小时，第三项是一个月的第几天，第四项是一年的第几个月，第五项是一周的星期几，第六项是要执行的命令。这些项都不能为空，必须填入。如果用户不需要指定其中的几项，那么可以使用“*”代替。因为“*”是匹配符，可以代替任何字符，所以就可以认为是任何时间，也就是该项被忽略了。在表 13-4 中给出了每项的合法范围。

表 13-4　时间参数范围表

时　　间	合 法 范 围
minute	00-59
hour	00-23，其中 00 点就是晚上 12 点
day-of-month	01-31
month-of-year	01-12
day-of-week	0-6，其中周日是 0

这样用户就可以往 crontab 文件写入无限多的行以完成无限多的命令。命令域中可以写入所有可以在命令行写入的命令和符号，其他所有时间域都能支持列举，也就是域中可以写入很多的时间值，只要满足这些时间值中的任何一个，都执行命令，每两个时间值中间使用逗号分隔。

如下列出一些使用上述时间参数形成的命令的例子：

```
//每天的下午 4 点、5 点、6 点的 5min、15min、25min、35min、45min、55min 时执行命令 df
5，15，25，35，45，55 16，17，18 * * * df

//在每周一、三、五的下午 3：00 系统进入维护状态，重新启动系统
00 15 * * 1，3，5 shutdown -r +5

//每小时的 10 分、40 分执行用户目录/lily 下的 calculate 这个程序：
10，40 * * * * /lily/calculate

//每小时的 1 分执行用户目录下的 bin/date 这个指令：
1 * * * * bin/date
crontab 命令的语法格式如下：
crontab [-u user] file
crontab [-u user]{-l|-r|-e}
```

第一种格式用于安装一个新的 crontab 文件，安装来源就是 file 所指的文件，如果使用“-”符号作为文件名，那就意味着使用标准输入作为安装来源，如表 13-5 所示。

表 13-5　crontab 参数含义

参　数	含　义
-u	如果使用该选项，也就是指定了是哪个具体用户的 crontab 文件将被修改。如果不指定该选项，crontab 将默认是操作者本人的 crontab，也就是执行该 crontab 命令的用户的 crontab 文件将被修改。但是请注意，如果使用了 su 命令再使用 crontab 命令很可能会出现混乱的情况。所以如果使用了 su 命令，最好使用-u 选项来指定究竟是哪个用户的 crontab 文件
-l	在标准输出上显示当前的 crontab
-r	删除当前的 crontab 文件
-e	使用默认或者 EDITOR 环境变量所指的编辑器编辑当前的 crontab 文件。当结束编辑离开时，编辑后的文件将自动安装

可以使用 crontab 命令的用户是有限制的。如果/etc/cron.allow 文件存在，那么只有其中列出的用户才能使用该命令；如果该文件不存在但 cron.deny 文件存在，那么只有未列在该文件中的用户才能使用 crontab 命令；如果两个文件都不存在，那就取决于一些参数的设置，可能是只允许超级用户使用该命令，也可能是所有用户都可以使用该命令。

下面给出使用该命令的一些例子：

```
//列出用户目前的crontab。
#crontab -l
59 20 12 6 0  ls /etc/passwd
20 * * * * cat /etc/passwd
21 * * * 2, 4, 6 ls /usr/src

//删除用户 lily 的 crontab 文件
#crontab -u lily -r
#cd /var/spool/cron                    //切换到/var/spool/cron 查看删除结果
```

下面给出建立 crontab 文件的两种方法的具体步骤。

方法一

（1）建立文件：假设有个用户名为 lily，要创建自己的一个 crontab 文件。首先可以使用任何文本编辑器如 vi 建立一个新文件，该文件的具体内容如下：

```
#vi job                                //编辑文件 job
59 20 12 6 0  ls /etc/passwd           //输入内容
```

然后向其中写入要运行的命令和要定期执行的时间，存盘退出。假设该文件为/home/lily/job。

（2）安装文件：然后就是使用 crontab 命令来安装这个文件，使之成为该用户的 crontab 文件。键入命令：

```
#crontab job
```

这样一个 crontab 文件就建立好了。可以转到/var/spool/cron 目录下面查看，发现多了一个 lily 文件。这个文件就是所需的 crontab 文件。用 more 命令查看该文件的内容：

```
#cd /var/spool/cron                    //跳转到指定目录
#cat lily                              //显示文件 lily 内容
//文件内容
59 20 12 6 0  ls /etc/passwd
```

注意：切勿编辑此文件，如果要改变请编辑源文件然后重新安装。也就是说，如果要改变其中的命令内容时，还是需要重新编辑原来的文件，然后再使用 crontab 命令安装。

方法二

（1）建立文件：同上，假设有个用户名为 lily，要创建自己的一个 crontab 文件。首先键入 crontab -e 命令，可以打开默认的编辑器 vi 或 EDITOR 环境变量指定的编辑器建立一个新文件，然后向其中写入要运行的命令和要定期执行的时间，操作如下：

```
#crontab -e                            //建立文件
59 20 12 6 0  ls /etc/passwd           //输入内容
```

（2）安装文件：内容写完之后，存盘退出，系统会自动安装该文件，使之成为该用户的 crontab 文件。用户可以转到/var/spool/cron 目录下面查看，发现多了一个 lily 文件。这个文件就是所需的 crontab 文件。用 cat 命令查看该文件的内容：

```
#cd /var/spool/cron                    //跳转到指定目录
#ls                                    //显示目录下的文件名
lily
#cat lily                              //显示文件 lily 内容
//文件内容
59 20 12 6 0  ls /etc/passwd
```

（3）查看文件：使用 crontab -l 命令可以查看该文件的内容。

```
#crontab -l                          //查看内容
59 20 12 6 0  ls /etc/passwd
```

（4）删除文件：如果希望取消该作业，使用 crontab -r 命令。

```
#crontab -r                          //取消作业
```

（5）修改文件：如果用户希望修改该作业，比如向里面添加更多的任务等，使用 crontab -e 命令重新打开文件操作即可。

13.5　进程的挂起及恢复

作业控制允许将进程挂起并可以在需要时恢复进程的运行，被挂起的作业恢复后将从中止处开始继续运行。只按“Ctrl+Z”组合键，即可挂起当前的前台作业。

```
#cat > text.file
[1]+ stopped cat > text.file
#jobs
[1]+ stopped cat > text.file
```

按“Ctrl+Z”组合键后，将挂起当前执行的命令 cat。使用 jobs 命令可以显示 Shell 的作业清单，包括具体的作业、作业号以及作业当前所处的状态。

恢复进程执行时，有两种选择：用 fg 命令将挂起的作业放回到前台执行；用 bg 命令将挂起的作业放到后台执行。

假设用户正在执行消耗资源较多的 calculate 程序，现在希望查看该程序所消耗的 CPU 资源以及内存的情况。那么就要首先使用“Ctrl+Z”组合键将 calculate 进程挂起，然后使用 bg 命令将其在后台启动，这样就得到了前台的操作控制权，接着键入“ps–x”查看进程情况。查看完毕后，使用 fg 命令将该进程带回前台运行即可。其操作步骤如下：

```
#./calculate                                    //执行程序
[Ctrl+Z]                                        //使用组合键挂起进程
[1]+  Stopped              ./calculate          //表示进程已经挂起
#bg ./calculate                                 //将该进程转为后台执行
[1]+ ./calculate &                              //表示进程转为后台执行成功
#fg ./calculate            /                    //将该进程转为前台执行
./calculate                                     //程序恢复前台运行
```

作业管理的命令如表 13-6 所示。

表 13-6　作业管理

命　令	行　为
jobs	列出所有作业
fg[N]	把后台作业 N 置于前台
Ctrl+Z	挂起当前前台作业，并将其置于后台
bg[N]	启动挂起的后台作业 N
kill %N	终止后台作业 N

13.6 Linux 进程管理

下面将要详细介绍几个进程管理的命令。使用这些命令，用户可以实时、全面、准确地了解系统中运行进程的相关信息，从而对这些进程进行相应的挂起、中止等操作。

13.6.1 使用 ps 命令查看进程状态

ps 命令是查看进程状态的最常用的命令，可以提供关于进程的许多信息。根据显示的信息可以确定哪个进程正在运行、哪个进程被挂起、进程已运行了多久、进程正在使用的资源、进程的相对优先级，以及进程的标识号（PID）等信息。ps 命令的一般格式是：ps [选项]。

以下是 ps 命令常用的选项及其含义，如表 13-7 所示。

表 13-7 ps 常用参数

参　数	含　义
-a	显示系统中与 tty 相关的所有进程的信息
-e	显示所有进程的信息
-f	显示进程的所有信息
-l	以长格式列表的方式显示进程信息
r	只显示正在运行的进程
u	显示面向用户的格式（包括用户名、CPU 及内存使用情况等信息）
x	显示所有非控制终端上的进程信息
--pid	显示由进程 ID 指定的进程的信息
--tty	显示指定终端上的进程的信息

直接用 ps 命令可以列出每个与当前 Shell 有关的进程基本信息：

```
#ps
PID TTY         TIME CMD
2080 pts/0   00:00:00 bash
2104 pts/0   00:00:00 ps
```

上面显示的结果中，各字段的含义如表 13-8 所示。

表 13-8 ps 显示各字段含义

字　段	含　义
PID	进程标识号
TTY	该进程建立时所对应的终端，“？”表示该进程不占用终端；“pts/0”表示在 X Windows 界面下的第一个终端；“tty1”表示虚拟控制台 1
TIME	报告进程累计使用的 CPU 时间。注意，尽管觉得有些命令（如 sh）已经运转了很长时间，但是它们真正使用 CPU 的时间往往很短。所以，该字段的值往往是 00:00
CMD	执行进程的命令名

利用选项-ef 可以显示系统中所有进程的全面信息：

```
#ps -ef
UID        PID  PPID  C STIME TTY          TIME CMD
```

```
root         1     0  0 19:40 ?        00:00:03 init
root         2     1  0 19:40 ?        00:00:00 [keventd]
root         3     1  0 19:40 ?        00:00:00 [kapmd]
root         4     1  0 19:40 ?        00:00:00 [ksoftirqd_CPU0]
root         9     1  0 19:40 ?        00:00:00 [bdflush]
root         5     1  0 19:40 ?        00:00:00 [kswapd]
root         6     1  0 19:40 ?        00:00:00 [kscand/DMA]
root        14     1  0 19:40 ?        00:00:00 [kscand/Normal]
root         8     1  0 19:40 ?        00:00:00 [kscand/HighMem]
root        10     1  0 19:40 ?        00:00:00 [kupdated]
root        11     1  0 19:40 ?        00:00:00 [mdrecoveryd]
root        19     1  0 19:40 ?        00:00:00 [kjournald]
root      1414     1  0 19:40 ?        00:00:00 [khubd]
root      1488     1  0 19:41 ?   00:00:00 /sbin/dhclient -1 -q -lf
root      1551     1  0 19:41 ?        00:00:00 klogd -x
rpc       1569     1  0 19:41 ?        00:00:00 [portmap]
rpcuser   1588     1  0 19:41 ?        00:00:00 [rpc.statd]
root     16614     1  0 19:41 ?        00:00:00 /usr/sbin/vmware-guestd
root     11454     1  0 19:41 ?        00:00:00 /usr/sbin/sshd
root     11468     1  0 19:41 ?        00:00:00 xinetd -stayalive -reuse
```

上面各项的含义如表 13-9 所示。

表 13-9　ps 显示各字段含义

字　段	含　义
UID	进程属主的用户 ID 号
PID	进程 ID 号
PPID	父进程的 ID 号
C	进程最近使用 CPU 的估算
STIME	进程开始时间，以“小时：分：秒”的形式给出
TTY	该进程建立时所对应的终端，“?”表示该进程不占用终端
TIME	报告进程累计使用的 CPU 时间。注意，尽管觉得有些命令（如 sh）已经运转了很长时间，但是它们真正使用 CPU 的时间往往很短。所以，该字段的值往往是 00:00

利用下面的命令可以显示所有终端上所有用户的有关进程的所有信息：

```
#ps -aux
USER       PID %CPU %MEM   VSZ  RSS TTY      STAT START   TIME COMMAND
root         1  0.2  0.0  1368   60 ?        S    19:40   0:03 init
root         2  0.0  0.0     0    0 ?        SW   19:40   0:00 [keventd]
root         3  0.0  0.0     0    0 ?        SW   19:40   0:00 [kapmd]
root         4  0.0  0.0     0    0 ?        SWN  19:40   0:00 [ksoftirqd_CPU0]
root         9  0.0  0.0     0    0 ?        SW   19:40   0:00 [bdflush]
root         5  0.0  0.0     0    0 ?        SW   19:40   0:00 [kswapd]
root         6  0.0  0.0     0    0 ?        SW   19:40   0:00 [kscand/DMA]
root        14  0.0  0.0     0    0 ?        SW   19:40   0:00 [kscand/Normal]
root         8  0.0  0.0     0    0 ?        SW   19:40   0:00 [kscand/HighMem]
root        10  0.0  0.0     0    0 ?        SW   19:40   0:00 [kupdated]
root        11  0.0  0.0     0    0 ?        SW   19:40   0:00 [mdrecoveryd]
```

```
root        19  0.0  0.0     0    0 ?        SW   19:40   0:00 [kjournald]
root      1414  0.0  0.0     0    0 ?        SW   19:40   0:00 [khubd]
root      1488  0.0  0.1  1960  212 ?        S    19:41   0:00 /sbin/dhclient
root      1551  0.0  0.0  1364    4 ?        S    19:41   0:00 klogd -x
rpc       1569  0.0  0.0  1548   28 ?        S    19:41   0:00 [portmap]
rpcuser   1588  0.0  0.0  1524    0 ?        SW   19:41   0:00 [rpc.statd]
```

相对于前面的显示结果来说，上面各项中包含了表 13-10 新出现的项目值。

表 13-10　ps 显示各字段含义

字　段	含　义
USER	启动进程的用户
%CPU	运行该进程占用 CPU 的时间与该进程总的运行时间的比例
%MEM	该进程占用内存和总内存的比例
VSZ	虚拟内存的大小，以 KB 为单位
RSS	占用实际内存的大小，以 KB 为单位
STAT	表示进程的运行状态

STAT 包括以下几种状态，如表 13-11 所示。

表 13-11　STAT 状态含义

状　态	含　义
D	不可中断的睡眠
R	就绪（在可运行队列中）
S	睡眠
T	被跟踪或停止
Z	终止（僵死）的进程
START	进程开始运行的时间

13.6.2　使用 top 命令查看进程状态

top 命令和 ps 命令的基本作用是相同的，显示系统当前的进程及其状态，但是 top 是一个动态显示过程，可以通过用户按键来不断刷新当前状态。如果在前台执行，该命令将独占前台，直到用户用“q”键终止该程序为止。top 命令的一般格式是：top [bciqsS][d <间隔秒数>][n <执行次数>]。

其命令参数的含义如表 13-12 所示。

表 13-12　top 参数含义

参　数	含　义
b	使用批处理模式
c	列出程序时，显示每个程序的完整指令，包括指令名称、路径和参数等相关信息
i	执行 top 指令时，忽略闲置或是已成为 Zombie 的程序
q	持续监控程序执行的状况
s	使用保密模式，消除互动模式下的潜在危机

续表

参　数	含　义
d<间隔秒数>	设置 top 监控程序执行状况的间隔时间，单位以秒计算
n<执行次数>	设置监控信息的更新次数

以下是使用该命令的例子，如图 13-1 所示。

```
//使用 top 命令，每 30 秒实时更新一次系统中运行的进程的状态
#top d 30
//显示系统中的用户、平均负载、运行进程个数、进程状态、CPU 使用情况、内存使用状况等
```

```
[root@rhel ~]# top d 30

top - 11:34:21 up  3:15,  2 users,  load average: 0.04, 0.07, 0.02
Tasks: 146 total,   1 running, 145 sleeping,   0 stopped,   0 zombie
Cpu(s):  0.4%us,  0.5%sy,  0.0%ni, 99.0%id,  0.0%wa,  0.1%hi,  0.0%si,  0.0%st
Mem:   1030800k total,   974476k used,    56324k free,    91276k buffers
Swap:  4094968k total,        0k used,  4094968k free,   659688k cached

  PID USER      PR  NI  VIRT  RES  SHR S %CPU %MEM    TIME+  COMMAND
 1733 root      20   0 49160  18m 8156 S  0.4  1.8   2:45.60 Xorg
31128 root      20   0  2684 1108  864 R  0.2  0.1   0:00.39 top
   20 root      20   0     0    0    0 S  0.1  0.0   0:16.22 ata/0
  194 root      20   0     0    0    0 S  0.1  0.0   0:02.02 mpt_poll_0
 1979 root      20   0  162m  14m  11m S  0.1  1.5   0:13.62 gnome-settings-
 2015 root      20   0  5544  724  528 S  0.1  0.1   0:09.75 udisks-daemon
  168 root      20   0     0    0    0 S  0.0  0.0   0:06.65 scsi_eh_1
  321 root      20   0     0    0    0 S  0.0  0.0   0:02.69 flush-8:0
 2007 root      20   0 68364  15m  12m S  0.0  1.6   0:06.55 gnome-panel
 2031 root      20   0 22740 2196 1876 S  0.0  0.2   0:03.68 gvfs-afc-volume
 2086 root      20   0 90292  20m  13m S  0.0  2.0   0:08.17 clock-applet
 2537 root      20   0 92196  14m  10m S  0.0  1.5   0:09.28 gnome-terminal
    1 root      20   0  2880 1436 1212 S  0.0  0.1   0:09.08 init
    2 root      20   0     0    0    0 S  0.0  0.0   0:00.04 kthreadd
```

图 13-1　top

13.6.3　使用 kill 命令终止进程

通常终止一个前台进程可以按“Ctrl+C”组合键。但是，对于一个后台进程就必须用 kill 命令来终止。kill 命令是通过向进程发送指定的信号来结束相应进程。在默认情况下，采用编号为 15 的 TERM 信号。TERM 信号将终止所有不能捕获该信号的进程。对于那些可以捕获该信号的进程就要用编号为 9 的 kill 信号，强行杀掉该进程。

kill 命令的一般格式是：kill　[-s 信号|-p] 进程号或者 kill -l [信号]。其中各选项的含义如表 13-13 所示。

表 13-13　kill 参数含义

参　数	含　义
-s	指定要发送的信号，既可以是信号名（如 kill），也可以是对应信号的号码（如 9）
-p	指定 kill 命令只是显示进程的 pid（进程标识号），并不真正发出结束信号
-l	显示信号名称列表，这也可以在/usr/include/linux/signal.h 文件中找到

例子：

```
#kill 1890                    //结束进程号为 1890 的进程
#kill -9 1489                 //强行结束进程号为 1489 的进程
```

使用 kill 命令时应注意如下几点：

（1）kill 命令可以带信号号码选项，也可以不带。如果没有信号号码，kill 命令就会发出终止信号（TERM）。这个信号可以杀掉没有捕获到该信号的进程，也可以用 kill 向进程发送特定的信号。例如：kill -2 1234。其效果等同于在前台运行 PID 为 1234 的进程时，按下"Ctrl+C"组合键。但是普通用户只能使用不带 signal 参数的 kill 命令，或者最多使用-9 信号。普通用户使用的重要信号如表 13-14 所示。

表 13-14　普通用户使用的重要信号

信　号　值	行　　为
2	进程的中断，等同于按"Ctrl+C"组合键
9	强行终止进程
15	请求进程终止，默认
20	停止（挂起）进程，等同于按"Ctrl+Z"组合键

（2）kill 可以带有进程 ID 号作为参数。当用 kill 向这些进程发送信号时，必须是这些进程的属主。如果试图撤销一个没有权限撤销的进程，或者撤销一个不存在的进程，就会得到一个错误信息。

（3）可以向多个进程发信号，或者终止它们。

（4）当 kill 成功地发送了信号，Shell 会在屏幕上显示出进程的终止信息。有时这个信息不会马上显示，只有当按下回车键使 Shell 的命令提示符再次出现时才会显示出来。

（5）使用信号强行终止进程常会带来一些副作用，比如数据丢失或终端无法恢复到正常状态。发送信号时必须小心，只有在万不得已时才用 kill 信号（9），因为进程不能首先捕获它。

（6）要撤销所有的后台作业，可以键入"kill 0"。因为有些在后台运行的命令会启动多个进程，跟踪并找到所有要杀掉的进程的 PID 是一件很麻烦的事。这时，使用"kill 0"来终止所有由当前 Shell 启动的进程是个有效的方法。

另外，使用 kill 命令终止一个已经阻塞的进程，或者一个陷入死循环的进程，一般可以首先执行以下命令：

```
#find / -name core -print > /dev/null 2>&1&
```

这是一条后台命令，执行时间较长。现在决定终止该进程。为此，运行 ps 命令来查看该进程对应的 PID。例如，该进程对应的 PID 是 1651，现在可用 kill 命令杀死这个进程：

```
#kill 1651
```

再用 ps 命令查看进程状态时，就会发现 find 进程已经不存在了。

13.6.4　使用 sleep 命令暂停进程

sleep 命令的功能是使进程暂停执行一段时间。其一般格式是：sleep 时间值。其中，"时间值"参数以秒为单位，即使进程暂停由时间值所指定的秒数。此命令大多用于 Shell 程序设计中，是两条命令执行之间停顿指定的时间。最基本的用法是直接在 Shell 下，使用该命令，使得 Shell 的工作状态暂时睡眠。

下面的命令使 shell 进程先暂停 100 秒，然后查看/etc/passwd 文件的属性：

```
#sleep 100; ls -l /etc/passwd
```

13.7　进程文件系统 PROC

Linux 系统上的/proc 目录是一种文件系统，即 PROC 文件系统。它与其他常见的文件系统不同的是，/proc 是一种伪文件系统（也就是虚拟文件系统），存储的是当前内核运行状态的一系列特殊文件，用户可以通过这些文件查看有关系统硬件及当前正在运行进程的信息，甚至可以通过更改其中某些文件来改变内核的运行状态。

顾名思义，PROC 文件系统是一个虚拟的文件系统，通过文件系统的接口实现，用于输出系统的运行状态。它以文件系统的形式，为操作系统本身和应用进程之间的通信提供了一个界面，使应用程序能够安全、方便地获得系统当前的运行状况和内核的内部数据信息，并可以修改某些系统的配置信息。另外，由于 PROC 以文件系统的接口实现，因此用户可以像访问普通文件一样对其进行访问，但它只存在于内存之中，并不存在于真正的物理磁盘当中。所以，当系统重启和电源关闭时，该系统中的数据和信息将全部消失。

为了查看及使用上的方便，这些文件通常会按照相关性进行分类存储于不同的目录甚至子目录中。/proc 目录中包含许多以数字命名的子目录，这些数字表示系统当前正在运行进程的进程号，里面包含对应进程相关的多个信息文件。

表 13-15 说明了该文件系统中一些重要的文件和目录。

表 13-15　重要的 PROC 文件系统的文件和目录

文件或目录	说　明
/proc/1	关于进程 1 的信息目录。每个进程在/proc 下有一个名为其进程号的目录
/proc/cpuinfo	处理器信息，如类型、制造商、型号和性能
/proc/devices	系统已经加载的所有块设备和字符设备的信息，包含主设备号和设备组（与主设备号对应的设备类型）名
/proc/dma	显示当前使用的 DMA 通道的信息列表
/proc/filesystems	当前被内核支持的文件系统类型列表文件
/proc/interrupts	X86 或 X86_64 体系架构系统上每个 IRQ 相关的中断号列表
/proc/ioports	当前正在使用且已经注册过的与物理设备进行通信的 I/O 端口范围信息列表
/proc/kcore	系统物理内存映像
/proc/kmsg	核心输出的消息，也被送到 syslog
/proc/loadavg	保存关于 CPU 和磁盘 I/O 的负载平均值
/proc/ mdstat	保存 RAID 相关的多块磁盘的当前状态信息
/proc/meminfo	存储器使用信息，包括物理内存和 swap
/proc/modules	当前加载了哪些核心模块
/proc/net	网络协议状态信息
/proc/stat	实时追踪自系统上次启动以来的多种统计信息
/proc/version	当前系统运行的内核版本号
/proc/zoneinfo	内存区域（zone）的详细信息列表
/proc/sys/dev　子目录	为系统上特殊设备提供参数信息文件的目录

注意：所有上述文件给出易读的文本文件，有时可能是不易读的格式。有许多命令做了些格式化以更容易读。例如，free 程序读/proc/meminfo 并将给出的字节数转换为千字节（并增加了一些信息）。

下面将通过一个例子来说明，如何使用 PROC 文件系统来获得进程的信息。

首先使用 Vi 编辑器建立一个 c 源程序文件，编译后形成目标文件，该文件的主要功能是进行计算（如何在 Linux 下编写 c 程序，在后续章节将做详细的介绍），将其保存在/root 目录下，下面将其运行：

```
#cd /root                              //切换目录
#./calculate                           //运行该程序，则生成了以该程序为名称的进程
使用 ps 命令，则能发现在系统中运行了 calculate 这样一个进程：
#ps
root      2108 61.2  0.1 1344  224 pts/0    R    21:20   0:11 ./calculate
……
```

进程的基本信息都会存放在/proc 文件系统中，具体位置是在/proc 目录下。通过使用如下命令可以查看系统中运行进程的相关信息：

```
# ls /proc                                   //查看/proc 目录下的内容
//如下显示为系统中运行进程的信息所存放的目录，每个进程对应一个目录，加黑的 2108 为例子使
//用的进程的详细信息所在目录
1     11490  1922  2049  2083  8           fs          meminfo     swaps
10    11499  1923  2056  2108  9           ide         misc        sys
11    1809  1924  2063  2111  apm         interrupts  modules     sysvipc
1491  1818  1925  2065  2138  bus         iomem       mounts      tty
1550  1829  1968  20614  2162  cmdline     ioports     mtrr        uptime
1554  1893  1969  2069  2163  cpuinfo     irq         net         version
15142  19    19148  20141  3    devices     kcore       partitions
1591  1902  2     20143  4    dma         kmsg        pci
16140  1911  2032  20144  5    driver      ksyms       scsi
11420  1919  2043  20149  6    execdomains  loadavg     self
114514  1920  2045  2081  14    fb          locks       slabinfo
114141  1921  20414  2082  1414   filesystems  mdstat      stat

#cd 2108                                     //切换到 2108 目录，以方便详细地查看进程信息
#ls                                          //列出进程详细的状态信息文件
cmdline  cwd  environ  exe  fd  maps  mem  mounts  root  stat  statm  status
```

在这些文件当中，status 这个状态文件是比较重要的，包含了很多关于进程的有用的信息，用户可以从这个文件获得信息，如下为列出该文件内容的操作：

```
#cat status                                  //使用 cat 命令列出 status 文件内容
Name:   calculate                            //进程名
State:  R (running)                          //进程运行状态
Tgid:   2108                                 //进程组 ID
Pid:    2108                                 //进程 ID
PPid:   2083                                 //父进程 ID
TracerPid:      0                            //跟踪调试进程 ID
Uid:    0       0       0       0            //进程所对应程序的 UID
Gid:    0       0       0       0            //进程所对应程序的 GID
FDSize: 256                                  //进程使用文件句柄大小
Groups: 0 1 2 3 4 10 10                      //组信息
```

```
//进程所使用的虚拟内存以及实际内存、信号机制方面的信息
VmSize:     1344 kB
VmLck:         0 kB
VmRSS:       224 kB
VmData:       12 kB
VmStk:        16 kB
VmExe:         4 kB
VmLib:      1292 kB
SigPnd: 0000000000000000
SigBlk: 0000000000000000
SigIgn: 8000000000000000
SigCgt: 0000000000000000
CapInh: 0000000000000000
CapPrm: 00000000fffffeff
CapEff: 00000000fffffeff
```

13.8　小　　结

本章主要介绍了 Linux 中进程管理的相关问题，首先简要介绍了 Linux 进程原理，然后介绍了守护进程，并详细介绍了启动、挂起进程的方法、命令以及使用一些常用的命令来进行进程管理，最后介绍了一个十分有用的进程文件系统——PROC。

第 14 章 Linux 用户与组管理

Linux 操作系统中，用户是活动的主体，可以直接操作和控制系统文件以及资源。因此，管理好系统中的用户成为系统管理员保证系统安全必须认真完成的首要工作。

登录 Linux 时，系统是通过特定的“用户名”来识别的。在 Linux 操作系统中，任意一个文件和程序都归属于一个特定的“用户”。用户不仅有唯一的“用户名”，也有唯一的身份标识，这个标识就叫作用户 ID（UID）。并且，系统中的任意一个用户也至少需要属于一个“用户组”。用户组同样是由一个唯一的身份来标识的，该标识叫作用户组 ID（GID）。用户可以同时在多个用户组下，一个正在运行中的程序继承了调用它的用户的权利和访问权限。

14.1 用户文件和组文件

在 Linux 操作系统中，采用了 UNIX 的方法，把全部的用户信息保存为普通的文本文件。用户可以修改这些文件来管理用户和组。本节将对这些文件的结构进行详细的介绍。

14.1.1 用户账户

Linux 系统下用户分为三种：根用户、系统用户、普通用户。

根用户有时也称超级用户，其用户 ID 号为 0，如 root 用户。根用户拥有对系统的完全控制权限：可以删除任何文件；可以运行任何命令；一句话，可以做任何事情。从系统安全角度说，根用户一般只在对系统进行管理维护时才使用。

Linux 系统下有些用户不是人为创建的，而是安装不同程序时由系统自动创建的，我们称之为系统用户，其用户 ID 号在 1～499 之间。系统用户通常没有登录 Shell，不能真正登录 Linux。那为什么要有系统用户呢？本着安全的设计，Linux 下很多进程的运行不是由根用户来控制的，而是由相应的系统用户控制，比如 Apache 服务器的进程主要由 apache 用户来运行。即便将来 apache 用户账户被盗，受威胁的也只是 Apache 本身，系统中其他服务器还是安全的。

还有一类用户是普通用户。普通用户是由根用户创建的，对系统的操作权限有所控制，可以登录 Linux 系统，只能在自己的主目录下和系统范围内的临时目录里创建文件，不同用户之间不能互访用户主目录，可以访问大多数的系统目录，但只有读取权限。普通用户的用户 ID 是从 500

开始向上增加的。但只要将其 ID 号改为 0，就变成了根用户，随即也就拥有了对系统的完全控制权限。

建议，平时使用 Linux 时，用普通用户账户登录即可，当有管理 Linux 需要时再临时切换到根用户下。

14.1.2　用户账户文件——passwd

Linux 系统中有一个数据库，存放着用户名与用户 ID 的对应关系，该数据库保存在配置文件/etc/passwd 中。passwd 文件是 Linux 系统下起安全作用的文件之一。这个文件的主要功能是校验用户的登录名、加密的口令数据项、用户 ID（UID）、默认的用户分组 ID（GID）、用户信息、用户登录子目录以及登录后使用的 shell。这个文件的每一行保存一个用户的资料，而用户资料的每一个数据项采用冒号“:”分隔。如下所示：

```
LOGNAME: PASSWORD: UID: GID: USERINFO: HOME: SHELL
```

在上面的信息行中，每行的前面两项是登录名和加密后的口令，后面两项是 UID 和 GID。后面的一项是系统管理员写入的该用户的信息，最后两项是两个路径名：一个是分配给用户的 HOME 目录，另一个是用户登录后将执行的 SHELL。下面是一个实际的系统用户的例子：

```
lily:x:500:500:lily:/home/lily:/bin/bash
```

该用户的基本信息如下。

- 登录名：lily；
- 加密的口令表示：x；
- UID：500；
- GID：500；
- 用户信息：lily；
- HOME 目录：/home/lily；
- 登录后执行的 SHELL：/bin/bash。

关于账户文件中各项信息的含义和注意事项，分别如表 14-1 所示。

表 14-1　passwd 行信息

字　段	含　义
登录名	用户的登录名是识别用户登录信息的，由用户自行选择。这个登录名信息和 Windows 系统的登录名信息相似，主要由方便用户记忆或者具有一定含义的字符串组成
加密的口令表示	所有用户的口令都会加密存放，通常情况下，系统会采用不可逆的加密算法。当用户输入口令时，输入的口令将由系统进行加密。然后把加密后的数据与机器中用户的口令数据项进行比较。如果这两个加密数据匹配，就可以让这个用户进入系统
UID	在 Linux 中，系统使用 UID 而不是登录名来区别用户。一般来说，用户的 UID 是唯一的，其他用户不会有相同的 UID 数值。但是，拥有 0 UID 值的用户都具有根用户（系统管理员）的访问权限，因此具备对系统的完全控制。通常，UID 为 0 值的用户登录名是“root”。根据惯例，从 1 到 499 的 UID 保留用作系统用户的 UID。如果在/etc/passwd 文件中有两个不同的入口项有相同的 UID，则这两个用户对文件具有相同的存取权限
HOME 目录	每一个用户都有地方保存专属于自己的配置文件。这就可以让用户自己定制操作环境，而不改变其他用户定制的操作环境，这个地方就叫作用户登录子目录。在这个子目录中，用户不仅可以保存配置文件，还可以保存日常工作用到的各种文件。出于一致性的考虑，大多数站点都从/home 开始安排用户登录子目录，并把每个用户的子目录命名为其上机使用的登录名

续表

字　段	含　义
登录后执行的 SHELL	当用户登录到系统中时，都有属于自己的操作环境。用户遇到的第一个程序叫作 SHELL。在 Linux 系统里，大多数 SHELL 都是基于文本的。Linux 操作系统带有好几种 SHELL 供用户选用。用户可以在/etc/shells 文件中看到它们中的绝大多数。用户可以根据自己的喜好来选用不同的 SHELL 进行操作。在 Red Hat Enterprise Linux 6 中默认使用的是/bin/bash

说明：把用户登录子目录安排在/home 下并不是必须的，Linux 系统并不关心用户把登录子目录安排在什么地方，因为每个用户的位置是在账号文件中定义说明的。所以，用户可以自行地加以调整。

根据上面的分析，用户对 Linux 的账户文件已经有了基础的了解。下面，通过 cat 命令可以对整个账户文件有完整的了解。具体信息如下：

```
#cat /etc/passwd        //使用 cat 命令查看
//显示结果
root:x:0:0:root:/root:/bin/bash
bin:x:1:1:bin:/bin:/sbin/nologin
daemon:x:2:2:daemon:/sbin:/sbin/nologin
adm:x:3:4:adm:/var/adm:/sbin/nologin
lp:x:4:7:lp:/var/spool/lpd:/sbin/nologin
sync:x:5:0:sync:/sbin:/bin/sync
shutdown:x:6:0:shutdown:/sbin:/sbin/shutdown
halt:x:7:0:halt:/sbin:/sbin/halt
. . . . . .
pcap:x:77:77::/var/arpwatch:/sbin/nologin
apache:x:48:48:Apache:/var/www:/sbin/nologin
squid:x:23:23::/var/spool/squid:/sbin/nologin
webalizer:x:67:67:Webalizer:/var/www/html/usage:/sbin/nologin
xfs:x:43:43:X Font Server:/etc/X11/fs:/sbin/nologin
named:x:25:25:Named:/var/named:/sbin/nologin
ntp:x:38:38::/etc/ntp:/sbin/nologin
gdm:x:42:42::/var/gdm:/sbin/nologin
postgres:x:26:26:PostgreSQL Server:/var/lib/pgsql:/bin/bash
lily:x:500:500:lily:/home/lily:/bin/bash
```

14.1.3 用户影子文件——shadow

在前面已经介绍过，Linux 使用不可逆的加密算法来加密口令，黑客无法直接得到明文。但是，/etc/passwd 文件是全局可读的，如果恶意用户获取了/etc/passwd 文件，便极有可能破解口令。而且，现在黑客对账号文件进行字典攻击的成功率越来越高，速度越来越快。因此，针对这种安全问题，Linux 广泛采用了“shadow（影子）文件”机制，将加密的口令转移到/etc/shadow 文件里，这个文件只为 root 超级用户可读。同时，/etc/passwd 文件的密文域显示为一个 x，从而最大限度地减少了密文泄露的机会。

/etc/shadow 文件的每行有 9 个数据项，每个数据项用冒号隔开，格式如下：

```
username:passwd:lastchg:min:max:warn:inactive:expire:flag
```

上面各选项的含义分别如表 14-2 所示。

表 14-2　shadow 行信息

字　段	含　义
username	用户的登录名
passwd	加密的用户口令
lastchg	表示从 1970 年 1 月 1 日起到上次修改口令所经过的天数
min	表示两次修改口令之间至少经过的天数
max	表示口令还会有效的最大天数，如果是 99999 则表示永不过期
warn	表示口令失效前多少天内系统向用户发出警告
inactive	表示禁止登录前用户名还有效的天数
expire	表示用户被禁止登录的时间
flag	保留域，暂未使用

下面是一个系统中实际影子文件的例子：

```
#cat /etc/shadow        //使用 cat 命令显示影子文件
//显示内容
root:$1$MvhPpaiz$XWSqsNcCoISw2./3Exaiw/:15512:0:99999:7:::
bin:*:15512:0:99999:7:::
daemon:*:15512:0:99999:7:::
adm:*:15512:0:99999:7:::
lp:*:15512:0:99999:7:::
sync:*:15512:0:99999:7:::
. . . . . .
nscd:!!:15512:0:99999:7:::
sshd:!!:15512:0:99999:7:::
rpc:!!:15512:0:99999:7:::
rpcuser:!!:15512:0:99999:7:::
nfsnobody:!!:15512:0:99999:7:::
mailnull:!!:15512:0:99999:7:::
smmsp:!!:15512:0:99999:7:::
pcap:!!:15512:0:99999:7:::
apache:!!:15512:0:99999:7:::
squid:!!:15512:0:99999:7:::
webalizer:!!:15512:0:99999:7:::
xfs:!!:15512:0:99999:7:::
named:!!:15512:0:99999:7:::
ntp:!!:15512:0:99999:7:::
gdm:!!:15512:0:99999:7:::
postgres:!!:15512:0:99999:7:::
lily:$1$kg6cOZ3z$Hdi9/H2TCYjrilMVFWsIR1:15512:0:99999:7:::
```

我们对最后一个用户的信息进行解释，该信息表明了如下含义。

- 用户登录名：lily。
- 用户加密的口令：1kg6cOZ3z$Hdi9/H2TCYjrilMVFWsIR1。
- 从 1970 年 1 月 1 日起到上次修改口令所经过的天数为：15512 天。
- 需要多少天才能修改这个命令：0 天。
- 该口令永不过期。
- 要在口令失效前 7 天通知用户，发出警告。

- 禁止登录前用户名还有效的天数未定义，以“：”表示。
- 用户被禁止登录的时间未定义，以“：”表示。
- 保留域，未使用，以“：”表示。

14.1.4 用户组账号文件——/etc/group

在 Linux 中，/etc/passwd 文件中包含着每个用户默认的分组 ID（GID）信息。而在/etc/group 文件中，这个 GID 被映射到该用户组的名称以及同一组中的其他成员中去。

/etc/group 文件含有关于组的信息，/etc/passwd 中的每个 GID 在文件中都有相应的入口项。在入口项中，列出了组名和组中的用户。/etc/group 文件中控制了组的许可权限，但是，这并不是必须的。因为系统用 UID、GID 来决定文件存取权限，即使/etc/group 文件不存在于系统中，具有相同的 GID 用户也可以用组的存取许可权限共享文件。如果/etc/group 文件入口项的第二个域为非空（通常用 x 表示），则将被认为是加密口令。/etc/group 文件中每一行的内容如下所示：

- 组名称。
- 加过密的用户组口令。
- 用户组 ID 号（GID）。
- 以逗号分隔的成员用户清单。

下面是系统中一个具体的/etc/group 文件的例子：

```
#cat /etc/group          //使用 cat 命令显示文件
//显示内容
root:x:0:root
bin:x:1:root,bin,daemon
. . . . . .
sshd:x:74:
rpc:x:32:
rpcuser:x:29:
nfsnobody:x:65534:
mailnull:x:47:
smmsp:x:51:
pcap:x:77:
apache:x:48:
squid:x:23:
webalizer:x:67:
xfs:x:43:
named:x:25:
ntp:x:38:
gdm:x:42:
postgres:x:26:
lily:x:500:
```

以上面文件第三行为例子，它说明在系统存在一个 daemon 的用户组，它的信息如下：

- 用户组名为 daemon。
- 用户组口令已经加密，用“x”表示。
- GID 为 1。
- 同组的成员用户有：root，bin，daemon。

14.1.5　组账号文件——/etc/gshadow

组账号文件的主要功能是加强组口令的安全性。所采取的安全机制是，将组口令与组的其他信息相分离。其具体的格式如下所示：

- 用户组名
- 加密的组口令
- 组成员列表

下面是系统中一个具体的/etc/gshadow 文件的例子：

```
#cat /etc/gshadow        //使用 cat 命令显示文件内容
//显示内容
root:::root
bin:::root,bin,daemon
daemon:::root,bin,daemon
sys:::root,bin,adm
adm:::root,adm,daemon
tty:::
disk:::root
lp:::daemon,lp
mem:::
kmem:::
wheel:::root
mail:::mail
news:::news
. . . . . .
webalizer:x::
xfs:x::
named:x::
ntp:x::
gdm:x::
postgres:x::
lily:!!::
supersun:8kWunwgCidG2o::lilysuper,snoppy
lilysuper:!::
snoppy:!::
```

以组 supersun 为例，其加密后的组口令为：8kWunwgCidG2o，其组成员包括 lilysuper 和 snoppy。其他的以“::”结尾的组表明没有组成员，但是用户可以自行添加。

14.1.6　使用 pwck 和 grpck 命令验证用户和组文件

从前面的内容中可以看出，用户以及组账号文件在 Linux 系统中都是非常重要的文件。对于系统验证用户和组具有重要意义。一旦上述文件发生错误，将会对系统造成很大影响。因此，Linux 系统提供了 pwck 和 grpck 这两个命令来分别验证用户以及组文件，从而保证这两个文件的一致性和正确性。

pwck 命令的主要作用是验证用户账号文件（/etc/passwd）和影子文件（/etc/shadow）的一致性。它验证文件各个数据项中每个域的格式以及其数据的正确性。当遇到错误信息，该命令将会提示用户对出现错误的数据项进行删除。

pwck 命令主要验证每个数据项是否含有下列信息：

- 正确的域数目；
- 唯一的用户名；
- 合法的用户和组标识；
- 合法的主要组群；
- 合法的主目录；
- 合法的登录 SHELL。

当检查发现域数目与用户名发生错误，则该错误是致命的，需要用户删除整个数据项。其他的错误均为非致命的，将会需要用户进行修改，而不一定需要删除整个数据项。

下面举例说明使用 pwck 命令的方法：

```
//cat /etc/passwd
//显示系统中原来的用户账号文件
root:x:0:0:root:/root:/bin/bash
bin:x:1:1:bin:/bin:/sbin/nologin
daemon:x:2:2:daemon:/sbin:/sbin/nologin
adm:x:3:4:adm:/var/adm:/sbin/nologin
lp:x:4:7:lp:/var/spool/lpd:/sbin/nologin
sync:x:5:0:sync:/sbin:/bin/sync
shutdown:x:6:0:shutdown:/sbin:/sbin/shutdown
halt:x:7:0:halt:/sbin:/sbin/halt
mail:x:8:12:mail:/var/spool/mail:/sbin/nologin
……
#vi /etc/passwd
//编辑该账号文件，并加入一项不存在的数据项
//"pz:x:200:200:pzman:/home/pz:/bin/bash"
#pwck /etc/passwd //执行验证工作
//验证出系统并不存在该 pz 用户
user adm: directory /var/adm does not exist
user news: directory /etc/news does not exist
user uucp: directory /var/spool/uucp does not exist
user gopher: directory /var/gopher does not exist
user pcap: directory /var/arpwatch does not exist
user pz: no group 200
user pz: directory /home/pz does not exist
pwck: 无改变
//再次编辑该账号文件，加入不正确的数据项"pz:x:200:200:pzman:/home/pz:"
//执行验证工作
#pwck /etc/passwd
user adm: directory /var/adm does not exist
user news: directory /etc/news does not exist
user uucp: directory /var/spool/uucp does not exist
user gopher: directory /var/gopher does not exist
user pcap: directory /var/arpwatch does not exist
user pz: no group 200
无效的密码文件项
删除"pz:x:200:200:pzman:/home/pz"一行? y
pwck: 文件已被更新
```

说明：上述执行的两次验证操作所得到的结果不相同。第一次系统没有要求用户删除该不正确

的数据项，原因是数据项中域的数目没有发生错误。而第二次域的数目少了一个，因此是致命错误，系统提示用户是否删除该数据项。同样地，也可以使用该命令来验证/etc/shadow 文件的一致性。

grpck 命令的作用是验证组账号文件（/etc/group）和影子文件（/etc/gshadow）的一致性与正确性。该命令验证文件各个数据项中每个域的格式，以及其数据的正确性。当遇到错误信息，该命令将会提示用户对出现错误的数据项进行删除。

grpck 命令主要验证每个数据项是否含有下列信息：

- 正确的域数目；
- 唯一的组群标识；
- 合法的成员和管理员列表。

当检查发现域数目与组名发生错误，则该错误是致命的，需要用户删除整个数据项。其他的错误均为非致命的，将会需要用户进行修改，而不一定需要删除整个数据项。

下面举例说明使用 grpck 命令的方法：

```
//cat /etc/group
//显示系统中原来的用户账号文件
root:x:0:root,patterson
bin:x:1:root,bin,daemon
daemon:x:2:root,bin,daemon
sys:x:3:root,bin,adm
adm:x:4:root,adm,daemon
tty:x:5:
disk:x:6:root
lp:x:7:daemon,lp
kmem:x:9:
pzsun:x:501:lilypz
lilypz:x:502:
patterson1:x:504:
programmer:x:2500:
mary:x:503:
manager:x:2500:
#vi /etc/group
//编辑该账号文件，加入不正确的数据项“test:x”
//执行验证工作
#grpck /etc/group
无效的组文件项
删除“test:x”一行？ y
grpck: 文件已被更新
```

14.2　管理用户和用户组

在 Linux 中，用户可以使用图形用户界面方式来管理用户和用户组。这种管理方式简单、直观，用户比较容易掌握，下面将对该方式进行详细的介绍。

14.2.1　启动 Linux 的用户管理器

在 Linux 系统中，有两种方法可以启动 Red Hat 的用户管理器（Red Hat User Manager）。第一种是通过在 Shell 下使用 system-config-users 命令来启动，命令如下所示：

```
#system-config-users
```

第二种方法是通过使用图形界面来启动用户管理器，我们以 GNOME 图形用户环境为例来说明，按照如下操作：单击“开始”|“系统”|“管理”|“用户和组群”菜单项，Linux 显示 Red Hat 用户管理器界面，如图 14-1 所示。

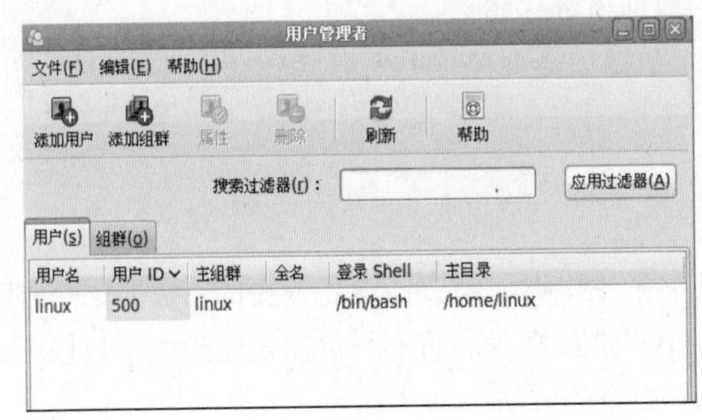

图 14-1 Red Hat 用户管理器界面

14.2.2 添加新用户

启动了 Red Hat 用户管理器后，就可以方便地进行添加用户的操作了。如图 14-2 所示，该用户管理器显示了系统已经创建的用户的基本信息（包括用户名、用户 ID、主要组群、全称、登录 Shell 和主目录）。下面就可以使用该管理器来创建系统的新用户了，操作步骤如下：

（1）单击用户管理器工具栏中的“添加用户”按钮，出现“添加新用户”对话框，如图 14-2 所示。

（2）在各选项栏中填入相应的信息。在填写信息的时候，需要注意下面的内容。

- “用户名”选项：首位必须是英文字母，并且不能与已有的用户名重复。

图 14-2 创建新用户向导界面

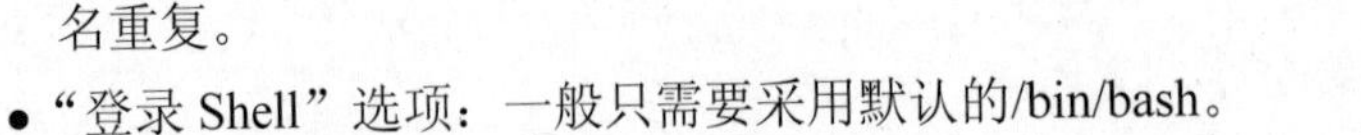

- “登录 Shell”选项：一般只需要采用默认的/bin/bash。
- 添加用户时默认会在系统中创建一个用户主目录/home/username，也可以指定其他的已经存在的目录作为该用户主目录。
- 为该用户创建私人组群：默认情况下，创建用户时，同时也会以该用户名为名创建一个用户组，称为该用户的主要组。Linux 系统中，用户有且只有一个主要组，但可以有多个次要组，见后续章节。
- “UID”是该用户在系统中的唯一标识，范围是 1~65 535。在默认的情况下，系统会自动为用户指定一个 500 以上的标识号，也可以手工指定用户的 ID 号，但是推荐由系统自动分配。

（3）填写完毕后，单击“确定”按钮即可。

14.2.3 编辑用户属性

通过使用 Red Hat 用户管理器，不但可以创建用户，而且可以方便地修改系统已有用户的各个相关属性，下面给出使用该管理器修改用户属性的操作步骤。

（1）选定 Red Hat 用户管理器中“用户”标签下要修改的用户，则 Linux 将高亮显示该被选用户。

（2）双击该用户区域或者单击工具栏中的“属性”按钮，则 Linux 显示“用户属性”窗口。

（3）在“用户属性”窗口中，单击“用户数据”选项卡，则可以改写用户的基本信息，包括：用户名、用户 ID、主要组群、全称、密码、主目录和登录 Shell，如图 14-3 所示。

（4）选择“账号信息”选项卡，可以设置该用户密码的使用期限。当勾选“启用账号过期”复选框时，可以设置账号过期的日期。当勾选 “本地密码被锁”复选框时，该用户将被锁定而不能登录系统，如图 14-4 所示。

图 14-3 用户属性界面

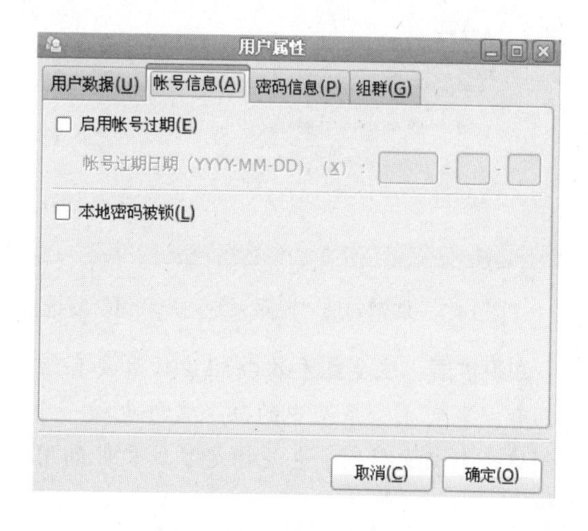

图 14-4 设置账户信息

（5）选择“密码信息”选项卡，可以了解当前用户最后一次更换密码的日期。当勾选 “启用密码过期”复选框时，可以设置密码允许更换的天数、需要更换的天数、更换前警告的天数以及账号不活跃的天数，如图 14-5 所示。

（6）选择“组群”选项卡，可以设置将用户加入系统中的哪个组群，并且设置主要组群，如图 14-6 所示。

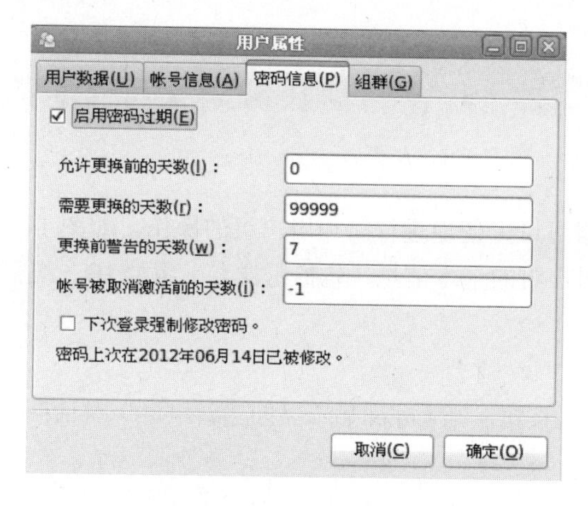

图 14-5 设置密码信息

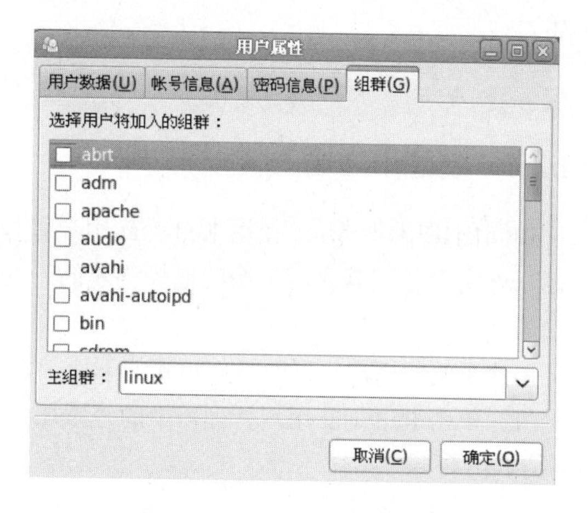

图 14-6 设置用户将加入的组群

（7）改写信息完毕后，单击“确定”按钮，则修改用户属性操作成功。如果不想使操作生效，则单击“取消”按钮。

（8）系统用户：第一节说过，Linux 下有很多系统用户。默认情况下，系统用户在“用户管理器”中是隐藏的，选择“编辑”|“首选项”命令，在弹出的对话框中取消勾选“隐藏系统用户和组”复选框，如图 14-7 和图 14-8 所示。

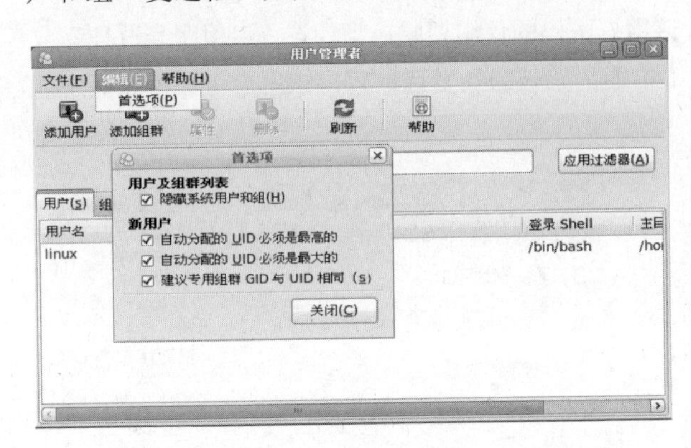

图 14-7 取消勾选“隐藏系统用户和组”复选框

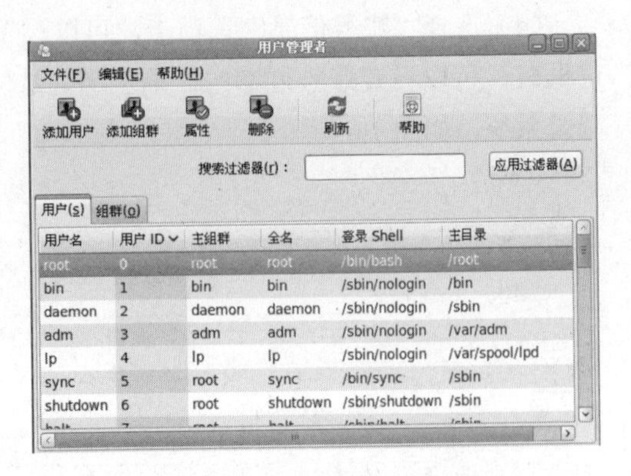

图 14-8 显示隐藏用户

知识扩展：主要组和次要组为什么要有组呢？前章所述，Linux 系统中每个文件都由一个用户拥有；事实上，系统中的每个文件也被一个组拥有，这个组，称为文件的“组所有者”。当用户创建一个新文件时，也就指定了该文件的用户所有者和组所有者。我们也称该组为用户的“主要组”。

这个“主要组”是怎么来的呢？默认情况下，创建用户时，同时也会以该用户名为名创建一个用户组，称为该用户的主要组。下节讲到的创建的组一般称为“普通组”。用户除了有主要组外，也可以加入到其他组，这些组被称为“次要组”。Linux 系统中，用户有且只有一个主要组，但可以有多个次要组。

在下面使用 ls -l 命令列出某个文件信息时，第三列列出了文件的用户所有者，第四列列出的即是文件的组所有者（主要组）。同时，在第一列显示了文件的用户和组所有者对该文件所具有的操作权限。

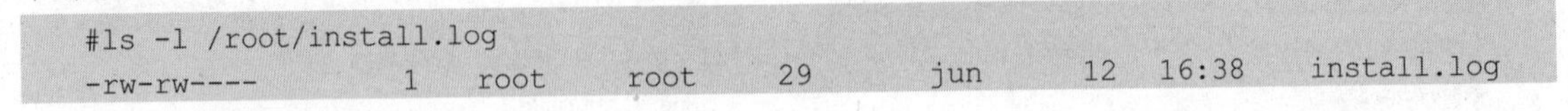

```
#ls -l /root/install.log
-rw-rw----        1   root    root    29      jun      12   16:38    install.log
```

14.2.4 创建用户组

如同创建用户一样，使用 Red Hat 用户管理器可以方便地进行添加用户组的操作。如图 14-9 所示，该用户管理器显示了系统已经创建的一些用户组的基本信息（包括组群名、组群 ID、组群成员）。

创建系统的用户组群的操作步骤如下：

（1）单击 Red Hat 用户管理器中的“添加组群”按钮，则 Linux 显示“创建新组群”对话框，如图 14-10 所示。

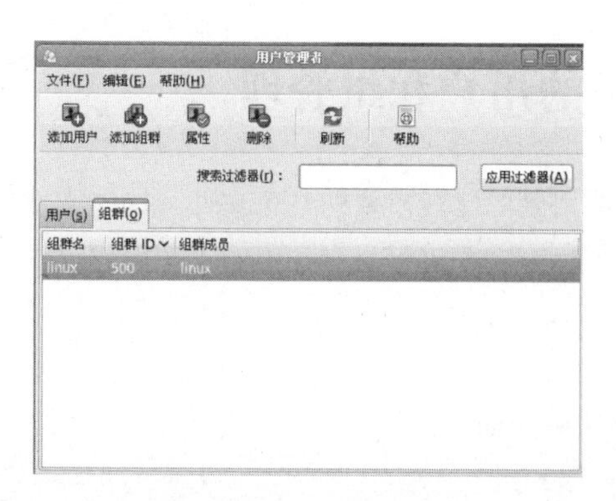

图 14-9　已创建用户组群

图 14-10　“创建新组群”对话框

（2）在“创建新组群”对话框中填写需要添加的用户组群的基本信息，包括：组群名、是否手工指定组群 ID 以及 GID。

（3）填写信息完毕后，单击“确定”按钮，则添加用户组群操作成功。如果不想操作生效，则单击“取消”按钮。

在上述步骤中，创建了一个组群名为 manager，GID 为 5500 的组群。

说明：组群的建立与成员组群的划分在实际应用中具有相当的技巧，读者应该根据应用的实际需要来进行操作，切忌盲目、马虎地进行，否则会引起用户以及组群权限的混乱和访问安全问题的出现。

14.2.5　修改用户组属性

在 Reh Hat 用户管理器中，修改用户组属性如同创建用户组群一样，也是一件比较简单的工作。下面介绍该操作的基本步骤：

（1）选择 Red Hat 用户管理器中“组群”选项卡下需要修改的组群，则 Linux 将高亮显示该被选组群。

（2）双击该用户区域或者单击工具栏中的“属性”按钮，则 Linux 显示“组群属性”对话框。

（3）在“组群属性”对话框中，单击“组群数据”标签，则可以改写用户组群的名称，如图 14-11 所示。

（4）在“组群属性”对话框中，单击“组群用户”选项卡，则可以选择系统中存在的任意用户加入到该组群中，如图 14-12 所示。改写信息完毕后，单击“确定”按钮，则修改用户属性操作成功。如果不想操作生效，则单击“取消”按钮。

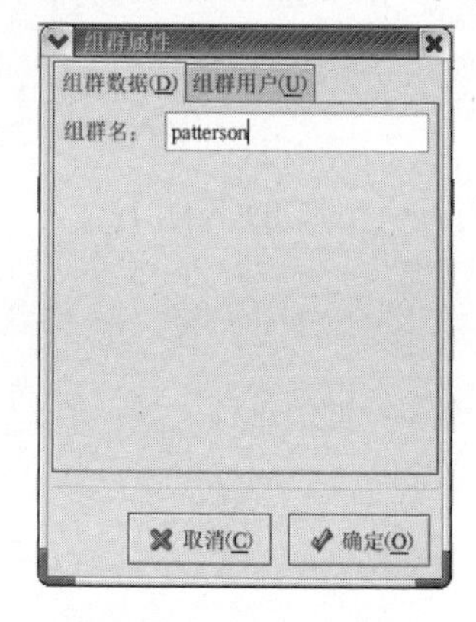

图 14-11　修改组群数据

图 14-12　修改组群用户属性

14.3 命令行界面下的用户和组管理

前面讲述了在 Linux 系统中，用户和组管理需要用到的比较重要的几个文件。这些文件包含了用户和组的所有重要信息。下面将介绍如何通过命令行方式来进行用户和组的管理操作。

14.3.1 使用 useradd 命令添加用户

Linux 使用 useradd 命令添加用户，该命令的语法格式如下：

```
useradd [-c comment] [-d dir] [-e expire] [-g group] [-G group1,grooup2…] [-m [ -k skel_dir ]]
[ -u uid ] [ -s shell ]username
```

该命令各个参数的含义如表 14-3 所示。

表 14-3 useradd 参数含义

参 数	说 明
-c comment	提供有关 login 参数指定的用户的一般信息。comment 参数是一个字符串，但其中不能出现冒号（:）字符并且不能以字符“#!”作为结束符
-d dir	标识 login 参数指定的用户所在的主目录。dir 参数是完整路径名
-e expire	标识用户账号的截止日期。expire 参数是一个以 MMDDhhmmyy 格式表示的 10 个字符的字符串，其中 MM 是月，DD 是天，hh 是小时，mm 是分钟，yy 是从 1939 年到 2038 年的最后 2 位数字。所有的字符都是数字。如果 expire 参数为 0，则该账户永不过期。默认值是 0
-g group	标识用户的主要组。group 参数必须包含有效的组名并且其不能为空值
-G group1,group2,...	标识用户所加入的次要组。group1,group2,...参数是使用逗号分隔的组名列表
-k skel_dir	将默认文件从 skel_dir 复制到用户的主目录下。其仅与-m 标志在一起使用
-m	如果用户的主目录不存在，则自动创建一个。默认情况下建立主目录
-s shell	标识用户在登录时所使用的 shell。shell 参数是完整路径名
-u uid	指定用户标识。uid 参数是一个唯一的整数字符串。用户应该避免更改该属性，以免破坏系统安全性

虽然 useradd 命令参数比较多，但平时使用时如无特殊需要，无须带有过多参数。useradd 命令最简单的用法是：

```
# useradd  username
```

比如，要添加一个名为 lily 的用户，只需输入如下命令即可。

```
#useradd lily
```

如此简单的命令，系统会自动为用户做如下事情：

- 为 lily 用户分配一个新的用户 ID 号，该值为系统中已有最大用户 ID 号加 1；
- 在/etc/passwd 和/etc/shadow 各添加一行信息；
- 为 lily 用户创建新的用户主目录，路径为/home/lily；
- 为 lily 用户创建主要组，组名为 lily，并在/etc/group 中添加一行信息；
- 设置用户的默认登录 shell 为/bin/bash；
- 设置用户账户永不过期。

下面给出使用 useradd 命令添加用户的例子：

```
//建立一个用户名为 jack，描述信息为 Jack，用户组为 mary，登录 shell 为/bin/bash
```

```
//登录主目录为/home/Jack 的用户
#useradd -c "Jack" -g mary -s /bin/bash -d /home/Jack  jack
#passwd jack                      //给该用户指定密码
Changing password for user jack.
New password:                     //提示输入新密码
Retype new password:              //重新输入新密码
passwd: all authentication tokens updated successfully.       提示修改成功

//建立一个用户名为 waston，描述信息为 Waston，用户组为 mary，登录 shell 为/bin/bash
//登录主目录为/home/wastom，用户 ID 为 4800，账户过期日期为 2017 年 7 月 30 日的用户
#useradd  -c "Waston" -g mary -s /bin/bash -d /home/waston -u 4800 -e 2017-07-30 waston
```

14.3.2　使用 passwd 命令设置用户密码

用户创建好后，还必须设置密码，用户才能登录。出于系统安全考虑，Linux 系统中的每一个用户除了有其用户名外，还有其对应的用户口令。通过 passwd 命令可以实现为新创建的用户设置口令。例如，超级用户要设置或改变用户 me 的口令时，可使用命令：

```
# passwd me
```

系统会提示输入新的口令，新口令需要输入两次，并且两次的输入必须相同。出于安全原因，从键盘键入口令时不会在屏幕上回显出来。root 用户可以改变所有用户的密码，普通用户只能改变自己的密码。任何时候，用户只需在终端下输入如下命令即可修改自己的密码：

```
$ passwd
```

系统会要求用户先提供原密码，然后新密码，共要输入三次密码。密码要满足 Linux 对密码的复杂性要求：至少 6 位长度，包括字母、数字、符号等；否则，系统不予修改。

14.3.3　使用 usermod 命令修改用户信息

在 Linux 中，usermod 命令用来修改使用者账号信息。用户使用 useradd 命令添加的用户信息，都可以使用 usermod 进行修改，这里不再一一列出。

该命令的使用格式为：

```
usermod [-l newusername] [-u newuserID]选项 用户名
```

该命令使用的参数和 useradd 命令使用的参数一致，这里也不再赘述。其中-l 为改变用户名的参数，-u 为改变用户 ID 的参数。

说明：在使用过程当中，usermod 命令会参照命令列上指定的修改系统账号的相关信息。usermod 不允许改变正在系统中使用的用户账户。当 usermod 用来改变 user ID，必须确认该 user 没有在系统中执行任何程序。

一般不建议修改用户名和用户 ID，因为可能会带来对文件所有者身份变化的麻烦。比如用户在变更前在/mnt 下拥有一个文件 test，修改用户名和用户 ID 后，该文件的相关信息并不会同步变更，除非手动更新，否则用户可能无法控制 test 文件了。

下面给出使用该命令修改用户信息的例子：

```
//将用户 waston 的组改为 super，其用户 ID 改为 5600
#usermod -g super -u 5600 waston
```

```
//将用户 jack 的用户名改为 honey-jack，其登录 Shell 改为/bin/bash，用户描述改为
// "honey-jack"
#usermod -l honey-jack  -s /bin/bash -c  "honey-jack"  jack
```

14.3.4 使用 userdel 命令删除用户

在 Linux 中，userdel 命令的功能是删除系统中的用户信息。该命令的使用格式为：

```
userdel 选项 用户名
```

该命令的选项如下。

- -r：删除账号时，连同账号主目录一起删除。默认情况下是不删除用户主目录的。

说明：删除用户账号时非用户主目录下的用户文件并不会被删除，管理员必须以 find 命令搜索删除这些文件。

下面给出使用该命令的例子：

```
//删除用户 manager，并且使用 find 命令删除该用户非用户主目录下的文件
#userdel manager
#find / -user manager-exec rm {} \。
```

14.3.5 使用 groupadd 命令创建用户组

在 Linux 中，groupadd 命令可指定群组名称来建立新的组账号。需要时可从系统中取得新组值。该命令的使用格式为：

```
groupadd 选项 用户组名
```

该命令的选项如表 14-4 所示。

表 14-4 groupadd 参数含义

参　数	说　明
-g gid	组 ID 值。除非使用-o 参数，否则该值必须唯一。并且，数值不可为负。预设为最小不得小于 500 而逐次增加，数值 1~499 传统上是保留给系统账号使用的
-o	配合上面-g 选项使用，可以设定不唯一的组 ID 值
-r	此参数用来建立系统账号
-f	新增一个已经存在的组账号，系统会出现错误信息然后结束该命令执行操作。如果是这样的情况，不新增这个群组；如果新增的组所使用的 GID 系统已经存在，结合使用-o 选项则可以成功创建

下面给出使用该命令的例子：

```
//最简单的用法，创建名为 test 的组，系统自动分配组 ID
#groupadd  test

//创建一个 GID 为 5400，组名为 testbed 的用户组
#groupadd -g 5400 testbed

//再次创建一个 GID 为 5401，组名为 testbed 的用户组，由于组名不唯一，创建失败
#groupadd -g 5401 testbed
groupadd: group testbed exists

#使用-f 和 -o 选项，系统不提示信息，由于组名不唯一，仍然创建失败
```

```
#groupadd -g 5401  -f -o testbed

#创建一个 GID 为 5400，组名为 supersun 的用户组，由于 GID 不唯一，创建失败
#groupadd -g 5400 supersun
groupadd: gid 5400 is not unique

#使用-f 选项，则创建成功，系统将该 GID 递增为 5401
#groupadd -g 5400 -f supersun

#综合使用-f 和-o 选项，则创建成功，系统将该 GID 仍然设置为 5401
#groupadd -g 5400 -f -o supersun
```

14.3.6　使用 groupmod 命令修改用户组属性

groupmod 命令用来修改用户组信息。该命令的使用格式为：

```
groupmod 选项 用户组名
```

groupmod 命令会参照命令选项上指定的部分修改用户组属性。下列为该命令的选项，如表 14-5 所示。

表 14-5　groupmod 参数含义

参　数	说　明
-g gid	组 ID 值。其必须为唯一的 ID 值，除非用-o 选项。数字不可为负值。预设为最小不得小于 99 而逐次增加，0~99 传统上是保留给系统账号使用的
-o	配合上面-g 选项使用，可以设定不唯一的组 ID 值
-n group_name	更改组名

下面给出使用该命令的例子：

```
//将组 testbed 的名称改为 testbed-new
#group -n testbed-new testbed

//将组 testbed-new 的 GID 改为 5404
#group -g 5404 testbed-new

//将组 testbed-new 的 GID 改为 5405，名称改为 testbed-old
#group -g 5405 -n testbed-old testbed-new
```

说明：groupmod 命令只能修改组名和组 ID，不能添加、删除组中的用户，若要实现该功能，必须使用 usermod 的-G 选项。

14.3.7　使用 groupdel 命令删除用户组

groupdel 命令比较简单，用来删除系统中存在的用户组。该命令的使用格式为：groupdel 用户组名。使用该命令时必须确认待删除的用户组存在。

说明：如果有任何一个组群的用户在系统中使用，并且要删除的组为该用户的主要组时，则不能移除该组群，必须先删除该用户后才能删除该组。另外，在删除用户时，属于该用户的主要组默认会被同步删除。如果删除的组为次要组，组删除后，组中成员自动从该组中退出。

下面给出使用该命令的例子：

```
#cat /etc/group                //显示出系统中存在的组
named:x:25:
ntp:x:38:
gdm:x:42:
postgres:x:26:
supersun:x:501: super
super:x:502:
patterson1:x:504:
programmer:x:2500:
jerry:x:503:
manager:x:2500:

//删除用户组 super，其存在一个用户 liyangsuper，所以不能删除
#groupdel super
groupdel: cannot remove user's primary group.

//删除用户组 jerry，该组没有任何用户，删除成功
#groupdel jerry
```

14.4 小　　结

本章介绍了如何对用户及用户组文件进行管理与验证。如何利用图形化工具和在命令行界面下完成用户账号、工作组的建立和维护，并正确设置用户权限和安全性问题。通过本章内容可以看出利用图形配置工具与使用命令进行用户/用户组管理完成的是同样的工作。不同之处在于图形工具的操作界面友好直观，用户也不必去记忆大量的命令和参数。

第 15 章 Linux 内核编译与升级

Linux 内核编译和升级具有一定的深度和复杂性，同时也是易失败的配置工作。内核重编译和升级对许多 Linux 爱好者来说都是一个不小的挑战，本章将重点介绍 Linux 内核编译与升级。

15.1 Linux 内核编译

内核是 Linux 系统的核心。它与诸如编译器、编辑器、窗口管理器等程序一起，组成了发布版。因此，虽然有不同的发布版，但其内核是相同的。实际上，任何被看成 Linux 系统的其他内容（如编辑器、字处理软件、Web 浏览器等）都是窗口式的装饰品。

内核在系统引导时装入，用来提供用户层程序和硬件之间的接口，执行发生在多任务系统中的实际任务转换，处理读写磁盘的需求，处理网络接口，以及管理内存。一般情况下，自动安装的内核无须任何改动就可以在机器上运行，但若要为新的设备添加支持程序或削减内核支持的设备列表，以降低内存需求，则需要配置内核。

15.1.1 什么情况下需要重新编译内核

在近年 Linux 的发布版本中，把运行系统所需要的一切程序都配置到内核中的情况非常多。可是，有时也会出现内核不支持计算机硬件的情况。还可能需要某些特殊功能，但此功能不通用。也可能需要实现一种安全解决方案，此方案需要使用新的内核。也可能是新内核解决了老内核的一些 bug。还可能是其他一些原因。

在通常情况下，可以通过使用 uname 命令查看 Linux 内核的版本：

```
#uname -a
```

显示如下信息：

```
Linux rhel 2.6.32-279.el6.i686 #1 SMP Wed Jun 13 18:23:32 EDT 2012 i686 i686 i386 GNU/Linux
```

当然，还可以通过其他途径查看系统内核，比如 grub 启动界面等。

15.1.2 下载和编译新内核

下载 Linux 内核可以登录 kernel 网站：http://www.kernel.org/ ，该网站提供 Linux 最新内核的下

载。Linux 在 2011 年 7 月 22 日将 2.6 的内核直接升级成了 3.0。因此 Linux 内核的发展有 2.6 版本的和 3.0 版本的。2.6 内核的最新版本为 2012 年 3 月 13 日更新的 Linux-2.6.35.13 版本；3.0 内核的最新版本为 2012 年 8 月 26 日更新的 Linux-3.5.3 版本。下载地址分别如下。

linux-2.6.35.13.tar.bz2：

http://www.kernel.org/pub/linux/kernel/v2.6/longterm/v2.6.35/

linux-3.5.3.tar.bz2：

http://www.kernel.org/pub/linux/kernel/v3.0/

Linux 内核的编译并不复杂，内核编译的步骤如下。

（1）解压下载下来的内核。在通常情况下，系统默认选择/usr/src 目录，作为内核保存的目录。

```
# tar -jxvf linux-3.5.3.tar.bz2 -C /usr/src
```

（2）进入 linux-3.5.3 目录，进行新内核的配置过程。

注意：内核配置，有以下 3 种方式，如表 15-1 所示。

表 15-1　内核配置方式

方　　式	说　　明
make config	基于文本的最为传统的配置界面，不推荐使用
make menuconfig	基于文本选单的配置界面，字符终端下推荐使用。注意：使用 make menuconfig 需要安装 ncurses（ncurses-devel）文件支持，如果未安装会报错，安装光盘中有该文件
make xconfig	基于图形窗口模式的配置界面，Xwindow 下推荐使用

这里使用 make menuconfig，打开图 15-1 所示的界面。

```
#make menuconfig
```

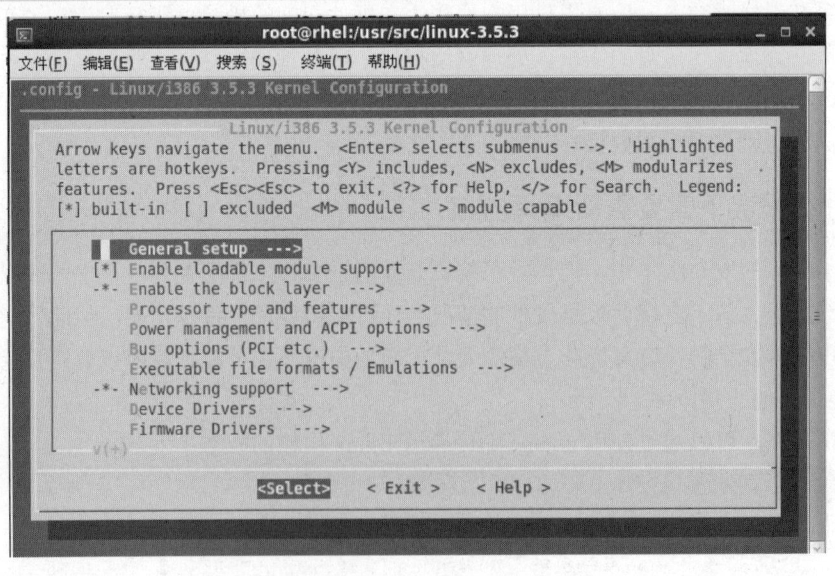

图 15-1　make menuconfig

在内核编译过程中，上下光标键进行类别选择，回车进入自类别，在条目当中用户使用 Y（是）、N（否）和 M（模块）来确定新内核在启动时是加载、不加载还是作为模块加载；或者也可以使用空格键在这 3 者之间循环选择。有些条目，系统根据用户做出的选择，可能要求提供特定于某种设备的信息，用户需要仔细阅读。在整个编译过程中，当遇到不明确的地方，可以使用“help”按钮。

当完成以上各项操作后，使用“Exit”返回上级目录，最后用“Exit”退出时系统提示保存，如图 15-2 所示。

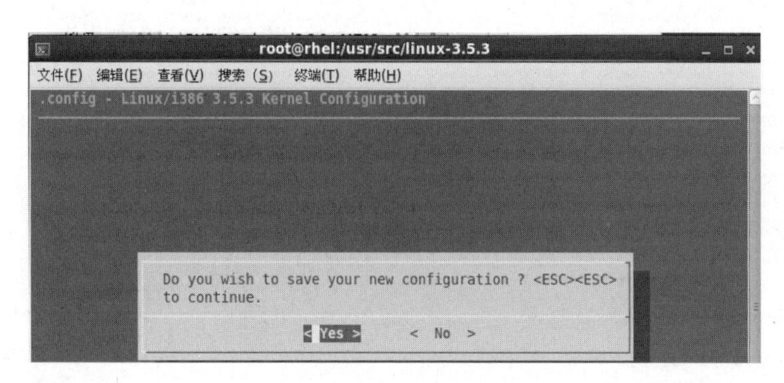

图 15-2　保存

（3）接着执行 make clean 命令。如果这是第一次编译，将会看到一条提示信息，提示正在整理和删除那些实际上并不存在的文件。

（4）下面开始编译内核。需要使用 make bzImage 命令来完成该项操作，如图 15-3 所示。

说明：由于旧 Intel 处理器的限制，内核必须能够加载到最前面的 1MB 的内存中，这就是出现内核映像问题和偶尔看到的“内核太大”消息的原因所在。虽然可以执行 make zImage，但是在大多数现代环境中最好不要这么做。除非把一切都作为模块编译，并清理了所有不需要的内容，否则内核似乎总是很大，以致无法适应旧的内核模式。这意味着需要返回执行 make bzImage。bzImage 内核（把“b”当成“big”，即“庞大”）假定不再受到旧限制的影响。

（5）编译模块，这一步取决于选择的模块的多少，如图 15-4 所示。

```
# make modules
```

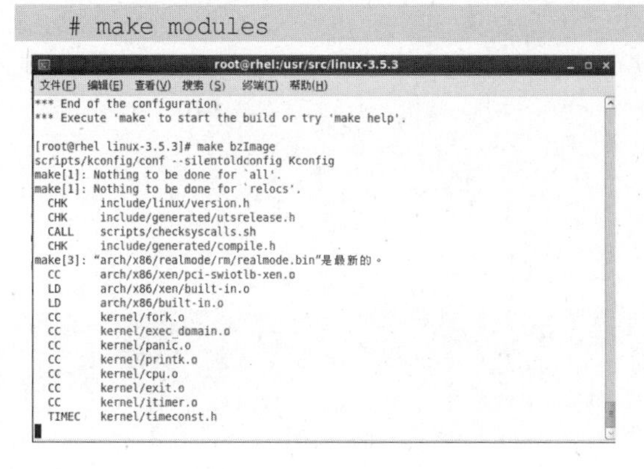

图 15-3　编译内核

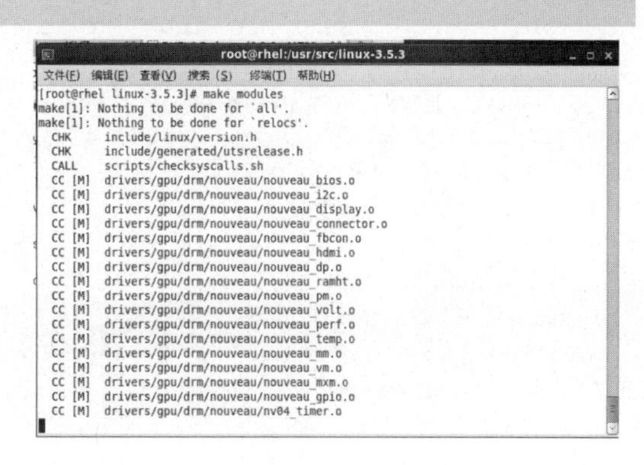

图 15-4　编译模块

（6）接下来，安装模块。这一步就是把编译好的 modules 复制到/lib/modules/相应的内核目录里面，如图 15-5 所示。

```
#make modules_install
```

（7）安装内核，如图 15-6 所示。

```
#make install
```

```
root@rhel:/usr/src/linux-3.5.3
文件(F) 编辑(E) 查看(V) 搜索(S) 终端(T) 帮助(H)
 INSTALL drivers/media/rc/keymaps/rc-apac-viewcomp.ko
 INSTALL drivers/media/rc/keymaps/rc-asus-pc39.ko
 INSTALL drivers/media/rc/keymaps/rc-asus-ps3-100.ko
 INSTALL drivers/media/rc/keymaps/rc-ati-tv-wonder-hd-600.ko
 INSTALL drivers/media/rc/keymaps/rc-ati-x10.ko
 INSTALL drivers/media/rc/keymaps/rc-avermedia-a16d.ko
 INSTALL drivers/media/rc/keymaps/rc-avermedia-cardbus.ko
 INSTALL drivers/media/rc/keymaps/rc-avermedia-dvbt.ko
 INSTALL drivers/media/rc/keymaps/rc-avermedia-m135a.ko
 INSTALL drivers/media/rc/keymaps/rc-avermedia-m733a-rm-k6.ko
 INSTALL drivers/media/rc/keymaps/rc-avermedia-rm-ks.ko
 INSTALL drivers/media/rc/keymaps/rc-avermedia.ko
 INSTALL drivers/media/rc/keymaps/rc-avertv-303.ko
 INSTALL drivers/media/rc/keymaps/rc-azurewave-ad-tu700.ko
 INSTALL drivers/media/rc/keymaps/rc-behold-columbus.ko
 INSTALL drivers/media/rc/keymaps/rc-behold.ko
 INSTALL drivers/media/rc/keymaps/rc-budget-ci-old.ko
 INSTALL drivers/media/rc/keymaps/rc-cinergy-1400.ko
 INSTALL drivers/media/rc/keymaps/rc-cinergy.ko
 INSTALL drivers/media/rc/keymaps/rc-dib0700-nec.ko
 INSTALL drivers/media/rc/keymaps/rc-dib0700-rc5.ko
 INSTALL drivers/media/rc/keymaps/rc-digitalnow-tinytwin.ko
 INSTALL drivers/media/rc/keymaps/rc-digittrade.ko
```

图 15-5　安装模块

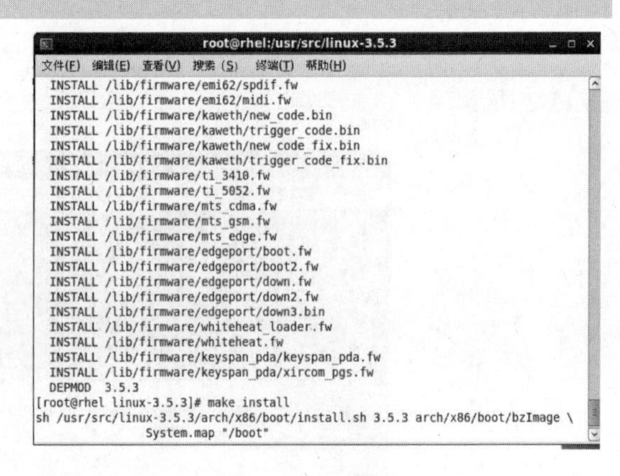

图 15-6　安装内核

内核的安装非常耗费时间，可以多泡几杯咖啡，慢慢等吧。

（8）最后一步，查看启动配置文件 grub.conf，查看新内核启动项是否加载上去。

```
[root@rhel etc]# cat grub.conf
# grub.conf generated by anaconda
#
# Note that you do not have to rerun grub after making changes to this file
# NOTICE:  You do not have a /boot partition.  This means that
#          all kernel and initrd paths are relative to /, eg.
#          root (hd0,0)
#          kernel /boot/vmlinuz-version ro root=/dev/sda1
#          initrd /boot/initrd-[generic-]version.img
#boot=/dev/sda
default=1
timeout=5
splashimage=(hd0,0)/boot/grub/splash.xpm.gz
hiddenmenu
title Red Hat Enterprise Linux Server (3.5.3)
 root (hd0,0)
 kernel   /boot/vmlinuz-3.5.3   ro   root=UUID=1b5ee2b0-8cd0-4a3f-81cf-20890161e349 
rd_NO_LUKS  KEYBOARDTYPE=pc  KEYTABLE=us  rd_NO_MD  crashkernel=auto  LANG=zh_CN.UTF-8 
rd_NO_LVM rd_NO_DM rhgb quiet
 initrd /boot/initramfs-3.5.3.img
title Red Hat Enterprise Linux (2.6.32-279.el6.i686)
 root (hd0,0)
 kernel   /boot/vmlinuz-2.6.32-279.el6.i686   ro   root=UUID=1b5ee2b0-8cd0-4a3f-81cf-
20890161e349 rd_NO_LUKS KEYBOARDTYPE=pc KEYTABLE=us rd_NO_MD crashkernel=auto LANG=zh_CN.
UTF-8 rd_NO_LVM rd_NO_DM rhgb quiet
 initrd /boot/initramfs-2.6.32-279.el6.i686.img
```

说明：*若启动文件中无新内核的启动项，可以手工添加。*

15.1.3　自动编译和安装

上节所使用的编译内核的过程也可以使用一种更简便的方法来完成。输入如下命名或许可以跳过几步：

```
make
```

该命令将重新复制内核，并且基本上自动运行以后的操作。但是在这里并不赞成此种做法，因为只有对整个过程的每一步操作都有了了解，才能在出现错误时知道是哪一步操作出现的错误，并根据问题做相应的处理。

15.2 RHEL 6 源码升级内核方法

RHEL 是 Red Hat 公司的商业支持版本，它的软件可以免费获得，免费使用，但是补丁和技术支持则需收费。但是根据 GPLv 2 协议，对内核的任何改动都必须公布代码，所以 Red Hat 只将源码公布在官方的 FTP 上，没有给出二进制包。对于没有买 RHEL 服务的人来说，则需要自己手动将源码编译成 RPM 二进制包。

但是在 RHEL 6 版本中，Red Hat 为了遏制 Oracle 的 OEL，改变了一些打包方式。另一方面，内核变化很大，从 2.6.18 变成 2.6.32，跨度太大，有些地方有改变。因此源码升级内核变得比 RHEL 5 困难多了。

Red Hat 公司对外提供了一个 ftp 站点，用户可以在该站点下载 Red Hat 提供的最新的内核源码。

```
ftp://ftp.RedHat.com/redhat/linux/enterprise/6Server/en/os/SRPMS/
```

官方提供的内核更新只是在原内核版本上的修补，而不是与 kernel 同步的。下面是升级的步骤：

（1）获取内核。

从 ftp 中下载最新的内核 kernel-2.6.32-279.5.2.el6.src.rpm。保存在/root 目录下。

（2）安装源码。

```
#rpm -ivh kernel-2.6.32-131.6.1.el6.src.rpm
warning: user mockbuild does not exist - using root
warning: group mockbuild does not exist - using root
……
```

系统提示没有 mockbuild 用户，先使用 useradd 命令创建之。

```
#useradd mockbuild
#rpm -ivh kernel-2.6.32-131.6.1.el6.src.rpm
```

命令会将源码解包到/root/rpmbuild 目录下。

（3）解决依赖性。

如果我们直接去 rpmbuild 的话，会发现有很多依赖包要安装，根据系统提示一个一个安装上去即可。有的依赖包在光盘中就有，有的依赖包要从 ftp 中下载源码来安装。下面以 asciidoc 包为例依赖包的安装过程。

首先，从 ftp 中下载 asciidoc-8.4.5-4.1.el6.src.rpm 文件，保存于/root 下。

```
#rpm -ivh asciidoc-8.4.5-4.1.el6.src.rpm
#cd rpmbuild/SPECS
#rpmbuild --bb --target=`uname -m` asciidoc.spec
```

在/root/rpmbuild/RPMS/onarch 下会出现 asciidoc 程序的安装包，cd 进去后直接安装即可。

```
#cd /root/rpmbuild/RPMS/onarch
#rpm -ivh asciidoc-8.4.5-4.1.el6.noarch.rpm
```

直至把所有的依赖关系解决后，才能 rpmbuild 内核。使用如下命令：

```
rpmbuild --bb --with firmware --target=`uname -m` kernel.spec
```

这一步也和源码安装一样漫长。

（4）安装编译好的二进制包。

rpmbuild 好后，完成的二进制包在/root/rpmbuild/RPMS/onarch 下，rpm 安装即可。

（5）最后一步，查看启动配置文件 grub.conf，查看新内核启动项是否加载上去。同源码升级一样。

```
[root@rhel etc]# cat grub.conf
# grub.conf generated by anaconda
#
# Note that you do not have to rerun grub after making changes to this file
# NOTICE:  You do not have a /boot partition.  This means that
#          all kernel and initrd paths are relative to /, eg.
#          root (hd0,0)
#          kernel /boot/vmlinuz-version ro root=/dev/sda1
#          initrd /boot/initrd-[generic-]version.img
#boot=/dev/sda
default=1
timeout=5
splashimage=(hd0,0)/boot/grub/splash.xpm.gz
hiddenmenu
title Red Hat Enterprise Linux Server (2.6.32-279.5.2.el6.i686)
 root (hd0,0)
 kernel /boot/vmlinuz-2.6.32-279.5.2.el6.i686 ro root=UUID=1b5ee2b0-8cd0-4a3f-81cf-20890161e349 rd_NO_LUKS  KEYBOARDTYPE=pc KEYTABLE=us rd_NO_MD crashkernel=auto LANG=zh_CN.UTF-8 rd_NO_LVM rd_NO_DM rhgb quiet
 initrd /boot/initramfs-2.6.32-279.5.2.el6.i686.img
title Red Hat Enterprise Linux (2.6.32-279.el6.i686)
 root (hd0,0)
 kernel  /boot/vmlinuz-2.6.32-279.el6.i686  ro  root=UUID=1b5ee2b0-8cd0-4a3f-81cf-20890161e349 rd_NO_LUKS  KEYBOARDTYPE=pc KEYTABLE=us rd_NO_MD crashkernel=auto LANG=zh_CN.UTF-8 rd_NO_LVM rd_NO_DM rhgb quiet
 initrd /boot/initramfs-2.6.32-279.el6.i686.img
```

15.3 官方 Linux 内核升级

为了保证内核的完整性以及对硬件的兼容性，Red Hat Linux 内核均由 Red Hat 内核小组编写发布。并且一款新内核在发布之前，都会通过一系列非常严格的质量检测。

由于 Red Hat Linux 内核均使用 RPM 格式进行打包，因而很方便进行升级。但前面已经说过，RHEL 为 Red Hat 公司的商业版本，要想获得支持，必须交钱进行注册和订阅，然后才能获得这些升级的权利。否则只能下载源码升级包。

15.3.1 有效订阅内核升级

用户假若已经为所使用的 RHEL 商业版本付了钱，那么再升级系统就会比较容易了。

选择“系统”|“管理”|“订阅管理器”命令，在弹出的窗口中输入自己注册的账号和订阅号，

如图 15-7 所示。

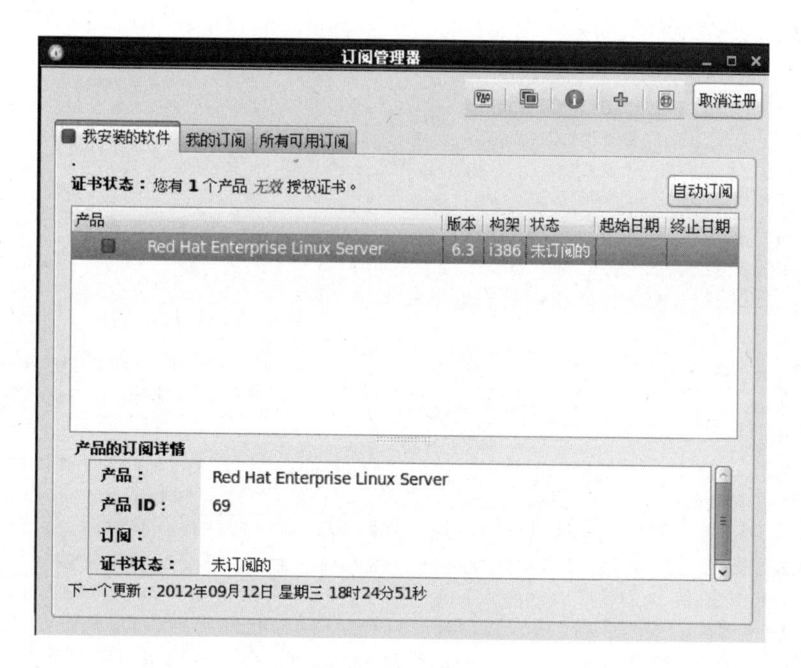

图 15-7　订阅管理

然后选择“系统”|“管理”|“软件更新”命令，在弹出的窗口中系统会自动更新，包括内核文件，如图 15-8 所示。

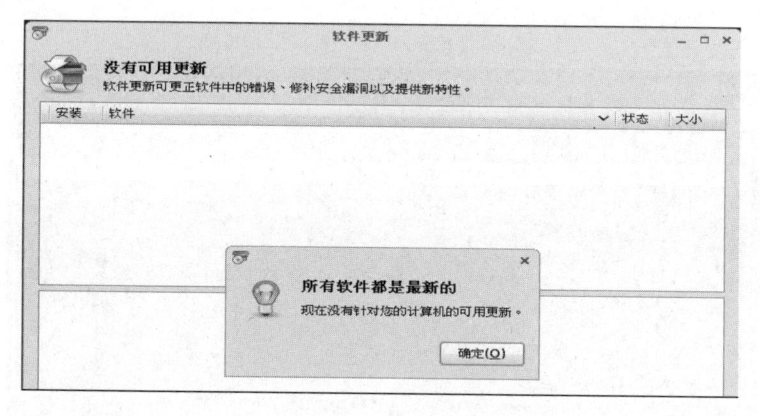

图 15-8　软件更新

15.3.2　CentOS 内核替代升级法

CentOS 是一个基于 Red Hat Linux 提供的可自由使用源代码的企业级 Linux 发行版本。CentOS 就是将 RHEL 发行的源代码重新编译一次，形成一个可使用的二进制版本。只是去掉了 REDHAT 的商标。CentOS 是完全免费且支持在线升级。

用户可以从 CentOS 的镜像站点下载最新的 rpm 内核安装，CentOS 提供了众多的镜像站点，下面介绍升级方法：

（1）下载内核文件。

我们从中国科大的镜像网站下载内核文件。在浏览器中输入如下网址：

```
http://centos.ustc.edu.cn/centos/6.3/updates/i386/Packages/
```

打开网站后下载如下几个内核相关文件：

```
kernel-2.6.32-279.5.2.el6.i686.rpm
kernel-debug-2.6.32-279.5.2.el6.i686.rpm
kernel-debug-devel-2.6.32-279.5.2.el6.i686.rpm
kernel-devel-2.6.32-279.5.2.el6.i686.rpm
kernel-doc-2.6.32-279.5.2.el6.noarch.rpm
kernel-firmware-2.6.32-279.5.2.el6.noarch.rpm
kernel-headers-2.6.32-279.5.2.el6.i686.rpm
```

（2）安装文件。

```
# rpm -ivh kernel*rpm
warning: kernel-2.6.32-279.5.2.el6.i686.rpm: Header V3 RSA/SHA1 Signature, key ID c105b9de: NOKEY
Preparing...                ########################################### [100%]
   1:kernel-firmware        ########################################### [ 14%]
   2:kernel                 ########################################### [ 29%]
   3:kernel-debug           ########################################### [ 43%]
   4:kernel-headers         ########################################### [ 57%]
   5:kernel-doc             ########################################### [ 71%]
   6:kernel-devel           ########################################### [ 86%]
   7:kernel-debug-devel     ########################################### [100%]
```

注意： *号为通配符。安装时使用 i 参数，新老内核都可使用，如果用 U 则老内核会被新内核替换掉。

（3）重启系统，选择新内核启动，如图 15-9 所示。

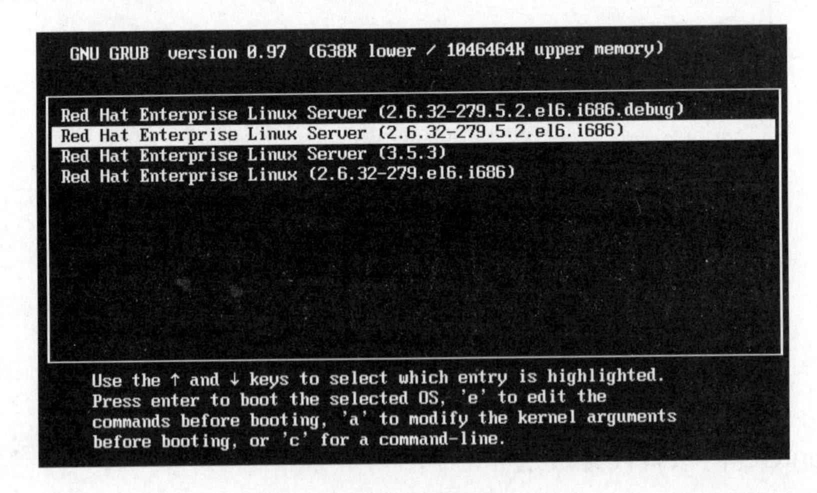

图 15-9 新内核

15.4 小 结

本章从 Linux 内核编译步骤、内核升级步骤和内核重编译常见故障及解决方法等方面作了详细的介绍，通过学习，读者可以自己进行 Linux 内核的重编译及升级。

第 16 章 Proxy 服务器配置

本章首先介绍代理服务器的基本概念和功能，然后详细介绍了开放源代码的代理服务器软件 Squid 的安装、配置以及客户端主机如何使用 Squid 充当代理服务器。最后介绍了 Squid 的高级配置选项。

16.1 代理服务器简介

proxy 是代理、委任的意思。通常说的 proxy 服务器就是代理服务器，在 RHEL 6 中自带的代理服务器软件就是 Squid，一般来说我们也把 proxy server 称作 Squid Server。

16.1.1 代理服务器的功能

代理服务器是目前网络中常见的服务器之一，它可以提供文件缓存、复制和地址过滤等服务，充分利用有限的出口带宽，加快内部主机的访问速度，也可以解决多用户需要同时访问外网但公有 IP 地址不足的问题。同时可以作为一个防火墙，隔离内网与外网，并且能提供监控网络和记录传输信息的功能，加强局域网的安全性等。一般来说，代理服务器具有以下的功能。

1. 通过缓存增加访问速度

随着 Internet 的迅猛发展，网络带宽变得越来越珍贵。所以为了提高访问速度，好多 ISP 都提供代理服务器，通过代理服务器的缓存功能来加快网络的访问速度。一般来说，大多数的代理服务器都支持 HTTP 缓存，但是，有的代理服务器也支持 FTP 缓存。在选择代理服务器时，对于大多数的组织，只需要 HTTP 缓存功能就足够了。

通常，缓存有主动缓存被动缓存之分。所谓被动缓存，指的是代理服务器只在客户端请求数据时才将服务器返回的数据进行缓存，如果数据过期了，又有客户端请求相同数据时，代理服务器又必须重新发起新的数据请求，在将响应数据传送给客户端时又进行新的缓存。所谓主动缓存，就是代理服务器不断地检查缓存中的数据，一旦有数据过期，则代理服务器主动发起新的数据请求来更新数据。这样，当有客户端请求该数据时就会大大缩短响应时间。还需要说明的是，对于数据中的认证信息，大多数的代理服务器都不会进行缓存的。

2. 提供用私有 IP 访问 Internet 的方法

IP 地址是不可再生的宝贵资源，假如只有有限的 IP 地址，但是需要提供整个组织的 Internet 访问能力，那么，用户可以通过使用代理服务器来实现这一点。

3. 提高网络的安全性

这一点是很明显的，如果内部用户访问 Internet 都是通过代理服务器，那么，代理服务器就成为进入 Internet 的唯一通道；反过来说，代理服务器也是 Internet 访问内部网的唯一通道，如果用户没有做反向代理，则对于 Internet 上的主机来说，用户的整个内部网只有代理服务器是可见的，从而大大增强了网络的安全性。

16.1.2 Squid 代理服务器

Squid 是一个缓存 Internet 数据的软件，它接收用户的下载申请，并自动处理所下载的数据。也就是说，当一个用户想要下载一个主页时，它向 Squid 发出一个申请，要 Squid 替它下载，然后 Squid 连接所申请的 Web 服务器并请求该主页，接着把该主页传给用户同时保留一个备份，当别的用户申请同样的页面时，Squid 把保存的备份立即传给用户，使用户觉得速度相当快。这样既可以分担 Web 服务器的负担，也可以提高浏览速度。

作为代理服务器，Squid 还可以作为客户机与服务器之间的媒介，客户机不需要直接连接到服务器上，而是先连接到代理服务器上，再由代理服务器将请求转发到 Web 服务器。这样将 Web 服务器掩护在代理服务器的后面，就大大地提高了 Web 服务器的安全指数，能有效地防止客户机对网络内部的入侵。

除了充当代理服务器外，Squid 也可以是 Internet 缓存层次结构的一部分，来作为缓存服务器。当 Internet 资料从原来服务器取出并复制到靠近用户的缓存服务器时，这时就产生了 Internet 缓存，缓存服务器将上次被请求的资料保留，当用户再次请求缓存结构中的内容时，将直接从缓存服务器得到这些资料，而不需要从原服务器来获取。

Squid 的缓存服务是通过 Linux 系统的 ICP 端口提供的，除了 ICP 服务，也可允许 SNMP（简单网络管理协议）服务。SNMP 允许计算机得到在网络上的 SNMP 代理的统计和状态信息。

16.2 获取安装 Squid Server

16.2.1 获取 Squid

用户可以通过以下途径获取该软件：

- 从 Squid 的官方站点 http://www.squid-cache.org 下载该软件；
- 从用户自己手中的 Linux 发行版本中获取该软件。

Squid 最新版为 Squid-3.2。通常，Squid 软件包有两种：一种是源代码，下载后需要自己重新编译；另一种是就是 RedHat 所使用的 rpm 包。下面我们分别讲讲这两种软件包的安装方法。

16.2.2 安装 Squid

这里以 Squid-3.1 版为例。介绍一下 Squid 的安装。

1. rpm 包的安装

找到安装光盘中的 squid 文件后，执行下面命令安装 Squid 程序包：

```
#rpm -ivh squid-3.1.10-1.el6_2.4.i686.rpm
```

当然，用户也可以在开始安装系统的过程中选择安装该软件。

注意：这里再次强调一下，在 Linux 系统中是严格区分字母大小写的，请用户一定要注意。

2. 源代码包的安装

（1）从 http://www.squid-cache.org 下载 squid-3.2.3.tar.gz。下载后，将该文件：

```
[root@localhost root]#tar -xvzf squit-3.2.3.tar.gz
```

解开后，系统将生成一个新的目录 squit-3.2，为了方便用 mv 命令将该目录重命名为 squid：

```
[root@localhost root]#mv squit-3.2.STABLE2 squid
[root@localhost root]#cd squid
```

（2）执行./configure 指定安装目录。系统默认安装目录为/usr/local/squid。

执行 make all 编译运行软件。执行 make install 安装软件。

```
# ./configure --prefix=/usr/local/squid
# make all
#make install
```

安装结束后，squid 的可执行文件在安装目录的 bin 子目录下，配置文件在 etc 子目录下。

16.3　快速配置 Squid Server

要使用 Squid 服务器，首先要对其进行相应的配置。Squid 的配置文件存放在/etc/squid 目录下，用 gedit 打开并编辑即可。squid.conf 配置文件可以分为 13 个部分，这 13 个部分如表 16-1 所示。

表 16-1　squid.conf 配置文件内容分类

配 置 分 类	含　义
NETWORK OPTIONS	有关的网络选项
OPTIONS WHICH AFFECT THE NEIGHBOR SELECTION ALGORITHM	作用于邻居选择算法的有关选项
OPTIONS WHICH AFFECT THE CACHE SIZE	定义 cache 大小的选项
LOGFILE PATHNAMES AND CACHE DIRECTORIES	定义日志文件的路径及 cache 的目录
OPTIONS FOR EXTERNAL SUPPORT PROGRAMS	外部支持程序选项
OPTIONS FOR TUNING THE CACHE	调整 cache 的选项
TIMEOUTS	超时
ACCESS CONTROLS	访问控制
ADMINISTRATIVE PARAMETERS	管理参数
OPTIONS FOR THE CACHE REGISTRATION SERVICE	cache 注册服务选项
HTTPD-ACCELERATOR OPTIONS	HTTPD 加速选项
MISCELLANEOUS	杂项
DELAY POOL PARAMETERS	延时池参数

16.3.1 基本配置参数

虽然 Squid 的配置文件很庞大，但是如果用户只是为一个中小型网络提供代理服务，并且只准备使用一台服务器，那么，只需要修改配置文件中的几个选项。这几个常用选项分别是：

16.3.2 定义 Squid 监听 HTTP 客户连接请求的端口

```
Squid 主配置文件是/etc/squid/squid.conf ，最基本的设置如下:
http_port 3128                                    //设置监听的 IP 与端口号
cache_mem 512 MB                                  //设置内存缓冲的大小
cache_dir ufs /var/spool/squid 1000 16 256        //设置硬盘缓冲大小
cache_effective_user squid                        //设置缓存的有效用户
cache_effective_group squid                       //设置缓存的有效用户组
cache_access_log /var/log/squid/access.log        //设置访问日志文件
cache_log /var/log/squid/cache.log                //设置缓存日志文件
cache_store_log /var/log/squid/store.log          //设置存储缓存对象的状态记录文件
visible_hostname 172.16.150.18                    //设置 squid 主机名称
acl all src 0.0.0.0/0.0.0.0                       //设置访问控制列表
http_access allow all                             //设置访问权限
```

http_port 定义 Squid 监听 HTTP 客户连接请求的端口。默认是 3128，如果使用 HTTPD 加速模式则为 80。用户可以指定多个端口，但是所有指定的端口都必须在一条命令行上。

```
http_port 3128
```

16.3.3 存储对象的交换空间的大小及其目录结构

“cache_dir ufs Directory-Name Mbytes Level-1 Level2”指定 squid 用来存储对象的交换空间的大小及其目录结构。可以用多个 cache_dir 命令来定义多个这样的交换空间，并且这些交换空间可以分布不同的磁盘分区。ufs 为缓存存储类型，在该目录下使用的缓冲值为 100MB，“Directory”指明了该交换空间的顶级目录。如果用户想用整个磁盘来作为交换空间，那么可以将该目录作为装载点将整个磁盘 mount 上去。默认值为/var/spool/squid。

```
cache_dir ufs /var/spool/squid 100 16 256
```

“Mbytes”定义了可用的空间总量。需要注意的是，squid 进程必须拥有对该目录的读写权力。“Level-1”是可以在该顶级目录下建立的第一级子目录的数目，默认值为 16。同理，“Level-2”是可以建立的第二级子目录的数目，默认值为 256。

建立这么多子目录的目的是因为如果子目录太少，则存储在一个子目录下的文件数目将大大增加。这也会导致系统寻找某一个文件的时间大大增加，从而使系统的整体性能急剧降低。所以，为了减少每个目录下的文件数量，我们必须增加所使用的目录的数量。如果仅仅使用一级子目录则顶级目录下的子目录数目太大了，所以使用两级子目录结构。

用户可以用下面的公式来估算，来确定系统所需要的子目录数目。

```
已知量:
DS = 可用交换空间总量（单位 KB）/ 交换空间数目
OS = 平均每个对象的大小= 20k
NO = 平均每个二级子目录所存储的对象数目 = 256
未知量:
L1 = 一级子目录的数量
L2 = 二级子目录的数量
计算公式:
```

```
L1 x L2 = DS / OS / NO
注意这是个不定方程，可以有多个解。
```

16.3.4　定义访问控制列表

acl 参数定义访问控制列表。定义语法为：

```
acl aclname acltype string1 ...
acl aclname acltype "file" ...
```

当使用文件时，该文件的格式为每行包含一个条目。

acltype 可以是 src、dst、srcdomain、dstdomain url_pattern urlpath_pattern、time、port、proto、method、browser 和 user 中的一种。分别说明如下：

（1）src 指明源地址。可以用以下的方法指定：

```
acl aclname src ip-address/netmask ... (客户 ip 地址)
acl aclname src addr1-addr2/netmask ... (地址范围)
```

（2）dst 指明目标地址。语法为：

```
acl aclname dst ip-address/netmask ...(即客户请求的服务器的 ip 地址)
```

（3）srcdomain 指明客户所属的域。语法为：

```
acl aclname srcdomain foo.com ... squid 将根据客户 ip 反向查询 DNS。
```

（4）dstdomain 指明请求服务器所属的域。语法为：

```
acl aclname dstdomain foo.com ... 由客户请求的 URL 决定。
```

注意：如果用户使用服务器 ip 而非完整的域名时，squid 将进行反向的 DNS 解析来确定其完整域名，如果失败就记录为“none”。

（5）time 指明访问时间。语法如下：

```
acl aclname time [day-abbrevs] [h1:m1-h2:m2][hh:mm-hh:mm]
day-abbrevs 参数有如下几个：
S - Sunday
M - Monday
T - Tuesday
W - Wednesday
H - Thursday
F - Friday
A - Saturday
h1:m1 必须小于 h2:m2，表达为[hh:mm-hh:mm]。
```

（6）port 指定访问端口。可以指定多个端口，比如：

```
acl aclname port 80 70 21 ...
acl aclname port 0-1724 ... (指定一个端口范围)
```

（7）proto 指定使用协议。可以指定多个协议：

```
acl aclname proto HTTP FTP ...
```

（8）method 指定请求方法。比如：

```
acl aclname method GET POST ...
```

16.3.5　允许或禁止某一类用户访问

http_access 命令的作用根据访问控制列表允许或禁止某一类用户访问。如果某个访问没有相符合的项目，则默认为应用最后一条项目的“非”。比如最后一条为允许，则默认就是禁止。所以，通常应该把最后的条目设为“deny all”或“allow all”来避免安全性隐患。

16.3.6 应用举例

假设用户用 Squid 作代理服务器，该代理服务器配置为 Intel I3/4G/1T，用户所用 ip 段为 1.2.3.0/24，并且想用 8080 作为代理端口。则相应的 Squid 配置选项为：

1．http_port

```
http_port 8080
```

2．cache_mem

由于该服务器只提供代理服务，所以该值可以尽量设得大一些。

```
cache_mem 1000M
```

3．cache_dir Directory-Name Mbytes Level-1 Level2

硬盘为 1T 的，在安装系统时应该做好规划，为不同的文件系统划分可用空间。在本例中，可以这样来划分：

```
/cache1 100G
/cache2 100G
/var 100G
swap 8G
```

并且，在安装时，我们尽量不安装不必要的软件包。这样在节约空间的同时可以提高系统的安全性和稳定性。下面再来计算所需的第一级和第二级子目录数。

已知量：

DS = 可用交换空间总量（单位 KB）/ 交换空间数目＝200G/2=100 000 000KB

OS = 平均每个对象的大小= 200k

NO = 平均每个二级子目录所存储的对象数目 = 256

未知量：

L1 = 一级子目录的数量

L2 = 二级子目录的数量

计算公式：

L1 × L2 = DS / OS / NO＝100 000 000/200/256=1953

我们取

L1=16

L2=122

所以，我们的 cache_dir 语句为：

```
cache_dir /cache1 100000M 16 122
cache_dir /cache2 100000M 16 122
```

4．acl

通过 src 来定义 acl。

```
acl allow_ip src 1.2.3.4/2525250
http_access
http_access allow allow_ip
```

16.3.7 启动、停止 Squid

配置并保存好 squid.conf 后，可以用以下命令启动 Squid。在命令行中输入：

```
#service squid start
```

同样地，也可以用下列脚本停止运行 Squid 或重启动 Squid。

```
#service squid stop
#service squid restart
```

也可以在图形界面下选择“主菜单”|“系统”|“管理”|“服务”命令，进入“服务配置”窗口，在左边的列表中找到 Squid 项，选择后，单击工具栏中的“启用”按钮，如图 16-1 所示。

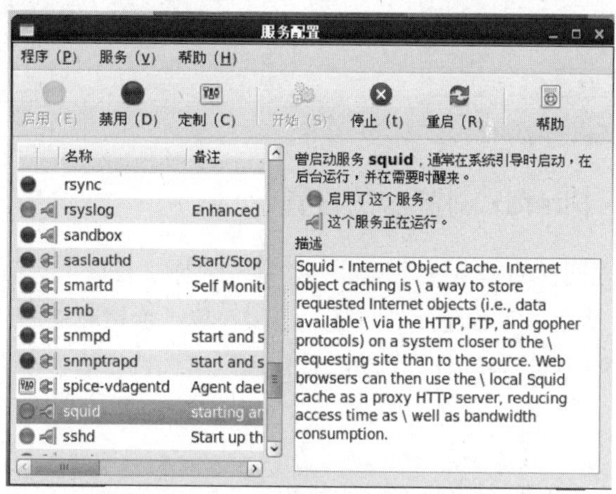

图 16-1 服务配置启动 Squid

也可以通过 ps 命令查看 Squid 服务是否已经正常启动，如：

```
ps -A |grep squid
```

如果出现如下信息：

```
2708 ? 00:00:00 squid
2711 ? 00:00:00 squid
```

则表明 Squid 服务已经正常启动。

16.4 客户端的配置

简单的代理服务器完成以后，就要对客户端进行相应的设置，这里介绍一下 Windows 系统下 IE 浏览器和 Linux 系统下 firefox 浏览器的设置。

16.4.1 Windows 系统下 IE 浏览器的设置

（1）运行 Microsoft Internet Explore 后，选择“工具”|“Internet 选项”命令，如图 16-2 所示。

（2）进入“Internet 选项”对话框，选择“连接”选项卡，如图 16-2 所示。

（3）单击“局域网设置”按钮，打开“局域网（LAN）设置”对话框，如图 16-3 所示。在“局域网设置”对话框中，选中“使用代理服务器”复选框，然后在“地址”和“端口”文本框中输入服务器的 IP 地址和端口，如图 16-3 所示。

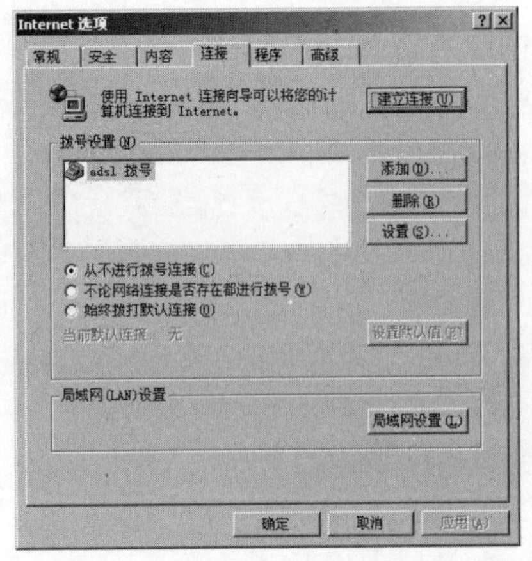

图 16-2 “Internet 选项”对话框

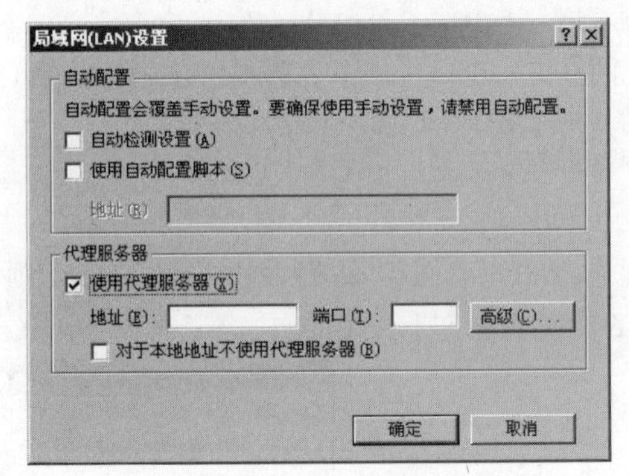

图 16-3 局域网设置

16.4.2 Linux 系统下 Firefox 浏览器的设置

在 Firefox 中设置代理同样简单，在“编辑”菜单中选择“首选项”命令，打开“Firefox 首选项”窗口。单击“高级”节点，然后选择“网络”选项，单击连接右边的“设置”按钮，打开“连接设置”对话框，如图 16-4 所示。选中“手动配置代理”单选按钮后，在下面的文本框中输入相应的 IP 地址与端口。

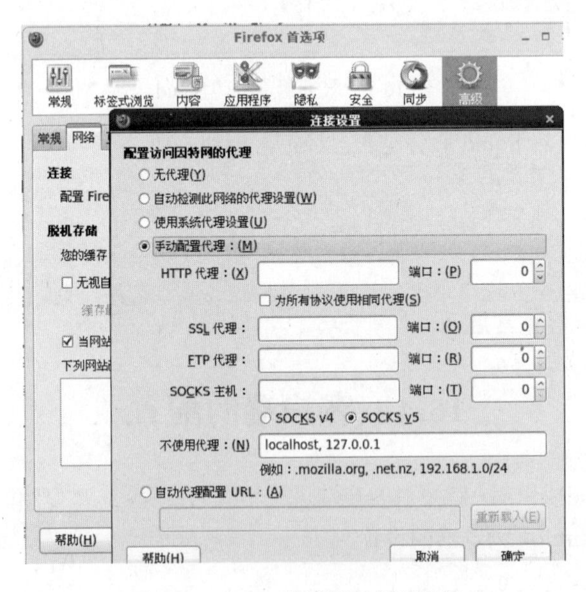

图 16-4 Firefox 浏览器的代理设置

16.5 Squid 高级配置选项

16.5.1 网络选项

在 Squid 中有以下网络选项。

```
tcp_incoming_address
tcp_outgoing_address
udp_incoming_address
udp_outgoing_address
```

各项网络选项的作用如表 16-2 所示。

表 16-2　网络选项的作用

选　项	含　义
tcp_incoming_address	监听来自客户或其他 Squid 代理服务器的绑定 IP 地址
tcp_outgoing_address	向远程服务器或其他 Squid 代理发起连接的 IP 地址
udp_incoming_address	为 ICP 套接字指定接收来自其他 Squid 代理服务器的包的 IP 地址
udp_outgoing_address	为 ICP 套接字指定向其他 Squid Server 发送包的 IP 地址

默认为没有绑定任何 IP 地址。该绑定地址可以用 IP 地址指定，也可以用完整的域名指定。

16.5.2　交换空间设定选项

Squid 使用大量的交换空间来存储对象。那么，过了一定的时间以后，该交换空间就会用完，所以还必须定期地按照某种指标来将低于某个水平线的对象清除。Squid 使用所谓的“最近最少使用算法”（LRU）来做这一工作。当已使用的交换空间达到 cache_swap_high 时，Squid 就根据 LRU 所计算的得到每个对象的值将低于某个水平线的对象清除。这种清除工作一直进行到已用空间达到 cache_swap_low。这两个值用百分比表示，如果用户所使用的交换空间很大的话，建议用户减少这两个值的差距，因为这时一个百分点就可能是几百兆空间，这势必影响 Squid 的性能。

```
cache_swap_low (percent, 0-170)
cache_swap_high (percent, 0-170)
```

默认值为：

```
cache_swap_low 90
cache_swap_high 95
```

还有一个选项是对交换空间进行设定的，这个选项是 maximum_object_size。这个选项比较特殊。大于该值的对象将不被存储。如果用户想要提高访问速度，需要降低该值；如果用户想最大限度地节约带宽，降低成本，则增加该值。单位为 KB，默认值为：

```
maximum_object_size 4096 KB
```

16.5.3　日志选项

日志在任何服务器中都有非常重要的作用，它可以帮助管理员维护服务器，基本上所有服务器的行为，管理员都可以通过日志来查找到。

在 Squid 服务器中，相关的日志选项，有以下几种。

1. cache_access_log

该选项指定客户请求记录日志的完整路径（包括文件的名称及所在的目录），该请求可以是来自一般用户的 HTTP 请求或来自邻居的 ICP 请求。默认值为：

```
cache_access_log /var/log/squid/access.log
```

如果用户不需要该日志，可以用以下语句取消：

```
cache_access_log none
```

2. cache_store_log

该选项指定对象存储记录日志的完整路径（包括文件的名称及所在目录）。该记录表明哪些对象被写到交换空间，哪些对象被从交换空间清除。默认路径为：

```
cache_log /var/log/squid/cache.log
```

如果用户不需要该日志，可以用以下语句取消：

```
cache_store_log none
```

3. cache_log

该选项指定 Squid 一般信息日志的完整路径（包括文件的名称及所在的目录）。默认路径为：

```
cache_log /var/log/squid/cache.log
```

用户也可以自行选择路径，来保障服务器安全。

4. cache_swap_log

该选项指明每个交换空间的“swap.log”日志的完整路径（包括文件的名称及所在的目录）。该日志文件包含了存储在交换空间里的对象的元数据（metadata）。通常，系统将该文件自动保存在第一个“cache_dir”所定义的顶级目录里，但是用户也可以指定其他的路径。如果定义了多个“cache_dir”，则相应的日志文件可能是这样的：

```
cache_swap_log.00
cache_swap_log.01
cache_swap_log.02
```

后面的数字扩展名与指定的多个“cache_dir”一一对应。

注意：最好不要删除这类日志文件，否则 Squid 将不能正常工作。

5. pid_filename

该选项指定记录 Squid 进程号的日志的完整路径（包括文件的名称及所在的目录）。默认路径为：

```
pid_filename /var/run/squid.pid
```

如果用户不需要该文件，可以用以下语句取消：

```
pid_filename none
```

6. debug_options

该选项控制作日志时记录信息的多寡。可以从两个方面控制：section 控制从几个方面作记录；level 控制每个方面的记录的详细程度。推荐的方式（也是默认方式）是：

```
debug_options ALL,1
```

即对每个方面都做记录，但详细程度为 1（最低）。

7. log_fqdn on/off

该选项控制在 access.log 中对用户地址的记录方式。打开该选项时，Squid 记录客户的完整域名，取消该选项时，Squid 记录客户的 IP 地址。注意，如果打开该选项会增加系统的负担，因为 Squid 还得进行客户 ip 的 DNS 查询。默认值为：

```
log_fqdn off
```

16.5.4　Squid 日志系统的构成

配置好了日志选项，下面来介绍一下 Squid 日志系统的构成，Squid 拥有完善的日志系统，但是对用户来说，以下的几个日志文件具有比较重要的意义：

1．access.log

该文件主要包含了客户访问的相关信息，如客户机的 IP 地址、访问的站点、访问的流量大小等。一般的 Squid 日志分析程序主要是基于该文件的。

2．cache.log

该文件包含着 Squid 服务进程的相关信息，如启动的状态、错误信息等。

3．store.log

该文件包含缓存中存储对象的相关信息，如对象存储的时间、对象的大小、对象超期的时间等。

16.5.5　access.log 日志文件的格式说明

由于 access.log 文件是最重要的一个日志文件，好多 Squid 的日志分析程序都是围绕该文件编写的（如计费、流量分析、热门站点等），所以在这里我们就着重讲述一下该日志文件的格式。

access.log 可以有两种基本的格式，一种 native 日志文件格式，另外一种是 common 日志文件格式。common 日志文件格式包含的信息要比 native 日志文件格式来得少，并且 native 日志文件包含着许多管理员感兴趣的信息。默认情况下，Squid 采用 native 日志文件格式。如果要切换到 common 日志文件格式，可以更改 emulate_httpd_log 选项为 on。native 日志文件格式如下：

```
time elapsed remotehost code/status bytes method URL rfc931 peerstatus/peerhost type
```

其中各项的含义如表 16-3 所示。

表 16-3　各项解释

项　目	含　义
time	UNIX 时间邮票，以毫秒计
elapsed	用户请求所花费的时间
remotehost	客户机的 ip 地址
code/status	code 为用户请求的类型，status 为 HTTP 的返回代码
bytes	用户请求数据的大小
method	用户请求的方法，如 GET/POST
URL	用户请求的 URL
rfc931	包含用户的认证信息，如果没有则用“－”表示
peerstatus/peerhost	包含 peer 的相关信息
type	包含对象的内容类型，如 image/jpeg

16.5.6　外部支持程序的选项

1．ftp_user

该选项设置登录匿名 FTP 服务器时提供的电子邮件地址，登录匿名 FTP 服务器时要求用用户的电子邮件地址作为登录口令（更多的信息请参看本书的相关章节）。需要注意的是，有的匿名 FTP 服务器对这一点要求很苛刻，有的甚至会检查用户的电子邮件的有效性。默认值为：

```
ftp_user Squid@
```

2．ftp_list_width

该选项设置 FTP 列表的宽度，如果设得太小将不能浏览到长文件名。默认值为：

```
ftp_list_width 32
```

3．cache_dns_program

该选项指定 DNS 查询程序的完整路径（包括文件的名称及所在的目录）。默认路径为：

```
cache_dns_program /usr/lib/squid/dnsserver
```

4．dns_children

该选项设置 DNS 查询程序的进程数。对于大型的登录服务器系统，建议该值至少为 17。最大值可以是 32，默认值为 5。

注意：如果用户任意降低该值，可能会使系统性能急剧降低，因为 Squid 主进程要等待域名查询的结果。没有必要减少该值，因为 DNS 查询进程并不会消耗太多的系统资源。

5．dns_nameservers

该选项指定一个 DNS 服务器列表，强制 Squid 使用该列表中的 DNS 服务器而非使用 /etc/resolv.conf 文件中定义的 DNS 服务器。用户可以指定多个 DNS 服务器。

```
dns_nameservers 17.0.0.1 192.172.0.4
```

默认设置为：

```
dns_nameservers none
```

6．unlinkd_program

该选项指定文件删除进程的完整路径。默认设置为：

```
unlinkd_program /usr/lib/squid/unlinkd
```

7．pinger_program

说明：指定 ping 进程的完整路径。该进程被 Squid 利用来测量与其他邻居的路由距离。该选项只在用户启用了该功能时有用。默认为：

```
pinger_program /usr/lib/squid/pinger
```

8．authenticate_program

该选项指定用来进行用户认证的外部程序的完整路径。Squid 的用户认证功能我们将在后面的章节讲述。默认设置为不认证。

16.5.7 用户访问控制选项

1．request_size (KB)

说明：设置用户请求通信量的最大允许值（单位为 KB）。如果用户用 POST 方法请求时，应该设一个较大的值。默认设置为：

```
request_size 170 KB
```

2．reference_age

说明：Squid 根据对象的 LRU（最近最少使用算法）来清除对象，Squid 依据使用磁盘空间的总量动态地计算对象的 LRU 年龄。用 reference_age 定义对象的最大 LRU 年龄。如果一个对象在指定的 reference_age 内没有被访问，Squid 将删除该对象。默认值为一个月。用户可以使用如下所示的时间表示方法。

```
1 week
3.5 days
4 months
2.2 hours
```

3．quick_abort_min (KB)、quick_abort_max (KB)、quick_abort_pct (percent)

上面三个选项控制 Squid 是否继续传输被用户中断的请求。当用户中断请求时，Squid 将检测 quick_abort 的值。如果剩余部分小于“quick_abort_min”指定的值，Squid 将继续完成剩余部分的传输；如果剩余部分大于“quick_abort_max”指定的值，Squid 将终止剩余部分的传输；如果已完成“quick_abort_pct”指定的百分比，Squid 将继续完成剩余部分的传输。默认的设置为：

```
quick_abort_min 16 KB
quick_abort_max 16 KB
quick_abort_pct 95
```

16.5.8　超时设置选项

1．negative_ttl time-units

该选项设置消极存储对象的生存时间。所谓的消极存储对象，就是诸如“连接失败”和“404 Not Found”等一类错误信息，默认设置为：

```
negative_ttl 5 minutes
```

2．positive_dns_ttl time-units

该选项设置缓存成功的 DNS 查询结果的生存时间，默认为 6 小时。

```
positive_dns_ttl 6 hours
```

3．negative_dns_ttl time-units

该选项设置缓存失败的 DNS 查询结果的生存时间。默认为 5 分钟。

```
negative_dns_ttl 5 minutes
```

4．connect_timeout time-units

该选项设置 Squid 等待连接完成的超时值。默认值为 2 分钟。

```
connect_timeout 120 seconds
```

5．read_timeout time-units

如果在指定的时间内 Squid 尚未从被请求的服务器读入任何数据，则 Squid 将终止该客户请求。该选项默认值为 15 分钟。

```
read_timeout 15 minutes
```

6．request_timeout

该选项设置在建立与客户的连接后，Squid 将花多长时间等待客户发出 HTTP 请求。默认值为 30 秒。

```
request_timeout 30 seconds
```

7．client_lifetime time-units

该选项设置客户在与 Squid 建立连接后，可以将该连接保持多长时间。因为客户建立的每个连接都会消耗一定的系统资源，所以如果用户是为一个大型网络提供代理服务，一定要正确地修改该值。因为如果同一时间的连接数量太大的话，可能会消耗大量的系统资源，从而导致服务器宕机。默认值为 1 天，该值太大了，建议根据用户自己的情况适当减小该值。

```
client_lifetime 1 day
```

8．half_closed_clients on/off

有时由于用户的不正常操作，可能会使与 Squid 的 TCP 连接处于半关闭状态，这时候，该 TCP 连接的发送端已经关闭，而接收端正常工作。该选项默认情况下，Squid 将一直保持这种处于半关闭状态的 TCP 连接，直到返回套接字的读写错误才将其关闭。如果将该值设为 off，则一旦从客户端返回“no more data to read”的信息，Squid 就立即关闭该连接。

```
half_closed_clients on
```

9．pconn_timeout

该选项设置 Squid 在与其他服务器和代理建立连接后，该连接闲置多长时间后被关闭。默认值为 120 秒。

```
pconn_timeout 120 seconds
```

10．ident_timeout

该选项设置 Squid 等待用户认证请求的时间。默认值为 17 秒。

```
i dent_timeout 17 seconds
```

11．shutdown_lifetime time-units

该选项当收到 SIGTERM 或者 SIGHUP 信号后，Squid 将进入一种 shutdown pending 的模式，等待所有活动的套接字关闭。在过了 shutdown_lifetime 所定义的时间后，所有活动的用户都将收到一个超时信息。默认值为 30 秒。

```
shutdown_lifetime 30 seconds
```

16.5.9 管理参数选项

1．cache_mgr

该选项设置管理员邮件地址。默认为：

```
cache_mgr root
```

2．cache_effective_user、cache_effective_group

这两个选项的作用：如果用 root 启动 squid，squid 将变成这两条语句指定的用户和用户组。默认变为 squid 用户和 squid 用户组。注意这里指定的用户和用户组必须真是存在于/etc/passwd 中。如果用非 root 账号启动 squid，则 squid 将保持该用户及用户组运行，这时候，用户不能指定小于 1724 的 http_port。

```
cache_effective_user squid
cache_effective_group squid
```

3．visible_hostname

该选项定义在返回给用户的出错信息中的主机名。如：

```
visible_hostname www-cache.foo.org
```

4．unique_hostname

如果用户有一个代理服务器阵列，并且为每个代理服务器指定了同样的“visible_hostname”，同时用户必须为它们指定不同的“unique_hostname”来避免“forwarding loops”（传输循环）发生。

16.6　小　　结

Proxy 技术给网络访问带来了很多意想不到的方便，大大增加了组网的灵活性，而且通过 Proxy 可以实现对网络访问的应用层的控制，直接可以控制用户访问的内容信息，增加了对网络访问的控制能力。但同时比较戏剧性的是，也让校园、宽带小区、企业园区网的网管员们头痛不已，他们发现有些网络用户用了 Proxy 以后，网络中的资源访问权限变得不可控，给网络资源带来了安全隐患，给通过网络运营的各类 ISP 们带来了很大的损失。但是不管怎么说 Proxy 确实是一项非常好的技术。

第17章 Samba服务器配置

在 Linux 中，Samba 可以定位为一套功能极为强大的文件服务器软件。所谓文件服务器就是将文件服务主机上的目录分享出来，让你可以透过网络对分享出来的目录里的文件，做执行、读取、写入等动作。在本章中，将详细介绍 Samda 服务器的配置。

17.1 Samba Server 简介及安装

Windows 最令人感到方便的特色莫过于网上邻居的文件分享功能，有了这项功能后，使得局域网络里资料的传递与分享得以落实。以往在 Linux 的世界里其实也有 NFS 可以在 Linux 的操作系统下做文件分享，但是与 Windows 作业环境的整合还是缺乏沟通的桥梁。Samba Server 解决了这个问题。

17.1.1 Samba Server 简介

Samba Server 建立了 Linux 与 Windows 环境的沟通管道，也可以为 Print Server（打印服务器）提供 Windows 远程联机打印。若是使用 Samba Server 搭配 Apache Web Server，可在 Windows 环境下由网上邻居登入 Linux 主机里，以使用者的个人账号放置网页目录。有了这项功能，编辑个人网页就如同在本机操作一般方便。

除此之外，Samba Server 也可以完全取代并成为 Windwos 域主控者管理 Windows 网域机群。当然，Samba 也可以将目录、文件分享给其他 UNIX、Mac、OS/2 等的机器使用，应用层面可以说是相当广阔，而且 Samba Server 也可作为 WINS Server，若配合 DHCP Server 更可以管理大型 Windows 网络。

基本上 Windows 的网络是使用 NetBEUI 做计算机命名服务，使用广播封包来侦测网络上有哪些计算机、哪些目录提供资源共享。而 Samba 与 UNIX 主机间的沟通（如目录、文件分享）是通过 TCP/IP 协议达成任务。Samba 若要与 Windows 网络做沟通，通过 TCP/IP 是行不通的，只能使用 NetBIOS 对 Windows 网络做广播，让 Windows 机器能够认识它，进而成为 Windows 网络成员。因此 Samba 是使用 smbd 守护进程通过 TCP/IP 联系 UNIX Like 主机。而使用 nmbd 守护进程通过 NetBIOS 与 Windows 网络联系，也就是说 Samba 使得两种机制达成资源共享的目的。

说明：smbd 守护进程主要用来处理文件分享和打印分享服务；nmbd 守护进程则用来处理 WINS 名称解析服务及 NT Browser Service（即网上邻居）。

17.1.2　Samba 服务工作原理

Samba 服务是使用 SMB 协议工作的。SMB 协议是 Microsoft 和 Intel 在 1987 年开发的，该协议可以用在 TCP/IP 之上，也可以用在其他网络协议（如 IPX 和 NetBEUI）之上。通过 SMB 协议，客户端应用程序可以在各种网络环境下读、写服务器上的文件，以及对服务器程序提出服务请求。此外通过 SMB 协议，应用程序还可以访问远程服务器端的文件和打印机等资源。

Samba 服务的具体工作原理如图 17-1 所示。

- 首先客户端发送一个 SMB negprot 请求数据报，并列出它所支持的所有 SMB 协议版本。服务器收到请求信息后响应请求，并列出希望使用的协议版本。如果没有可使用的协议版本则返回 0XFFFFH，结束通信。
- 协议确定后，客户端进程向服务器发起一个用户或共享的认证，这个过程是通过发送 SesssetupX 请求数据报实现的。客户端发送一对用户名和密码或一个简单密码到服务器，然后服务器通过发送一个 SesssetupX 应答数据报来允许或拒绝本次连接。
- 当客户端和服务器完成了磋商和认证之后，它会发送一个 Tcon 或 TconX SMB 数据报并列出它想访问网络资源的名称，之后服务器会发送一个 TconX 应答数据报以表示此次连接是否被接受或拒绝。
- 连接到相应资源后，SMB 客户端就能够通过 open SMB 打开一个文件，通过 read SMB 读取文件，通过 write SMB 写入文件，通过 close SMB 关闭文件。

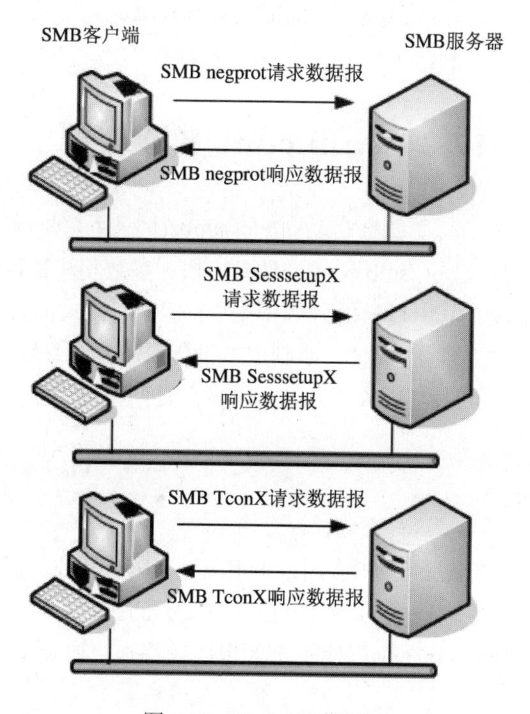

图 17-1　Samba 工作原理

17.1.3 Samba Server 安装

要使用 Samba Server 相当容易，在安装好 RHEL 6 后，只要设定好工作群组，激活 Samba Server 后就可以正常运作。用户可以立即在 Windows 下的“网上邻居”里看到执行 Samba 服务的 Linux 主机名称。

Samba 的官方网址是：http://www.samba.org/，最新版本为 samba3.6.7。用户可以在 http://www.enterprisesamba.org/下载 RHEL 6 的最新版本。

在安装前先检查系统是否已经安装了 samba 服务器。

```
#rpm -qa|grep samba
samba-common-3.5.10-125.el6.i686
samba-winbind-clients-3.5.10-125.el6.i686
samba-3.5.10-125.el6.i686
samba-client-3.5.10-125.el6.i686
```

此命令会检查出已经安装了 Samba 软件包。若是已经安装了，则会出现 Samba 软件包的具体名称。在 Red Hat Enterprise Linux 6 的安装光盘附有 Samba 服务器的安装包，，而且在执行安装操作系统的时候，可以选择安装，如果没有安装则在装好系统后，从光盘提取安装即可。当安装完 Samba 套件后，就可以使用以下的 Samba 工具如表 17-1 所示。

表 17-1　网 samba 配置工具

工　具	用　途
smbclient	利用这个工具可连接其他 Unix 的 Samba Server，或是连接 Windows 机器，以取得文件分享服务
testparm	这个工具可让您测试 smb.conf 各项参数设置是否正确
smbstatus	这个工具可用来显示目前 client 端连接到 Samba Server 的联机状况
smbpasswd	这个工具可用来建立、变更登入到 Samba server 的加密密码

17.2 smb.conf 文件详解

在 Samba 服务器安装完成后，系统会自动在/etc/samba/目录下，生成一个 smb.conf 文件，这个文件就是 Samba 服务器的配置文件。smb.conf 文件是由段、参数和注释组成的。主配置文件一共由两部分组成：全局段和共享段。其中每段的开始都是“[名称]”格式，如全局参数段[global]；参数主要由名称和值组成，形式为“名称＝值”，如制定本机所属工作组参数 workgroup=linux，前面的“workgroup”为参数，等号后面的“Linux”为值；注释在文件中不起作用，只是注释本段或参数的作用等，开头都加＃。

17.2.1 smb.conf 文件

在 smb.conf 文件中，有多个段，其中除了[global]段外，所有其他的段都可以看作是一个共享资源，段名是该共享资源的名字，而段里的参数就是共享资源的属性。

其中[global]、[home]和[printers]3 个段比较重要也比较特殊，如表 17-2 所示。

表 17-2　smb.conf 文件

段　　名	含　　义
[global]	此段设定整体参数
[home]	此段为所有使用者的主目录。当用户请求一个共享时，服务器将在存在的共享资源段中去寻找，如果找到匹配的共享资源段，就用这个共享资源段。如果找不到，就将请求的共享名看成是用户的用户名，并在本地的密码文件中找到这个用户，如果用户名存在，并且用户提供的密码正确。则以这个 home 段复制出一个共享提供给该用户。这个新的共享的名称是用户的用户名，而不是 home，如果 home 段里没有指定的共享路径，就把该用户的宿主目录（home directory）作为共享路径。通常的共享资源段能指定的参数基本上都可以指定给[home]段
[printers]	此段是用于提供打印服务的。如果定义了[printers]这个段，用户就可以连接到在 printcap 文件里指定的打印机。当接收到一个连接请求后，smbd 会去查看配置文件里已有的段，如果和请求匹配就用那个段，如果找不到匹配的段，但[home]段存在，则使用[home]段。否则请求的共享名就被当作打印机共享名，然后去寻找合适的 printcap 文件，查看请求的共享名是不是个有效的打印共享名。如果匹配，那么就复制出一个新的打印机共享提供给客户
[public]	此段为用户共享设置，用来指定某一特定用户组或者用户拥有访问权限的目录配置

当然在 smb.conf 文件中还存在许多其他的段，如[netlogon]（域用户登录目录设置段）、[myshare]（共享段）等，但因为相比较起来，没有上面几个段重要，这里就不一一叙述了。

/etc/samba/smb.conf 默认的配置内容如下：

```
# This is the main Samba configuration file. You should read the
# smb.conf(5) manual page in order to understand the options listed
# here. Samba has a huge number of configurable options (perhaps too
# many!) most of which are not shown in this example
#
# For a step to step guide on installing, configuring and using samba,
# read the Samba-HOWTO-Collection. This may be obtained from:
#  http://www.samba.org/samba/docs/Samba-HOWTO-Collection.pdf
#
# Many working examples of smb.conf files can be found in the
# Samba-Guide which is generated daily and can be downloaded from:
#  http://www.samba.org/samba/docs/Samba-Guide.pdf
#
# Any line which starts with a ; (semi-colon) or a # (hash)
# is a comment and is ignored. In this example we will use a #
# for commentry and a ; for parts of the config file that you
# may wish to enable
#
# NOTE: Whenever you modify this file you should run the command "testparm"
# to check that you have not made any basic syntactic errors.
#
#---------------
# SELINUX NOTES:
#
# If you want to use the useradd/groupadd family of binaries please run:
# setsebool -P samba_domain_controller on
#
# If you want to share home directories via samba please run:
# setsebool -P samba_enable_home_dirs on
#
# If you create a new directory you want to share you should mark it as
```

```
# "samba_share_t" so that selinux will let you write into it.
# Make sure not to do that on system directories as they may already have
# been marked with othe SELinux labels.
#
# Use ls -ldZ /path to see which context a directory has
#
# Set labels only on directories you created!
# To set a label use the following: chcon -t samba_share_t /path
#
# If you need to share a system created directory you can use one of the
# following (read-only/read-write):
# setsebool -P samba_export_all_ro on
# or
# setsebool -P samba_export_all_rw on
#
# If you want to run scripts (preexec/root prexec/print command/...) please
# put them into the /var/lib/samba/scripts directory so that smbd will be
# allowed to run them.
# Make sure you COPY them and not MOVE them so that the right SELinux context
# is applied, to check all is ok use restorecon -R -v /var/lib/samba/scripts
#
#--------------
#
#======================= Global Settings =====================================

[global]

# ----------------------- Network Related Options -------------------------
#
# workgroup = NT-Domain-Name or Workgroup-Name, eg: MIDEARTH
#
# server string is the equivalent of the NT Description field
#
# netbios name can be used to specify a server name not tied to the hostname
#
# Interfaces lets you configure Samba to use multiple interfaces
# If you have multiple network interfaces then you can list the ones
# you want to listen on (never omit localhost)
#
# Hosts Allow/Hosts Deny lets you restrict who can connect, and you can
# specifiy it as a per share option as well
#
	workgroup = SBK
	server string = Samba Server Version %v

;	netbios name = MYSERVER

;	interfaces = lo eth0 192.168.12.2/24 192.168.13.2/24
;	hosts allow = 127. 192.168.12. 192.168.13.
```

```
# --------------------------- Logging Options -----------------------------
#
# Log File let you specify where to put logs and how to split them up.
#
# Max Log Size let you specify the max size log files should reach

    # logs split per machine
    log file = /var/log/samba/log.%m
    # max 50KB per log file, then rotate
    max log size = 50

# ----------------------- Standalone Server Options ------------------------
#
# Scurity can be set to user, share(deprecated) or server(deprecated)
#
# Backend to store user information in. New installations should
# use either tdbsam or ldapsam. smbpasswd is available for backwards
# compatibility. tdbsam requires no further configuration.

    security = user
    passdb backend = tdbsam


# ----------------------- Domain Members Options ------------------------
#
# Security must be set to domain or ads
#
# Use the realm option only with security = ads
# Specifies the Active Directory realm the host is part of
#
# Backend to store user information in. New installations should
# use either tdbsam or ldapsam. smbpasswd is available for backwards
# compatibility. tdbsam requires no further configuration.
#
# Use password server option only with security = server or if you can't
# use the DNS to locate Domain Controllers
# The argument list may include:
#   password server = My_PDC_Name [My_BDC_Name] [My_Next_BDC_Name]
# or to auto-locate the domain controller/s
#   password server = *


;   security = domain
;   passdb backend = tdbsam
;   realm = MY_REALM

;   password server = <NT-Server-Name>

# ----------------------- Domain Controller Options ------------------------
#
```

```
# Security must be set to user for domain controllers
#
# Backend to store user information in. New installations should
# use either tdbsam or ldapsam. smbpasswd is available for backwards
# compatibility. tdbsam requires no further configuration.
#
# Domain Master specifies Samba to be the Domain Master Browser. This
# allows Samba to collate browse lists between subnets. Don't use this
# if you already have a Windows NT domain controller doing this job
#
# Domain Logons let Samba be a domain logon server for Windows workstations.
#
# Logon Scrpit let yuou specify a script to be run at login time on the client
# You need to provide it in a share called NETLOGON
#
# Logon Path let you specify where user profiles are stored (UNC path)
#
# Various scripts can be used on a domain controller or stand-alone
# machine to add or delete corresponding unix accounts
#
;   security = user
;   passdb backend = tdbsam

;   domain master = yes
;   domain logons = yes

    # the login script name depends on the machine name
;   logon script = %m.bat
    # the login script name depends on the unix user used
;   logon script = %u.bat
;   logon path = \\%L\Profiles\%u
    # disables profiles support by specifing an empty path
;   logon path =

;   add user script = /usr/sbin/useradd "%u" -n -g users
;   add group script = /usr/sbin/groupadd "%g"
;   add machine script = /usr/sbin/useradd -n -c "Workstation (%u)" -M -d /nohome -s
/bin/false "%u"
;   delete user script = /usr/sbin/userdel "%u"
;   delete user from group script = /usr/sbin/userdel "%u" "%g"
;   delete group script = /usr/sbin/groupdel "%g"


# ----------------------- Browser Control Options ----------------------------
#
# set local master to no if you don't want Samba to become a master
# browser on your network. Otherwise the normal election rules apply
#
# OS Level determines the precedence of this server in master browser
# elections. The default value should be reasonable
```

```
#
# Preferred Master causes Samba to force a local browser election on startup
# and gives it a slightly higher chance of winning the election
;    local master = no
;    os level = 33
;    preferred master = yes

#---------------------------- Name Resolution ------------------------------
# Windows Internet Name Serving Support Section:
# Note: Samba can be either a WINS Server, or a WINS Client, but NOT both
#
# - WINS Support: Tells the NMBD component of Samba to enable it's WINS Server
#
# - WINS Server: Tells the NMBD components of Samba to be a WINS Client
#
# - WINS Proxy: Tells Samba to answer name resolution queries on
#   behalf of a non WINS capable client, for this to work there must be
#   at least one   WINS Server on the network. The default is NO.
#
# DNS Proxy - tells Samba whether or not to try to resolve NetBIOS names
# via DNS nslookups.

;    wins support = yes
;    wins server = w.x.y.z
;    wins proxy = yes

;    dns proxy = yes

# --------------------------- Printing Options -----------------------------
#
# Load Printers let you load automatically the list of printers rather
# than setting them up individually
#
# Cups Options let you pass the cups libs custom options, setting it to raw
# for example will let you use drivers on your Windows clients
#
# Printcap Name let you specify an alternative printcap file
#
# You can choose a non default printing system using the Printing option

 load printers = yes
 cups options = raw

;    printcap name = /etc/printcap
 #obtain list of printers automatically on SystemV
;    printcap name = lpstat
;    printing = cups

# --------------------------- Filesystem Options ---------------------------
#
```

```
# The following options can be uncommented if the filesystem supports
# Extended Attributes and they are enabled (usually by the mount option
# user_xattr). Thess options will let the admin store the DOS attributes
# in an EA and make samba not mess with the permission bits.
#
# Note: these options can also be set just per share, setting them in global
# makes them the default for all shares

;   map archive = no
;   map hidden = no
;   map read only = no
;   map system = no
;   store dos attributes = yes


#============================ Share Definitions ==============================

[homes]
   comment = Home Directories
   browseable = no
   writable = yes
;   valid users = %S
;   valid users = MYDOMAIN\%S

[printers]
   comment = All Printers
   path = /var/spool/samba
   browseable = no
   guest ok = no
   writable = no
   printable = yes

# Un-comment the following and create the netlogon directory for Domain Logons
;    [netlogon]
;   comment = Network Logon Service
;   path = /var/lib/samba/netlogon
;   guest ok = yes
;   writable = no
;   share modes = no


# Un-comment the following to provide a specific roving profile share
# the default is to use the user's home directory
;    [Profiles]
;   path = /var/lib/samba/profiles
;   browseable = no
;   guest ok = yes


# A publicly accessible directory, but read only, except for people in
```

```
# the "staff" group
;      [public]
;     comment = Public Stuff
;     path = /home/samba
;     public = yes
;     writable = yes
;     printable = no
;     write list = +staff
```

关于以上代码，会在下面的三个小节内作详细介绍。

17.2.2　全局段[Global Settings]

全局段的设置都是与 Samba 服务整体运行环境有关的选项，它的设置项目是针对所有共享资源的。根据设置的不同又分为很多小项。

（1）网络设置选项。

指定 Samba 所要加入的工作组。在 Samba 服务器中，用户可以指定 Samba 所要加入的工作组，加入某工作组后，用户就可以同该工作组的成员进行资源共享。这里设定为加入 workgroup 工作组中。

```
Workgroup=workgroup
```

说明：如果在文件中设置 security=domain 参数，则 workgroup 参数可以指定域名。

- 注释说明服务器。在同一个工作组中往往会存在多个共享，为了区分这些共享，可以对服务器进行简单的注释说明，指定在浏览器列表里的机器描述，可以使用任何字符串，也可以不设置。这里设置为 samba server。

```
Server string=samba server
```

- 限制监听地址。如果 Samba 服务器设置有多个 IP 地址，该参数用来设置，在哪些地址上进行 Samba 访问监听；可以设置多个地址。这里设置 192.168.12.2 和 192.168.13.2 两个地址均可。

```
interfaces = lo eth0 192.168.12.2/24 192.168.13.2/24
```

- 限制可访问服务器的 IP 地址的范围。用户可以限制允许访问服务器的 IP 地址的范围，这一项对服务器的安全非常重要，默认为允许所有 IP 地址访问。此参数的设置，有一定的格式，如服务器允许 1172.168.0.1 到 1172.168.0.255 和 1172.168.1.1 到 1172.168.1.255 的 IP 地址段访问，可进行如下设置：

```
hosts allow=1172.168.0. 1172.168.1.
```

如上所示，这里填写的两个地址段之间用空格隔开。如果不允许子网中的某一台机器访问，如在 1172.168.1.地址段中不允许 1172.168.1.55 主机访问，可以设置如下：

```
hosts allow=1172.168.1. EXCEPT 1172.168.1.55
```

在地址段后面加上参数 EXCEPT，再加上禁止的主机 IP 地址即可。

（2）登录日志文件选项。

- 日志文件。指定日志文件的名称。路径一般为/var/log/samba，可以在文件名后面加个宏%m 表示对每台访问 Samba 的机器都单独记录一个日志文件。例如：

```
log file=/var/log/samba/log.%m
```

如果 host1、host2 这两台机器访问过 Samba，就会留下 log.host1、log.host2 这两个日志文件。

- 日志大小。日志记录文件，随着记录时间的增长，也会变大，该参数决定了，日志文件的最大值，单位为 KB。其中“0”为无限。这里设置为 500KB。

```
max log size = 500
```

（3）访问等级设置选项。

- 设置服务器的安全级别。

security 此参数为安全配置参数，有 4 个值，代表 4 种安全级别，分别如表 17-3 所示。

表 17-3　security 安全级别

安 全 级 别	说　明
share	任何用户都可以不要用户名和口令即可访问服务器上的资源
user	必须先提供用户名和密码进行验证，才能登录服务器
server	用户名和密码是递交到另外一个 SMB 服务器去验证
domain	Samba 把用户名和密码递交给域控制器去验证

定义 Samba 的基本安全级，通常为 user。如下所示：

```
security=user
```

注意：如果定义为 share 级别，则应该将 guest account=hgz、encrypt passwords=yes 和 smb passwd file=/etc/smbpasswd 前加上分号注释掉。

- 设置 SMB 用户验证方式。passdb backend = tdbsam passdb backend 即用户后台验证方式。有三种验证方式：smbpasswd、tdbsam 和 ldapsam，如表 17-4 所示。

表 17-4　验证方式

方　式	说　明
smbpasswd	该方式是使用 smb 工具 smbpasswd 给系统用户（真实用户或者虚拟用户）设置一个 Samba 密码，客户端就用此密码访问 Samba 资源。smbpasswd 在/etc/samba 中，有时需要手工创建该文件
tdbsam	使用数据库文件创建用户数据库。数据库文件叫 passdb.tdb，在/etc/samba 中。passdb.tdb 用户数据库可使用 smbpasswd –a 创建 Samba 用户，要创建的 Samba 用户必须先是系统用户
ldapsam	基于 LDAP 账户管理方式验证用户。首先要建立 LDAP 服务，设置“passdb backend = ldapsam:ldap://LDAP Server”

（4）域成员选项。

- 认证服务器。SMB 服务器作为域中的成员，要求 Security 参数值必须被设置成 domain 或 ads。当 SMB 服务器登录域时，要求有一台服务器提供用户验证。

```
password server =服务器名
```

（5）打印配置选项。

- 定义打印机配置文件。用户可以在此参数中定义打印机的配置文件，自动挂接打印机选单。这里使用/etc/printcap 文件。

```
printcap name=/etc/printcap
```

- 设置是否自动加载打印机

在此参数中用户可以设置是否自动加载打印机，在 Samba 服务器启动时自动把 printcap 文件里的所有打印机加载，从而可以在浏览清单中看到所有的打印机，如共享值为 yes，如不共享值为 no，默认为 yes。命令如下。

```
load printers=yes
```

- 设定打印机类型。在此参数中用户可以设置打印机的类型，如果使用的是 linux 标准型打印机，则没有必要更改打印机类型，通常标准型打印机类型包括：bad、sysv、plp、lpmg、aix、hpux、qnx 和 cups。这里设置为如下：

```
printing=cups
```

（6）账户映射。

- 设定 guest 账号匿名登录。设定 guest 级帐户的用户名，允许 nobody、ftp、guest 级别的用户可以不使用密码就能登陆服务器，访问给定的 guest 服务。如下 pcguest 可匿名登陆：

```
guest account=pcguest
```

- 建立账号映射关系。

（7）guest 用户映射。

guest 用户映射仅适用于安全模式（user、server 和 domain 安全级）。如果一个用户没有通过身份验证，就可以将其映射为 guest 用户，从而允许他访问 guest 共享。这里 guest 用户由 guest account 参数指定。

guest 用户映射由全局参数 map to guest 控制，它只能放在[global]段中，可以是如下 3 个值（见表 17-5）。

表 17-5　guest 参数值

参　数　值	说　明
map to guest = Never	不进行映射，拒绝非法用户访问任何资源。这是默认行为
map to guest = Bad User	如果用户使用一个不存在的账号登录，就将它映射为 guest 用户；如果提供的账号正确而口令错误，则禁止连接
map to guest = Bad Password	将使用错误口令登录的用户映射为 guest 用户。这样的设置会产生一个问题,即如果用户不小心键入了错误的口令，服务器会将它映射为 guest 用户，而不出任何错误信息，这样用户会在不知情的情况下受到种种访问限制

（8）用户映射。

全局参数 username map 用来控制用户映射，它允许管理员指定一个映射文件，该文件包含了在客户机和服务器间进行用户映射的信息，设置如下。

```
usermane map=/etc/samba/sabusers
```

用户映射经常用来在 Windows 和 Linux 主机之间进行映射，因为用户可能在两个系统上拥有不同的账号；另一个用途是将几个用户映射为一个用户，以使他们能更方便地共享文件。

当 Linux 与其他客户机相连时，指定一个文件，文件中包含来自客户机的用户名与 Linux 系统用户名之间的映射，此文件的格式为每行一个映射，如下所示：

```
Linux username=client username
```

例如，设定 linux 中的 root 账号与客户机的 admin 和 administrator 账号相映射。

```
root=admin administrator
```

这样客户机的用户是 admin 或 administrator 时，就被转换成 root 账号进行登录。这里设定如下：

```
usermane map=/etc/samba/sabusers
```

17.2.3　共享定义

共享段分为多个小节，每一个小节定义一个共享项目，一般包括共享名、共享路径等内容。

1．共享名

共享资源发布后，必须为每个共享目录或打印机设置不同的共享名，给网络用户访问时使用，并且共享名可以与原目录名不同。共享名是用一对“[]”括起来的字符串。如：

```
[homes]
```

2．对共享进行描述

在打开共享后，用户可以在 comment 参数中对其进行相应的简短描述，以方便用户知道共享的是什么内容。描述可以是任意字符，例如：

```
comment=home directories
```

3．提供共享服务的路径

共享资源的原始完整路径，可以使用 path 字段进行发布，应正确指定。格式为：

```
path = 绝对地址路径
```

用户可以在 path 参数中设定提供共享服务的路径，可以用%u、%m 这样的宏来代替路径里的 UNIX 用户和客户机的 NetBOIS 名。

例如：如果用户不打算用 home 段作为客户的共享，而是在/home/share/下为每个 Linux 用户以他的用户名建立目录，作为用户的共享目录，这样 path 就可以写成：

```
path=/home/share/%u
```

这样用户在连接到共享时，具体的路径就会被他的用户名代替。不过要注意的是这个用户名路径一定要存在，否则，客户机在访问时会找不到网络路径。

同样，如果用户不是以账号来划分目录，而是以客户机来划分，为网络上每台可以访问 Samba 的机器都各自建立以它的 NetBIOS 名来命名的路径，作为不同机器的共享资源，可以这样写：

```
path=/home/share/%m
```

4．共享资源权限配置

用户在设定共享路径以后，可以在 writeable 参数中，指定共享路径是否可写，即用户是否有写入自己目录的权限，值为 yes 和 no。writeable 和 read only 参数含义正好相反，一般只用其一即可。

```
writeable=yes
```

用户可以在参数 browseable 中指定共享是否可以浏览，默认为 yes，即可以：

```
browseable=yes
```

用户还可以在参数 available 中设置共享资源是否可用，默认为 yes，即可用，设置为 no 的话，则关闭该资源的共享服务，用户将无法连接到该资源上。

```
available=yes
```

用户可以在参数 public 中设置是否允许对共享资源进行匿名访问，默认为 yes，即可用：

```
public=yes
```

用户还可以在参数 valid　users 中设置哪些用户可以访问共享资源，有用户和组两种写法。

```
valid users = 用户名
valid users = @组名
```

17.2.4　宏描述

前文中多次提到“宏”，这里列举一下配置文件中“宏”的作用（见表 17-6）。配置文件中允许宏替换，请注意大小写。

表 17-6　宏替换

格　式	含　义
%S	当前服务或共享的名称
%P	当前服务或共享的目录
%u	当前服务或共享使用的用户名
%g	%u 所在组的名称
%U	当前会话使用的用户名，即客户机所期望的用户名，可以和客户机真正得到的用户名不同
%G	%U 所在组的名称
%H	%u 的私人目录（主目录）
%v	Samba 的版本号
%h	Samba 服务器的 NetBIOS 名
%m	客户机的 NetBIOS 主机名（Windows 17x 的机器名）
%L	服务器的 NetBIOS 名
%N	服务器名
%M	客户机的 Internet 主机名
%I	客户机的 IP 地址
%T	当前的日期和时间
%d	当前服务器进程 ID
%a	远程客户机的体系结构

17.3　Samba 服务器 4 种安全级别

Samba 有 4 种安全级，由参数 security 定义，该参数只能出现在[global]段中，是一个全局参数。这 4 种安全级是 share、user、server 和 domain，其中后 3 种属于安全模式（Security Mode），这里重点讨论 share 和 user 安全级别。

17.3.1　share 安全级别

设置 share 安全级别需要设定参数：

```
security = share
```

当客户机连接到一个 share 安全级的服务器时，它在连接共享之前，不需要首先提供正确的账号和密码就可以登录到服务器（虽然 Windows 等客户机在连接 share 级服务器时会发出一个登录请求，该请求只包含账号）。相反的，客户机只有在连接特定的共享时才需提供密码。

注意：服务器总是使用有效的 Linux 账号来提供服务，即使是工作在 share 安全级。

因为客户机并不向 share 级的服务器提供账号，所以服务器使用下面的技术来确定使用什么账号提供服务：

（1）如果该共享包含“guest only =yes”参数，则使用“guest account=”参数指定的 guest 账号，忽略下面的步骤。

（2）如果连接请求同时提供一个账号，那么该账号被认为是潜在的账号。

（3）如果客户机在此之前发出过登录请求，那么该请求包含的账号也被视为潜在的账号。

（4）客户机请求连接的共享名被视为潜在账号。

（5）客户机的 NetBIOS 名被视为潜在账号。

（6）“user =”列表中的账号被视为潜在账号。

如果“guest only”参数为假，则检查所有的潜在账号，使用第一个和密码匹配的账号，如果 guest only 参数的值为 yes，或者该共享允许使用 guest account，则使用之，否则拒绝连接。可见，share 服务器决定账号的过程是很复杂的。

17.3.2 user 安全级别

设置 user 安全级别需要设定参数：

```
security = user
```

这是 Samba 默认使用的安全级。使用 user 安全级时，服务器要求客户机首先以正确的账号和密码登录（可以对账号进行映射）“user = ”和“guest only”等可能改变用户身份的参数只有在用户成功登录之后才起作用。

注意：客户机请求连接的共享名只有在登录之后才传递给服务器，因此没有通过身份验证的用户无法访问任何共享（包括 guest 共享）。可以使用“map to guest”选项将未知用户映射为 guest 用户，以允许访问 guest 共享。

17.3.3 server 安全级别

设置 server 安全级别需要设定参数：

```
security = server
```

在 server 安全级下，Samba 使用远程 SMB 服务器（如 Windows 服务器）进行身份验证。如果失败则自动切换到 user 安全级。对于客户机来说，server 安全级和 user 安全级没有什么不同。

17.3.4 domain 安全级别

设置 domain 安全级别需要设定参数：

```
security = domain
```

要是用本模式，必须使用 smbpasswd 程序将 Samba 服务器加到一个 Windows 域中，并且使用“加密口令（Encrypted Passwords）”。在本安全级下，Samba 借助 Windows 主控服务器或者是备份域控制器进行身份验证，采取 Windows 服务器相同的行为。

17.3.5 share 和 user 安全级的比较

share 安全级面向资源，用户每连接一个非 guest 共享都需要提供一个密码。如果主要提供 guest 共享，就应该使用 share 安全级。user 安全级面向用户，用户登录后，就无须再为单独的共享提供密码，比较方便。如果用户在 PC 上的账号和在 Linux 上的账号相同，那么使用 user 安全级是非常合适的。

17.4　设 置 共 享

通过对该部分的设置。用户可以将计算机内的资源共享出去，供用户访问，并可以针对不同的用户设置有差别的访问控制权限。

1．本地用户共享设置，[homes]字段

此段为所有使用者的主目录。当用户请求一个共享时，服务器将在存在的共享资源段中去寻找。如果找到匹配的共享资源段，就使用这个共享资源段，如果找不到，就将请求的共享名看成是用户的用户名，并在本地的 password 文件里查找这个用户，如果用户存在，且用户提供的密码是正确的，则以这个[homes]段克隆出一个共享提供给用户。这个新的共享名称是用户的用户名，而不是 homes，如果[homes]段里没有指定共享路径，就把该用户的主目录（home directory）作为共享路径。

```
[homes]
   comment = Home Directories
   browseable = no
   writable = yes
   valid users = %S
   valid users = MYDOMAIN\%S
```

2．普通共享字段

有时候，用户希望将 Linux 下的某个目录共享出去，供别人访问。那么设定共享是很简单的。只要根据自己的实际情况，在/etc/samba/smb.conf 文件中添加有限的几行就行了。

```
[public]
   comment = Public
   path = /home/samba
   public = yes
   writable = no
   printable = no
```

以上语句是将/home/samba 目录共享给所有用户只读访问。无添加、删除、修改之权利。

17.5　设置 samba 用户

当 security = user 时，访问 Samba 服务器，必须以 samba 用户身份登录。由于 samba 用户需要访问系统文件，因而，samba 用户又必须是系统用户。Linux 系统为安全起见，系统用户在访问 samba 服务器时所使用的密码是单独的。

Linux 系统使用 smbpasswd 命令来创建 samba 用户和密码，下面介绍创建的步骤。

（1）先创建系统用户。

```
#useradd test
#passwd test
```

（2）创建 samba 用户。

```
#smbpasswd -a test
```

系统会提示为该用户设置密码，密码设置完后即可用该用户登录 Samba 服务器了。

17.6 启动、停止和重启 Samba 服务器

在 Red Hat Linux 中，用下列命令启动、停止和重启 Samba 服务器。

启动 Samba 服务器：

```
[root@localhost root]#service  smb  start
```

停止 Samba 服务器

```
[root@localhost root]#service  smb  stop
```

重新启动 Samba 服务器

```
[root@localhost root]#service  smb  restart
```

17.7 共享资源的访问

17.7.1 Linux 下访问共享资源

在 Linux 下是通过 smbclient 命令访问 samba 服务器上的资源的。smbclient 命令用来存取远程 samba 服务器上的资源，它的界面到目前为止还是文本方式的。smbclient 的访问命令格式如下：

```
smbclient -L              //主机名或 IP 地址 -U 登录用户名
```

列出目标主机共享资源列表，如在 Linux 下查看 192.168.1.12 计算机提供的共享，过程如下：

```
smbclient -L //192.168.1.12/ -U root
Enter root's password:
Domain=[SBK1] OS=[Windows 5.1] Server=[Windows 2000 LAN Manager]
    Sharename       Type      Comment
    ---------       ----      -------
    E$             Disk      默认共享
    IPC$            IPC      远程 IPC
    D$             Disk      默认共享
    ra              Disk
    F$             Disk      默认共享
    ADMIN$          Disk      远程管理
    C$             Disk      默认共享
Domain=[SBK] OS=[Windows 5.1] Server=[Windows 2000 LAN Manager]
    Server          Comment
    ---------       -------
    SBK1
    Workgroup        Master
    ---------       -------
    SBK            SBK1
 [root@rhel win]#
```

从显示的内容可以看出，该计算机安装的操作系统为 Windows XP 系统，其中共享了一个目录，名为“ra”；计算机隶属于“SBK”工作组；计算机名为“SBK1”。

使用共享资源。

smbclient　//主机名或 IP 地址/共享目录名 -U 登录用户名

smbclient 命令运行之后，会出现如下提示符（和 DOS 提示符比较相像）：

```
smb:\>
```

比如，用户要访问，刚刚看到的计算机上的“ra”共享资源：

```
[root@rhel win]# smbclient  //192.168.1.12/ra
Enter root's password:
Domain=[SBK1] OS=[Windows 5.1] Server=[Windows 2000 LAN Manager]
//显示 ra 下的内容
smb: \> ls
  .                                   D        0  Fri Jun 17 11:02:50 2011
  ..                                  D        0  Fri Jun 17 11:02:50 2011
  CntSSL.dll                          A    40960  Fri Jun 17 11:02:50 2011
  crypteng.dll                        A   114688  Fri Jun 17 11:02:50 2011
  HC.dll                              A   253998  Fri Jun 17 11:02:50 2011
  licence.txt                         A     1613  Fri Jun 17 11:02:50 2011
  MScard.dll                          A   147456  Fri Jun 17 11:02:50 2011
  RACnt.exe                           A    61440  Fri Jun 17 11:02:50 2011
  RANDFILE                            A     1029  Fri Jun 17 11:02:50 2011
  Scard.dll                           A    40960  Fri Jun 17 11:02:50 2011
  sslproxy.dll                        A   131072  Fri Jun 17 11:02:50 2011

      65001 blocks of size 2097152. 61437 blocks available
//退出
smb: \> quit
```

用户在该提示符下输入各种命令。其命令和 ftp 相似，如 cd、lcd、get、mget、put、mput 等。

smbclient 的 mget 和 mput 命令可以使用通配符“*”和“?”，它们还可以工作在递归模式下。当工作在递归模式时，它们将处理当前目录以及所有由 mask 命令指定的子目录。用 recurse 命令打开或关闭递归模式。

mask 命令指定一个含通配符的模式，当 mget 和 mput 工作在递归模式时，它们将只处理能匹配该模式的目录；如果不工作在递归模式，则忽略该模式。mask 命令的使用方法是：

```
mask <expr>
```

expr 是含通配符的模式。smbclient 还可以发送 WinPopup 消息，方法是：

```
smbclient -M NetBIOS_name
```

NetBIOS_name 是目标计算机的 NetBIOS 名。连接建立后，键入要发送的消息，按“Ctrl+d”组合键结束。

smbclient 的工作模式：当我们要处理绝大多数的文件（如执行一个在远端的文件）时必须先下载到本地系统上，然后才能执行相应的操作。

这种操作方法自有它的好处，如比较节省网络资源，但也会造成文件的重复存取。smbclient 命令则可以直接利用远端的文件资源而不用先下载。

可用的 smbclient 参数如表 17-7 所示。

表 17-7　smbclient 参数

参　数	含　义
sharename	完整的共享名路径，如 //server/share
-U username	登录的用户名
password	登录用口令
-L	列出所有已知的服务器和共享资源

连接到 NT 服务器 comet 以访问共享目录 dir1，登录的用户名与口令之间用%分开：

```
smbclient //comet/dir1 -U gugong%password
smbclient -L comet
```

参数-L 查询服务器 comet 中的可用共享资源。

它还会查询系统（comet）的浏览器，以发现该服务器（comet）已经在网上发现的其他共享资源。

17.7.2 Windows 下访问 Linux Samba 服务器

Windows 的客户端不需要更改任何设置，就可以在“网上邻居”中打开 Linux Samba 服务器，或选择菜单“开始”|“运行”，在打开的“运行”窗口中输入“\\服务器名”或“\\服务器 IP 地址”，然后单击“确定”按钮即可，如图 17-2 所示。

图 17-2 访问 Samba 服务器

17.8 设置 Samba 网络打印机

随着网络技术和应用日益的普及，网络打印技术也得到了长足的发展。网络文件共享打印作为网络上的一个重要应用，能使资源得到最大限度的利用。这也符合了现代化办公的要求，所以现在的大公司里网络打印越来越多。实现网络打印有如下两种方法：

- 通过一台文件服务器，在客户端实现共享打印。
- 购买内置打印服务器的网络打印机，网络打印机本身带一块网卡，用户直接将网线连到打印机上即可。

共享 Linux 打印机给 Windows 机器，必须确定 Linux 机器上的打印机已经装设好。如果能从 Linux 上打印，那么设定 Samba 的打印共享是很简单的。只要根据自己的实际情况，对/etc/samba/smb.conf 文件中有关打印的部分进行修改就可以了。

```
[global]
  printing = bsd
```

```
   printcap name = /etc/printcap
   load printers = yes
   log file = /var/log/samba-log.%m
   lock directory = /var/lock/samba

[printers]
   comment = All Printers
   security = server
   path = /var/spool/lpd/lp
   browseable = no
   printable = yes
   public = yes
   writable = no
   create mode = 0700

[ljet]
   security = server
   path = /var/spool/lpd/lp
   printer name = lp
   writable = yes
   public = yes
   printable = yes
   print command = lpr -r -h -P %p %s
```

确认打印机的路径要与/etc/printcap 中的 spool 目录相符合。

17.9　小　　结

Linux 是一个优秀的网络操作系统，它可与多种网络集成。Linux 系统的稳定性、可靠性受到了广大用户的欢迎，在小型网或者在公司、部门、单位等内部网（Intranet）上，常将 Linux 充当有效而强劲的文件和打印服务器，让 Windows 客户机共享 Linux 系统中的文件。这种 Linux 与 Windows 网络集成是通过 Samba 来实现。Samba 使 Linux 支持 SMB 协议，该协议由 TCP/IP 实现，它是 Windows 网络文件和打印共享的基础，负责处理和使用远程文件和资源。在默认情况下，Windows 工作站上的 Microsoft client 使用服务消息块（SMB）协议。正是由于 Samba 的存在，使得 Windows 和 Linux 可以集成并互相通信。

第 18 章 DNS 服务器

DNS（Domain Name System）即域名服务系统，作用为完成域名与 IP 地址的互换。网络上的每一台主机都有一个域名，域名给出有关主机的 IP 地址、Mail 路由信息等。而域名服务器（Name Server）则是指存储有关域名空间信息的程序，具体应用也通过它来完成。在本章中，将详细介绍在 Linux 系统中，如何设置 DNS 服务器的相关内容。

18.1 域名原理简介

域名系统是一个分布式数据库系统，如果将它图形化来表示就像一个倒立生长的树，如图 18-1 所示。它的特点是倒置树状层式结构，因为整个域名系统是按照分层的原则进行分配和管理的。从最高的 Internet 管理机构分配的顶级域名开始，逐级向下展开，形成一个倒置的树状结构。

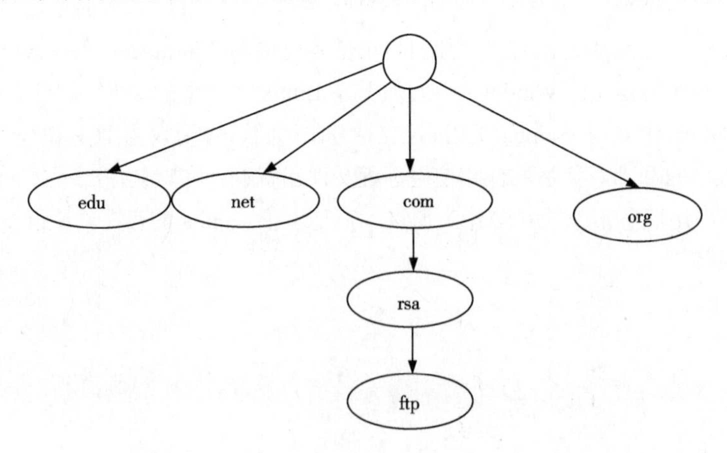

图 18-1 DNS 的框架结构

DNS 服务的顶端用“.”来表示，在“.”下是一些顶层域名。DNS 将域名进行了纵向和横向的划分，拥有自己的域名的各个组织只需管理自己的数据，各组织之间的域名数据再通过根域相互联系。域名树中的每一个节点表示一个域，每个域可再进一步划分成子域，从而形成一个分层的倒置树结构。

18.1.1　DNS 的组成

用户可以利用 DNS 服务器，用简单的域名来代替复杂难记的 IP 地址。当用户输入 IP 地址后，系统连接到 DNS 服务器，而且 DNS 不仅提供这种变换的服务，还对域名进行层次化的处理。

DNS 服务工作的流程被称作名字解析过程。它共分为两种：正向搜索和反向搜索。正向搜索是把一个域名解析成一个 IP，这里就用 Internet 上的 www.linux.com 域名做一个案例。用户先在浏览器中输入 www.linux.com 这个域名，然后计算机将自动把这个域名传递给本地 DNS 服务器，如图 18-2 所示，DNS 服务器收到信息后，将在自己的区域表中搜索该域名所对应的 IP。

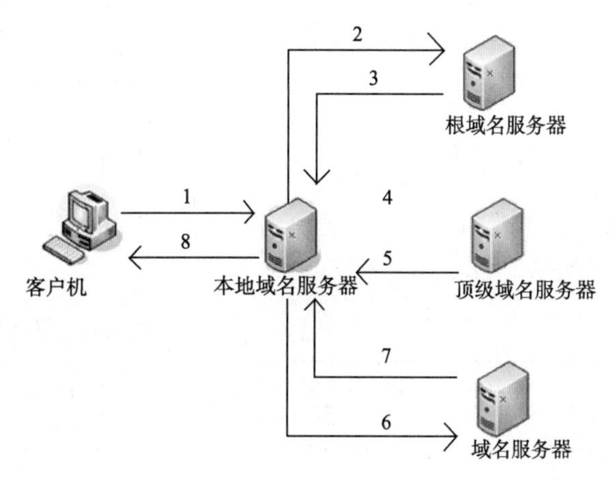

图 18-2　DNS 解析过程

有则返回。若没有，它则会把搜索的信息传递给其他根域 DNS 服务器，请求解析该域名。根域 DNS 服务器则返回一条对 COM 域 DNS 服务器的 IP 地址给本地 DNS 服务器引用。本地 DNS 服务器再根据 IP 地址给 COM 域 DNS 服务器发送一条 www.linux.com 域名解析请求的信息。COM 域 DNS 服务器返回一条对 Linux DNS 服务器的 IP 地址指引。然后本地 DNS 服务器再根据收到的 IP 地址给 Linux DNS 服务器发送一条 www.linux.com 域名解析请求的信息。Linux DNS 服务器根据请求反馈给 WWW 的 IP 地址，本地服务器再把这个 IP 反馈给用户。这时解析完成，用户也就打开了 www.linux.com 的网页。

反向搜索正好相反，它是把一个 IP 地址解析成一个域名。由于 DNS 服务是按域名而不是按 IP 地址索引的，反向搜索就会搜索所有的信息，很消耗资源。为了避免这种情况，DNS 服务创建了一个叫 in-addr.arpa 的特殊二级域，它使用的是与其他域名空间结构相同的方法，但它不采用域名，而是采用 IP 地址。

DNS 系统依赖一种层次化的域名空间分布式数据库结构。它可以分为以下三部分。

- 域名或资源记录（Domain Name and Resource Records）：用来指定结构化的域名空间和相应的数据。
- 域名服务器（Name Server）：它是一个服务器端程序，包括域名空间树结构的部分信息。
- 解析器（Resolves）：它是客户端用户向域名服务器提交解析请求的程序。

18.1.2　DNS 的层次结构与域名分配

DNS 数据库是按照名称索引的，因此，每个域必须有一个名称。往层次结构中添加域时，父域名称附在子域名称的后面。这样域名可以在域的层次结构中唯一标识自己。例如，域名 www.cau.edu.cn 标识 cau 域作为 edu.cn 域的子域，同时，edu 域作为 cn 域的子域。域名空间的层次结构由根域、顶级域名和二级域名构成。

18.1.3 根域

根域位于层次结构的最顶部并用小句点“.”表示。互联网中，根域由几个组织单位负责管理，包括网络规划部门。

18.1.4 顶级域

顶级域是由一个句点“.”加上两个或三个字母的名称码。顶级域是按照组织类别或地理位置来划分的，如表 18-1 所示。

表 18-1 部分顶级域描述

顶 级 域	描 述
.gov	政府组织
.com	商业组织
.net	网络中心
.org	非营利性组织
.edu	教育部门
.cn	中国国别代码
.firm	商业公司
.arts	艺术和文化单位

顶级域名大体分为 3 类；

- 通用顶级域名（gTLD，General Top Level Domain）。下列 3 个通用顶级域名向所有用户开放：com 适用于商业公司。org 适用于非营利机构。net 适用于大的网络中心。上述 3 个通用顶级域名也称为全球域名，因为任何国家的用户都可申请注册它们下面的二级域名。由于历史原因，下列 3 个通用顶级域名只向美国专门机构开放：mil 适用于美国军事机构。gov 适用于美国联邦政府。edu 适用于美国大学或学院。
- 国际顶级域名（iTLD，International Top Level Domain）适用于国际化机构。
- 国家或地区代码顶级域名（ccTLD，Country Code Top Level Domain）。目前有 200 多个国家和地区代码顶级域名，它们由两个字母缩写来表示。例如，uk 代表英国，hk 代表香港地区，sg 代表新加坡。并非所有的国家顶级代码域名都已投入使用，有的国家还没有接入 Internet（如朝鲜）。

说明：在已注册的域名中，最多的是 com 下的二级域名，其次是 net 下的二级域名，jp（日本）是注册域名最多的国家代码顶级域名。

由于 Internet 的飞速发展，通用顶级域名下可注册的二级域名越来越少，ICANN 在 2000 年年底前增加下列通用顶级域名：arts 艺术和文化单位、firm 商业公司、info 信息服务、nom 个人、rec 娱乐、store 网上商店、web 同 Web 有关的活动。

18.1.5 二级域

由国际域名组织为互联网中的个人或部门指定和登记的二级域。二级域由一个顶级域名和一个独一无二的二级域名组成，如表 18-2 所示。

表 18-2　二级域

二　级　域	描　　述
ed.gov	美国教育部
redhat.com	红帽子公司
cau.edu.cn	中国农业大学
w3.org	World Wide Web 组织

18.2　DNS 服务器的安装和配置

Linux 下鼎鼎有名的 DNS 服务器程序是 BIND。BIND 程序由加州大学伯克利分校开发，目前使用 BIND 作为服务器软件的 DNS 服务器约占所有 DNS 服务器的 90%以上。BIND 现在由互联网系统协会（Internet Systems Consortium，网址：http://www.isc.org）负责开发与维护。BIND 经历了第 4 版、第 8 版、第 9 版和现在正在开发的第 10 版。第 9 版修正了以前版本中的许多 bug，且效率得以大规模提升，现在 Linux 发行版本中集成的多为该版本。本章也将以 Red Hat Enterprise Linux 6 中集成的 BIND 9.8.2 版本来介绍。

BIND 的安装有两种方式，一种是以 RPM 包的方式安装，这种方式非常简单，Redhat 安装光盘中就有该 RPM 包，只要将光驱挂上然后进入光盘目录使用命令：

```
#rpm -ivh bind-utils-9.8.2-0.10.rc1.el6.i686.rpm
# rpm -ivh bind-9.8.2-0.10.rc1.el6.i686.rpm
# rpm -ivh bind-chroot-9.8.2-0.10.rc1.el6.i686.rpm
# rpm -ivh bind-libs-9.8.2-0.10.rc1.el6.i686.rpm
```

通过以上几步就能安装成功，因此这里就不加以详述。最简单的方式是在安装 Linux 时选择安装 DNS 服务，系统会自动安装以上几个程序。另外一种方式是使用源程序进行编译，下面主要说明这种方式。

18.2.1　获取 BIND 所需的安装文件

BIND 的最新版本为 bind-9.9.1.tar.gz。BIND 主页是：http://www.isc.org/，在该主页下载 bind-9.9.1.tar.gz。

BIND 安装大概需要以下 3 个步骤：

（1）configuer 参数收集，预编译。

（2）make 编译软件。

（3）make install 安装编译好的软件。

18.2.2　安装 DNS 服务器

对上面 DNS 有大概的了解后，下面开始安装，以下为安装步骤：

（1）在/var/tmp 目录下创建一个名为“bind”的目录，然后将下载的包文件移到该目录下再解压：

```
#mkdir /var/tmp/bind
```

```
#cd /var/tmp/bind
# tar -xzvf bind-9.9.1.tar.gz
```

（2）用 configuer 进行预编译。

```
# ./configure
```

（3）用 make 进行编译。

```
# make
```

（4）用 make install 进行最后安装。

```
# make install
```

至此，BIND 程序安装完毕。

18.2.3　设置/etc/named.conf 文件

DNS 服务器是由域名服务器进程 named 来控制的，named 启动后向 DNS 客户提供域名解析服务和逆向域名解析服务。named 进程的配置文件是/etc/named.conf，它决定域名服务器对哪些网段、哪些域进行解析和逆向解析等。当服务器收到客户端（如 Windows XP）的查询请求以后，就从根域名服务器开始进行域名查询，查找成功将查询结果返回给客户，并且服务器会缓冲查询中得到的各种域名信息以供以后查询使用来提高效率。

named.conf 文件默认配置内容如下（#后面的为添加的注释）：

```
//
// named.conf
//
// Provided by Red Hat bind package to configure the ISC BIND named(8) DNS
// server as a caching only nameserver (as a localhost DNS resolver only).
//
// See /usr/share/doc/bind*/sample/ for example named configuration files.
//
//定义全局配置语句
options {   #选项
        listen-on port 53 { 127.0.0.1; };           #服务监听端口为 53
        listen-on-v6 port 53 { ::1; };              #服务监听端口为 53（ipv6）
        directory       "/var/named";               #定义服务器区域配置文件存放的目录
        dump-file       "/var/named/data/cache_dump.db";            #解析过的内容的缓存
        statistics-file "/var/named/data/named_stats.txt";          #静态缓存（一般不用）
        memstatistics-file "/var/named/data/named_mem_stats.txt";   #静态缓存（放内存里的，
一般不用）
        allow-query     { localhost; };             #允许连接的客户机
        recursion yes;   #轮训查找

        dnssec-enable yes;   #DNS 加密
        dnssec-validation yes;                      #DNS 加密高级算法
        dnssec-lookaside auto;                      #DNS 加密的相关东西

        /* Path to ISC DLV key */
        bindkeys-file "/etc/named.iscdlv.key";      #加密用的 key（私钥公钥的加密，很强）
};
```

```
logging {   #日志
        channel default_debug {
                file "data/named.run";      #运行状态文件
                severity dynamic;           #静态服务器地址（根域）
        };
};
 //zone 用于声明一个区，下面是定义根域的区声明
zone "." IN {                               #根域解析
        type hint;
        file "named.ca";                    #根域配置文件
};

include "/etc/named.rfc1912.zones";         #扩展配置文件（新开域名）
include "/etc/named.root.key";
```

option 部分中的 directory 确定 named 从哪个目录下读取 DNS 数据文件，这里使用的是 Red Hat Linux 默认的目录/var/named。zone "."是根域的区域声明，其类型为 hint。每个区都有一个 type 语句，type 可以有 3 种：hint（根域）、master（主域）和 slave（从域），一个 file 语句指明该域使用的数据文件。

hint 用来指定根域的服务器，其中根域名服务器信息位于 named.ca 文件中。该文件包含了 Internet 的顶级域名服务器的名字和地址，利用该文件，DNS 服务器可以找到根 DNS 服务器，并初始化 DNS 服务器的缓冲区，其内容如下：

```
; <<>> DiG 9.5.0b2 <<>> +bufsize=1200 +norec NS . @a.root-servers.net
;; global options:  printcmd
;; Got answer:
;; ->>HEADER<<- opcode: QUERY, status: NOERROR, id: 34420
;; flags: qr aa; QUERY: 1, ANSWER: 13, AUTHORITY: 0, ADDITIONAL: 20

;; OPT PSEUDOSECTION:
; EDNS: version: 0, flags:; udp: 4096
;; QUESTION SECTION:
;.                 IN   NS

;; ANSWER SECTION:
.         518400   IN   NS   M.ROOT-SERVERS.NET.
.         518400   IN   NS   A.ROOT-SERVERS.NET.
.         518400   IN   NS   B.ROOT-SERVERS.NET.
.         518400   IN   NS   C.ROOT-SERVERS.NET.
.         518400   IN   NS   D.ROOT-SERVERS.NET.
.         518400   IN   NS   E.ROOT-SERVERS.NET.
.         518400   IN   NS   F.ROOT-SERVERS.NET.
.         518400   IN   NS   G.ROOT-SERVERS.NET.
.         518400   IN   NS   H.ROOT-SERVERS.NET.
.         518400   IN   NS   I.ROOT-SERVERS.NET.
.         518400   IN   NS   J.ROOT-SERVERS.NET.
.         518400   IN   NS   K.ROOT-SERVERS.NET.
.         518400   IN   NS   L.ROOT-SERVERS.NET.

;; ADDITIONAL SECTION:
A.ROOT-SERVERS.NET.    3600000  IN   A    198.41.0.4
```

```
A.ROOT-SERVERS.NET.     3600000  IN   AAAA 2001:503:ba3e::2:30
B.ROOT-SERVERS.NET.     3600000  IN   A    192.228.79.201
C.ROOT-SERVERS.NET.     3600000  IN   A    192.33.4.12
D.ROOT-SERVERS.NET.     3600000  IN   A    128.8.10.90
E.ROOT-SERVERS.NET.     3600000  IN   A    192.203.230.10
F.ROOT-SERVERS.NET.     3600000  IN   A    192.5.5.241
F.ROOT-SERVERS.NET.     3600000  IN   AAAA 2001:500:2f::f
G.ROOT-SERVERS.NET.     3600000  IN   A    192.112.36.4
H.ROOT-SERVERS.NET.     3600000  IN   A    128.63.2.53
H.ROOT-SERVERS.NET.     3600000  IN   AAAA 2001:500:1::803f:235
I.ROOT-SERVERS.NET.     3600000  IN   A    192.36.148.17
J.ROOT-SERVERS.NET.     3600000  IN   A    192.58.128.30
J.ROOT-SERVERS.NET.     3600000  IN   AAAA 2001:503:c27::2:30
K.ROOT-SERVERS.NET.     3600000  IN   A    193.0.14.129
K.ROOT-SERVERS.NET.     3600000  IN   AAAA 2001:7fd::1
L.ROOT-SERVERS.NET.     3600000  IN   A    199.7.83.42
M.ROOT-SERVERS.NET.     3600000  IN   A    202.12.27.33
M.ROOT-SERVERS.NET.     3600000  IN   AAAA 2001:dc3::35

;; Query time: 147 msec
;; SERVER: 198.41.0.4#53(198.41.0.4)
;; WHEN: Mon Feb 18 13:29:18 2008
;; MSG SIZE  rcvd: 615
```

named.ca 文件包含了根域服务器的 IP 地址和名字，因此用户不应随便修改该文件。但根域服务器的地址也会发生变化，用户可以从国际互联网信息中心的FTP服务器上下载最新的文件进行替换。下载地址为：ftp://ftp.internic.net/domain/，文件名为 named.root。

/etc/named.rfc1912.zones 文件用于定义 localhost、localdomain 和新开域的正反向域名解析的区域文件。通过 include 指令包含到 named.conf 文件中，该文件的内容如下：

```
// named.rfc1912.zones:
//
// Provided by Red Hat caching-nameserver package
//
// ISC BIND named zone configuration for zones recommended by
// RFC 1912 section 4.1 : localhost TLDs and address zones
// and http://www.ietf.org/internet-drafts/draft-ietf-dnsop-default-local-zones-02. txt
// (c)2007 R W Franks
//
// See /usr/share/doc/bind*/sample/ for example named configuration files.
//
#本地主机全名解析
zone "localhost.localdomain" IN {
        type master;   #类型为主域
        file "named.localhost";   #域配置文件（文件存放在/var/named目录中）
        allow-update { none; };   #不允许客户端更新
};
#本地主机名解析
zone "localhost" IN {
        type master;
```

```
        file "named.localhost";
        allow-update { none; };
};

#ipv6 本地地址反向解析
zone "1.0.0.0.0.0.0.0.0.0.0.0.0.0.0.0.0.0.0.0.0.0.0.0.0.0.0.0.0.0.0.0.ip6.arpa" IN {
        type master;
        file "named.loopback";
        allow-update { none; };
};

#本地地址反向解析
zone "1.0.0.127.in-addr.arpa" IN {
        type master;
        file "named.loopback";
        allow-update { none; };
};

#本地全网地址反向解析
zone "0.in-addr.arpa" IN {
        type master;
        file "named.empty";
        allow-update { none; };
};
```

18.2.4　定义区域

使用 zone 指令来定义一个区域。一般有多少个域要进行域名解析，就要定义多少个用于正向域名解析的区域。对于反向域名解析，一般一个 IP 地址网段，定义一个反向域名解析的区域。

定义区域的基本格式是：

```
zone 区域名称 {
type 区域类型;
file 区域文件名;
};
```

对于正向域名解析的区域，其名称为要解析的域名，对于反向域名解析的区域，如 192.168.1.0 网段，则其名称一般为 1.168.192.in-addr.arpa。注意数字的写法，为 IP 地址的网络编号反过来写。

type 用于定义区域类型，常用的有 3 种类型：hint（根域）、master（主域）和 slave（辅助域）。file 用于指定实现该域名解析的配置文件的路径和名称，文件名可以随意起名。

下面以一个配置主域名服务器的实例来讲解区域的定义。假定要实现“192.168.1.10”到 www.test.com 的正反向域名解析作为示例。在 named.rfc1912.zones 文件中添加它们的正反向域名解析如下：

```
//正向域名解析
zone "test.com" IN {
        type master;
        file "test.com.zone";
};
```

```
//反向域名解析
zone "1.168.192.in-addr.arpa" IN {
       type master;
       file "192.168.1.rev";
};
```

18.2.5 区域文件

用户自定义的区域文件都要自行编写。区域文件的编写也比较容易，有基本上比较固定的格式可以套用。下面以本地域名解析为例来介绍区域文件的定义格式。

1. 正向域名解析文件

named.localhost 文件用于实现将 localhost 解析为 127.0.0.1 地址。该文件的内容为：

```
$TTL 1D
@    IN SOA    @ rname.invalid. (
                    0    ; serial
                    1D    ; refresh
                    1H    ; retry
                    1W    ; expire
                    3H )    ; minimum
    IN  NS    @
    IN  A  127.0.0.1
    IN  AAAA    ::1
```

（1）$TTL 1D。

第一行用来设置域的默认生存时间，单位为秒。1D 即 86 400 秒，也就是一天。

（2）@IN SOA @ rname.invalid.。

第一个@代表当前的域；SOA 声明该服务器为权威 DNS 服务器；第二个@代表权威 DNS 服务器的名称，也即当前的域名称；最后一部分为域管理员的邮箱地址 rname.invalid.等价于 rname@invalid。

域名称的写法，名称的后面要有小数点，如“test.com.”，也可以使用@表示域名。因此邮箱中的@使用“.”表示，最后也要有小数点。

（3）括号中各项的含义如表 18-3 所示。

表 18-3　各项含义描述

项　目	含　义
0　　; serial	代表该文件的更改次数，每改一次，该数字都应变化
1D　　; refresh	本地更新的时间周期，D 为天，W 为周，H 为小时，M 为分钟
1H　　; retry	更新出现故障时的重试超时时间
1W　　; expire	无法完成更新时，终止更新时间
3H)　　; minimum	设置在域名服务器上查询记录的缓存时间

（4）IN。

IN 用于向域名服务器添加解析记录，常用的记录类型有 NS（名称服务器）、A（主机记录）、MX（邮件交换记录）、PTR（反向解析）记录。

配置文件中的“IN　A　　127.0.0.1”表示添加一条主机记录，实现将 localhost 解析为 127.0.0.1

地址。

域名的正向解析主要就是通过添加主机记录来实现的，在某个域中，有多少主机需要解析，就应添加多少条主机记录。主机记录的添加写法有两种，如若要实现对 www.test.com 到 192.168.1.10 的解析可写为：

```
www   IN   A    192.168.1.10
www.test.com.  IN A    192.168.1.10                            //注意域名最后的“.”
```

2．反向域名解析文件

反向域名解析文件基本相同，只要在文中添加 PTR 记录即可。

PTR 记录的添加格式为：

```
IP 地址中的主机号  IN  PTR  对应的域名.
//如:
10  IN  PTR  www.test.com.
```

18.2.6　邮件交换记录

有一台邮件服务器 mail.test.com 对应 IP 地址为 192.168.1.12，若要保证其能正常收发邮件，应在区域文件中添加如下记录：

```
mail.test.com.     IN       A          192.168.1.12            //A 记录
IN         MX       10       mail.test.com.                    //邮件交换记录
```

参数 10 表示邮件服务器的优先级，值越小，优先级越高。

18.2.7　辅助 DNS 服务器

辅助域名服务器主要是分担主域名服务器的负载，因而不至于出现当主服务器不能正常工作时造成系统不能对外服务的情况。当主域名服务器过载或者不能正常解析时，可以向辅助域名服务器发送数据。辅助域名服务器在对外服务时，一般情况下，是主域名服务器向辅助域名服务器传送数据，称这个过程叫区带转移。

要建立一个辅助域名服务器必须建立下面几个文件：

- named.conf。
- 127.0.0。
- root.ca。

文件 127.0.0 及文件 root.ca 的内容和主域名服务器中对应文件的内容都是相同的，而 named.conf 的内容则不同，辅助 DNS 服务器的 named.conf 内容如下：

```
options {
directory "/var/named";
fetch-glue no;
recursion no;
allow-query { 202.202.88/24; 127.0.0/8; };
allow-transfer { 202.202.88.1; };
transfer-format many-answers;
};
zone "." in {
type hint;
file "root.ca";
```

```
};
zone "0.0.127.in-addr.arpa" in {
type master;
file "127.0.0";
};
zone "xscancmd.com.cn" in {
type slave;
file "test.com";
masters { 202.202.88.1; };
};
zone "186.164.208.in-addr.arpa" in {
type slave;
file "202.202.88";
masters { 202.202.88.1; };
};
```

这样将设置 xscancmd.com.cn 从域名服务器。因为文件 127.0.0 和 root.ca 与主域名服务器相同，从域名服务器不必从网络上获取所有的区文件，所以只需在从域名服务器中保留一份本地拷贝。从域名服务器会与 202.202.88.1 主机中的区带信息保持同步。

18.2.8 高速缓存 DNS

上面的配置不仅仅是一个高速缓存的主域名服务器，如果只是配置一个只有高速缓存的域名服务器该怎么做呢？高速缓存域名服务器被用做递归查询或者作为主域名服务器的转发器。每当一个查询请求到来时，缓冲域名服务器首先看缓存中是否有记录，有则直接将查询结果返回给向它提出 DNS 查询请求的系统。否则把查询请求转交给主域名服务器，主域名服务器把查询结果再返回给缓存域名服务器。缓存域名服务器把结果存储在高速缓存中，以便下次直接使用，然后把查询结构返回给提出 DNS 请求的系统。经过一定的时间，只有高速缓存的 DNS 服务器可以收集大量的 DNS 反馈信息。这将极大地提高服务器的效率，能大大缩短提供 DNS 响应的时间。

在合理的管理控制下，把只有高速缓存的 DNS 服务器作为主域名服务器的转发器使用，还可以提高系统的安全性。主 DNS 服务器可以把只有高速缓存的 DNS 服务器当作与外界系统的一个中间桥梁，只有高速缓存的 DNS 服务器，才可以代替主 DNS 服务器完成递归查询。

BIND 默认安装情况下可直接作为高速缓存服务器，只需按“启动名字服务器”。在 Linux 下直接启动的方法是输入命令：

```
#service named start
```

18.3 DNS 服务器的运行和测试

在前面一节，我们讲解了 DNS 服务器的安装与配置。配置完成后，为保证 DNS 服务器的正常运行，对该服务器的测试显得必不可少。本节将对 DNS 服务器的运行和测试进行介绍。

18.3.1 DNS 服务器的运行

如果上面的配置没有问题，下面就可以启动这个已经设置好的域名服务器。

（1）启动 DNS 服务器。

```
#service named start
```

（2）停止 DNS 服务器。

```
# service named stop
```

（3）重新启动 DNS 服务器。

```
# service named restart
```

18.3.2　测试 DNS 服务器

Linux 提供了一个域名查询工具 nslookup，使用该工具可以用来检测域名服务器运行是否正常。例如：

```
#nslookup
Default Server: ns.plagh.com.cn
Address:192.168.1.10
> www.test.com
Server: localhost
Address: 127.0.0.1
Name: www.test.com
Address:192.168.1.10
> www.test.com
Server: localhost
Address: 127.0.0.1
Non-authoritative answer:
Name: www.test.com
Address: 192.168.1.10
```

从上面的输出可以看到域名服务器工作正常。从上面的信息可以看到第二次查询 www.test.com 时输出了 Non-authoritative answer 这句信息，从这里可以看出再次查询同一个域名时，named 并没有真正到主服务器上查询，而是使用了第一次查询结果的缓冲。

对于大型复杂的网络中，一般都会设置分级的查询转发，这样做的目的是减轻 DNS 服务器的负荷量。例如，当 DNS 服务器 A 收到一个域名查询的请求，如果 DNS 服务器 A 不能处理该请求，它不会直接转发到根域名服务器，而是将查询请求转发给 DNS 服务器 B。如果 DNS 服务器 B 的缓存内有该记录，则返回给 DNS 服务器 A，否则再转发给其他更高一层 DNS 服务器或者直接转到根域名服务器查询。这样 DNS 形成一个分层结构，可以有效减轻服务器和网络负载。实现整个 DNS 过程的步骤如下。

（1）设立域名查询转发，假设上一级的 DNS 服务器 IP 地址分别为 10.0.0.1 和 10.1.0.1。则在 /etc/named.conf 配置文件的 option 部分，添加如下内容。

```
forward first;
forwarders {
10.0.0.1;
10.1.0.1;
};
```

（2）利用 nslookup 工具测试这个只有高速缓存的域名服务器来说明域名查询的工作原理。

```
$ nslookup
Default Server: localhost
Address: 127.0.0.1
```

（3）访问一个根域名服务器。

```
> server c.root-servers.net.
Default Server: c.root-servers.net
Address: 182.168.45.5
```

（4）用 set q=ns 来设定查询类型为 NS（name server），然后查询 edu 域。请注意 edu 后面有一个点，它指示现在是查询根域名下的 edu 域的信息，而不是自己域下的 edu 域的信息。所以不能省略。

```
> set q=ns
> edu.
edu nameserver = A.ROOT-SERVERS.NET
edu nameserver = H.ROOT-SERVERS.NET
edu nameserver = B.ROOT-SERVERS.NET
edu nameserver = C.ROOT-SERVERS.NET
edu nameserver = D.ROOT-SERVERS.NET
edu nameserver = E.ROOT-SERVERS.NET
edu nameserver = I.ROOT-SERVERS.NET
edu nameserver = F.ROOT-SERVERS.NET
edu nameserver = G.ROOT-SERVERS.NET
A.ROOT-SERVERS.NET internet address = 188.41.0.4
H.ROOT-SERVERS.NET internet address = 128.63.2.53
B.ROOT-SERVERS.NET internet address = 128.9.0.107
C.ROOT-SERVERS.NET internet address = 182.33.4.12
D.ROOT-SERVERS.NET internet address = 128.8.10.90
E.ROOT-SERVERS.NET internet address = 182.203.230.10
I.ROOT-SERVERS.NET internet address = 182.46.133.25
F.ROOT-SERVERS.NET internet address = 182.5.5.241
G.ROOT-SERVERS.NET internet address = 182.112.36.4
```

（5）从上面可以看出所有的 edu 域的 ROOT-SERVERS.NET.域的服务器的列表，下面再查询 mit.edu 域。

```
> mit.edu.
Server: c.root-servers.net
Address: 182.33.4.12
Non-authoritative answer:
mit.edu nameserver = XSCANCMD.mit.edu
mit.edu nameserver = SINGLAIN.mit.edu
mit.edu nameserver = STRAWB.mit.edu
Authoritative answers can be found from:
XSCANCMD.mit.edu internet address = 18.70.0.160
SINGLAIN.mit.edu internet address = 18.72.0.3
STRAWB.mit.edu internet address = 18.71.0.151
```

（6）mit 域内的 alebd、xscancmd 和 singlain3 台主机负责 mit.edu 域的解析。下面使用 xscancmd 主机来查询 ai.mit.edu 的域名信息。

```
> server XSCANCMD.mit.edu.
Server: XSCANCMD.mit.edu
Address: 18.70.0.160
> ai.mit.edu.
Server: XSCANCMD.mit.edu
Address: 18.70.0.160
```

```
Non-authoritative answer:
ai.mit.edu nameserver = ALPHA-BITS.AI.MIT.EDU
ai.mit.edu nameserver = GRAPE-NUTS.AI.MIT.EDU
ai.mit.edu nameserver = TRIX.AI.MIT.EDU
ai.mit.edu nameserver = MUESLI.AI.MIT.EDU
ai.mit.edu nameserver = LIFE.AI.MIT.EDU
ai.mit.edu nameserver = BEET-CHEX.AI.MIT.EDU
ai.mit.edu nameserver = MINI-WHEATS.AI.MIT.EDU
ai.mit.edu nameserver = COUNT-CHOCULA.AI.MIT.EDU
ai.mit.edu nameserver = MINTAKA.LCS.MIT.EDU
Authoritative answers can be found from:
AI.MIT.EDU nameserver = ALPHA-BITS.AI.MIT.EDU
AI.MIT.EDU nameserver = GRAPE-NUTS.AI.MIT.EDU
AI.MIT.EDU nameserver = TRIX.AI.MIT.EDU
AI.MIT.EDU nameserver = MUESLI.AI.MIT.EDU
AI.MIT.EDU nameserver = LIFE.AI.MIT.EDU
AI.MIT.EDU nameserver = BEET-CHEX.AI.MIT.EDU
AI.MIT.EDU nameserver = MINI-WHEATS.AI.MIT.EDU
AI.MIT.EDU nameserver = COUNT-CHOCULA.AI.MIT.EDU
AI.MIT.EDU nameserver = MINTAKA.LCS.MIT.EDU
ALPHA-BITS.AI.MIT.EDU internet address = 128.52.32.5
GRAPE-NUTS.AI.MIT.EDU internet address = 128.52.36.4
TRIX.AI.MIT.EDU internet address = 128.52.37.6
MUESLI.AI.MIT.EDU internet address = 128.52.39.7
LIFE.AI.MIT.EDU internet address = 128.52.32.80
BEET-CHEX.AI.MIT.EDU internet address = 128.52.32.22
MINI-WHEATS.AI.MIT.EDU internet address = 128.52.54.11
COUNT-CHOCULA.AI.MIT.EDU internet address = 128.52.38.22
MINTAKA.LCS.MIT.EDU internet address = 18.26.0.36
```

（7）从上面的显示信息可以看到，已经查询到了指定的域名服务器信息。下面将查询类型设置为 any 并指定其中的一个域名服务器，然后开始查询主机信息。

```
> server MUESLI.AI.MIT.EDU
Default Server: MUESLI.AI.MIT.EDU
Address: 128.52.39.7
> set q=any
> prep.ai.mit.edu.
Server: MUESLI.AI.MIT.EDU
Address: 128.52.39.7
prep.ai.mit.edu CPU = dec/decstation-5000.25 OS = unix
prep.ai.mit.edu
inet address = 18.159.0.42, protocol = tcp
ftp telnet smtp finger
prep.ai.mit.edu preference = 1, mail exchanger = gnu-life.ai.mit.edu prep.ai.mit.edu
internet address = 18.159.0.42
ai.mit.edu nameserver = beet-chex.ai.mit.edu
ai.mit.edu nameserver = alpha-bits.ai.mit.edu
ai.mit.edu nameserver = mini-wheats.ai.mit.edu
ai.mit.edu nameserver = trix.ai.mit.edu
ai.mit.edu nameserver = muesli.ai.mit.edu
```

```
ai.mit.edu nameserver = count-chocula.ai.mit.edu
ai.mit.edu nameserver = mintaka.lcs.mit.edu
ai.mit.edu nameserver = life.ai.mit.edu
gnu-life.ai.mit.edu internet address = 128.52.32.60
beet-chex.ai.mit.edu internet address = 128.52.32.22
alpha-bits.ai.mit.edu internet address = 128.52.32.5
mini-wheats.ai.mit.edu internet address = 128.52.54.11
trix.ai.mit.edu internet address = 128.52.37.6
muesli.ai.mit.edu internet address = 128.52.39.7
count-chocula.ai.mit.edu internet address = 128.52.38.22
mintaka.lcs.mit.edu internet address = 18.26.0.36
life.ai.mit.edu internet address = 128.52.32.80
```

从上面的信息可以看到，把查询类型设置为 any 后，对 prep.ai.mit.edu.的查询得到了和 prep.ai.mit.edu.相关的所有信息。在上面的例子中，首先从根开始，顺着域名树依次向下，直到最后找到需要查询的域名。这个就是域名服务器处理查询请求时的方法。

18.4 域名服务器的安全和优化

域名服务器可以正常运行后，其运行在何种环境下最安全。如何对域名服务器进行优化使其消耗最低的资源、使其耗时最短也是一个不可忽略的问题。本节将简略介绍域名服务器的安全与优化。

18.4.1 限制 BIND 运行于“虚拟”根环境下

每个程序的功能越多越大相应的安全方面出现漏洞的概率就越大。BIND 是一个功能多而且设置灵活的程序，它的安全方面的漏洞出现的概率也比较高。已经发现老版本的 BIND 中的漏洞可以让远程用户在一台运行 BIND 的主机上获取根用户的访问权限。将 BIND 作为非 root 用户运行，虽然这样可以提高一定的安全性。但是如果允许匿名访问用户也会大大影响 DNS 系统的安全性，一个可行的措施是将 BIND 运行在虚拟根环境下。

将 BIND 运行在虚拟根环境下，守护进程的文件访问权限被限制在所设置的虚拟的根目录下，所以该守护进程不能访问虚拟根目录外的文件。然后将以非根用户的身份来运行 BIND，这样入侵者不能通过获取根用户后的方法来突破虚拟根目录限制。

RHEL 提供了一个程序 bind-chroot 来达到上述目标。chroot 对程序运行时可以使用的系统资源、用户权限、系统所在目录进行严格控制。程序只在这个虚拟的目录具有权限。

RHEL 6 光盘中提供有该程序：bind-chroot-9.8.2-0.10.rc1.el6.i686.rpm

```
# rpm -ivh bind-chroot-9.8.2-0.10.rc1.el6.i686.rpm
```

一旦安装好 bind-chroot 后，bind 的虚拟根目录就会变为/var/named/chroot，用户所指的所有配置文件的路径都是相对于该目录而言的。例如，/etc/named.conf 文件的真正路径为/var/named/chroot//etc/named.conf。

18.4.2 区带（Zone）转移

使用区带转移能够提高服务器的安全性和性能，以下用一个 named.conf 文件中包括

allow-transfer 选项的例子来说明。

```
options {
allow-transfer { 202.202.88.2; };
};
```

以上限制了 202.202.88.2 二级域名服务器可以从这台域名服务器上获取区带信息。限制区带转移需注意：不仅要在主域名服务器上限制区带转移，在二级域名服务器上也要限制区带转移。这也将提高系统的安全型。

18.4.3　允许查询

限制域名服务器所接受的查询，可以通过下面的两条来限制查询范围：

（1）限制允许使用本域名服务器的 IP 地址范围。

（2）可以查询的区带。以下是一个 named.conf 文件中包括 allow-query 选项的例子：

```
options {
allow-query { 202.202.88/24; 127.0.0/8; };
};
```

上面规定了能够向本台域名服务器发出请求的 IP 地址范围。对于运行在 Internet 防火墙之内的用户而言，他们有一种对于外部世界隐藏其名字空间的要求。然而他们又要给有限的授权用户提供域名服务。

18.4.4　转发限制

当转发服务器关机或没有应答的时候不要尝试站点之外的转发器。使用 forwardonly 选项可以实现这一功能。以下是一个 named.conf 文件的内容，文件里面包括“forward only”选项的例子。

```
options {
forwarders { 205.151.222.250; 205.151.222.251; };
forward-only;
};
```

在 forwarder 一节中，205.151.222.250 和 205.151.222.251 分别代表 ISP 及另外的 DNS 服务器的 IP 地址。

18.4.5　域名服务器常见问题

（1）如何实现通过 DNS 查询轮转 DNS rotate 来使某个大型应用获得负载平衡，如 www.query.com 服务应用？

答：在域名区数据配置文件中对 www.freeing.com 使用多个记录，这些记录对应不同的 IP 地址，BIND 将自动按照循环轮转（round-robin）的方式应答对 www.query.com 的查询，从而达到负载平衡的目的。

（2）如何在一个封闭的内部网环境中设置 DNS 服务器？

答：去掉根区文件信息 root.ca，只设置内部的区配置信息。

（3）服务器的缓存在什么地方，有什么方法可以控制缓存的大小？

答：缓存完全保存在内存之中，没有任何办法可以控制缓存大小，当 named 进程被杀死时，缓存就会被释放。

18.5 小　　结

本章的主要内容概括为以下几点：域名原理、域名服务器 BIND 的安装和配置、系统的安全和优化以及域名服务器的常见问题。经过本章的学习，读者可以对 BIND 有个基本的认识，BIND 的安装和配置是本章的重点，读者应该要了解各个配置文件中的各个配置选项的意义。学习本章最好的方法是亲自动手安装 BIND，然后配置服务器，这样才能深刻理解各个配置的作用。

第 19 章 邮件服务器

电子邮件服务是当前互联网中使用最广泛的服务之一。电子邮件已成为网络用户不可或缺的需要。在 Linux 环境下，邮件服务器软件很多，如 Postfix、Sendmail 及 Qmail 等。本章主要对 Linux 环境下应用最广泛 Sendmail 邮件服务器的安装配置进行详细的讨论。

19.1 邮件服务器 Sendmail 简介

Linux 下的邮件传递代理（Mail Transfer Agent）通常使用 Sendmail，这个系统在所有的 UNIX 平台上都有相应的版本。邮件传输代理程序负责把邮件从一台机器发送到另外一台机器。Sendmail 不是邮件阅读程序，它只是用于把邮件通过 Internet 发送到目的地服务器的后台程序。

简单邮件传输协议（Simple Mail Transfer Protocol，SMTP）是基于 TCP 协议的应用层协议，定义邮件传递的协议，SMPT 协议命令是以明文方式进行的。下面以向 www.freeing.com.cn 发送邮件为实例介绍 SMTP 的工作原理。

在 Linux 环境下使用 telnet www.freeing.com.cn 25 连接 www.freeing.com.cn 的 25 号端口，该端口是 SMTP 的标准服务端口。在命令提示符下使用 telnet 程序登录到远程主机 www.freeing.com.cn，端口号指定为 25，交互过程如下。

```
$telnet www.freeing.com.cn 25
Trying 202.99.11.120...
Connected to www.freeing.com.cn.
Escape character is '^]'.
HELLO mail.test.com
220 www.freeing.com.cn ESMTP Sendmail 8.10.2/8.10.2; Mon, 18 Sep 2000 13:40:44
+0800
250 www.freeing.com.cn Hello [210.12.114.130], pleased to meet you
MAIL FROM:xscancmd@test.com.cn
250 2.1.0 xscancmd@test.com.cn... Sender ok
RCPT TO:singlain@freeing.com.cn
250 2.1.5 singlain@freeing.com.cn... Recipient ok
DATA
354 Enter mail, end with "." on a line by itself
```

```
hello , Pls to get to meet u :) good luck
250 2.0.0 e8I5j1M11204 Message accepted for delivery
QUIT
221 2.0.0 www.freeing.com.cn closing connection
Connection closed by foreign host.
```

对上面的命令行含义，下面详细介绍如下。

- 这里发送信件的主机域名是 mail.xscancmd.com。
- 客户向远程邮件服务器表示自己的身份，这通过 HELLO 命令实现。
- “MAIL FROM”标识发送者的邮件地址，“RCPT TO”标识接收者的邮件地址，这里以 singlain@freeing.com.cn 为邮件接收者地址。
- 如果邮件接收者不是本地用户。例如，RCPTTO:ideal@btamail.net.cn，则说明希望对方邮件服务器为自己 RELAY 邮件，如果该邮件服务器是 OPEN RELAY 的，则该服务器允许发送这样的邮件，否则表明服务器不能 RELAY。
- DATA 行下面开始到“.”行结束的部分表示邮件的数据部分。
- QUIT 表示退出这次会话，结束邮件发送。

上面是一个发送邮件的会话过程。SMTP 协议定义了命令及相关规定。本地客户端通过 POP3 或 IMAP 协议与邮件服务器交互，将邮件信息传递到给客户本地进行处理。如果读者向来信者回复信件，MUA 使用 SMTP 与读者的邮件服务器建立连接，指示邮件服务器帮助发送邮件到朋友的邮件服务器地址。然后读者的邮件服务器通过 SMTP 协议发送邮件到对方的邮件服务器。这就是接收和发送邮件的全部过程。

19.2 Sendmail 邮件服务器的安装配置

接下来看看怎样安装 Sendmail 服务器，这里介绍采用源代码安装方式，RPM 包在 RedHat9.0 安装光盘中有，将光盘挂载后进入光盘位置即可开始安装。

19.2.1 安装 Sendmail

在进行邮件服务器的配置前，首先要下载该软件，然后解包执行。下面是 Sendmail 的安装过程。

（1）在 Sendmail 的主页 http://www.sendmail.org/上下载 Sendmail 包，然后解压缩软件包。

```
# cp sendmail.version.tar.gz /var/tmp
# cd /var/tmp
# tar xzpf sendmail.version.tar.gz
```

（2）cd 进入新的 Sendmail 目录，然后输入下面的命令编辑“linux.m4”文件。

```
#vi +16 cf/ostype/linux.m4
```

（3）然后找到下面这行并更改。

```
define(`LOCAL_MAILER_PATH', /bin/mail.local)dnl     //更改。
define(`PROCMAIL_MAILER_PATH', `/usr/bin/procmail')dnl
dnl define(`LOCAL_MAILER_FLAGS', `ShPfn')dnl
dnl define(`LOCAL_MAILER_ARGS', `procmail -a $h -d $u')dnl
define(`STATUS_FILE', `/var/log/sendmail.st')dnl
```

（4）编辑 linux.m4 文件。

```
#vi +16 cf/ostype/linux.m4
```

（5）添加下面 define 行。

```
define(`STATUS_FILE', `/var/log/sendmail.st')dnl
```

注意： 上面这些步骤只对本地或邻居的客户机及服务器是必要的，它告诉 sendmail 其状态文件 sendmail.st 位于“/var/log”目录中。

（6）使用命令 vi +26 BuildTools/M4/header.m4 编辑 header.m4 文件，并将下面一行中的 db 更改为 db1。

```
define(`confLIBSEARCH', `db bind resolv 44bsd')
define(`confLIBSEARCH', `db1 bind resolv 44bsd')
```

（7）使用命令 vi +30 makemap/makemap.c 编辑 makemap.c 文件并将下面一行中的 db.h 更改成 db_185.h。

```
#include <db.h>
#include <db_185.h>
```

（8）使用 vi +29 src/map.c 命令编辑 map.c 文件并将下面一行中的 db.h 更改成 db_185.h。

```
#include <db.h>
#include <db_185.h>
```

（9）使用命令 vi +28 src/udb.c 编辑 udb.c 文件并将下面一行中的 db.h 更改成 db_185.h。

```
#include <db.h>
# include <db_185.h>
```

（10）使用命令 vi +37 praliases/praliases.c 编辑 praliases.c 文件并将下面一行中的 db.h 更改成 db_185.h。

```
# include <db.h>
# include <db_185.h>
```

（11）使用命令 vi BuildTools/OS/Linux 编辑 Linux 文件并增加下列行。

```
define(`confSTDIR', `/var/log')
define(`confHFDIR', `/usr/lib')
define(`confDEPEND_TYPE', `CC-M')
define(`confMANROOT', `/usr/man/man')
define(`confSBINGRP', `root')
define(`confSBINMODE', `6755')
define(`confEBINDIR', `/usr/sbin')
```

上面定义了一些变量，如 log 文件、lib、man 目录的位置和/sbin/Sendmail 二进制程序的组名称和权限。

（12）使用命令 vi +1452 src/daemon.c 编辑 daemon.c 文件并将下行进行更改。

```
nleft=sizeof ibuf - 1;     //更改为 sizeof(ibuf)-1
nleft=sizeof(ibuf) - 1;
```

（13）使用命令 vi +61 smrsh/smrsh.c 编辑 smrsh.c 文件并将下行进行更改。

```
# define CMDDIR "/usr/adm/sm.bin"    //更改目录路径。
# define CMDDIR "/etc/smrsh"
```

（14）使用命令 vi +69 smrsh/smrsh.c 编辑 smrsh.c 文件并将下行进行更改。

```
# define PATH "/bin:/usr/bin:/usr/ucb"
# define PATH "/bin:/usr/bin"
```

上面的配置指定了运行 smrsh 程序的默认搜索命令的路径。

19.2.2 邮件服务器的编译和优化

经过前面小节的安装，Sendmail 服务器已正常进行。但是要使服务器充分发挥其性能，大家还应该进行对服务器的编译和优化。

通过“Build-f../BuildTools/Site/siteconfig.m4”为 Sendmail 制定一个定点配置文件。定点配置文件包括系统安装的定义，下面建立一个适合安装系统的定点配置文件。由于默认情况下，建立脚本会从定点配置文件的路径下搜索它，所以这里把它放在默认目录 Sendmail 发行版的源文件的子目录 BuildTools/Site 之下。具体步骤如下。

（1）进入新建的 Sendmail 目录后，然后使用命令 touch BuildTools/Site/siteconfig.m4 在 BuildTools/Site/siteconfig.m4 目录下创建 siteconfig.m4 文件并在文件中加入以下几行。

```
define(`confMAPDEF',`-DNEWDB') (Require only for Mail Hub configuration)
define(`confENVDEF',`-DPICKY_QF_NAME_CHECK -DXDEBUG=0')
define(`confCC',`egcs')
define(`confOPTIMIZE', `-O9 -funroll-loops -ffast-math -malign-double -mcpu=pent
iumpro -march=pentiumpro -fomit-frame-pointer -fno-exceptions')
define(`confLIBS',`-lnsl')
define(`confLDOPTS',`-s')
define(`confMANOWN',`root')
define(`confMANGRP',`root')
define(`confMANMODE',`644')
define(`confMAN1SRC',`1')
define(`confMAN5SRC',`5')
define(`confMAN8SRC',`8')
```

（2）运行下面的命令序列。

```
# cd /var/tmp/sendmail-version
# cd src
# sh Build -f ../BuildTools/Site/siteconfig.m4
# cd ..
# cd mailstats
# sh Build -f ../BuildTools/Site/siteconfig.m4
# cd ..
# cd makemap
# sh Build -f ../BuildTools/Site/siteconfig.m4
# cd ..
# cd praliases
# sh Build -f ../BuildTools/Site/siteconfig.m4
# cd ..
# cd smrsh
# sh Build -f ../BuildTools/Site/siteconfig.m4
# cd ..
```

注意：sh Build 这个 Sendmail 脚本会在每一个需要安装程序的子目录下创建一个新目录。

（3）在目录里创建到必要的源文件的链接和 Makefile 文件。

```
# make install -C src/obj.Linux.version.architecture
```

```
# make install -C mailstats/obj.Linux.version.architecture
# make install -C makemap/obj.Linux.version.architecture
# make install -C praliases/obj.Linux.version.architecture
# make install -C smrsh/obj.Linux.version.architecture
# ln -fs /usr/sbin/sendmail /usr/lib/sendmail
# strip /usr/sbin/mailstats
# strip /usr/sbin/makemap
# strip /usr/sbin/praliases
# strip /usr/sbin/smrsh
# strip /usr/sbin/sendmail
# chown 0.0 /usr/sbin/mailstats
# chown 0.0 /usr/sbin/makemap
# chown 0.0 /usr/sbin/praliases
# chown 0.0 /usr/sbin/smrsh
# chmod 511 /usr/sbin/smrsh
# install -d -m755 /var/spool/mqueue
# chown root.mail /var/spool/mqueue
# mkdir /etc/smrsh
# mkdir /etc/mail
```

- sh Build -f 命令在安装 Sendmail 系统之前建立 obj.Linux.version.architecture 时用于安装 Sendmail 所必须的文件依存关系。
- make install -C 命令在安装 Sendmail、mailstats、makemap、praliases、smrsh 二进制文件和连接与其相关的 man 手册页。
- ls-fs 命令用于在“/usr/lib”目录中创建 Sendmail 二进制文件的连接。这个步骤是必要的，否则有些程序在目录/usr/lib 中找不到 Sendmail 二进制文件时会出错。
- strip 命令可以减小 mailstats、praliases、sendmail、smrsh 和 make map 等二进制文件的长度，可以提高系统性能。
- install 命令将在/var/spool 目录下创建一个新目录 mqueue 作为缓存，改文件权限为 755。由于网络故障等多种原因，邮件可能暂时不能发送，为了保证邮件能在过后正确发送，Sendmail 把它们保存在一个目录队列里直到它们被成功地发送出去。
- chown 命令将文件 mailstats、make map、praliases、smrsh 的 UID 和 GID 设置成 root，将 mqueue 目录的 UID 设成 root，GID 设成 mail。
- mkdir 命令在系统中创建/etc/mail 和/etc/smrsh 两个目录。

make map 为 Sendmail 创建数据库映射，如/etc/aliases 和/etc/mail/access 文件。praliases 用于显示系统的邮件别名文件。

19.2.3　启动 Sendmail 服务系统

经过前面的编译和优化，用户就可以启动 Sendmail 系统了。下面详细讲解如何在 Linux 中启动 Sendmail 服务系统。

（1）将 Sendmail 配置为守候进程启动。如果你在安装 Linux 的时候，选择了 E-Mail 服务。那么，Sendmail 就已经成为一个守候进程启动了。用户可以使用以下命令来确认 Sendmail 是否已经启动。

```
#ps axu |grep sendmail
```

如果正确启动了 Sendmail，那么这个命令将显示出它的相关信息，否则将没有任何提示地回到命令行。如果想让 Sendmail 自动在系统启动时启动，那么就在/etc/rc.d/rc.net 文件中加上以下几行代码。

```
If [-f /usr/lib/sendmail ]; then
(cd /usr/spool/mqueue;rm -f if *)
/usr/lib/sendmail-bd-qlh;echo -n 'sendmail'>/dev/console
Fi
```

（2）手动启动服务。运行下面的命令启动 Sendmail 服务。

```
#sendmail -bd -q12h
```

其中的参数解释如表 19-1 所示。

表 19-1　参数描述

参　数	含　义
-b	设定 Sendmail 服务运行于后台
-d	指定 Sendmail 以守护进程方式运行
-q	设定当 Sendmail 无法成功发送邮件时，就将邮件保存在队列里，并指定保存时间。上面的 12h 表示保留 12 小时

如果要检测 Sendmail 服务器是否正常运行可以使用如下命令。

```
#/etc/rc.d/init.d/sendmail status
```

19.2.4　配置 Sendmail

Sendmail 的主配置文件为/etc/sendmail.cf，其中基本上包含了 Sendmail 的全部配置信息。该文件的内容非常复杂，对任何一个定义参考说明多达 792 页的程序来说，它令人望而却步恐怕也是正常的吧。对于初学者来说不必自己去修改该文件，但是试着了解 Sendmail.cf 文件的内容，可以加深你配置 Sendmail 的熟练程度。

（1）修改/etc/mail/local-hosts-name 文件。增加本地域和主机的 FQDN，在这里只能是本地主机的 FQDN 和域名 FQDN，不要添加其他的域，否则向外发送邮件时会出现 user unknown 的错误。

```
#cat /etc/mail/local-host-names
#local-host-names - include all aliases for your machine here.ltest.com
```

（2）更改/etc/mail/sendmail.mc 文件，将下面这行

```
DaemonPortsOptions=Port=smtp,Addr=127.0.0.1, Name=MTA
```

更改为：

```
DaemonPortsOptions=Port=smtp,Addr=yourip或者0.0.0.0, Name=MTA
```

然后执行下面的命令。

```
#m4 /etc/mail/sendmail.mc > /etc/mail/sendmail.cf
```

（3）访问控制设置。

```
#vim /etc/mail/access    //编辑/etc/mail/accesss文件
# Check the /usr/share/doc/sendmail/README.cf file for a description    //增加下面内容
# of the format of this file. (search for access_db in that file)
# The /usr/share/doc/sendmail/README.cf is part of the sendmail-doc
# package.
#
# by default we allow relaying from localhost...
localhost.localdomain RELAY
localhost RELAY
```

```
127.0.0.1 RELAY
ltest.com RELAY
#makemap hash /etc/mail/access.db < /etc/mail/access  //进行数据库的更新操作。
```

（4）安装邮件服务。

```
# rpm -ivh dovecot-0.99.11-2.EL4.1.i386.rpm --aid
warning: dovecot-0.99.11-2.EL4.1.i386.rpm: V3 DSA signature: NOKEY, key ID db42a60e
Preparing... ###########################################[100%]
1:perl-DBI ###########################################[20%]
2:postgresql-libs ###########################################[40%]
3:mysql ###########################################[60%]
4:dovecot ###########################################[80%]
5:perl-DBD-MySQL ###########################################[100%]
```

（5）安装完毕后，编辑/etc/dovecot.conf 文件。

```
# vi /etc/dovecot.conf
protocols = imap imaps   //在该文件最后添加下面这行
```

（6）运行下面的命令启动 dovecot 服务。

```
# service dovecot restart
Stopping Dovecot Imap: [FAILED]
Starting Dovecot Imap: [ OK ]
# chkconfig --level 35 dovecot on
```

19.2.5　图形模式下使用电子邮件

在上面的步骤中给大家介绍了字符模式下的电子邮件的安装配置。在此小节中将给大家介绍一下图形模式下的电子邮件的安装与配置。当然，在本章中还是以字符模式下的安装配置为主，在这里主要是因为使用图形模式能够更好地让大家掌握电子邮件的安装与配置。其主要过程如下。

（1）在图形模式下选中电子邮件图标。双击图标打开电子邮件配置界面，如图 19-1 所示。

（2）在初始化界面完成过后，此软件会自动跳转到配置界面，如图 19-2 所示。

图 19-1　电子邮件初始界面

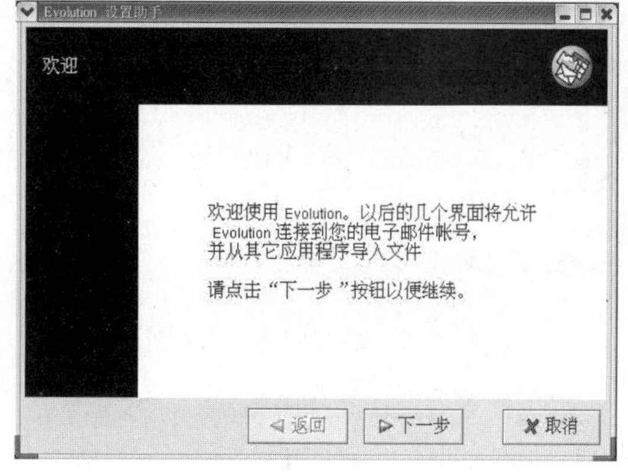

图 19-2　进入配置界面

（3）进入配置界面后，单击“下一步”按钮，进入用户信息标识界面。在此界面下，大家应在全名栏中填写自己的电子邮箱名。在 Email address 项中填写自己的电子邮件地址，如图 19-3 所示。

（4）标识界面填写完后，单击“下一步”按钮，进入接收电子邮件配置界面。然后在服务器类型中选择 POP，如图 19-4 所示。

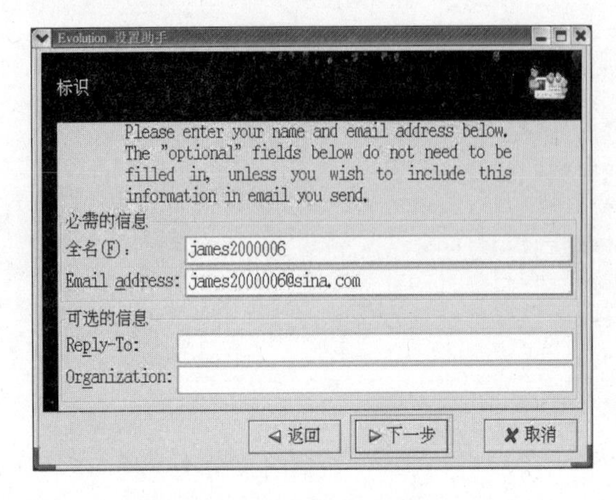

图 19-3　用户标识界面

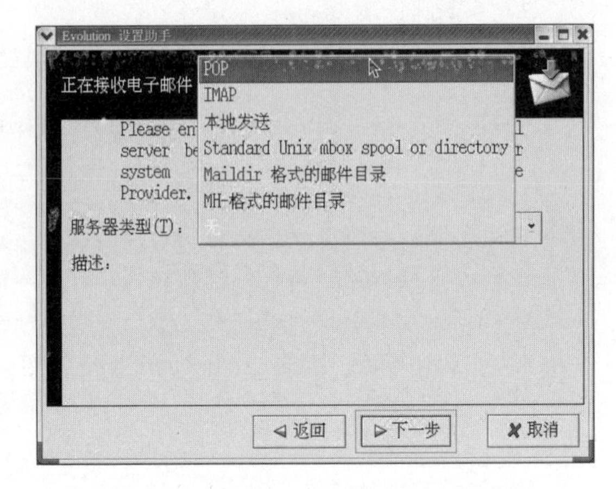

图 19-4　选择接收邮件服务器类型

（5）在第 4 个步骤中，当大家选中 POP 后。会自动弹出详细的配置界面，在此界面中大家应在主机栏中填写自己的接收邮件服务器名，在 Username 栏中填写自己登录时的电子邮件名称，如图 19-5 所示。

（6）配置好接收邮件服务器后，单击“下一步”按钮进入发送邮件服务器配置界面。在“服务器类型”下拉列表框中选择 SMTP 选项，在“主机”文本框中输入发送邮件服务器名称。在“验证类型”下拉列表框中选择自己所使用邮件的验证类型，如图 19-6 所示。

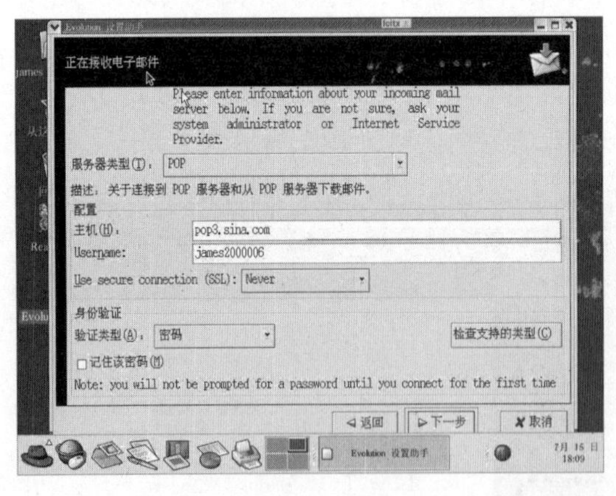

图 19-5　接收邮件服务器配置

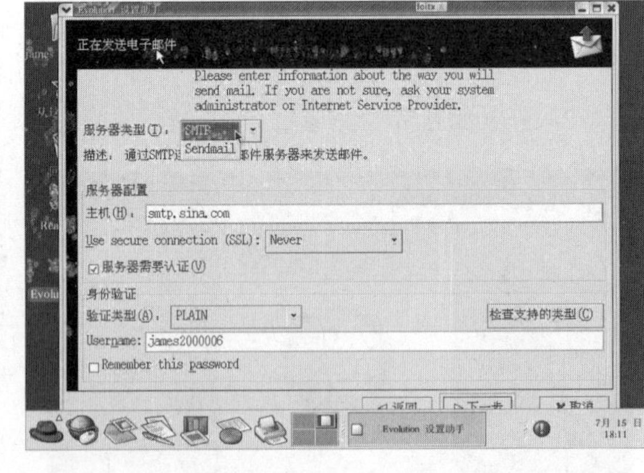

图 19-6　发送邮件服务器配置

（7）配置好发送邮件服务器后，可单击“下一步”按钮进入时区配置界面。在此界面中只需选择自己所处的时区位置即可，如图 19-7 所示。

（8）配置好时区后，单击“下一步”按钮，自动进入接收/发送邮件界面。在此界面下可以进行发送邮件等一系列操作，如图 19-8 所示。

图 19-7　时区配置

图 19-8　进入收发邮件主界面

（9）通过上面 8 个步骤后，基本的邮件配置已完成。现在如何来发送邮件呢？下面新建一个电子邮件并填写相应的内容，如图 19-9 所示。

（10）当写完新邮件后，单击“发送”按钮即可发送邮件。可以单击“发送和接收”按钮用以显示两种服务器的状态，如图 19-10 所示。

图 19-9　新建邮件

图 19-10　发送和接收邮件状态显示

通过上面 10 个步骤，一个基本的电子邮件配置就完成了。这仅仅是其最基本的功能，如果想探索其高级功能，可选择此界面下的“帮助”按钮来获得整个电子邮件的使用和配置过程。

19.3　使用 Sendmail 服务器

如果上面所介绍的 Sendmail 服务器安装没有问题，那么可以进入这一节看看如何更好地使用服务器。

19.3.1　建立电子邮件新账号

在 Linux 中，要为一个新的用户开 E-mail 账号是十分简单的，只要在 Linux 系统中新增一个用户就可以了。那么这个用户账号和密码就是 E-mail 的账号和密码。例如，为一个新用户 xscancmd 开一个 E-mail 账号。就用以下命令：

（1）新增用户 xscancmd。

```
#adduser xscancmd
```

（2）更改用户密码。

```
#passwd xscancmd
```

这样，这个新用户的 E-mail 地址就是：xscancmd@freeing.com，密码当然就是账号的密码了。

19.3.2 设置别名

通过以上步骤实现了新增用户的处理，如果有一些用户想使用多个 E-mail 地址，可以不用给每个 E-mail 地址设置对应的账户。如果是这样就会增加对账号管理的难度。有另外一种方法可以使一个用户对应多个 E-mail 地址并设置别名。例如，一个用户叫“xscancmd”，它想拥有以下的几个 E-mail 地址：

- name1@freeing.com
- name2@freeing.com
- name3@freeing.com

实现别名机制可通过以下几个步骤。

（1）以 root 登录服务器，新增一个账号 xscancmd。

```
#user add xscancmd
```

（2）编辑文件/etc/aliases，并加入下面两行。

```
xiaodong:lxd
tigger:lxd
```

（3）执行命令并实现。

```
#Newaliases
```

这样可以使用 3 个邮件地址发给 xscancmd，而 xscancmd 用户只需要使用一个 E-mail 账号：xscancmd@freeing.com 就可以接收所有寄给以上 3 个 E-mail 邮件地址的电子邮件。

19.3.3 限制单个用户邮箱容量

如果对用户的邮件容量不加限制，服务器硬盘很快就会枯竭。电子邮件的缓存空间是在/var/spool/mail 目录下的，所以只需通过磁盘配额设定每一个邮件账户在此目录下能使用的最大空间就能限制邮件容量。

19.3.4 收取邮件——POP3 服务器安装

经过以上步骤后，应该就可以用 Outlook Express 正常发送邮件了。但这时还不能用 Outlook Express 从服务器端收取邮件，因为 Sendmail 默认状态并不具备 POP3 收取邮件功能，必须首先安装 POP3。这里用 Red Hat Linux 光盘中自带的程序安装。

（1）首先用以下命令行检查系统是否安装。

```
#rpm -qa imap
```

（2）如果没有安装则插入第 2 张安装光盘，使用下面的命令行开始安装。

```
#cd /mnt/cdrom/RedHat/RPMS
#rpm -ivh imap-2001a-18.i386.rpm
```

19.3.5　收取邮件——启动 POP3 服务

在 Internet 中，我们采用 POP 端口提供接收邮件服务。采用 SMTP 端口提供发送邮件服务。也就是说，客户端的邮件发送、接收系统在要发送邮件的时候，就与电子邮局的 SMTP 端口连接。当要接收邮件的时候，就与电子邮局的 POP 端口连接。而一般在所有的类 UNIX 系统中。SMTP 端口默认是打开的，而 POP 端口在默认状态下是关闭的，我们必须将它打开。

（1）用 root 身份登录到服务器上。

（2）编辑文件/etc/inetd.conf。

（3）找到描述 POP 端口的语句。

```
#pop2 stream tcp nowait root /usr/sbin/tcpd /usr/sbin/in.pop2d
#pop3 stream tcp nowait root /usr/sbin/tcpd /usr/sbin/in.pop3d
```

前面的“#”号代表将这一行注释掉，也就是改行配置不起作用。POP2 是早期的端口协议版本，我们现在一般使用的是 POP3。

（4）将 POP3 的描述语句那一行的注释号“#”去掉，使该行生效。确保 POP2 的那一行被注释掉。

（5）存盘后退出。

（6）运行 inetd 命令，使得设置生效。

（7）用以下命令验证，看 POP3 端口是否打开。

```
netstat -a |grep pop
```

（8）显示信息。

```
tcp 0 0 *: pop3 *:* LISTEN
```

19.3.6　保证 Sendmail 的安全

Smrsh 程序是一个受限制的 shell，它的目的是作为 mailer 中为 Sendmail 定义的代理/bin/sh 的 shell。Smrsh 中可执行程序通过/etc/smrsh 目录来确定，当 Sendmail 与 smrsh 一起使用时，smrsh 将 Sendmail 可执行程序的范围限制在 smrsh 目录之下，就保障了系统安全。如果一个入侵者可以使 Sendmail 不通过别名或者转发文件来运行其他程序，则 smrsh 限制了可执行的程序集体。

如果按照上面所讲的操作，则 smrsh 程序已经被编译和安装到你的计算机的“/usr/sbin/smrsh”目录之下。

（1）第一件事就是决定 smrsh 允许 Sendmail 运行的命令列表。默认情况下如果在系统中安装了的话应当包含不局限于以下命令。

（用编程样式）

```
/bin/mail
/usr/bin/procmail
```

（2）在“/etc/smrsh”目录下装配允许 Sendmail 运行的程序。为了避免程序冗余和以后的可维护性，我们最好不要将程序复制到“/etc/smrsh”目录。而是在这个目录中创建这些程序的符号链接。使用以下命令允许 mail 程序“/bin/mail”运行。

```
# cd /etc/smrsh
# ln -s /bin/mail mail
# cd /etc/smrsh
# ln -s /usr/bin/procmail procmail  //用以下命令允许procmail程序“/usr/bin/procmail”运行
```

（3）现在配置 Sendmail 使用受限 shell。必须修改 sendmail.cf 文件中 Mprog 定义的那一行，将

“/bin/sh”替换为“/usr/sbin/smrsh”，编辑 sendmail.cf 文件。

```
vi /etc/sendmail.cf
Mprog, P=/bin/sh,F=lsDFMoqeu9,S=10/30, R=20/40, D=$z:/,T=X-Unix, A=sh -c $u
```

（4）将上面的 Mprog 行改成下面一行。

```
Mprog, P=/usr/sbin/smrsh, F=lsDFMoqeu9, S=10/30, R=20/40, D=$z:/, T=X-Unix, A=sh -c $u
```

（5）手工重启 Sendmail 进程。

```
# /etc/rc.d/init.d/sendmail restart
```

（6）“/etc/aliases”文件操作。管理员总有失误出差错的时候，别名文件也有可能被用来获取特权。许多版本的 Linux 在别名文件中带有 decode，目的是为用户提供一个通过 mail 传输二进制文件的方式。在邮件发送者用户把二进制文件用 uuencode 转化成 ASCII 格式，并把结果邮递到邮件接受处。然后别名通过管道把邮件消息发送到“/usr/bin/uuencode”程序，由这个程序来完成从 ASCII 转回到原始的二进制文件的工作。应该删除 decode 别名。同样，所有没有放在 smrsh 目录下的程序的别名，都要仔细地检查。它们都值得怀疑，应当删除它们。要想使改变生效，需要运行如下命令。

```
# /usr/bin/newaliases
```

（7）编辑别名文件并删除以下各行。

```
# vi /etc/aliases    //打开编辑文件
games: root
ingres: root
system: root
toor: root
uucp: root
manager: root
dumper: root
operator: root
decode: root
```

（8）避免 Sendmail 未授权的用户滥用。新版本的 Sendmail 程序加入了防欺骗性特性，可以防止邮件服务器被授权用户滥用。修改“/etc/sendmail.cf”文件，使邮件服务器能够挡住欺骗邮件。使用命令 vi /etc/sendmail.cf 编辑 sendmail.cf 文件。

```
O PrivacyOptions=authwarnings    //将此行更改为下面这一行
O PrivacyOptions=authwarnings,noexpn,novrfy
```

设置 noexpn 使 Sendmail 禁止所有 SMTP 的 EXPN 命令，它也使 Sendmail 拒绝所有 SMTP 的 VERB 命令。设置 novrfy 使 Sendmail 禁止所有 SMTP 的 VRFY 命令。这种更改可以防止欺骗者使用 EXPN 和 VRFY 命令，而这些命令恰恰被那些不守规矩的人所滥用就会造成系统的不安全。

（9）SMTP 的问候信息。当向 Sendmail 服务器建立连接时，当 Sendmail 接受一个 SMTP 连接时，它会向那个客户机器发送一个问候信息。这些信息作为该邮件服务器的标识，表明服务器已经准备为对方服务了。使用命令 vi /etc/sendmail.cf 编辑“sendmail.cf”文件并将下面一行进行更改。

```
O SmtpGreetingMessage=$j Sendmail $v/$Z; $b    //更改参数并修改
O SmtpGreetingMessage=$j Sendmail $v/$Z; $b NO UCE C=xx L=xx
```

（10）手工重启 Sendmail 进程，使刚才所做的更改生效。

```
# /etc/rc.d/init.d/sendmail restart
```

以上的更改将影响到 Sendmail 在接收一个连接时所显示的标志信息。“C=xx L=xx”条目中的“xx”代表所在的国家和地区代码。后面的更改其实不会影响任何东西，但这是

“news.admin.net-abuse.email”新闻组的伙伴们推荐的合法做法。

（11）限制可以审核邮件队列内容的人员通常情况下，任何人都可以使用 mailq 命令来查看邮件队列的内容。为了限制可以审核邮件队列内容的人员，在“/etc/sendmail.cf”文件中指定 restrictmailq 选项即可。在这种情况下，Sendmail 只允许与这个队列所在目录的组属主相同的用户查看它的内容。这将允许权限为 0700 的邮件队列目录被完全保护起来，而我们限定的合法用户仍然可以看到它的内容。编辑“sendmail.cf”文件（vi /etc/sendmail.cf）并更改下面语句。

```
O PrivacyOptions=authwarnings,noexpn,novrfy   //将此行更改成下面的一行
O PrivacyOptions=authwarnings,noexpn,novrfy,restrictmailq
# chmod 0700 /var/spool/mqueue  //现在我们更改邮件队列目录的权限使它被完全保护起来
```

注意：我们已经在 Sendmail.cf 的“PrivacyOptions=”行中添加了 noexpn 和 novrfy 选项，现在在这一行中接着添加 restrictmailq 选项。任何一个没有特权的用户如果试图查看邮件队列的内容，会收到下面的信息。

```
$ /usr/bin/mailq
You are not permitted to see the queue
```

（12）限制处理邮件队列的权限为“root”。

通常，任何人都可以使用“-q”选项来处理邮件队列，为限制处理邮件队列的权限为 root，并限制邮件队列目录的属主，在/etc/sendmail.cf 文件中指定 restrictqrun。编辑 sendmail.cf 文件（vi /etc/sendmail.cf）并更改下面一行：

```
O PrivacyOptions=authwarnings,noexpn,novrfy,restrictmailq
```

为：

```
O PrivacyOptions=authwarnings,noexpn,novrfy,restrictmailq,restrictqrun
```

任何一个没有特权的用户如果试图处理邮件队列的内容，会收到下面的信息。

```
$ /usr/sbin/sendmail -q
You do not have permission to process the queue
```

（13）在重要的 Sendmail 文件上设置不可更改位，可以通过使用 chattr 命令而使重要的 Sendmail 文件不会被擅自更改，提高系统的安全性。具有“+i”属性的文件不能被修改：它不能被删除和改名，不能创建到这个文件的链接，不能向这个文件写入数据。只有超级用户才能设置和清除这个属性。

```
# chattr +i /etc/sendmail.cf    //为 sendmail.cf 文件设置不可改变位
# chattr +i /etc/sendmail.cw    //为“sendmail.cw”文件设置不可改变位
# chattr +i /etc/sendmail.mc    //为“sendmail.mc”文件设置不可改变位
# chattr +i /etc/null.mc        //为“null.mc”文件设置不可改变位
# chattr +i /etc/aliases        //为“aliases”文件设置不可改变位
# chattr +i /etc/mail/access    //为“access”文件设置不可改变位
```

19.3.7　Sendmail 管理工具

以下这些命令是日常维护工作时经常要用到的，但是还有许多命令我们没有列出，请阅读手册页和其他的参考文献，以便能够得到更加详细的信息。

（1）newaliases 负责为“/etc/aliases”这个邮件别名文件重建随机访问数据库。每次更改“/etc/aliases”文件时，都必须运行一次本命令，以使所做的更改能够生效。newaliases 命令与 sendmail -bi 命令的功能完全相同。使用以下命令运行 newaliases。

```
# /usr/bin/newaliases
```

（2）Makemap 用来创建数据库，该数据库用于 Sendmail 进行关键字映射检索，它从标准输入中读取数据，再把结果输出到指定的映射名字。Makemap 可以为 aliases、access、domaintable、mailertable 和 virtusertable 创建一个新的数据库。例如，下面的命令利用 makemap 来为 access 创建一个新数据库。

```
# makemap hash /etc/mail/access.db < /etc/mail/access
```

其中，<hash>是一种数据库格式，makemap 可以处理 3 种不同的数据库格式，它们是 hash、btree 和 dbm。</etc/mail/access.db>表示新数据库的位置和名称，</etc/mail/access>表示 makemap 所要读取的输入文件。

（3）mailq 工具用来打印准备投递的邮件信息队列的汇总信息。用下面的命令来打印准备投递的邮件信息队列的汇总信息。

```
# mailq
```

19.3.8 Sendmail 用户工具

Sendmail 用户工具给系统管理员日常维护提供了方便，但是这只是一篇入门级教材，还有很多的命令没有列出，有兴趣的读者请查阅相关 man 页或者其他资料。

（1）mailstats 命令。Mailstats 命令用来显示邮件的统计信息。用下面的命令来显示邮件的统计信息。

```
# mailstats
Statistics from Tue Dec 14 20:31:48 1999
M msgsfr bytes_from msgsto bytes_to msgsrej msgsdis Mailer
8 7 7K 7 7K 0 0 local
==============================================================
T 7 7K 7 7K 0 0
```

（2）praliases 命令。Praliases 命令用来显示当前系统中的别名，每个一行。用下面的命令来显示当前系统中的别名。

```
# praliases
postmaster:root
daemon:root
root:admin
@:@
mailer-daemon:postmaster
bin:root
nobody:root
www:root
```

19.4 邮件服务器 Postfix 简介

Postfix 是一个由 IBM 资助下由 WietseVenema 负责开发的自由软件工程的一个产物，其目的是为用户提供除 Sendmail 之外的邮件服务器选择。Postfix 力图做到快速、易于管理、提供尽可能的安全性，同时尽量做到和 Sendmail 邮件服务器保持兼容性以满足用户的使用习惯。起初，Postfix 是以 VMailer 这个名字发布的，后来由于商标上的原因改名为 Postfix 。

19.4.1　postfix 对邮件的处理过程

1. 接收邮件的过程

当 postfix 接收到一封新邮件时，新邮件首先在 incoming 队列处停留，然后针对不同的情况进行不同的处理：

（1）对于来自于本地的邮件：sendmail 进程负责接收来自本地的邮件放在 maildrop 队列中，然后 pickup 进程对 maildrop 中的邮件进行完整性检测。maildrop 目录的权限必须设置为某一用户不能删除其他用户的邮件。

（2）对于来自于网络的邮件：smtpd 进程负责接收来自于网络的邮件，并且进行安全性检测。可以通过 UCE（unsolicited commercial email）控制 smtpd 的行为。

（3）由 postfix 进程产生的邮件：这是为了将不可投递的信息返回给发件人。这些邮件是由 bounce 后台程序产生的。

（4）由 postfix 自己产生的邮件：提示 postmaster（也即 postfix 管理员）postfix 运行过程中出现的问题。（如 SMTP 协议问题，违反 UCE 规则的记录等。）

（5）关于 cleanup 后台程序的说明：cleanup 是对新邮件进行处理的最后一道工序。

（6）它对新邮件进行以下的处理：添加信头中丢失的 Form 信息；为将地址重写成标准的 user@fully.qualified.domain 格式进行排列；从信头中抽出收件人的地址；将邮件投入 incoming 队列中，并请求邮件队列管理进程处理该邮件；请求 trivial-rewrite 进程将地址转换成标准的 user@fully.qualified.domain 格式。

2. 投递邮件的过程

新邮件一旦到达 incoming 队列，下一步就是开始投递邮件，postfix 投递邮件时的处理过程有如下几个步骤。

（1）邮件队列管理进程：邮件队列管理进程是整个 postfix 邮件系统的心脏。它和 local、smtp、pipe 等投递代理相联系，将包含有队列文件路径信息、邮件发件人地址、邮件收件人地址的投递请求发送给投递代理。队列管理进程维护着一个 deferred 队列，那些无法投递的邮件被投递到该队列中。除此之外，队列管理进程还维护着一个 active 队列，该队列中的邮件数目是有限制的，这是为了防止在负载太大时内存溢出。邮件队列管理程序还负责将收件人地址在 relocated 表中列出的邮件返回给发件人，该表包含无效的收件人地址。 如果邮件队列管理进程请求，rewrite 后台程序对收件人地址进行解析。但是默认情况下，rewrite 只对邮件收件人是本地的还是远程的进行区别。如果邮件对你管理进程请求，bounce 后台程序可以生成一个邮件不可投递的报告。

（2）本地投递代理 local：本地投递代理 local 进程可以理解为类似于 UNIX 风格的邮箱，sendmail 风格的系统别名数据库和 sendmail 风格的.forward 文件。可以同时运行多个 local 进程，但是对同一个用户的并发投递进程数目是有限制的。你可以配置 local 将邮件投递到用户的宿主目录，也可以配置 local 将邮件发送给一个外部命令，如流行的本地投递代理 procmail。在流行的 Linux 发行版本 Red Hat 中，我们就使用 procmail 作为最终的本地投递代理。

（3）远程投递代理 SMTP：远程投递代理 SMTP 进程根据收件人地址查询一个 SMTP 服务器列表，按照顺序连接每一个 SMTP 服务器，根据性能对该表进行排序。在系统负载太大时，可以有数个并发的 SMTP 进程同时运行。

（4）pipe 投递代理：pipe 是用于 UUCP 协议的投递代理。

19.4.2 安装 Postfix

（1）获取 postfix 的源代码包。

从 postfix 官方站点 www.postfix.org 取得 postfix 的源代码包 postfix-2.10.0.tar.gz。将其拷贝到/tmp

（2）解开源代码包，将生成/tmp/ postfix-2.10.0 目录。

```
tar xvzf  postfix-2.10.0.tar.gz
```

（3）编译源代码包。

```
cd /tmp/ postfix-19991231-pl08
make
```

（4）建立一个新用户"postfix"，该用户必须具有唯一的用户 id 和组 id 号，同时应该让该用户不能登录到系统，也即不为该用户指定可执行的登录外壳程序和可用的用户宿主目录。我们可以先用 adduser postfix 添加用户，再编辑/etc/passwd 文件中的相关条目如下所示。

```
postfix:*:12345:12345:postfix:/no/where:/no/shell
```

（5）确定/etc/aliases 文件中包含如下的条目。

```
postfix: root
```

（6）以 root 用户登录，在/tmp/ postfix-2.10.0 目录下执行命令。

```
./INSTALL.sh
```

（7）启动 postfix。

```
 # postfix start
```

（8）配置系统每次启动时自动启动 postfix。

如果你安装的是 postfix 的源代码包，可以在/etc/rc.d/rc.local 文件中加入如下的语句让系统每次启动时自动启动 postfix。

```
if  [ -f  /usr/libexec/postfix ]; then
/usr/libexec/postfix start
fi
```

如果你安装的是 postfix 的 rpm 包，可以通过 setup 命令来设置在系统启动时启动 postfix。

19.4.3 配置 Postfix

1. postfix 的配置文件结构

postfix 的配置文件位于/etc/postfix 下，安装完 postfix 以后，我们可以通过 ls 命令查看 postfix 的配置文件。

```
 [root@mail postfix]# ls
install.cf    main.cf  master.cf    postfix-script
```

这 4 个文件就是 postfix 最基本的配置文件，它们的区别如下。

- mail.cf：是 postfix 主要的配置文件。
- Install.cf：包含安装过程中安装程序产生的 postfix 初始化设置。
- master.cf：是 postfix 的 master 进程的配置文件，该文件中的每一行都是用来配置 postfix 的组件进程的运行方式。
- postfix-script：包装了一些 postfix 命令，以便我们在 linux 环境中安全地执行这些 postfix 命令。

2. postfix 的基本配置

postfix 大约有 100 个配置参数，这些参数都可以通过 main.cf 指定。配置的格式是这样的，用等号连接参数和参数的值。如：

```
myhostname = mail.mydomain.com
```

等号的左边是参数的名称，等号的右边是参数的值；当然，我们也可以在参数的前面加上$来引用该参数，如：

```
myorigin = $myhostname
```

虽然 postfix 有 100 个左右的参数，但是 postfix 为大多数的参数都设置了默认值，所以在让 postfix 正常为你服务之前，你只需要配置为数不多的几个参数。下面我们一起来看一看这些基本的 postfix 参数。需要注意的是，一旦你更改了 main.cf 文件的内容，则必须运行 postfix reload 命令使其生效。

（1）myorigin。

myorigin 参数指明发件人所在的域名。如果你的用户的邮件地址为 user@domain.com,则该参数指定@后面的域名。默认情况下，postfix 使用本地主机名作为 myorigin，但是建议你最好使用你的域名，因为这样更具有可读性。比如：安装 postfix 的主机为 mail.domain.com 则我们可以这样指定 myorigin。

```
myorigin = domain.com
```

当然我们也可以引用其他参数，如：

```
myorigin = $mydomain
```

（2）mydestination。

mydestination 参数指定 postfix 接收邮件时收件人的域名，换句话说，也就是你的 postfix 系统要接收什么样的邮件。比如：你的用户的邮件地址为 user@domain.com，也就是你的域为 domain.com，则你就需要接收所有收件人为 user_name@domain.com 的邮件。与 myorigin 一样，默认情况下，postfix 使用本地主机名作为 mydestination。如：

```
mydestination = $mydomain
mydestination = domain.com
```

（3）notify_classes。

在 postfix 系统中，必须指定一个 postfix 系统管理员的别名指向一个用户， 只有这样，在用户遇到问题时才有报告的对象，postfix 也才能将系统的问题报告给管理员。notify_classes 参数就是用来指定向 postfix 管理员报告错误时的信息级别。共有以下几种级别。

- bounce：将不可以投递的邮件的拷贝发送给 postfix 管理员。出于个人隐私的缘故，该邮件的拷贝不包含信头。
- 2bounce：将两次不可投递的邮件拷贝发送给 postfix 管理员。
- policy：将由于 UCE 规则限制而被拒绝的用户请求发送给 postfix 管理员，包含整个 SMTP 会话的内容。
- protocol：将协议的错误信息或用户企图执行不支持的命令的记录发送给 postfix 管理员。同样包含整个 SMTP 会话的内容。
- resource：将由于资源错误而不可投递的错误信息发送给 postfix 管理员，如队列文件写错误等。
- software：将由于软件错误而导致不可投递的错误信息发送给 postfix 管理员。

默认值为：

```
notify_classes = resource, software
```

（4）myhostname

myhostname 参数指定运行 postfix 邮件系统的主机的主机名。默认情况下，该值被设定为本地机器名。你也可以指定该值，需要注意的是，要指定完整的主机名。如：

```
myhostname = mail.domain.com
```

（5）mydomain。

mydomain 参数指定你的域名，默认情况下，postfix 将 myhostname 的第一部分删除而作为 mydomain 的值。你也可以自己指定该值，如：

```
mydomain = domain.com
```

（6）mynetworks。

mynetworks 参数指定你所在的网络的网络地址，postfix 系统根据其值来区别用户是远程的还是本地的，如果是本地网络用户则允许其访问。你可以用标准的 A、B、C 类网络地址，也可以用 CIDR（无类域间路由）地址来表示，如：

```
192.168.1.0/24
192.168.1.0/26
```

（7）inet_interfaces。

inet_interfaces 参数指定 postfix 系统监听的网络接口。默认情况下，postfix 监听所有的网络接口。如果你的 postfix 运行在一个虚拟的 IP 地址上，则必须指定其监听的地址。如：

```
inet_interfaces = all
inet_interface = 192.168.1.1
```

3．postfix 的 UCE（unsolicited commercial email）控制

所谓 UCE 控制就是指控制 postfix 接收或转发来自于什么地方的邮件。

默认情况下，postfix 转发符合以下条件的邮件。

- 来自客户端 ip 地址符合$mynetworks 的邮件。
- 来自客户端主机名符合$relay_domains 及其子域的邮件。
- 目的地为$relay_domains 及其子域的邮件。

默认情况下，postfix 接受符合以下条件的邮件。

- 目的地为$inet_interfaces 的邮件。
- 目的地为$mydestination 的邮件。
- 目的地为$virtual_maps 的邮件。

但是我们也可以通过下面的规则来实现更强大的控制功能。

4．信头过滤

通过 header_checks 参数限制接收邮件的信头的格式，如果符合指定的格式，则拒绝接收该邮件。可以指定一个或多个查询列表，如果新邮件的信头符合列表中的某一项则拒绝该接收邮件。如：

```
header_checks = regexp:/etc/postfix/header_checks
header_checks = pcre:/etc/postfix/header_checks
```

默认情况下，postfix 不进行信头过滤。

5．客户端主机名/地址限制

通过 smtpd_client_restrictions 参数限制可以向 postfix 发起 SMTP 连接的客户端的主机名或 IP 地址。可以指定一个或多个参数值，中间用逗号隔开。限制规则是按照查询的顺序进行的，第一条

符合条件的规则被执行。可用的规则如表 19-2 所示。

表 19-2　规则描述

规　则	描　述
reject_unknown_client	如果客户端的 IP 地址在 DNS 中没有 PTR 记录，则拒绝转发该客户端的连接请求。可以用 unknown_client_reject_code 参数指定返回给客户机的错误代码（默认为 450）。如果你有用户没有作 DNS 记录则不要启用该选项
permit_mynetworks	如果客户端的 IP 地址符合$mynetworks 参数定义的范围则接受该客户端的连接请求，并转发该邮件
check_client_access maptype:mapname	根据客户端的主机名、父域名、IP 地址或属于的网络搜索 access 数据库。如果搜索的结果为 REJECT 或者 "[45]XX text"，则拒绝该客户端的连接请求；如果搜索的结果为 OK、RELAY 或数字，则接受该客户端的连接请求，并转发该邮件。可以用 access_map_reject_code 参数指定返回给客户机的错误代码（默认为 554）
reject_maps_rbl	如果客户端的网络地址符合$maps_rbl_domains 参数的值则，拒绝该客户端的连接请求。可以用 maps_rbl_reject_code 参数指定返回给客户机的错误代码（默认为 554）

示例：

```
smtpd client restrictions = hash:/etc/postfix/access, reject maps rbl
smtpd_client_restrictions = permit_mynetworks, reject_unknown_client
```

该参数的默认值为：

```
smtpd_client_restrictions =
```

也即接收来自任何客户端的 SMTP 连接。

6．是否请求 HELO 命令

可以通过 smtpd_helo_required 参数指定客户端在 SMTP 会话的开始是否发送一个 HELO 命令。你可以指定该参数的值为 yes 或 no。默认值为：

```
smtpd_helo_required = no
```

19.5　使用 Postfix 服务器

19.5.1　修改配置文件

编辑/etc/postfix/main.cf 文件，找到这几项修改，其余不改（见表 19-3）。

表 19-3　参数描述

参　数	说　明
myhostname = mail.ligencheng.cn	邮件主机的完整名称
mydomain = ligencheng.cn	邮件主机域名
myorigin = $mydomain	（表示所有）　设置发件人邮件地址的网域名
inet_interfaces = all	（表示监听所有端口）　监听端口“把下面的 inet_interfaces=localhost 注释掉”
mydestination = $myhostname, $mydomain	（表示所有）指定接收邮件时收件人的域名
mynetworks = 192.168.1.0/24, 127.0.0.0/8（192.168.1.0/24	（表示这个网段，127.0.0.0/8 表示本地）设置可以为其转发邮件的网络
relay_domains = $mydestination	（表示所有）设置可以为其转发邮件的域名

19.5.2 发送邮件

重新启动服务，如图 19-11 所示。

```
[root@li Server]# service postfix restart
Shutting down postfix:                                     [FAILED]
Starting postfix:                                          [  OK  ]
[root@li Server]# service postfix restart
Shutting down postfix:                                     [  OK  ]
Starting postfix:                                          [  OK  ]
```

图 19-11 重新启动

如图 19-12 所示，验证、发信。

```
#telnet mail.ligencheng.cn 25          telnet 到邮件服务器的 25 号端口
helo ligencheng.cn                     用 helo 或 ehlo 介绍自己（可以不写）
mail from:li@ligencheng.cn             发信人地址
rcpt to:gen@ligencheng.cn              收件人地址
data                                   表示开始输入邮件正文
Hello!                                 邮件正文
.                                      新起一行以“.”表示正文结束
quit                                   退出 telnet
```

```
[root@li Server]# telnet mail.ligencheng.cn 25
Trying 192.168.1.143...
Connected to mail.ligencheng.cn (192.168.1.143).
Escape character is '^]'.
220 mail.ligencheng.cn ESMTP Postfix
helo mail.ligencheng.cn
250 mail.ligencheng.cn
mail from:li@ligencheng.cn
250 2.1.0 Ok
rcpt to:gen@ligencheng.cn
250 2.1.5 Ok
data
354 End data with <CR><LF>.<CR><LF>
ni hao wo shi li fa gei gen !!!!!!
.
250 2.0.0 Ok: queued as 730E77F774
quit
221 2.0.0 Bye
Connection closed by foreign host.
[root@li Server]# _
```

图 19-12 发信验证

如图 19-13 所示，收信验证。

```
[root@li Server]# cat /var/spool/mail/gen
```

```
Received: from mail.ligencheng.cn (mail.ligencheng.cn [192.168.1.143])
        by mail.ligencheng.cn (Postfix) with SMTP id 730E77F774
        for <gen@ligencheng.cn>; Mon,  2 Mar 2009 03:28:14 +0800 (CST)
Message-Id: <20090301192818.730E77F774@mail.ligencheng.cn>
Date: Mon,  2 Mar 2009 03:28:14 +0800 (CST)
From: li@ligencheng.cn
To: undisclosed-recipients:;

ni hao wo shi li fa gei gen !!!!!!

From li@ligencheng.cn  Mon Mar  2 03:29:56 2009
Return-Path: <li@ligencheng.cn>
X-Original-To: gen@ligencheng.cn
Delivered-To: gen@ligencheng.cn
Received: from mail.ligencheng.cn (mail.ligencheng.cn [192.168.1.143])
        by mail.ligencheng.cn (Postfix) with SMTP id AC3C47F774
        for <gen@ligencheng.cn>; Mon,  2 Mar 2009 03:29:48 +0800 (CST)
Message-Id: <20090301192950.AC3C47F774@mail.ligencheng.cn>
Date: Mon,  2 Mar 2009 03:29:48 +0800 (CST)
From: li@ligencheng.cn
To: undisclosed-recipients:;

ni hao wo shi li fa gei gen !!!!!!
```

图 19-13 收信验证

19.6 小 结

Sendmail 是目前众多邮件服务器中使用最为广泛的一种，而它的配置很让人头痛。本章也只是粗略地进行了讲述，如果读了本章仍然是一头雾水，请查看相关的详细资料。本章从介绍 Sendmail 开始，然后讲述了怎么安装 Sendmail 以及它的配置、安全性等，关键在于它的配置，亲自动手配置是学习的好方法。

第 20 章 FTP 服务器

本章主要介绍 FTP 服务器的安装、配置和使用。FTP 服务器是 Internet 上的重要的协议之一，它的存在使得人们在 Internet 上传输文件成为可能。在 Red Hat Enterprise Linux 6 版本中默认使用的 FTP 服务器程序是 Vsftpd 服务，这个 FTP 服务器配置简单，运行高效、安全。因此，本章给大家讲解 Vsftpd 服务器的安装、配置和使用过程。

20.1 FTP 服务器简介

在众多的网络应用中，FTP（File Transfer porotocol）有着非常重要的地位。在 Internet 中一个十分重要的资源就是软件资源。而各种各样的软件资源大多数都是放在 FTP 服务器中的。可以说，FTP 与 Web 服务几乎占据了整个 Internet 应用的 80%以上。

FTP 服务可以根据服务对象的不同分为两类：一类是系统 FTP 服务器，它只允许系统上的合法用户使用；另一类是匿名 FTP 服务器（Anonymous FTP Server），它允许任何人都可以登录到 FTP 服务器上去获取文件。

在 Linux 平台上使用的 FTP 软件有 Wu-ftpd、Proftpd 和 Vsftpd 等。Wu-ftpd 的历史悠久，是最流行的 FTP 服务器程序，稳定、出色，但发布较早，安全性不及 Proftpd 及 Vsftpd。Proftpd 在 Vsftpd 之后开发，安全性及稳定性有所提高。而 vsftpd 则是在 Proftpd 之后开发的，意为 Very Sucure，吸取了 Wu-ftpd 和 Proftpd 的优点，安全性、速度、稳定性都有很大提高。虽然在 Red Hat Linux 8 以前的版本（包括 Red Hat Linux 8）中默认安装的 FTP 软件为 Wu-ftpd，但从 Red Hat Linux 9 开始更换为 Vsftpd。

20.2 使用 Vsftpd 服务器

Vsftpd 在安全性、高性能及稳定性 3 个方面都有上佳的表现。它提供的主要功能包括虚拟 IP 设置、虚拟用户、Standalone、inetd 操作模式、强大的单用户设置能力及带宽限流等。在安全方面，它从原理上修补了大多数 Wu-FTP、ProFTP，乃至 BSD-FTP 的安装缺陷，使用安全编码技术解决了缓冲溢出问题，并能有效避免“globbing”类型的拒绝服务攻击。目前正在使用 Vsftpd 的官方网站有 Red Hat、SuSE、Debian、GNU、GNOME、KDE、Gimp 和 OpenBSD 等。

Vsftpd 的实现有以下 3 种方式。

（1）匿名用户形式：在默认安装的情况下，系统只提供匿名用户访问。

（2）本地用户形式：以/etc/passwd 中的用户名为认证方式。

（3）虚拟用户形式：支持将用户名和口令保存在数据库文件或数据库服务器中。相对于 FTP 的本地用户形式来说，虚拟用户只是 FTP 服务器的专有用户，虚拟用户只能访问 FTP 服务器所提供的资源，这大大增强系统本身的安全性。相对于匿名用户而言，虚拟用户需要用户名和密码才能获取 FTP 服务器中的文件，增加了对用户和下载的可管理性。对于需要提供下载服务，但又不希望所有人都可以匿名下载；既需要对下载用户进行管理，又考虑到主机安全和管理方便的 FTP 站点来说，虚拟用户是一种极好的解决方案。

与其他 FTP 服务器程序相比较，Vsftpd 具有如下特点。

- 非常高的安全性需求。
- 带宽限制。
- 良好的可伸缩性。
- 创建虚拟用户的可能性。
- IPv6 支持。
- 中等偏上的性能。
- 分配虚拟 IP 的可能性。
- 高速。

20.2.1 安装 Vsftpd 服务器

安装 Vsftpd 有两种方式，一种方式是安装 RPM 形式的发布包；另外一种方式是自己动手去编译生成。下面分别介绍这两种安装方式的步骤。

Red Hat Enterprise Linux 6 安装光盘中自带 Vsftpd 的 rpm 安装包 vsftpd-2.2.2-11.el6.i686.rpm，以 RPM 包方式安装非常简单，只要执行简单的安装步骤就可以完成。

```
//将光盘中的 rpm 包存放在某个目录下或者挂载光盘
//进行安装
#rpm -ivh vsftpd-2.2.2-11.el6.i686.rpm
```

20.2.2 编译和安装软件

在本小节中，讲解如何自行编译安装软件。压缩的源代码可以在 http://vsftpd.beasts.org/上找到，下载后执行手工安装。目前最新的版本为：vsftpd 3.0。下面讲解安装步骤。

（1）创建允许用户匿名访问的匿名用户和访问目录。

```
//匿名用户名为“ftp”，目录为“/var/ftp”
# mkdir /var/ftp
# useradd -d /var/ftp ftp
```

（2）改变匿名用户对目录的访问权限。

```
//由于安全原因，目录 “/var/ftp” 不应该属于用户 “ftp”，也不应该有写权限。改变目录的所有者并去掉其他用户的写权限
# chown root.root /var/ftp
```

```
# chmod og-w /var/ftp
```

（3）对压缩文档进行解压缩。

```
# tar xzvf vsftpd-3.0.tar.gz
# cd vsftpd-3.0
```

（4）进入 vsftpd-3.0 目录后，用下面的命令编译和安装软件。

```
#make
#make install
```

make 和 make install 开始配置软件所需要的库函数，然后把所有的源文件都编译成可执行的二进制文件，再把二进制文件和配置文件安装到相应的目录里。

注意：（1）当使用 rpm 包安装 Vsftpd 时，系统会自动创建所需“ftp”用户和其访问目录。

（2）Vsftpd 官网有时因某种原因无法访问时，用户也可以登录这个网站下载未压缩的版本：ftp://vsftpd.beasts.org/users/cevans/untar/

20.3　启动和使用 Vsftpd 服务器

在安装好 Vsftpd 服务器后，就可以用默认配置启动使用该服务器了。通常来说，启动该服务器有两种方式：使用被动方式以及独立方式启动，默认以独立方式启动。下面介绍这两种启动方式。

20.3.1　以 xinetd 被动方式启动

使用该启动方式，只要在/etc/xinetd.d 目录下配置 Vsftpd 文件即可，步骤如下。

```
#vi vsftpd                              //使用 vi 编辑 vsftpd 文件
//编辑内容如下
# default: on                           /默认设置，系统启动时自动启动该服务器
# description:
#   The vsftpd FTP server serves FTP connections. It uses
#   normal, unencrypted usernames and passwords for authentication.
# vsftpd is designed to be secure.
service ftp
{
        socket_type             = stream
        wait                    = no
        user                    = root
        server                  = /usr/local/sbin/vsftpd
#       server_args             =
#       log_on_success          += DURATION USERID
#       log_on_failure          += USERID
        nice                    = 10
        disable                 = no
}
#service xinetd  restart                //重新启动 xientd 服务，以使改动生效
```

20.3.2　以独立方式启动

使用独立方式启动该服务器非常简单，命令如下。

```
#service vsftpd  start|restart|stop     //启动|重新启动|停止 vsftpd 服务器
```

20.3.3 测试 Vsftpd 服务器

Vsftpd 服务器安装并启动后，用其默认配置即可实现匿名用户正常登录，图 20-1 所示为在 Windows 下登录 Vsftpd 的过程。

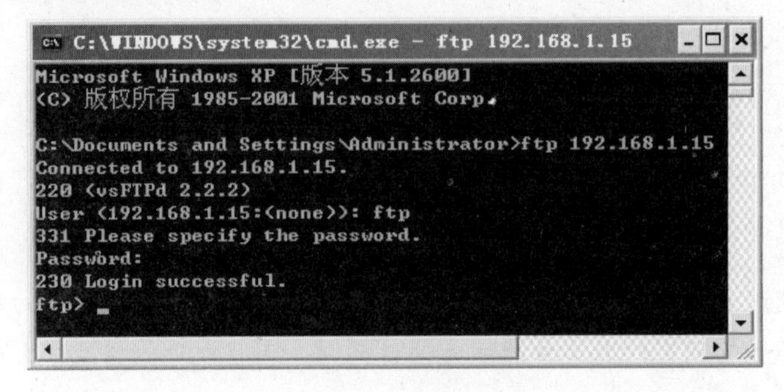

图 20-1 匿名登录

20.4 配置 Vsftpd 服务器

要灵活、高效地使用 Vsftpd 服务器，需要对其配置文件进行相应的修改，Vsftpd 主要有以下几个配置文件如表 20-1 所示。

表 20-1 Vsftpd 配置文件

配 置 文 件	作 用
/etc/vsftpd/vsftpd.conf	Vsftpd 的主配置文件
/etc/vsftpd/ftpusers	在该文件中列出的用户将不能访问 ftp 服务器
/etc/vsftpd/user_list	用来控制哪些用户可以访问 ftp 服务器的

下面分别对这几个文件的配置作详细介绍。

20.4.1 /etc/vsftpd/vsftpd.conf 文件常用配置参数

/etc/vsftpd/vsftpd.conf 配置文件是 FTP 服务器最重要的配置文件，这个文件的设置决定了 FTP 是否可以正常工作。Vsftpd 配置文件提供的配置命令较多，但默认的 vsftpd.conf 文件只提供了基本的配置命令，下面介绍一些常用的配置命令，有些是文件中所没有的。

首先，来看一下系统中给出的默认配置文件内容。

```
Example config file /etc/vsftpd/vsftpd.conf
#
# The default compiled in settings are fairly paranoid. This sample file
# loosens things up a bit, to make the ftp daemon more usable.
# Please see vsftpd.conf.5 for all compiled in defaults.
#
# READ THIS: This example file is NOT an exhaustive list of vsftpd options.
# Please read the vsftpd.conf.5 manual page to get a full idea of vsftpd's
# capabilities.
#
# Allow anonymous FTP? (Beware - allowed by default if you comment this out).
anonymous_enable=YES
```

```
#
# Uncomment this to allow local users to log in.
#local_enable=YES
#
# Uncomment this to enable any form of FTP write command.
#write_enable=YES
#
# Default umask for local users is 077. You may wish to change this to 022,
# if your users expect that (022 is used by most other ftpd's)
#local_umask=022
#
# Uncomment this to allow the anonymous FTP user to upload files. This only
# has an effect if the above global write enable is activated. Also, you will
# obviously need to create a directory writable by the FTP user.
#anon_upload_enable=YES
#
# Uncomment this if you want the anonymous FTP user to be able to create
# new directories.
#anon_mkdir_write_enable=YES
#
# Activate directory messages - messages given to remote users when they
# go into a certain directory.
dirmessage_enable=YES
#
# Activate logging of uploads/downloads.
xferlog_enable=YES
#
# Make sure PORT transfer connections originate from port 20 (ftp-data).
connect_from_port_20=YES
#
# If you want, you can arrange for uploaded anonymous files to be owned by
# a different user. Note! Using "root" for uploaded files is not
# recommended!
#chown_uploads=YES
#chown_username=whoever
#
# You may override where the log file goes if you like. The default is shown
# below.
#xferlog_file=/var/log/vsftpd.log
#
# If you want, you can have your log file in standard ftpd xferlog format.
# Note that the default log file location is /var/log/xferlog in this case.
#xferlog_std_format=YES
#
# You may change the default value for timing out an idle session.
#idle_session_timeout=600
#
# You may change the default value for timing out a data connection.
#data_connection_timeout=120
#
# It is recommended that you define on your system a unique user which the
# ftp server can use as a totally isolated and unprivileged user.
```

```
#nopriv_user=ftpsecure
#
# Enable this and the server will recognise asynchronous ABOR requests. Not
# recommended for security (the code is non-trivial). Not enabling it,
# however, may confuse older FTP clients.
#async_abor_enable=YES
#
# By default the server will pretend to allow ASCII mode but in fact ignore
# the request. Turn on the below options to have the server actually do ASCII
# mangling on files when in ASCII mode.
# Beware that on some FTP servers, ASCII support allows a denial of service
# attack (DoS) via the command "SIZE /big/file" in ASCII mode. vsftpd
# predicted this attack and has always been safe, reporting the size of the
# raw file.
# ASCII mangling is a horrible feature of the protocol.
#ascii_upload_enable=YES
#ascii_download_enable=YES
#
# You may fully customise the login banner string:
#ftpd_banner=Welcome to blah FTP service.
#
# You may specify a file of disallowed anonymous e-mail addresses. Apparently
# useful for combatting certain DoS attacks.
#deny_email_enable=YES
# (default follows)
#banned_email_file=/etc/vsftpd.banned_emails
#
# You may specify an explicit list of local users to chroot() to their home
# directory. If chroot_local_user is YES, then this list becomes a list of
# users to NOT chroot().
#chroot_local_user=YES
#chroot_list_enable=YES
# (default follows)
#chroot_list_file=/etc/vsftpd.chroot_list
#
# You may activate the "-R" option to the builtin ls. This is disabled by
# default to avoid remote users being able to cause excessive I/O on large
# sites. However, some broken FTP clients such as "ncftp" and "mirror" assume
# the presence of the "-R" option, so there is a strong case for enabling it.
#ls_recurse_enable=YES
#
# When "listen" directive is enabled, vsftpd runs in standalone mode and
# listens on IPv4 sockets. This directive cannot be used in conjunction
# with the listen_ipv6 directive.
listen=YES
#
# This directive enables listening on IPv6 sockets. To listen on IPv4 and IPv6
# sockets, you must run two copies of vsftpd with two configuration files.
# Make sure, that one of the listen options is commented !!
#listen_ipv6=YES
```

从中可以看出，配置文件的路径为 /etc/vsftpd/vsftpd.conf。vsftpd 的配置文件中使用“#”作为注释符，以“#”开头的行为注释行，否则被视为配置命令行。配置命令行的格式如下：

```
配置参数=参数值
```

注意，每个配置命令的“=”两边不要加空格。另外，有些配置命令，用户如果不希望它起作用的话，也可以在该行开头添加“#”把它注释掉。

/etc/vsftpd/vsftpd.conf 配置文件主要包含以下几类配置参数。

（1）用户登录及权限设置，如表 20-2 所示。

表 20-2 用户登录有关参数

参 数	含 义
anonymous_enable=YES	是否允许匿名用户登录，默认允许
local_enable=YES	是否允许本地用户登录，默认不允许
write_enable=YES	是否对登录用户开启写权限，默认对匿名用户不开启
local_umask=022	设置本地用户的文件掩码为 022（对应的权限为 755）
anon_upload_enable=YES	设置是否允许匿名用户上传文件，默认不允许；若允许，则前提条件是 write_enable=YES
anon_mkdir_write_enable=YES	设置是否允许匿名用户创建目录，默认不允许；若允许，则前提条件是 write_enable=YES
anon_other_write_enable=YES	设置匿名用户是否有权力更改文件，如删除、更名等，默认为 NO

（2）设置用户登录 ftp 后所在的 FTP 目录，如表 20-3 所示。

表 20-3 FTP 目录有关参数

参 数	含 义
anon_root=/var/ftp	设置匿名用户登录 ftp 后所在的 FTP 目录。若未指定，则默认为/var/ftp，若指定，则先应保证用户对该目录有读和执行权限
local_root=/var/ftp	设置本地用户登录 ftp 后所在的 FTP 目录。若未指定，则本地用户登录 FTP 后所在的目录为该用户在 Linux 下的用户主目录，若指定，则先应保证用户对该目录有读和执行权限

（3）登录欢迎信息，如表 20-4 所示。

表 20-4 欢迎信息有关参数

参 数	含 义
ftpd_banner=Welcome to blah FTP service.	设置登录 FTP 时显示的信息
banner_file=/etc/vsftpd/banner	登录 FTP 时显示的信息放置于 banner 文件中，该配置命令覆盖 ftpd_banner 的设置
dirmessage_enable=YES	进入目录时显示此目录下由 message_file 选项指定的文本文件（默认为.message）的内容
message_file=.message	设置目录消息文件的文件名

（4）锁定用户于指定的 FTP 目录。

默认情况下，匿名用户登录 FTP 后，只能访问/var/ftp 目录及下级子目录，不能访问/var/ftp 以外的任何目录，但是本地用户登录后可以访问自己 FTP 目录以外的内容，这就带来了安全隐患，可以通过命令参数的设置，控制本地用户对目录的访问，如表 20-5 所示。

表 20-5 锁定用户于指定的 FTP 目录

参 数	含 义
chroot_local_user=YES	指定用户列表中的用户是否锁定于 FTP 目录中
chroot_list_enable=YES	设置是否启用 chroot_list_file 指定的用户列表文件
chroot_list_file=/etc/vsftpd.chroot_list	用户列表文件，每个用户占一行.

具体情况如表 20-6 所示。

表 20-6 锁定用户

chroot_list_enable	chroot_local_user	含 义
NO	NO	所有用户均不被锁定（可以切换到 FTP 目录以外的地方）
NO	YES	所有用户均不锁定（不可以切换到 FTP 目录以外的地方）
YES	NO	用户列表文件中指定的用户被锁定
YES	YES	用户列表文件以外的用户被锁定

（5）设置日志文件。如表 20-7 所示。

表 20-7 设置日志文件

参 数	含 义
xferlog_enable=YES	是否启用上传|下载日志记录
xferlog_file=/var/log/vsftpd.log	设置日志的保存路径及文件名
xferlog_std_format=YES	设置日志文件是否使用标准的 xferlog 格式

（6）FTP 服务器的启动方式及访问 IP 地址，如表 20-8 所示。

表 20-8 IP 访问

参 数	含 义
listen=YES	该值为 YES 表示 FTP 服务器以独立方式启动，若想以 Xinetd 方式启动，注释掉该行
listen_address=IP	默认情况下，若 FTP 服务器有多个 IP 地址，通过任何一个均可以访问 FTP 服务器，启用该项后，只能通过指定的 IP 访问 FTP 服务器。listen=YES 该项有效
listen_ipv6=YES	若 FTP 服务器配置有 ipv6 地址，可以使用 ipv6 地址访问

（7）客户连接限制，如表 20-9 所示。

表 20-9 客户连接限制

参 数	含 义
anon_max_rate=51200	匿名用户的传输比率（b/s）；为 0，不受限制
local_max_rate=512000	本地用户的传输比率（b/s）；为 0，不受限制
max_clients=100	可接受的最大 client 数目；为 0，不受限制
max_per_ip=5	每个 ip 的最大 client 数目；为 0，不受限制
accept_timeout=60	建立 FTP 连接的超时间隔时间，单位为秒
data_connect_timeout=60	建立 FTP 数据连接的超时时间，单位为秒

20.4.2 配置/etc/vsftpd/ftpusers 文件

有时候不希望系统内的有些用户登录 FTP 服务器，可以通过/etc/vsftpd/ftpusers 文件实现。在/etc/vsftpd/ftpusers 文件中列出的用户将不能访问 FTP 服务器。文件默认内容如下，注意，一个用户占一行。

```
# Users that are not allowed to login via ftp
root
bin
daemon
```

```
adm
lp
sync
shutdown
halt
mail
news
uucp
operator
games
nobody
```

20.4.3　配置/etc/vsftpd/user_list 文件

通过/etc/vsftpd/user_list 文件能更灵活地控制本地用户对 FTP 服务器的访问。/etc/vsftpd/user_list 文件由下面两个命令参数控制，如表 20-10 所示。

表 20-10　客户访问限制

参　数	说　明
userlist_enable=YES	若为 YES，/etc/vsftpd/user_list 文件生效；若为 NO，/etc/vsftpd/user_list 文件不生效
userlist_deny=YES	若为 YES，/etc/vsftpd/user_list 文件中的用户不能访问 FTP 服务器；若为 NO，则只有/etc/vsftpd/user_list 文件中的用户可以访问 FTP 服务器

文件默认内容如下，注意，一个用户占一行。

```
# vsftpd user_list
# If userlist_deny=NO, only allow users in this file
# If userlist_deny=YES (default), never allow users in this file,  and do not even prompt
for a password.
# Note that the default vsftpd pam config also checks  /etc/vsftpd.ftpusers  for users
that are denied.
root
bin
daemon
adm
lp
sync
shutdown
halt
mail
news
uucp
operator
games
nobody
```

20.5　Vsftpd 服务器高级配置实例

通过上面的步骤，用户应能实现 FTP 服务器的安装与配置，并能建立比较简单的 FTP 服务器。下面主要结合实例来讲解一下 FTP 服务器的高级配置情况。

注意： 下面的实例假定 FTP 是基于独立模式的。

20.5.1 配置匿名访问 FTP 服务器

一般来说，FTP 服务器主要用于提供匿名下载功能。出于安全性的考虑，匿名访问服务器应做到以下几点。

- 仅允许匿名访问。
- 不允许本地用户访问。
- 只能下载文件，不能上传，不具有写权限。
- 设置最大并发连接数和每台主机最大连接数。
- 设置客户端的空闲中断和激活时间。
- 限制匿名用户的下载速度。

在 RHEL 6 的/usr/share/doc/vsftpd-2.2.2/EXAMPLE 目录下提供了很多不同需求的 FTP 服务器实例，用户可根据需要做参考。本例中我们选取其中的 INTERNET_SITE_NOINETD 目录下的 vsftpd.conf 文件。

具体配置步骤如下：

（1）复制/usr/share/doc/vsftpd-2.2.2/EXAMPLE/INTERNET_SITE_NOINETD/vsftpd.conf 文件到/etc/vsftpd/下，替换掉原有文件。

```
#cp /usr/share/doc/vsftpd-2.2.2/EXAMPLE/INTERNET_SITE_NOINETD/vsftpd.conf  /etc/vsftpd/
```

（2）根据需要，稍微修改配置文件的配置项参数。

vsftpd.conf 文件内容如下：

```
#/usr/share/doc/vsftpd-2.2.2/EXAMPLE/INTERNET_SITE_NOINETD/vsftpd.conf
# Standalone mode
#设置 vsftpd 以独立模式启动
listen=YES
#最大并发连接客户机为 200，可修改
max_clients=200
#每个主机最大连接数，可修改
max_per_ip=4
# Access rights
#下面几行是设置只允许匿名访问的
anonymous_enable=YES
local_enable=NO
write_enable=NO
anon_upload_enable=NO
anon_mkdir_write_enable=NO
anon_other_write_enable=NO
# Security
anon_world_readable_only=YES
connect_from_port_20=YES
hide_ids=YES
pasv_min_port=50000
pasv_max_port=60000
# Features
xferlog_enable=YES
ls_recurse_enable=NO
ascii_download_enable=NO
async_abor_enable=YES
```

```
# Performance
one_process_model=YES
idle_session_timeout=120
#设置中断、激活连接时间，可修改
data_connection_timeout=300
accept_timeout=60
connect_timeout=60
anon_max_rate=50000
```

（3）重启 vsftpd 进程。

```
#service vsftpd restart
```

20.5.2　配置虚拟 FTP 服务器

有时候，一台服务器可能会提供多种服务，比如同时提供 Web、FTP、E-Mail 等，为安全起见，用户可能会为不同的服务配置使用不同的 IP 地址。当一台服务器拥有多个 IP 地址时，默认情况下，用户可以通过其中的任意一个来访问 FTP。具体设置虚拟 IP 服务器的步骤如下。

（1）为 FTP 服务器配置虚拟 IP 地址。

（2）在 vsftpd.conf 配置文件中加入如下一行。

```
listen_address=你要使用的 IP 地址
```

（3）根据需要修改 vsftpd.conf 配置文件中的其他参数。

（4）重启 vsftpd 进程。

```
#service vsftpd restart
```

20.5.3　虚拟用户 FTP 服务器配置

本章开始处说过，登录 FTP 有三种方式：匿名登录、本地用户登录和虚拟用户登录。虚拟用户不是本地用户，因此不能用来登录 Linux 系统，只能访问为其提供的 FTP 服务，因此安全性极高。

在 vsftp 中，对虚拟用户的认证是使用单独的口令库文件（pam_userdb），由可插入认证模块（PAM）认证。下面介绍配置的具体步骤。

（1）添加虚拟用户口令文件。

添加虚拟用户名和密码，一行用户名，一行密码，以此类推。该文件的格式如下，单数行为用户名，偶数行为口令，如：

```
#vi /etc/vsftpd/vftp.txt
a
111111
b
222222
c
333333
```

（2）生成虚拟用户口令认证文件。

将刚添加的 vftp.txt 虚拟用户口令文件转换成系统识别的口令认证文件。

```
#db_load -T -t hash -f /etc/vsftpd/vftpuser.txt /etc/vsftpd/vftpuser.db
```

（3）编辑 vsftpd 的 PAM 认证文件。

在/etc/pam.d 目录下，打开 vsftpd 文件，将里面其他的都注释掉，添加下面这两行。

```
#vi /etc/pam.d/vsftpd

auth required /lib/security/pam_userdb.so db=/etc/vsftpd/vftpuser
account required /lib/security/pam_userdb.so db=/etc/vsftpd/vftpuser
```

如无 vsftpd 文件，则新建之。

（4）建立本地映射用户并设置宿主目录权限。

所有的 FTP 虚拟用户需要使用一个系统用户，这个系统用户不需要密码。

```
#useradd -d /home/vftp -s /sbin/nologin vftp
#chmod 700 /home/vftp
```

（5）配置 vsftpd.conf。

在 vsftpd.conf 文件中开启如下几项，来设置虚拟用户配置项。

```
#vi /etc/vsftpd/vsftpd.conf
#开启虚拟用户
guest_enable=YES
#FTP 虚拟用户对应的系统用户
guest_username=vftp
#PAM 认证文件
pam_service_name=vsftpd
```

（6）设置 SELinux。

默认情况下，SELinux 模式是阻止虚拟用户访问 FTP 的，把 SELinux 的模式设置为 permissive 模式可以正常登录。

```
# setenforce 0
```

（7）重启 vsftpd 服务。

```
#service vsftpd restart
```

（8）测试结果如下。

假定 FTP 服务器的 IP 地址为 192.168.1.15，在 Windows 下访问情况如下。

```
//没设置 SELinux 前的情况，登录不成功
C:\Documents and Settings\Administrator>ftp 192.168.1.15
Connected to 192.168.1.15.
220 (vsFTPd 2.2.2)
User (192.168.1.15:(none)): a
331 Please specify the password.
Password:
500 OOPS: cannot change directory:/home/vftp
500 OOPS: priv_sock_get_cmd
Connection closed by remote host.
C:\Documents and Settings\Administrator>

//设置 SELinux 后的情况，正常登录
C:\Documents and Settings\Administrator>ftp 192.168.1.15
Connected to 192.168.1.15.
220 (vsFTPd 2.2.2)
User (192.168.1.15:(none)): a
331 Please specify the password.
Password:
```

```
230 Login successful.
ftp>
```

20.5.4　虚拟用户 FTP 服务器配置高级篇

经过上面的设置后，能实现虚拟用户成功登录。但默认情况下所有的用户都登录到相同的目录下，且具有相同的下载权限，不具有上传权限。那如何使用户具有不同的操作权限？不同的登录目录呢？下面分别讲解。

（1）统一配置虚拟用户的上传等权限。

在主配置文件 vsftpd.conf 中，将有关参数项修改成下面的值即可。

```
Local_enable=YES#允许本地用户登录
write_enable=YES #对文件有写的权限
anon_upload_enable=YES #允许匿名上传
anon_mkdir_write_enable=YES#允许匿名用户新建目录
anon_other_write_enable=YES #是否拥有其他权限
```

（2）实现不同用户的不同权限

首先在主配置文件 vsftpd.conf 中添加如下内容。

```
#user_config_dir=用户配置文件目录，如:
user_config_dir=/home/vsftp
```

然后在用户配置文件目录下创建以虚拟用户名为文件名的用户配置文件。

```
#vi /home/vftp/a
```

在用户配置文件中，根据对用户权限的要求添加上面（1）中的不同项即可。

注意：*在这种情况下，用户配置文件和主配置文件中的参数值如果被设置得不同，默认以用户配置文件中的为主，用户配置文件中没有的参数，以主配置文件中的为主。*

（3）设置虚拟用户登录到不同的目录。

首先在系统中新建目录，并且使目录的所有者为虚拟用户的本地映射用户。

```
#mkdir /home/vftp/adir                  #新建目录
#chown vftp.vftp /home/vftp/adir       #将目录的所有者改为 vftp 本地映射用户
```

然后在用户配置文件中加入如下内容。

```
#vi /home/vftp/a
#local_root=用户目录，如
Local_dir=/home/vftp/adir
```

20.6　Vsftpd 服务器访问

20.6.1　FTP 内部命令

FTP 命令是 Internet 用户使用最多的命令，其功效是实现文件共享。FTP 有大量的内部命令。熟悉并灵活应用 FTP 的内部命令，可以达到事半功倍的效果。

FTP 的命令行格式为：

```
ftp -v -d-n -g[主机名],
```

参数如表 20-11 所示。

表 20-11　FTP 命令参数

参　数	含　义
-v	显示远程服务器的响应信息
-n	限制 FTP 的自动登录
-d	调试方式
-g	取消全局文件名

FTP 使用的内部命令如表 20-12 所示（中括号表示可选项）：

表 20-12　FTP 内部命令

命　令	含　义
![cmd[args]]	在本地机中交互执行 shell，exit 回到 FTP 环境
ascii	ascii 类型传输方式
bin	二进制文件传输方式
bye	退出 FTP
case	将远程主机文件名中的大写转为小写字母
cdup	进入远程主机的父目录
close	中断与远程服务器的会话
cr	使用 asscii 方式传输文件时，将回车换行转换为换行
delete remote-file	删除远程主机中的文件
dir[remote-dir][local-file]	显示远程主机目录，并将结果存入本地文件
disconnection	中断连接，停止会话
form format	改变文件传输方式，默认为 file 方式
get remote-file[local-file]	将远程主机的文件 remote-file 取回到本地硬盘上
hash	显示一个 hash 符号(#)
help[cmd]	显示帮助文件
idle[seconds]	设置远程服务器的时间
image	二进制传输方式
lcd[dir]	将本地工作目录切换至[dir]
ls[remote-dir][local-file]	显示远程目录，并存入本地文件中
mdelete[remote-file]	删除远程主机中的文件
mdir remote-files local-file	指定多个远程文件
mget remote-files	多个远程文件间的传输
mkdir dir-name	在远程主机创建目录
mls remote-file local-file:	显示指定的多个文件名
mode[modename]	设置传输方式，默认情况为 stream 方式
modtime file-name	显示远程主机文件的修改时间
nlist[remote-dir][local-file]	显示远程主机目录的文件清单
ntrans[inchars[outchars]]	设置文件名字符的译音机制

续表

命　令	含　义
open host[port]	建立 ftp 服务器连接
prompt	设置多个文件传输时的交互提示
proxy ftp-cmd	在次要控制连接中，执行一条 FTP 命令
put local-file[remote-file]	将本地文件传送到远程主机
pwd	显示远程主机的当前工作目录
quit	退出 FTP 会话
quote arg1，arg2...	将参数发到远程 FTP 服务器
recv remote-file[local-file]	同 get 一样
reget remote-file[local-file]	类似于 get，但是是续传模式
rhelp[cmd-name]	获得远程主机的帮助
rstatus[file-name]	显示远程主机的状态，跟参数则显示文件状态
rename[from][to]	更改远程主机文件名
reset	同复位功能差不多，清除队列信息
restart marker	按指定标记处执行 get、put
rmdir dir-name	删除远程主机目录
runique	设置文件名，但文件名间不能相同
send local-file[remote-file]	同 put 一样
site arg1，arg2...	将参数发送至远程主机
size file-name	显示远程主机文件长度大小
status	显示当前 FTP 状态
sunique	设置远程主机文件名存在的唯一性，与 runique 对应
system	显示远程主机的操作系统类型
tick	设置传输时的字节计数器
trace	设置传送数据包跟踪
type[type-name]	设置文件传输类型
umask[newmask]	设置远程服务器的新传输码
user user-name[password][account]	设置远程主机的身份，需要口令时，必须输入口令
verbose	同命令行的-v 参数，将 FTP 服务器的所有响应以报告形式显示给用户，默认为 on

20.6.2　下载工具 wget

Linux 环境下基于 console 最强大的下载工具是 wget，它是一个 GPL 许可证下的自由软件，其作者为 Hrvoje Niksic，电子邮件地址是 hniksic@srce.hr，下载地址是 http://ftp.gnu.org/gnu/wget/，当前最新版本是 1.14。wget 支持 HTTP 和 FTP 协议，支持代理服务器和断点续传功能，能够自动递归查询远程主机的目录，寻找符合设置条件的文件进行下载；还可以恰当地转换页面中的超级连接以在本地生成可浏览的镜像。由于没有交互式界面，wget 可在后台运行，忽略 HANGUP 信号，因此在用户退出登录以后，仍可继续运行。通常，wget 用于成批量地下载 Internet 网站上的文件，或制做网站镜像。

wget 命令的使用方法如下：

```
wget [options] [URL-list]
```

URL 地址格式说明：可以使用如下格式的 URL。

http://host[:port]/path

例如:

http://www.gnu.org

http://ftp.gnu.org/gnu/wget/wget-1.14.tar.gz

ftp://username:password@host/dir/file

wget 的参数较多，但下面的最常用的一些参数就可以满足一般的应用需求，如表 20-13 所示。

表 20-13　wget 参数

参　　数	含　义
-r 递归	对于 HTTP 主机，wget 首先下载 URL 指定的文件，然后如果该文件是一个 HTML 文档的话，将会递归下载该文件的超链接所指向的所有文件，递归深度由参数-l 指定。对 FTP 主机，该参数意味着要下载 URL 指定的目录中的所有文件，递归方法与 HTTP 主机类似
-N	该参数指定 wget 只下载更新的文件，也就是说，与本地目录中的对应文件的长度和最后修改日期一样的文件将不被下载
-m 镜像	相当于同时使用-r 和-N 参数
-l 设置递归下载深度	默认为 5，-l 1 相当于不递归；-l 0 为无穷递归。注意，当递归深度增加时，文件数量将呈指数级增长
-t 设置重试次数	当连接中断或超时时，wget 将试图重新连接。如果指定-t 0，则一直重试
-c 指定断点续传功能	实际上，wget 默认具有断点续传功能，只有当使用别的 FTP 工具下载了某一文件的一部分，并希望 wget 接着完成此工作的时候，才需要指定此参数。例如：

```
$ wget -c http://ftp.gnu.org/gnu/wget/wget-1.14.tar.gz
```

这里所指定的-c 选项的作用为断点续传。

20.7　小　　结

FTP 是 Internet 上使用最多的服务之一，建立一个自己的 FTP 服务器共享文件可以带来巨大的收益。本章介绍了 FTP 服务器的安装和配置，然后讲解 FTP 客户端的使用。建立 FTP 服务器时要注意到每个用户空间的分配，否则服务器磁盘容量消耗可能会急剧上升最后不能服务。然后是系统的安全性，不怀好意的用户可能利用安全漏洞来夺取系统权限。

第21章 WWW服务器配置

随着万维网（WWW）的发展，现在Web已不仅仅是一种信息传播的手段，它为世界各地为数众多的用户提供了应用数据库和多媒体功能。Web主要由三部分组成：Web服务器、网络和Web用户。

Apache是现在最流行的Web服务器。根据Netcraft（http://news.netcraft.com）提供的调查数据，在2012年7月调查的665 916 461个Web站点中，有超过61.45%的站点使用Apache。一些著名的网站都是采用得Apache，如Yahoo!、IBM、Hotmail.com等。

21.1 Apache的安装和启动

Apache最新版本为httpd-2.4.2，作为一款非常流行的服务器软件，Apache软件在很多下载站点上都有，用户可以随时下载到最新版本的Apache服务器软件。官方下载地址是：http://httpd.apache.org/download.cgi#apache24 。

21.1.1 通过Red Hat Linux安装光盘安装升级Apache

Red Hat Linux的安装光盘中已经自带Apache服务器的安装包。为了避免重复安装，应该先检测机器是否安装过。右击新建终端，执行以下命令：

```
[root@localhost /]# rpm -qa|grep httpd
←在根目录下输入命令
httpd-2.2.15-15.el6_2.1.i686                ←已安装Apache服务器主程序版本
httpd-manual-2.2.15-15.el6_2.1.noarch
←已安装Apache服务器的说明文件
httpd-tools-2.2.15-15.el6_2.1.i686
```

如果发现还没有安装Apache服务器程序，则进行以下操作。

将Red Hat Linux第一张安装光盘放入光驱，光盘自动运行后，选择“系统”|“管理”|“添加/删除软件”命令，弹出“添加/删除软件”对话框，选择“Web Services”|“万维网服务器”选项，如图21-1所示。Apache服务

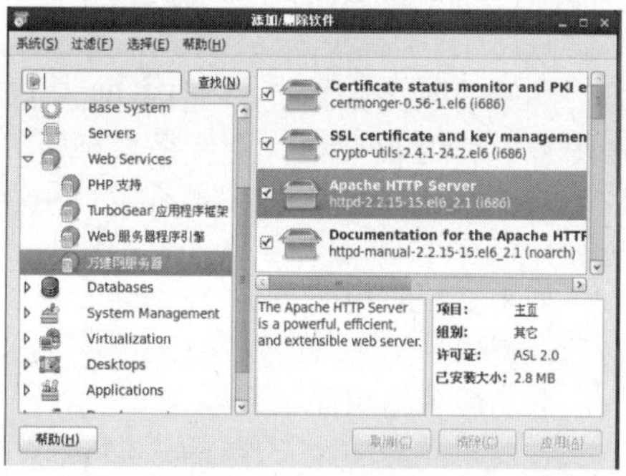

图21-1 添加/删除软件

器程序就在这个软件包中。一般在 Red Hat Enterprise Linux 6 安装光盘中，自带的 Apache 版本为 httpd-2.2.15-15。

如果确定已经安装了旧版本的 Apache，但是希望升级一下。请将安装光盘放入光驱。并且在命令行中输入如下命令。

```
[root@localhost root]# cd /                              ←切换到根目录
[root@localhost /]# mount /mnt/cdrom                     ←挂载光驱
[root@localhost /]# cd /mnt/cdrom/RedHat/RPMS            ←到 RPMS 目录注意大小写
[root@localhost RPMS]# rpm -Uvh httpd-*.rpm              ←安装 rpm 包
```

21.1.2 通过 tar.gz 压缩包来安装 Apache

倘若使用的是 tar.gz 文件格式的源代码版本，先将其存放到/tmp 目录下，从/tmp 目录下安装，请依照下列步骤来安装。

```
[root@localhost root]# cd /tmp
[root@localhost tmp]# tar -xvzf httpd-2.4.2.tar.gz
[root@localhost tmp]# cd httpd-2.4.2
[root@localhost httpd-2.4.2]# ./configure                ←执行组态配置文件
[root@localhost httpd-2.4.2]# make                       ←编译服务器的相关文件
[root@localhost httpd-2.4.2]# make install               ←安装 Apache
```

注意：编译 Apache 服务器的时候请确认系统是否已经装有 c 语言编译器，如 GCC 或 ANSI-C。

自行编译 Apache 服务器和已编译好的二进制文件版本，最大差异在于“模块”的数量。编译源代码版本的Apache服务器，默认并不会产生任何模块。如果需要用到这些模块，那么在设定Apache编译组态时，加上参数“--enable-module=most”和“--enable-shared=max”。

```
[root@localhost httpd-2.4.2]# ./configure --enable-module=most  --enable-shared=max
                                                         ←加上参数设定组态
[root@localhost httpd-2.4.2]# make
[root@localhost httpd-2.4.2]# make install
```

其他可使用的参数，可执行./configure --help 指令查询。如果执行过程正确无误，在/usr/local/apache/libexec 目录中，生成了 Apache 服务器内建的动态载入模块。

请注意 rpm 和 tar.gz 文件格式的安装路径并不相同，rpm 版本会把可执行文件 httpd 放置在/usr/sbin 目录中，而 tar.gz 版本则默认会将整套 Apache 服务器安装在/usr/local/目录下，接下来的本章内容将以 rpm 版本为主。

21.1.3 启动 Apache 服务器

在启动前先查看一下，Apache 是否在安装时已经启动。在桌面右击选择“在终端中打开”进入命令行。利用 ps 指令，查看是否有如下信息出现。

```
[root@localhost /]# ps aux| grep httpd
root      2412  0.0  0.0   5960   760 pts/0    S+   15:47   0:00 grep httpd
```

如果安装时用的是 tar.gz 版本，则命令为：

```
[root@localhost /]# ps aux| grep apache
```

启动服务器用如下命令。

```
[root@localhost /]#service httpd start
正在启动 httpd: httpd: Could not reliably determine the server's fully qualified domain
```

```
name, using 60.169.12.74 for ServerName        [确定]
```

启动 tar.gz 版本的命令如下。

```
[root@localhost /]#/usr/local/apache/bin/apachectl start
```

启动以后检测一下 Apache 服务器是否已经启动，打开浏览器在地址栏输入 127.0.0.1 或本机 IP 地址，如果成功可以看到如图 21-2 所示的页面。

21.1.4　开机时随机启动 Apache 服务器

在 Red Hat Linux 中，要让 Apache 服务器随机启动，有如下两种方法。

（1）chkconfig：在命令行中执行如下 chkconfig 命令，可修改 Apache 服务器的执行等级，让 Apache 随机启动。

```
[root@localhost /]#chkconfig  --level 3 5 httpd on
```

（2）ntsysv：这是 Red Hat 公司开发的程序，让用户可通过菜单模式选择开机时自动执行的程序，使用这个程序，在命令行中输入 ntsysv 指令，然后在菜单中选择“httpd”选项即可，如图 21-3 所示。

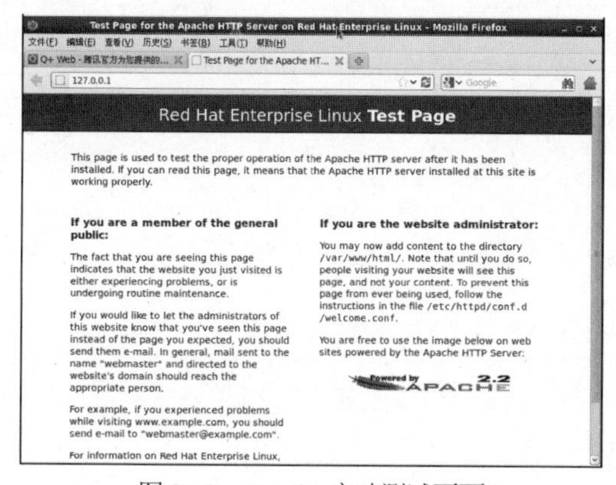

图 21-2　Apache 启动测试页面

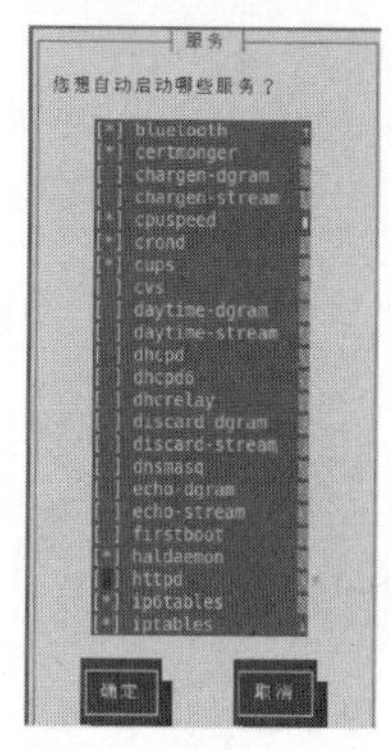

图 21-3　Ntsysv 界面

21.1.5　停止 Apache 服务器

要停止 Apache 服务器，需执行下面的命令。

```
[root@localhost /]#/service httpd stop
```

若是 tar.gz 版本则要执行下面的命令。

```
[root@localhost /]#/usr/local/apache/bin/apachectl stop
```

21.1.6　重新启动 Apache 服务器

重新启动 Apache 服务器，需要执行下列命令。

```
[root@localhost /]#service httpd restart
```

若是 tar.gz 版本则需执行以下命令。

```
[root@localhost /]#/usr/local/apache/bin/apachectl restart
```

21.2　Apache 的全局环境配置

Apache 服务器的设置文件位于/etc/httpd/conf/目录下，名为 httpd.conf。httpd.conf 提供了最基本

的服务器设置，如守护程序 httpd 运行的技术描述。记录了服务器各种文件的 MIME 类型，以及如何支持这些文件；还有用于配置服务器的访问权限，控制不同用户和计算机的访问限制等。

在 httpd.conf 文件中有一系列配置指令。这些指令指示 Apache Web 服务器应该如何配置它本身和模块。当然这其中大多有其默认值，通常不需要改动。配置文件的注释符为"#"，指令不分大小写，但指令的参数通常区分大小写。该文件由 3 个主要的部分组成。

- 全局环境配置部分。
- 主服务器配置部分。
- 虚拟主机配置部分（将在高级管理中讲解）。

下面是默认的 httpd.conf 配置文件内容。

```
# This is the main Apache server configuration file.  It contains the
# configuration directives that give the server its instructions.
# See <URL:http://httpd.apache.org/docs/2.2/> for detailed information.
# In particular, see
# <URL:http://httpd.apache.org/docs/2.2/mod/directives.html>
# for a discussion of each configuration directive.
#
#  // 内容太长，限制于本书篇幅，请大家打开自己系统的 httpd.conf 学习
#
#<VirtualHost *:80>
#    ServerAdmin webmaster@dummy-host.example.com
#    DocumentRoot /www/docs/dummy-host.example.com
#    ServerName dummy-host.example.com
#    ErrorLog logs/dummy-host.example.com-error_log
#    CustomLog logs/dummy-host.example.com-access_log common
#</VirtualHost>
```

21.2.1 定义 Apache 服务器的基础安装目录

ServerRoot 记录了配置文件、日志文件和错误记录文件所在的顶级目录，也即 Apache 的安装目录。httpd 在启动之后自动将进程的当前目录改变为这个目录。

```
ServerRoot "/ect/httpd"
```

21.2.2 保存内部服务进程信息

这个命令用来保存内部服务进程信息，包含 Apache 处理的请求的数量、最近的一些请求的来源和处理请求所花费的平均时间等。用户可以另外指定一个位置代替默认位置。

```
#
# ScoreBoardFile: File used to store internal server process information.
# If unspecified (the default), the scoreboard will be stored in an
# anonymous shared memory segment, and will be unavailable to third-party
# applications.
# If specified, ensure that no two invocations of Apache share the same
# scoreboard file. The scoreboard file MUST BE STORED ON A LOCAL DISK.
#
#ScoreBoardFile run/http.scoreboard
```

21.2.3 记录 httpd 守护进程的进程号

PidFile 指定的文件将记录 httpd 守护进程的进程号。由于 httpd 能自动复制自身，所以系统中会

有多个 httpd 进程，但只有一个进程为最初启动的进程。它是其他进程的父进程，对这个进程发送信号将影响所有的 httpd 进程。

```
PidFile run/http.pid
```

21.2.4　定义客户程序和服务器连接的超时间隔

Timeout 定义客户程序和服务器连接的超时间隔，超过这个时间间隔（秒）后服务器将断开与客户机的连接。如果发现站点接受客户端的请求相当慢，可以增加 Timeout 的值。

```
Timeout 300
```

21.2.5　配置持续连接功能

在 HTTP 1.0 中，一次连接只能作传输一次 HTTP 请求。而 KeepAlive 参数用于支持 HTTP 1.1 版本的一次连接、多次传输功能，这样就可以在一次连接中传递多个 HTTP 请求。虽然只有较新的浏览器才支持这个功能，但还是建议打开使用这个选项。如果允许客户端使用这个功能，它的值需要设置为 On。

```
KeepAlive On
```

21.2.6　限制客户端使用同一个连接进行的请求数量

MaxKeepAliveRequests 用于限制客户端使用同一个连接进行的请求数量。将其值设为 0 将允许在一次连接内进行无限次的传输请求。事实上没有客户程序在一次连接中请求太多的页面，通常达不到这个上限就完成连接了。如果发现客户端要多次重复连接，可适当地增加这个数字，但不建议设置为 0。

```
MaxKeepAliveRequests 100
```

21.2.7　测试多次请求传输之间的时间

KeepAliveTimeout 命令的作用为测试多次请求传输之间的时间。如果服务器已经完成了一次请求，但一直没有接收到客户程序的下一次请求，在间隔超过了这个参数设置的值之后，服务器就断开连接。这样可以防止个别客户端长时间占用服务器资源。

```
KeepAliveTimeout 15
```

21.2.8　设置空闲子程序数量

在使用子进程处理 HTTP 请求的 Web 服务器上，由于首先生成子进程才能处理客户的请求，因此反应时间就有一点延迟。于是 Apache 采用了动态调整的方式，随时变动提供服务的子程序的数目，维持足够的子程序，处理目前的负载，并保有备用的子程序随时待命以便处理新增加的负载。

可以用参数 MinSpareServer 来设置最少的空余子程序数目，以及使用参数 MaxSpareServers 来限制最多的空闲子进程数目。这样可以合理地分配系统资源，不会出现进程紧缺造成客户端长时间等待，或者闲置子进程数目过多，造成系统资源浪费的情况。此功能称做 Server-Pool 容量规则。

```
MinSpareServers      5
MaxSpareServers     20
```

21.2.9　设置 httpd 启动的子进程副本数量

StartServer 为当服务器启动时，会执行 8 个 httpd 子进程副本。这个参数和上面的 MinSpareServer

和 MaxSpareServers 参数都是用于启动空闲子进程以提高服务器的反应速度。这个参数应该设置为前两个值之间的一个数值，不在此范围的数值都没有意义。

```
StartServers 8
```

21.2.10 设定网站允许的同时在线人数

Maxclients 命令是用于设定网站允许同时在线的人数。当同时连入的客户数量过多时，会降低系统访问性能，因此可通过设置此数来限制连接数量。

```
MaxClients       150
```

21.2.11 限制每个子进程在中止前所能提出的请求数量

MaxRequestsPerChild 限制每个子程序在结束前能提出的请求数量，达到此项限制时，该子程序就会结束。

该命令用于防止长时间运行 Apache 可能会出现的问题。在一些操作系统上，有内存问题和资源泄漏问题。这些泄漏将会导致像 Apache 等程序出现问题，限制任何一个 Apache 服务器能够处理请求的数量，可以将这些问题最小化。

```
MaxRequestsPerChild  100
```

21.2.12 指定 httpd 监控的通信端口

用来指定 httpd 监控的通信端口。“Listen” 命令让用户自行指定 Apache 服务器监控的 IP 地址或通信端口。默认为 80 端口。

```
#Listen 12.34.56.78:80
Listen 80
```

21.3 Apache 的主服务器配置

在 Linux 中，用户使用 Apache 服务器需要进行各种设置，定义自己使用的各种参数来提供 Web 服务。在本小节中，将详细讲解如何配置 Apache 服务器。

21.3.1 设置 Apache 的账号和用户组

User 和 Group 配置是 Apache 的安全保证。Apache 在开启后，将自行转换用户和工作组名称，这样就降低了服务器被入侵的可能性。由于服务器必须执行改变身份的 setuid()操作，因此初始进程应该具备 root 权限，但是如果使用非 root 用户来启动 Apache，则该配置将不会发挥作用。

```
User apache
Group apache
```

21.3.2 配置管理员的 E-mail 地址

用于指定管理员的邮件地址，在 http 服务出现问题后返回给浏览器，以便让用户和管理员联系，报告错误。

```
ServerAdmin  root@localhost
```

21.3.3 设置主机的名称

可设置主机的名称。此名称会被送到远程连接程序，以取代安装 Apache Server 主机的真实名称。请注意这项并不是随意杜撰一个名称就会生效，此处所赋予的名称必须是在域名服务器（DNS）注册的主机名称。若主机并没有已注册的名称，则可以填上 IP 地址。默认是 Localhost，如果加上#号，则关闭该功能。80 是默认的端口号，是指定 Apache server 监听的端口号。

```
ServerName new.host.name:80
```

21.3.4 UseCanonicalName 设置

UseCanonicalName 是 Apache 服务器 1.3.x 版后开放的功能。提供名称一致性服务，当指令打开时，Apache 经常使用 ServerName 和 Port 指令创建引用在相同计算机上文件的 URL（如 http://www.xxx..com/linux/）。当指令关闭，URL 由客户机指定的内容组成。例如，如果客户机在相同域内，URL 可能是 http://lin.xxx..com/linux/或 http://lin/linux。

这可能有一些问题特别，是当访问控制规则需要用户名/口令验证时，如果已经通过主机 lin.xxx.com 验证的客户机发送一个到 www.xxx.com（物理上是同一机器）的链接，系统将再次提示此客户机输入用户名和口令。推荐打开 UseCanonicalName，这样在前面的情况下，不需要再次验证，因为任何对相同服务器的引用总是解释为 www.xxx.com。UseCanonicalName 现设定为否。不将其开启。

```
UseCanonicalName Off
```

21.3.5 HTML 文档存储的主目录

Web 服务器的文档根目录通常是所有的 HTML 文档存储的主目录。当 Apache 收到一个对文档的请求后，它将从这个目录开始搜寻该文档。例如：http://www.xxx.com/linux.html 真正指向的文件是/var /www/html。

```
DocumentRoot "/var/www/html"
```

21.3.6 定义用户目录的位置

UserDir 设置为 public_html，每个该服务器的账号，都可以在自己的 Home 目录下建立个人网站。如果 Apache 收到一个访问/linux/index.htm 文档的请求，它将在用户的 linux 目录下的 public_html 目录中去查找 index.html 文件。这样维护 public_html 目录的工作就完全取决于用户本人了。

这也意味着到 Web 服务器任何具有一个有效的登录名的用户，都可以很容易地创建自己的网站。

```
UserDir public_html
```

21.3.7 配置遇到无法识别的文件类型时的处理方式

如果服务器上绝大多数的文件是文本文件或者 HTML 文档，那么"text/plain"是一个非常好的设置，但是如果绝大多数的文件为二进制文件，比如应用程序或者图片等，那么可以使用"application/octct-stream"替代，以防止浏览器尝试将二进制文件当做文本来显示。

```
DefaultType text/plain
```

21.3.8 制定保护目录设置文件的文件名称

用 AccessFileName 指定保护目录设置文件的文件名称，设置为“.htaccess”。.htaccess 文件可让用户指定使用者存取目录的权限。

```
AccessFileName .htaccess
```

21.3.9 定义服务器根据文件的内容来判断文件的类型

此模块可让服务器根据文件的内容来判断文件的类型，但此模块并非默认加载的，若要使用此功能，只需在本文件的 LoadModule 处找到此模块，把前面的 # 号去掉，再重启服务器即可加载。

```
<IfModule mod_mime_magic.c>
   MIMEMagicFile conf/magic
</IfModule>
```

21.3.10 定义是否要记录客户端的 IP 地址

HostnameLookups 命令控制是否要记录客户端的 IP 地址。因为解析客户端的主机名至少要调用一次 DNS 查询，所以该选项最好关闭以便降低由每个访问请求所产生的网络负载问题。关闭后 Apache 则自动记录客户端的主机名。

```
HostnameLookups Off
```

21.3.11 定义错误日志文件存储的位置

ErrorLog 命令定义了错误日志文件存储的位置。错误日志文件存储了发生的请求错误或者相应错误的信息。在调试 CGI 程序时特别有用。

```
ErrorLog logs/error_log
```

21.3.12 设置要存入 Error_Log 文件中的消息等级

```
LogFormat "%h %l %u %t \"%r\" %>s %b \"%{Referer}i\" \"%{User-Agent}i\"" combined
LogFormat "%h %l %u %t \"%r\" %>s %b" common
LogFormat "%{Referer}i -> %U" referer
LogFormat "%{User-agent}i" agent
```

LogLevel 和 LogFormat 定义了 Syslog 级别和应该采用的日志信息的格式。如果默认的格式没有提供足够的信息，可以自己定义日志的格式。

```
CustomLog logs/access_log common
```

CustomLog 命令使用不同的 LogFormat 来提供请求（access）、客户端类型 (agent)、引用页等信息记录到独立的文件中的能力。

21.3.13 定义存储在某个目录下的文件是否是脚本

ScriptAlias 命令告诉 Apache 存储在哪个特定目录下的文件是脚本，应该被执行。

它允许将一个目录及其子目录标记为一个只包含 CGI 程序的目录。在这里，定义了目录/cgi-bin/ "/var/www/cgi-bin/"作为包含 CGI 程序的主目录，当客户端要访问一个 CGI 脚本时，如 http://www.xxx.com/ cgi-bin/text.pl 前面的定义会指引 Apache 去执行文件/var/www/cgi-bin/text.pl。并将结果返回到用户。

```
ScriptAlias /cgi-bin/ "/var/www/cgi-bin/"
```

21.3.14　定义是否在浏览器中显示文件列表

IndexOptions 命令定义为，当 Apache 收到一个访问目录而不是访问文件的请求后，它首先会查找该目录的索引文件，通常是 index.html。如果该文件不存在，Apache 会返回该目录内容的列表。列表的风格由 IndexOptions 命令控制。

如果想要一种简单的目录，可以将这个选项设置为 Standard。如果要目录总的每个文件返回一个图标和描述，则要设置成 Fancyindexin，但是如果使用 Fancyindexin，则图标要由 Addicon 这个命令来设定。

```
IndexOptions FancyIndexing  VersionSort NameWidth*
```

21.3.15　指定图标命令

AddIconByEncoding (CMP,/icons/compressed.gif) x-compress x-gzip 这里的 CMP,/icons/compressed.gif 是相对于文档根的 icon 文件的相对目录，而 x-compress x-gzip 则是文件扩展名列表。

```
AddIcon /icons/binary.gif .bin .exe
AddIcon /icons/binhex.gif .hqx
AddIcon /icons/tar.gif .tar
AddIcon /icons/world2.gif .wrl .wrl.gz .vrml .vrm .iv
AddIcon /icons/compressed.gif .Z .z .tgz .gz .zip
AddIcon /icons/a.gif .ps .ai .eps
AddIcon /icons/layout.gif .html .shtml .htm .pdf
AddIcon /icons/text.gif .txt
AddIcon /icons/c.gif .c
AddIcon /icons/p.gif .pl .py
AddIcon /icons/f.gif .for
AddIcon /icons/dvi.gif .dvi
AddIcon /icons/uuencoded.gif .uu
AddIcon /icons/script.gif .conf .sh .shar .csh .ksh .tcl
AddIcon /icons/tex.gif .tex
AddIcon /icons/bomb.gif core

AddIcon /icons/back.gif ..
AddIcon /icons/hand.right.gif README
AddIcon /icons/folder.gif ^^DIRECTORY^^
AddIcon /icons/blank.gif ^^BLANKICON^^
DefaultIcon /icons/unknown.gif
```

最后一行是 DefaultIcon 命令，这样会为没有定义过图标的文件显示默认的图标。要为使用 FancyIndexing 的文件增加描述，需要使用 AddDescription 命令，标准引用如下所示。

```
#AddDescription "GZIP compressed document" .gz
#AddDescription "tar archive" .tar
#AddDescription "GZIP compressed tar archive" .tgz
```

21.3.16　定义服务器遇到哪些文件名时不需列出

IndexIgnore 命令允许产生的目录列表，忽略一些文件名和文件扩展名。默认如下。

```
IndexIgnore .??* *~ *# HEADER* README* RCS CVS *,v *,t
```

21.3.17 定义网站默认首页名

DirectoryIndex 用于定义网站的默认首页的网页文件名。多个文件名之间用空格分开。

```
DirectoryIndex index.html index.html.var
```

21.4 Apache 的高级管理配置

前文中已经讲解了 Apache 服务器的基本配置，对于一般用户来说已经基本可以满足需求了。但对于一些有特殊需求的用户需要了解 Apache 的高级管理配置，来满足用户的需要。

21.4.1 访问存取控制

在 httpd.conf 文件中，通常用到 4 种访问存取控制的方法。

- <Directory >…</Directory >
- <Files>…</Files>
- <Limit>…</Limit>
- <Location>…</Location>

上面 4 种方法针对的对象各有不同，<Directory >是针对目录存取控制的。<Files>是针对文件的。<Limit>是针对路径进行存取控制的。<Location>主要是针对 URL 的。虽然针对对象不同但是配置方法却基本相同。

下面以<Directory >为例进行配置。Apache 将目录分割成一个一个的单元来进行存取控制，每个目录在 httpd.conf 文件中使用一个段落，首先是根（/）目录。默认为：

```
<Directory />
   Options FollowSymLinks
   AllowOverride None
</Directory>
```

在<Directory >中设置路径为/（根）目录，每个段落都由<Directory >的标识符括起来，后面的标识符要加“/”。其中最主要的一些选项是 Options、Allow Override、Allow/Deny、Order 等。

21.4.2 设置 Options 命令

Options 参数设置如表 21-1 所示。

表 21-1　Options 参数设置说明

Optons 参数	功 能 说 明
All	除 MultiViews 以外，所有特性都开启
ExceCGI	允许在此目录中执行 CGI 程序
FllowsymLinks	服务器将使用符号链接，存取不在该目录中的任何文件或目录，此参数若是设在<Location>区块中则无效
Includes	允许服务器使用 SSI 功能
IncludesNOEXEC	允许使用 SSI 功能，但不允许执行 CGI script 中的#exec 和#include 命令
Indexs	服务器可生成此目录中的文件列表

续表

Optons 参数	功 能 说 明
MultiViews	使用内容商议功能，经由服务器和网页浏览器相互沟通协调后，决定网页传送的性质，如网页浏览器请求优先送出法文版网页内容。此功能并未包括在 All 之内，需要另外加上
None	不允许访问此目录
SynLinksIfOwnerMatch	假如符号链接所指向的文件或目录拥有者和当前用户账号相符合，则服务器就会通过符号链接访问不在该目录下的文件或目录。若此参数设在<Location>区块中，则无效

Options 可同时有多个参数，如：

```
Options Index FollowsymLinkes
```

如果有多行 Options，以最后的 Options 为主。例如：

```
Options Indexs
Options Fllowsymlinks
```

则只会允许 Fllowsymlinks。如果感觉功能不够或过多，要在既有的参数上增加或减少允许参数，可以使用“+”或“-”来实现。例如：

```
Options +ExecCGI
```

则在原有的参数上增加了 ExecCGI 选项。

21.4.3　设置 Allow Override 命令

Allow Override 定义是否允许各个目录用.htpaccess 文件覆盖。它的参数如表 21-2 所示。

表 21-2　Allow Override 参数设置说明

参　　数	功 能 说 明
AuthConfig	允许使用 AuthName、AuthType、AuthUserFile、AuthGroup 和 Require
FileInfo	允许使用 AddType、AddEncoding、AddLanuage
Limit	允许使用 Limit 选项，能够使用主机名或 IP 地址来控制存取
Options	允许使用 Options 项
ALL	允许使用所有项
None	禁止使用所有项

21.4.4　设置 order 命令

它的作用为设置先后顺序，是先执行 Allow 还是先执行 Deny。如果 Order allow deny 则表示先执行 allow；而如果是 Order deny allow 则表示先执行 deny。例如：

```
Order allow deny
Allow from all
Deny from 192.168.0.3
```

按照 Order 顺序。表示是先执行 Allow 再执行 Deny，则先允许所有主机访问，再拒绝 IP 地址为 192.168.0.3 的主机访问。

21.4.5　设置 Allow/Deny 命令

Allow/Deny 命令的作用为允许或拒绝某主机访问。如上例。

21.4.6 用户访问控制

Apache 可以基于用户认证来限制用户对 Web 服务器的访问，只允许经过授权的用户进行访问。用户必须输入正确的用户名和密码才能正常访问。通常用 AuthConfig 中包含的命令来进行配置。

AuthConfig 中包含的选项是 Apache 的认证配置指令，各项指令的功能如表 21-3 所示。

表 21-3 Apache 的认证配置指令

指 令	说 明
AuthName	定义受保护领域的名称
AuthType	定义私用的认证方式
AuthUserFile	指定认证口令文件的位置
AuthGroup	指定认证组文件的位置

使用了认证指令配置后，还需要为指定的用户或组进行授权。对用户或组进行授权的指令是 Require。Require 指令的 3 种使用格式如表 21-4 所示。

表 21-4 Apache 的授权配置指令的使用格式

指令语法格式	说 明
Require 用户名[用户名]	授权给制定的一个或多个用户
Require 组名[组名]	授权给指定的一个或多个组
Require valid-user	授权给认证口令文件中的所有用户

下面来讲述一下给予文本文件的认证口令文件和认证组文件。

（1）创建新的认证口令文件。可以使用如下命令，在添加一个认证用户的同时创建认证口令文件。

```
#htpasswd -c 认证口令文件名 用户名
```

（2）修改认证口令文件。使用下面命令，向口令文件中添加用户或修改已存在的用户口令。

```
#htpasswd 认证口令文件 用户名
```

（3）认证口令文件的格式。认证口令文件中的每一行都包含一个用户的用户名和经过加密的口令。

```
用户名: 加密的口令
```

需要注意的是基于安全方面的考虑，认证口令文件和认证组文件不应该于 Web 文档中存放于相同的目录下。

下面在.hatccess 文件中配置认证和授权。例如：

（1）先修改主配置文件，在命令行中输入以下命令。

```
#vi /etc/httpd/conf/httd.conf
```

（2）将/var/www/html/prvate 目录的访问权限设置为：

```
<Directory "/var/www/html/prvate ">
    //允许在.htaccess 文件中使用认证和授权指令
    AllowOverride AuthConfig
<Directory>
#
```

（3）重新启动 httpd。

```
#service httpd resrart
```

（4）创建认证口令文件，并添加两个用户。

```
#mkdir /var/www/passwd
#cd /var/www/passwd
```

```
#htpassed -c cau fjc
New password:
Re-type new password:
Adding password for user fjc
#htpasswd cau bjc
New password:
Re-type new password:
Adding password for user bjc
#
```

（5）将认证口令的文件的属主改为 apache。

```
#chown apache.apache jamond
#
```

（6）重启 httpd。

说明：上面程序中 cau 为领域，fjc 和 bjc 为用户名。

21.4.7　MIME 类型

当浏览器访问 Web 站点的时候，Web 站点上的网页通常会包含不同的对象，包括 HTML 文件、图片、声音文件以及脚本文件等。为了能够正常显示这些对象，浏览器必须从 Web 服务器获取这些对象的消息。一个 JPEG 图片与最为常见的文本文件在浏览器上处理起来是不同的。服务器以 MIME 类型的方式提供这种信息给浏览器。网页上的每种对象都和某种给定的 MIME 类型有关，通过 MIME 类型，浏览器才能正确处理和显示这些对象。

MIME 协议将某个特定的类型和具有特定文件和具有特定扩展名的文件对应起来。例如，扩展名为.jpg 的文件就会有 MIME 类型 image/jpep。指令 TypeConfig 保存有文件 mime.types 的位置，它列出了所有的 MIME 类型和对应的文件扩展名。DefaultType 是为其类型不能辨认的文件提供的一种默认的 MIME 类型。AddType 能够修改 mime.type 类型，而不需要编辑 MIME 文件。

```
TypesConfig /etc/mime..type
DefaultType text/plain
```

其他类型指令可以用来指定特定文档应用的动作。AddEncoding 能使浏览器在空闲时对压缩文件进行解压。AddHandler 可以依照文件扩展名采取相应的动作。借助于 AddLanguage，能够为文档指定语言类型。在下面的例子中，用扩展名.gz 标记的文件表示的是 gzip 编码文件；用扩展名.fr 标记的文件表示的是法语文件。

```
AddEncoding x-gzip.gz
Addlangue fr.fr
```

Web 服务器能够显示并执行多种不同类型的文件和程序。

21.4.8　关于 CGI 脚本

公共网关接口（CGI）文件是网络浏览器在访问站点时所要执行的程序。是网页服务器与其他程序沟通的接口，这些程序一般较常用 C 或 Perl 语言来编写。公共网关接口文件通常由 Web 页面初始化，页面执行这些程序作为要显示的内容的一部分。有两种使用 CGI 脚本功能的方式。一种方式是把 CGI 脚本文件的扩展名改为.cgi；另一种方式是建立脚本子目录，通常叫作 cgi-bin。

CGI 的程序是在服务器上执行，有可能会因为程序设计者的有心破坏或疏忽，而威胁到服务器的安全。因此通常服务器管理者会将所有 CGI 的程序，放在同一个目录一起管理。而且此目录不会放在网站的根目录中，以免因失误而让有心者通过网址，直接读取程序的目录。

为了避免客户端知道程序存放的根目录，通常会另外建一个目录的别名。因此当网页通过 CGI 执行程序时，出现在网页上的程序路径则是已经改过的别名路径。在 http.conf 文件中设定目录的别名。

```
#
ScriptAlias /cgi-bin/ "/var/www /cgi-bin/"
```

其中 cgi-bin 为路径的别名，/var/www /cgi-bin/为程序存放的路径。

另外存放程序的目录也要按照需求设定适当的权限。

```
<Directory "/var/www /cgi-bin/">
    AllowOverride None
    Options None
    Order allow,deny
    Allow from all
</Directory>
```

21.5 使用 SSI

SSI 是英文 Server Side Includes 的缩写，翻译成中文就是“服务器端包含”的意思。从技术角度上说，SSI 就是在 HTML 文件中，可以通过注释行调用的命令或指针。SSI 具有强大的功能，只要使用一条简单的 SSI 命令就可以实现整个网站的内容更新，时间和日期的动态显示，以及执行 shell 和 CGI 脚本程序等复杂的功能。SSI 可以称得上是那些资金短缺、时间紧张、工作量大的网站开发人员的最佳帮手。下面将介绍 SSI 在 Apache 服务器中的使用方法。

21.5.1 编辑服务器配置文件开启 SSI

在 Apache 服务器下，可以通过直接编辑服务器配置文件或者在需要使用 SSI 的目录中创建.htaccess 文件来启动 SSI。首先登录到服务器，找到配置文件的存放目录，使用任何一种文字编辑器打开文件 httpd.conf，找到以下几行。

```
#
# To use server-parsed HTML files
#
#AddType text/html .shtml
#AddHandler server-parsed .shtml
```

用户的配置文件中可能没有上述的注释指令行，但是只要找到以 AddType 开头的两行并且去掉每一行最前面的“#”即可。

然后在文件中找到设置 DocumentRoot（根文件）的部分。一般来说该段文本如下。

```
# This should be changed to whatever you set DocumentRoot to.
<Directory /usr/local/etc/httpd/htdocs>
# This may also be "None", "All", or any combination of "Indexes",
# "Includes", or "FollowSymLinks"
Options Indexes FollowSymLinks
</Directory>
将其中的Options Indexes FollowSymLinks改为:
Options Indexes FollowSymLinks Includes
```

如果用户不希望执行脚本或 shell 命令，可以在 Options 选项行中加入关键字 IncludesNOEXEC，这样可以允许 SSI，但是不能执行 CGI 或脚本命令。

21.5.2　创建.htaccess 文件来启动 SSI

如果用户不能直接访问服务器配置文件，可以使用文件编辑器创建一个名为.htaccess 的文件。

注意： 文件名前一定要有符号“.”，这样服务器才能知道该文件是隐藏文件，从而提高文件的安全性，以避免错误操作。

在.htaccess 文件中加入以下 3 行命令。

```
Options Indexes FollowSymLinks Includes
AddType application/x-httpd-CGI .CGI
AddType text/x-server-parsed-html .shtml
```

完成之后，可以把.htaccess 文件上传到服务端的相应目录，该文件对所有子目录有效。如果用户希望在目录级上禁止 CGI 或 shell 命令，可以在.htaccess 文件中的 Options 选项行加入关键字 IncludesNOEXEC。

任何包含 SSI 的文件在下传到客户端之前，都必须经过服务器的解析过程。这样会增加服务器的负载，如果用户只希望在几个特殊页面中使用 SSI，可以将文件的后缀名改为.shtml，这样服务器就可以只解析包含 SSI 的.shtml 文件。另一方面，如果有多个页面使用了 SSI，但是用户不希望使用.shtml 的后缀名时，可以在.htaccess 文件中使用以下命令行。

```
AddType text/x-server-parsed-html .html
```

21.5.3　使用 SSI 命令

SSI 命令的操作方式十分类似程序设计语言的语法，可以定义变量、创建循环并且使用测试来选择不同指令。SSI 在使用时遵循以下格式。

```
<!--#directive parameter="value"-->
```

其中，directive 是向服务器发送的指令名称，parameter 是指令的操作对象，而 value 则是用户希望得到的指令处理结果。

注意：

所有的 SSI 命令都是以“<!--#”开始，其中“<!-”和“#”之间不能有任何空格，否则服务器会把 SSI 命令当做普通的文件注释处理，不会显示出任何结果，也不会产生错误提示。此外，SSI 命令中的“=”两边不能有空格，右边的值必须包含在双引号内，后面可以跟空格，最后是结束标签“-- >”。

在 SSI 命令中包含六大类指令以及各自的参数，具体如表 21-5 所示。

表 21-5　SSI 命令参数

指 令 名 称	参 数 列 表
Config	errmsg、timefmt、sizefmt
include	virtual、file
echo	var
fsize	file
flastmod	file
exec	cmd、cgi

21.5.4 使用 Config 命令

Config 命令主要用于修改 SSI 的默认设置。

（1）Errmsg：设置默认错误信息。为了能够正常的返回用户设定的错误信息，在 HTML 文件中 Errmsg 参数必须被放置在其他 SSI 命令的前面，否则客户端只能显示默认的错误信息，而不是由用户设定的自定义信息。

```
<!--#config errmsg="Error! Please email webmaster@mydomain.com -->
```

（2）Timefmt：定义日期和时间的使用格式。Timefmt 参数必须在 echo 命令之前使用。

```
<!--#config timefmt="%A, %B %d, %Y"-->
<!--#echo var="LAST_MODIFIED" -->
```

显示结果为：

```
Wednesday, April 12, 2000
```

也许用户对上例中所使用的%A %B %d 感到很陌生，下面就以表格的形式总结一下 SSI 中较为常用的一些日期和时间格式，如表 21-6 所示。

表 21-6 日期时间格式

格　式	说　明	实　例
%a	一周七天的缩写形式	Thu
%A	一周七天	Thursday
%b	月的缩写形式	Apr
%B	月	April
%d	一个月内的第几天	13
%D	mm/dd/yy 日期格式	04/13/00
%H	小时（24 小时制，从 00 到 23）	01
%I	小时（12 小时制，从 00 到 11）	01
%j	一年内的第几天，从 01 到 365	104
%m	一年内的第几个月，从 01 到 12	04
%M	一小时内的第几分钟，从 00 到 59	10
%p	AM 或 PM	AM
%r	12 小时制的当地时间	01:10:18 AM
%S	一分钟内的第几秒，从 00 到 59	18

（3）Sizefmt：决定文件大小是以字节、千字节还是兆字节为单位表示。如果以字节为单位，参数值为“bytes”；对于千字节和兆字节可以使用缩写形式。同样，sizefmt 参数必须放在 fsize 命令的前面才能使用。

```
<!--#config sizefmt="bytes" -->
<!--#fsize file="index.html" -->
```

21.5.5 使用 Include 命令

Include 命令可以把其他文档中的文字或图片插入到当前被解析的文档中，这是整个 SSI 的关键所在。通过 Include 命令只需要改动一个文件就可以瞬间更新整个站点！

Include 命令具有两个不同的参数。

（1）Virtual：给出到服务器端某个文档的虚拟路径。例如：

```
<!--#include virtual="/includes/header.html" -->
```

（2）File：给出到当前目录的相对路径，其中不能使用"../"，也不能使用绝对路径。例如：

```
<!--#include file="header.html" -->
```

这就要求每一个目录中都包含一个 header.html 文件。

21.5.6　使用 Echo 命令

Echo 命令可以显示以下各环境变量。

（1）DOCUMENT_NAME：显示当前文档的名称。

```
<!--#echo var="DOCUMENT_NAME" -->
```

显示结果为：

```
index.html
```

（2）DOCUMENT_URI：显示当前文档的虚拟路径。例如：

```
<!--#echo var="DOCUMENT_URI" -->
```

显示结果为：

```
/YourDirectory/YourFilename.html
```

随着网站的不断发展，那些越来越长的 URL 地址肯定会让人头疼。如果使用 SSI，一切就会迎刃而解。因为可以把网站的域名和 SSI 命令结合在一起显示完整的 URL，即：

```
http://YourDomain<!--#echo var="DOCUMENT_URI" -->
```

（3）QUERY_STRING_UNESCAPED：显示未经转义处理的由客户端发送的查询字串，其中所有的特殊字符前面都有转义符“\”。例如：

```
<!--#echo var="QUERY_STRING_UNESCAPED" -->
```

（4）DATE_LOCAL：显示服务器设定时区的日期和时间。用户可以结合 config 命令的 timefmt 参数，定制输出信息。例如：

```
<!--#config timefmt="%A, the %d of %B, in the year %Y" -->
<!--#echo var="DATE_LOCAL" -->
```

显示结果为：

```
Saturday, the 15 of April, in the year 2000
```

（5）DATE_GMT：功能与 DATE_LOCAL 一样，只不过返回的是以格林威治标准时间为基准的日期。例如：

```
<!--#echo var="DATE_GMT" -->
```

（6）LAST_MODIFIED：显示当前文档的最后更新时间。同样，这是 SSI 中非常实用的一个功能，只要在 HTML 文档中加入以下这行简单的文字，就可以在页面上动态地显示更新时间。

```
<!--#echo var="LAST_MODIFIED" -->
```

CGI 环境变量除了 SSI 环境变量之外，echo 命令还可以显示以下 CGI 环境变量。

（7）SERVER_SOFTWARE：显示服务器软件的名称和版本。例如：

```
<!--#echo var="SERVER_SOFTWARE" -->
```

（8）SERVER_NAME：显示服务器的主机名称，DNS 别名或 IP 地址。例如：

```
<!--#echo var="SERVER_NAME" -->
```

（9）SERVER_PROTOCOL：显示客户端请求所使用的协议名称和版本，如 HTTP/1.0。例如：

```
<!--#echo var="SERVER_PROTOCOL" -->
```

（10）SERVER_PORT：显示服务器的响应端口。例如：

```
<!--#echo var="SERVER_PORT" -->
```

（11）REQUEST_METHOD：显示客户端的文档请求方法，包括 GET、HEAD 和 POST。例如：

```
<!--#echo var="REQUEST_METHOD" -->
```

（12）REMOTE_HOST：显示发出请求信息的客户端主机名称。

```
<!--#echo var="REMOTE_HOST" -->
```

（13）REMOTE_ADDR：显示发出请求信息的客户端 IP 地址。

```
<!--#echo var="REMOTE_ADDR" -->
```

（14）AUTH_TYPE：显示用户身份的验证方法。

```
<!--#echo var="AUTH_TYPE" -->
```

（15）REMOTE_USER：显示访问受保护页面的用户所使用的账号名称。

```
<!--#echo var="REMOTE_USER" -->
```

21.5.7 使用 Fsize 命令

Fsize 显示指定文件的大小，可以结合 config 命令的 sizefmt 参数定制输出格式。

```
<!--#fsize file="index_working.html" -->
```

21.5.8 使用 Flastmod 命令

Flastmod 显示指定文件的最后修改日期，可以结合 config 命令的 timefmt 参数控制输出格式。

```
<!--#config timefmt="%A, the %d of %B, in the year %Y" -->
<!--#flastmod file="file.html" -->
```

这里，可以利用 flastmod 参数显示出一个页面上所有链接页面的更新日期，方法如下。

```
<!--#config timefmt=" %B %d, %Y" -->
<A HREF="/directory/file.html">File</A>
<!--#flastmod virtual="/directory/file.html" -->
<A HREF="/another_directory/another_file.html">Another File</A>
<!--#flastmod virtual="/another_directory/another_file.html" -->
显示结果为:
File April 19, 2000
Another File January 08, 2000
```

21.5.9 使用 Exec 命令

Exec 命令可以执行 CGI 脚本或者 shell 命令。使用方法如下。

Cmd：使用/bin/sh 执行指定的字串。如果 SSI 使用了 IncludesNOEXEC 选项，则该命令将被屏蔽。

Cgi：可以用来执行 CGI 脚本。例如，下面这个例子中使用服务端 cgi-bin 目录下的 counter.pl 脚本程序在每个页面放置一个计数器。

```
<!--#exec cgi="/cgi-bin/counter.pl" -->
```

21.6 虚拟主机

虚拟主机（Virtual Host）是指在一个机器上运行多个网络站点（比如：www.linux1.com 和 www.linux2.com）。如果每个网络站点拥有不同的 IP 地址，则虚拟主机可以是“基于 IP”的；如果只有一个 IP 地址，也可以是“基于主机名”的，虚拟主机实现对最终用户是透明的。使用虚拟主机后，一台服务器可以作为多台服务器使用，在外部用户看来，每一台服务器都是独立的。

Apache 是率先支持基于 IP 虚拟主机的服务器之一。Apache1.1 及其更新版本同时支持基于 IP 和基于主机名的虚拟主机（vhosts），不同的虚拟主机有时会被称为基于主机（host-based）或非 IP 虚拟主机（non-IP virtual hosts）。

21.6.1　每个主机名用不同的守护进程来运行

使用基于 IP 地址的虚拟主机，服务器中每个基于 IP 的虚拟主机必须拥有不同的 IP 地址。用户可以用真实的物理网络链接来达到这一需求，或者使用虚拟界面来实现——几乎现在流行的操作系统都提供这样的支持。一般在出现以下情况时用多个守护进程。

- 出于安全的考虑，比如说公司甲不希望公司乙的任何人能用除 Web 以外的方式访问到他们的数据。在这种情况下，用户需要启动两个守护进程。每个都用不同的 User、Group、Listen 和 ServerRoot 设定。
- 用户能够为用户机器上的每个 IP 别名提供内存和文件描述符需求。用户只能侦听一个“通配符型”地址或一个特定的地址。所以不管出于什么原因，如果用户需要侦听一个特定的地址，用户就必须同时侦听所有特定的地址。（尽管可以让一个 httpd 侦听 N-1 个地址，而让另一个侦听剩下的地址。）

21.6.2　用一个守护进程来支持所有的虚拟主机

一般在出现以下情况可以使用单一守护进程。

- httpd 的配置可以为多个虚拟主机共享而不引起麻烦。
- 机器要接受大量的访问请求，从而多启动一个守护进程会导致性能的大幅度降低。

用户可以设置多个守护进程，为每个虚拟主机创建不同的 httpd 安装。每次安装都在配置文件中使用 Listen 指令以选择守护进程伺服的 IP 地址（或虚拟主机）。比如：

```
Listen www.linux.com:80
```

不过这里建议用户使用 IP 地址来取代域名。

假如用户配置了拥有多个虚拟主机的单一守护进程。在这种情况下，单一的 httpd 将伺服所有对主服务器和虚拟主机的请求。而配置文件中的 VirtualHost 指令将为每个虚拟主机配置不同的 ServerAdmin、ServerName、DocumentRoot、ErrorLog 和 TransferLog 或 CustomLog。例如：

```
<VirtualHost www.smallco.com>
ServerAdmin webmaster@mail.linux.com
DocumentRoot /groups/linux/www
ServerName www.linux.com
ErrorLog /groups/linux/logs/error_log
TransferLog /groups/linux/logs/access_log
</VirtualHost>
<VirtualHost www.apache.org>
ServerAdmin webmaster@mail.apache.org
DocumentRoot /groups/apache/www
ServerName www.apache.org
ErrorLog /groups/apache/logs/error_log
TransferLog /groups/apache/logs/access_log
</VirtualHost>
```

除了创建进程的指令和其他一些指令外，几乎所有的配置指令都能用于 VirtualHost 指令中，而且如果使用了 suEXEC wrapper，那么 User 和 Group 也可以在 VirtualHost 指令中使用。

注意：当指定日志文件时，请记住有安全风险。一些别有用心的人会在那个目录拥有写权限。

21.6.3 基于主机名的虚拟主机

基于 IP 的虚拟主机使用 IP 地址来决定相应的虚拟主机。这样，用户就需要为每个主机设定一个独立的 IP 地址。而基于域名的虚拟主机是根据客户端提交的 HTTP 头中的关于主机名的部分决定的。使用这种技术，很多虚拟主机可以共享同一个 IP 地址。这样就可以大量节省 IP 地址资源。

基于域名的虚拟主机相对比较简单，因为用户只需要配置 DNS 服务器将每个主机名映射到正确的 IP 地址，然后配置 Apache HTTP 服务器，令其辨识不同的主机名就可以了。基于域名的服务器也可以缓解 IP 地址不足的问题。

使用基于域名的虚拟主机，用户必须指定服务器的 IP 地址（和可能的端口）来使主机接受请求。可以用 NameVirtualHost 指令来进行配置。如果服务器上所有的 IP 地址都会用到，用户可以用*作为 NameVirtualHost 的参数。

注意：在 NameVirtualHost 指令中指明了 IP 地址并不会使服务器侦听那个 IP 地址。另外，这里设定的 IP 地址必须对应服务器上的一个网络接口。

接下来为建立的每个主机设定<VirtualHost>配置块。<VirtualHost>的参数与 NameVirtualHost 指令的参数是一样的（比如说，一个 IP 地址，或是*代表的所有地址）。在每个<VirtualHost>定义块中，至少都会有一个 ServerName 指令来指定伺服哪个主机和一个 DocumentRoot 指令来说明这个主机的内容存在于文件系统的什么地方。

说明：如果用户想在现有的 web 服务器上增加虚拟主机，则必须为现存的主机建造一个<VirtualHost>定义块。这个虚拟主机中 ServerName 和 DocumentRoot 所包含的内容应该与全局的 ServerName 和 DocumentRoot 保持一致。还要把这个虚拟主机放在配置文件的最前面，来让它扮演默认主机的角色。

比如，假设用户正在为域名 www.domain.tld 提供服务，而又想在同一个 IP 地址上加一个名叫 www.otherdomain.tld 的虚拟主机，则只需在 httpd.conf 中加入以下内容。

```
NameVirtualHost *
<VirtualHost *>
ServerName www.domain.tld
ServerAlias domain.tld *.domain.tld
DocumentRoot /www/domain
</VirtualHost>
<VirtualHost *>
ServerName www.otherdomain.tld
DocumentRoot /www/otherdomain
</VirtualHost>
```

当然，用户也可以用一个固定的 IP 地址来代替 NameVirtualHost 和<VirtualHost>指令中的*号，以达到一些特定的目的。比如，用户希望在一个 IP 地址上运行一个基于域名的虚拟主机，而在另外一个地址上运行一个基于 IP 的或是另外一套基于域名的虚拟主机。

很多服务器都有多个域名，这样便于被访问者记住。如果想实现多个域名，用户可以把 ServerAlias 指令放入<VirtualHost>小节中，就可以解决这个问题。比如说在上面的第一个<VirtualHost>配置块中 ServerAlias 指令中列出的名字就是用户可以用来访问同一个 Web 站点的其他名字。

```
ServerAlias domain.tld *.domain.tld
```

这样，所有对域 domain.tld 的访问请求都将被虚拟主机 www.domain.tld 所处理。通配符标记“*”和“?”可以用于域名的匹配。当然用户不能仅仅把名字放到 ServerName 或 ServerAlias 里就算完了。还必须先在 DNS 服务器上进行配置，将这些名字和服务器上的一个 IP 地址建立映射关系。

21.7 管理日志文件

Apache 内建了记录服务器活动的功能，这就是它的日志功能。下面介绍的就是 Apache 的错误日志、访问日志，以及如何管理日志等。

21.7.1 错误日志

错误日志是 Apache 中最重要的日志文件，其文件名和位置取决于 ErrorLog 指令的设置。Apache 将在这个文件中存放诊断信息和处理请求中出现的错误，由于日志中包含了出错细节以及如何解决等信息，一旦服务器启动或运行中出现问题，首先就应该查看错误日志。

在 Linux 中错误日志的文件名字一般为 error_log。大多数情况下，在日志文件中见到的内容分属两类：文档错误和 CGI 错误。但是，错误日志中偶尔也会出现配置错误，另外还有服务器启动和关闭信息。

21.7.2 文档错误日志

文档错误和服务器应答中的 400 系列代码相对应，最常见的就是 404 错误——Document Not Found（文档没有找到）。除了 404 错误以外，用户身份验证错误也是一种常见的错误。404 错误在用户请求的资源（即 URL）不存在时出现，它可能是由于用户输入的 URL 错误，或者由于服务器上原来存在的文档因故被删除或移动。

当用户不能打开服务器上的文档时，错误日志中出现的记录如下所示。

```
[Fri Aug 18 22:36:26 2004] [error]
[client 192.168.1.6] File does not exist:
/usr/local/apache/bugletdocs/Img/south-korea.gif
```

错误记录的开头是日期/时间标记，注意它们的格式和 access_log 中日期/时间的格式不同。access_log 中的格式被称为“标准英文格式”，这或许是跟历史开的一个玩笑，但现在要改变它已经太迟了。

错误记录的第二项是当前记录的级别，它表明了问题的严重程度。这个级别信息可能是 LogLevel 指令的文档中所列出的任一级别（参见前面 LogLevel 的链接），error 级别处于 warn 级别和 crit 级别之间。404 属于 error 错误级别，这个级别表示确实遇到了问题，但服务器还可以运行。

错误记录的第三项表示用户发出请求时所用的 IP 地址。

记录的最后一项才是真正的错误信息。对于 404 错误，它还给出了完整路径指示服务器试图访问的文件。当某个文件应该在目标位置却出现了 404 错误时，这个信息是非常有用的。此时产生这种错误的原因往往是由于服务器配置错误，或者其他一些意料不到的情况。

21.7.3 CGI 错误日志

错误日志最主要的用途或许就是诊断行为异常的 CGI 程序。为了进一步分析和处理方便，CGI 程序输出到 STDERR（Standard Error，标准错误设备）的所有内容都将直接进入错误日志。这就是说，任何编写良好的 CGI 程序，如果出现了问题，错误日志就会告诉管理员有关问题的详细信息。

然而，把 CGI 程序错误输出到错误日志也有它的缺点，因为输入的信息并没有一定的格式，所以错误日志中将出现许多没有标准格式的内容，这使得用错误日志自动分析程序从中分析出有用的信息变得相当困难。

下面是一个例子，它是调试 Perl CGI 代码时，错误日志中出现的一个错误记录。

```
[Wed Jun 14 16:16:37 2004] [error] [client 192.168.1.3] Premature
end of script headers: /usr/local/apache/cgi-bin/HyperCalPro/announcement.cgi
Global symbol "$rv" requires explicit package name at
/usr/local/apache/cgi-bin/HyperCalPro/announcement.cgi line 81.
Global symbol "%details" requires explicit package name at
/usr/local/apache/cgi-bin/HyperCalPro/announcement.cgi line 84.
Global symbol "$Config" requires explicit package name at
/usr/local/apache/cgi-bin/HyperCalPro/announcement.cgi line 133.
Execution of /usr/local/apache/cgi-bin/HyperCalPro/announcement.cgi
aborted due to compilation errors.
```

可以看到，CGI 错误和前面的 404 错误格式相同，包含日期/时间、错误级别以及客户地址、错误信息。但这个 CGI 错误的错误信息有好几行，这往往会干扰一些错误日志分析软件的工作。

有了这个错误信息，即使是对 Perl 不太熟悉的人也能够找出许多有关错误的信息，如至少可以方便地得知是哪几行代码出现了问题。Perl 在报告程序错误方面的机制是相当完善的。当然，不同的编程语言输出到错误日志的信息会有所不同。

由于 CGI 程序运行环境的特殊性，如果没有错误日志的帮助，大多数 CGI 程序的错误都将很难解决。

21.7.4 访问日志

访问日志中会记录服务器所处理的所有请求，其文件名和位置取决于 CustomLog 指令。访问日志的格式是高度灵活的，它使用了很像 C 的 printf()函数的格式字符串，如表 21-7 所示。

表 21-7 日志文件记录格式符说明

格　式	描　述
%%	百分号（Apache 2.2.15 或更高的版本）
%...a	远端 IP 地址
%...A	本地 IP 地址
%...B	除 HTTP 报头外传送的字节数
%...b	以 CLF 格式显示的除 HTTP 报头外的传送字节数，例如：当没有字节传送时显示'-'而不是 0
%...{Foobar}C	在请求中传送给服务端的 cookie Foobar 的内容
%...D	服务器完成本请求的时间，以毫秒为单位
%...{FOOBAR}e	环境变量 FOOBAR 的值
%...f	文件名

续表

格　　式	描　　述
%...h	远端主机
%...H	请求协议
%...{Foobar}i	发送到服务器的请求报头 Foobar 的内容
%...l	远端登录名（由 identd 而来，如果支持的话）
%...m	请求的方法
%...{Foobar}n	从另一个模块来的注解 Foobar:
%...{Foobar}o	返回时报头的内容 Foobar:
%...p	服务器提供本请求对应服务的标准端口
%...P	为本请求提供服务的子进程的进程 ID
%...q	查询字串（如果存在由一个?引导，否则返回空串）
%...r	请求的第一行
%...s	状态，对于内部重定向的请求，这个状态指的是原始请求的状态，--- %...>s 则指的是最后请求的状态
%...t	时间，用普通日志时间格式（标准英语格式）
%...{format}t	时间，用 strftime(3)指定的格式表示的时间。（默认情况下按本地化格式）
%...T	完成请求服务的时间，以秒为单位
%...u	远程用户名（根据验证信息而来；如果返回 status (%s)为 401，可能是假的）
%...U	请求的 URL 路径，不包含查询串。
%...v	进行服务的服务器的标准名字为 ServerName
%...V	根据 UseCanonicalName 指令设定的服务器名称
%...X	请求完成时的连接状态：　X = 连接在应答完成前中断。 + = 应答传送完后继续保持连接。 - = 应答传送完后关闭连接
%...I	接收的字节数，包括请求头的数据，并且不能为零。要使用这个指令你必须启用 mod_logio 模块
%...O	发送的字节数，包括请求头的数据，并且不能为零。要使用这个指令你必须启用 mod_logio 模块

下面举个例子，来说明访问日志的格式。

```
LogFormat "%h %l %u %t \"%r\" %>s %b" common
CustomLog logs/access_log common
```

这是一个典型的记录格式，它定义了一种特定的记录格式字符串，并给它起了个别名 common，其中的“%”指示服务器用某种信息替换，其他字符信息则不作替换。引号必须加转义符反斜杠，以避免被解释为字符串的结束。格式字符串还可以包含特殊控制符，如换行“\n”、制表符“\t”。

这是一种普通记录格式，被称为 Common Log Format（CLF），被许多不同的 Web 服务器所采用，并可以为许多日志分析程序所辨识，它产生的事件记录如下：

```
127.0.0.1 - frank [10/Oct/2000:13:55:36 -0700] "GET /apache_pb.gif HTTP/1.0" 200 2326
```

记录的各部分说明如下。

- 127.0.0.1 (%h)：这是发送请求到服务器的客户的 IP 地址。如果 HostnameLookups 设置为 On，则服务器会尝试解析这个 IP 地址的主机名，但是，这里并不推荐这样配置，因为这样会增加服务器负担。

- - (%l)：这是由客户端 identd 判断的 RFC 1413 身份，输出中的符号“-”表示此处信息无效。除非在严格控制的内部网络中，此信息通常并不可靠，不应该被使用。只有在 IdentityCheck 设为 On 时，Apache 才会试图得到这项信息。
- frank (%u)：这是由 HTTP 认证系统得到的访问该网页的客户名称，环境变量 REMOTE_USER 会被设为该值并提供给 CGI 脚本。如果状态码是 401，表示客户没有通过认证，则此值没有意义。如果网页没有设置密码保护，则此项应该是“-”。
- [10/Oct/2000:13:55:36 -0700] (%t)：这是服务器完成对请求的处理时的时间，其格式是：

```
[day/month/year:hour:minute:second zone]
day = 2*digit
month = 3*letter
year = 4*digit
hour = 2*digit
minute = 2*digit
second = 2*digit
zone = (`+' | `-') 4*digit
```

可以在格式字符串中使用%{format}t 改变时间的输出形式，format 与 C 标准库中的 strftime(3) 用法相同。

- "GET /apache_pb.gif HTTP/1.0" (\"%r\")：引号中是客户端发出的包含了许多有用信息的请求内容。可以看出，该客户的动作是 GET，请求的资源是/apache_pb.gif，使用的协议是 HTTP/1.0。另外，还可以记录其他信息，如格式字符串“%m %U%q %H”会记录动作、路径、请求串、协议，结果其输出会和“%r”一样。
- 200 (%>s)：这个是服务器返回给客户端的状态码。这个信息非常有价值，因为它指示了请求的结果，或者是被成功响应了（以 2 开头），或者被转向了（以 3 开头），或者出错了（以 4 开头），或者产生了服务器端错误（以 5 开头）。
- 2326 (%b)：最后这项是返回给客户端的不包括响应头的字节数。如果没有信息返回，则此项应该是“-”，如果希望记录为“0”的形式，就应该用%B。

21.8　Web 服务器安全——SSL

通常的连接方式中，通信是以非加密的形式在网络上传播的，这就有可能被非法窃听到，尤其是用于认证的口令信息。为了避免这个安全漏洞，就必须对传输过程进行加密。对 HTTP 传输进行加密的协议为 HTTPS，它是通过 SSL（安全 Socket 层）进行 HTTP 传输的协议，不但通过公用密钥的算法进行加密保证传输的安全性，而且还可以通过获得认证证书 CA，保证客户连接的服务器没有被假冒。

使用公用密钥的方式可以保证数据传输没有问题，但如果浏览器客户访问的站点被假冒，这也是一个严重的安全问题。这个问题不属于加密本身，而是要保证密钥本身的正确性问题。要保证所获得的其他站点公用密钥为其正确的密钥，而非假冒站点的密钥，就必须通过一个认证机制，能对站点的密钥进行认证。当然即使没有经过认证，仍然可以保证信息传输安全，只是客户不能确信访问的服务器没有被假冒。如果不是为了提供电子商务等方面对安全性要求很高的服务，一般不需要如此严格的考虑。

虽然 Apache 服务器本身并不支持 SSL，但 Apache 服务器有两个可以自由使用的支持 SSL 的相关计划，一个为 Apache-SSL，它集成了 Apache 服务器和 SSL，另一个为 Apache+mod_ssl，它是通过可动态加载的模块 mod_ssl 来支持 SSL，其中后一个是由前一个分化出的，并由于使用模块，易用性很好，因此使用范围更为广泛。还有一些基于 Apache 并集成了 SSL 能力的商业 Web 服务器，然而使用这些商业 Web 服务器主要是北美，这是因为在那里 SSL 使用的公开密钥的算法具备专利权，不能用于商业目的，其他的国家不必考虑这个专利问题，而可以自由使用 SSL。

Apache+mod_ssl 依赖于另外一个软件：Openssl，它是一个可以自由使用的 SSL，首先需要安装这个 Port（由于专利的影响，这些软件无法制作为可以直接安装的二进制软件包，必须使用 Ports Collection 安装）。Openssl 位于/usr/ports 下面的 security 子目录下，当下载其源程序之前，需要设置环境变量 USA_RESIDENT 为 NO，以避开专利纷争。

在命令行中输入下列命令安装 Openssl。

```
# USA_RESIDENT=NO; export USA_RESIDENT
# cd /usr/ports/security/openssl
# make; make install
```

安装好 Openssl 之后，就可以安装 Apache+mod_ssl 了。然而为了安装完全正确，需要清除原先安装的 Apache 服务器的其他版本，并且还要清除所有的设置文件及其默认设置文件，以避免出现安装问题。最好也删除 /usr/local/www 目录，以便安装程序能建立正确的初始文档目录。如果是一台没有安装过 Apache 服务器的新系统，就可以忽略这个步骤，而直接安装 Apache+mod_ssl 了。删除旧有文件之后，便可进入相应目录，启动安装和编译进程。

在命令行中输入下列命令。

```
# cd /usr/ports/www/apache13+mod_ssl
# make ; make install
# make certifaction=custom
```

最后一个 make 用于生成认证证书，由于这个 Port 直接生成了 httpd.conf 等默认文件（如果安装时没有 httpd.conf 等文件存在），因此可以直接启动新的服务器而不需要设置，如果启动过程因为设置文件的不合适而导致一些小问题，请参照前面对标准 Apache 服务器的设置说明做出相应修改。

在命令行中输入下列命令。

```
# /usr/local/sbin/apachectl startssl
```

此时使用 start 参数为仅仅启动普通 Apache 的 httpd 守护进程，而不启动其 SSL 能力，而 startssl 才能启动 Apache 的 SSL 能力。如果之前 Apache 的守护进程正在运行，便需要使用 stop 参数先停止服务器运行。

然后，就可以启动 netscape 或其他支持 SSL 的浏览器，输入 URL 为：https://ssl_server/ 来查看服务器是否有响应，https 使用的默认端口为 443，如果一切正常，服务器将返回 mod_ssl 的使用手册，讲解 SSL 以及 mod_ssl 的技术及其使用方法。

21.9　Nginx 服务器配置

Nginx 是一款轻量级的 Web 服务器/反向代理服务器及电子邮件（IMAP/POP3）代理服务器。由俄罗斯的程序设计师 Igor Sysoev 于 2004 年所开发，其特点是占有内存少，并发能力强。受到了广大 Web 开发人员的喜爱，全球占有率超过 11%，目前中国使用 nginx 网站的用户有新浪、网易、 腾讯等。

21.9.1 Nginx 获取与安装

Nginx 的中文官网是：http://nginx.org/cn/ 。目前最新的稳定版本是 nginx-1.2.3，用户可以下载源码包安装，也可以下载为 RHEL 6 编译好的 rpm 安装。下面说说如何通过 rpm 包安装。

首先下载 http://nginx.org/packages/rhel/6/noarch/RPMS/nginx-release-rhel-6-0.el6.ngx.noarch.rpm 文件。执行如下命令。

```
# rpm -ivh nginx-release-rhel-6-0.el6.ngx.noarch.rpm
```

会在/etc/yum.repos.d/nginx.repo 添加如下信息。

```
[nginx]
name=nginx repo
baseurl=http://nginx.org/packages/OS/OSRELEASE/$basearch/
gpgcheck=0
enabled=1
```

运行 yum 命令，进行安装。

```
yum install nginx
```

21.9.2 配置 Nginx

Nginx 配置比 http 还要简单。主配置文件为/etc/nginx/nginx.conf。还有一个辅助配置文件 default.conf 在/etc/nginx/conf.d/下。下面把这两个文件的内容简要说明一下。

```
#运行用户
    user www-data;
    #启动进程,通常设置成和 cpu 的数量相等
    worker_processes  1;

    #全局错误日志及 PID 文件
    error_log  /var/log/nginx/error.log;
    pid        /var/run/nginx.pid;

    #工作模式及连接数上限
    events {
    use   epoll;             #epoll 是多路复用 IO(I/O Multiplexing)中的一种方式,但是仅用于
linux2.6 以上内核,可以大大提高 nginx 的性能
    worker_connections  1024;#单个后台 worker process 进程的最大并发链接数
    # multi_accept on;
    }

    #设定 http 服务器, 利用它的反向代理功能提供负载均衡支持
    http {
    #设定 mime 类型,类型由 mime.type 文件定义
    include       /etc/nginx/mime.types;
    default_type  application/octet-stream;
    #设定日志格式
    access_log    /var/log/nginx/access.log;

    #sendfile 指令指定 nginx 是否调用 sendfile 函数 (zero copy 方式) 来输出文件, 对于普通应用,
    #必须设为 on,如果用来进行下载等应用磁盘 IO 重负载应用, 可设置为 off, 以平衡磁盘与网络 I/O 处理速度,
降低系统的 uptime.
    sendfile        on;
```

```
#tcp_nopush     on;

#连接超时时间
#keepalive_timeout  0;
keepalive_timeout  65;
tcp_nodelay        on;

#开启 gzip 压缩
gzip  on;
gzip_disable "MSIE [1-6]\.(?!.*SV1)";

#设定请求缓冲
client_header_buffer_size    1k;
large_client_header_buffers  4 4k;

include /etc/nginx/conf.d/*.conf;
include /etc/nginx/sites-enabled/*;

#设定负载均衡的服务器列表
upstream mysvr {
#weigth 参数表示权值，权值越高被分配到的概率越大
#本机上的 Squid 开启 3128 端口
server 192.168.8.1:3128 weight=5;
server 192.168.8.2:80  weight=1;
server 192.168.8.3:80  weight=6;
}
server {
#侦听 80 端口
listen       80;
#定义使用 www.xx.com 访问
server_name  www.xx.com;

#设定本虚拟主机的访问日志
access_log  logs/www.xx.com.access.log  main;

#默认请求
location / {
root   /root;      #定义服务器的默认网站根目录位置
index index.php index.html index.htm;   #定义首页索引文件的名称

fastcgi_pass  www.xx.com;
fastcgi_param  SCRIPT_FILENAME  $document_root/$fastcgi_script_name;
include /etc/nginx/fastcgi_params;
}

# 定义错误提示页面
error_page   500 502 503 504 /50x.html;
location = /50x.html {
root   /root;
}

#静态文件，nginx 自己处理
```

```
    location ~ ^/(images|javascript|js|css|flash|media|static)/ {
    root /var/www/virtual/htdocs;
    #过期 30 天，静态文件不怎么更新，过期可以设大一点，如果频繁更新，则可以设置得小一点。
    expires 30d;
    }
    #PHP 脚本请求全部转发到 FastCGI 处理. 使用 FastCGI 默认配置.
    location ~ \.php$ {
    root /root;
    fastcgi_pass 127.0.0.1:9000;
    fastcgi_index index.php;
    fastcgi_param SCRIPT_FILENAME /home/www/www$fastcgi_script_name;
    include fastcgi_params;
    }
    #设定查看 Nginx 状态的地址
    location /NginxStatus {
    stub_status           on;
    access_log             on;
    auth_basic             "NginxStatus";
    auth_basic_user_file  conf/htpasswd;
    }
    #禁止访问 .htxxx 文件
    location ~ /\.ht {
    deny all;
    }

    }
    }
```

21.9.3 虚拟服务器配置

Nginx 也支持虚拟主机服务器。

```
http {
    server {
        listen         80;
        server_name     www.test1.com;
        access_log      logs/test1.access.log main;
        location / {
            index index.html;
            root  /var/www/test1.com/htdocs;
        }
    }
    server {
        listen         80;
        server_name     www.test2.com;
        access_log      logs/test2.access.log main;
        location / {
            index index.html;
            root  /var/www/test2.com/htdocs;
        }
    }
}
```

21.9.4　启动 Nginx 服务器

要启动 Nginx 服务器，需执行下面命令。

```
[root@localhost /]#/service  nginx  start
```

结果如下 21-4 所示要停止 Nginx 服务器，需执行下面命令。

```
[root@localhost /]# service  nginx  stop
```

图 21-4　登录网站

21.10　小　　结

我们几乎每天都会浏览形形色色的网站来获取各种各样的信息，WWW 服务器就是提供此类服务的，目前有很多信息提供商提供 WWW 服务器架设的付费服务。而 WWW 服务器中最著名的就是 Apache 了，Apache 相对于其他 Web 服务器来说可以说是 Web 服务器的标准。Apache 是开放源代码的，但并不是采用 GPL 版权声明，而是采用自己的 Apache Server 版权声明，其强调自由地使用源代码。

第 22 章 数据库服务器

Red Hat Enterprise Linux 6 环境中，默认集成的数据库系统包括 Postgresql 和 MySQL。其中，MySQL 由于性能高、成本低、可靠性好，已经成为最流行的开源数据库，搭配 PHP 和 Apache 可组成良好的开发环境，因此被广泛地应用在 Internet 上的中小型网站中。随着 MySQL 的不断成熟，它也逐渐用于更多大规模网站和应用，比如维基百科、Google 和 Facebook 等网站。因此，本章详细讲述 MySQL 的安装、配置以及在应用程序中的简单使用。

22.1 MySQL 数据库服务器简介

MySQL 是一个中、小型关系型数据库管理系统，由瑞典 MySQL AB 公司开发，目前属于 Oracle 公司。MySQL 是一个小巧玲珑的数据库服务器软件，支持标准的 ANSI SQL 语句。它是一个跨平台数据库系统，一个真正的多用户、多线程数据库系统。由于其源码的开放性及稳定性，与网站流行语言 PHP 能完美地结合，获得了广泛的应用。以下是 MySQL 的主要特点：

- 使用核心线程的多线程服务，使得可以采用多 CPU 体系结构。
- 跨平台数据库系统，可以运行在不同的平台上。
- 具有高度优化的 SQL 函数库，通常在查询初始化后没有任何内存分配。
- 具有很高的安全性，非常灵活的权限和口令系统，允许其他主机的认证。
- 为多种编程语言提供了 API，如 C、C++、Java、Perl、PHP 等。
- 支持大型的数据库。可以处理拥有上千万条记录的大型数据库。
- 能为客户提供多种语言的出错信息。
- 提供 TCP/IP、ODBC 和 JDBC 等多种数据库连接途径。
- 提供用于管理、检查、优化数据库操作的管理工具。
- 支持多种存储引擎。

22.2 MySQL 数据库服务器的安装

安装 MySQL 数据库服务器有两种方式：RPM 包和源代码压缩包。以 RPM 包方式安装方便快捷，容易使用。通过源代码编译安装步骤虽然多，但是以源代码方式发布的软件有更强的可移植性，能通过修改源代码来使软件适合自己需求。

22.2.1　软件下载

用户可以到官方网站 www.mysql.com 下载 MySQL。MySQL 分为免费版（MySQL Community Server）和企业版（MySQL Enterprise Edition）。企业版为收费版本，官方提供技术支持，两者的功能基本相同。在 www. mysql.com 的链接：http://www.mysql.com/downloads/mysql/#downloads 中提供了 MySQL 的各种免费版本的下载。目前 MySQL 的最新版本是 MySQL-5.5.25a，本章将以 MySQL-5.5.25a 为例，说明 MySQL 的安装。

22.2.2　安装 MySQL 源代码分发

首先取得 MySQL 源代码压缩包 mysql-5.5.25a-linux2.6-i686.tar.gz，放在/usr/local 目录下，这里将把 MySQL 服务器安装在/usr/local/mysql 目录下，步骤如下。

（1）成为 root 用户。

```
$ su
```

（2）进入/usr/local 目录下。

```
# cd /usr/local
```

（3）解压文件包。

```
# tar -zxvf mysql-5.5.25a-linux2.6-i686.tar.gz
```

（4）解压后生成一个目录 mysql-5.5.25a-linux2.6-i686，cd 进入该目录。

```
# cd  mysql-5.5.25a-linux2.6-i686
```

（5）现在可以对 MySQL 服务器运行"configure"指令。在执行 configure 命令时指定很多选项。使用 configure –help，可以了解所有配置时的选项。选择—prefix 将指定 mysql 服务器的安装路径。Configure 将检查编译器和其他一些东西。如果发现错误，可以通过查看 config.cache 来检查。

```
# cd mysqlsrc
# configure —prefix=/usr/local/mysql
```

（6）完成以上步骤后，通过 make 命令得到实际二进制文件。

```
# make
```

（7）运行 make install 命令开始安装。

```
# make install/
```

22.2.3　安装 MySQL RPM 包

RHEL 6 安装光盘中提供 MySQL RPM 安装包版本为 mysql-5.1.61-4.el6.i686，用户可以通过安装界面直接安装，或者从网上下载最新版升级安装。MySQL 安装环境一共提供 7 个软件，用户将所有软件下载下来后使用如下步骤安装，假设所有软件放在/tmp 目录下，必须成为 root 用户才能安装，步骤如下。

（1）进入/tmp 目录。

```
$ cd /tmp
```

（2）使用 root 用户。

```
$ su
```

（3）安装 RPM 包。

```
#rpm -ivh mysql-*-5.5.25a-1.el6.i686.rpm
```

安装完成后，下一步就是配置服务器了，下面的内容讲解如何配置服务器，以及怎样启动服务器。

22.3 MySQL 数据库服务器的配置和运行

安装好 MySQL 数据库服务器后，还需要必要的配置，以便更适合自己的环境。比如更改 MySQL 数据库数据的存放目录、建立 MySQL 用户等。

22.3.1 更改 MySQL 数据库目录

MySQL 默认的数据文件存储目录为/var/lib/mysql。假如要把目录移到/home/data 下需要进行下面几步操作。

（1）进入 home 目录并建立 data 子目录。

```
# cd /home
# mkdir data
```

（2）把/var/lib/mysql 目录移到/home/data 下。

```
# mv /var/lib/mysql  /home/data/
```

这样就把 MySQL 的数据文件移动到了/home/data/mysql 下。

（3）在/etc 下找到 my.cnf 配置文件并修改，如果在这里没有找到该文件，到/usr/share/mysql/目录下查找*.cnf 文件，找到以后将这个文件复制到/etc/目录下并改名为 my.cnf。命令如下。

```
# cp /usr/share/mysql/my-medium.cnf  /etc/my.cnf
```

（4）用 vim 工具编辑 my.cnf 文件，找到下列数据。

```
# vi /etc/my.cnf
```

（5）在该文件中找到 socket =/var/lib/mysql/mysql.sock 这一行，在这行开始处加上“#”注释掉该行，然后在该行下面加上一行：socket=/home/data/mysql/mysql.sock。

（6）打开 MySQL 启动脚本/etc/rc.d/init.d/mysql，把其中 datadir=/var/lib/mysql 一行中，等号右边的路径改成现在的实际存放路径：/home/data/mysql。

```
#vi /etc/rc.d/init.d/mysql
```

（7）在该文件中找到#datadir=/var/lib/mysql 这一行，在这行开始处加上“#”注释掉该行，然后在该行下面加上一行：sdatadir=/home/data/mysql。

22.3.2 建立 MySQL 的用户组和用户名

在使用 MySQL 数据库时，系统是以内置的 mysql 用户的身份启动并保证 MySQL 正常运行的。若用户使用 rpm 方式安装 MySQL，安装完成后，系统会自动建立 mysql 系统用户；但若采用源码安装，mysql 系统用户需要用户自行建立。具体步骤如下。

（1）建立 MySQL 的用户组。输入下面的命令。

```
#groupadd mysql                                    //创建 mysql 组
```

命令执行完毕后用户可以查看/etc/group 文件，正确添加用户组后，用户可以在该文件中看到类似于以下的一行内容。

```
mysql :x :101:
```

（2）添加用户。在 Linux 系统中，添加用户使用 useradd 命令。此处，添加一个名为 mysql 的用户，使用的命令如下：

```
#useradd -g mysql mysql
```

说明：该命令用于创建 mysql 用户，并放到 mysql 组里。-g 参数选项用于指定一个组名，并将新建的用户添加到该组，作为该组的一个成员。

22.3.3　设置用户访问权限

为了使新添的用户 mysql 能够对 MySQL 数据库进行操作，必须使 mysql 用户具有相应的访问权限。为了方便，建议将 mysql 所在目录和目录下所有文件和子目录的所有者都改为 mysql，所在组都改为 mysql。更改过程及其显示结果如下。

```
//将当前目录切换到/usr/local
#cd /usr/local
//从显示结果可以看出，其所有者及其组均为 root
#ll mysql
drwxrwxrwx    1 root     root          51  7月 15 22:06 mysql

//更改当前目录及其所有子目录和文件所有者为 mysql,所在组改为 mysql
#chown -R mysql.mysql mysql .

//从显示结果可以看出，其所有者和所在组已经改为 mysql
#ll mysql
drwxrwxrwx    1 mysql    mysql         51  7月 15 22:06 mysql
```

22.3.4　启动 MySQL

经过前面小节的参数设置，用户可以开始启动 MySQL 了。MySQL 的守护进程为 mysqld，下面介绍两种启动 MySQL 进程的方法。

此处讲述用上述方式建立的 mysql 用户启动 MySQL。改变当前目录到/usr/local/mysql 目录，可以看到该目录下有 bin 文件夹。使用命令及显示结果如下。

```
#cd /usr/local/mysql
#ls
bin docs
#cd bin
#ls
myisamchk             mysqlbug                     mysql_fix_privilege_tables
myisamlog             mysqlcheck                   mysqlhotcopy
myisampack            mysql_config                 mysqlimport
my_print_defaults     mysql_convert_table_format   mysql_install_db
mysql                 mysqld_multi                 mysql_setpermission
mysqlaccess           mysqldump                    mysqlshow
mysqladmin            mysqldumpslow                mysqltest
mysqlbinlog           mysql_find_rows              mysql_zap
# mysqld _safe -u mysql &
```

带-u mysql 参数的 mysqld _safe 命令表示使用 mysql 用户启动 MySQL 服务器，&表示让服务器在后台运行。

若用户采用 rpm 方式安装 MySQL，可以采用下面的方式启动 MySQL 服务，如图 22-1 所示：

图 22-1 启动 MySQL

22.3.5 与 MySQL 数据库连接

对 MySQL 数据库进行各种操作时，首先需要连接 MySQL 服务器。可以使用如下命令。

```
Mysql [-u username] [-h host] [-p[password]] [dbname]
```

其中，各参数的意义如表 22-1 所示。

表 22-1 Mysql 启动参数

参 数	含 义
-h	用户欲连接的数据库服务器 IP 地址
-u	连接数据库服务器使用的用户名
-p	连接数据库服务器使用的密码

例如用户若想连接到本机上的 MySQL，则可按照如下步骤操作。

（1）打开终端（命令行方式），进入目录 mysql/bin。

（2）输入命令 mysql -uroot -p，回车后根据系统提示输入密码。

```
# mysql  -u  root  -p
Enter password: (输入密码)
```

（3）如果刚安装好 MySQL，超级用户 root 是没有密码的，故直接回车即可进入到 MySQL 了，系统将显示 MySQL 的提示符“mysql>”，具体信息如下。

```
Welcome to the MySQL monitor.  Commands end with ; or \g.
Your MySQL connection id is 2 to server version: 5.5.25
Type 'help' ;or '\h' for help.
mysql>
```

若用户欲连接到远程主机上的 MySQL，假设远程主机的 IP 为：172.16.150.130，用户名为 mysql，密码为 mysql。则输入以下命令：

```
#mysql -h 172.16.150.130 -umysql -p mysql
```

22.3.6 密码管理

数据库系统还可以对用户密码进行管理，用户可以添加密码，也可以修改密码。若用户原来没有设置密码，须要增加密码，可以使用带 password 参数的 mysqladmin 命令，命令格式如下。

```
mysqladmin -u 用户名 password 新密码
```

例如给 Linux 的 root 账户访问数据库加个密码 ab22 的操作步骤如下。

（1）在终端下进入目录 mysql/bin。

（2）输入以下命令。

```
mysqladmin -uroot  password ab22
```

说明：因为开始时 root 没有密码，所以-p 旧密码一项就可以省略了。

如果用户已经设置了密码而想要更改密码，可以使用带-p 参数和 password 参数的 mysqladmin 命令，该命令格式如下。

```
mysqladmin -u 用户名 -p 旧密码 password 新密码
```

例如：将上述 root 用户的密码更改为 cd22。可以使用下面的命令。

```
mysqladmin -uroot -pab22 password cd22
```

22.3.7　创建数据库

现在一切准备就绪，接下来就是创建自己的数据库了。新建数据库使用 create database 命令。该命令非常简单，具体语法如下。

```
create database DB_NAME;
```

说明：以上命令不区分大小写，但是请注意数据库名称是区分大小写的。DB_NAME 就是所要创建数据库的名称。如果数据库已经存在了，将会发生一个错误。

例如，若要查看系统中是否有 school 数据库，如果存在，则删除该数据库，然后再新建 school 数据库，如果系统中没有 school 数据库，则直接新建该数据库。要完成该功能可以在 MySQL 中使用如下命令。

```
//先判断是否存在 school 数据库，如果存在则删除该数据库
drop database if exists school;

create database school;                                            //建立 school 数据库
```

22.3.8　创建数据表

新建数据库表也要先打开数据库，打开数据库用 use 命令，打开数据库后就可以使用 create table 命令新建表了。create table 命令用法如下。

```
create table 表名 （字段设定列表）；
```

例如，若要往上述新建的 school 数据库中添加一个 student 的表，可以使用如下命令。

```
//打开数据库 school
use school;

//新建 student 表
create table student
(id         int(3)       auto_increment not null primary key,  //学生证号码
name       char(10)     not null,                               //学生姓名
age         int(2)       not null,                              //学生年龄
address      varchar(50)  default '北京',                       //学生地址
entertime    date                                               //入学时间
);
```

22.3.9 显示数据库表信息

有时候，用户需要知道 MySQL 中有哪些数据库，数据库中又有哪些表，可以使用 show 命令进行查看。show 命令用法如下。

（1）显示数据库信息。

```
show databases;
```

（2）显示数据库中表的信息。

```
show tables;
```

例如，若要显示当前数据库中有哪些数据库，可以使用如下命令。

```
mysql> show databases;
+-------------------------+
|Database        |
+-------------------------+
|mysql          |
|test            |
|school          |
+------------------------+
3 rows in set (0.00 sec)

//打开数据库 school
mysql>use school;
//显示 school 数据库中的数据表
mysql> show tables;
+-----------------------------+
|Tables_in_school     |
+-----------------------------+
|student           |
+-----------------------------+
1 rows in set (0.00 sec)
```

有时候，需要显示数据表的结构，也可以使用 show 命令，语法如下。

```
show columns from 表名;
```

例如，显示 student 表的结构。

```
mysql> show columns from student;
+------------+----------------+-------------+----------+-------------+----------+
| Field     | Type       | Null      | Key    | Default    | Extra   |
+------------+----------------+-------------+----------+-------------+----------+
| id        | int(3)        | NO       |        | NULL     |         |
| sex      | char(2)       | NO       |        | NULL     |         |
| name    | char(20)      | NO       |        | NULL     |         |
+------------+----------------+-------------+----------+-------------+----------+
3 rows in set (0.00 sec)
```

MySQL 还提供了一个 describe（缩写 desc）命令，专门用于显示表的结构，用法如下。

```
mysql> desc student;
+------------+----------------+-------------+----------+-------------+----------+
| Field     | Type       | Null      | Key    | Default    | Extra   |
+------------+----------------+-------------+----------+-------------+----------+
| id        | int(3)        | NO       |        | NULL     |         |
| sex      | char(2)       | NO       |        | NULL     |         |
| name    | char(20)      | NO       |        | NULL     |         |
```

```
+-------------+----------------+------------+---------+-------------+-----------+
3 rows in set (0.00 sec)
```

22.3.10　向表中插入数据

经过前面的学习，知道了怎么创建数据库和数据表。但是前面的步骤只是建立一个数据库的结构，表里面没有任何数据。现在讲讲怎么将数据插入到表中。

向表中插入数据用 INSERT 语句，一般有两种形式。一种是插入一行数据，另一种是插入子查询结果，这种方式可以一次插入多行。

（1）插入一行数据。

```
Insert Into <表名>[(<属性列1>[,<属性列2>……] VALUES(<常量1>[,<常量2>]……);
```

将常量列的值插入到指定表中。属性列与常量列一一对应，如果没有指定属性列，则常量列必须对应表的完整属性列。

```
mysql>create database mydb;
mysql>use mydb;
mysql>create table student(id int not null auto_increment,num char(5) not null,name varchar(10) not null,sex char(2) not null default '男',age int,dept char(20) default '无',primary key(id));
mysql>insert into student(num,name, sex,age,dept) values('22345','小强', ,'男',20,'计算机学院');
```

语句说明如下。

- create database mydb 这条语句创建一个空的名字为 mydb 的数据库。
- use mydb；使用 mydb 数据库，如果你要对某个数据库操作，先要切换到相应的数据库。
- 第三句创建一个表 student，id 是一个自增长的 int 型，not null 表示不能为空，auto_increment 表示是一个自增长属性，sex char(2) not null default '男'表示 sex 属性字段长度为 2 个字节的字符型，不能为空，default '男'指默认值是'男'。 任何没有明确地给出值的列被设置为它的默认值。
- 第四条语句将 values 括号中的常量插入到表 student 中对应的属性中。如果表名后面的括号中没有指出是哪些属性，则 values 括号中必须有每个属性的常量值，而且是一一对应。

（2）插入子查询结果。子查询可以嵌套在 INSERT 语句中用以生成要插入的批量数据。插入子查询结果的 INSERT 语句的格式为：

```
Insert Into <表名>[(<属性1>[,<属性2>…)]
mysql> create table dept(id int not null auto_increment,num char(5) not null,name varchar(20),primary key(id));
mysql> insert into dept values(1,'54321','xscancmd');
mysql> insert into student(id,num,name) select id,num,name from dept;
```

语句说明如下。

- 第一句创建一个 dept 表，3 个属性分别为 id、num、name。
- 第二句插入数据到表 dept 中。
- 第三句从 dept 表中查出 id、num、name3 个属性的值插入到 student 表对应的 id、num、name3 个属性中。

```
mysql> select * from dept;
+----+-------+----------+
| id | num   | name     |
```

```
+----+-------+----------+
|  1 | 54321 | xscancmd |
+----+-------+----------+
1 row in set (0.03 sec)
mysql> insert into student(id,num,name) select id,num,name from dept;
Query OK, 1 row affected (0.02 sec)
Records: 1  Duplicates: 0  Warnings: 0
```

注意：查询不能包含一个 ORDER BY 子句。INSERT 语句的目的表不能出现在 SELECT 查询部分的 FROM 子句中，因为 SELECT 将可能发现在同一个运行期间内先前被插入的记录。当使用子查询语句的时候，这种情况可能很容易混淆。

22.3.11 查询表中的数据

数据库的查询是数据库操作的核心操作之一，SQL 语言提供 SELECT 语句来进行数据库的查询操作。SELECT 语句具有很强的灵活性并且功能丰富，该语句的一般形式为：

```
SELECT [ALL|DISTINCT] <目标表达式> FROM <表名 1>[,<表名 2>]… [WHERE<条件表达式>] [GROUP BY <列名 1>[HAVING<表达式>]] [ORDER BY <列名 2> [ASC|DESC];
```

格式说明如下。

- ALL|DISTINCT 指定是否显示重复的行。
- 目标表达式指出你想要检索的列。SELECT 也可以用来检索不引用任何表的计算行。
- 表名指出要从哪个数据表中查询数据。
- WHERE 条件子句，根据 WHERE 子句中的表达式限制查询范围。
- GROUP BY 子句表示查询结果按列名 1 的值进行分组，加上 HAVING 表示只有满足 HAVING 表达式中的条件的组才输出。
- ORDER BY 子句表示查询结果按列名 2 的值进行升序（ASC）或者降序（DESC）来排列。

下面从实际操作来看看 SELECT 语句能进行什么样的操作。

（1）查询表中所有列的数据，命令如下。

```
SELECT * FROM TABLE_NAME
```

从 TABLE_NAME 表中查询所有的数据，例如：

```
SELECT * FROM student;
mysql> select * from student;
+----+-------+----------+-----+------+------------+
| id | num   | name     | sex | age  | dept       |
+----+-------+----------+-----+------+------------+
|  1 | 54321 | xscancmd | 男  | NULL | 无         |
|  2 | 22346 | 小张     | 女  |   22 | 通信学院   |
|  3 | 22347 | 小林     | 女  |   22 | 通信学院   |
|  4 | 22348 | 小平     | 女  |   22 | 通信学院   |
|  5 | 22349 | 小刘     | 男  |   22 | 通信学院   |
|  6 | 22348 | 小吹     | 男  |   21 | 通信学院   |
|  7 | 22349 | 小红     | 女  |   21 | 通信学院   |
|  8 | 22349 | 小王     | 男  |   22 | 通信学院   |
|  9 | 22351 | 小赵     | 男  |   22 | 计算机学院 |
| 10 | 22351 | 小赵     | 男  |   22 | 计算机学院 |
| 11 | 22351 | 小林     | 女  |   22 | 通信学院   |
| 22 | 22352 | 小牛     | 男  |   24 | 计算机学院 |
```

```
| 13 | 22353 | 小黄     | 男 |   25 | 计算机学院 |
| 14 | 22354 | 小明     | 男 |   25 | 计算机学院 |
| 15 | 22355 | 小花     | 女 |   20 | 计算机学院 |
| 16 | 22356 | 小芹     | 女 |   20 | 通信学院   |
+----+-------+---------+-----+------+------------+
16     ows in set (0.00 sec)
```

（2）查询指定列的数据，命令如下。

```
SELECT <列名 1>[,<列名 2>]…FROM TABLE_NAME
```

从 TABLE_NAME 表中查询列名 1 的数据。例如，查询每个学生的学号、姓名、性别。

```
SELECT num,name,sex FROM student;
mysql> select num,name,sex from student;
+-------+----------+-----+
| num   | name     | sex |
+-------+----------+-----+
| 54321 | xscancmd | 男  |
| 22346 | 小张     | 女  |
| 22347 | 小林     | 女  |
| 22348 | 小平     | 女  |
| 22349 | 小刘     | 男  |
| 22348 | 小吹     | 男  |
| 22349 | 小红     | 女  |
| 22349 | 小王     | 男  |
| 22351 | 小赵     | 男  |
| 22351 | 小赵     | 男  |
| 22351 | 小林     | 女  |
| 22352 | 小牛     | 男  |
| 22353 | 小黄     | 男  |
| 22354 | 小明     | 男  |
| 22355 | 小花     | 女  |
| 22356 | 小芹     | 女  |
+-------+----------+-----+
16   ows in set (0.00 sec)
```

（3）消除取值重复的行。

```
SELECT DISTINCT <列名> FROM TABLE_NAME
```

DISTINCT 短语指定结果中去掉重复的行。例如，查询 student 表中的所有学生姓名。

下面是显示有重复的行。

```
SELECT name FROM student;
mysql> select name from student;
+----------+
| name     |
+----------+
| xscancmd |
| 小张     |
| 小林     |
| 小平     |
| 小刘     |
| 小吹     |
| 小红     |
| 小王     |
| 小赵     |
```

```
| 小赵     |
| 小林     |
| 小牛     |
| 小黄     |
| 小明     |
| 小花     |
| 小芹     |
+----------+
16 rows in set (0.00 sec)
```

下面是显示没有重复的行。

```
SELECT DISTINCT name FROM student;
mysql> select distinct name from student;
+------+
| name |
+------+
| 小张 |
| 小林 |
| 小平 |
| 小刘 |
| 小吹 |
| 小红 |
| 小王 |
| 小赵 |
| 小牛 |
| 小黄 |
| 小明 |
| 小花 |
| 小芹 |
+------+
13 rows in set (0.00 sec)
```

（4）根据条件查询，缩小结果的范围。查询满足指定条件的记录可以通过 WHERE 子句来实现。WHERE 子句常用的查询条件如表 22-2 所示。

表 22-2　查询条件表

查询条件描述	关键词
条件比较	=(等于)、>(大于)、<(小于)、>=(大于等于)、<=(小于等于)、!=或<>(不等于)、!>(不大于)、!<(不小于) NOT(条件非)
确定范围	BETWEEN AND、NOT BETWEEN AND
集合	IN、NOT IN
字符串匹配	LIKE、NOT LIKE
空值比较	IS NULL、IS NOT NULL
逻辑条件	AND、OR

比较查询可以使用条件比较符中的一个或者两个，有些比较符可以互相替换。例如，>=与!<都表示大于等于某个数值，NOT 可以与前面关键字组合达到后面关键字同样的效果。

例如：

```
SELECT * FROM STUDENT WHERE NOT age=21
```

与

```
SELECT * FROM STUDENT WHERE age!=20
```

这两句都表示查询年龄不为 20 的学生的信息。

下面这个例子是想查询年龄不大于 21 的学生信息，可通过如下语句实现。

```
SELECT * FROM student WHERE age<=21;
mysql> select * from student where age<=21;
+----+-------+------+-----+------+------------+
| id | num   | name | sex | age  | dept       |
+----+-------+------+-----+------+------------+
|  6 | 22348 | 小吹 | 男  |   21 | 通信学院   |
|  7 | 22349 | 小红 | 女  |   21 | 通信学院   |
| 15 | 22355 | 小花 | 女  |   20 | 计算机学院 |
| 16 | 22356 | 小芹 | 女  |   20 | 通信学院   |
+----+-------+------+-----+------+------------+
4 rows in set (0.00 sec)
```

提示：可以使用!>关键字来实现，如 select * from student where age !>21。

字符匹配查询可以用 LIKE 关键字实现。它的一般格式如下。

```
[NOT] LIKE '<匹配串>'
```

匹配串可以是完整的字符串，也可以包含通配符%_。

- %代表任意长度的字符串。例如，AB%XY 表示以 AB 开头，以 XY 结尾的任意长度的字符串。如 ABCDEFXY、ABCGEXY、ABHXY 都满足条件。
- _代表任意的单个字符。例如，AB_XY 表示以 AB 开头，以 XY 结尾的长度为 5 的任意字符串。如 ABCXY、ABYXY、ABHXY。

例如，想要查询属于通信学院学生的信息。

```
SELECT * FROM student WHERE dept LIKE '通信学院';
mysql> select * from student where dept like '通信学院';
+----+-------+------+-----+------+----------+
| id | num   | name | sex | age  | dept     |
+----+-------+------+-----+------+----------+
|  2 | 22346 | 小张 | 女  |   22 | 通信学院 |
|  3 | 22347 | 小林 | 女  |   22 | 通信学院 |
|  4 | 22348 | 小平 | 女  |   22 | 通信学院 |
|  5 | 22349 | 小刘 | 男  |   22 | 通信学院 |
|  6 | 22348 | 小吹 | 男  |   21 | 通信学院 |
|  7 | 22349 | 小红 | 女  |   21 | 通信学院 |
|  8 | 22349 | 小王 | 男  |   22 | 通信学院 |
| 11 | 22351 | 小林 | 女  |   22 | 通信学院 |
| 16 | 22356 | 小芹 | 女  |   20 | 通信学院 |
+----+-------+------+-----+------+----------+
9 rows in set (0.02 sec)
```

可有以下三种选择：

- 或者使用 SELECT * FROM STUDENT WHERE DEPT LIKE '通信% '
- 或者使用 SELECT * FROM STUDENT WHERE DEPT LIKE '通信学__'
- 或者使用 SELECT * FROM STUDENT WHERE DEPT= '通信学院'

注意：汉字占两个字符，所以用_代表一个汉字的时候必须使用两个'_'字符。

有时候某个属性并没有值，不能用条件比较符来进行比较，因为空值表示 NULL，表示没有值的意思。例如，某个学生由于某种原因还没有学号，这时要用空值比较符查询没有学号的学生的信息。

```
SELECT * FROM student WHERE num IS NULL
mysql> select * from student where num is null;
+----+------+------+-----+------+------------+
| id | num  | name | sex | age  | dept       |
+----+------+------+-----+------+------------+
|  1 | NULL | 小曾 | 女  |   21 | 计算机学院 |
+----+------+------+-----+------+------------+
1 row in set (0.00 sec)
```

如果想要多条件查询，可以使用逻辑连接符 AND、OR 来实现。例如，想要查询通信学院的性别为女的学生信息。

```
SELECT * FROM stuent WHERE dept='计算机学院' AND sex='女'
mysql> select * from student where dept='通信学院' and sex='女';
+----+-------+------+-----+------+----------+
| id | num   | name | sex | age  | dept     |
+----+-------+------+-----+------+----------+
|  2 | 22346 | 小张 | 女  |   22 | 通信学院 |
|  3 | 22347 | 小林 | 女  |   22 | 通信学院 |
|  4 | 22348 | 小平 | 女  |   22 | 通信学院 |
|  7 | 22349 | 小红 | 女  |   21 | 通信学院 |
| 11 | 22351 | 小林 | 女  |   22 | 通信学院 |
| 16 | 22356 | 小芹 | 女  |   20 | 通信学院 |
+----+-------+------+-----+------+----------+
6 rows in set (0.02 sec)
```

想要查询性别为女的或者年龄小于 21 的学生信息。也就是说性别为女，或者年龄小于 21 的学生信息。

```
SELECT * FROM student WHERE sex='女' OR age<21
mysql> select * from student where sex='女' or age<21;
+----+-------+------+-----+------+------------+
| id | num   | name | sex | age  | dept       |
+----+-------+------+-----+------+------------+
|  1 | NULL  | 小曾 | 女  |   21 | 计算机学院 |
|  2 | 22346 | 小张 | 女  |   22 | 通信学院   |
|  3 | 22347 | 小林 | 女  |   22 | 通信学院   |
|  4 | 22348 | 小平 | 女  |   22 | 通信学院   |
|  7 | 22349 | 小红 | 女  |   21 | 通信学院   |
| 11 | 22351 | 小林 | 女  |   22 | 通信学院   |
| 15 | 22355 | 小花 | 女  |   20 | 计算机学院 |
| 16 | 22356 | 小芹 | 女  |   20 | 通信学院   |
+----+-------+------+-----+------+------------+
8 rows in set (0.00 sec)
```

查询条件限制在某个集合内的记录使用 BETWEEN AND 或者 NOT BETWEEN AND。例如，想要查询年龄在 21~22 之间的学生信息。

```
SELECT * FROM student SHERE age BETWEEN 21 AND 22
mysql> select * from student where age between 21 and 22;
+----+-------+------+-----+------+------------+
| id | num   | name | sex | age  | dept       |
+----+-------+------+-----+------+------------+
```

```
|  1 | NULL  | 小曾 | 女  |   21 | 计算机学院 |
|  2 | 22346 | 小张 | 女  |   22 | 通信学院   |
|  3 | 22347 | 小林 | 女  |   22 | 通信学院   |
|  4 | 22348 | 小平 | 女  |   22 | 通信学院   |
|  5 | 22349 | 小刘 | 男  |   22 | 通信学院   |
|  6 | 22348 | 小崔 | 男  |   21 | 通信学院   |
|  7 | 22349 | 小红 | 女  |   21 | 通信学院   |
|  8 | 22349 | 小王 | 男  |   22 | 通信学院   |
|  9 | 22351 | 小赵 | 男  |   22 | 计算机学院 |
| 10 | 22351 | 小赵 | 男  |   22 | 计算机学院 |
| 11 | 22351 | 小林 | 女  |   22 | 通信学院   |
+----+-------+------+-----+------+------------+
11 rows in set (0.00 sec)
```

如果想要查询年龄不在 21-22 之间的记录，可以使用：

```
SELECT * FROM student WHERE age NOT BETWEEN 21 AND 22
```

有时候想要对结果进行排序后才输出，这有助于更好地归纳信息，能更好地找到所需要的信息。可以使用 ORDER BY 子句对查询结果按照一个或多个属性列的值进行升序（ASC）或者降序（DESC）排列，默认为升序排列。

例如，把所有学生的信息，按照年龄的升序排列。

```
SELECT * FROM student ORDER BY age ASC
mysql> select * from student order by age asc;
+----+-------+------+-----+------+------------
| id | num   | name | sex | age  | dept
+----+-------+------+-----+------+------------
| 16 | 22356 | 小芹 | 女  |   20 | 通信学院
| 15 | 22355 | 小花 | 女  |   20 | 计算机学院
|  1 | NULL  | 小曾 | 女  |   21 | 计算机学院
|  7 | 22349 | 小红 | 女  |   21 | 通信学院
|  6 | 22348 | 小崔 | 男  |   21 | 通信学院
|  9 | 22351 | 小赵 | 男  |   22 | 计算机学院
|  2 | 22346 | 小张 | 女  |   22 | 通信学院
| 11 | 22351 | 小林 | 女  |   22 | 通信学院
| 10 | 22351 | 小赵 | 男  |   22 | 计算机学院
|  3 | 22347 | 小林 | 女  |   22 | 通信学院
|  8 | 22349 | 小王 | 男  |   22 | 通信学院
|  4 | 22348 | 小平 | 女  |   22 | 通信学院
|  5 | 22349 | 小刘 | 男  |   22 | 通信学院
| 22 | 22352 | 小牛 | 男  |   24 | 计算机学院
| 13 | 22353 | 小黄 | 男  |   25 | 计算机学院
| 14 | 22354 | 小明 | 男  |   25 | 计算机学院
+----+-------+------+-----+------+------------
16 rows in set (0.00 sec)
```

查询所有学生的信息，结果按照年龄升序排列，年龄相同的学生按学号降序排列：

```
SELECT * FROM student ORDER BY age ASC,num DESC
mysql> select * from student order by age asc,num desc;
+----+-------+------+-----+------+------------+
| id | num   | name | sex | age  | dept       |
+----+-------+------+-----+------+------------+
| 16 | 22356 | 小芹 | 女  |   20 | 通信学院   |
| 15 | 22355 | 小花 | 女  |   20 | 计算机学院 |
```

```
| 7 | 22349 | 小红 | 女 |   21 | 通信学院   |
| 6 | 22348 | 小崔 | 男 |   21 | 通信学院   |
| 1 | NULL  | 小曾 | 女 |   21 | 计算机学院 |
| 9 | 22351 | 小赵 | 男 |   22 | 计算机学院 |
| 11 | 22351 | 小林 | 女 |   22 | 通信学院   |
| 10 | 22351 | 小赵 | 男 |   22 | 计算机学院 |
| 8 | 22349 | 小王 | 男 |   22 | 通信学院   |
| 3 | 22347 | 小林 | 女 |   22 | 通信学院   |
| 2 | 22346 | 小张 | 女 |   22 | 通信学院   |
| 5 | 22349 | 小刘 | 男 |   22 | 通信学院   |
| 4 | 22348 | 小平 | 女 |   22 | 通信学院   |
| 22 | 22352 | 小牛 | 男 |   24 | 计算机学院 |
| 14 | 22354 | 小明 | 男 |   25 | 计算机学院 |
| 13 | 22353 | 小黄 | 男 |   25 | 计算机学院 |
+----+-------+------+-----+------+------------+
16 rows in set (0.00 sec)
```

为了进一步方便用户，增强查询功能，SQL 语句提供了很多的集函数，主要有以下这些函数，如表 22-3 所示。

表 22-3　SQL 常用统计函数

函　数	说　明
COUNT(*)	统计记录条数
COUNT(列名)	统计一列中值的个数
SUM(列名)	计算一列的总和，该列必须是数值型
AVG(列名)	计算一列的平均值，该列必须是数值型
MAX(列名)	求一列值中的最大值
MIN(列名)	求一列值中的最小值

如果指定 DISTINCT，表示在计算时忽略重复的行，没有指定表示不取消重复值。

例如，统计学生人数总和。

```
SELECT COUNT(*) AS '学生总数' FROM student
mysql> select count(*) as '学生总数' from student;
+----------+
| 学生总数 |
+----------+
|       16 |
+----------+
1 row in set (0.00 sec)
```

统计学院的总数，忽略重复值。在 COUNT 函数中加入 DISTINCT 避免统计重复的行，因为一个学院包括多个学生。由于 student 表中只有计算机学院和通信学院，所以总数应该为 2。

```
SELECT COUNT(DISTINCT dept) AS '学院总数' FROM STUDENT
mysql> select count(distinct dept) as '学院总数' from student;
+----------+
| 学院总数 |
+----------+
|        2 |
+----------+
1 row in set (0.00 sec)
```

求所有学生的平均年龄。该函数将所有学生的年龄相加然后除以学生人数。

```
SELECT AVG(age) AS '学生平均年龄' FROM student
mysql> select avg(age) as '学生平均年龄' from student;
+--------------+
| 学生平均年龄 |
+--------------+
|      22.1875 |
+--------------+
1 row in set (0.00 sec)
```

求所有学生中的最大年龄。

```
SELECT MAN(age) AS '年龄最大的学生' FROM student
mysql> select max(age) as '最大年龄' from student;
+----------+
| 最大年龄 |
+----------+
|       25 |
+----------+
1 row in set (0.00 sec)
```

查询语句 SELECT 是非常强大和灵活的，上面讲述的只是一部分最常用的功能。SELECT 语句还包括自身连接查询、多表连接查询、符合条件连接查询、嵌套查询、集合查询等。若要了解这些内容，请查看相关的书籍。

22.3.12　更新表中的数据

更新表中的数据也是一个很核心的操作，它避免了使用删除表中的一行记录再重新插入记录的低效率的操作。UPDATE 用于更新表中的数据，它的一般格式为：

```
UPDATE <表名> SET <列名>=<表达式>[,<列名>=<表达式>]...[WHERE<条件>]
```

其中 SET 子句用表达式的值取代指定列名属性值。如果省略了 WHERE 子句，表示修改表中所有记录指定列的值。例如，更改姓名为“小曾”的院系为通信学院。

```
UPDATE student SET dept='通信学院' WHERE name='小曾'
mysql> update student set dept='传媒艺术学院' where name='小曾';
Query OK, 1 row affected (0.01 sec)
Rows matched: 1  Changed: 1  Warnings: 0

mysql> select * from student where name='小曾';
+----+------+------+-----+------+--------------+
| id | num  | name | sex | age  | dept         |
+----+------+------+-----+------+--------------+
|  1 | NULL | 小曾 | 女  |   21 | 传媒艺术学院 |
+----+------+------+-----+------+--------------+
1 row in set (0.00 sec)
```

将所有的学生的年龄加 1，该语句返回受影响的行数。

```
mysql> update student set age=age+1;
Query OK, 16 rows affected (0.02 sec)
Rows matched: 16  Changed: 16  Warnings: 0
```

也可以将子查询嵌套在 UPDATE 中，如：

```
UPDATE student SET age=age-1 WHERE id=(SELECT id FROM dept WHERE name='小张')
```

22.3.13 删除表中的数据

DELETE 语句的功能是删除指定表中满足一定条件的记录。WHERE 子句指定条件，如果没有指定，表示所有的记录全部删除。整张表的记录删除了，但是表的定义仍然还在，这个不同于删除表。

DELETE 语句的一般格式为：

```
DELETE FROM <表名> [WHERE <条件>]
```

例如，删除学号为 22346 的记录。

```
DELETE FROM student WHERE num='22346';
```

下面这条语句删除整张表的记录，使 student 表成为空表。但是表的结构仍在。

```
DELETE FROM student;
```

注意：由于该语句的破坏性较大，所以使用时请小心。

删除数据还存在另一个问题，这就是数据的参照完整性。两张表都存储了关于学生的信息，student 表存储学生的基本信息，另一张表 course 存储每个学生选择的课程。两张表通过学生的学号 num 联系在一起。当删除 student 表中的一条记录，也就是删除一个学生的时候，网络或者机器出现故障没有删除 course 表的相关信息，这就破坏了数据的参照完整性。一个解决的办法就是使用事务（Transaction）的概念，如有兴趣请查看相关书籍。

22.3.14 删除数据表

删除数据表不仅会删除表中所有的数据，连同表的定义也会被删除。所以在操作这条语句时请务必小心。DROP 语句的一般格式为：

```
DROP TABLE [IF EXISTS] TABLE_NAME [,TABLE_NAME,…]
```

删除一个或多个数据库表。IF EXISTS 关键字判定是否存在该表，可以避免不存在该表时进行删除操作引起的错误。

```
DROP TABLE IF EXISTS student;
```

上面这条语句表示如果存在 student 表就把该表从数据库里删除。

22.3.15 删除数据库

DROP DATABASE 语句删除数据库中的所有表和数据库。同样该操作可能引起严重后果，务必小心使用。DROP DATABASE 语句的一般格式为：

```
DROP DATABASE [IF EXISTS] DATABASE_NAME
```

IF EXISTS 关键字判定是否存在该数据库，加上这个关键字可以避免因不存在该数据库而进行删除操作引起的错误。

22.4 数据库的备份与恢复

上一节中介绍了在 MySQL 中怎样创建数据库，对数据库进行必要的操作等。但是，很多情况将使数据放在一个数据库里面得不到保障，如突然停电、数据库服务器的崩溃、操作系统的崩溃等都可能引起数据的丢失而造成用户损失。所以数据库的备份与恢复也是每个数据库管理员必须要掌握的技术。

22.4.1　备份数据库

因为 MySQL 中的数据表是以文件格式存储的，所以备份比较容易。用户可以到数据库所在目录下，复制所有文件作为备份文件。但是很多情况下，数据库服务器一直处于运行状态，直接复制文件可能造成数据参照完整性被破坏。直接复制的方法在服务器外部进行，并且必须保证没有客户正在修改需要复制的表。

对于 MySQL 有一个叫 mysqldump 的工具，mysqldump 能够生成移植到其他机器的文本文件。当使用 mysqldump 工具时，默认情况下，文件内容中包含的信息如下。

（1）待备份数据库表的 CREATE 表创建语句；

（2）表中包含记录的 INSERT 语句。

所以，mysqldump 产生的输出文件可在以后用做 mysql 的输入来重建数据库。使用这个工具的语法是：

```
MYSQLDUMP [OPTIONS] DATABASE_NAME [TABLE_NAME，…]
```

说明：如没有指定 TABLE_NAME，则该数据库的所有表都会被导出。

下面列举几个使用该工具的情况。

（1）将数据库导出。如将 mydb 数据库导出到/usr/archives/mysql/mydb.sql 文件中，可以使用下面的命令。

```
#mysqldump mydb >/usr/archives/mysql/mydb.sql
```

（2）将数据库备份压缩。下面的命令将数据库 mydb 的备份文件进行压缩。

```
# mysqldump mydb | gzip >/usr/archives/mysql/mydb.sql.gz
```

说明：这条语句将 mydb 数据库的备份内容经过管道传输给 gzip 进程，压缩成 mydb.sql.gz 文件。

（3）导出数据库中的单独数据表。如果是一个庞大的数据库那么输出文件也将很庞大，可能难于管理。可以在 mysqldump 命令行的数据库名后列出单独的表名来导出这个表的内容，这样将导出文件分成较小、更易于管理的文件。下例显示如何将 mydb 数据库的一些表导出为单独的文件中。

```
#mysqldump mydb student > /usr/archives/mysql/student.sql.sql
#mysqldump mydb dept > /usr/archives/mysql/dept.sql.sql
```

说明：建议在备份的时候选择“--locak-tables”选项，这个选项首先锁定正在导出的所有表，然后才开始备份表，这有助于防止破坏数据的完整性。mysqldump 其他有用的选项包括“--flush-logs”、“--lock-tables”和--flush-logs”组合，组合将对数据库检查有帮助。“--lock-tables”锁定你正在操作的所有表，“--flush-logs”参数关闭并重新打开更新日志文件，新的更新日志将只包括从备份点起的修改数据库的查询。

22.4.2　从备份中恢复数据

前面已经讲解了如何备份数据库，在本小节中，将讲解如何从备份后的数据库中恢复相应的数据。备份数据库的目的就在于，在必要的时候可以恢复备份的数据。下面讲解常见的恢复操作。

（1）恢复整个数据库。首先，如果想恢复的数据库中包含授权表，那么需要用“--skip-grant-table”选项运行服务器。否则，它会因为不能找到授权表而显示错误。当恢复表后执行下面的命令。

```
mysqladmin flush-privileges
```

该命令告诉服务器装载并使用授权表。如果用 mysqldump 产生的文件作为备份来源，那么直接将它作为 mysql 的输入。如果采用从数据库复制的文件作为备份来源，那么将这些文件直接复制到数据库目录即可。但是在复制之前必须关闭数据库，之后再重新启动数据库。

使用 mysqldump 恢复备份的数据库，方法如下：

```
#mysqldump mydb </usr/archives/mysql/mydb.sql
```

（2）恢复单个表。如果用一个由 mysqldump 生成的备份文件来作为恢复源，并且数据表中包含不感兴趣的记录，需要从相关记录中提取数据并将它们用做 mysql 的输入。另一个方法是从与该表相关的更新日志中导出有用的部分，读者会发觉 mysql_find_rows 实用程序对此很有帮助，它从更新日志中提取多行查询。如果是直接复制备份文件的方式恢复，可以复制想要的表文件到相应的数据库目录中，但是在操作这个之前要最关闭数据库，完成之后再启动数据库。

（3）另外，MySQL 还提供了一个 source 命令用于导入数据库表，source 命令比较适合于导入大文件。在操作数据库表之前，用户也可以先将相关的命令输入在文本文件中，然后使用 source 命令进行导入。用法如下。

```
//进入mysql，打开要操作的数据库
mysql>use dbtest;
//source 命令进行导入操作
mysql>source /usr/archives/mysql/mydb.sql;
```

22.5 MySQL 高级应用

MySQL 一开始是作为一种小型数据库系统软件而出现的，虽然高效，但功能并不强大，随着软件的发展，开发者根据用户的需求，慢慢将一些高级功能添加进去。本节将简单讲述索引、视图、事务处理、存储过程这几种高级功能，详细的介绍请用户阅读相关 MySQL 的专业书籍。

22.5.1 索引

索引是一种特殊的文件（InnoDB 数据表上的索引是表空间的一个组成部分），它们包含着对数据表里所有记录的引用指针，索引可以加快数据检索操作。但每次修改数据记录，索引就必须刷新一次，会使数据修改操作变慢。

MySQL 索引类型包括：

（1）普通索引。

这是最基本的索引，它没有任何限制，普通索引允许被索引的数据列包含重复的值。普通索引的唯一任务是加快对数据的访问速度。因此，应该只为那些最经常出现在查询条件（WHERE column=）或排序条件（ORDERBY column）中的数据列创建索引。它有以下几种创建方式。

- 创建索引。

```
CREATE INDEX 索引名 ON 表名(索引字段);
```

- 修改表结构。

```
ALTER 表名 ADD INDEX [索引名](索引字段)
```

- 创建表的时候直接指定。

```
CREATE TABLE 表名(
```

```
id int,
index indexed (id),
name char(20)
);
```

例如，要为上文中创建的 student 表的 id 字段创建索引，可以使用下面的方法。

```
//创建索引
mysql> create index indexed on student(id);

//修改表结构
mysql>alter student add index indexid (id);

//创建时指定索引
create table student
(id          int(3),
index indexed (id),
name        char(10)l,
age          int(2)
);
```

（2）唯一索引。

唯一索引要求索引列的值必须唯一，但允许有空值。它有以下几种创建方式。

- 创建索引。

```
CREATE UNIQUE INDEX 索引名 ON 表名（索引字段）;
```

- 修改表结构。

```
ALTER 表名 ADD UNIQUE [索引名]（索引字段）
```

- 创建表时直接指定。

```
CREATE TABLE 表名(
id int,
unique indexed (id),
name char(20)
);
```

创建唯一索引的好处：一是简化了 MySQL 对索引的管理工作，因它不允许索引字段中有重复的值出现；二是 MySQL 会在有新记录插入数据表时，自动检查新记录的这个字段的值是否已经在某个记录的这个字段里出现过了，如果是，MySQL 将拒绝插入那条新记录。

（3）主键索引

主键索引是一种特殊的唯一索引，不允许有空值。一般是在建表的同时创建主键索引。当用户在创建表时，如果指定某个字段为 primary key（主键），系统将自动为其创建主键索引。

```
//创建时指定字段 id 为 primary key
create table student
(id          int(3),
primary key(id),
name        char(10)l,
age          int(2)
);
```

（4）查看索引。

```
show  INDEX  from 表名;
```

（5）删除索引的语法。

```
DROP INDEX [索引名] ON 表名;
```

（6）索引的不足之处。

- 虽然索引大大提高了查询速度，同时却会降低更新表的速度，如对表进行 INSERT、UPDATE 和 DELETE。因为更新表时，MySQL 不仅要保存数据，还要保存索引文件。
- 建立索引会占用磁盘空间的索引文件。一般情况这个问题不太严重，但如果你在一个大表上创建了多种组合索引，索引文件的会膨胀得很快。

22.5.2 视图

有时，用户希望一张表中的某些字段数据是保密的，通过 SELECT 语句不能显示出来；还有的时候希望能够快速地显示不同表中的某些字段，我们可以使用视图来实现。

视图也是表的一种，但视图是一张虚表。视图是从一个或多个表或视图中导出的表，其结构和数据是建立在对表的查询基础上的。和表一样，视图也是包括几个被定义的数据列和多个数据行，但就本质而言这些数据列和数据行来源于其所引用的表。视图所对应的数据并不实际地以视图结构存储在数据库中，而是存储在视图所引用的表中。

对视图的操作与对表的操作一样，可以对其进行查询、修改（有一定的限制）、删除。当对通过视图看到的数据进行修改时，相应的基本表的数据也要发生变化，同时，若基本表的数据发生变化，则这种变化也可以自动地反映到视图中。这种操作有点像 Linux 中的软链接一样。

（1）视图的创建非常简单，其语法如下。

```
mysql>create view 视图名 as select 语句;
```

例如，对于 student 表来说，只希望别人看到 name 字段，为其创建视图如下。

```
mysql>create view viewstu as select name from student;
//查看一下，创建成功
mysql> show tables;
+----------------------------+
|Tables_in_school     |
+----------------------------+
|student              |
|viewstu              |
+----------------------------+
2 rows in set (0.00 sec)
```

（2）视图的修改，使用 alter view 命令可以对存在的视图进行修改，语法与 create view 一致。

```
mysql>alter view 视图名 as select 语句;
```

（3）视图的查询。视图创建好后，就可以像对表一样对其进行任意的查询。

```
mysql> select * from 视图名;
```

（4）视图的删除。

```
mysql>drop view 视图名;
```

22.5.3 事务处理

所谓的事务，它是一个操作序列，这些操作要么都执行，要么都不执行，它是一个不可分割的工作单位。事务处理机制在程序开发过程中有着非常重要的作用，它可以使整个系统更加安全。例如在银行处理转账业务时，如果 A 账户中的金额刚被发出，而 B 账户还没来得及接收就发生停电，这会给银行和个人带来很大的经济损失。采用事务处理机制，一旦在转账过程中发生意外，则程序将回滚，不做任何处理。事务是数据库维护数据一致性的单位，在每个事务结束时，都能保持数据一致性。事务的提出主要是为了解决并发情况下保持数据一致性的问题。

事务有以下 3 种模型。

（1）隐式事务是指每一条数据操作语句都自动地成为一个事务，事务的开始是隐式的，事务的结束也未有明确的标记。

（2）显式事务是指有显式地开始和结束标记的事务，每个事务都有显式的开始和结束标记。

（3）自动事务是系统自动默认的，开始和结束不用标记。

事务处理很早就被引入到 MySQL 数据库中。默认情况下，MySQL 使用自动事务处理机制。

MySQL 的事务处理主要以下有两种方法。

（1）用 begin，rollback，commit 来实现。

- begin 开始一个事务。
- rollback 事务回滚。
- commit 事务确认。

（2）直接用 set 来改变 mysql 的自动提交模式。

MySQL 默认是自动提交的，可以通过 set autocommit = 0 禁止自动提交，通过 set autocommit = 1 开启自动提交，来实现事务的处理。

但要注意当用 set autocommit = 0 时，以后所有的 sql 都将作为事务处理，直到用 commit 确认或 rollback 结束。MySQL 只有 INNODB 和 BDB 类型的数据表才支持事务处理，其他的类型是不支持的。

下面，给出一个简单的示例来说明事务处理。本示例使用显式事务处理方式。

```
mysql> use school;
Database changed
//创建一个数据库表
mysql> CREATE TABLE dbtest(id int(4));
Query OK, 0 rows affected, 1 warning (0.05 sec)
//查询数据库表中的内容，空的
mysql> select * from dbtest;
Empty set (0.01 sec)
//显式开始事务
mysql> begin;
Query OK, 0 rows affected (0.00 sec)
//向表中插入两条记录
mysql> insert into dbtest values(5);
Query OK, 1 row affected (0.00 sec)
mysql> insert into dbtest value(6);
Query OK, 1 row affected (0.00 sec)
//提交事务
mysql> commit;
Query OK, 0 rows affected (0.00 sec)
//查询数据库表，可以看到刚才插入的两条记录
mysql> select * from dbtest;
+------+
| id   |
+------+
|    5 |
|    6 |
```

```
+------+
2 rows in set (0.00 sec)
//开始事务
mysql> begin;
Query OK, 0 rows affected (0.00 sec)
//插入一条记录
mysql> insert into dbtest values(7);
Query OK, 1 row affected (0.00 sec)
//回滚事务
mysql> rollback;
Query OK, 0 rows affected (0.00 sec)
//查询表，可以看到刚才插入的记录并没有插入进来
mysql> select * from dbtest;
+------+
| id   |
+------+
|    5 |
|    6 |
+------+
2 rows in set (0.00 sec)
```

22.5.4 存储过程

存储过程为 MySQL 5.0 新加入的功能。那什么是存储过程呢？

存储过程是一组为了完成特定功能的 SQL 语句集，经编译后存储在数据库中。用户通过指定存储过程的名字并给出参数来执行它。存储过程可由应用程序通过一个调用来执行，而且允许用户声明变量。同时，存储过程可以接收和输出参数、返回执行存储过程的状态值，也可以嵌套调用。

1. 创建存储过程

```
CREATE PROCEDURE 存储过程名 (参数列表)
   BEGIN
         SQL 语句代码块
END
```

下面创建一个存储过程。

```
mysql> delimiter //
mysql> CREATE PROCEDURE simpleproc (OUT param1 int)
    -> BEGIN
    ->   SELECT COUNT(*) INTO param1 FROM student;
    -> END
    -> //
Query OK, 0 rows affected (0.00 sec)
```

注意：在存储过程中，通常要告诉存储过程，何时结束，用户应在编写存储过程前，先定义结束符，使用“DELIMITER 结束符”这样的语法来定义结束符。通常使用“//”作为结束符。

2. 调用存储过程的方法

调用存储过程的方法很简单，只需要使用 call 命令即可，后面跟要调用存储过程的名称及输入的变量列表，比如：

```
call 存储过程名(参数列表)
//具体示例
```

```
mysql>call simpleproc (param1)
```

3．修改存储过程

```
ALTER PROCEDURE 存储过程名 SQL 语句代码块
//具体示例，将读写权限改为 MODIFIES SQL DATA，并指明调用者可以执行
mysql>ALTER PROCEDURE simpleproc MODIFIES SQL DATA SQL SECURITY INVOKER ;
```

注意：ALTER 只能修改存储过程的主要特征和参数，不能修改 SQL 主体部分，若要修改必须删除重建。

4．删除存储过程

```
DROP PROCEDURE  IF  EXISTS 存储过程名
//具体示例如下，删除存储过程 simpleproc
mysql>DROP PROCEDURE  IF  EXISTS simpleproc;
```

5．MySQL 存储过程参数类型（in、out、inout）

MySQL 存储过程的参数用在存储过程的定义，共有 3 种参数类型：IN、OUT、INOUT，形式下。

```
CREATE PROCEDURE([[IN |OUT |INOUT ] 参数名 数据类形...])
```

- IN 输入参数：表示该参数的值必须在调用存储过程时指定，在存储过程中修改该参数的值不能被返回，为默认值。
- OUT 输出参数：该值可在存储过程内部被改变，并可返回。
- INOUT 输入输出参数：调用时指定，并且可被改变和返回。

6．定义变量

必须显式地在存储过程的开始声明变量，并指出它们的数据类型，一旦声明了变量后，就可以在存储过程中使用，定义变量的语法如下。

```
DECLARE 变量名 [,变量名...] 数据类型 [DEFAULT 缺省值];
//具体示例
DECLARE a, b int default  5;
```

7．变量赋值

```
SET 变量名 = 表达式值 [,variable_name = expression ...]
//具体示例
DECLARE a char(10);
SET a='I am fine';
```

8．MySQL 存储过程的控制语句

MYSQL 存储过程中支持 if，case、while、repeat、loop 等语法结构和语句。介绍如下。

（1）条件语句。

① if-then -else 语句。

```
mysql > DELIMITER //
mysql > CREATE PROCEDURE exam1(IN p int)
    -> begin
    -> declare var int;
    -> set var=p+1;
    -> if var=0 then
```

```
    -> insert into t values(17);
    -> end if;
    -> if p=0 then
    -> update t set s1=s1+1;
    -> else
    -> update t set s1=s1+2;
    -> end if;
    -> end;
    -> //
```

② case 语句。

```
mysql > DELIMITER //
mysql > CREATE PROCEDURE exam2 (in p int)
    -> begin
    -> declare var int;
    -> set var=p+1;
    -> case var
    -> when 0 then
    -> insert into t values(17);
    -> when 1 then
    -> insert into t values(18);
    -> else
    -> insert into t values(19);
    -> end case;
    -> end;
    -> //
```

（2）循环语句。

① while…end while。

```
mysql > DELIMITER //
mysql > CREATE PROCEDURE exam3()
    -> begin
    -> declare var int;
    -> set var=0;
    -> while var<6 do
    -> insert into t values(var);
    -> set var=var+1;
    -> end while;
    -> end;
    -> //
```

② repeat…end repeat。

它在执行操作后检查结果，而 while 则是执行前进行检查。

```
mysql > DELIMITER //
mysql > CREATE PROCEDURE exam4 ()
    -> begin
    -> declare v int;
    -> set v=0;
    -> repeat
    -> insert into t values(v);
    -> set v=v+1;
    -> until v>=5
    -> end repeat;
```

```
    -> end;
    -> //
```

③ loop…end loop。

loop 循环不需要初始条件，这点和 while 循环相似，同时和 repeat 循环一样不需要结束条件，leave 语句的意义是离开循环。

```
mysql > DELIMITER //
mysql > CREATE PROCEDURE exam5 ()
    -> begin
    -> declare v int;
    -> set v=0;
    -> LOOP_LABLE:loop
    -> insert into t values(v);
    -> set v=v+1;
    -> if v >=5 then
    -> leave LOOP_LABLE;
    -> end if;
    -> end loop;
    -> end;
    -> //
```

22.6　小　　结

本章介绍了 Linux 的数据库系统——MySQL 数据库系统。MySQL 的安装、配置及使用进行了讲述。

第23章 新闻服务器

在上一章中给大家讲解了 MySQL 服务器的安装和使用方法，本章将给大家讲解关于新闻服务器的配置方法。新闻组服务 Newsgroups 是 Internet 上重要的网络信息服务。同 WWW、E-mail 和 FTP 一样为 Internet 上的四大网络信息服务系统之一。新闻组服务使用的网络协议是 Network News Transfer Protocol，简称 NNTP，端口号为 119。

新闻组是一个信息集合的地方，客户可以发表自己的帖子，而客户不需要事先进行注册。新闻组客户通过客户端软件连接到新闻服务器上，然后把自己感兴趣的帖子下载到自己的计算机中讨论回复，也可以断线阅读。新闻组服务器是一个基于网络的计算机组合，新闻组上包含成千上万的信息，使得寻找感兴趣的信息变得非常困难。不过新闻组客户端程序可以分类地组织各个新闻组，可以有效检测到感兴趣的信息。

服务器上的帖子不仅可以是文字，也可以带有图案和音频，以及其他多媒体内容。新闻组服务器周期性地与相邻服务器更换内容，这样可以定时更新服务器内容，而系统自动删除过时的信息。使用客户端查看信息的流程如图 23-1 所示。

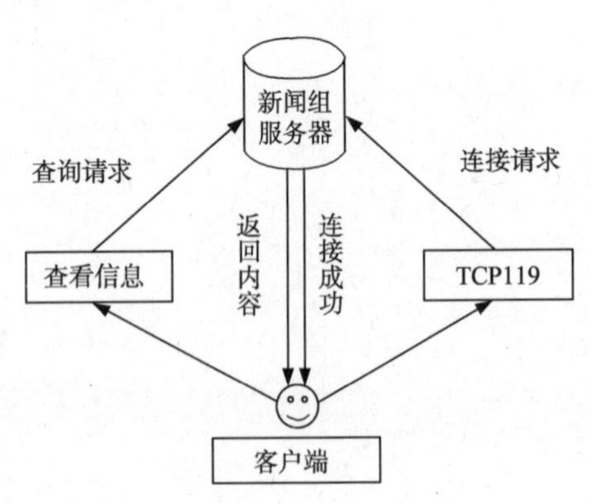

图 23-1　客户端查看流程

相比 BBS 论坛、电子邮件和文档等，新闻组具有以下优点。

- 虽然新闻组没有 BBS 论坛的实时性好，但是信息可以事先下载到客户端，然后离线阅读，不必一直登录到服务器。

- 新闻组和电子邮件相比，E-mail 只有收件人能够查看和保存，而新闻组存储在服务器端，任何人可以随时查阅和上传。
- 新闻组和文档相比，新闻组的优越性在于时效性和便于沟通，文档的优越性在于条理性和归档保存。

23.1　新闻服务器 innd 简介

本节介绍的 INN（InterNetNews）新闻组服务系统诞生于 1990 年底，可运行于 Linux 操作系统与 UNIX 操作系统中。innd 的网站是：http: //www.isc.org/inn.html。

23.2　安装服务器

本节通过两种方式安装：图形界面和源代码方式。以图形界面方式安装需要光盘中的 RPM 包所以必须准备好 Red Hat Linux 9.0 的安装盘。将 Red Hat Linux 光盘插入光驱，然后输入以下命令挂载。

```
#mount -t iso9660 /dev/cdrom /mnt/cdrom
```

23.2.1　安装软件

在本小节中，将详细介绍如何安装相应的软件。

（1）通过图形界面安装。可以通过 Rat Het Linux 图形界面下的“添加/删除应用程序”工具进行安装。具体方法是，选择“主选单”|“系统设置”|“添加/删除应用程序”选项。在弹出的界面中选中“服务器”|“新闻组服务器”|“标准软件包”来安装。

（2）源代码方式安装。源代码方式安装 INN 系统假设读者已经下载了 INN 系统源代码，这里使用 inn-2.3.4-2.tar.gz。以 root 身份登录 Linux 操作系统后，输入下面的命令进行安装。

```
#tar xzf inn-2.3.4-2.tar.gz
#cd inn-2.3.4-2
#configure
#make
#make install
```

23.2.2　创建新闻服务器的用户

（1）设置 news 用户账号。如果系统中没有 news 组和 news 用户，先添加一个 news 组。

```
# groupadd news
```

（2）然后添加一个 news 用户，并且加入到 news 组。

```
# useradd -g news -d /usr/local/news
```

23.2.3　建立目录和文件

要建立新闻服务器目录和文件，必须经过以下几个步骤：

（1）以 root 身份用 makehistory 命令在/var/lib/news 目录下创建历史记录文件 history。

```
#/usr/lib/news/bin/makehistory
```

（2）用 makedbz 命令在/var/lib/news 目录下，创建 history.dir、history.hash、history.index 文件，

运行下面的命令。

```
#/usr/lib/news/bin/makedbz -i -o
```

如果配置的服务器需要提供客户端服务，那么必须先建立好 overview 数据库。-o 参数指定重新生成新的 overview 数据库，但是在重新生成数据库前必须清除旧的 overview 数据。如果你配置的服务器只是起着一个新闻中转的服务，那么该服务器不需要 overview 数据库。

下面把/var/lib/news、/etc/news、/var/spool/news 目录及所有的文件和目录的所属组改为 news，运行以下命令。

```
# chown -R news.news /var/lib/news /etc/news /var/spool/news
```

23.2.4 设置别名

举例说，如果你希望设定一个一般用户 xscancmd 作为 root 用户的别名，那么可以在/etc/aliases 文件中添加一行。

```
root:xscancmd
#newaliases
```

给用户名设置别名可以提高安全性，如果想给 news 用户设置一个别名 userNews，编辑/etc/aliases 文件并添加一行。

```
news:userNews
#newaliases
```

23.3 配置服务器

安装好服务器后，接下来介绍怎么配置新闻组服务器，这里主要设置以下这几个文件，其中每个文件具有不同的操作和配置含义如表 23-1 所示。

表 23-1 innd 配置文件

文 件	作 用
inn.conf	主配置文件
nnrp.access	服务器访问控制配置文件
hosts.nntp	定义哪些机器被允许与本机器进行 NNTP 传输
expire.ctl	控制 Newsgroups 文章的过期时间
passwd.nntp	用于对方 Server 有设置通行密码的情况
newsfeeds	负责新闻组服务器之间接/发送方式及描述
activ	确定新闻服务器上有哪些新闻组

23.3.1 设置 inn.conf 文件

/etc/news/inn.conf 是 inn 新闻组服务器的主要配置文件，用于常规设定。该文件里面的参数主要用于设定新闻服务器的状态、定义组织的名称、本地端张贴的标头文件主机的路径和新闻服务器的域。

（1）mta 参数，这个 gmta 参数设定特别的邮件传输代理，下面是默认邮件服务器 sendmail 的指令。

```
mta: /usr/sbin/sendmail -oi -oem %s
```

（2）organization 参数指定组织的名称。当新闻组有人传送新闻时，这个名称就会出现在该文章的组织标头文件上，一般将 organization 设置为本单位的名称。应用格式为：

```
organization: 网络名称
```

（3）ovmethod 参数。这个参数指定服务器以什么方法存储。参数 enableoverviews 的值是 true，则存储方法是 tradindexed，这个存储方法写入比较慢，但是读取比较快的方法。另外每个新闻组都存储在数据文件和索引文件中，Buffindexed 的值指定数据文件和索引文件存储在/etc/news/buffindexed.conf 文档缓冲中，Ovdb 的值指定新闻组以 BerkeleyDB 数据库格式存储。应用格式为：

```
ovmethod:tradindexed
```

（4）pathhost 参数指定新闻网站的名称，在 INN 新闻组服务器中的文章都加入了这个主机路径名称到路径的标头，它的应用格式是：

```
pathhost:域名
```

（5）pathnews 参数设定新闻储存的根目录和新闻客户端用户的 HOME 目录。默认情况下 pathnews 是设定在/usr/lib/news 目录中的。应用格式为：

```
pathnews:/usr/lib/news
```

（6）domain 参数指定新闻服务器使用的域名，一般情况下这个参数为空。应用格式为：

```
domain:freeing.com
```

（7）mailcmd 参数。当服务器启动时，innflags 参数让我们增加 flags 来传递到 innd 常驻进程。这些 flags 是 innd 常驻进程的参数，可以使用 man innd 来观看这些参数。应用格式为：

```
mailcomd
```

参数指示被新闻服务器使用者指令来传送信息，这默认的指令是 innmail，innmail 是邮件服务器 MTA 的数值。应用格式为：

```
mailcmd:/usr/lib/news/bin/innmail
```

（8）server 参数指令新闻服务器的名称。它可以是 IP 地址或者是领域名称，一般设置为网络 DNS 主机名。我们可以使用 NNTPSERVER 环境变量来设定和覆盖这个参数。应用格式为：

```
server:域名
```

23.3.2　设置 nnrp.access 文件

INN 服务器访问控制配置文件/etc/news/nnrp.access，它也是 news readers 服务的守候进程 nnrpd 的配置文件。nnrpd 完成 news readers 的服务，它的配置文件 nnrp.access 控制哪些站点可以访问，是否需要密码访问这个新闻服务器等。修改这个文件无须重新启动。innd.默认值如下：

```
# Default to no access
*:: -no- : -no- :!*
#allow access from localhost
localhost:Read Post:::*
```

下面添加几行，允许更多的人访问站点。

```
stdin:Read Post:::*
*.foo.com.cn:Read Post:::*
```

可以使用“man nnrp.access”了解更详细的情况。配置完以后，用下面的命令检查配置是否正确。

```
/usr/lib/news/bin/inncheck nnrp.access
```

正确的话不会出现任何提示，出错会有相关提示。

23.3.3　设置 hosts.nntp 文件

与其他的 news 站点相互灌水，例如 news1.freeing.cn 与 news2.freeing.cn。也就是说，允许两个

news 之间可以相互发文，修改配置文件/etc/news/hosts.nntp，加入两行：

```
news.freesoft.cei.gov.cn:
```

用 man hosts.nntp 了解细节。文件 hosts.nntp.nolimit,passwd.nntp 等视情况做出修改（如需要密码等）发命令 ctlinnd reload hosts.nntp"modify hosts.nntp"通知 innd 更新。

相应地,在 news.freesoft.cei.gov.cn 上也要加入 news.foo.com.cn

更新，输入下面的命令。

```
#nd:ctlinnd reload hosts.nntp "modify hosts.nntp"
```

23.3.4 设置 expire.ctl 文件

expire.ctl 用来控制文章的过期时间，下面设置文章标题可以保存 100 天。

```
/remember/: 10
```

下面设置所有文章都会至少保留 10 天，一般保留 100 天，最长为永远保留。

```
*:A:10:100:never
```

下面设置以 linux 开头的专题讨论组上的文章永久保留。

```
linux.*:A:never:never:never
```

下面的参数复杂些，后面给出详细解释。

```
//<keep>
<class>:<keep>:<default>:<purge>
<wildmat>:<flag>:<keep>:<default>:<purge>
```

字段和说明如表 23-2 所示。

表 23-2 expire.ctl 文件

字　段	说　明
class(0,1 和其他数字)和 class	设定在 storage.conf 文件
keep 字段	设定文章保留的天数
default 字段	指定默认的天数值，如果过期，数值会少于预定的数值

23.3.5 设置 passwd.nntp 文件

Passwd.nntp 文件是当转信站设置有密码时才会用到。

```
##passwd.nntp - passwords for connecting to remote NNTP Servers
```

下面这行指定转信站：name:password

```
#news.foo.com:rsalz:martha
```

23.3.6 设置 newsfeeds 文件

这个配置文件比较复杂，它主要负责新闻组服务器之间接/发送方式及描述。接/发送的方式一般有 3 种：实时 nntplink、send-nntp 及 send-uucp。nntplink 又有 logfile、channel、stdin 几种方式，而 nntp 的传送方式又有以下几种。

（1）常规方式：pipe。

（2）xbatch。与 uucp 传送方式相似，batch->compress->transmission->uncompress->unbatch。

（3）streaming NNTP(streaming vs pipeline)，在 freesoft 上的 newsfeeds 文件里加入一行。

```
foo:chinese.comp.*:Tf,Wnm:news.foo.com.cn
```

注意：在 nntpsend.ctl 里的设置要与之相同，当然也可以取别的名字。

然后用下面的命令更新 innd 缓冲区：

```
#ctlinnd reload newsfeeds "modify newsfeeds"
```

23.3.7　设置 active 文件

/var/lib/news/active 文件确定新闻服务器上有哪些新闻组。你可以以 news 用户身份登录然后手工编辑这个文件来添加新闻组，active 文件的格式可以用“man active”了解。但是一般不用直接编辑文件的方式添加，推荐的方法是用下面的命令。

```
ctlinnd newgroup chinese.comp.XXX(or whatever)
```

ctlinnd 这个命令很有用，后面还有其他用法的介绍，chinese.comp.XXX 是新添加的新闻组。

23.3.8　新闻组的命名规则

新闻组在命名、分类上有其约定俗成的规则。新闻组由许多特定的集中区域构成，组与组之间成树状结构，这些集中区域就被称为类别。目前，在新闻组中主要有以下几种类别如表 23-3 所示。

表 23-3　命名规则

类　别	说　明
Comp	关于计算机专业及业余爱好者的主题。包括计算机科学、软件资源、硬件资源和软件信息等
sci	关于科学研究、应用或相关的主题，但一般情况下不包括计算机
soc	关于社会科学的主题
talk	一些辩论或人们长期争论的主题
news	关于新闻组本身的主题，如新闻网络、新闻组维护等
rec	关于休闲、娱乐的主题
alt	比较杂乱、无政府的主题，任何言论在这里都可能被发表
biz	关于商业或与之相关的主题
misc	其余的主题。在新闻组里，所有无法明确分类的东西都称之为 misc

通过上面的主题分类，我们可以一眼看出新闻组的主要内容，如 comp.freeing.fax，我们即可看出这是一组关于传真机、调制解调器的新闻组。

23.4　innd 的运行、管理和测试

innd 安装好后，下面介绍怎么启动、关闭服务器，以及一些新闻组相关命令。这部分只简单和大家介绍一下，如需要深入了解的朋友可用 man 查询相关的文档。

23.4.1　启动 innd 服务器

要手动启动新闻服务器，以 root 身份登录，使用下面的命令。

```
#service innd start
```

23.4.2 关闭 innd 服务器

以 root 身份登录，运行下面的命令以关闭服务器。

```
#serverce innd stop
```

23.4.3 添加/删除讨论组

（1）添加讨论组。

例如，现在添加 LINUX 的讨论组，以 news 身份登录，运行如下。

```
ctlinnd newgroup LINUX
```

（2）删除讨论组。

例如，删除名称为 LINUX 的讨论组，以 news 身份登录，运行如下。

```
ctlinnd rmgroup LINUX
```

23.4.4 新增新闻群组

例如，新增名称为 LinuxGroup 的新闻群组。

```
ctlinnd newgroup LinuxGroup
```

23.4.5 删除新闻群组

当有些新闻群组建错或者不再需要时，则用下面的方式来操作。例如删除 LINUX 新闻组。

```
#ctlinnd rmgroup lINUX
```

23.4.6 备份数据

备份数据是很重要一个环节，不管怎样，数据才是中心。如果想做备份就要备份以下目录。

```
/etc/news
/path/to/bin
/var/spool/news
/var/lib/news
```

23.4.7 检查新闻组日志文件

新闻日志文件在/var/log/news 目录下。这些日志文件路径的定义在/etc/syslog.conf 的档案中。重要的错误记录在/var/log/news/news.crit 中，非重要的错误储存在 news.err 文件中，一般活动的信息则记录在 news.notice 文件中。

23.5 小　结

本章先从概念上讲解了新闻服务器的基本知识，然后讲解新闻服务器的安装、配置和使用。在这 3 个阶段里，其服务器的配置占有重要部分。这点需要读者细心品位才行。本章最后给大家讲了一下关于新闻服务器组相关的知识，适合于初学者的操作使用。对于比较资深的朋友可参阅 man 命令进行深入的学习。

第 24 章　打印服务器

打印服务器是指具有固定的IP地址，并且能够为网络用户提供打印的服务，其是实现资源共享的重要组成部分。打印服务器是负责为网络用户在网络中共享打印资源，从而提供打印服务的设备。本章详细地论述了当前常用的一些打印机的类型，Linux系统提供给用户的用于控制打印机操作的一些工具，以及其最基本的安装和配置知识。

24.1　打印机基础

与大多数非Linux系统下进行的打印有所不同的是。在Linux系统下，如果一切正常，那么用户将觉察不到这些不同。而作为系统管理员，则必须了解更多关于Linux打印的细节以及特别之处。以便建立一个Linux打印队列，并解决有关问题。管理员还必须了解当计算机用做其他计算机的打印服务器时，这些队列是如何与用户之间实现交互的。

24.1.1　打印机分类

打印机可以按其打印的方式分类也可以按其与计算机连接的方式分类。常见的主要有3种打印机类型以及 4 种打印机接口类型。如果对打印机基础知识已经有了一定的了解，则可以直接跳到"Linux打印过程"部分，打印机常见的几种分类如下。

（1）按照常规总体方式可分为：

- 击打式打印机。
- 非击打式打印机。

（2）根据打印输出方式可分为：

- 串行式（LPM）。
- 行式以及页式（PPM）。

（3）根据打印原理来划分又可分为多种，在此处仅列出3种：

- 字模式，最原始的一种打印模式。
- 喷墨式，利用打印机的喷头成像。
- 热敏式，是一种光学原理式的打印设备。

最早的常用于大型主机的一些打印机是行式打印机，其体型大、速度快、噪声大。目前针式、喷墨式、激光式 3 种打印机占据了整个打印机行业。然而，还有几种类型的打印机对特定的市场来说是非常重要的。例如，热升华和热转换打印机常见于图像艺术领域。掌握各种类型打印机的特点、用途以及技术市场动态，在以后的学习中将会有很大的帮助。

24.1.2 喷墨式打印机分类及原理

随着微型计算机的迅猛发展及广泛应用，喷墨式打印机在打印机市场得到了迅速发展，受到了越来越多用户的青睐，已成为国内打印机在家用市场以及商用领域的主流产品之一。下面就对喷墨打印机的相关知识作一下介绍。

喷墨式打印机按照其喷墨技术的不同来划分可分为连续式和随机式。按照其所使用的墨的类型来区分，又可分为液体墨和固体墨两种。目前，在国内外市场上流行着的各种型号的喷墨式打印机中，主要采用随机式喷墨技术。

（1）连续式喷墨打印机的印字原理。在所使用的连续式喷墨技术中，以电荷控制型为代表。此种喷墨方式只有一个喷嘴，其使用墨水泵来对墨水施加固定压力，从而使墨水连续喷射。依据所需打印的字的信息，使用开关的方式对电荷进行控制，形成一些带电荷或不带电荷的墨粒子。然后利用静电偏转使需要打印字的墨粒子飞行到纸面上，从而形成字。使用此种喷墨技术的主要优点是，其可以生成高速墨粒子，从而适用于高速印字机。其缺点是必须使用墨水加压装置，并需要对不参与记录的墨粒子设置回收装置。在喷墨过程中的墨粒子（墨滴）是由被施加了高压、并且以恒速流动的墨水射流所形成的。

（2）随机式喷墨打印机的印字原理。由于随机式喷墨系统所供给的墨滴只在需要打印字时才喷射出，因此不需要墨水循环系统。也省去了墨水的加压泵、过滤器以及回收装置。此种喷墨系统的墨滴喷射速度要低于连续式的，所印字的速度也要受到射流惯量的限制。此种喷墨系统与连续式的喷墨系统相比，由于其喷墨机构比较简单，因此不仅成本便宜，而且可靠性也较高。

目前，随机式喷墨打印机根据其喷墨技术的不同来划分，可分为两种：一种使用压电换能器，即压电式；另一种使用热电换能器，即热电式也称气泡式。

24.1.3 激光式打印机的原理

激光打印机由 20 世纪 60 年代末的 Xerox 公司发明，当时其采用的是电子照相技术。该技术使用激光束来扫描光鼓，可以通过控制激光束的开与关来控制光鼓吸或不吸墨粉，然后光鼓把吸附的墨粉转印到纸上从而形成了打印结果。激光打印机的整个打印过程可以划分为控制器处理阶段、墨影以及转印阶段。激光打印机一般分成六大系统。

（1）供电系统（Power System）。供电系统直接作用于其他 5 个系统，其根据需要将输入的交流电调控为高压、低压、直流电。高压电一般作用于打印机的成像系统，市场上许多型号的打印机都具备单独的高压板。但随着集成化程度的迅速提高，许多型号打印机的高压板、电源板以及 DC 控制板都被集成到一起。低压电主要是用来驱动各个引擎的发动机，其电压可以根据需要而定。直流电主要是为了驱动 DC 板上的各种型号的传感器、控制芯片以及 CPU 等。

（2）直流控制系统（DC Controller System）。直流控制系统主要是用来协调和控制打印机的各系统之间的工作。其从接口系统接收数据。通过驱动控制激光扫描单元、测试传感器以及控制交直流电的分布。还提供过压欠流保护、使用节能模式以及控制高压电的分布等。

（3）接口系统（Formatter System）。接口系统是打印机和计算机之间连接的纽带，其负责将计算机传递过来的一定格式的数据翻译成 DC 板能够处理的格式，并将处理后的数据传递给 DC 板。接口系统的构成一般可分为接口电路、CPU 以及 BIOS 电路 3 个部分。

（4）激光扫描系统（Laser/Scanner System）。激光扫描系统的主要作用是产生激光束，并在 OPC（感光鼓）表面曝光，从而形成映像。激光扫描系统主要分为多边形旋转马达、发光控制电路和透镜组 3 个部分。

（5）成像系统（Image Formation System）。成像系统的工作过程大致可以分为两个部分：前期的准备工作和后期的定影成形工作。其整个工作过程大致又可以分为充电、曝光、显影、转印、分离、定影和 OPC 清洁。

（6）搓纸系统（Pick-up/Feed System）。搓纸系统主要是由进纸系统和出纸系统两部分构成。目前使用的大部分打印机都可以扩充多个进纸单元。而出纸系统则根据用户打印介质的需求，设置为两个出纸口。具体打印位置的监控则是通过一系列的传感器监测完成的。目前，激光打印机中的传感器大部分是由光敏二极管元件构成的。

各种型号的激光打印机在机型和当具体到某个系统的设计上时可能存在差异，但是它们的工作原理是大致一样的。只不过不同的机型在某个局部的功能设计上根据用户需要进行了调整。

24.1.4　打印机接口

打印机能够以几种不同的方式与计算机进行连接。最简单的情况就是打印机通过并口、RS-232 串行口或者是通用串行总线（USB）端口直接与一台独立工作站相连。打印服务器是一台计算机或者是一台专用的网络设备，其有一个或多个打印机接口以及一个网络接口。打印服务器从网络上的其他计算机那里接受打印业务，并把这些任务交给打印机。一台运行 Linux 的计算机也能用做打印服务器，既可以是专用的，也可以同时执行其他任务。Linux 系统中，一个名为 printcap 的文件中含有每个打印机的基本配置。下面来介绍一下几种常见的接口类型。

（1）并行接口类型又简称为“并口”，是一种增强了的双向并行传输接口。并口打印机使用的接口使数据能够同时通过多条数据线进行传输。这样数据传送速率就大大提高，最高传输速度为 1.5Mbps。目前计算机中的并行接口主要作为打印机端口，接口使用的不再是 36 针接头而是 25 针 D 形接头。

（2）RS-232 串行接口。串行接口也叫串口，现在的 PC 一般有两个串行口 COM1 和 COM2。串行口与并行口的不同之处在于其数据和控制信息是一位接一位地传送出去的，而并行口是 8 位数据同时通过并行线进行数据传送。虽然，这样会使速度变得慢一些，但是，其传送距离与并行口相比会更长，因此串行口更适合进行较长距离的通信时使用。通常 COM1 使用的是 9 针 D 形连接器，也称为 RS-232 接口，而 COM2 有的使用的是老式的 DB25 针连接器，也称为 RS-422 接口，但是这种接口目前已经很少使用了。

（3）USB 端口是最新的打印机接口，其全称为 Universal Serial Bus。USB 具有热插拔、即插即用的优点。这使得 USB 接口成为许多计算机外部设备最主要的接口方式。USB 有两个规范，即 USB 1.1 和 USB 2.0。

使用 USB 来作为打印机应用使打印机在速度上有了大幅度提升，USB 接口提供了 12Mbit/s 的连接速度，与并口的速度相比提高了将近 10 倍。在这个速度之下打印文件，传输所需的时间大大缩减了，效率也有了很大程度的提高。USB 2.0 的标准更是进一步将接口速度提高到 480Mbps，这是普通 USB 速度的 20 倍，更大幅度缩短了打印文件时的传输时间，将打印机的效率也充分提高了。

（4）网络打印机。与传统打印机不同，网络打印机已经不再属于 PC 外设的范畴，而是作为网络中的一个节点而独立存在于局域网当中。网络打印机不需要依附于网络中的任何一台计算机主机而存在。不再是通过各种接口来与计算机主机相连，而是通过网络端口连接局域网中的所有计算机。其可以执行局域网网络中任何一台计算机的打印任务。而网络中任何一台计算机的工作状态都不会影响到打印机的正常运行，这才是网络打印机所具备的基本特征。

24.2 Linux 打印过程

在上一节中给大家讲解了打印机的分类和一些打印机的特性，如打印机采用何种机制进行打印操作，相信大家对其有一个新的认识。在本节中将给出打印机的工作流程，如何实现打印操作等。

24.2.1 打印业务工具

无论用户采用的是哪种特定的打印系统，都需要了解一些常见的工具和配置文件。这包括 /etc/printcap 文件（或者其等同文件）、Ghostscript 以及打印机队列的过滤设置等。这些软件包中的一些细节以及其配置决定了用户可以使用什么样的打印机，以及计算机中的程序如何进行打印。下面来介绍几种常用的打印配置文件。

printcap 文件是 lpd 和 LPRng 打印脱机使用的配置文件。这个名字是打印机能力（print capabilities）的缩写，也是该文件中所描述的内容。其中包含的内容提供了所有连接到计算机的打印机的配置数据，包括通过本地连接的和网络连接的。每个打印机自己的条目中包含了如打印机名称、脱机目录、最大接收文件容量、将打印缓冲区和具体的打印机相联系等信息。脱机程序每次启动和被调用时都要读取这个文件。printcap 文件的格式很复杂，通常都是由某种配置工具来创建的。这些工具使得创建 printcap 文件的工作变得简易，如 RedHat9.0 使用的是 printtool 工具。但是像 CUPS 和其他一些打印系统并不使用 printcap 文件，取而代之的是其他一些文件，如在 CUPS 系统中，使用的文件在/etc/cups 目录下，如/etc/cups/printers.conf。这些文件的格式与 printcap 文件不同，但是其完成的工作却是相同的。

在一般情况下，尤其是在低端打印机中，PostScript 数据都将被翻译成打印机本地的页面描述语言。这是通过使用一个特殊的转换过滤器来到达目的地。就一般情况而言，一个过滤器实际上就是一个特殊的程序，其可以处理输入的数据，并且可以输出经过加工后的数据。目前，在 Linux 打印系统中使用着许多不同的过滤器。

- 转换过滤器。
- I/O 过滤器（负责将数据传送至设备）。
- 处理过滤器（转换文档数据）。

打印系统的基础是一个假脱机程序（Spooler）。其可以管理打印任务队列，而一个队列通常是和一个打印机相关联的，并且在队列中用户所提交的任务都是按照先进先出的原则来处理的。当一个打印任务正在被处理时，任务中的数据在被送到打印机前一般都需要通过一定数量的过滤器。

若需要查看 Ghostscript 在用户的 Linux 发行版本上支持什么类型的打印机列表，可以使用如下命令查看。

```
#gs --help
```

gs 命令会给用户列出当前使用的 Linux 系统支持的打印机和输出设备的名单。其可以通过使用 -r 选项设置打印的分辨率。调整 ghostscript 的输出结果，假如 gs 的输出结果不能使人满意。也可以使用另外的方法来达到目的：输出的位置及大小。位置、大小还有图像在页面上的视觉比例是由 ghostscript 中的打印机驱动程序来控制的。

由于 Linux 继承了大量的 UNIX 程序，因此其打印系统也继承了以 PostScript 为中心的特性。但是 PostScript 打印机通常要比同类的非 PostScript 打印机贵得多，而许多 Linux 系统开发人员却承担不起 PostScript 打印机的费用。为了能够不仅仅只输出一些基本的等宽文本，Linux 需要一个辅助应用程序来帮助实现。这个应用程序就是 GhostScript，其能够在 Windows 下正确显示 PostScript 文件的内容，并能够实现各种强大的 PostScript 处理能力。GhostScript 是一个相当复杂的程序，若仅仅只是要查看 PostScript 文件的内容，则可以使用“gs psfile.ps”命令，输入该命令后将显示如图 24-1 的内容。

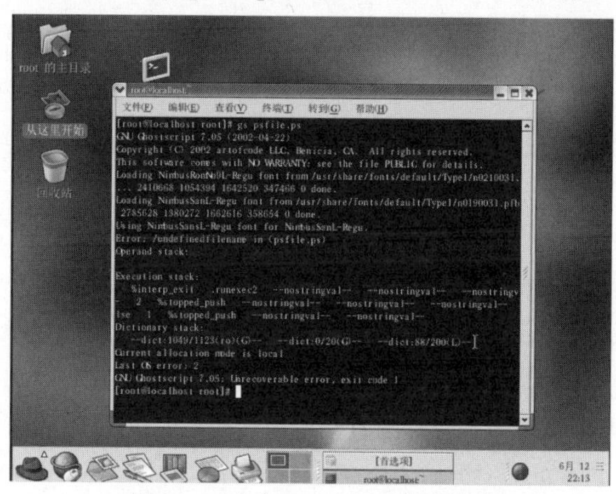

图 24-1　命令 gs psfile.ps 查看结果

另外，GhostScript 有一个前端程序 Ghostview，能够使用 GhostScript 来浏览 PostScript 文件，但使用了比较简单的图形操作方式。GhostScirpt 和 Ghostview 都可以通过 Packages Collection 来安装。

24.2.2　LPRng 打印脱机程序

LPRng 是 LPR Next Generation 的简写。而 LPR 则是 Line Printer Remote（远程行式打印机）的简写。LPRng 和最初的 lpd 系统都是围绕行式打印机后台程序 lpd 建立起来的。这个程序监视打印请求，并启动相应的子程序来执行要求的任务。行式打印机后台程序协议是在 Internet 标准 RFC1179 中定义的。

LPRng 是基于 BSD 的打印系统发展起来的，是 lpd 打印系统的继承与发展。该系统实际上是在保留了原有概念的基础上重写了原来的 BSD LPR 系统。LPRng 保持原有 printcap 文件格式的基础上引入了一些全新的属性以使配置过程变得更加灵活。LPRng 系统的用户可以通过在本地机的主目录下编写 printcap 文件来定义自己的打印队列。其过滤器定义可以被独立出来，而且还可以定义真正的 I/O 过滤器。最重要的是 lpd 这个后台程序本身，其提供了假脱机功能。LPRng 最有用的功能之一就是其具有生成冗余形式的诊断及出错消息的能力。当系统出现问题时，该软件包中的程序不是默默地执行失败，或者是返回一条难以理解的消息，而是提供对出错处具有描述性和帮助性的解释。

LPRng 打印系统有如下优点。

- 不需要在数据库环境下就可以执行打印系统的命令。
- 打印队列可以自动转向。
- 打印工作可以自动保留。
- 多重打印机可以使用同一打印队列。
- 客户端不需要这些 SUID root。
- 可以大幅度提高安全性检查。
- 可以使用 Printconf 工具维护配置文件（/etc/printcap）。

此外，LPRng 还提供了模拟 Unix System V 风格的打印命令，如 lp、lpstat 等。与 LPRng 打印脱机程序一起发行的还有 IFHP 过滤器，其可以用在队列中，使一些数据格式（比如打印 ASCⅡ文本或图像）自动转换。

24.2.3 可选择的打印工具（LPRng 的替代品）

在 Linux 系统中除了可选择 LPRng 这个打印工具外，还提供了不少其他优秀的打印工具可以选择。接下来，就来简要地介绍其他几种常见的打印工具。

LPD（Line Printer Daemon），行式打印机后台程序，应用于假脱机打印工作的 Linux 后台程序。其功能是等待接受客户使用行式打印机远程（LPR）协议传来的打印工作请求。当 LPD 收到一个打印任务后，先将该打印任务暂存于打印队列中。打印队列是一个文件子目录，其中存放有许多打印任务等待 LPD 进行处理。当打印设备为空闲时，LPD 就从打印队列中取出打印任务并将其传送给打印机进行打印。但有时还是需要将打印工作格式化。

CUPS（Common Unix Printing System，通用 Unix 打印系统），该软件为 Unix/Linux 用户提供了一个既有效又可靠的管理打印任务的方法。其本身就支持 IPP，而且具有 LPD、SMB（服务器通信模块，即连接到 Windows 系统的打印机）和 JetDirect 的接口。CUPS 能够为用户提供网络打印机浏览功能，还能够使用 PostScript 打印机描述（PPD）文件。简而言之，使用 CUPS 可以使用户在 Linux 系统的计算机上使用打印机就和在 Windows 系统的计算机一样的方便，而且同时还拥有 Linux 的强大功能。

现在主流 Linux 发行版本使用的打印系统如表 24-1 所示。

表 24-1　主流 Linux 发行版本使用的打印系统

发行版本和产品序列号	默认安装打印系统	可以兼容打印系统
RedHat Enterprise Linux 4.0	CUPS	LPRng
CentOS 4.2	CUPS	LPRng
Mandrake Linux LE2005	CUPS	LPRng
Debian GNU/Linux 3.1r0	BSD LPD	CUPS、LPRng
Slackware Linux 10.2	LPRng	无
SuSE Linux 9.3	CUPS	无
Turbo Linux 10F	CUPS	无

24.3　在 Linux 下配置打印机

在打印机的整个过程中，不只是在 Linux 装好了就能使用了。还需要做一些相应的配置才能提高打印机的打印速率。而这些配置就将在下面这一节给大家做一个全面的讲解。

24.3.1　Linux 打印系统发展

在 UNIX 家族里，PostScript 是用于打印的接口的主要语言。该语言是由 Adobe 公司开发的，是一个成熟的、用于描述一个文档每一页面内容的程序语言。所有主要的应用程序都会输出通用的 PostScript 页面，而这些 PostScript 都是经过打印系统处理以后再被打印出来的。在 Linux 世界中，打印的演化过程总是围绕着 PostScript 页面描述语言来展开的。如今在许多打印机中都会有一个嵌入式的 PostScript 解释器，其负责使用 PostScript 将页面信息在打印纸上再次呈现出来。

目前，所有的桌面 Linux 应用程序都有一个打印选项，可以以此生成 PostScript 数据来打印整页的文档。这种方法与其他面向桌面的操作系统相比有很大的区别。大多数 Linux 系统在提交任务到打印队列中时，都希望其能够正确地被打印出来。在 Linux 中，虽然 PostScript 是产生打印文档的事实上的标准，但打印机本身却并不需要知道 PostScript，因为这需要使用到相对比较昂贵的技术，打印机主要经过了两代的更新。

（1）第一代的 BSD LPD 打印系统源自于伯克利的 UNIX 发行版，BSD LPD 是应用于 Linux 发行版（如 Slackware）的第一个打印系统。现在仍然还有一些发行版带有这种假脱机打印程序。BSD 打印系统的核心功能仅限于队列任务。其主要是由一个后台程序（lpd）及一些位于/etc 目录下的配置文件组成。在这些配置文件中含有队列以及属性的一些基本定义。

在相应的目录下，还有一系列基本的应用于提交、删除和处理任务时使用的命令（lpd、lprm、lpc）。BSD LPR 是 BSD 打印系统中的一个重要组成部分，因为其定义了 LPD 网络协议。该协议应用于提交任务到远程 LPD 后台程序，并且允许 Linux 工作站实现一个打印服务器的功能。当前，所有的网络打印机都支持该协议。由于其使用范围非常广泛，因此其他打印系统都要求至少可以和其他的 LPD 后台程序进行会话。

LPD 协议在传送数据时被分成两个部分。首先会生成一个用来描述任务的控制文件，并且传送该文件。该控制文件包含有源用户、文件名和所有与工作相关的信息。接着将会传送数据文件，其格式完全取决于当前正在使用的打印语言。

（2）第二代使用较广并且较有影响力的基于 BSD 的打印系统是 LPRng，该打印系统在此处就不再赘述，因为在之前已经有所提及。该系统实际上重写了原来的 BSD LPR 系统，但其将原有概念都保留了下来。

通用 UNIX 打印系统（CUPS）是比较新的打印系统。CUPS 软件为 Unix/Linux 用户提供了一个既有效又可靠的管理打印任务的方法。其生来就支持 IPP（因特网打印协议），IPP 协议具有以下 4 个主要目的。

- 帮助用户寻找当前可用的打印机。
- 传送打印作业。
- 传送打印机状态信息。
- 取消打印作业。

CUPS 采用的另外一个标准是 PPD（PostScript Printer Definition）文件格式，这是 Adobe 公司应用于 PostScript 打印机的另外一个标准。从上面几个方面来看，CUPS 打印系统应该是目前 Linux 打印系统中最好的选择。此外，CUPS 还使用了许多过滤器将数据传送到打印机。与 BSD 类假脱机程序不同的是，该过程的完成显得更智能化。

Linux 支持许多种类的打印机，从老式的针式打印机到最新的激光打印机都可以在该系统中使用。从 Red hat Linux 9.0 开始，CUPS 已经取代了 LPRng 成为 Linux 默认安装的 Linux 打印系统。

24.3.2 打印机驱动程序查询和安装

一般来说，在购买的普通打印机中所附带的光盘并没有 Linux 的驱动，如果不能确定该打印机是否可以在 Linux 系统中使用。用户可以登录 http://www.linuxprinting.org/网站来进行相应的查询。该网站还包含大量关于如何在 Linux 系统下进行打印的信息。在该网页的右列中单击“Printer Listings”选项，进入查询界面后输入打印机的厂商以及型号，单击“OK”按钮，即可进行查询。

通常会得到 4 个查询结果，其含义分别如下表 24-2 所示。

表 24-2　程序查询

查询结果	含　义
perfectly	完全支持 Linux 下打印，并且可以使用打印机的所有功能以及打印分辨率
mostly	大部分功能支持在 Linux 下打印，但还存在有一些小缺陷
partially	只有一部分功能支持在 Linux 下打印，其他许多功能都不能实现。例如，彩色打印机只能打印黑白图像
paperweight	完全不支持 Linux 下打印

最简单的安装方法是使用系统提供的打印机管理工具，双击“添加打印机”按钮。在选择驱动程序时指向下载的 PPR 文件即可。

24.3.3 CUPS 打印系统配置与安装

CUPS 为 Linux 用户提供了一种可靠有效的方法来管理打印。其支持 IPP，并提供了 LPD、SMB、JetDirect 等接口，还可以浏览网络打印机。用户可以到 CUPS 官方网站 http://www.cups.org/下载该软件。具体的安装配置过程如下。

（1）删除已有的打印机。

```
#rpm -e lpr printtool rhs-printfilters
```

通过上述命令删除了系统中的 lpr、printtool 和 rhs-pritfilters。但笔者建议将这些包保存起来，以便 CUPS 出问题时，可以重新安装这些包，然后继续工作。

（2）开始安装 CUPS。

```
#rpm -ivh cups-1.6.2-linux-2.2.18-intel.rpm
```

注意： 这里使用的文件名可能会稍有不同。

（3）如果 CUPS 已经安装成功了，就会看到如下信息，提示 CUPS 正在运行并且等待打印任务。

```
cups: scheduler started
```

用户可以通过命令行方式，也可以通过基于 Web 的管理员方式来对 CUPS 进行配置和管理。

（4）添加一个打印机。以 root 身份登录。

```
#/usr/sbin/lpadmin -p Pdd -E -v parallel:/dev/lp0 -m ss.ppd
```

注意：这里使用的如果是虚拟机的话，可能会出现错误请求。

上述的 lpadmin 语句通过各个选项执行下列操作，如表 24-3 所示。

表 24-3　lpadmin 参数

参　数	说　明
-p	添加名为 Pdd 的打印机
-E	使打印机可用
-v	设置当前使用的设备和设备类型
-m	使用驱动程序/PPD 文件 ss.ppd

（5）由于使用命令行方式，快速地测试打印机。

```
#/usr/bin/lp -d Pdd/etc/aliases
```

该 lp 语句将/etc/al 文件打印到 Pdd 打印机。如果打印结果中输出了 al 文件，则表示该配置成功。上述过程只是最简单的 CUPS 配置。还可以使用-p 标志来设置打印任务的优先级。例如：

```
#/usr/bin/lp -d Pdd-p 80 /etc/al
```

“-p 80”表示声明打印任务的优先级为 80/100。而这些打印任务将比优先级低于 80 的先打印。包括没有设置优先级的打印任务，其默认优先级为 50。

lp 命令的所有选项列表都可以从 man page 中获得。其包括所有上面介绍的内容，另外还有一些其他特性，如指定打印的份数等。

（6）使打印机不可用或者可用。通过上述操作已经成功地添加了一台打印机，并进行了测试。如果用户想停止使用该打印的话，只需要在命令行中输入 disable 命令就可以了。

```
#/usr/bin/disable -r "Changing Paper" Pdd
```

上述命令将关闭 Pdd 打印机，并且设置打印机不可用的原因为“changing paper”（正在换纸）。设置-r 选项可以让用户知道打印机的当前状态。

（7）用户可以使用 enable 命令使打印机再次能够被使用。

```
#/usr/bin/enable Pdd
```

（8）安装特定的打印机。CUPS 在安装时安装的默认打印机是 HP 和 EPSON 的各种型号，这基本上包括了世界上所有的打印机种类（除了佳能）。如果当前安装的不是这几种品牌的打印机，还可以有两个选择。

- 在 Linuxprinting.org 网站上寻找相应的驱动程序。
- 购买 ESP Print Pro 软件。

LinuxPrinting.org 网站提供了许多种打印机的驱动程序，同时还提供了一个 CUPS PPD 文件的制作器，因为许多打印机都需要 PPD 文件。ESP Print Pro 是由 Easy Software Products 开发的，这家公司同时也是开发通用 UNIX 打印系统的发起者之一。ESP Print Pro 为 CUPS 提供了多达 2300 多种打印机接口，但是其价格昂贵。

总而言之，CPUS 遵循 GPL 版权声明并提供了一个 Web 界面的配置接口，其配置相当容易。

24.3.4　配置管理网络打印机

如果本地打印机不能被 Linux 支持或者打印效果不是很理想，就可以考虑使用配置网络打印机。

RHEL 4.0 一共可以配置 6 种类型的打印队列，如表 24-4 所示。

表 24-4 打印类型

类　　型	说　　明
本地连接	直接通过各类打印机接口连接到计算机上的打印机
联网的 CUPS（IPP）	连接到能够通过 TCP/IP 网络并且使用互联网打印协议进入的打印机，又称 IPP。其要求输入打印机所连接的远程机器的主机名或 IP 地址以及到达远程机器上的打印队列的路径
联网的 UNIX（LPD）	连接到能够通过 TCP/IP 网络进入的其他 UNIX 系统上的打印机（例如，连接到网络上另一个运行 LPD 的 Red Hat Linux 系统的打印机）。需要添加打印机所连接的远程机器的主机名或 IP 地址以及远程打印机队列。默认打印机队列通常是 lp
联网的 Windows（SMB）	连接到通过 SMB 网络来共享打印机的其他系统上的打印机。需要添加共享打印机的 Samba 工作组的名称并共享打印机的服务器的名称。想用来打印的共享打印机的名称必须和远程 Windows 机器上定义的 Samba 打印机的名称相一致。在“用户名”字段中指定的用户的口令，要访问打印机登录时所必须使用的用户名称。用户在 Windows 系统上必须存在，并且必须有访问打印机的权限。默认的用户名典型为 guest（Windows 服务器）或 nobody（Samba 服务器）
联网的 Novell（NCP）	连接到使用 Novell NetWare 网络技术的其他系统上的打印机。需要添加打印机所连接的 NCP 系统的主机名或 IP 地址。NCP 系统上的打印机的远程队列。要使用打印机所必须登录的用户名。为以上用户字段指定的口令
联网的 JetDirect	通过 HP JetDirect 直接连接到网络打印机。JetDirect 打印机的主机名或 IP 地址。JetDirect 打印机监听打印作业的端口。默认端口为 9100

24.3.5 打印机管理常用命令

打印相关命令如表 24-5 所示。

表 24-5 CUPS 打印系统命令

命 令 名 称	功 能 说 明
lp.cups	提交打印任务，即开始打印
lpr.cups	打印机请求命令
lprm.cups	从打印队列删除任务
lpq.cups	查询打印队列中的任务
lpc.cups	行打印控制命令
lpstat,.cups	显示打印机状态，包括打印队列长度和打印机数量
lpoptions	显示或设置打印选项
lppasswd	为用户修改打印密码
lpinfo	显示打印设备
lpadmin	配置打印机
cancel	取消一个打印任务
disabe	禁止一个打印任务
enable	启动一个打印任务
lpmove	改变打印任务到新队列
accept	接受打印任务
reject	拒绝打印任务

Red Hat Linux 现在默认打印服务器是 CUPS。但是许多 Linux 老用户仍然倾向使用行打印监控程序（LPD）。LPD 包括 4 个主要命令：行打印机请求（Line Printer Request，lpr）、行打印机控制（Line Printer Control，lpc）、行打印机查询（Line Printer Query，lpq）、行打印机删除（Line Printer Remove，lprm）。LPD 打印系统命令见表 24-6。

表 24-6　LPD 打印系统命令

命 令 名 称	功 能 名 称	常用参数选项
lpr	提交打印作业	－h file：打印没有作业控制页的文件，通常包含用户账号和源计算机的主机名。作业控制页也称为粹发页。 －P other file：用/etc/printcap 文件定义的打印机 other 打印文件 file。注意：P 和打印机之间没有空格。 －s fike：生产打印文件 file 的符号链接
lpq	提供当前打印队列	Lpq：返回默认打印机的当前打印队列，在 / etc/printcap 文件中定义。 lpq －P printer：返回指定打印机的当前打印队列，使用 / etc/printcap 文件中定义的名称
lprm	打印队列删除指定的任务	-P：删除默认打印机的当前打印队列，在 / etc/printcap 文件中定义
lpc	控制每台打印机的几个特征	lpc [－P] [device][enable|disable|starp|stop|strataus] lpc －P device stataus：显示打印机的状态。输出显示能否将打印作业发送到队列、队列中的作业号、打印机是否接收作业以及和打印机的通信状态。 lpc disable：禁止对默认打印机将发送（假脱机）到打印队列。 lpc enable：启动对默认打印机将发送（假脱机）到打印队列。与 lpc disable 命令相反。 lpc start：从订印队列重新开始传输。 lpc stop：停止打印机与打印队列之间的通信

LPRng 版本的 lpr 向后兼容其他大多数 lpr 实现。唯一的例外是-s 标志，其被 LPRng 版本的 lp 悄悄地忽略掉了。这个标志最初用于创建到被打印文件的符号链接，而不是生成一个副本，后一种做法对打印大型文件有帮助。

24.3.6　图形模式下的打印机配置

在上面的安装与配置中，其主要是基于字符模式下的。为了让大家更清晰地了解和配置打印机服务器，下面将用图形模式来给大家作进一步讲解。利用图形模式更加直观简洁，但没有字符界面下快，其主要配置过程如下。

（1）选择打印机配置选项，如图 24-2 所示。

（2）单击“Printing”选项后，就会出现配置界面的第一个界面，如图 24-3 所示。

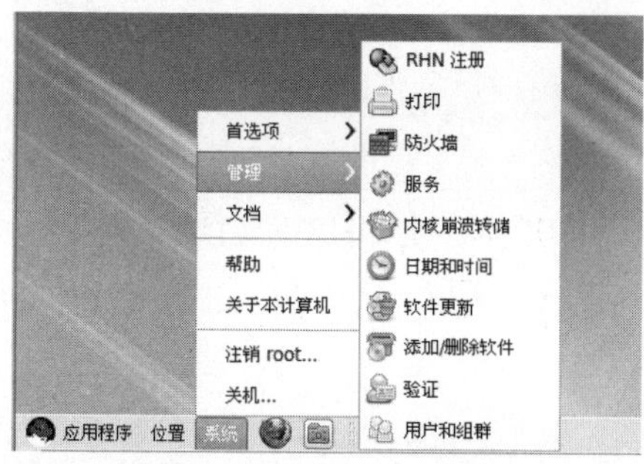

图 24-2　启动印机配置项

图 24-3　打印机配置主界面

（3）在上面界面中，大家可选择“行动”菜单下的“共享属性”选项。并用来设置应用 LPD 协议。

（4）经过上面的设置后，此时大家可选择“行动”菜单下的“新队列”选项。选择打开后的界面如图 24-4 所示。

（5）单击“前进”按钮，则界面进入配置名的填写中。在此界面中，大家需要填写其打印机标识名。也称为管理名称，如图 24-5 所示。

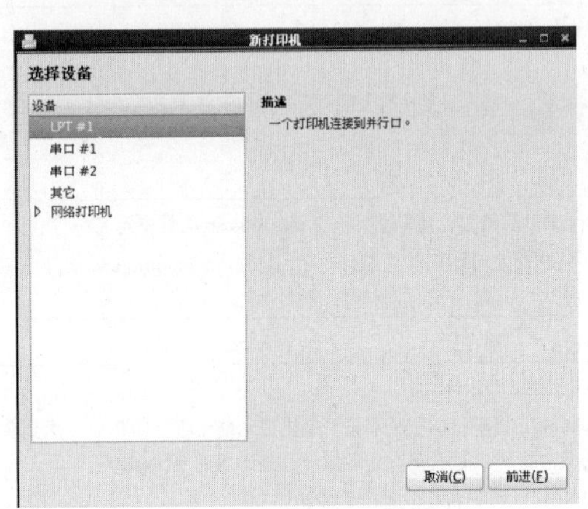

图 24-4　添加打印机新队列

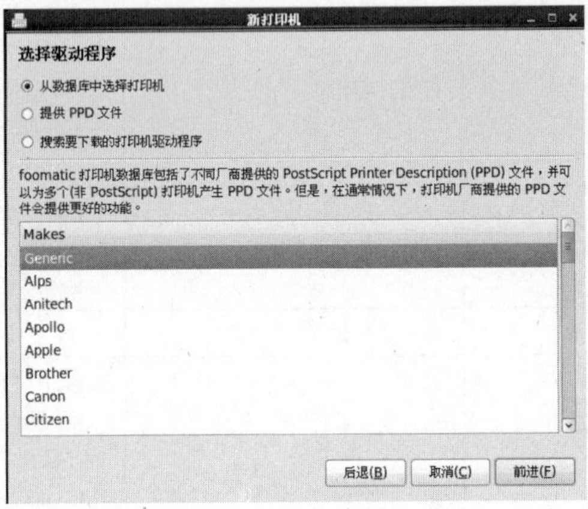

图 24-5　添加队列名称

（6）单击“前进”按钮，则进入打印机类型选择界面。在此界面中大家可根据自己的打印机用途选择不同的打印机队列情况。还可以单击“重扫描设备”按钮来扫描当前已有的用途方式，如图 24-6 所示。

（7）在上面的界面中，如果大家都设置好了。此时可单击“前进”按钮进入打印机类型选择界面。在此界面中大家可根据自己的打印机型号选择相应的型号，如图 24-7 所示。

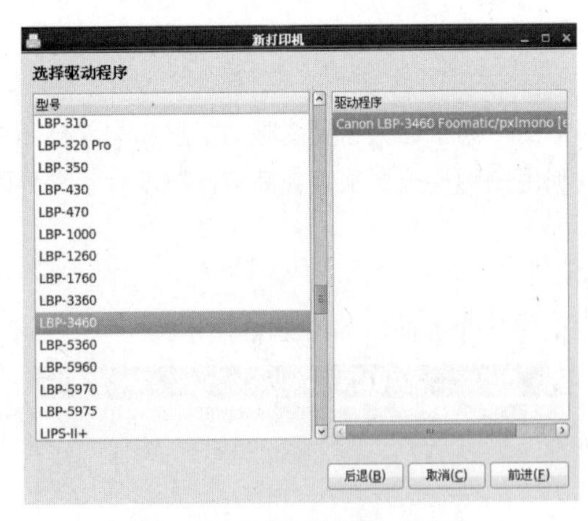

图 24-6　选择打印机队列类型

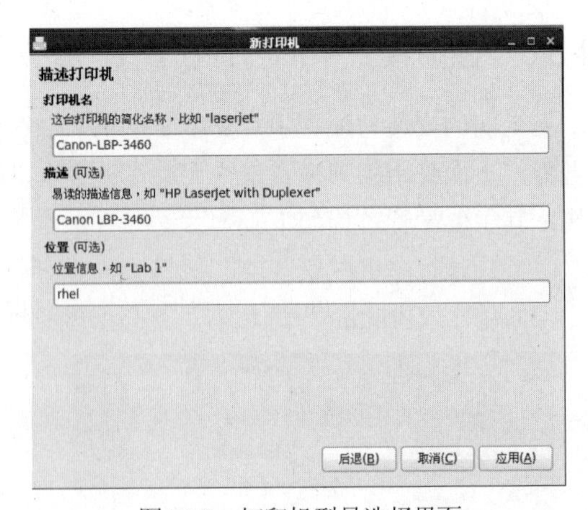

图 24-7　打印机型号选择界面

（8）在类型选择完成。单击“前进”按钮后。此时基本的打印机配置完成，并且默认的配置为当前配置。界面效果如图 24-8 所示。

（9）经过上面的 8 个步骤后，其基本的打印机配置就完成了。此时大家可选择“测试”菜单下的不同类型的测试选项进行当前打印机配置后的效果，如图 24-9 所示。

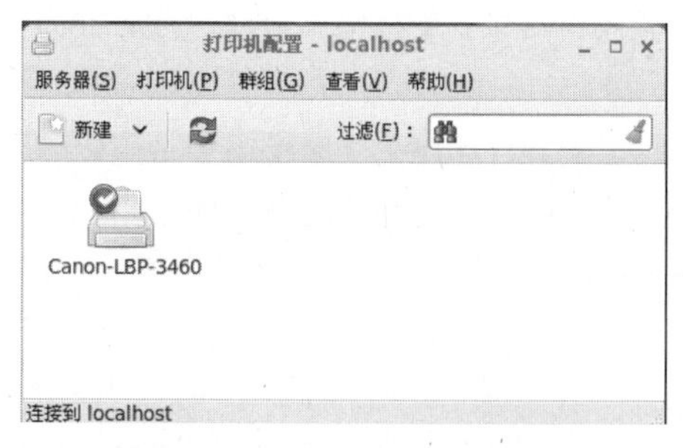

图 24.8 打印机配置完成界面

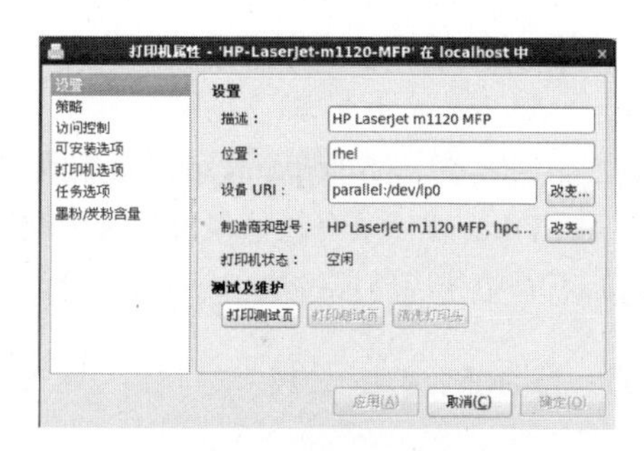

图 24.9 打印机测试界面

经过上面的步骤后，整个打印机的配置和管理工作就做完了。在这个配置过程中，还有很多复杂的选项，在这里就不多讲了，有兴趣的朋友可参阅帮助即可。

24.4 其他版本打印

打印中的配置是整个打印过程中最重要的一环。在上面的过程中给大家讲解了一下打印机普通版本下的打印过程和使用方法。在本节中给大家讲解一下其他版本的打印机。

24.4.1 Debian 的使用

Debian 允许用户既可以选择标准的 lpd 软件也可以选择 LPRng。其中存在几个对配置工具的可选项。APSFilter 版本是一个好的选择，因为其添加了对 LPRng 的支持。

另一个非常有用的任选键是 Magicfilter 软件包。Magicfilter 向用户寻求一些关于打印机的问题，然后为用户配置打印机。假设用户利用 APSFilter 软件包没有得到理想的结果，Magicfilter 将是个很好的选择。

许多 Debian 的使用者通过手工对 printcap 文件进行简单的编辑，在 printcap 的主页面中清楚地列出了各选项及其代表的具体意义。只要遵循该格式，输入选项就可以使其进行工作了。

24.4.2 SuSE 的使用

Linux 上的 SuSE 打印系统是建立在 APSFilter 基础上的，但是 SuSE 对某些方面的内容进行了扩充。SuSE 的 APSFilter 可以识别所有的通用格式（包括 HTML，前提是如果安装了 htm2 的话）。有几种在 SuSE 系统上建立打印机的方法，下面来简要地介绍一下。

交互式工具 YsST 可以让用户对 PostScript、DeskJet 和其他 GhostScript 设备支持的打印机进行配置。YsST 可以为几种类型的打印机（例如 raw、ASCII、auto 和 color）在本地、网络、Samba、Novell Netware 配置中建立/etc/ptintcap 项目。YaST 还可以为用户创建恰当的假脱机目录。YaST 添加了 apsfilterrc 文件，允许用户对某些项目进行调整。例如，纸张的规格、纸张的校验、分辨率、打印机的输出顺序以及对 GhodstSctipt 的某些设置。用户可以通过在命令提示中输入 yast 来运行 YaST。

SuSE 的 APSFilter 软件包包括有一个配置脚本。该脚本是最初 APSFilter 配置脚本的改良版本，用户可以通过运行命令 lprsetup 来将其启动。lprsetup 程序包括联机帮助以及回答关于添加、删除或设置系统中跟打印机有关的默认答案。其提示输入数据，在方括号内显示答案，按下“Enter”键后接收默认值。当用户回答完所有的问题后，lprsetup 建立假脱机目录，连接输出过滤程序，并为打印机创建一个/etc/printcap 目录。

通过在编辑器中对/etc/printcap 进行编辑，用户可以人工配置打印序列。如果用户希望以这种方法使用 APSFilter 就需要对软件包进行人工配置。需要考虑 APSFilter 文档的细节。如果用户出于某种原因而不希望使用转换过滤程序时，该程序就可能会非常有用。

24.4.3 Slackware 工具

Slackware 9.0 默认的打印服务程序是 lpd，而现在更流行的是 CUPS，其设置也非常简单。用户可以从Slackware镜像站，在extra目录中下载最新版本，目前的版本是cups-1.1.18。可以使用installpkg 命令来进行安装。

安装完毕后，系统会在/etc/rc.d/目录自动生成 rc.cups 文件。用 root 身份登录，使用/etc/rc.d/rc.cups start 命令来运行，即可以启动 cups 的打印服务。使用浏览器访问 http://localhost:631/即可对 cups 和打印机进行设置。

Slackware 是利用 APSFilter 来设置打印服务。但是其要求用户必须安装了以下的软件包：

- al/lpr.tgz
- apl/apsfilt.tgz
- apl/ghostscr.tgz
- apl/gsfonts.tgz

可以通过运行以下命令来开始打印机的配置。

```
/user/lib/apsfilter/SETUP
```

利用 ASPFilter 的配置工具，可以使配置变得更加简单。但是很多 Slackware 的使用者仍然喜欢使用 Slackware 的“rawness”来进行配置，而根本不喜欢基于 GUI 的工具。跟前面提到的 Debian 的使用者一样，都喜欢通过手工编辑 printcap 文件，可以使自己有种成就感。

24.5 内 核 支 持

打印机端口的支持是被建立在内核源文件中。并行端口要求包含几个模块。RS-232 串行打印不会出现太多的问题，当配置内核时，不要求针对打印机的自适应。USB 打印要求使用 2.4x 内核，其通过编辑可以支持 USB 和 USB 打印机。远程打印没有要求针对打印机的内核选项。

24.6 并行端口打印机

前面几节我们介绍了打印机的原理及配置方法等。本节将选取并行端口打印机作具体介绍。

24.6.1 IP 设备驱动程序

在早于 2.1.33 的内核中，打印设备可能是/dev/lp0、/dev/lp1 或/dev/lp2。这要根据打印机所连接的并行端口来决定。由于这是一个静态连接，所以其中的任何一种对于用户的系统来说都是正确的。如果其中一个不工作，可以使用下一个。当把 lp 驱动程序放入内核中，内核将通过 LILO 接收一个

lp=选项，通过该选项来设置中断和 I/O 地址。

其语法为：

```
#lp=port0[,irq0[,port1[,irq1[,port2[,irq2]]]]]
```

例子：

```
#lp=0x3bc,10,0x278,5,0x378,7
```

上述这个例子设置了 3 个 PC 结构的端口，一个是地址为 0x3bc、中断请求号为 10 的端口；一个地址为 0x278、中断请求号为 5 的端口；最后一个是地址为 0x378、中断请求号为 7 的端口。需要说明的是有些系统使用这个方法只能设置一个并行端口。

24.6.2 parport 设备

将 parport 设备加到内核 2.1.33 和较新的内核中，用于校正存在于旧的 IP 设备驱动程序中的一些问题。parport 设备能够在多个设备驱动程序之间共享端口，并且可以动态地为可利用的端口分配设备号，而不是纯粹地把 I/O 地址等同于特殊的端口号。例如，使用 parport 可以把第一个并行端口的打印机设置为/dev/lp0。随着 parport 设备技术的发展，其具有了通过并行端口可运行更多新设备的能力，包括 Backpack CD-ROMs、Zip 驱动器以及外部硬盘。在这些设备之间实现了共享一个并行端口，并且可以把所有相应的驱动程序安全地编入内核当中。

如果并行端口是 PC 兼容的，因此必须在内核配置中把 CONFIG_PARPORT 和 CONFIG_PARPORT_PC 设置为 YES。如果用户的打印机不是串口类型的话，必须在内核配置中把 CONFIG_PRINTER 设置为 YES。接下来，可以利用测试来检查是否支持打印。

24.6.3 RS-232 串行设备

RS-232 是个人计算机上的通信接口之一。由电子工业协会所制定的异步传输标准接口。通常 RS-232 接口为 9 个接脚（DB-9）或是 25 个接脚（DB-25）。一般个人计算机上会有两组 RS-232 接口，分别称为 COM1 和 COM2。

目前 RS-232 是 PC 与通信工业中应用最广泛的一种串行接口。RS-232 被定义为一种在低速率串行通信中增加通信距离的单端标准。RS-232 采取不平衡传输方式，即所谓单端通信。在 RS-232 标准中，字符是以一系列位元来一个接一个地传输。最常用的编码格式是异步启停（asynchronous start-stop）格式。并且定义了逻辑 1 和逻辑 0 电压级数，以及标准的传输速率和连接器类型。

一个标准 RS-232 串行端口连接的打印机只要求串行端口能够使用，以及确保已经正确地设置了 printcap 项目。串行支持通常是已经被默认地输入到内核当中的。调节其他串行设备、调制解调器以及支持打印性能的端口。RS-232 串行端口能够对打印机与计算机之间相距很远的情况进行处理。串行打印机能够在 50 公尺的范围内以 38.4Kbit/s 的速率工作。可以通过一个电气接口，如 EIA-503（aka RS422），来进一步扩展线缆的长度。

24.6.4 USB 设备及远程打印

在 Linux 操作系统下，USB 打印机需要 Linux 的内核对其提供支持。这种支持一旦被编辑出来，并且安装上了适当的设备，就可以通过使用/dev/usblpn 这种方法来访问 USB 打印机。

在网络中，可以设置一个网站把打印的内容送到连接于网络中的不同的打印机上，或者送到一个带有 Internal 网络接口卡（NIC）的标准打印机上。在第一种情况下，主机必须是一个 Linux 或 UNIX 主机，或者是一个运行某个 Microsoft Windows 版本的机器。在第二种情况下，打印机运行属于自己的服务器软件，该软件功能上等同于 Linux/UNIX 或 Windows 打印服务器。

24.7 小 结

实际上大多数的打印设备结构都非常复杂，存在许多不同的选择——存在不同类型的打印机以及不同型号间的差异；Linux 提供了一些打印工具；网络打印出现了一些附加选项和难题。理解每个领域及其之间的互相作用有助于用户创建一个切实可行的 Linux 打印系统。

第 25 章　流媒体服务器

流媒体必将是未来互联网应用的主流之一，它也将促进互联网整体架构的革新。流媒体技术也称为流式传输技术，它是指商家用一个视频传送服务器把节目当成数据包发出，传送到网络上。用户通过解压设备对这些数据进行解压后，节目就会像发送前那样显示出来。随着网络速度的提高，以流媒体技术为核心的视频点播、在线电视、远程培训等业务开展得越来越广泛。本章主要介绍 Linux 下流媒体服务器的安装、运行、配置和使用等内容。

25.1　什么是流媒体服务器

流媒体是指以流方式在网络中传送音频、视频和多媒体文件的媒体形式。相对于下载后再观看的网络播放形式而言，流媒体的典型特征是将连续的音频和视频信息经过压缩后存放在网络服务器上。用户可以边下载边观看，而不必等待整个文件在完全下载完毕后再观看。由于流媒体技术的实时性，该技术被广泛应用于视频点播、视频会议、远程教育、远程医疗，以及在线直播系统中。

作为新一代互联网应用的标志，流媒体技术在近几年来得到了突飞猛进的发展。其主要功能是将媒体内容进行采集、缓存、调度以及传输播放，流媒体服务器的性能以及服务质量决定着流媒体应用系统的主要性能。

25.2　流媒体技术原理

在网络上传输音/视频等多媒体信息，目前主要有下载和流式传输两种方案。而流媒体实现的关键技术就是流式传输。

实现流式传输有两种方法：实时流式传输（Realtime streaming）和顺序流式传输（progressive streaming）。一般来说，如视频为实时广播，或使用流式传输媒体服务器，或应用如 RTSP 的实时协议，即为实时流式传输。如使用 HTTP 服务器，文件即通过顺序流发送。采用哪种传输方法依赖你的需求。

25.2.1 实时流式传输

实时流式传输是指保证媒体信号带宽与网络连接匹配，使媒体可被实时观看到。实时流需要专用的流媒体服务器与传输协议。实时流式传输总是实时传送，特别适合现场事件，也支持随机访问，用户可快进或后退以观看前面或后面的内容。实时流式传输必须匹配连接带宽，这意味着在以调制解调器速度连接时图像质量较差。而且，由于出错丢失的信息被忽略掉，网络拥挤或出现问题时，视频质量很差。实时流式传输需要特定服务器，如 QuickTime Streaming Server、RealServer 与 Windows Media Server。实时流式传输还需要特殊网络协议，如 RTSP（Realtime Streaming Protocol）或 MMS（Microsoft Media Server）。

25.2.2 顺序流式传输

顺序流式传输是顺序下载，在下载文件的同时用户可观看在线媒体，在给定时刻，用户只能观看已下载的那部分，而不能跳到还未下载的前头部分。顺序流式传输比较适合高质量的短片段，如片头、片尾和广告，由于该文件在播放前观看的部分是无损下载的，这种方法保证电影播放的最终质量。顺序流式文件是放在标准 HTTP 或 FTP 服务器上，易于管理，基本上与防火墙无关。顺序流式传输不适合长片段和有随机访问要求的视频，如讲座、演说与演示。它也不支持现场广播，严格说来，它是一种点播技术。

25.2.3 流媒体技术原理

实现流式传输需要使用缓存机制。因为数据在网络中是以包的形式传输的，由于网络是动态变化的，各个数据包选择的路由可能不尽相同，到达客户端所需的时间也就不一样，有可能会出现先发的数据包却后到。为此，使用缓存系统来弥补延迟和抖动的影响，并保证数据包的顺序正确，从而使媒体数据能连续输出，而不会因为网络暂时拥塞使播放出现停顿。

虽然音频或视频等流数据容量非常大，但播放流数据时所需的缓存容量并不需要很大，因为缓存可以使用环形链表结构来存储数据，已经播放的内容可以马上丢弃，缓存可以腾出空间用于存放后续尚未播放的内容。

当传输流数据时，需要使用合适的传输协议。TCP 虽然是一种可靠的传输协议，但由于需要的开销较多，并不适合传输实时性要求很高的流数据。因此，在实际的流式传输方案中，TCP 协议一般用来传输控制信息，而实时的音/视频数据则是用效率更高的 RTP/UDP 等协议来传输。

流式传输的一般过程如下。

（1）用户选择某一流媒体服务后，Web 浏览器与 Web 服务器之间使用 HTTP / TCP 交换控制信息，以便把需要传输的实时数据从原始信息中检索出来。

（2）Web 浏览器启动音/视频客户程序，使用 HTTP 从 Web 服务器检索相关参数对音/视频客户程序初始化，这些参数可能包括目录信息、音/视频数据的编码类型或与音/视频检索相关的服务器地址。

（3）音/视频客户程序及音/视频服务器运行实时流协议，以交换音/视频传输所需的控制信息，实时流协议提供执行播放、快进、快倒、暂停及录制等命令的方法。

（4）音/视频服务器使用 RTP / UDP 协议将音/视频数据传输给音/视频客户程序，一旦音/视频数据抵达客户端，音/视频客户程序即可播放输出。

25.2.4　流媒体播放形式

流媒体服务器可以提供多种播放方式，既可以为每个用户独立地传送流数据，也可以为多个用户同时传送流数据。下面介绍一下这些播放方式的特点。

1．单播

当采用单播方式时，每个客户端都与媒体服务器之间建立一个单独的数据通道，从一台服务器送出的每个数据包只能传送给一个客户机。每个用户必须分别对媒体服务器发送单独的查询，而媒体服务器必须向每个用户发送所申请的数据包拷贝。对用户来说，单播方式可以满足自己的个性化要求，可以根据需要随时使用停止、暂停、快进等控制功能。但势必会造成服务器沉重的负担，响应需要很长时间，甚至停止播放；管理人员也被迫购买硬件和带宽来保证一定的服务质量。

2．组播

IP 组播技术构建一种具有组播能力的网络，允许路由器一次将数据包复制到多个通道上。采用组播方式，单台服务器能够对几十万台客户机同时发送连续数据流而无延时。媒体服务器只需要发送一个信息包，而不是多个；所有发出请求的客户端共享同一信息包。信息可以发送到任意地址的客户机，因此组播技术减少网络上传输的信息包的总量。网络利用效率大大提高，成本大为下降。当然，组播方式需要在具有组播能力的网络上使用。

3．点播与广播

点播连接是客户端与服务器之间的主动的连接。在点播连接中，用户通过选择内容项目来初始化客户端连接。用户可以开始、停止、后退、快进或暂停流。点播连接提供了对流的最大控制，但这种方式由于每个客户端各自连接服务器，会迅速用完网络带宽。

广播指的是服务器将数据以广播方式发送给子网上所有的用户，此时，所有的用户同时接受一样的流数据，因此，服务器只需要发送一份数据复制就可以为子网上所有的用户服务，大大减轻了服务器的负担。但在广播过程中，客户端接收流，但不能控制流。例如，用户不能暂停、快进或后退该流。

25.2.5　流媒文件格式

目前网络上常见的流媒体格式主要有美国 Realnetwork 公司的 RealMedia 格式、微软公司的 Windows Media 格式和多用于专业领域的美国苹果公司的 QuickTime 格式。

1．Windows Media 格式

WMA（Windows Media Audio）为众多的 Windows 使用者熟悉，它的核心技术是 ASF（Advanced Streaming Format，高级流格式）。ASF 格式支持任意的压缩/解压缩编码方式，并可以使用任何一种底层网络传输协议，具有很大的灵活性，比较 MPEG 之类的压缩标准增加了控制命令脚本的功能。Windows Media 格式的文件使用 Windows 自带的 Windows Media Player 播放器播放。

2．RealMedia 格式

RealMedia 格式是美国 RealNetwork 公司产品，是目前最为流行的流媒体格式。RealMedia 中包含 RealAudio（声音文件）、RealVideo（视频文件）和 RealFlash（矢量动画）这 3 类文件。Real 格式具有很高的压缩比和良好的压缩传输能力，特别适合网络播放或在线直播，在流媒体格式中，RM 格式质量最差，不过文件体积最小，低速网用户也可以在线欣赏视频节目。RealMedia 格式的文件通常会使用

RealPlayer 播放器播放，播放时占用系统资源相对于其他两种格式要少些，是低配置用户的最好选择。

3．QuickTime 格式

QuickTime 格式现已成为数字媒体领域的工业标准。它定义了存储媒体内容的标准方法，由 3 个不同部分组成：QuickTime Movie（电影）文件格式、QuickTime 媒体抽象层、QuickTime 内置媒体服务系统。它是应用程序间交换数据的理想格式，它的音像品质是最好的。QuickTime 常用在一些多媒体广告、产品演示、高清晰度影片表现画面的视频节目上。QuickTime Movie 格式的文件通常使用 QuickTime Player 播放器播放，QuickTime Player 可以通过 Internet 提供实时的数字化信息流、工作流与文件回放功能。QuickTime Player 会占用较多的系统资源，对计算机的配置要求较高。

25.3　流媒体传输协议

流媒体服务器能够在网络上正常运行，与流媒体传输协议是分不开的。

25.3.1　实时传输协议 RTP（Real-time Transport Protocol）

RTP 协议最初是在 20 世纪 70 年代为了尝试传输声音文件而产生的，其将数据包分成几部分用来传输语音、时间标志和队列号。

RTP 被用户定义为传输音频、视频、模拟数据等实时数据的传输协议。RTP 给数据提供了具有实时传送功能的端对端的传递服务，如在单播或组播网络服务状态下的交互式视频音频或模拟数据。应用程序通常在 UDP 上运行 RTP 协议以便能够使用其多路结点和校验服务。这两种协议都提供了应用于传输层协议的功能。但是 RTP 可以与其他适合的底层网络或传输协议一并使用。如果底层网络提供给用户的是组播方式，那么 RTP 则可以通过该组播表传输数据到多个目的地。该协议最初的设计是为了数据传输的多播性，但是其也可应用于单播。与传统的注重高可靠性能的数据传输的运输层协议相比，该协议更加侧重数据传输的实时性。此协议为用户提供的服务包括时间载量标识、数据序列、时间戳、传输控制等。

威胁多媒体数据传输的最大问题就是不可预料数据到达时间。但是流媒体的传输是需要数据能够适时的到达，并能够用于播放和回放。RTP 协议就是为用户提供了时间标签、序列号以及其他的结构来用于控制适时数据的流放。在流的概念中，“时间标签”具有十分重要的作用。发送端根据现场即时的采样，在数据包中隐蔽地设置了时间标签。在接受端接收到数据包以后，就依据时间标签再按照正确的速率恢复成原始的适时的数据。

RTP 本身并不负责数据的同步操作，其仅仅是传输层协议。这样设计的目的是简化运输层的处理，提高该层的效率。将部分运输层协议需要完成的功能（比如流量控制）上移到应用层完成。同步就是属于应用层协议应该完成的。其没有运输层协议的完整功能，不提供任何机制来保证数据的即时传送，不支持资源预留，也不保证服务质量。RTP 报文甚至也不包括长度和报文边界的描述。同时 RTP 协议的数据报文和控制报文使用相邻的不同端口，这样便很大程度上提高了协议的灵活性和处理的简单性。

RTP 协议和 UDP 两者通过合作共同完成运输层协议功能。UDP 协议只是传输数据包，而不管数据包按照何种时间顺序来进行传输。RTP 协议的数据单元是利用 UDP 分组来承载的。在承载 RTP 数据包的时候，有时候一帧数据会被分割成几个具有相同的时间标签的数据包，则由此可知时间标签并不是必须的。UDP 的多路复用使 RTP 协议利用支持显式地进行多点投递，从而能够满足多媒体会话的需求。

虽然说 RTP 协议是传输层协议，但是由于该协议没有作为 OSI 体系结构中单独的一层来实现。RTP 协议通常是根据一个具体的应用来为用户提供服务的，RTP 只提供协议框架，开发者可以根据自己所需应用的具体要求对该协议进行充分的扩展。目前，RTP 的设计以及研究主要是用来满足对多用户进行的多媒体会议的需要。另外其也适用于对连续数据的存储、交互式分布仿真以及一些控制、测量的应用中。

25.3.2　实时传输控制协议 RTCP（Real-time Transport Control Protocol）

RTCP 是设计和 RTP 一起使用以达到流量控制和拥塞控制功能的服务控制协议。

当应用程序开始一个 RTP 会话时，将使用两个端口：一个给 RTP，另一个给 RTCP。RTP 本身并不能为按顺序进行传送的数据包提供可靠的传送机制，也不提供流量控制或拥塞控制，其依靠 RTCP 提供这些服务。在 RTP 的会话之间定期地发放一些 RTCP 包以用来传监听服务质量和交换会话用户信息等功能。RTCP 包中含有已发送的数据包的数量、丢失的数据包的数量等统计资料。因此，服务器可以利用这些信息动态地改变传输速率，甚至改变有效载荷类型。RTP 和 RTCP 配合使用，其能以有效的反馈和最小的开销使传输效率最佳化，因而特别适合传送网上的实时数据。根据用户间的数据传输反馈信息，可以制定流量控制的策略，而会话用户信息的交互，可以制定会话控制的策略。RTCP 协议处理机根据需要定义了以下 5 种类型的报文，如表 25-1 所示。

表 25-1　RTCP 报文种类

报　文	含　义
SR	发送者报告，描述作为活跃发送者成员的发送和接收统计数字
RR	接收者报告，描述非活跃发送者成员的接收统计数字
SDES	源描述项，其中包括规范名 CNAME
BYE	表明参与者将结束会话
APP	应用描述功能

其完成接收、分析、产生和发送控制报文的功能。

25.3.3　实时流协议 RTSP（Real-time Streaming Protocol）

RTSP 协议定义了如何有效地通过 IP 网络传送多媒体数据，是一种客户端到服务器端的多媒体描述协议。

RTSP 是非常类似于 HTTP 的应用层协议。每个发布和媒体文件也被定义为 RTSP UPL。而媒体文件的发布信息被写进一个被称为媒体发布文件里。在这个文件说明的包括编码器、语言、RTSP ULS、地址、端口号以及其他参数。这个发布文件可以在客户端通过 EMAIL 形式或者 HTTP 形式获得。RTSP 是由 RealNetworks 和 Netscape 以及哥伦比亚大学共同提出的。是从 RealNetworks 的“RealAudio”和 Netscape 的“LiveMedia”的实践和经验发展而来的。第一份 RTSP 协议是由 IETF 在 1996 年 8 月 9 日正式提交后作为 INTERNET 的标准，在此后此协议经过了很多明显的变化。目前其应用非常广泛，APPLE、IBMNetscape、Apple、IBM、Silicon Graphics、VXtreme、Sun 还有其他公司都宣称自己在线播放器支持 RTSP 协议。但是微软却一直都坚持不支持此协议，不知道这种局面何时才会被改变。

RTSP 是应用层协议，与 RTP、RSVP 一起设计来完全流式服务。其有很大的灵活性，可被用在多种操作系统上，且允许客户端和不同厂商的服务平台进行交互。RTSP 在体系结构上位于 RTP 和 RTCP 之上，其使用 RTP 完成数据传输。将流式媒体数据可控制地通过网络传输到客户端。

RTSP 可以保持用户计算机与传输流业务服务器之间的固定连接，用于观看者与单播服务器通信并且还允许双向通信，观看者可以同流媒体服务器通信。提供类似“VCR”形式的暂停、快进、倒转、跳转等操作。操作的资源对象可以是直播流也可以是存储片段。RTSP 还提供了选择传输通道，如使用 UDP 还是多点 UDP 或是 TCP。

25.3.4 资源预留协议 RSVP（Resource Reservation Protocol）

RSVP 资源预留协议并不是一个路由协议，而是一种 IP 网络中的信令协议，其与路由协议相结合来实现对网络传输服务质量（QoS）的控制。RSVP 是为支持因特网综合业务而提出的。这是解决 IP 通信中 QoS 问题的一种技术，用来保证点端到端的传输带宽。

RSVP 使用控制数据报，这些数据报在向特定地址传输时包括了需要由路由器检查的信息。如果路由器需要决定是否要检查数据报的内容时，对上层数据内容进行语法分析。这种分析的代价不小。现在的情况是，网络终端利用其向网络申请资源，在这种表明“申请”的信号中，包含着如下的信息。

- 业务的种类。
- 使用者类型。
- 什么时间。
- 需要多大带宽。
- 其他参考信息。

网络在接收到上类信息后，会根据实际情况为此次连接分配一个优先代码。用户利用优先代码进行信息传递时，网络不需要重新对业务进行分析与判别。从另外一个角度来说，利用 RSVP 能从一定程度上减少网络对信息处理的时延，从而提高网络节点的工作效率，改善信息传输的服务质量。实时应用 RSVP 是为了在传输路径中保持必要的资源以保证请求能确保到达。

RSVP 是 IP 路由器为提供更好的服务质量向前迈进的具有深刻意义的一步。传统的 IP 路由器只负责分组转发，通过路由协议知道邻近路由器的地址。而 RSVP 则类似于电路交换系统的信令协议，为一个数据流通知其所经过的每个节点（IP 路由器），与端点协商为此数据流提供质量保证。RSVP 协议一出现，立刻获得广泛的认同，基本上较好地解决了资源预留的问题。

25.4 架设流媒体服务器

通过上面介绍，我们了解了一些流媒体的基本知识。那么应该如何才能架设流媒体服务器呢？笔者以 Helix Server 为例来对流媒体服务器的构架做介绍。

25.4.1 Helix Server

Helix Server 是由著名的流媒体技术服务商 Real Networks 公司提供的一种流媒体服务器软件。

Helix Server 支持多种流媒体文件。

- 音频文件：如 RealAudio、Wav、Au、MPEG-1、MPEG-2、MP3 等。
- 视频文件：如 RealVideo、AVI、QuickTime 等。
- 其他类型：如 RealPix、RealText、GIF、JPEG、SMIL、Real G2 with Flash 等。

Helix Server 为用户提供了多种类型的服务。

（1）点播（On-Demand）。用户可以随时通过单击 Helix 服务器管理员公布的 web 连接，向 Helix Server 提出播放流媒体文件的请求。服务器再根据用户的请求，以“流”的形式不断地把数据传递给用户。用户可以随意地控制文件的播放进度，就如在播放本地的媒体文件一样。

（2）直播（Live）。网络直播就如同现实生活中的电视直播，直播的过程大致如下。

① 使用摄像头、话筒等媒体工具收集现场实况信号。

② 使用数/模转换设备将现场收集的模拟信号转换成数字信号。

③ 数字信号经 Helix Producer 等类似软件处理后转换成流媒体数据流，然后传送给 Helix 服务器。

④ 当用户单击 web 连接时，Helix 服务器将接收到的数据流发送给用户。与点播不同的是，由于用户收看的是实时信号，因此不能控制文件的播放进度。

（3）模拟直播（Simulated Live）。模拟直播的过程如下。

① 流媒体文件储存在服务器或其他 PC 上。

② 利用 Helix 服务器提供的辅助工具“SLTA”，将流媒体文件以数据流的形式发送给 Helix 服务器。

③ 当用户单击 wen 连接时，Helix Server 将接收到的数据流发送给用户。用户观看的是事先已经制作好的流媒体文件，就如平常生活中收看电视剧一样。

25.4.2 下载并安装服务器

Helix 服务器软件是一个商业软件，使用时需要付费。但 RealNetworks 公司提供了这个软件的试用评估版，及基础免费版可以从公司的网站下载，主页地址是 http://www.realnetworks.com/helix/index.aspx，具体步骤如下：

（1）打开主页后，单击主页上的“Free Trials”链接后，在出现的页面上找到如图 25-1 所示的部分。

（2）单击“ Download Helix Server Basic”链接，会出现一个用户资料表单，要求填写相应的内容，如图 25-2 所示。

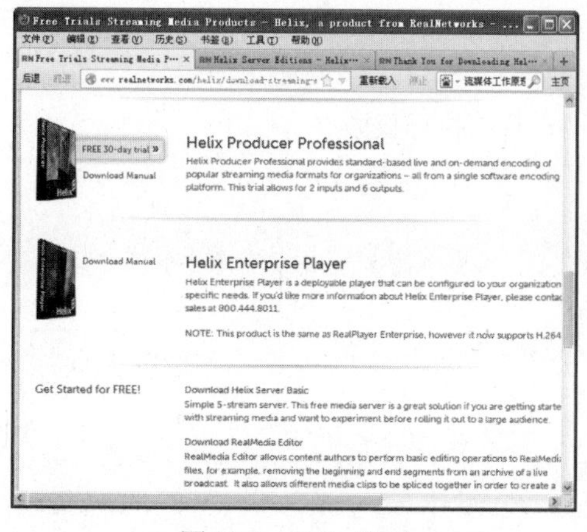

图 25-1　Helix 界面

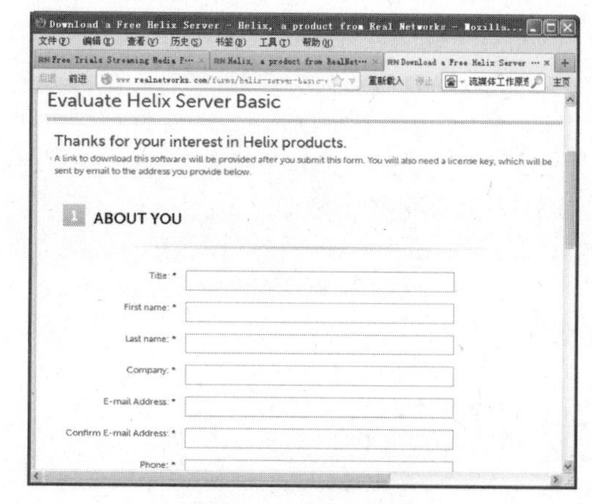

图 25-2　用户资料表

（3）用户资料表单提交后，将出现下载页面，如图 25-3 所示。

（4）单击所需要下载软件，即可下载 Helix Server 软件，大小接近 36MB，文件名是 mbrs-1430-ga-linux-rhel5.zip。

另外，当安装 Helix Server 时，还需要一个许可文件，许可文件的下载位置需要通过查询邮箱获得。打开刚才在用户资料表单中填写的邮箱，正常情况下应该会收到一封主题为 Real Product Licenses 的邮件，单击后，将会看到如图 25-4 所示的部分内容。其中，中间红色“here”文字就是许可文件的下载链接，单击后将出现下载页面，就可以下载许可文件了，如图 25-5 所示。

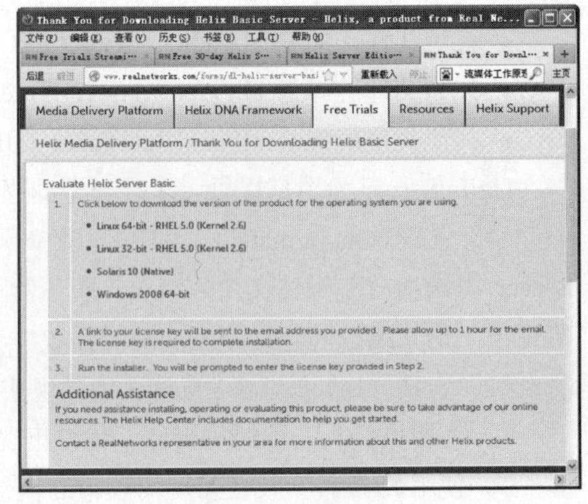

图 25-3　下载 Helix

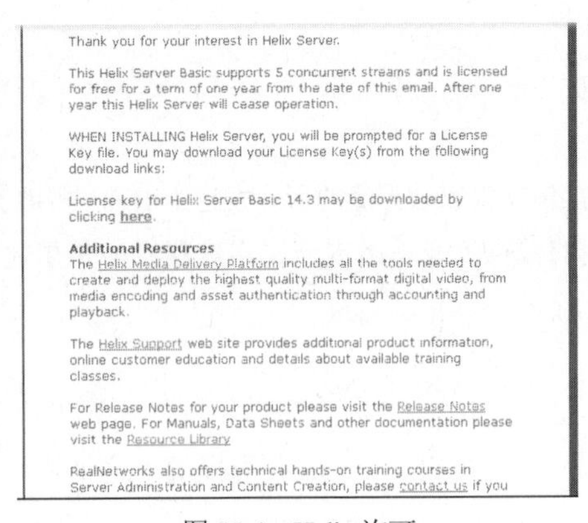

Thank you for your interest in Helix Server.

This Helix Server Basic supports 5 concurrent streams and is licensed for free for a term of one year from the date of this email. After one year this Helix Server will cease operation.

WHEN INSTALLING Helix Server, you will be prompted for a License Key file. You may download your License Key(s) from the following download links:

License key for Helix Server Basic 14.3 may be downloaded by clicking here.

Additional Resources
The Helix Media Delivery Platform includes all the tools needed to create and deploy the highest quality multi-format digital video, from media encoding and asset authentication through accounting and playback.

The Helix Support web site provides additional product information, online customer education and details about available training classes.

For Release Notes for your product please visit the Release Notes web page. For Manuals, Data Sheets and other documentation please visit the Resource Library

RealNetworks also offers technical hands-on training courses in Server Administration and Content Creation, please contact us if you

图 25-4　Helix 许可

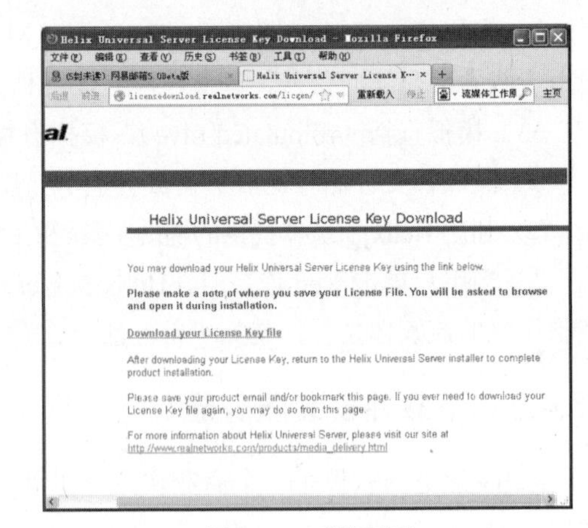

图 25-5　下载页面

说明： 许可文件的文件名各不相同，类似于 RNKey-Helix_Server_Basic_14.3-nullnull-003781066889383622.lic 这样的名字。用户可以将其改名。

Helix Server 软件和对应的许可文件下载后，就可以进行安装了，具体过程如下。

（1）对下载的软件包进行解压。

```
#tunzip  mbrs-1430-ga-linux-rhel5.zip
```

（2）解压后，得到文件，修改文件权限，使 root 用户有可执行权限。

```
#chmod 755 servinst_mobile_linux-rhel5-x86.bin
```

（3）执行安装如下命令。

```
#./servinst_mobile_linux-rhel5-x86.bin
```

（4）以下为安装过程中的一些配置过程。

```
1.                              // 首先要进行自解压
2.    Extracting files for Helix installation......................
3.    Welcome to the Helix Mobile Server (RealNetworks) (14.3.0.268)
4.    Setup for UNIX Setup will    help you get Helix Mobile Server running on your computer.
5.    Press [Enter] to continue...   //此处按下 Enter 键继续
```

```
6.   …                                          //有关许可文件的一些提示内容
7.                                              //此处输入许可文件及路径，再按下 Enter 键
8.   License Key File: []: /root/RNKey-Helix_Server_Basic_14.3-nullnull-0037810668
89383622.lic
9.   Installation and use of Helix Mobile Server requires
10.  acceptance of the following terms and conditions:
11.  Press [Enter] to display the license text...
12.  //此处按下 Enter 键显示许可文件内容，按空格键翻页，直至显示完
13.  ……
14.  Print the above license agreement (EULA): [No]: //回车，不打印许可文件
15.  I accept the above license: [Accept]://此处按下 Enter 键表示接受许可文件所列的条款
16.  Enter the complete path to the directory where you want Helix Mobile Server to be
installed.
17.  You must specify the full pathname of the directory and have write privileges to
18.  the chosen directory.
19.  Directory: [/root]: [/root]:/usr/helix_server  //此处输入安装目录，并按下 Enter 键

20.  Please enter a username and password that you will use to access the
21.  web-based Helix Mobile Server Administrator and monitor.
22.  Username []: admin                         //此处输入管理员用户名称，并按下 Enter 键
23.  Password []:                               //设定管理员用户密码
24.  Confirm Password []:                       //确认管理员用户密码

25.                                             //以下配置一些用户相关的组织信息
26.  Please enter SSL/TLS configuration information.
27.  Country Name (2 letter code) [US]:
28.  State or Province Name (full name) [My State]:
29.  Locality Name (e.g., city) [My Locality]:
30.  Organization Name (e.g., company) [My Company]:
31.  Organizational Unit Name (e.g., section) [My Department]:
32.  Common Name (e.g., hostname) [My Name]:
33.  Email Address [myname@mailhost]:
34.  Certificate Request Optional Name []:
35.  Configure Ports (y/n): [no]:               //配置使用端口，输入“y”。

36.  Please enter a port on which  Helix Mobile Serverwill listen for
37.  RTSP connections.  These connections have URLs that begin
38.  with "rtsp://"
39.  Port [554]:                                //指定 rtsp 协议使用的端口号，采用默认值 554

40.  Please enter a port on which Helix Mobile Server will listen for
41.  RTMP connections.  These connections have URLs that begin
42.  with "rtmp://"
43.  Port [1935]:                               //指定 rtmp 协议使用的端口号，采用默认值 1935

44.  Please enter a port on which  Helix Mobile Serverwill listen for
45.  HTTP connections.  These connections have URLs that begin
46.  with "http://"
47.  Port [80]: 808                             //Helix 服务器监听 HTTP 连接的端口号，
48.  如果计算机上还运行着其他 Web 服务器的，应该另外指定

49.  Please enter a port on which  Helix Mobile Serverwill listen for
```

```
50.  MMS connections.  These connections have URLs that begin
51.  with "mms://"
52.  Port [1755]:                           //指定 MMS 协议使用的端口号，使用默认值 1755

53.  Helix Mobile Serverwill listen for Administrator requests on the
54.  port shown.  This port has been initialized to a random value
55.  for security.  Please verify now that this pre-assigned port
56.  will not interfere with ports already in use on your system;
57.  you can change it if necessary.

58.  Port [22565]:                          //访问 Helix 服务器管理页面时使用的端口
59.  You have selected the following  Helix Mobile Serverconfiguration:

60.  //下面列出了前面的配置内容
61.  You have selected the following Helix Mobile Server configuration:
62.  Install Location:      /usr/helix_server
63.  Encoder User/Password:  admin/****
64.  Monitor Password:       ****
65.  Admin User/Password:    admin/****
66.  Admin Port:            22565
67.  Secure Admin Port:      28819
68.  RTSP Port:             554
69.  RTMP Port:             1935
70.  HTTP Port:             80
71.  HTTPS Port:            443
72.  FCS Port:              8008
73.  SSPL Port:             8009
74.  Content Mgmt Port:      8010
75.  Control Port Security:  Enabled

76.  Enter [F]inish to begin copying files, or [P]revious to go
77.  back to the previous prompts: [F]: //如果想修改上面显示的
78.  //配置内容，可以按下 P/键；否则，按下 Enter 键选默认的 F
```

以上步骤完成后，Helix 服务器的安装就结束了，此时，在安装目录/usr/helix_server 下将包含所有的安装文件。其中，该目录下的 rmserver.cfg 文件是 Helix 服务器的主配置文件，Bin 目录下的 rmserver 是 Helix 服务器的命令文件。

25.4.3 运行流媒体服务器

Helix 服务器的运行方式与其他 Linux 下的服务器不同，不提供运行脚本，需要直接执行命令文件，并以后台方式运行。进入安装目录后执行如下命令。

```
#./ Bin/rmserver rmserver.cfg &
```

Helix 服务器启动过程中会检测计算机硬件信息，及装载各种模块。

```
#./ Bin/rmserver rmserver.cfg &
[1] 2240
[root@rhel helix_server]# Helix Mobile Server (c) 1995-2012 RealNetworks, Inc. All rights
reserved.
Version:  Helix Mobile Server (RealNetworks) (14.3.0.268) (Build 231757/17717)
Platform:  linux-rhel5-x86 (32-bit)
Server Started:  23-Oct-2012 15:33:30
```

```
    Using Config File: rmserver.cfg
    System Info:
    OS: Linux rhel 2.6.32-279.el6.i686 i686 (Red Hat Enterprise Linux Server release 6.3
(Santiago))
    CPU: GenuineIntel :               Intel(R) Celeron(R) CPU 2.80GHz
    Host: rhel
    MACAddr(first): 00:11:09:3D:82:DC

    MachineID: c3b1-d61d-5462-c790-ed23-d94d-e0ea-57f7
    Starting PID 2241 TID 7551264, procnum 0 (controller)
    Creating Server Space...
    Detected 1.0 GB RAM (Requesting 0.8 GB)
    Server has allocated 804 megabytes of memory
    Starting TID 5241696, procnum 1 (timer)
    Calibrating timers...
    ……
    I: Loading Plugins from /usr/helix_server/Plugins...
    I: slicensepln.so  0x3201c0  RealNetworks Server 14.3 Licensing Plugin
    I: httpfsys.so     0x63e680  RealNetworks HTTP File System with CHTTP Support
    I: httpfsys.so     0x63e680  RealNetworks RFC 2397 Data Scheme File System
    ……
    Version: Helix Mobile Server (RealNetworks) (14.3.0.268) (Build 231757/17717)
```

25.4.4　服务器测试

Helix 服务器运行成功后，就可以在客户端进行测试了。Helix 服务器已经提供了几个测试用的视频文件，它们在安装目录下的 Content 子目录中，里面包含了很多格式的视频文件，比如 realvideo010.rm 和 desertrace.wmv 两个视频文件。

访问 realvideo10.rm 时，需要通过 RTSP 协议，访问方式为“rtsp://<Helix 服务器>/[路径]/[文 件]”。在默认配置下，Content 目录已经被映射成 RTSP 协议 URL 的根目录，因此，可以在浏览器的地址栏内输入 rtsp://172.16.150.18/realvideo10.rm 观看视频文件 realvideo10.rm。

另外，Helix 服务器还提供了对 MMS 协议的支持，通过它，Helix 服务器可以播放微软的 WMV 格式的视频文件，方法是在浏览器中输入 mms://172.16.150.18/desertrace.wmv。

25.5　Helix 服务器配置

Helix 服务器软件包提供了一个完整基于 Web 的图形管理界面，用户可以很方便地通过浏览器在远程对 Helix 服务器进行管理。本节主要介绍如何通过图形界面对 Helix 服务器进行配置，包含基本配置、传输设置、安全配置等内容。

25.5.1　登录管理界面

在前面的 Helix 服务器安装过程中，已经指定了管理端口号为 22565，为了运行 Helix 的管理模块，需要在客户端通过浏览器访问以下 URL。

```
http://http://172.16.150.18:22565/admin/index.html
```

其中，172.16.150.18 是 Helix 服务器的地址。第一次登录时，将出现图 25-6 所示登录窗口，此时输入前面安装Helix服务器时设定的管理员用户名和密码，登录成功后，典型的操作界面如图25-7所示。

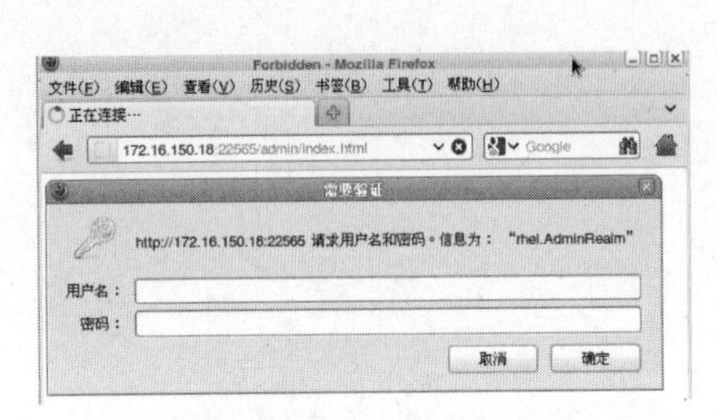

图25.6　Helix登录窗口

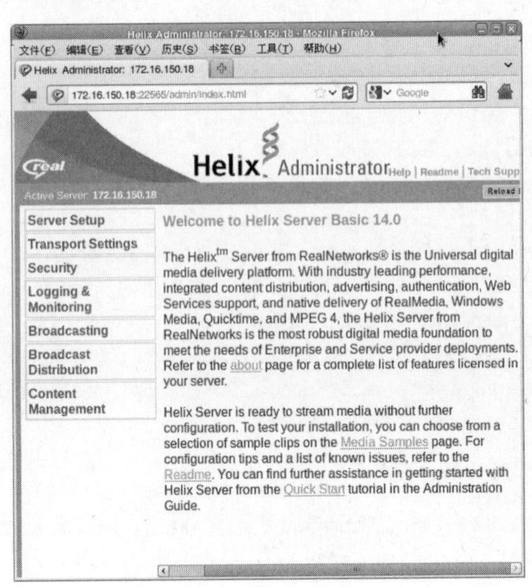

图25.7　Helix操作界面

左边列出的是有关设置的菜单选项，包括7个主菜单，每个主菜单下面还有若干个子菜单项目。当选中某个子菜单项目后，右边将出现有关这个菜单项目的具体设置内容。设置完成后，需要单击Apply按钮保存设置，或者单击Reset按钮取消设置。下面分别来叙述一些项目的设置。

注意：设置保存后，还不能马上生效，需要重启Helix服务器才能生效，一种简单的重启方法是单击右上角的Restart Server按钮。

25.5.2　Port（端口配置）

端口号是服务器用于PNA、HTTP、RTSP、监控和管理请求的端口。保留其默认设置将使更多的人能访问服务器的内容。如果要更改其默认值，需要更改所有的链接中的端口指向。服务器同样对编码器，分发以及组播设定默认端口。出于安全因素，管理端口在安装时被设定为一个随机值，请校验您重新定义的端口是否与系统现有的端口相冲突。

在Helix服务器管理界面的Server Setup主菜单中，包含了最基本的服务器设置项目。下面首先介绍一下有关端口和IP地址绑定的设置。选择Server Setup|Ports菜单后，浏览器窗口的右边将出现图25-8所示的界面。

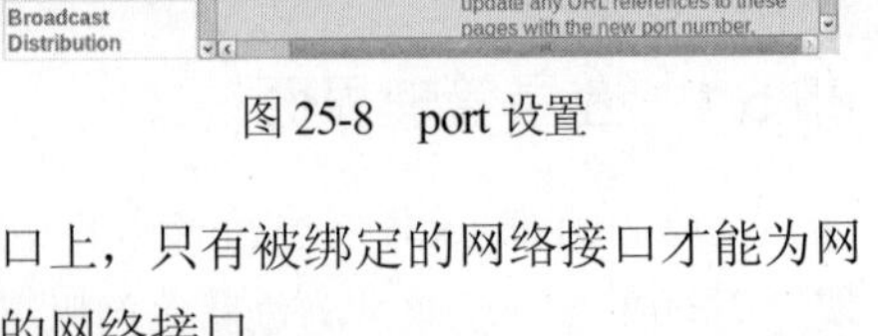

图25-8　port设置

25.5.3　IP Binding（IP地址绑定）

当服务器被安装在一个拥有多于一个 IP 地址的系统上时，则可以使Helix服务器绑定在某个或某几个网络接口上，只有被绑定的网络接口才能为网络中的客户机提供服务。如果不进行设置，默认要绑定所有的网络接口。

选择Server Setup主菜单中的IP Binding子菜单，将出现如图25-9所示界面。此时，单击列表框右上角的图标，将在列表框内添加一个IP地址绑定项目，然后可以在右边的文本框内进行修改。

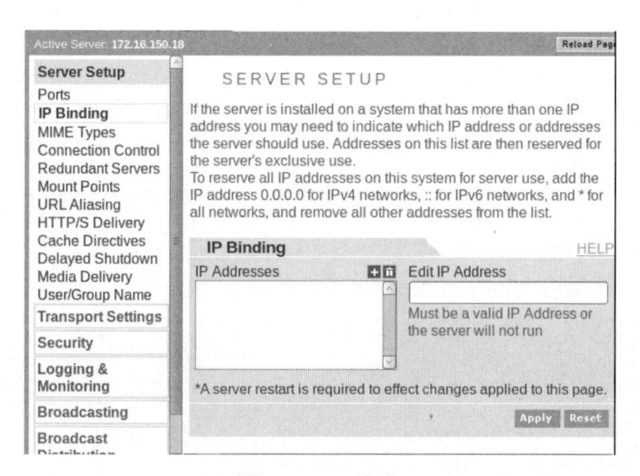

图 25-9　IP 绑定

25.5.4　Connecting Control（连接控制）

定义 Helix Server 有关连接的选项，可定义服务器的最大连接数，最大允许连接数（这个是由授权所规定的），以及对用户播放器的限制。比如仅限制 Realplayer 播放器使用，或者仅限制 PLUS 版本播放器使用等等.当然在这里还可以对服务的带宽进行限制，以保证同一台服务器上面的其他服务有足够的网络资源。

选择 Server Setup 主菜单中 Connection Control 子菜单，将出现图 25-10 所示的连接控制设置界面。

Maximum Client Connections 选项表示设置最大允许的客户端连接数，0 表示没有限制。注意：客户端连接数还要受到许可文件的限制。

RealPlayers Only 和 RealPlayer Plus Only 表示是否限制客户端的流媒体播放器的类型。如果选为 On，将客户端只能使用 RealPlayer 或 RealPlayer Plus 播放器访问 Helix 服务器的内容。

Maximum Bandwidth 表示 Helix 服务器占用的最大的网络带宽，单位为 K/s。当流媒体数据的流量达到这个带宽值时，Helix 服务器将不接受新的流数据连接请求。

Connection Timeout 设置客户端连接超时时间，单位为秒，当客户端在所设的时间内没有任何反馈时，Helix 服务器将主动查询客户端的状态，如果客户端没有响应，则服务器将中断连接。

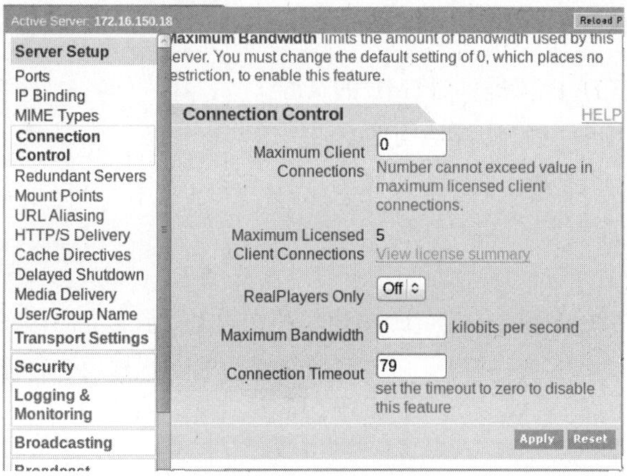

图 25.10　连接控制

25.5.5 Redundant Server（冗余服务器）

冗余服务器是保证大规模稳定服务的必须配置。同样的直播流和媒体文件被镜像地放置于几个不同的服务器上，当用户连接其中的一个服务器失败的时候，用户将被重新定向到另外一个备份的冗余服务器上去。可以定义冗余服务器列表，目录映射关系以及例外目录设置。

选择 Server Setup|Redundant Servers 菜单后，出现图 25-11 所示界面。如果单击 Alternate Servers 列表框上面的图标，可以添加冗余服务器，右边的文本框可以输入冗余服务器的描述字符、IP 地址和 RTSP 端口号。

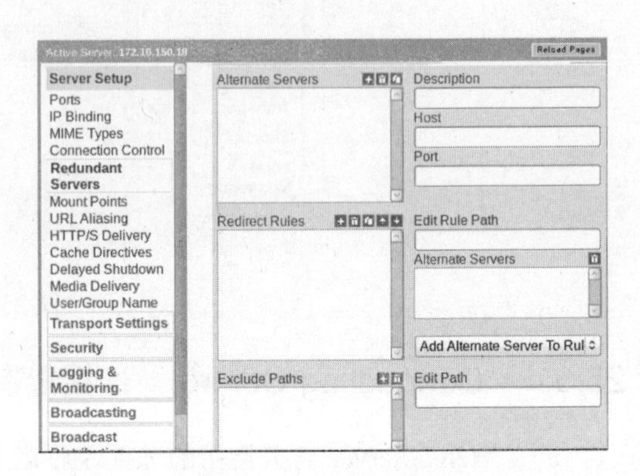

图 25-11 冗余服务器配置

Redirect Rules 列表框用于设置 URL 中的各种路径重定向到哪台冗余服务器，如果设置"/"重定向到某一台冗余服务器，则所有的 URL 连接失败时，RealPlayer 都将会重定向到这台冗余服务器。单击图标添加重定向规则后，可以在右边的文本框中输入路径，再在下面的下拉式列表框中选择冗余服务器。如果 Helix 服务器的某些路径禁止使用冗余服务器，可以把这些路径添加到 Exclude Paths 列表框中。

25.5.6 Mount Points（配置加载点）

选择 Server Setup|Mount Points 菜单后出现如图 25-12 所示配置加载点界面。

对于内容的设置很重要，其直接决定内容存放的位置。可以编辑：Edit Description（编辑加载点的描述）、Mount Point（加载点的路径）、Base Path（加载点所在的主目录）、Base Path Location（加载点是位于本地还时网络）以及是否 Cacheable by Caching Subscribers（开始加载点的缓存）。

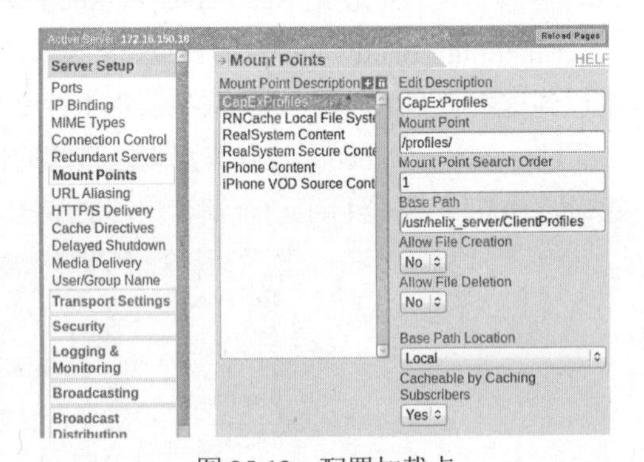

图 25-12 配置加载点

25.5.7 HTTP Delivery（HTTP 分发）

Helix Server 通过 HTTP 协议提供 HTML 的页面访问服务，同时控制经由 HTTP 协议访问的文件。HTTP 分发列表中定义了允许通过 HTTP 协议访问的目录，可以增加或者对目录进行编辑管理。 通过 HTTP 协议传输文件对于处于防火墙后面的用户是非常必要的。

选择 Server Setup|HTTP Delivery 菜单，出现如图 25-13 所示的界面，左边的列表框内是系统所设的 HTTP 分发目录，单击某一分发目录后，可以在右边的文本框内进行修改。

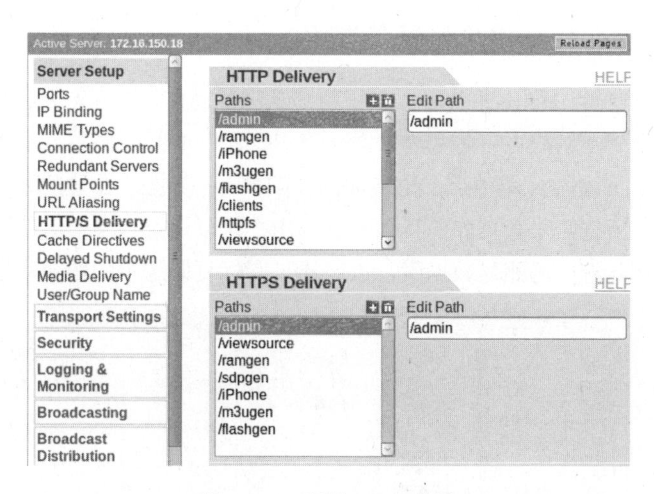

图 25-13　配置 HTTP 分发

25.6　Helix 流媒体服务器的安全认证

通过以上设置，Helix 服务器已经可以稳定地运行了。如果想限制外部访问服务器的权限，通常可以通过访问控制和用户认证来实现。

25.6.1　Access Control（访问控制）

Helix Server 可以建立基于 IP 地址和客户端链接的访问限制。通过建立访问规则，就可以允许或拒绝来自某一 IP 地址或某台主机对某个端口的访问请求。一旦用户访问被拒绝，其客户端上就会弹出出错提示。

选择 Security|Access Control 菜单，出现如图 25-14 所示界面，然后就可以添加新的规则来对用户的访问权限进行设置。比如能够设定允许或者禁止来自某个或者某段 IP 地址的访问请求，而且可以针对用户访问的端口进行特殊设置。

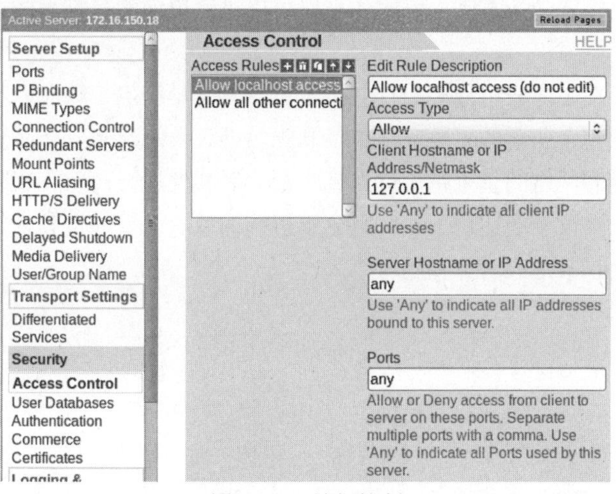

图 25-14　访问控制

25.6.2 User Databases（用户账号数据库）

为了保证用户的合法性，Helix 服务器提供了用户认证的功能，它事先提供了一些用户账号数据库，包含了用户名、密码、访问许可等内容。

选择 Security|User Databases 菜单后，出现如图 25-15 所示界面。左边的列表框中列出账号数据库的名称，右边列出了所选账号数据库的具体设置。用户可以通过列表框上的图标添加自己账号数据库，或者通过图标删除选中的账号数据库，以及通过图标复制选中的账号数据库。

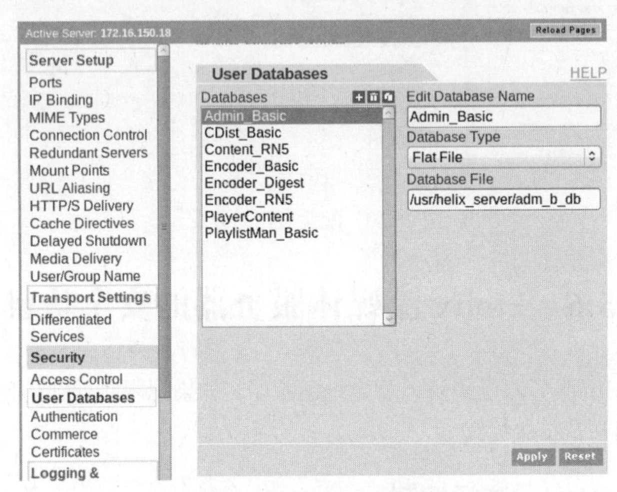

图 25-15　用户账户数据库

25.7　小　　结

进行流媒体传输时，音/视频服务器向用户连续、实时地传送资源。用户不必等到整个文件全部下载完毕，而只需经过几秒或十几秒的启动延时即可进行观看。当声音等实时媒体在客户机上播放时，文件的剩余部分将在后台从服务器内继续下载。流媒体技术不仅使启动延时大大缩短，而且不需要太大的缓存容量。以宽带为基础，流媒体不仅可以进行单向的视频点播，还能够提供真正互动的视频节目。

目前，流媒体技术在国内应用最多的行业是教育，其次是广电、政府以及电信。企业中应用较少。目前，流媒体技术在企业里的主要应用包括职工培训、信息发布、产品介绍、远程监控、视频会议和客户服务等。随着网络的越来越流行，视频会议以其便捷、高效、实时等多方面的特点，使其应用越来越多。视频会议系统适用于那些有分支机构的或者需要经常和合作伙伴交流的企业。流媒体技术应用于视频会议必定成为一种趋势。

第 26 章 LDAP 地址簿服务器

上章中对流媒体服务器的类型、构架以及配置等进行了介绍。LDAP 是轻量目录访问协议，类似于一个号码簿。LDAP 作为一个统一认证的解决方案，主要的优点就在能够快速响应用户的查找需求。LDAP 目录中可以存储各种类型的数据：电子邮件地址、邮件路由信息、人力资源数据、公用密匙、联系人列表，等等。通过把 LDAP 目录作为系统集成中的一个重要环节，可以简化信息查询的步骤。在本章将对 LDAP 地址簿服务器的相关内容进行介绍。

26.1 LDAP 的含义

LDAP 是轻量目录访问协议（Lightweight Directory Access Protocol）的缩写。其为一个用来发布目录信息到许多不同资源的协议。通常被作为一个集中的地址簿使用，可以根据用户的需要，来进行满足。

LDAP 基于 X.500 标准，最基本的形式是一个连接数据库的标准方式。该数据库为读查询作了优化，因此可以很快地得到查询结果。但是其在某些方面还是存在缺陷，如在对数据库进行更新时效率比较低。值得注意的是，LDAP 并不是时下流行的关系型数据库，而是通常被作为一个层次数据库来使用。其结构为树状结构，因此不支持 SQL 语句。在 LDAP 中目录由条目组成。条目相当于关系数据库中表的记录，是一个具有区别名的属性集合。区别名相当于关系数据库表中的关键字。为了方便检索的需要，属性由类型和多个值组成。其相当于关系数据库中的域，由域名和数据类型组成。LDAP 中的类型可以有多个值，而不是关系数据库中为降低数据的冗余性要求实现的各个域必须是不相关的。

实质上 LDAP 就是一个号码簿，类似于 NIS（Network Information Service）、DNS（Domain Name Service）等网络目录。

26.2 为什么要建立 LDAP

LDAP 已经变成当今的热门主题。其受欢迎的原因在于其灵活性和可扩展性。LDAP 协议既是跨平台的也是基于标准的。LDAP 目录几乎可以存储所有类型的数据，包括电子邮件地址、DNS 信息、NIS 映射、安全性密钥、联系人信息列表和计算机名等。LDAP 服务器的安装和配置相对比较简单。可以持续、稳定地运行，而且很容易为特定类型的访问进行最优化设置。

LDAP 支持 TCP/IP 协议，使用的是 Internet 的标准。因为其根本不用考虑客户端或服务器端的实现方法，所以时下很多网络产品都加入了对 LDAP 的支持。LDAP 服务器可以是任何一个该开源代码或商用 LDAP 服务器，还可能是具有 LDAP 界面的关系型数据库。在 LDAP 中条目的组织非常直观，一般按照地理位置和组织关系进行组织。为提高效率使用了基于索引的文件数据库将数据存放在文件中，而不是关系数据库。LDAP 协议规定了区别名的命名方法、存取控制方法、搜索格式、复制方法、URL 格式、开发接口等。大大方便了用户的使用。

26.3 Linux 下 LDAP 的安装与备份

在上节中简单地给大家介绍了一下 LDAP 的发展。然后介绍其概念，让大家有了一个感性的认识。在本节中将给大家讲解 LDAP 的基本安装和备份操作。

26.3.1 安装 LDAP

（1）准备安装。首先到网上下载下面 3 个文件：db-4.5.20.tar.tar、cyrus-sasl-2.1.26.tar.gz、openldap-2.4.35.gz，然后存放在文件夹/tmp 下。用 root 身份登录后进入/tmp 目录解压。

```
#cd /tmp
#tar -zxvf db-4.5.20.tar.tar
# tar -zxvf cyrus-sasl-2.1.26.tar.gz
#ar -zxvf openldap-2.4.35.gz
```

（2）安装 Berkeley DB。

```
#cd /tmp/db-4.3.28/build_unix
#../dist/configure
#make
#make install
```

配置库路径：将 db-4.3.28 安装目录/usr/local/Berkeley DB.4.3 下的 lib 和 include 目录下的文件复制到/usr/lib 和/usr/include 文件夹下。

（3）安装 cyrus-sasl-2.1.26。

```
#cd /tmp/cyrus-sasl-2.1.26
#./configure --prefix=/usr
#make
#make install
```

（4）安装 openldap-2.4.35。

```
#cd /tmp/openldap-2.4.35
#./configure
#make depend
#make
#make install
```

26.3.2 备份 LDAP

对 LDAP 进行备份前首先要找出 Ldap server 和 SCS server 的安装目录，方法如下：

显示 Ldap server 安装路径：

```
#ps -ef | grep slapd
```

使用该命令可以得到 Ldap server 的安装路径。

显示 SCS server 安装路径：

```
#ps -ef |grep SCS
```

使用该命令可以得到 SCS server 的安装路径为：/opt/shasta/scsserver/。然后，按照 ldap server 和 SCS server 的安装路径备份数据库。

（1）备份 LDAP server 的数据库步骤。

```
#mkdir cfgbak
#cd /opt/shasta/
#cd cfgbak
#mkdir ldapbak
#cd /opt/shasta/
#chmod -R 777 cfgbak
#cd /opt/shasta/ldap/slapd-nms-ls
#./db2ldif /opt/shasta/cfgbak/ldapbak/20070414.ldif
#./db2bak /opt/shasta/cfgbak/ldapbak/20070414
```

此处为以日斯为目录区分不同时间的备份。

（2）备份 Solid Database Backup Procedure。

```
#cd /opt/shasta/scsserver/bin/
#./SCSAdmin backup solidDB <backupDir>
```

注意：SCS Server 默认的备份路经为/opt/shasta/scsserver/opt/solidSolaris/database/。

（3）备份 Ldap server 和 SCS server 的安装目录。

```
#cd /opt/shasta
#tar cvf ldap.tar ./ldap
#tar cvf scsserver.tar ./scsserver
```

Shasta 本身设备上的配置 qs1 和 primary 必须备份。一般来说，qs1 的内容很少变动，只需备份一次即可。而 primary 经常变化，每次在 scs 用户端图形界面作完配置后，除了上述的数据库备份，还需要作 primary 备份。

（4）备份/导出主要配置。

```
#log into BSN cli
#cd /disk/config
#mkdir primary.bak
#copy file /disk/config/primary/*.*  /disk/config/primary.bak/
#export config config=primary outfile=backup.txt
```

（5）备份 qs1 配置。

```
#log into BSN cli
#cd /disk/config
#mkdir qs1.bak
#copy file /disk/config/qs1/*.* /disk/config/qs1.bak/
```

注意：做完上述备份之后，一定要将这些备份文件：SCS Server 上 opt/shasta 下的 cfgbak 这个目录，Shasta 上 config 目录下 qs1.bak 和 primary.bak 这两个目录，用二进制的方式 FTP 取出备份到另外的一台计算机上做外部备份。

26.3.3 LDAP 数据恢复

要对 LDAP 进行数据恢复时操作步骤如下：

（1）将 SCS Server 服务停止。

```
#cd /opt/shasta/scsserver/bin/
./SCSAdmin stop
```

（2）将 LDAP Server 停掉。

```
#cd /opt/shasta/ldap/slapd-nms-ls
#./stop-slapd
```

（3）恢复 LDAP 数据。

```
#./ldif2db -i /opt/shasta/cfgbak/ldapbak/20070414.ldif
#./bak2db /opt/shasta/cfgbak/ldapbak/20070414
```

（4）重新启动 LDAP Server。

```
#cd /opt/shasta/ldap/slapd-nms-ls
#./start-slapd
```

（5）确认 SCS Server 所有服务运行正常。

```
#cd /opt/shasta/scsserver/bin/
#./SCSAdmin status
```

（6）恢复 SCS Server。

```
#cd /opt/shasta/scsserver/bin/
#./SCSAdmin restore solidDB <backupDir>
```

（7）再次确认 SCS Server 的所有服务正常。

```
#cd /opt/shasta/scsserver/bin/
#./SCSAdmin status
```

注意：SCS Server 默认的恢复路经为/opt/shasta/scsserver/opt/solidSolaris/database/。

26.4 LDAP 目录控制

LDAP 服务器安装好后，就需要对其进行常规设置。在这里面目录控制就是最重要的一环，因此在本小节中将给大家介绍一下 LDAP 目录控制的相关知识。

26.4.1 访问控制文件（acls.prop）

内置的 LDAP Server 的整个目录的完整的访问控制列表 ACL（Access Control List）都在 acls.prop 这个访问控制文件里面。这个文件中的每一行都是一个对访问控制规则的描述。一个访问控制规则由下面几个部分组成：

- 访问控制位置（Access Control Location）；
- 访问控制范围（Access Control Scope）；
- 访问权限（Access Rights）；
- 许可（grant 或 deny）；
- 应用规则的属性（attribute）；
- 允许或拒绝访问的主题（subject）。

如要实现对其的访问控制，修改%WEBLOGIC_HOME%\server\lib\acls.prop 这个文件。在该文件最后添加以下几行：

```
[root]|entry#grant:s,r,o,w,c,m#[all]#public
[root]|subtree#grant:s,r,o,w,c,m#[all]#public:
```

```
[root]|subtree#grant:a,d,e,i,n,b,t#[entry]#public:
cn=schema|entry#grant:s,r,o,w,c,m#[all]#public:
cn=schema|entry#grant:a,d,e,i,n,b,t#[entry]#public:
```

注意：该文件中各行之间不能有空行，否则启动 WLS 会报错。经过上述修改之后就可以启动 WLS 了。启动后在 Console 里对 Ldap Server 的密码进行修改。密码修改完后需要重新启动 WLS 才生效。

26.4.2 访问控制位置（Access Control Location）

访问控制位置是指访问控制文件中的每个访问控制规则在 LDAP 目录中应用的某个特定的位置。通常该位置为一个区别命名。但是如果访问控制规则是应用到整个目录，就需要指定位置为“root”。有两种情况这个访问控制规则不会被执行：

- 被访问或更改的入口位置与访问控制规则指定位置不符合；
- 被访问或更改的入口位置在访问控制规则指定的位置的下级位置。

26.4.3 访问控制范围（Access Control Scope）

访问控制范围有如下两种：

（1）Entry：当 LDAP 目录的入口区别名与访问控制规则指定的位置相同时，才被执行。这种规则对于包含了单独入口的情况很有用；

（2）Subtree：表示这条规则适用于访问控制规则指定的位置及子树。

注意：如果 Entry 与 Subtree 在访问控制规则中产生了冲突，则 Entry 的优先级高于 Subtree。

26.4.4 访问权限（Access Rights）

当客户端发送一个访问入口信息的请求时，LDAP Server 选择允许还是拒绝这个请求。LDAP Server 将考虑诸多因素，包括访问规则、入口是否被保护等。下面是关于访问权限的一些说明：

（1）若某个规则比其他规则更详细，则其具有更高的优先级；

（2）如果规则间存在冲突，subject 规则将决定哪个规则被优先应用。优先级顺序从高到低为：IP Address、AuthzID 或者 This、Group、Subtree 或者 Public；

（3）当 ACL 存在冲突时，deny 的优先级高于 grant；

（4）没有定义访问控制规则的情况下，默认值为 deny。入口的访问规则的优先级高于该入口的 Subtree 的访问规则。

26.5 LDAP Server 和 LDAP Browser

LDAP 目录控制主要用于各种访问控制权限上的问题，而真正的实现机制是本节要讲到的 LDAP Server 和 LDAP Browser 的协调功能。

26.5.1 LDAP Server 的使用

LDAP 是一种特殊的数据库。在 LDAP 中对查询进行了优化，其读性能比写性能更优越。在使用 LDAP Server 之前，首先应该对其存储规则简单了解一下。

LDAP 的树型结构与自然界中的树并不完全相同。文件系统 LDAP 目录的每一片枝叶都至少包含有一个唯一的属性，这些属性可以帮助来区别这些枝叶。在文件系统中，这些唯一的属性就是带有完整路径的文件名。例如，文件/etc/passwd 在该路径下是独一无二的。虽然在不同目录下可以存在不同的 passwd 文件，但是其完整路径仍然是唯一的。

在 LDAP 文件系统中，一个条目的区分名称叫做“DN”（Distinguished Name）。在同一个目录中不能有重名的区别名。下面介绍一下参数的命名规则如表 26-1 所示。

表 26-1　参数的命名规则

参　数	含　义
CN（Common Name）	指定用户名或服务器名，长度不超过 80 个字符且支持中文
OU（Organization Unit）	指定组织单元，最多可以有 4 级，每级不超过 32 个字符，支持中文
O（Organization）	指定组织名，长度可以为 3~64 个的字符
C（Country）	指定国家名，为可选项，两个字符长

LDAP 目录以属性对的形式来存储记录项，每一个记录项包括属性类型和属性值。例如：

```
#mail = testmail@mccc.net
#othermailbox = testmailother@mccc.com
#givenname = givenname
#sn = test sn
```

注意：各个属性的值都是可选的，但是 objectclass 属性必须被赋值为 person 、server、organization 或者其他自定义的值。

简要地介绍了 LADP 的存储规则后，接下来介绍 PHP 如何操作 LDAP：

（1）PHP 与 LDAP 连接和关闭，返回值为：true 或 false。

```
#ds=ldap_connect("ServerName")
//ServerName 是 LDAP 的服务器名，
#ldap_close($ds)  //关闭连接
```

（2）在 PHP 中如何搜索用户信息，首先连接上服务器，使用如下命令。

```
#ds=ldap_connect("10.31.172.30:1000")
```

（3）搜索函数中的一个参数，要求返回哪些信息：

```
#justthese = array("cn","userpassword","location")
#sr=ldap_search($ds,"o=jite", "cn=dom*",$justthese)
```

通过上述命令传回的是 cn、userpassword、location，括号里的参数要求小写。Search 指令的第一个参数为开启 LDAP 的代号，第二个参数为最基本的 dn 条件值，如：“o=jite,c=cn”，第三个参数 filter 为布尔条件。“o”为组织名，“cn” 为用户名，用户名可用通配符“*”。

```
#echo "domadmin 姓氏有".ldap_count_entries($ds,$sr)." 个<p>";
```

上面的命令 ldap_count_entries($ds,$sr)传回记录总数。

```
info = ldap_get_entries($ds, $sr)                               //LDAP 的全部传回资料
echo "资料传回 ".$info["count"]."笔:<br>"
for ($i=0; $i<$info["count"]; $i++) {
echo "dn 为: ". $info[$i]["dn"] ."<br>"
echo "cn 为: ". $info[$i]["cn"][0] ."<br>"                       //显示用户名
echo "email 为: ". $info[$i]["mail"][0] ."<br>"  //显示 mail
```

```
echo "email 为: ". $info[$i]["userpassword"][0] ."<br>"      //显示加密后的密码
}
```

（4）添加用户。要添加用户，首先要连接上服务器，绑定一个管理员，有写的权限。

```
#ds=ldap_connect("10.31.172.30:1000")
#r=ldap_bind($ds,"cn=domadmin,o=jite","password")
```

注意：cn=domadmin,o=jite 顺序不能变。

```
info["cn"]="aaa"                                              //此项为必填
info["userpassword"]="aaa"
info["location"]="shanghai"
info["objectclass"] = "person"                                //必填可以为 person 也可以为 server
ldap_add($ds, "cn=".$info["cn"].",o=jite", $info)
ldap_unbind($ds)                                             //取消绑定
ldap_close($ds)                                              //关闭连接
```

（5）删除用户。

```
ds=ldap_connect("10.31.172.30:1000")                         //首先连接上服务器
ldap_bind($ds,"cn=domadmin,o=james","password")              //绑定管理员，有删除的权限
dn="cn=dingxf,o=james"
ldap_delete($ds, $dn)                                        //删除用户
ldap_unbind($ds)                                             //取消绑定
ldap_close($ds)                                              //关闭连接
```

（6）修改用户资料。

```
ds=ldap_connect("10.31.172.30:1000")                         //首先连接上服务器
ldap_bind($ds,"cn=domadmin,o=james","password")              //绑定管理员，有修改的权限
dn="cn=dingxf,o=jite"                                        //用户 dn
$info["userpassword"]="aaa"                                  //要修改的信息，放在数组变量中
$info["location"]="shanghaisdaf"
ldap_modify($ds, $dn , $info)                                //修改函数
ldap_unbind($ds)                                             //取消绑定
ldap_close($ds)                                              //关闭连接
```

（7）用户登录验证。

```
ds=ldap_connect("10.31.172.30:1000")                         //首先连接上服务器
if (ldap_bind($ds,"cn=dingxf,o=james","dingxf"))
{
echo "验证通过";
}
else {
echo "验证不通过";
}
ldap_unbind($ds);                                            //取消绑定
ldap_close($ds);                                             //关闭连接
```

26.5.2　LDAP Browser 的使用

LDAP Browser 需要在 JDK 环境下才能运行，因此在对其进行使用之前必须先配置 JDK 环境。安装 JDK 软件包并配置 JDK 环境，笔者这里以 jdk-1_5_0_04-linux-i586-rpm.bin 为例。

（1）更改文件的执行权限。

```
chmod 755 jdk-1_5_0_04-linux-i586-rpm.bin
```

（2）编译文件，查看版权说明过程。

```
./jdk-1_5_0_04-linux-i586-rpm.bin
```

（3）开始安装文件，安装完成后，修改/etc/目录中的 profile 文件，在该文件的最后面加入 JAVA_HOME 下的信息。修改完/该文件之后，重新启动系统。

```
rpm -ivh jdk-1_5_0_04-linux-i586.rpm
JAVA_HOME=/usr/java/jdk1.5.0_04
PATH=$JAVA_HOME/bin:$PATH
CLASSPATH=.:$JAVA_HOME/lib/dt.jar:$JAVA_HOME/lib/tools.jar
export JAVA_HOME,PATH,CLASSPATH
reboot
```

经过上述过程就配置好了 JDK 环境。下面安装 LDAP Browser，配置了 jdk 环境之后就可以进行 LDAP Browser 的安装了。

```
tar -zxvf Browser282b2.tar.gz -C /root/
```

对安装包进行解压之后，进入图形界面进行操作。进入 Browser282b2 应用程序的解压目录“/root/ldapbrowser”，运行“lbe.sh”程序。这时系统将会提示选择“在终端中运行（T）”或者“运行（R）”两按钮中的任意一个。接着出现名为 Connect 的对话框，单击 Edit 按钮，随即出现一个名为 Edit Session 的窗口。用户可根据实际填入相应的内容。

（4）Name 选择框。

Name：用户可自定义输入一个名字。

（5）Connection 选择框，如表 26-2 所示。

表 26-2 Connection 选择框

项 目	内 容 含 义
Host	LDAP 服务器的主机地址
Port	访问 LDAP 服务器的端口
Version	选择 LDAP 服务器的版本
Base DN	LDAP 服务器的 DN 地址
User DN	管理 LDAP 服务器的用户名
Password	管理 LDAP 服务器的用户密码

进行了相应的设置之后，单击 Save 按钮。接下来，重新回到 Connect 信息窗口单击 Connect 按钮，这时就可以成功登录了。其操作界面简洁明了，方便使用。

26.6 LDAP 服务器配置

LDAP 地址簿服务器在与上面的 PHP 连接操作中，体现出了其强大的目录检索功能。要想使 LDAP 服务器工作效率更高、更稳定。大家还需要对其进行配置，在本节中将给大家介绍如何配置 LDAP 服务器。

26.6.1 安装 Berkely DB

在安装 Berkely DB 前，到 http://www.oracle.com/technetwork/products/ berkeleydb/downloads/ index. html 得到 Berkely DB 的安装包，其实现步骤如下。

（1）解压安装软件包。

```
tar zxfv db-6.x.tgz
cd db-4.x/build_unix
```

对于 Berkely DB 的编译可以有两种方式来进行，分别是 gcc 编译和 armgcc 编译。下面就这两种不同的编译方式进行简要的介绍。

（2）以 gcc 的方式对其进行编译，用编辑器打开/dist/configure 这个配置文件并在最前面添加：CC gcc。

```
#vi /dist/configure
…………
#../dist/configure
#make
#make install
```

Berkeley DB 的 lib 和 include 将被默认安装到/usr/local/BerkeleyDB/目录下。如果用户需要更改这个路径的话，可以在#../dist/configure 这一步时，加上选项—prefix，例如：#../dist/configure --prefix=/opt/Berkeley DB，这样就可以将 Berkeley DB 安装到了/opt/Berkeley DB 目录下。

设置 Berkeley DB 的 lib 路径，使系统可以将其识别。使用编辑器打开/etc/ld.so.conf 这个配置文件，并将 Berkeley DB 的 lib 路径加到该文件的最后一行。目的是使系统能找到并加载其动态链接库的配置文件 ld.so.conf。此文件内存放着可被 Linux 共享的动态链接库所在目录的名字，除了系统目录/lib 和/usr/lib。在添加路径时，对路径名的书写要求为各个目录名之间用空白字符（空格、换行等）或冒号或逗号分隔。

```
#ldconfig
```

（3）以 arm-gcc 的方式对其进行编译。

以这种编译方式首先要安装 arm-gcc。对笔者来说，arm-gcc 的安装包就是在/mnt/setup/program /FFT/FFT-2410 光盘-V3.0/linux 开发/linux 交叉编译器/tool 下，对其进行安装。

```
cp /mnt/setup/program/FFT/FFT-2410 光盘-V3.0/linux 开发/linux 交叉编译器/tool /usr/tmp/
cd /usr/tmp/tool
rpm -ivh *
ldconfig
```

经过上述操作，这一系列工具就被默认安装到了/opt/host/arm41 目录下。

安装 Berkeley DB-4.6.20 版本，用户甚至可以直接修改 configure 配置文件。而对于 Berkeley DB-4.3.29 版本来说，则不可以直接对 configure 文件进行修改。这里以 Berkeley DB-4.6.20 为例来进行介绍。

```
#tar zxfv db-4.3=4.6.20.tgz
#cd db-4.6.20/build_unix
#vi /dist/configure
```

通过上述操作，对安装包进行了解压并打开了/dist/configure 文件。接下来，在文件的最前面添加以下几行内容。

```
CC=/opt/host/armv4l/bin/armv4l-unknown-linux-gcc
AR=/opt/host/armv4l/bin/armv4l-unknown-linux-ar
RANLIB=/opt/host/armv4l/bin/armv4l-unknown-linux-ranlib
STRIP=/opt/host/armv4l/bin/armv4l-unknown-linux-strip
../dist/configure --prefix=/opt/db --host=arm41-unknown-linux
```

经过上述添加之后，Berkeley DB 的 lib 和 include 将被安装到/opt/db 目录下，或者可以进行如下的添加。

```
env CC=/opt/host/armv4l/bin/armv4l-unknown-linux-gcc \
AR=/opt/host/armv4l/bin/armv4l-unknown-linux-ar \
RANLIB=/opt/host/armv4l/bin/armv4l-unknown-linux-ranlib \
STRIP=/opt/host/armv4l/bin/armv4l-unknown-linux-strip \
../dist/configure --prefix=/opt/db --host=arm41-unknown-linux
make
make install
```

用 Vi 编辑器打开/etc/ld.so.conf 文件并将 Berkeley DB 的 lib 的路径加到该文件的最后一行，在这里就是/opt/db/lib 目录。

```
ldconfig
```

读者也可以通过 http://www.sleepycat.com/docs/ref/build_unix/intro.html 获得更详细的安装介绍，下面给出整个实现过程的代码，请大家细细品味。

```
#include <db.h>
#include <stdio.h>
#include <stdlib.h>
#include <pthread.h>
/* DB 的函数执行完成后，返回 0 代表成功，否则失败 */
void print_error(int ret)
{
if(ret != 0)
printf("ERROR: %s\n",db_strerror(ret));
}

/* 数据结构 DBT 在使用前，应首先初始化，否则编译可通过但运行时报参数错误 */
void init_DBT(DBT * key, DBT * data)
{
memset(key, 0, sizeof(DBT));
memset(data, 0, sizeof(DBT));
}
void main(void)
{
DB *dbp;
DBT key, data;
u_int32_t flags;
int ret;
char *fruit = "apple";
int number = 15;
/*结构体操作*/
typedef struct customer
{
int c_id;
char name[10];
char address[20];
int age;
} CUSTOMER;
CUSTOMER cust;
int key_cust_c_id = 1;
cust.c_id = 1;
strncpy(cust.name, "javer", 9);
strncpy(cust.address, "chengdu", 19);
cust.age = 32;
```

```
/* 首先创建数据库句柄 */
ret = db_create(&dbp, NULL, 0);
print_error(ret);
/* 创建数据库标志 */
flags = DB_CREATE;
ret = dbp->open(dbp, NULL, "single.db", NULL, DB_BTREE, flags, 0);/*打开 DB*/
print_error(ret);
init_DBT(&key, &data);
key.data = fruit;
key.size = strlen(fruit) + 1;
data.data = &number;
data.size = sizeof(int);
/* 把记录写入数据库中*/
ret = dbp->put(dbp, NULL, &key, &data,DB_NOOVERWRITE);
print_error(ret);
/*关闭数据库时，数据会被自动刷新 */
dbp->sync();
init_DBT(&key, &data);
key.data = fruit;
key.size = strlen(fruit) + 1;
/* 从数据库中查询关键字为 apple 的记录 */
ret = dbp->get(dbp, NULL, &key, &data, 0);
print_error(ret);
/* 特别要注意数据结构 DBT 的字段 data 为 void *型，所以在对 data 赋值和取值时*/
printf("The number = %d\n", *(int*)(data.data));
if(dbp != NULL)
dbp->close(dbp, 0);
ret = db_create(&dbp, NULL, 0);
print_error(ret);
flags = DB_CREATE;
/*创建一个名为 complex.db 的数据库，使用 HASH 访问算法 */
ret = dbp->open(dbp, NULL, "complex.db", NULL, DB_HASH, flags, 0);
print_error(ret);
init_DBT(&key, &data);
key.size = sizeof(int);
key.data = &(cust.c_id);
data.size = sizeof(CUSTOMER);
data.data = &cust;
ret = dbp->put(dbp, NULL, &key, &data,DB_NOOVERWRITE);
print_error(ret);
memset(&cust, 0, sizeof(CUSTOMER));
key.size = sizeof(int);
key.data = &key_cust_c_id;
data.data = &cust;
data.ulen = sizeof(CUSTOMER);
data.flags = DB_DBT_USERMEM;
dbp->get(dbp, NULL, &key, &data, 0);
print_error(ret);
printf("c_id = %d name = %s address = %s age = %d\n",
cust.c_id, cust.name, cust.address, cust.age);
if(dbp != NULL)
dbp->close(dbp, 0);
```

```
}
```

（4）gcc 编译并实现。

```
gcc test.c -ggdb -I/usr/local/BerkeleyDB.5.20/include/ -L/usr/local/BerkeleyDB.5.20/
lib/ -ldb -lpthread
```

前提是确保 Berkeley DB 的 lib 路径已经加入到了/etc/ld.so.conf 中。如果用户用的是 eclipse 之类的工具的话，应该加上-I、-L、-l 选项。

26.6.2 配置、编译、安装 openldap

因为 openldap 软件依赖许多第三方软件包，所以在安装之前应该为其准备许多第三方的软件包。用户可根据实际使用的要求来下载、安装相应的附加软件包。例如，必须安装传输层安全（TLS）、Kerberos 认证服务、简单认证和安全层、数据库软件、TCP Wrappers 等常用第三方软件包。同时某些第三方软件包同样依赖于其他软件包。下面将对 openldap 的具体安装作详细的介绍：

（1）在 openldap 的官方网站获得此软件。（http://www.openldap.org/software/download/）。

（2）下载了该软件包后，接下来要对其进行解压并进入相应的目录。

```
gunzip _c openldap-VERSION.tgz | tar xvfB -
cd openldap-VERSION
```

注意：必须将 VERSION 使用发行版本的版本名称替换。

（3）进入目录查看文档。查看 COPYRIGHT、LICENSE、README 以及 INSTALL 这些随版本发行的文档。通过查看上述这些文档有助于用户更好地了解 openldap 软件。

（4）运行 configure 脚本。用户需要运行系统提供的 configure 脚本来配置系统上的发行版本。configure 脚本通过接受不同的命令行参数，可以允许或者禁止软件的某些特性。通常情况下，默认的选项是允许，但是用户可能需要将其改变。要得到 configure 脚本接受的命令行参数的列表，使用-help 选项：

```
./configure -help
```

这里不就这个问题进行展开，而假设 configure 喜欢用户的系统，这样就可以继续编译软件。

（5）做了如上这些准备之后，开始编译 openldap 软件。创建编译依赖选项，然后编译软件。

```
make depend
make
```

（6）为了确保编译的正确性，应该测试代码集合。

```
make test
```

运行结果是符合当前配置的测试程序将会运行，其应该被测试通过。为了减少测试时一些可有可无的测试，比如复制测试，可以将其跳过。

（7）开始安装软件。安装该软件通常需要超级用户的权限。

```
su root -c 'make install'
```

所有文件都被安装到/usr/local 目录下或者是 configure 中指定的安装目录中。

（8）安装完之后进行配置文件的编辑。此部分可以使用编辑器来编辑系统提供的 slapd.conf(5) 文件。该文件通常安装在/usr/local/etc/openldap/slapd.conf，此处假设就在此目录中。它包含一个如下所示的 BDB 数据库定义。

```
database bdb
suffix "dc=,dc="
rootdn "cn=Manager,dc=, dc="
```

```
rootpw secret
directory /usr/local/var/openldap-data
```

这里要确保使用的域名一定正确。比如，对于 example.com 则应使用如下配置：

```
database bdb
suffix "dc=example,dc=com"
rootdn "cn=Manager,dc=example, dc=com"
rootpw secret
directory /usr/local/var/openldap-data
```

如果所用的域名包含了其他的部分，比如，eng.uni.edu.eu，则应配置如下：

```
database bdb
suffix "dc=end,dc=uni,dc=edu,dc=eu"
rootdn "cn=Manager, dc=end,dc=uni,dc=edu,dc=eu"
rootpw secret
directory /usr/local/var/openldap-data
```

注意：*配置 slapd(8)的详细信息可以在 slapd.conf(5)的手册页中。指定的目录在启动 slapd(8)之前必须存在。*

（9）启动 SLAPD。经过上述的准备工作后，现在已可以启动独立的 LDAP 服务器 slapd(8)了。运行下面的命令启动。

```
su root -c /usr/local/libexec/slapd
```

为了检查服务是否被正确配置且可以正常运行，可以对服务器运行一条搜索命令，即使用 ldapsearch 命令。ldapsearch 安装在/usr/local/bin/ldapsearch。

```
ldapsearch -x -b '' -s base '(objectclass=*)' namingContexts
```

注意命令行参数中单引号的使用，其阻止了特殊的字符被 Shell 解析。这个命令输入后，如果正常运行的话则应该返回如下内容。

```
dn:
namingContexts: dc=example,dc=com
```

至此，openldap 安装成功完成。

26.6.3　配置 slurpd

Slurpd 用于帮助 SLAPD 提供复制服务。其会将对主 SLAPD 数据库的修改分发到不同的 SLAPD 的副本上。使 SLAPD 避免去考虑当改变发生的时候，一些副本可能死机或者不可访问。SLURPD 自动重新尝试失败的请求。Slapd 和 SLURPD 通过一个简单的文件进行通信。

配置 slapd 有两种配置文件类型：一种是老的 conf 类型，另外一种是.d 这种新的类型。但是如果要用 slurpd，就必须使用旧的。修改/usr/local/etc/openldap 下的 slapd.conf 文件。配置包括三部分：全局配置，backend 配置和数据库配置。下面通过实例给大家讲解会比较容易理解，配置过程如下：

（1）修改/usr/local/etc/openldap 下的 slapd.conf 配置文件。

```
loglevel 256
include /usr/local/etc/openldap/schema/core.schema
include /usr/local/etc/openldap/schema/corba.schema
include /usr/local/etc/openldap/schema/cosine.schema
include /usr/local/etc/openldap/schema/inetorgperson.schema
include /usr/local/etc/openldap/schema/misc.schema
include /usr/local/etc/openldap/schema/openldap.schema
```

```
include /usr/local/etc/openldap/schema/nis.schema
include /usr/local/etc/openldap/schema/samba.schema
pidfile /usr/local/var/run/slapd.pid
argsfile /usr/local/var/run/slapd.args
backend bdb
database bdb
suffix "dc=pos,dc=one"
rootdn "cn=Manager,dc=pos,dc=one"
rootpw secret
directory /usr/local/var/openldap-data
index objectClass eq
```

参数说明如表 26-3 所示。

表 26-3 参数说明

参 数	含 义
loglevel 256	设置登录级
include	载入 schema 的所有文件
database	数据库提取
directory	设置访问目录

（2）修改/etc/hosts 并修改里面的访问 IP 值。

```
172.19.73.247 pos.one  one.pos  one
```

（3）运行配置结果。

```
./<服务名>    //服务器根据版本不同而不同
```

26.7 LDAP 服务器信息配置

上节讲解了 LDAP 服务器的配置方法，相信大多数用户已经能够正确操作 LDAP 服务器。本节将介绍 LDAP 服务器信息的配置。

26.7.1 Base DN 的配置

在配置 Base DN 时，应注意用户基准节点为 people 以及用户根节点为 suffix。例如，当安装 NetScape Server 时，用户根节点 suffix 设置为“weihong.com”，那么应配置 Base DN 为：ou=people, o=sina.com。

在执行 LDAP Search 的时候，一般都要求指定 Base DN 这个选项。由于 LDAP 是树型数据结构，所以在指定 Base DN 后，搜索将从 Base DN 开始。可以指定 Search Scope 为：只搜索 Base DN(base)，Base DN 直接下级（one level），和 Base Dn 全部下级（sub tree level）。

26.7.2 管理员 DN 的配置

NetScape Directory Server 的管理员在服务器安装时指定。管理员所在目录通常与用户所在目录不同。假如，服务器安装时，默认的 LDAP 数据库管理员 DN 为：cn=Directory Manager。则管理员 DN 应设置为 cn=Directory Manager。同 Active Directory 相比，其管理员名称前应该加上“cn=”，添加 LDAP 服务器。

打开 LDAP 服务器，单击主界面上的“增加”按钮。将出现增加 LDAP 服务器界面，此时按照要求填写即可，在进行相应设置时应该注意以下一些问题：

（1）Base DN 的配置。在配置 Base DN 时，应注意用户基准节点为“ou=people,” +“用户根节点 suffix”。假设在安装 Sun Directory Server 时，用户根节点 suffix 设置为“sina.com”，那么应配置 Base DN 为：ou=people，dc=sina，dc=com。

（2）端口配置。在端口设置栏中应设置 LDAP 可用通信端口号，此端口需要按安装时设定的端口值设置，而且须保持一致性。

（3）管理员 DN 的配置。服务器安装时，设置的 LDAP 数据库将管理员 DN 设置为：cn=james。则管理员 DN 应设为：cn=james，同 Active Directory 相比，其管理员名称前应该增加“cn=”域名。

（4）用户名属性标识。用户名属性标识通常为：uid，如果该 LDAP 服务器中，用户账号通过属性“cn”唯一确定，其用户属性标识应设置为：cn，具体情况请咨询 LDAP 服务器管理员。

（5）用户名密码属性标识。用户名密码属性标识通常为 userPassword，即登录口令设置。

26.7.3　测试 LDAP 服务器是否配置

现在来检验增加的条目确实在数据库中。可以使用任何 LDAP 客户端来验证这一点。本例用的是 ldapsearch(1)工具。一定要确保使用的域名的正确性，来替换 dc=example，dc=com。

```
#ldapsearch -x -b 'dc=example,dc=com' '(objectclass=*)'
```

上述的这个命令将搜索并且获取数据库中的所有条目。

现在就可以使用 ldapadd(1)或者其他的 LDAP 客户端，试验不同的配置选项和后台的配置等。

注意：默认情况下，slapd(8)数据库给除了 super-user 之外的每一个用户读的存取权限。强烈建议设置对存取权限的控制来认证用户。

26.7.4　LDAP 服务器用户数据导出

用户的账号信息是通过 CAMS 与 LDAP 服务器进行认证的。CAMS 服务器中的账号信息必须包含 LDAP 服务器中的用户账号信息。该系统提供 LDAP 用户导出数据的功能，将 LDAP 服务器中的用户信息导出并保存到文件中。导出文件中的用户信息通过 CAMS 系统的批量账号导入功能加入到 CAMS 服务器中。

单击 CAMS 系统中 LDAP 组件下的“LDAP 用户导出”菜单，这样就可进入 LDAP 用户导出界面。从 LDAP 服务器下拉框中选择需要导出用户的 LDAP 服务器，在过滤条件中输入用户选择的过滤条件。

通过以下的条件来实现过滤掉系统默认的用户，只导出需要管理的用户：

```
(&(distinguishedName=*)(userPrincipalName=*))
```

单击“查询”按钮，进入导出文件设置页面。在该页面中选择导出属性为“saMAcccountName”和“userPrincipalName”，输入文件名，单击“导出”按钮导出文件并保存。

注意：输入过滤条件时，Active Directory 不能使用默认条件。因为在 Active Directory 中，用户密码不支持 LDAP 协议查询。如果选择“userPassword”属性为过滤条件，则将无法导出任何数据。此外使用“cn=*”作为过滤条件时，导出结果将会有很多无用信息。“userPrincipalName=*”

这个过滤条件导出的结果才是用户需要的账号信息，表示过滤出 Base DN 下所有包含域登录名的账号信息。批量导入的账号名属性对应文件中的“saMAcccountName”属性字段。

26.7.5 批量导入 LDAP 用户信息

在 LDAP 服务器中成功导出用户信息后，与其对立的操作就是导入信息。用户信息批量导入应使用 CAMS 系统的批量导入功能，此功能强大，能快捷地实现批量导入操作。大家只需在用户管理主界面中，单击“批量导入”按钮，进入批量导入用户界面，按向导一步一步操作即可。

注意：导入账号名属性对应的列值必须与导出文件中用户名属性对应的列值相同。否则服务器将返回错误信息。

26.7.6 LDAP 用户信息管理

在 LDAP 服务器批量导入用户信息成功后，需要对 LDAP 认证用户进行信息管理。相应的操作为在 LDAP 服务器列表中单击相关 LDAP 服务器的“LDAP 用户管理”按钮，进入 LDAP 用户管理页面。

从该页面可以看出，用户 james 和 tomy 已经是 LDAP 服务器认证用户。如果要添加新的 LDAP 认证用户，则需要单击该页面中的“增加”按钮，进入 LDAP 用户增加页面。在复选框中选中需要使用 LDAP 服务器认证的用户，单击页面菜单条中的“增加”按钮，即可将用户设定为相应的 LDAP 服务器认证用户。

26.7.7 LDAP 认证简单测试

通过以上的基本操作，LDAP 服务器的增加、LDAP 用户管理部分就基本上完成了。现在大家就可以对其进行简单的测试了。简单测试用户的目的是看能不能在 Active Directory 进行正确的认证。

当用户进入自助解决界面时，用户必须输入已加入 LDAP 服务器管理的用户名以及在 Active Directory 中的密码，单击登录。如果用户登录成功，则表明上述配置均正确无误。反之，用户配置过程出现错误，须重新配置。

26.8 LDAP 疑问解答

虽然前面几节详细讲解了 LDAP 服务器的原理、安装及配置方法，但有时还是会遇到一些问题影响服务器的正常运行。本节将就 LDAP 服务器在安装及使用过程中常遇到的问题及解决方法作分析。

26.8.1 LDAP 服务器无法同步问题

一般情况下，LDAP 服务器无法同步的原因是管理员 DN 设置错误。不同的 LDAP 具有不同的 DN，管理员 DN 的格式必须根据不同的 LDAP 服务器进行相应的设置。具体信息请向 LDAP 服务器管理员咨询。其次是查看 IP 地址、端口号、管理员域名以及管理员密码是否配置正确。

26.8.2　LDAP 导出失败

LDAP 服务器导出用户失败，一般有以下几种情况：

（1）LDAP 服务器不能与 CAMS 系统正常通信，即通信失败；

（2）CAMS 系统或者 LDAP 服务器出现故障；

（3）导出过滤条件参数设置错误。这种情况是最常见的。

当遇到导出失败这类问题时，首先应想到以上 3 种情况。在上面 3 种情况中，分别以参数设置、故障点、不能正常通信的顺序进行排查即可。

26.8.3　设置实时认证

如果实时认证设置为是，不管 CAMS 系统是否已与 LDAP 服务器中的用户信息同步，CAMS 系统均将用户认证请求转发至 LDAP 服务器认证。由于 CAMS 系统是每天将定时与 LDAP 服务器同步，当 LDAP 服务器中的用户密码改动后。其信息就不一定能及时与 CAMS 系统同步，为了实现其双方间的同步问题。大家可将“实时认证”设置为“是”，这就有效地保证了用户认证直接和 LDAP 服务器同步实现完成，就跟定时刷新一样。

26.8.4　连接超时现象

如果 CAMS 系统与 LDAP 服务器建立连接时连接失败，系统将会在经过预先设定的时间后重新尝试建立连接。在相隔一段时间的范围内，服务器才会重发信息请求连接。这也跟当前网络状态有关，如网速过慢、网络堵塞等特殊情况。

26.9　小　　结

本章主要讲解 LDAP 的基础知识，主要包括其应用，配置等。在介绍过程中主要针对于 Brower/server 模式进行。在本章中还为大家提供了一个简单的 PHP 实现的 LDAP 功效实例，能让大家更进一步地了解此服务器的部分操作。最后给大家列出一些常见的服务器相关错误处理方案。

第 27 章 Linux 网络安全

随着计算机技术的发展，网络信息已经成为当今社会发展的重要环节。网络信息已经涉及社会的各个热门的领域。而在 Linux 中，网络操作系统作为企业服务器的用户和商家日渐增多。对于熟练使用操作系统的应用来说，Linux 似乎比 Windows 要安全，因为 Linux 公开了源代码，管理员可以自己修补漏洞。而 Windows 管理员则不能自行修补，因为 Windows 不公开源代码，用户只能被动地接受微软提供的补丁。

但是，对于初级用户来说，Windows 却比 Linux 安全。因为在 Windows 中，提供了很多杀毒工具，操作简便。而在 Linux 中，用户主要是通过命令行来操作。因此，对于使用 Linux 的初中级用户而言，系统并不那么安全。本章中，将介绍 Linux 网络安全的基础内容。

27.1　Linux 网络安全简单介绍

对于熟悉 Windows 使用操作的用户而言，如何防范 Windows 的网络安全似乎并不陌生。但是，在使用 Linux 操作系统过程中，需要特殊的病毒知识。在本节中，将详细介绍 Linux 网络安全的基础知识。

27.1.1　保证 Linux 安全所需的知识

前面已经讲过，在 Linux 系统中，用户需要使用命令来防范病毒。因此，用户在保证 Linux 系统安全时，需要了解关于网络安全的基础知识。主要包括：

- 网络的各种概念；
- 网络协议及其之间的关系；
- 网络端口的功能和作用；
- 使用常见的网络监测软件。

在本节中，将结合上面所提到的基础知识，详细介绍 Linux 网络安全的方法。

27.1.2　Linux 系统中常见的病毒类型

在使用 Linux 的早期，人们惊奇地发现，似乎这个操作系统中没有病毒。这主要得益于 Linux 系统科学的权限设置，使得在 Linux 中开发病毒比 Windows 要困难。但是，随着大家广泛使用 Linux，依然出现了针对 Linux 系统的病毒。大家最熟悉最常见的病毒就是针对 Linux 某些服务中 bug 的蠕虫病毒。

在 Linux 操作系统中，也出现了针对这些病毒的杀毒软件。使用比较广泛的有 AntiVir，AntiVir 的官方网站是 http://www.hbedv.com。用户可以登录该网站，下载安装使用。

但是，要避免病毒的入侵，用户还是需要熟悉 Linux 各个功能模块的作用。对于各个模块功能的详细介绍，用户可以查看本书的前面章节。在此，笔者需要提醒用户的是，只要在使用 Linux 系统时，不安装不明软件，不开启额外服务，同时观察计算机的运行状态，大部分病毒都是可以预防的。

27.2　Linux 网络安全的常见防范策略

根据前面的介绍，用户除了要防止常见的网络恶意攻击之外，还需要注意维护 Linux 系统。在本节中，将介绍常见的安全防范策略。

27.2.1　检测日志文件

在维护 Linux 安全的时候，定期检测日志文件是了解当前服务器是否处于安全期的重要手段。在 Linux 中，要判断主机是否正在或已经遭受了攻击，主要通过以下几种方式来检测：

- 终结没有被授权的非法用户；
- 关闭没有被授权的非法进程；
- 定期分析日志文件，找出非法用户曾经试图入侵系统的所有动向；
- 检查系统文件是否存在有潜在受损的情况。

通过上面的大致了解，接下来介绍一下具体操作步骤：

（1）以 root 超级管理员用户登录系统，在终端窗口中输入命令“w”。此时系统将会显示所有与 tty 相关的数据，其显示情况如图 27-1 所示。

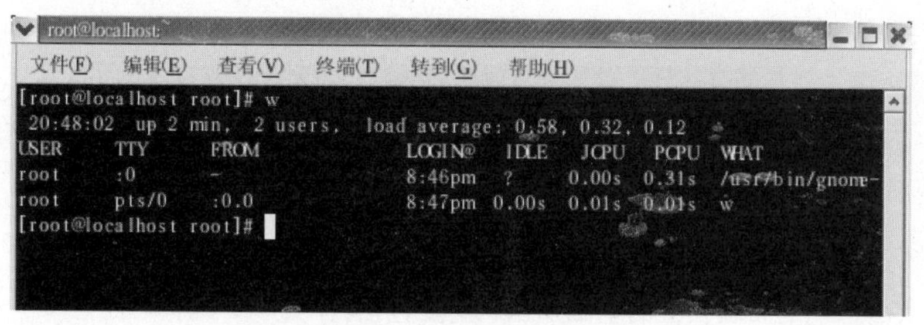

图 27-1　显示 tty 数据

说明：通过上面的命令，列出所有当前登录到系统的用户。管理员就可以根据用户名、源地址和目前正在运行的进程等信息，判断是否存在非法用户。

（2）发现可疑用户，应立即将其封锁，使用 passwd 命令即可。其格式如下：

```
#passwd -l username  //usrename 为非法用户登录的代号
```

（3）查找非授权用户登录情况。在终端窗口中输入“last”命令，如图 27-2 所示。

```
[root@localhost root]# last
root     pts/0        :0.0             Wed Jun 19 20:47   still logged in
root     :0                            Wed Jun 19 20:46   still logged in
reboot   system boot  2.4.20-8         Wed Jun 19 20:46          (00:04)
root     :0                            Wed Jun 19 20:42 - down   (00:03)
reboot   system boot  2.4.20-8         Wed Jun 19 20:40          (00:04)
reboot   system boot  2.4.20-8         Wed Jun 19 20:30          (00:14)
root     pts/0        :0.0             Wed Jun 12 22:04 - crash (6+22:26)
root     :0                            Wed Jun 12 22:00 - crash (6+22:30)
reboot   system boot  2.4.20-8         Wed Jun 12 21:57         (6+22:47)
root     tty1                          Wed Jun 12 21:52 - crash  (00:05)
reboot   system boot  2.4.20-8         Wed Jun 12 21:51         (6+22:53)
root     pts/0        :0.0             Wed Jun 12 21:42 - down   (00:08)
root     :0                            Wed Jun 12 21:41 - down   (00:09)
reboot   system boot  2.4.20-8         Wed Jun 12 21:36          (00:14)

wtmp begins Wed Jun 12 21:36:31 2013
[root@localhost root]#
```

图 27-2 查看非授权用户登录情况

提示：在 Linux 中，非法用户信息会保存在“/var/log/wtmp”文件中。但是，黑客往往会删掉“/var/log/wtmp”文件，清除自己非法入侵的证据。这种清除是暂时的，当用户退出时，系统还是会将其记录下来，即使删除了还是能被发现。

（4）使用网络命令“netstat”查看网络使用状态。在命令窗口中输入“netstat –tui”，查看网络使用状态，如图 27-3 所示。

```
[root@localhost root]# netstat -tui
Kernel Interface table
Iface   MTU Met   RX-OK RX-ERR RX-DRP RX-OVR   TX-OK TX-ERR TX-DRP TX-OVR Flg
lo     16436   0   2566      0      0      0    2566      0      0      0 LR
U
[root@localhost root]#
```

图 27-3 netstat 查看网络状态

（5）使用 grep 命令查看系统登录信息。在命令窗口中输入下面的命令：

```
#grep fail /var/log/messages
```

在 Linux 系统中，“/var/log/messages”文件是一个系统登录信息库。如果在这个文件夹里面有连续登录失败的记录出现，往往就表明有非法用户在试图入侵这台主机。命令得到的显示结果如图 27-4 所示。

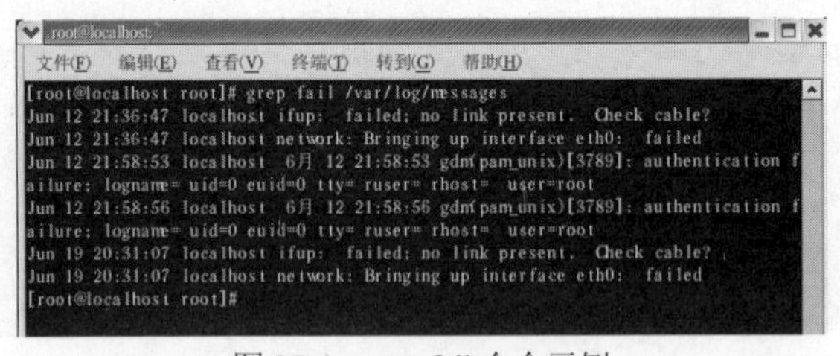

图 27-4 grep fail 命令示例

（6）检查文件系统的完好性。使用 rpm 命令，并且使用“Va”参数就可以检查文件系统的完好性。操作的示例如下所示：

```
#rpm-Va>/tmp/james.log //james.log 为生成文件名
```

说明：这条命令会把安装到系统上的所有 rpm 包是否被改变的信息，用文件的形式输出成 james.log 清单。其标识在这里就不多说了，请大家查阅相关参数。

（7）检查硬件故障。在终端窗口中输入以下命令：

```
#grep error /var/log/messages
```

27.2.2　检查 suid 的执行

在 Linux 的权限模型中，存在两种特殊的标号：“suid”和“sgid”。当用户设置应用程序的“suid”标号时，将代表可执行文件的所有者运行。

在 Linux 中，使用“ls”命令查看密码文件的属性。可以得知权限类型。在命令窗口中输入下面的命令：

```
#ls -l /usr/bin/passwd
-r-s--x-x  1 root  root  16336 2003-02-14   /usr/bin/passwd
```

注意：这里有一个“s”取替了用户权限 rwx 中的“x”。这说明在这个特殊程序中设置了 suid 和程序可执行标识。同时，利用 suid/guid 对属于自己的 Shell 脚本设置权限，那么执行这段脚本的用户将具有该文件所属用户组中用户的相应权限。

下面将分步骤详细介绍如何设置 suid 标识。

（1）进入“/bin”目录，输入“grep”命令来查找 suid 文件，执行结果如图 27-5 所示。

```
#ls -l | grep '^…s'
```

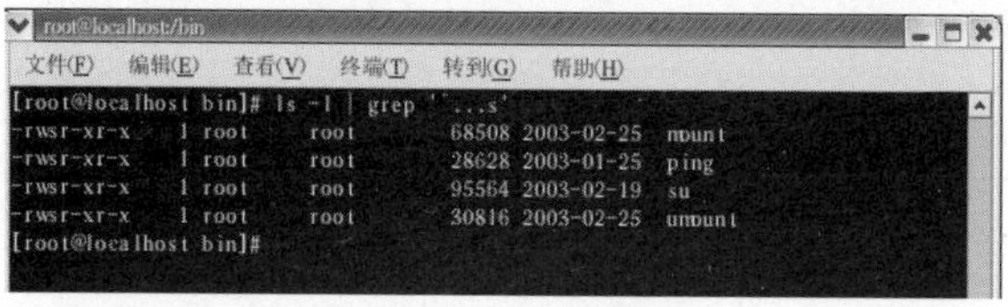
root@localhost:/bin
文件(F) 编辑(E) 查看(V) 终端(T) 转到(G) 帮助(H)
[root@localhost bin]# ls -l | grep '...s'
-rwsr-xr-x 1 root root 68508 2003-02-25 mount
-rwsr-xr-x 1 root root 28628 2003-01-25 ping
-rwsr-xr-x 1 root root 95564 2003-02-19 su
-rwsr-xr-x 1 root root 30816 2003-02-25 umount
[root@localhost bin]#

图 27-5　查看 suid 权限文件

（2）设置 suid。在前面已给大家讲过关于 4-2-1 模式权限，在这里再回顾一下。在整个类型中表示标识共有十位。其中第一位是文件类型位，从第二位开始到最后这九位分别表示文件的组、个人、其他 3 种权限，在这 3 种的子属性中分别用 rwx 表示。其对应的数字码也就是 4-2-1。

在本例中，将其原本设置为 x 的 1 位设置成 2 位，此时 s 将出现在 x 的位置上。也就是代替 x 位。设置好后还应开放执行权限。

注意：suid 和 sgid 占据与 ls -l 清单中 x 位相同的空间。如果还设置了 x 位，则相应的位表示为用小写 s 表示。反之设置成大写的 S。在许多环境中，suid 和 suid 很管用，但是不恰当地使用这些位可能会导致系统的安全性遭到破坏。最好尽可能地少用“suid”程序。

27.2.3　设置内部用户权限

为了保护 Linux 网络系统的资源，当管理员给内部网络用户开设账号时，一般应遵循“最小权限”原则。也就是说，仅给每个用户授予完成其特定任务所需的访问权限。这样做会加重系统管理员的工作量，但可以加强整个网络系统的安全。

下面以文本文件“/etc/passwd”为例，来说明权限设置结果。在 Linux 系统中，对这个文本文件分配的权限特征的命令系统如下。

- 用于显示结果的命令：cat、more 和 less
- 用于编辑的命令：useradd、userdel 和 usermod
- 用于修改权限的命令：passwd

说明： 在一般情况下，系统管理员不必通过手工修改该文件。通过操作可以对用户的权限进行相应的设置，此部分的内容已经在前面章节中详细介绍过。

27.2.4 保护口令文件安全（/etc/shadow）

对于网络系统而言，口令是最容易引起攻击的内容。因此，用户在设置口令时，需要注意下面几点：

（1）口令应设置成混合型。在设置口令时，尽可能使用数字、字母和特殊符号等组成的组合型口令序列。

（2）口令长度不要太短，应大于 6 位。在用户设置口令后，信息会保存在“/etc/passwd”中定义。随着黑客破解口令能力的不断提高，“/etc/passwd”文件中的非隐藏口令很容易被破解。而影子口令就恰好起到了隐藏口令的作用，也因此增强了整个系统安全性。使用 Vi 可编辑/etc/shadow 文件。

```
root:$1$bZaet3d4$ta5B6ZE7d8f9C9log6w2b0:13666:0:99999::
```

此行是用 root 下的影子口令，其分为多个字段的形式显示。每个字段用“：”隔开，上面参数的主要含义如表 27-1 所示。

表 27-1 /etc/shadow 下 root 权限对应表

名　称	含　义
root	用户登录名
1	密码
bZaet3d4$ta5B6ZE7d8f9C9log6w2b0	影子密码序列化
13666	被允许修改密码之前的天数
0	修改新密码的天数
99999	密码过期之前，被警告天数
0	密码过期自动禁用账号
0	禁用天数
0	保留码，方便以后使用

27.3 Linux 中的常见网络攻击

在前面已经介绍过，Linux 主要作为网络服务器使用。因此，Linux 的使用用户需要特别注意网络攻击的问题。网络攻击的手段有好几种，它们的危害程度和检测防御办法也不相同。这里介绍几种最常见的攻击类型。

27.3.1 收集信息攻击

在通常情况下，黑客在正式攻击之前，会先进行试探性攻击。这样做的目的是获取系统有用的信息。主要扫描的类型包括 ping 扫描、端口扫描、账户扫描，以及恶性的 ip Sniffer 等。

在攻击者进行收集信息攻击时，经常使用的工具包括：NSS、Strobe、Netscan 等以及各种 Sniffer（嗅探器）。对于比较简单的端口扫描，系统安全管理员可以用前面介绍的方法，从日志记录中发现攻击者的痕迹。但是对于隐蔽的 Sniffer 和 trojan 程序来说，检测就显得比较困难。下面将详细介绍 Sniffer 的工作原理和防范措施。

27.3.2　Sniffer 的工作原理

Sniffer 是一种使用广泛的收集数据的软件。这些数据通常包括用户的账号、密码和商用机密数据等。同时，Snifffer 又是一种能够捕获网络报文的设备。准确地讲，Sniffer 是利用计算机的网络接口截获目标计算机数据报文的一种工具。了解 Sniffer 的工作原理是防范网络攻击的基础。下面将简单介绍 Sniffer 的工作原理。

通常情况下，同一个网段的所有网络接口都有访问数据的能力，而每个网络接口应该有一个硬件地址。同时，每个网络至少有一个广播地址（代表所有的接口地址）。在正常情况下，一个合法的网络接口应该只响应下面的两种数据帧：

- 帧的目标区域具有和本地网络接口相匹配的硬件地址。
- 帧的目标区域具有"广播地址"。

在接收上面两种数据包时，nc 通过 CPU 产生一个硬件中断。这种中断信息能引起操作系统注意，然后将帧中的数据传送给系统进一步处理。

而 Sniffer 就是一种能将本地 nc 状态设置成为 Promiscuous 模式状态的软件。Promiscuous 模式是指网络中所有设备都对总线上传送的数据进行侦听，而不仅仅侦听自己的数据。当 nc 处于这种"混杂"方式时，该 nc 具备"广播地址"，它对所有遭遇到的每一个帧都产生一个硬件中断，以便提醒操作系统处理通过这个物理媒体上的每一个报文包。

说明：从上面的分析可以看出，Sniffer 工作在网络环境中的底层。它会拦截所有网络传送的数据，并通过相应的软件处理，分析出数据的信息，最后得出网络状态和整体布局。同时，Sniffer 是非常安静的，是一种消极的安全攻击。

27.3.3　Sniffer 监测的数据信息

根据前面的分析，用户可以了解到 Sniffer 的主要功能。作为侦听数据的软件，Sniffer 的功能十分强大。通常，Sniffer 所侦听的信息主要包括下面的内容。

- 口令：这是绝大多数非法者使用 Sniffer 的理由，Sniffer 可以记录传送文件的 userid 和 passwd，即使用户在网络传送过程中使用了加密的数据，Sniffer 同样可以记录。
- 金融账号：为了便利整个金融系统，需要用户使用网上银行，然而 Sniffer 可以很轻松地截获在网上传送的用户姓名、口令、信用卡号码、截止日期、账号和 pin。
- 侦听机密信息数据：通过拦截数据包，攻击者可以很方便记录别人之间敏感的信息传送，或者拦截整个 E-mail 会话过程。
- 获取底层的协议信息：通过对底层的信息协议记录，比如记录两台主机之间的网络接口地址、远程网络接口 IP 地址、IP 路由信息和 TCP 连接的字节顺序号码等。这些信息由非法入侵的人掌握后将对网络安全构成极大的危害。

27.3.4　Sniffer 的工作环境

Sniffer 就是能够捕获网络报文的设备。嗅探器的正常使用途径在于分析网络的流量，找出网络中潜在的问题。嗅探器在功能和设计方面有很多不同，一些只能分析一种协议，而另一些可能可以分析几百种协议。一般情况下，大多数的嗅探器都能够分析下面的协议：

- 标准以太网
- TCP/IP
- IPX
- DECNet

嗅探器通常是软硬件的结合，专用的嗅探器价格非常昂贵。另一方面，免费的嗅探器虽然不需要花什么钱，但得不到什么支持。

嗅探器与一般的键盘捕获程序不同。键盘捕获程序捕获在终端上输入的键值，而嗅探器则捕获真实的网络报文。嗅探器通过将其置身于网络接口来达到这个目的。如将以太网卡设置成杂收模式。

每一个在LAN上的工作站都有其硬件地址。这些地址唯一地表示着网络上的机器（这一点与Internet地址系统比较相似）。当用户发送一个报文时，这些报文就会发送到LAN上所有可用的机器上。在一般情况下，网络上所有的机器都可以“听”到通过的流量，但对不属于自己的报文则不予响应。

说明：如果某工作站的网络接口处于杂收模式，那么它就可以捕获网络上所有的报文和帧，如果一个工作站被配置成这样的方式，它就是一个嗅探器。

27.3.5 如何发现 Sniffer

在防范 Sniffer 的工作中，最大的难题在于它难以被察觉。在单机情况下，发现一个 Sniffer 还是比较容易的。用户可以通过查看系统运行的程序进程，获取相应的信息。

另一个方法就是在系统中搜索，查找可怀疑的文件。但入侵者用的可能是他们自己写的程序，所以这给发现Sniffer造成相当大的困难。还有许多工具能用来查看用户的系统会不会处于混杂模式，从而发现是否有一个 Sniffer 正在运行。但要检测出哪一台主机正在运行 Sniffer 是非常困难的，因为 Sniffer 是一种被动攻击软件，它并不对任何主机发出数据包，而只是静静地运行着，等待着要捕获的数据包经过。

27.3.6 如何防御 Sniffer

虽然发现 Sniffer 是非常困难的，但是仍然有办法防御 Sniffer 的攻击。如果用户事先要对数据信息进行加密，入侵者即使使用 Sniffer 捕获机密信息，也无法解密。通常情况下，入侵者主要用 Sniffer 来捕获 Telnet、FTP、POP3 等数据包，因为这些协议以明文在网上传输。用户可以使用 SSH 安全协议来替代其他容易被 Sniffer 攻击的协议。

SSH 又叫 Secure Shell，是在应用程序中提供安全通信的协议，建立在 C/S 的模型上。SSH 服务器分配的端口是 22。在授权完成后，通信的数据使用 IDEA 技术进行加密。这种加密方法实用性比较好，适合于任何非秘密和非经典的通信。

另一种防御 Sniffer 攻击的方法是使用拓扑结构。因为 Sniffer 只对以太网、令牌环网等网络起作用，所以尽量使用交换设备的网络可以最大限度地防止被 Sniffer 窃听到不属于自己的数据包。

最后，在防止 Sniffer 的被动攻击时，有一个重要的原则：一个网络段必须有足够的理由才能信任另一网络段。网络段应该从数据之间的信任关系上来设计，而不是从硬件需要上设计每台机器是通过网线连接到集线器（Hub）上的，集线器再接到交换机上。由于网络分段了，数据包只能在这个网段上被捕获，其余的网段将不可能被监听。

27.4　使用防火墙技术

对于熟悉网络应用的用户而言，防火墙（Firewall）的概念已经十分熟悉了。在防火墙中，包含了系统的“安全策略”，可以给系统带来极大的安全防护。在本节中，将尽量回避防火墙技术的详细介绍和分析，主要讲解如何在 Linux 下搭建重要的防火墙。

27.4.1　使用 Netfilter/iptables 防火墙框架

Linux 系统提供了一个免费的防火墙——Netfilter/iptables 防火墙框架。这个框架功能强大，下面详细介绍该框架的功能。“Netfilter/iptables”防火墙框架对流入和流出的信息进行细化控制，运行的环境要求低行，被认为是 Linux 中实现包过滤功能的第四代应用程序。“Netfilter/iptables”框架包含在 Linux 2.4 以后的内核中，可以实现防火墙和数据包的分割等功能。

Linux 2.4 内核提供的这 3 种数据报处理功能都基于 netfilter 的钩子函数和 IP 表总。Netfilter 提供的主要功能如下。

- 包过滤：filter 表格不会对数据报进行修改，而只对数据报进行过滤。iptables 优于 ipchains 的一个方面就是它更为小巧和快速。
- NAT：NAT 表格监听 3 个 netfilter 钩子函数：NF_IP_PRE_ROUTING、NF_IP_POST_ROUTING 及 NF_IP_LOCAL_OUT。NF_IP_PRE_ROUTING 实现对需要转发数据报的源地址进行地址转换。而 NF_IP_POST_ROUTING 则对需要转发的数据报目的地址进行地址转换。对于本地数据报目的地址的转换，则由 NF_IP_LOCAL_OUT 来实现。
- 数据报处理：mangle 表格在 NF_IP_PRE_ROUTING 和 NF_IP_LOCAL_OUT 钩子中进行注册。使用 mangle 表，可以实现对数据报的修改或给数据报附上一些外带数据。当前 mangle 表支持修改 TOS 位及设置 skb 的 nfmard 字段。

27.4.2　安装 Netfilter/iptables 系统

因为 Netfilter/iptables 的 netfilter 组件是与内核 2.4.x 集成在一起的，对于 Red Hat Linux 9 或更高版本的 Linux 都配备了 netfilter 这个内核工具，所以一般不须要下载。而只要下载并安装 iptables 用户空间工具的源代码包，下载的网址为：http://www.netfilter.org/projects/iptables/ downloads.html #iptables-1.4.18。目前，最新源代码安装包是：iptables 1.4.18.tar.bz2。

说明：在 Red Hat Linux 9 中，已经自带了 iptables 用户空间工具，不须要自己下载源代码安装，这里只是对源代码安装作一个介绍。

在开始安装 iptables 用户空间工具之前，用户需要对系统做某些修改，主要修改如表 27-2 所示。

表 27-2 iptables 参数修改

参 数	说 明
CONFIG_PACKET	如果要使应用程序直接使用某些网络设备，选择该选项
CONFIG_IP_NF_MATCH_STATE	如果要配置有状态的防火墙，这个选项非常重要
CONFIG_IP_NF_FILTER	这个选项提供一个基本的信息包过滤框架。如果打开这个选项，则会将一个基本过滤表添加到内核空间
CONFIG_IP_NF_TARGET_REJECT	这个选项允许指定，应该发送 ICMP 错误消息来响应已被 DROP 掉的入站信息包，而不是简单地杀死这些信息包

下面详细介绍安装的步骤。

（1）解压源代码文件。在命令窗口中输入下面的代码：

```
//将源代码文件解压缩
#bzip2 -d iptables 1.4.18.tar.bz2
#tar -xvf iptables 1.4.18.tar
```

（2）切换目录。在命令窗口输入下面的命令：

```
//切换目录
#cd iptables 1.4.18
//编译该工具，指定编译的内核目录为/usr/src/linux-2.4.20-8
#make KERNEL_DIR=/usr/src/linux-2.4.20-8
//执行make install 命令，同样设定内核目录为/usr/src/linux-2.4.20-8
#make install KERNEL_DIR=/usr/src/linux-2.4.20-8
```

（3）启动 iptables。安装完成后，就可以启动防火墙了，下面是启动 iptables 的命令：

```
//使用 service 命令手工启动
# service iptables start
```

说明：如果想要在系统启动时也启动该防火墙服务，那么可以使用 setup 命令，然后进入 System service 选项，选择 iptables 守护进程即可。

27.4.3 使用 iptable 的过滤规则

在 Linux 中，用户可以向防火墙提供具有特定协议类型的信息包，对这些信息需要做些怎样的命令规则控制信息包的过滤。通过使用 Netfilter/iptables 系统提供的特殊命令 iptables，建立这些规则，并将其添加到内核空间的特定信息包过滤表内的链中。关于添加 / 删除 / 编辑规则的命令的一般语法如下：

```
iptables [-t table] command [match] [target]
```

命令中，常见参数的含义如下。

（1）表（table）：[-t table]选项允许使用标准表之外的任何表。表是包含仅处理特定类型信息包的规则和链的信息包过滤表。有 3 种可用的表选项：filter、nat 和 mangle。该选项不是必须的，如果未指定，则 filter 用作默认表。filter 表用于一般的信息包过滤，包含 INPUT、OUTPUT 和 FORWAR 链。nat 表用于要转发的信息包，它包含 PREROUTING、OUTPUT 和 POSTROUTING 链。如果信息包及其头内进行了任何更改，则使用 mangle 表。该表包含一些规则来标记用于高级路由的信息包以及 PREROUTING 和 OUTPUT 链。

（2）命令（command）：上面这条命令中具有强制性的 command 部分是 iptables 命令的最重要部分，它告诉 iptables 命令要做什么。例如，插入规则、将规则添加到链的末尾或删除规则。主要命令如表 27-3 所示。

表 27-3　iptables 常用命令

命　令	说　明
-A 或--append	该命令将一条规则附加到链的末尾
-D 或--delete	通过用-D 指定要匹配的规则或者指定规则在链中的位置编号，该命令从链中删除该规则
-P 或--policy	该命令设置链的默认目标，即策略。所有与链中任何规则都不匹配的信息包都将被强制使用此链的策略
-N 或--new-chain	用命令中所指定的名称创建一个新链
-F 或--flush	如果指定链名，该命令删除链中的所有规则，如果未指定链名，该命令删除所有链中的所有规则。此参数用于快速清除
-L 或--list	列出指定链中的所有规则

（3）匹配（match）：iptables 命令的可选 match 部分指定信息包与规则匹配所应具有的特征（如源和目的地地址、协议等）。匹配分为两大类：通用匹配和特定于协议的匹配。这里，将研究可用于采用任何协议的信息包的通用匹配。下面是一些重要的且常用的通用匹配及其示例和说明，如表 27-4 所示。

表 27-4　通用匹配说明

通 用 匹 配	说　明
-p 或--protocol	该通用协议匹配用于检查某些特定协议。协议示例有 TCP、UDP、ICMP、用逗号分隔的任何这三种协议的组合列表以及 ALL（用于所有协议）。ALL 是默认匹配。可以使用!符号表示不与该项匹配
-s 或 --source	该源匹配用于根据信息包的源 IP 地址来与它们匹配。该匹配还允许对某一范围内的 IP 地址进行匹配，可以使用!符号，表示不与该项匹配。默认源匹配与所有 IP 地址匹配
-d 或 --destination	该目的地匹配用于根据信息包的目的地 IP 地址来与它们匹配。该匹配还允许对某一范围内 IP 地址进行匹配，可以使用!符号表示不与该项匹配

（4）目标（target）：前面已经讲过，目标是由规则指定的操作，对与那些与规则匹配的信息包执行这些操作。除了允许用户定义的目标之外，还有许多可用的目标选项。下面是常用的一些目标及其示例和说明，如表 27-5 所示。

表 27-5　目标项说明

目　标　项	说　明
ACCEPT	当信息包与具有 ACCEPT 目标的规则完全匹配时，会被接收（允许它前往目的地）
DROP	当信息包与具有 DROP 目标的规则完全匹配时，会阻塞该信息包，并且不对它做进一步处理。该目标被指定为-j DROP
REJECT	该目标的工作方式与 DROP 目标相同，但它比 DROP 好。和 DROP 不同，REJECT 不会在服务器和客户机上留下死套接字。另外，REJECT 将错误消息发回给信息包的发送方。该目标被指定为-j REJECT
RETURN	在规则中设置的 RETURN 目标让与该规则匹配的信息包停止遍历包含该规则的链。如果链是如 INPUT 之类的主链，则使用该链的默认策略处理信息包。它被指定为-jump RETURN

下面将给出使用规则的简单示例：

（1）接收来自指定 IP 地址的所有流入数据报。在命令窗口中输入下面的代码：

```
#iptables -A INPUT -s 203.134.0.13 -j ACCEPT
```

（2）只接收来自指定端口（服务）的数据报。在命令窗口中输入下面的代码：

```
#iptables -D INPUT -dport 80 -j DROP
```

（3）允许转发所有到本地（198.168.10.14）smtp 服务器的数据报。

```
#iptables -A FORWARD -p tcp -d 198.168.10.14 --dport smtp -i eth0 -j ACCEPT
```

（4）允许转发所有到本地的 udp 数据报。

```
#iptables -A FORWARD -p udp -d 198.168.80.0/24 -i eth0 -j ACCEPT
```

（5）拒绝发往 WWW 服务器的客户端的请求数据报。

```
#iptables -A FORWARD -p tcp -d 198.168.80.14 --dport www -i eth0 -j REJECT
```

说明：用户可以根据实际情况，灵活运用 Netfilter/Iptables 框架。生成相应的防火墙规则可以方便、高效地阻断部分网络攻击以及非法数据报。

由于配置了防火墙，可能引起 FTP、QQ、MSN 等协议和软件无法使用，也有可能引起 RPC（远程过程调用）无法执行。这需要用户根据情况配置相应的服务代理程序，开启这些服务。

说明：需要特别提醒用户注意的是，防火墙也可能被内部攻击。还需要综合使用其他防护手段。内部人员由于无法通过 Telnet 浏览邮件或使用 FTP 向外发送信息，个别人会对防火墙不满进而可能对其进行攻击和破坏。

27.5 对 Linux 系统进行入侵检测

在安全领域中，入侵检测系统被认为是继防火墙之后，保护网络安全的第二道“闸门”。在本小节中，将首先介绍入侵检测系统的基本原理，然后对 Linux 系统中的入侵检测系统——Snort 的使用进行详细介绍。

27.5.1 入侵检测系统基础知识

入侵检测系统（Intrusion Detection System）的主要功能是监测网络入侵行为。通过对计算机网络的信息进行分析，发现网络或系统中是否有违反安全策略的行为，或者有被攻击的迹象。通常说来，其具有如下几个功能：

- 监控、分析用户和系统的活动；
- 核查系统配置和漏洞；
- 评估数据文件的完整性；
- 识别攻击的活动模式；
- 对异常活动的统计分析。

从技术和功能的角度来分析，入侵检测系统可以分为如下几类：

- 基于主机的入侵检测系统：输入数据来自于系统的审计日志，只能检测该主机上发生的入侵。
- 基于网络的入侵检测系统：输入数据来源于网络的信息流，能够检测该网段上发生的网络入侵。

说明：采用上述两种数据来源的分布式入侵检测系统，能够同时分析来自主机系统审计日志和网络数据流的入侵检测系统，一般为分布式结构，由多个部件组成。

27.5.2 Snort 介绍

Snort 是一个强大的免费网络入侵检测系统。这个入侵检测系统有实时数据流量分析和对 IP 网络数据包做日志记录的能力。能够进行协议分析、对内容进行搜索和匹配，能够检查各种攻击方式，并进行实时报警。Snort 的主要特点如下。

- 轻量级：虽然功能强大，但其代码简洁短小，其源代码压缩包只有 1.8MB 左右。
- 可移植性好：跨平台性能好，目前已经支持的系统包括 Linux、Solaris，FreeBSD、Irix 以及 Microsoft 的 Windows 2003 Server 等系统服务器系统。
- 功能强大：具有实时流量分析和对 IP 网络数据包做日志记录的能力。能够快速地检测网络攻击，及时地发出报警。
- 扩展性较好：对于新的攻击反应迅速。有足够的扩展能力，使用一种简单的规则描述语言。发现新的攻击后，可以很快根据 bugtraq 邮件列表，找出特征码，写出检测规则。因为规则语言简单，所以很容易上手，节省人员的培训费用。

27.5.3　安装 Snort

Snort 是基于 Libpcap 的，在 Red Hat Linux 9 中，Libpcap 已经默认安装了，用户可以放心地使用。当前网上的最新 Snort 版本是 snort-2.9.4.6，读者可以从 http://www.snort.org/snort-downloads 下载最新的工具包：snort-2.9.4.6.tar.gz 进行安装使用。

说明： Libpcap 是 UNIX 或 Linux 从内核捕获网络数据包的必备工具，是独立于系统的 API 接口，为底层网络监控提供了一个可移植的框架，可用于网络统计收集、安全监控、网络调试等应用。很多 UNIX 或 Linux 下的网络程序都需要 Libpcap 才能够运行。Windows 平台下类似的程序为 Winpcap。

```
#mkdir snortinstall                  //建立工作目录snortinstall
#cd snortinstall                     //切换到目录snortinstall
# tar -zxvf snort-2.9.4.6.tar.gz     //解压缩工具包到目的目录snort-2.9.4.6
#cd snort-2.9.4.6                    //切换到目录snort-2.9.4.6
#./configure                         //运行configure命令进行编译配置，以便进行编译
#make                                //运行make命令进行编译
#make install                        //运行make install命令进行安装
```

注意： configure 命令脚本功能比较强大，读者在许多场合将会用到，现将部分选项列出，如表 27-6 所示，以方便读者参考使用。

表 27-6　configure 命令部分选项

编　号	选　项	注　释
01	Enable-smbalerts	编译 smb 报警代码
02	Enable-flexresp	编译 Flexible Response 代码
03	With-mysql=DIR	支持 mysql 数据库
04	With-postgresql=DIR	支持 postsql 数据库
05	With-odbc=DIR	支持 odbc 数据库
06	With-openssl	支持 ssl

27.5.4　Snort 的常见命令简介

当用户安装了 Snort 软件后，需要开始使用 Snort 软件。因此，本节将介绍使用 Snort 的基本命令及 Snort 的使用方法。Snort 软件命令行格式是：

```
snort -[options] <filters>
```

其中，命令提供的参数选项如表 27-7 所示。

表 27-7　Snort 命令参数选项

参　数	说　明
-A <alert>	设置<alert>的模式是 full、fast 或者 none；full 模式是记录标准的 alert 模式到 alert 文件中；在 fast 模式下，只记录时间、messages、Ips、ports 到文件中；在 none 模式下，关闭报警
-a	显示 ARP 信息包
-C	使用 ASCII 码来显示信息包信息
-d	解码应用层
-D	把 Snort 用守护进程的方法来运行，默认情况下 ALERT 记录发送到“var/log/snort.alert”文件中
-e	显示并记录 2 个信息包头的数据
-s LOG	把报警的信息记录到 syslog 中去
-S　<n=v>	设置变量值，这可以用来在命令行定义 Snort rules 文件中的变量
-v	verbose 模式，把信息包打印在 console 中，这个选项使用后会使速度很慢，这样在记录多的是时候会出现丢包现象
-?	显示使用列表并退出

上面只是列出一些常用的选项，具体的一些复杂的命令，读者可以使用如下命令来获取：

```
#snort -?
```

27.5.5　查看 ICMP 数据报文

使用命令 snort -v 会运行 Snort 和显示 IP 的 TCP/UDP/ICMP 头信息。使用 verbose 模式，把信息包打印在 console 中，这个选项使用后会使速度很慢，这样结果在记录多的是时候会出现丢包现象。

```
#./snort -v
```

在本机(IP 地址为 192.168.0.3)使用 ping 192.168.0.2(内部网络 IP 地址)得到如下由 192.168.0.3 发往 192.168.0.2 的 ICMP 探测请求报文（由 ECHO 标志)，其中包括生命周期为（Time To Live)、服务类型（TOS)、报文标志 ID、报文序列号 Seq 等。

```
06/10-10:21:13.884925 192.168.03->192.168.0.2
ICMP TTL:64 TOS:0x0 ID:4068
ID:20507 Seq:0 ECHO
```

根据 ICMP 协议，由 192.168.0.3 发往 192.168.0.2 的 ICMP 探测应答报文（由 ECHO REPLY 标志)，其他包含的字段同上请求报文类似：

```
06/10-10:21:13.885081 192.168.0.2>192.168.0.3
ICMP TTL:128 TOS:0x0 ID:15941
ID:20507 Seq:0 ECHO REPLY
//以下同上请求报文所示，不再赘述
06/10-10:21:14.884874 192.168.0.3 ->192.168.0.2
ICMP TTL:64 TOS:0x0 ID:4069
ID:20507 Seq:256 ECHO
//以下同上请求应答报文所示，不再赘述
06/10-10:21:14.885027 192.168.0.2->192.168.03
ICMP TTL:128 TOS:0x0 ID:15942
ID:20507 Seq:256 ECHO REPLY
```

如果想要解码应用层，查看原始二进制（十六进制表示）内容，再次使用 ping 192.168.0.2 命令及 snort –vd 命令，其中-v 使用 verbose 模式，把信息包打印在 console 中，而-d 为解码应用层之用：

```
#snort -vd
#ping 192.168.0.3
//下段如上面所讲述的 ICMP 请求报文格式
06/10-10:26:39.894493 192.168.0.3->192.168.0.2
ICMP TTL:64 TOS:0x0 ID:4076
ID:20763 Seq:0 ECHO
//下段为报文的原始二进制形式，由于没有使用正确的解码程序，所以读者看到的只是一些十六进制内容和乱码
58 13 42 39 0BB 5 0 809 A B 0C 0D 0E 0F X.B9
10 11 12 13 14 15 16 17 18 19 1A 1B 1C 1D 1E 1F
20 21 22 23 24 25 26 27 28 30 2A 2B 2C 2D 2E 2F !"#$%&'()*+,-./
30 31 32 33 34 35 36 37         01234567
//下段如上面所讲述的 ICMP 请求应答报文格式
06/10-10:26:39.894637 192.168.0.2 -> 192.168.0.3
ICMP TTL:128 TOS:0x0 ID:15966
ID:20763 Seq:0 ECHO REPLY

//同上所述的原始二进制报文内容
58 13 42 39 E0 BB 05 00 08 09 0A 0B 0C 0D 0E 0F X.B9
10 11 12 13 14 15 16 17 18 19 1A 1B 1C 1D 1E 1F
20 21 22 23 24 25 26 27 28 30 2A 2B 2C 2D 2E 2F!"#$%&'()*+,-./
30 31 32 33 34 35 36 37            01234567
```

查看更详细的关于 ethernet 头（以太网头）的信息，使用 snort -vde 命令：

```
# snort -vde
#ping 192.168.0.3
```

下面以-*>Snort!<*-为 snort 报文的头部，0:60:94:F9:5E:17 为 192.168.0.3 的 Mac 地址，>0:50:BA:BB:4A:54 为 192.168.0.2 的 Mac 地址，类型为 0x800，表明他封装的为 IP 数据包，长度为 0x62（98 字节），该数据包为 ICMP 请求报文：

```
 -*>Snort!<*-
06/10-10:32:01.345962 0:60:94:F9:5E:17->0:50:BA:BB:4A:54 type:0x800 len:0x62
192.168.0.3->192.168.0.1ICMP TTL:64 TOS:0x0 ID:4079
ID:21787 Seq:0 ECHO
//二进制原始数据报文
99 42 39 47 4C 0C 00 08 09 0A 0B 0C 0D 0E 0F..B9GL.
10 11 12 13 14 15 16 17 18 19 1A 1B 1C 1D 1E 1F
20 21 22 23 24 25 26 27 28 30 2A 2B 2C 2D 2E 2F  !"#$%&'()*+,-./
30 31 32 33 34 35 3637       01234567
```

上面所演示的命令只能在终端屏幕上看到，如果要记录在 LOG 文件上，可以先建立一个 log 目录，然后使用命令，如下所示：

```
#mkdir log
#./snort -dev -l. /log -h 192.168.0.1/24
```

上述命令就使 Snort 把 ethernet 头信息和应用层数据记录到./log 目录中去了，并记录的是关于 192.168.0.1C 类 IP 地址的信息。如果想利用一些规则文件（一些记录特定数据的规则文件，如 SYN ATTACK 等记录），使用如下命令：

```
#./snort -dev -l ./log -h 192.168.1.0/24 -c snort-lib
```

如果网络请求相当多，你可以使用如下命令。这样，每一条规则内的警告消息就分开记录，对

于多点同步探测和攻击的记录可以不容易丢包。

```
#./snort -b -A fast -c snort-lib
```

27.5.6 配置 Snort 的输出方式

用户可以使用多种方式来配置 Snort 的输出。在默认的情况下，Snort 以 ASCII 格式记录日志。如果用户使用 full 报警机制，Snort 会在报头之后打印报警消息。如果不需要日志包，用户可以选择“-N”选项。Snort 有 6 种报警机制：full、fast、socket、syslog、smb 和 none。其中表 27-8 所示的 4 个可以在命令行状态下使用-A 选项设置。

表 27-8 命令行状态说明

编 号	命令行状态	注 释
01	A fast	报警消息包括：一个时间戳、报警消息、源/目的 ip 地址和端口
02	A full	是默认的报警方式
03	A unsock	把报警消息发送到一个 UNIX 套接字，需要一个程序进行监听，这样可以实现适时的报警
04	A none	关闭报警机制

使用-s 选项可以使 Snort 把报警消息发送到 syslog，默认的设备是 LOG_AUTHPRIV 和 LOG_ALERT。可以通过修改 snort.conf 文件来修改配置。Snort 还可以使用 smb 报警机制，通过 Samba 把消息发送到 Windows 主机。为了使用这个选项，必须在运行./configure 脚本时使用--enable-smbalerts 选项。下面是一些输出配置例子：

```
//使用默认的日志方式并把报警发给 syslog
#./snort -c snort.conf -l ./log -s -h 192.168.0.1/24

//使用二进制日志格式和 smb 报警机制
#./snort -c snort.conf -b -M WORK-STATIONS
```

说明：上述例子都是以局域网（以太网）为背景进行说明，这些命令在广域网上同样有效。

27.5.7 配置 Snort 规则

Snort 的主要功能是网络入侵检测，具有自己的规则语言。这种规则语言的语法十分简单，但是对入侵检测来说足够强大。同时，这种语言有厂商以及 Linux 爱好者的技术支持。用户只要较好地运用这些规则，就能较好地保证 Linux 网络系统的安全。

下面介绍 Snort 规则集的配置和使用。在配置过程中，各个语句已经有对应的解释。

```
//创建 snort 的配置文件，其实就是把 snort 的默认配置文件复制到用户的主目录（在本例中为/home/liyang），并作一些修改
# cd /home/liyang/snort-2.9.4.6
# ls -l snort.conf
-rw-r--r--1 1006 100618253 Apr 8 12:04 snort.conf
# cp snort.conf /root/.snortrc

//对/root/.snortrc 的修改，可以设置 RULE_PATH 值为/usr/local/snort/rules，在文件的最后部分，对需要以及应用不需要的规则文件行首去掉或加上注释符（用“#”表示）：
var RULE_PATH /usr/local/snort/rules
#==========================================
# Include all relevant rulesets here
```

```
#
# shellcode, policy, info, backdoor, and virus rulesets are
# disabled by default.  These require tuning and maintance.
# Please read the included specific file for more information.
#========================================


include $RULE_PATH/bad-traffic.rules          //包含对非法流量的检测规则
include $RULE_PATH/exploit.rules              //包含对漏洞利用的检测规则
include $RULE_PATH/scan.rules                 //包含对非法扫描的检测规则
include $RULE_PATH/finger.rules               //包含对 finger 搜索应用的检测规则
include $RULE_PATH/ftp.rules                  //包含对 ftp 应用的检测规则
include $RULE_PATH/telnet.rules               //包含对 telnet 远程登录应用的检测规则
include $RULE_PATH/smtp.rules                 //包含对 smtp 邮件发送应用的检测规则
include $RULE_PATH/rpc.rules                  //包含对远程调用应用的检测规则
include $RULE_PATH/rservices.rules            //包含对远程服务进程应用的检测规则
include $RULE_PATH/dos.rules                  //包含检测拒绝服务攻击的规则
include $RULE_PATH/ddos.rules                 //包含检测分布式拒绝服务攻击的规则
include $RULE_PATH/dns.rules                  //包含对 dns 域名服务应用的检测规则
include $RULE_PATH/tftp.rules                 //包含对 tftp 应用的检测规则
//包含对 Web 服务器 cgi 脚本执行应用的检测规则
include $RULE_PATH/web-cgi.rules
//包含针对 Web 服务器 coldfusion 攻击应用的检测规则
include $RULE_PATH/web-coldfusion.rules
include $RULE_PATH/web-iis.rules              //包含对 Web 服务器 IIS 服务应用的检测规则
//包含对 Web 服务器 frontpage 页面应用的检测规则
include $RULE_PATH/web-frontpage.rule
//包含对 Web 服务器的 web-misc 攻击的检测规则
include $RULE_PATH/web-misc.rules
include $RULE_PATH/web-attacks.rules          //包含对 Web 服务器攻击的检测规则
include $RULE_PATH/sql.rules                  //包含对 sql 语句执行攻击的检测规则
include $RULE_PATH/x11.rules                  //包含对 x11 服务器进行攻击的检测规则
include $RULE_PATH/icmp.rules                 //包含对 ICMP 协议攻击的检测规则
include $RULE_PATH/netbios.rules              //包含利用 netbios 协议进行攻击的检测规则
include $RULE_PATH/misc.rules                 //包含 misc 攻击的检测规则
include $RULE_PATH/attack-responses.rules     //包含攻击-响应攻击模式的检测规则

//下面注释掉了关于后门、shell 代码以及病毒检测等规则集
# include $RULE_PATH/backdoor.rules
# include $RULE_PATH/shellcode.rules
# include $RULE_PATH/policy.rules
# include $RULE_PATH/porn.rules
# include $RULE_PATH/info.rules
# include $RULE_PATH/icmp-info.rules
# include $RULE_PATH/virus.rules
# include $RULE_PATH/experimental.rules
```

说明：上述的规则集文件的包含以及注释的内容并不是唯一和必要的，读者可以根据实际情况作适当的取舍。

```
//运行 snort -T 命令进行测试，测试规则集是否已经配置好
#snort -T
```

```
//初始化规则链(rule chains)
Initializing rule chains...
No arguments to frag2 directive, setting defaults to:
Fragment timeout: 60 seconds
Fragment memory cap: 4194304 bytes
Stream4 config:
Stateful inspection: ACTIVE
Session statistics: INACTIVE
Session timeout: 30 seconds
Session memory cap: 8388608 bytes
State alerts: INACTIVE
Scan alerts: ACTIVE
Log Flushed Streams: INACTIVE
No arguments to stream4_reassemble, setting defaults:
Reassemble client: ACTIVE
 Reassemble server: INACTIVE
Reassemble ports: 21 23 25 53 80 143 110 111 513
Reassembly alerts: ACTIVE
Reassembly method: FAVOR_OLD
Back Orifice detection brute force: DISABLED
Using LOCAL time
//导入的规则集默认的规则
1243 Snort rules read...
1243 Option Chains linked into 152 Chain Headers
0 Dynamic rules
//表明初始化成功
--== Initialization Complete ==--
创建存放 snort 规则的目录并把 snort 的规则文件复制到该目录:
# mkdir /usr/local/snort/rules
# cp *.rules /usr/local/snort/rules
```

27.5.8 编写 Snort 规则

在前面一节中，已经讲述了由开发商提供的规则集。用户可以按照上面的讲解安装和配置。但是，仅仅会配置标准的 Snort，还不足以保证系统的安全。这是因为，如果出现新的入侵方法，而厂商对这种入侵方法没有反应，就存在可以被黑客利用的时间差。为了弥补这种缺陷，用户可以使用 Snort 编写规则，来缩短时间。下面介绍编写 Snort 规则的基本方法。

Snort 的每条规则都可以分成逻辑上的两个部分：规则头和规则选项。其中，规则头包括如下选项：

- 规则动作（rule’ s action）；
- 协议（protocol）；
- 源/目的 IP 地址；
- 子网掩码以及源/目的端口。

规则选项包含报警消息和异常包的信息，使用这些特征码来决定是否采取规则规定的行动。最基本的规则只是包含 4 个域：处理动作、协议、方向、注意的端口。

注意：Snort 的每条规则必须在一行中，它的规则解释器无法对跨行的规则进行解析。由于排版的原因本书的例子有的分为两行。

下面介绍编写典型 Snort 规则的步骤。

（1）编写规则动作。对于匹配特定规则的数据包，Snort 有 3 种处理动作：pass、log、alert。具体的含义如下。

- pass：放行数据包。
- log：把数据包记录到日志文件。
- alert：生成报警消息及日志数据包。

用户可以根据需要编写相应的规则动作。

（2）设置协议项。每条规则的第二项就是协议项。当前，Snort 能够分析的协议是：TCP、UDP 和 ICMP。将来，可能提供对 ARP、ICRP、GRE、OSPF、RIP、IPX 等协议的支持。用户可以根据需要设置相应的协议选项。

（3）定义 IP 地址。使用关键词 any 可以用来定义任意的 IP 地址。Snort 不支持对主机名的解析，所以地址只能使用数字/CIDR 的形式。/24 表示一个 C 类网络；/16 表示一个 B 类网络；而/32 表示一台特定的主机地址。例如：192.168.1.0/24 表示从 192.168.1.1 到 192.168.1.255 的地址。

在规则中，可以使用否定操作符对 IP 地址进行操作。它告诉 Snort 除了列出的 IP 地址外，匹配所有的 IP 地址。否定操作符使用!表示。

```
//下面这条规则中的 IP 地址表示：所有 IP 源地址不是内部网络的地址，而目的地址是内部网络地址。
alert tcp !192.168.1.0/24 any -> 192.168.1.0/24 111(content:"|00 01 86 a5|"; msg:"external
mountd access" )(使用 IP 地址否定操作符的规则 )
```

也可以定义一个 IP 地址列表（IP list）。IP 地址列表的格式如下：

```
[IP 地址 1/CIDR,IP 地址/CIDR,....]
```

例如：

```
alert tcp ![192.168.1.0/24,10.1.1.1.0/24] any ->[192.168.1.0/24,10.1.1.0/24] 111
(content:"|00 01 86 a5|"; msg:"external mountd access" )
```

注意：每个 IP 地址之间不能有空格。

（4）指定端口号。在规则中，可以有几种方式来指定端口号，包括：any、静态端口号（static port）定义、端口范围，以及使用非操作定义。any 表示任意合法的端口号；静态端口号表示单个的端口号，例如：111（portmapper）、23（telnet）、80（http）等。使用范围操作符可以指定端口号范围。有几种使用范围操作符的方式来达到不同的目的，例如：

```
//记录来自任何端口，其目的端口号在 1 到 1024 之间的 UDP 数据包
log udp any any -> 192.168.1.0/24 1:1024
//记录来自任何端口，其目的端口号小于或者等于 6000 的 TCP 数据包
log tcp any any -> 192.168.1.0/24 :600
//记录源端口号小于等于 1024，目的端口号大于等于 500 的 TCP 数据包
log tcp any :1024 -> 192.168.1.0/24 500
```

还可以通过使用逻辑非操作符!对端口进行非逻辑操作（port negation）。逻辑非操作符可以用于其他的规则类型（除了 any 类型，道理很简单）。例如，如果要日志除了 Xwindow 系统端口之外的所有端口，可以使用下面的规则：

```
log tcp any any -> 192.168.1.0/24 !6000:60 10 (对端口进行逻辑非操作 )
```

（5）设置方向操作符。方向操作符“->”表示数据包的流向。它左边是数据包的源地址和源端口，右边是目的地址和端口。此外，还有一个双向操作符<>，它使 Snort 对这条规则中，两个 IP 地址/端口之间双向的数据传输进行记录分析。

```
//下面的规则表示对一个 telnet 对话的双向数据传输进行记录：
log !192.168.1.0/24 any <> 192.168.1.0/24 23 （使用双向操作符的 snort 规则）
```

（6）定义“activate/dynamic”规则对。“activate/dynamic”规则对扩展了 Snort 的功能。使用“activate/dynamic”规则对，能够使用一条规则激活另一条规则。动态规则（dynamic rule）和日志规则（log rule）很相似，不过它需要一个选项：activated_by。动态规则还需要另一个选项：count。当一个激活规则启动，它就打开由 activate/activated_by 选项之后的数字指示的动态规则，记录 count 个数据包。

```
//下面是一条 activate/dynamic 规则对的规则：
activate tcp !$HOME_NET any -> $HOME_NET 143 ( flagsA; content:"|E8C0FFFFFF|◘in|; activates:1; <msg:"IMAP buffer overflow!" )
（activate/dynamic 规则对 ）
```

上述规则使 snort 在检测到 IMAP 缓冲区溢出时发出报警，并且记录后续的 50 个从$HOME_NET 之外，发往$HOME_NET 的 143 号端口的数据包。如果缓冲区溢出成功，那么接下来 50 个发送到这个网络同一个服务端口（这个例子中是 143 号端口）的数据包中，会有很重要的数据，这些数据对以后的分析很有用处。

说明：在 Snort 中有 23 个规则选项关键词，随着 Snort 不断地加入对更多协议的支持以及功能的扩展，会有更多的功能选项加入其中。这些功能选项可以以任意的方式进行组合，对数据包进行分类和检测。在每条规则中，各规则选项之间是逻辑与的关系。只有规则中的所有测试选项（例如：ttl、tos、id、ipoption 等）都为真，Snort 才会采取规则动作。

27.5.9 使用 Snort 对 PHPUpload 溢出攻击进行检测

在 PHP 语言中，PHP 为用户提供了上传文件的功能，用户可以使用类把各类文件、文档上传给服务器。但是，PHP 中的类没有对上传文件的大小和类型做出判别，在程序执行过程当中，可能造成服务器端的缓冲区溢出。然后，导致缓冲区溢出攻击。用户可以使用 Snort 对这种溢出攻击进行检测。

下面给出防范该溢出攻击的 Snort 检测规则：

```
alert tcp $EXTERNAL_NET any -> $HOME_NET 80 (msg:"EXPERIMENTAL php content-disposition"; flags:A+ ; content:"Content-Disposition\:" ; content:"form-data\ ; " ; classtype:web-application-attack; reference:bugtraq,4183; sid:1425; rev:2;)
```

在上面的规则中，判断提交给服务器的 HTTP 请求中是否包含“"Content-Disposition:"及"form-data; "”字串。如果包含该字符串，对于没有打补丁的系统来说会造成缓冲区溢出攻击。通过添加上述规则，一旦发现客户端有此操作，则 Snort 将会报警。

27.5.10 使用 Snort 对 SNMP 口令溢出漏洞进行检测

简单网络管理协议（SNMP）是所有基于 TCP/IP 网络上管理不同网络设备的基本协议。比如防火墙、计算机和路由器。如果入侵者发送恶意信息给 SNMP 的信息接收处理模块，就会引起服务停止或缓冲区溢出。或者入侵者向运行 SNMP 服务的系统发送畸形的管理请求，就存在一个缓冲区溢出漏洞。

一旦缓冲区溢出，入侵者可以获取部分 SNMP 口令、在本地运行任意的代码等恶意操作。因为 SNMP 的程序需要系统权限来运行，所以缓冲区溢出攻击可能会造成系统权限被夺取，形成严重的安全漏洞。

下面给出一条检测 SNMP 口令溢出漏洞的 Snort 规则：

```
alert udp $EXTERNAL_NET any -> $HOME_NET 161:162 (msg:"EXPERIMENTAL SNMP community string buffer overflow attempt"; content:"|02 01 00 04 82 01 00|"; offset:4; reference:url,www.cert.org/advisories/ CA-2002-03.html; reference:cve,CAN-2002-0012; reference:cve,CAN-2002-0013; classtype:misc-attack; sid:1409; rev:2;)
```

在上面的规则中，判断发往 SNMP 服务端口的数据包中是否包含"|02 01 00 04 82 01 00|"二进制串。此串对应 SNMP 操作的分支的位置。

说明：事实上，由于 SNMP 协议的灵活性，对同一分支位置在 SNMP 包里可能有不同的表示。"|02 80 01 80 00 80 04 80 82 80 01 80 00|"就可能表示的是同一分支，更糟的是还有更多的表示方法，攻击者完全可以利用这种协议表示上的灵活性逃过 Snort 的检测，造成漏报。因而要完全解决这个问题，单纯靠搜索特定串是不行的，唯一可行的方法是做协议解码。

27.6　使用 Tripwire 保护数据安全

Tripwire 是有关数据和网络完整性保护的工具，主要检测和报告系统中文件被编辑的详细情况。通常可以用来进行入侵检测、损失的评估和恢复、证据的保存等。目前，最为广泛地用于保护网络中信息系统的数据完整性和一致性。本节将对该软件的工作原理、安装和使用做详细的介绍。

27.6.1　Tripwire 简介

Tripwire 是 UNIX 安全规范中最有用的工具之一，由 Eugene Spafford 和 Gene Kim 在 Purdue 大学进行开发，现在由 Tripwire Security Inc.来维护。由于使用了 4 种 Hash 算法，因此准确度非常高。Tripwire 可检测多达 10 多种的 UNIX 文件系统属性和 20 多种的 NT 文件系统（包括注册表）属性。

Tripwire 首先使用特征码函数为需要监视的文件和目录建立特征数据库。特征码函数是指使用任意的文件作为输入，产生一个固定大小的数据的函数。入侵者如果对文件进行了修改，即使文件大小不变，也会破坏文件的特征码。利用这个数据库，Tripwire 可以很容易地发现系统的丝毫细微的变化。而且文件的特征码几乎是不可能伪造的，系统的任何变化都逃不过 Tripwire 的监视。

27.6.2　Tripwire 的工作原理

为了达到最大限度的安全性，Tripwire 提供了 4 种 Hash 算法——CRC32、MD5、SHA、HAVAL 来生成签名。在通常情况下，采用前两种算法生成签名已经足够。后两种算法对系统资源的耗费较大，使用时可根据文件的重要性作灵活地取舍。

进行完整性检查时，Tripwire 会根据策略文件中的规则对文件重新生成数字签名，并将此签名与数据库中的签名进行对比。如果完全匹配，则说明文件没有被更改。如果不匹配，说明文件被改动了。然后在 Tripwire 生成的报告中查阅文件被改动的具体情况。

通过上面的分析可知，Tripwire 自身的数据库是非常重要的。如果基准数据库不可靠，那么完整性检查就没有意义。Tripwire 软件安装完毕后，已经对配置文件、策略文件以及数据库文件进行了高强度的加密。同时默认策略中也对自身文件进行了完整性检查。当然，使用者自己也要做好这些文件的备份，因为 Tripwire 软件是不能恢复受损文件的，它只能详细列出每一个受损文件的详细情况。

27.6.3 使用 Tripwire

前面已经介绍了 Tripwire 的基础内容和原理，在本小节中，将详细介绍如何使用该软件。要得到该软件可以从网站：http://www.tucows. com/get/51673_32584（地址可能会变动）直接获得 tripwire-2.4.2.tar.gz。

（1）解压缩安装文件到/usr/local 目录。

```
#cd /usr/local/                                //切换工作路径
#tar -xzvf tripwire-2.4.2.tar.gz               //解压缩
```

（2）执行 make 命令，进行安装。

```
#cd tripwire-2.4.2                             //进入已经解压的文件夹
#cd src                                        //进入 src 目录
#make                                          //执行 make 命令
```

（3）生成数据库。成功编译 Tripwire，就可以准备开始对需要监控的文件进行扫描，以生成 Tripwire 数据库，在 Tripwire 的 src 目录下进行操作：

```
#./tripwire -init                              //生成基准数据库
```

（4）测试。数据库生成了，下面进行测试。对/etc/group 文件以及/etc/passwd 文件进行细小的修改，删除用户、用户组或者添加用户、用户组。

（5）运行 Tripwire，扫描系统。

```
#./tripwire
```

说明：在作测试之前要对改动的文件做好备份，以免引起不必要的麻烦。另外，测试时不推荐对诸如/etc/passwd 之类的重要文件做修改，这里只是为了结合实际说明问题，因为黑客和不法用户对系统的破坏一般都是从这些重要文件着手的。

（6）查看运行结果。表 27-9 和表 27-10 是 Tripwire 对 Linux 系统进行完整性检查下产生输出的示例。Tripwire 首先报告文件被改动了，而不定位具体的差别。在本例中，自从上次运行 Tripwire 后系统增加了几个用户，所以/etc/group 和/etc/passwd 文件不再保持原样了。然后，Tripwire 指出每个文件有哪些属性发生了变化，并给出哪些是观察到的，哪些是所期望的。

表 27-9　Tripwire 有关的改动报告

命令行状态	注　释
Changed: -rw------- root	419 Mar 15 03:00:12 2005 /etc/group
Changed: -rw------- root	708 Mar 15 03:00:12 2005 /etc/passwd

表 27-10　Tripwire 对属性的实际和应用值进行比较

etc/group	Observed（what it is ）	Expected（what it should be ）
st_size	:419	406
St_mtime	:Wed May 15 03:00:12 2004	Mon Mar 14 21:47:18 2005
Md5	:lv7107JjILdzcmk2KvOss2	2w.G9WimF4YgldW:v2MNaO

续表

Snefru	:lkUqQEbLQh1M5MmLTfjz88	1INUGiJBANqUMc2JZNWPMW
etc/passwd	Observed（what it is ）	Expected（what it should be ）
st_size	:708	704
St_mtime	Mon May 15 03:00:37 2004	Thu Mar 10 21:53:18 2005
Md5	3xyLWCfTxH0Nvj:VnMD9Vv	3m0a7m2qJ1Bhqq:PUvhkVh
Snefru	0Ls:Xxeo76EMVIF3tbfEOj	2iwHslleYHIm6YcqwF4AA4

说明：通过上面的表格可以看出，一些重要文件（/etc/passwd 和/etc/group）被修改了，用户则可以根据这些具体的状况采取相应的动作，比如恢复修改的文件、删除某些磁盘上不应该出现的文件（可能是黑客留下的破坏文件）等，这些都依赖于具体的应用背景。

当第一次运行 Tripwire 时，需要进行一些准备工作。主要包括编辑 config 文件、检查邮件报告是否正常、根据需要配置策略文件和初始化数据库文件。在下一次运行时，它使用 twpol.txt 文件产生一个新的签名数据库。然后比较两个数据库，实施用户定义的任何选项屏蔽，最后通过电子邮件或显示器来为用户在终端上输出一个可读的报告。Tripwire 有 4 种操作模式：数据库生成、完整性检查、数据库更新和交互式更新。

数据库生成模式产生一个基线数据库，为未来的比较打下基础。

完整性检查是 Tripwire 的主要模式，把当前文件签名和基线数据库进行比较来进行检查。

另外两种更新模式允许用户调整 Tripwire 数据库以消除不感兴趣的结果以及应付正常的系统变化。例如，当用户账号正常增加或删除时，不希望 Tripwire 重复报告/etc/passwd 文件被改动了。

说明：从上面的例子中可以看出，Tripwire 将这些细小的变化都记录下来。使得 Web 服务、电子商务等网络管理员能够有的放矢地进行维护工作，从而可以高效、方便地进行网络管理。这也正是 Tripwire 在网络安全日益热门的今天，能够高频率地出现在服务器应用中的最重要原因。

27.7　小　　结

本章主要介绍了 Linux 网络安全方面的基础知识以及一些安全防护工具。主要包括防火墙技术、入侵检测系统、常见的攻击以及使用 Tripwire 保护网络系统的数据安全等知识。本章是当前网络安全现状以及技术的总结，有很好的参考价值。

附录 A Shell 命令

一、文件、目录操作的命令

1. ls 命令

功能：显示文件和目录的信息。

（1）以默认方式显示当前目录文件列表。

```
# ls
```

（2）显示所有文件包括隐藏文件。

```
# ls -a
```

（3）显示文件属性，包括大小，日期，符号连接，是否可读写及是否可执行。

```
# ls -l
```

（4）显示文件的大小，以容易被理解的格式显示出文件大小（如 2KB、128MB 或 2GB）。

```
# ls -lh
```

（5）显示文件，并按照修改时间的先后排序。

```
# ls -lt
```

2. cd 命令

功能：改变目录。

（1）切换到当前目录下的 ppp 目录。

```
# cd ppp
```

（2）切换到根目录。

```
# cd /
```

（3）切换到到上一级目录。

```
# cd ..
```

注意：后面有两点，不能丢掉。

（4）切换到上二级目录。

```
# cd ../..
```

（5）切换到用户目录，如是 root 用户，则切换到/root 下。

```
# cd ~
```

3. cp 命令

功能：copy 文件。

（1）将文件 source 复制为 target。

```
cp source target
```

（2）将/root 下的文件 ppp 复制到当前目录。

```
cp /root /ppp
```

（3）将整个目录复制，两目录完全一样。

```
cp -av soure_dir target_dir
```

4. rm 命令

功能：删除文件或目录。

（1）删除某一个文件。

```
rm file
```

（2）删除时不进行任何提示。可以与 r 参数配合使用。

```
rm -f file
```

（3）删除当前目录下文件名为 pz 的整个目录。

```
rm -rf pz
```

5. mv 命令

功能：将文件移动走或者改名。

将文件 ppp 更名为 women。

```
mv ppp women
```

6. diff

功能：比较文件内容。

（1）比较目录 1 与目录 2 的文件列表是否相同，但不比较文件的实际内容，不同则列出。

```
diff dir1 dir2
```

（2）比较文件 1 与文件 2 的内容是否相同，如果是文本格式的文件，则将不相同的内容显示，如果是二进制代码则只表示两个文件是不同的。

```
diff file1 file2
```

（3）比较文件，显示两个文件不相同的内容。

```
comm file1 file2
```

7. ln 命令

功能：建立链接。Windows 的快捷方式就是根据此链接的原理来实现的。

（1）硬连接。

```
ln source_path target_path
```

（2）软连接。

```
ln -s source_path target_path
```

二、查看文件内容的命令

1. cat 命令

显示文件的内容，与 DOS 下的 type 命令相同。

```
cat file
```

2. more 命令

功能：分页显示命令。

```
more  file
```

more 命令也可以通过管道符(|)与其他的命令一起使用，例如：

```
ps ux|more
ls|more
```

3. tail 命令

功能：显示文件的最后几行。

显示文件 ppp.txt 文件的最后 88 行。

```
tail -n 88 ppp.txt
```

4. vi 命令

编辑文件 file。

```
vi file
```

vi 原基本使用及其命令：

输入命令的方式为先按“Esc”键，然后输入:w（写入文件），:w!（不询问方式写入文件），:wq 保存并退出，:q 退出，q!不保存退出。

5. touch 命令

功能：创建一个空文件。

创建一个空文件，文件名为 ppp.txt。

```
touch ppp.txt
```

三、基本系统命令

1. man 命令

功能：查看某个命令的帮助，如果不知道某个命令的具体用法，可以通过该命令来查看。例如：显示 cat 命令的帮助内容。

```
man cat
```

2. w 命令

功能：显示登录用户的详细信息。

例如：

```
Sarge:~# w
 10:09:48 up 26 min,  1 user,  load average: 0.00, 0.00, 0.00
USER      TTY       FROM                LOGIN@    IDLE   JCPU   PCPU WHAT
pzh   pts/0    172.19.61.198         09:43    0.00s  0.85s  0.09s sshd: pzh [priv]
```

3. who 命令

功能：显示登录用户。

例如：

```
Sarge:~# who
pzh   pts/0       Jun 16 09:43 (172.19.61.198)
```

4. last 命令

功能：查看最近登录系统的用户信息。

例如：

```
Sarge:~# last
pzh  pts/0      172.19.61.198    Sat Jun 16 09:43   still logged in
pzh  pts/0      172.19.61.198    Fri Jun 15 20:18 - down   (00:00)
pzh  pts/0      172.19.61.198    Fri Jun 15 12:36 - 12:36  (00:00)
root    tty1                    Fri Jun 15 12:35 - down   (00:01)
root    tty1                    Fri Jun 15 12:35 - 12:33  (00:02)
root    tty1                    Fri Jun 15 12:28 - 12:20  (00:08)
reboot   system boot  2.6.8-2-386    Fri Jun 15 08:29          (-7:-41)
wtmp begins Fri Jun 15 08:29:18 2007
```

5. date 命令

功能：系统日期设定。

（1）显示当前日期时间。

```
Date
```

（2）设置系统时间为 19:30:28。

```
date -s 19:30:28
```

（3）设置系统时期为 2007-6-15。

```
date -s 2007-6-15
```

（4）设置系统时期为 2007 年 6 月 15 日 12 点整。

```
date -s "070615 12:00:00"
```

6. clock 命令

功能：时钟设置。

（1）对系统 BIOS 中读取时间参数。

```
clock -r
```

（2）将系统时间（如由 date 设置的时间）写入 BIOS。

```
clock -w
```

7. uname 命令

功能：查看系统版本。

显示操作系统内核的 version。

```
uname -R
```

例如：

```
Sarge:~# uname -a
Linux Sarge 2.6.8-2-386 #1 Tue Aug 16 12:46:35 UTC 2005 i686 GNU/Linux
```

8. 关闭和重新启动系统命令

（1）重新启动计算机。

```
reboot
```

（2）重新启动计算机，停止服务后重新启动计算机。

```
shutdown -r now
```

（3）关闭计算机，停止服务后再关闭系统。

```
shutdown -h now
```

关闭计算机。

```
halt
```

一般使用 shutdown -r now 命令，在重启系统时先关闭相关服务。shutdown -h now 命令也是如此。

9. su 命令

功能：切换用户。

（1）切换到 root 用户。

```
su -
```

（2）切换到 pzh 用户。

```
su - pzh
```

注意："-" 很关键，使用"-"，将使用用户的环境变量。

四、监视系统状态的命令

1. top 命令

功能：查看系统 cpu、内存等使用情况。

2. free 命令

功能：查看内存和 swap 分区使用情况。

例如：

```
Sarge:~# free -tm
```

3. uptime

功能：显示当前时间，系统开机运转到目前所经历的时间，连线的使用者数量，最近一分钟，五分钟和十五分钟的系统负载。

例如：

```
Sarge:~# uptime
15:32:46 up 31 min,  1 user,  load average: 0.00, 0.00, 0.00
```

4. vmstat 命令

功能：监视虚拟内存使用情况。

5. ps 命令

功能：显示进程信息。

（1）显示当前用户的进程。

```
ps ux
```

（2）显示当前用户的进程的详细信息。

```
ps uxwww
```

（3）显示所有用户的进程。

```
ps aux
```

（4）显示系统所有进程信息。

```
ps ef
```

6. kill 命令

功能：删除某个进程，进程号可以通过 ps 命令得到。

（1）将进程编号为 111 的程序杀掉。

```
kill -9 111
```

（2）将所有名字为 pzh 的程序杀死，kill 不是万能的，对僵死的程序则无效。

```
kill all -9 pzh
```

五、磁盘操作命令

1. df 命令

功能：检查文件系统的磁盘空间占用情况。可以利用该命令来获取硬盘当前被占用了多少空间，还剩下多少空间等信息。

各项参数的功能如下。

-a 列出全部目录。

-Ta 列出全部目录，并且显示文件类型。

-B 显示块信息。

-i 以 i 节点列出全部目录。

-h 按照日常习惯显示（例如：2KB、88MB、2GB）；

-x [filesystype]不显示[filesystype]。

2. du 命令

功能：检测一个目录和（递归地）所有它的子目录中的文件占用的磁盘空间。

各项参数的功能如下。

-s [dirName]显示目录占用总空间。

-sk [dirName]显示目录占用总空间，以 k 为单位。

-sb [dirName]显示目录占用总空间，以 b 为单位。

-sm [dirName]显示目录占用总空间，以 m 为单位。

-sc [dirName]显示目录占用总空间，加上目录统计。

-sh [dirName]只统计目录大小。

例如：

```
# du -sh /etc
76M    /etc
```

3. mount 命令

功能：使用 mount 命令就可在 Linux 中挂载各种文件系统。

（1）格式：mount -t <文件系统> 设备名 挂载点。

```
mount /dev/sda1  /mnt/filetest
mount -t fat /dev/hda  /mnt/fatfile
mount -t ntfs /dev/hda  /mnt/ntfsfile
mount -t iso9660 /dev/cdrom  /mnt/cdrom
mount -o <选项> 设备名 挂载点
```

（2）使用 usb 设备。

```
modprobe usb-storage
mkdir /mnt/usb
mount -t auto /dev/sdx1 /mnt/usb
umount /mnt/usb
```

4. mkswap 命令

功能：使用 mkswap 命令可以创建 swap 空间，例如：

```
debian:~# mkswap -c /dev/hda4
debian:~# swapon /dev/hda4
```

说明：启用新创建的 swap 空间，停用可使用 swapoff 命令。

5．fdisk 命令

功能：对磁盘进行分区。

（1）格式化 xxx 设备（xxx 是指磁盘驱动器的名字，如 abc、ppp）。

```
fdisk /dev/xxx
```

（2）显示磁盘的分区表。

```
fdisk -l
```

6．mkfs 命令

功能：格式化文件系统，可以指定文件系统的类型，如 ext2、ext3、Fat32、NTFS 等。

格式 1：mkfs.ext3 options /dev/xxx

格式 2：mkfs -t ext2 options /dev/xxx

参数　及功能如下。

-b <1024|2048|4096>块大小。

-i <number>节点大写。

-m <number>预留管理空间大小。

例如：

```
debian:~#mkfs.ext3 /dev/sdb1
```

7．e2fsck 命令

功能：磁盘检测。

（1）检查/dev/hda1 是否有文件系统错误，提示修复方式。

```
e2fsck /dev/hda1
```

（2）检查/dev/hda1 是否有错误，如果有则自动修复。

```
e2fsck -p /dev/hda1
```

（3）检查错误，所有提问均以 yes 方式执行。

```
e2fsck -y /dev/hda1
```

（4）检查磁盘是否有坏区。

```
e2fsck -c /dev/hda1
```

8．tune2fs 命令

功能：调整 ext2/ext3 文件的参数。

参数　及功能如下。

-l <device>查看文件系统信息。

-c <count>设置强制自检的挂载次数。

-i <n day>设置强制自检的间隔时间，单位天。

-m <percentage>保留块的百分比。

-j 将 ext2 文件系统转换成 ext3 格式。

```
# tune2fs -l /dev/ppp
```

9．dd 命令

功能：把指定的输入文件复制到指定的输出文件中，并且在复制过程中可以进行格式转换。

与 DOS 下的 diskcopy 命令的作用类似。

（1）将软盘的内容复制成一个镜像。

```
dd if=/dev/fd0 of=floppy.img
```

（2）将一个镜像的内容复制到软盘，做驱动盘的时候经常用。

```
dd if=floppy.img of=/dev/fd0
```

附录 B Vi 命令

Vi 编辑器是 Linux 下非常重要的一个编辑工具，利用此编辑器可以开发应用程序。

一、命令模式下常用操作

1. vi +<参数>模式

（1）vi filename。

打开或新建文件并将光标置于第一行的行首，若新建文件已存在，则表示打开。否则才新建文件。

```
#vi hello
```

（2）vi +N filename。

打开文件并将光标置于第 N 行的行首。

```
#vi +2 hello
```

（3）vi + filename。

打开文件并将光标置于最后一行的行首。

```
#vi + hello
```

（4）vi +/string filename。

打开文件并将光标置于第一个存在与 string 匹配的行的行首。

```
#vi +/james hello
```

（5）vi -r filename。

若上次使用 vi 编辑时发生系统崩溃，该命令用于恢复文件 filename。其恢复状态为最后一次保存状态。

```
#vi -r hello
```

（6）vi filename1 filename2 …filenameN。

打开多个文件，并依次进行编辑。在进行多个文件的打开编辑时，可以使用命令模式下的:n 来选择对下一个文件进行编辑。

```
#vi hello james test
```

2. 普通光标操作命令

操作类型名	注　释
h	光标左移一个字符

续表

操作类型名	注　释
l	光标右移一个字符
space	光标右移一个字符
Backspace	光标左移一个字符
k 或 Ctrl+p	光标上移一行
j 或 Ctrl+n	光标下移一行
Enter	光标下移一行
w 或 W	光标向后移至下个单词的首字母
b 或 B	光标向前移至上个单词的首字母
e 或 E	光标向前移至下个单词的最后一个字母
NG:	光标移至第 N 行首。默认 N 时光标移至最后一行的行末
L:	将光标移至屏幕的最下面一行的行首
M:	光标移至屏幕中间行的行首
H:	将光标移至屏幕的最上面一行的行首

3. 特殊光标类操作

操作类型名	注　释
)	光标移至句尾
(	光标移至句首
}	光标移至段落开头
{	光标移至段落结尾
N+	光标下移 N 行，默认 N 时为下移一行
N-	光标上移 N 行，默认 N 时为上移一行
N$	光标移至当前行开始的第 N 行的行末尾
0	光标移至当前行首
^	同 0 一样将光标移到当前行的行首
$	光标移至当前行尾
N|	将光标定位到当前行的第 N 列
''	两个单引号将光标移至其最近一次移动前所在行的行首

4. 常用组合键

操作组合键	注　释
Ctrl+u	上翻半屏
Ctrl+d	下翻半屏
Ctrl+b	上翻一屏
Ctrl+f	下翻一屏

注意：上述命令、4种命令集都是在命令模式下操作，其中组合键区须按住 Ctrl 键的同时按下相应的字符键即可。

二、控制操作集

1. 设置显示选项集

设置键值	注　释
:set number	对文件内容标上行号，但行号并不是文件的一部分
:set nonumber	清除屏幕上的行号。可简写为:set nonu
:set showmode	在屏幕的右下角显示追加模式信息
:set list	在每行的行末显示美元符号并用 Ctrl+I 表示制表符
:set showmatch	当输入符号）或］时，将光标移到与之匹配的（或[
:set window=value	定义屏幕上显示的文本行的行数
:set autoindent	自动缩进。可简写为:set ai
:set tabstop=value	设置显示制表符的空格字符个数。可简写为:set ts=value
:set wrapmargin=value	设置显示器的右页边。当输入进入所设置的页边时，编辑器自动回车换行
:set ignorecase	指示编辑器搜索字符串并忽略目标中字母的大小写
:set	显示设置的所有选项
:set all	显示所有可以设置的选项

2. 插入文本控制

插入指令集	注　释
i	从光标的左侧插入文本
I	从当前行的行首插入文本
a	从光标的右侧插入文本
A	从当前行的行末插入文本
o	在当前行之下新开一行
O	在当前行之上新开一行
r	替换当前字符
R	替换当前字符及其后的字符，直至按“Esc”键
s	从当前光标位置处开始，以输入的文本替代指定数目的字符
S	删除指定数目的行，并以所输入文本代替之
Ncw 或 NCW	修改指定数目的字，N 表示字节数
NCC	修改指定数目的行，N 表示行数

3. 文本删除指令

文本删除指令	注　释
Ndw 或 NdW	删除光标处开始及其后的 N-1 个单词。默认 N 时只删除光标所在的单词
do	从光标所在处开始删除至当前行行首
d$	从光标所在处开始删除至当前行行末
Ndd	删除当前行及其后 N-1 行。当默认 N 时只删除当前行
x	删除光标所在处的这个字符
X	删除光标前面一个字符
Ctrl+u	删除输入方式下所输入的文本

4．搜索及替换指令

操作指令	注　释
/string	从光标开始处向文件尾部搜索 string
?string	从光标开始处向文件首部搜索 string
f#	在当前行中从光标所在处开始向后搜索一个字符#
F#	在当前行中从光标所在处开始向前搜索一个字符#
t#	在当前行中光标从当前位置向后搜索字符#并将光标定位到该字母的前面
T#	在当前行中光标从当前位置向前搜索字符#并将光标定位到该字母的后面
n	在同一方向重复上一次搜索命令
N	在反方向上重复上一次搜索命令
:s/str1/str2/g	用 str2 替换当前行中所有 str1
:N,Ms/str1/str2/g	用 str2 替换第 N 至 M 行中所有 str1
:g/str1/s//str2/g	用 str2 替换文件中所有 str1

5．特殊选项设置

操作指令	注　释
all	列出所有选项设置情况
term	设置终端类型
ignorance	在搜索中忽略大小写
list	显示制表位（Ctrl+I）和行尾标志（$）
number	显示行号
repor	显示由面向行的命令修改过的数目
terse	显示简短的警告信息
warn	在转到别的文件时若没保存当前文件则显示 NO write 信息
nomagic	允许在搜索模式中，使用前面不带“\”的特殊字符
nowrapscan	禁止 vi 在搜索到达文件两端时，又从另一端开始
mesg	允许 vi 显示其他用户用 write 写到自己终端上的信息

6．编辑工具：映射、缩写、标记

（1）m#。

用英文字母#标记当前行，不区分大小写，如下面定位 a。

```
#ma
```

（2）'#。

定位标记行，#是任意值。

```
#a      //将光标移到标记为 a 的行
#'a,$d   //将删除从标记行到文件末尾之间的所有行
```

（3）map ? command string。

在命令模式中输入一个字母时，将其作为一个命令串。如下例当输入#时，其将被解释为:o 打开个新行，并添加文本#!/bin/ksh 到文件中。为了在命令中包含回车和其他控制字符，可以在其前面用“Ctrl+V”命令。

```
:map #o#!/bin/ksh
```

（4）:ab abbreviation char-string。

设置追加模式缩写，如果在追加模式中输入字符串，然后按“Esc”键。刚输入的这个字符串将替换原字符串。

```
:ab mv textone
//如果输入替换字符串texttwo后，按下“Esc”键后，则替换成以下形式
:ab my texttwo
```

三、补充命令

1. 普通操作指令

控制指令	注　释
:N,M co K	将 N 行到 M 行之间的内容复制到第 K 行下面
:N,M m K	将 N 行到 M 行之间的内容移至第 K 行下面
:N,M d	将 N 行到 M 行之间的内容删除
:w	保存当前文件
:e filename	打开文件 filename 进行编辑
:x	保存当前文件并退出
:q	退出 Vi
:q!	不保存文件并退出 Vi
:!command	执行 shell 命令 command
:N,M w!command	将文件中 N 行至 M 行的内容作为 command 的输入并执行之，若不指定 N、M，则表示将整个文件内容作为 command 的输入
:r!command	将命令 command 的输出结果放到当前行
:u	撤销。恢复最近一次的文本修改操作。在 Linux 系统中，再次使用撤销命令将恢复更前一次的文本修改操作

2. 寄存器操作指令

控制指令	注　释
%26quot;?Nyy	将当前行及其下 N 行的内容保存到寄存器?中，其中?为一个字母，N 为一个数字
%26quot;?Nyw	将当前行及其下 N 个字保存到寄存器?中，其中?为一个字母，N 为一个数字
%26quot;?Nyl	将当前行及其下 N 个字符保存到寄存器?中，其中?为一个字母，N 为一个数字
%26quot;?p	取出寄存器？中的内容并将其放到光标位置处。这里？可以是一个字母，也可以是一个数字
Ndd	将当前行及其下共 N 行文本删除，并将所删内容放到 1 号删除寄存器中

附录 C　自己做 Linux（LFS）

LFS（Linux from Scratch）是指一种从互联网上下载源码，自己编译的 Linux 安装方式。LFS 不同于发行版本，它只是提供一个安装文档。这个文档指导用户在哪里下载源码，下载哪些源码，以及怎样把这些生源码编译成符合自己需要爱好的个性化 Linux，这样的个性化再也不是简单的个性化桌面。

LFS 有很多的优点，用户可以根据需要，抛开发行版本的束缚，自制最快和最小的 Linux 系统。当然 LFS 流行的最主要的原因是 LFS 是提高 Linux 技术的一条捷径。在初次安装时，用户一般完全按照 LFS 安装文档进行安装，认真阅读此文档会让用户受益匪浅，学习到很多 Linux 技术。在那之后，用户会发现其实可以不完全按照安装文档操作，就会不断地尝试其他的安装方法，这样自己的 Linux 技术就会有很大的提高。

最新的 LFS-6.2 手册查看地址为：

http://www.linuxfromscratch.org/blfs/6.2.0-release_notes.html。

最新的 LFS LiveCD x86-6.2-3 的下载地址为：

http://www.linuxfromscratch.org/livecd/download.html。

下面是一个简单的 LFS 流程，供大家参考。

一、准备工作

1．准备一个新分区。

（1）创建一个新分区。

（2）在新分区上创建文件系统。

（3）挂载新分区。

2．准备软件包和补丁（软件包在 LFS LiveCD 里面）

3．最后的准备工作。

（1）关于环境变量$LFS。

（2）创建$LFS/tools 目录。

（3）添加 LFS 用户。

（4）设置工作环境。

4．构建临时编译环境。

二、构建 LFS 系统

1．安装基本的系统软件。

（1）挂载虚拟内核文件系统。

（2）进入 Chroot 环境。

（3）改变所有者。

（4）创建系统目录结构。

（5）创建必需的文件与符号连接。

（6）安装系统基础软件并调整工具链，软件包括 Linux-Libc-Headers-2.6.12.0、GCC-4.0.3 等。

（7）清理系统。

2．配置系统启动脚本。

（1）LFS-Bootscripts-3.2.1。

（2）LFS 系统的设备和模块处理。

（3）配置 setclock 脚本。

（4）配置 Linux 控制台。

（5）配置 sysklogd 脚本。

（6）创建/etc/inputrc 文件。

（7）Bash Shell 启动文件。

（8）配置本地网络脚本。

（9）创建/etc/hosts 文件。

（10）为设备创建惯用符号连接。

（11）配置网络脚本。

3．启动 LFS 系统。

（1）创建/etc/fstab 文件。

（2）修改 LFS 键值。

附录 D Linux 社区

Linux 社区，是学习 Linux 的好帮手。下面把中国的一些比较著名的 Linux 网站推荐给大家。

1．国 Linux 公社：http://www.linuxfans.org/nuke/index.php

2．Linux 伊甸园：http://www.linuxeden.com/

3．Linux 宝库：http://www.linuxmine.com/

4．中国 Linux 论坛：http://www.linuxforum.net/index.php

5．ChinaUnix：http://www.chinaunix.net/

6．LinuxAid：http://www.linuxaid.com.cn/

7．Linux 中国：http://www.linux-cn.com/

8．LUPA 社区：http://www.lupaworld.com/

9．Linux 人：http://www.linux-ren.org

10．华镭社区：http://www.openrays.org/

11．Quick Linux 社区：http://www.quicklinux.org

12．Hiweed Gnu/Linux 社区：http://www.hiweed.com

13．极限：Linux http://www.uplinux.com/

14．Linuxsir：http://www.linuxsir.org/main/

15．Linux 教育网：http://www.linuxedu.net/

16．中国 Linux 大学：http://www.chineselinuxuniversity.net/

17．Linux 技术中坚：http://www.chinalinuxpub.com/

18．Magic Linux 社区：http://www.magiclinux.org

下面介绍一些个国外的比较著名 Linux 发行版的网站。

1．Red Hat：http://www.redhat.com/

2．Fedora Core：http://fedoraproject.org/

3．Debian：http://www.debian.org/

4．SuSE：http://www.novell.com/linux/

5．Ubuntu：http://www.ubuntu.com/

6．CentOS：http://www.centos.org/

读者意见反馈表

亲爱的读者：

感谢您对中国铁道出版社的支持，您的建议是我们不断改进工作的信息来源，您的需求是我们不断开拓创新的基础。为了更好地服务读者，出版更多的精品图书，希望您能在百忙之中抽出时间填写这份意见反馈表发给我们。随书纸制表格请在填好后剪下寄到：北京市西城区右安门西街8号中国铁道出版社综合编辑部 荆波 收（邮编：100054）。或者采用传真（010-63549458）方式发送。此外，读者也可以直接通过电子邮件把意见反馈给我们，E-mail地址是：jb@163.jb18803242@yahoo.com.cn。我们将选出意见中肯的热心读者，赠送本社的其他图书作为奖励。同时，我们将充分考虑您的意见和建议，并尽可能地给您满意的答复。谢谢！

所购书名：______________________

个人资料：

姓名：__________性别：__________年龄：__________文化程度：__________

职业：__________电话：__________E-mail：__________

通信地址：______________________邮编：__________

您是如何得知本书的：

□书店宣传 □网络宣传 □展会促销 □出版社图书目录 □老师指定 □杂志、报纸等的介绍 □别人推荐

□其他（请指明）______________________

您从何处得到本书的：

□书店 □邮购 □商场、超市等卖场 □图书销售的网站 □培训学校 □其他

影响您购买本书的因素（可多选）：

□内容实用 □价格合理 □装帧设计精美 □带多媒体教学光盘 □优惠促销 □书评广告 □出版社知名度

□作者名气 □工作、生活和学习的需要 □其他

您对本书封面设计的满意程度：

□很满意 □比较满意 □一般 □不满意 □改进建议

您对本书的总体满意程度：

从文字的角度 □很满意 □比较满意 □一般 □不满意

从技术的角度 □很满意 □比较满意 □一般 □不满意

您希望书中图的比例是多少：

□少量的图片辅以大量的文字 □图文比例相当 □大量的图片辅以少量的文字

您希望本书的定价是多少：

本书最令您满意的是：

1.

2.

您在使用本书时遇到哪些困难：

1.

2.

您希望本书在哪些方面进行改进：

1.

2.

您需要购买哪些方面的图书？对我社现有图书有什么好的建议？

您更喜欢阅读哪些类型和层次的计算机书籍（可多选）？

□入门类 □精通类 □综合类 □问答类 □图解类 □查询手册类 □实例教程类

您在学习计算机的过程中有什么困难？

您的其他要求：